SDG – Forschung, Konzepte, Lösungsansätze zur Nachhaltigkeit

Die nachhaltige Entwicklung unserer Welt ist eine der wichtigsten Herausforderungen in Gegenwart und Zukunft und zugleich eine Aufgabe, an der alle Wissenschaften beteiligt sind. Um einen sichtbaren Beitrag auf diesem Weg zu leisten, gibt SPRINGERNATURE die Buchreihe SDG – Forschung, Konzepte, Lösungsansätze zur Nachhaltigkeit heraus, in der Arbeiten aus allen Disziplinen publiziert werden können, die die wissenschaftliche Analyse oder die praktische Förderung von Nachhaltigkeit zum Ziel haben, wie sie insbesondere in den Nachhaltigkeitszielen der Vereinten Nationen definiert sind.

Carolyn Hutter
(Hrsg.)

Food Management und Nachhaltigkeit

Verantwortung entlang der
Lebensmittelwertschöpfungskette

Hrsg.
Carolyn Hutter
Duale Hochschule Baden-Württemberg (DHB)
Heilbronn, Deutschland

ISSN 2731-8826   ISSN 2731-8834 (electronic)
SDG – Forschung, Konzepte, Lösungsansätze zur Nachhaltigkeit
ISBN 978-3-658-47933-6   ISBN 978-3-658-47934-3 (eBook)
https://doi.org/10.1007/978-3-658-47934-3

Die Deutsche Nationalbibliothek verzeichnet diese Publikation in der Deutschen Nationalbibliografie; detaillierte bibliografische Daten sind im Internet über https://portal.dnb.de abrufbar.

© Der/die Herausgeber bzw. der/die Autor(en), exklusiv lizenziert an Springer Fachmedien Wiesbaden GmbH, ein Teil von Springer Nature 2025

Das Werk einschließlich aller seiner Teile ist urheberrechtlich geschützt. Jede Verwertung, die nicht ausdrücklich vom Urheberrechtsgesetz zugelassen ist, bedarf der vorherigen Zustimmung des Verlags. Das gilt insbesondere für Vervielfältigungen, Bearbeitungen, Übersetzungen, Mikroverfilmungen und die Einspeicherung und Verarbeitung in elektronischen Systemen.
Die Wiedergabe von allgemein beschreibenden Bezeichnungen, Marken, Unternehmensnamen etc. in diesem Werk bedeutet nicht, dass diese frei durch jede Person benutzt werden dürfen. Die Berechtigung zur Benutzung unterliegt, auch ohne gesonderten Hinweis hierzu, den Regeln des Markenrechts. Die Rechte des/der jeweiligen Zeicheninhaber*in sind zu beachten.
Der Verlag, die Autor*innen und die Herausgeber*innen gehen davon aus, dass die Angaben und Informationen in diesem Werk zum Zeitpunkt der Veröffentlichung vollständig und korrekt sind. Weder der Verlag noch die Autor*innen oder die Herausgeber*innen übernehmen, ausdrücklich oder implizit, Gewähr für den Inhalt des Werkes, etwaige Fehler oder Äußerungen. Der Verlag bleibt im Hinblick auf geografische Zuordnungen und Gebietsbezeichnungen in veröffentlichten Karten und Institutionsadressen neutral.

Planung/Lektorat: Margit Schlomski
Springer Gabler ist ein Imprint der eingetragenen Gesellschaft Springer Fachmedien Wiesbaden GmbH und ist ein Teil von Springer Nature.
Die Anschrift der Gesellschaft ist: Abraham-Lincoln-Str. 46, 65189 Wiesbaden, Germany

Wenn Sie dieses Produkt entsorgen, geben Sie das Papier bitte zum Recycling.

Vorwort

Die Verbindung von Essen, Umwelt und sozialer Verantwortung begleitet mich bereits mein ganzes Leben. Schon in meinem Elternhaus war Nachhaltigkeit gelebter Alltag – sei es durch die bewusste Auswahl von Lebensmitteln, den achtsamen Umgang mit Ressourcen oder die Wertschätzung für die Arbeit, die hinter einem guten Essen steckt. Diese Werte haben mich geprägt und auch meinen beruflichen Weg maßgeblich beeinflusst. Heute sehe ich es als meine Aufgabe, diese Haltung weiterzutragen und mit anderen zu teilen, insbesondere in einer Zeit, in der die Frage nach nachhaltigen Lösungen dringender ist denn je.

Denn Nachhaltigkeit ist nicht nur ein Schlagwort unserer Zeit, sondern eine der größten Herausforderungen, vor denen wir als Gesellschaft stehen. Die Frage, wie wir unsere Ernährungssysteme so gestalten können, dass sie sowohl unseren Planeten schützen als auch den Menschen gerecht werden, ist eine komplexe, aber ebenso faszinierende. Mit diesem Buch möchte ich dazu beitragen, die Themen Food und Nachhaltigkeit ganzheitlich zusammenzubringen und Lösungswege aufzuzeigen, die sowohl die ökologische als auch die ökonomische und soziale Dimension berücksichtigen.

Die Lebensmittelbranche steht derzeit an einem Scheideweg. Globale Entwicklungen wie der Klimawandel, der Verlust an Biodiversität, die zunehmende Bedeutung technologischer Innovationen und die sich wandelnden Bedürfnisse der Konsumentinnen und Konsumenten machen deutlich, dass wir neue Wege gehen müssen. Die Branche entwickelt sich rasant: Start-ups treiben Innovationen voran, während etablierte Unternehmen ihre Strukturen hinterfragen und auf Nachhaltigkeit ausrichten. Gleichzeitig wächst das Bewusstsein der Konsumentinnen und Konsumenten, dass ihre Entscheidungen im Supermarkt oder Restaurant einen Unterschied machen können. Und trotzdem passiert noch zu wenig.

Dieses Buch ist das Ergebnis der Zusammenarbeit zahlreicher Autorinnen und Autoren aus den unterschiedlichsten Disziplinen. Expertinnen und Experten aus Wissenschaft, Wirtschaft, aus den Medien und der Landwirtschaft bringen ihre Perspektiven ein und beleuchten das Thema Nachhaltigkeit entlang der gesamten Wertschöpfungskette.

Dadurch entsteht ein breites Spektrum an Themen, Schreibstilen und Perspektiven, das für Vielfalt und Abwechslung sorgt. Manche Beiträge sind tief analytisch, andere pragmatisch und praxisorientiert – gemeinsam bilden sie ein Mosaik, das die Komplexität der Thematik widerspiegelt. Diese Diversität ist bewusst gewählt, denn sie lädt dazu ein, die verschiedenen Facetten der Nachhaltigkeit zu entdecken und eigene Standpunkte zu hinterfragen. Die Vielfalt der Stimmen soll inspirieren, Diskussionen anregen und dazu motivieren, aktiv an der Gestaltung eines nachhaltigen Ernährungssystems mitzuwirken.

Ich lade Sie herzlich ein, dieses Buch nicht nur als Informationsquelle, sondern auch als Plattform für den Austausch zu sehen. Auf der begleitenden Website www.sustainable-food.info gibt es weiterführende Inhalte zu entdecken und Ideen für die Transformationen der Lebensmittelbranche können eingebracht werden. Auch Themen, die es aufgrund Zeit und Umfang nicht ins Buch geschafft haben, finden dort zukünftig ihren Platz. Denn nur gemeinsam – durch Dialog, Zusammenarbeit und kreative Lösungsansätze – können wir die Herausforderungen in unserem Ernährungssystem meistern.

Ich danke allen, die mit ihren Beiträgen sowie Unterstützung im Hintergrund (ein herzliches Dankeschön an Paula Humann und Anna Kühn!) zu diesem Werk beigetragen haben für ihre Offenheit, ihre Expertise und ihre Leidenschaft. Ihnen, liebe Leserinnen und Leser, wünsche ich viele spannende Einblicke, inspirierende Ideen und vielleicht auch die eine oder andere Antwort auf die Frage, wie Sie selbst zu einer nachhaltigeren Zukunft beitragen können.

Heilbronn   Carolyn Hutter

Inhaltsverzeichnis

1 **Nachhaltigkeit in der Foodbranche** 1
  Carolyn Hutter
  1.1 Die Idee der nachhaltigen Entwicklung 2
  1.2 Nachhaltigkeitsmodelle 3
      1.2.1 Triple-Bottom-Line-Modell 3
      1.2.2 Vorrangmodell: Mensch und Wirtschaft als Teil der
            Natur 3
      1.2.3 Donut-Modell: Verknüpfung von Vorrangmodell und
            SDGs 8
  1.3 Die Notwendigkeit eines nachhaltigen Lebensmittelsystems 9
  Literatur 13

Teil I Aspekte der Nachhaltigkeit auf den einzelnen Stufen der Food-Wertschöpfungskette

2 **Landwirtschaft** 19
  Jonas Weber
  2.1 Entwicklung der Produktion von Nahrungsmitteln in der
      Landwirtschaft 19
      2.1.1 Nutzung der landwirtschaftlichen Flächen 20
      2.1.2 Produktion von Nahrungsmitteln in der Landwirtschaft 22
  2.2 Verfügbarkeit und Verteilung von Nahrungsmitteln 24
  2.3 Die Rolle der Grünlandflächen in der Nahrungsmittelerzeugung 28
  2.4 Effekte der Nahrungsmittelproduktion auf die Umwelt 29
  2.5 Mögliche zukünftige Entwicklung der Nahrungsmittelproduktion 30
  Literatur 32

3	**Forschung und Entwicklung**		37
	Hila Attaie		
	3.1	Innovationsstrategie	37
		3.1.1 Blick nach innen – die eigenen Ziele, Kompetenzen und Ressourcen verstehen	38
		3.1.2 Blick nach außen – Veränderungen im Umfeld wahrnehmen	39
		3.1.3 Innovationsstrategie – Leitplanken definieren und Maßnahmen ableiten	40
	3.2	Verbraucherinnen und Verbraucher	40
		3.2.1 Die Zielgruppe verstehen	41
		3.2.2 Kundenbindung	42
		3.2.3 Nutzererfahrung	43
	3.3	Produktentwicklung	43
		3.3.1 Konzept und Design	44
		3.3.2 Rohstoffauswahl und – beschaffung	45
		3.3.3 Verpackungsentwicklung	46
		3.3.4 Qualität	48
		3.3.5 Kreislaufwirtschaft	48
	3.4	Prozessentwicklung	49
	3.5	Deklaration und Kommunikation	50
	3.6	Forschung	51
		3.6.1 Know-how	52
		3.6.2 Innovationsmethoden	52
	3.7	Fazit	53
	Literatur		53
4	**Lebensmittelindustrie und -produktion**		55
	Alexander Märdian		
	4.1	Einleitung	55
	4.2	Die verarbeitende Lebensmittelindustrie – Einordnung in das Lebensmittelsystem und wirtschaftliche Bedeutung	58
	4.3	Ökologische Nachhaltigkeit in der Lebensmittelindustrie	60
		4.3.1 Nachhaltigkeitsmanagement in der lebensmittelverarbeitenden Industrie	61
	4.4	Nachhaltigkeit durch Prozess- und Produktinnovationen – Technologischer Fortschritt schafft neue Möglichkeiten	67
		4.4.1 Verringerung des Energieeinsatzes und des Wasserverbrauches	67

	4.4.2	Verlängerung der Haltbarkeit	67

		4.4.2	Verlängerung der Haltbarkeit	67
		4.4.3	Aufwertung von Nebenströmen	69
		4.4.4	Aufbereitung von pflanzlichen Proteinen	70
		4.4.5	Marktentwicklung von pflanzenbasierten Produkten als Alternative zu Fleisch-, Fisch- und Molkereiprodukten	70
		4.4.6	Entwicklung von Produkten aus alternativen Proteinen (z. B. Algen, Mycelium, Insekten, CO_2)	71
		4.4.7	Biomassefermentation, Präzisionsfermentation, Cultivated Meat	73
		4.4.8	Verpackungen	74
		4.4.9	Startups als Treiber für Innovationen in der Lebensmittelindustrie	74
	4.5	Fazit		75
	Literatur			76
5	**Großhandel**			**81**
	Daniel Werth, Andrea Fuchs, Nurith Epstein und David Rygl			
	5.1	Nachhaltigkeit in der Lebensmittelwirtschaft		82
	5.2	Verortung des Großhandels im deutschsprachigen Raum am Beispiel der Lebensmittelwirtschaft		85
	5.3	Nachhaltigkeit im Großhandel		89
	5.4	Ein verändertes Rollenverständnis des Großhandels – Ansätze für zukunftsfähige Wertschöpfungen		91
	Literatur			95
6	**Lebensmitteleinzelhandel**			**101**
	Stephan Rüschen und Julia Schumacher			
	6.1	Einleitung		101
	6.2	Definition Attitude-Behavior Gap		102
	6.3	Gründe für die Entstehung des Gaps		103
	6.4	Untersuchung des Gaps		104
	6.5	Handlungsempfehlungen für den Handel		109
	6.6	Ausblick		111
	Literatur			111
7	**Gastronomie**			**113**
	Michaela Nübling			
	7.1	Einleitung		114
		7.1.1	Aktuelle Herausforderungen in der Gastronomie in Deutschland	114
		7.1.2	Problemstellung, Zielsetzung und Vorgehensweise	116
	7.2	Gastronomie in Deutschland		116
		7.2.1	Betriebsarten und Betriebstypen der Gastronomie	117

	7.2.2	Wirtschaftliche Bedeutung des Gastgewerbes und der Gastronomie in Deutschland	118
	7.2.3	Besonderheiten der gastronomischen Leistungserstellung	118
	7.2.4	Wertschöpfung in der Gastronomie	120
7.3	Verschiedene Aspekte der Nachhaltigkeit in der Gastronomie		122
	7.3.1	Forschungsstandpunkt – ausgewählte Studien und aktuelle Schwerpunkte	122
	7.3.2	Gästeperspektive – wie Trends die Essgewohnheiten und Erwartungen an die Gastronomie in Deutschland prägen	126
	7.3.3	Praxisperspektive – ausgewählte Handlungsfelder und Best Practice Beispiele	129
7.4	Zusammenfassung und Ausblick		135
	7.4.1	Anregungen zur Verankerung von Nachhaltigkeit in der Gastronomie	135
	7.4.2	So what?	137
Literatur			138

8 Gemeinschaftsverpflegung ... 143
Jan Wirsam und Kevin Röhl
- 8.1 Maßnahmen zur Nachhaltigkeit ... 146
- 8.2 Messzahlen für Nachhaltigkeit in betriebsgastronomischen Betrieben ... 147
- 8.3 Schwierigkeiten in Bezug Nachhaltigkeit in der Betriebsgastronomie ... 148
- 8.4 Zukünftige Projekte im Bereich der Nachhaltigkeit ... 149
- 8.5 Das Feedback der Gäste ... 149
- 8.6 Die Rolle der Betriebsgastronomien im Nachhaltigkeitsbericht ... 150
- 8.7 Ausblick in die Zukunft ... 151
- Literatur ... 152

9 Private Haushalte ... 155
Carsten Leo Demming
- 9.1 Einleitung ... 156
- 9.2 Chancen der Ernährungswende – Schlüsselrolle der Konsumentinnen und Konsumenten ... 158
- 9.3 Hürden für Konsumentinnen und Konsumenten bei der Ernährungswende ... 160
  - 9.3.1 Mangelndes Wissen der Konsumentinnen und Konsumenten zur Veränderung ... 160
  - 9.3.2 Mangelnde Bereitschaft zur Veränderung ... 162

		9.3.3	Fehlende oder schlechte Rahmenbedingungen zur Veränderung	163
	9.4		Mögliche Lösungsansätze und Strategien zur Überwindung der Hürden	165
	9.5		Fazit und Implikationen für Wissenschaft und Praxis	166
	Literatur			166

Teil II Von Klimawandel bis Gesundheit: Übergreifende Herausforderungen und Chancen

10 Klimawandel 173
Katharina Weiss-Tuider

10.1	Erfolg und Emissionen: die zwei Seiten des Ernährungssystems		174
10.2	Klimawandel, Treibhausgase und -effekt: Grundlagen zum Verständnis		175
10.3	Die eine Seite der Medaille: Das Ernährungssystem als Treiber des Klimawandels		178
	10.3.1	Klimakiller Kuh? Emissionen durch Tierhaltung und Tierprodukte	180
	10.3.2	Viel hilft viel – aber nicht dem Klima: Emissionen durch Düngemittel	182
	10.3.3	Flächenfraß für Futtermittel: Emissionen aus Landnutzung und Landnutzungsänderungen	182
	10.3.4	Klimaschädliche Körner: Emissionen aus dem Reisanbau	183
	10.3.5	Transport und Kühlung: Beispiele für Emissionen aus den vor- und nachgelagerten Prozessen	184
	10.3.6	Wie wir das Klima wegschmeißen: Emissionen durch Lebensmittelverschwendung und -verlust	186
10.4	Die andere Seite der Medaille: Das Ernährungssystem als Opfer als Klimawandels		186
	10.4.1	Feld und Stall im Hitzestress: Herausforderungen für die Primärproduktion	188
	10.4.2	Mythos CO_2-Düngung: Qualitätsverluste statt Quantitätsgewinne	190
	10.4.3	Ein wachsendes „wicked problem": Risiken der Lebensmittelsicherheit	190
	10.4.4	Unsicherheiten und Preisvolatilität: Beispiele für ökonomische Risiken	191
10.5	Fazit und Ausblick		192
Literatur			194

11 Biodiversität 199
Peter Zens

11.1 Der Verlust der biologischen Vielfalt – ein wachsendes globales Problem und eine gesamtgesellschaftliche Bedrohung 199
11.2 Die primären Treiber von Verlust biologischer Vielfalt. Welchen Einfluss nimmt die Lebensmittelbranche auf die Artenvielfalt? 200
11.3 Die Bedeutung der Biodiversität für die Ernährungsindustrie 201
11.4 Warum sollte die Ernährungsindustrie eine Verbesserung ihrer Biodiversitätsperformance anstreben? 202
11.5 Aktuelle ordnungspolitische Rahmenbedingungen für eine bessere Ausrichtung der Lebensmittelbranche auf den Erhalt der biologischen Vielfalt 203
11.6 Welche Maßnahmen können bzw. müssen Unternehmen der Lebensmittelbranche ergreifen, um die Biodiversität zu erhalten und zu fördern? 206
11.7 Der Verein Food for Biodiversity und sein Beitrag 210
11.8 Fazit 212
Literatur 212

12 Lebensmittelverschwendung 215
Maren Ann-Kathrin Jakob

12.1 Einleitung 215
12.2 Lebensmittelverschwendung ist nicht nachhaltig 216
12.3 Lebensmittelabfälle und -verluste 217
12.4 Lebensmittelabfälle entlang der Wertschöpfungskette 219
12.5 Was auf Konsumebene verschwendet wird 221
12.6 Warum auf Konsumebene verschwendet wird 223
    12.6.1 Lebensmittelverschwendung senken 224
12.7 Fazit 225
Literatur 226

13 Gesundheit 229
Lia Carlucci

13.1 Was bedeutet nachhaltige Ernährung? 229
13.2 Nachhaltige Ernährung und Gesundheit 230
    13.2.1 Pflanzen-reich und Fleisch-reduziert 230
    13.2.2 Runter vom Fleisch 231
    13.2.3 Gesundheitliche Nachteile hohen Fleischkonsums 231
    13.2.4 Gesundheitliche Vorteile von nachhaltiger Ernährung 232
    13.2.5 Lebensverlängernde, kulinarische Maßnahmen 232
    13.2.6 P wie Pflanzen-Protein 233
13.3 Wie gesund sind Fleischalternativen? 233

		13.3.1	Zusatz von Salz und anderen Stoffen	234
		13.3.2	Clean Label	235
		13.3.3	Anders essen – aber wie?	236
	13.4	Kommunikation als Transformationshebel		236
		13.4.1	Welche Möglichkeiten gibt es?	237
		13.4.2	Marken – Orientierung	239
	13.5	Fazit		242
	Literatur			244

Teil III Den Wandel gestalten: Lösungsansätze für nachhaltiges Wirtschaften in der Lebensmittelbranche

14 Innovationen ... 249
Philipp Stradtmann

	14.1	Fortschreitende Disruption der Food-Supply-Chain als Multi-Challenge für alle Akteure	249
	14.2	Erfolgsfaktoren Geschmack, Preis und Verpackung	253
	14.3	Komplexe Strukturen & Prozesse, die Generierung neuer Ideen & Ansätze und das knappe Zeitbudget	256
	14.4	KI wird zum zentralen Innovationstreiber	258
	14.5	Neue Netzwerk-Partner als Erfolgsfaktor der Zukunft	260
	14.6	Agilität, Tech-Know-How und Shareability als Schlüsselkompetenzen	265
Literatur			266

15 Ökosysteme ... 269
Lukas Dillinger

	15.1	Food Innovations-Ökosysteme		270
		15.1.1	Definition Ökosystem	270
		15.1.2	Definition Food-System	270
		15.1.3	Definition Food-Ökoystem	271
	15.2	Ein systemischer Ansatz als Lösung		272
		15.2.1	Systems Thinking	272
		15.2.2	Food Systems Framework	273
	15.3	Innovations-Ökosysteme		275
		15.3.1	Entrepreneurship-Ökosysteme	276
		15.3.2	Struktur von Innovations- und Entrepreneurship-Ökosystemen	276
		15.3.3	Mapping von Innovations-Ökosystemen	278
	15.4	Food-Systeme als Innovations-Ökosysteme		279
		15.4.1	Akteursgruppen in Food Innovations-Ökosystemen	280

	15.4.2	Schlüsselfaktoren für die Entstehung und Entwicklung von Food Innovations-Ökosystemen	281

15.4.2 Schlüsselfaktoren für die Entstehung und Entwicklung von Food Innovations-Ökosystemen 281
15.4.3 Erkenntnisse zu Food Innovations-Ökosystemen: EIT Food Fallstudie 283
15.4.4 Erkenntnisse zu AgriFood Innovations-Ökosystemen: TUM Venture Lab Food/Agro /Biotech und UnternehmerTUM Fallstudie 285
15.5 Fazit zu Food Innovations-Ökosystemen 288
Literatur 289

16 Künstliche Intelligenz 293
Gunnar Brune
16.1 AI für Nachhaltigkeit im Food Management 293
   16.1.1 Nachhaltigkeit als Schutz der Möglichkeiten künftiger Generationen 294
   16.1.2 KI und Nachhaltigkeit: Chancen und Risiken 295
16.2 KI für mehr Umweltschutz in der Nahrungsmittelproduktion 297
   16.2.1 KI für ressourcenschonende und effiziente Präzisionslandwirtschaft 298
   16.2.2 Lebensmittelverschwendung mit KI verhindern 302
16.3 KI für soziale Verbesserung im Food Management 306
   16.3.1 Optimierung der Personalentwicklung mit KI 307
16.4 Ökonomische Nachhaltigkeit und KI 307
16.5 Wie Food Management KI für mehr Nachhaltigkeit nutzen kann 308
   16.5.1 Digitalisieren, digitalisieren, digitalisieren 309
   16.5.2 KI verantwortlich und sicher einsetzen 309
   16.5.3 KI als Teil der Nachhaltigkeitsstrategie im Food Management 310
Literatur 311

17 Nachhaltige Ernährungsstile und -marken 315
Jörg Reuter
17.1 Warum wir über Planetary Health reden müssen 315
17.2 Die Lebensmittelbranche kann Teil des Problems oder Teil der Lösung sein 317
17.3 Aufbruch in ein neues Food-Innovationszeitalter 318
17.4 Nachhaltigkeit als Kaufmotiv 319
17.5 Die neue Sehnsucht nach unbeschwertem Konsum: Zwischen Planetary Health-Dringlichkeit und Transformations-Burnout 320
17.6 Planetary Health als Antidepressivum gegen Markenpositionierungs-Burnout 321

17.7	Planetary Health auf den verschiedenen Ebenen der Marken- und Produktpositionierung	322
17.8	Konsumentennutzen funktional: Verzicht ist keine Option. Nachhaltigkeit als Nutzenverstärker	323
17.9	Konsumentennutzen emotional: Zwischen „unschuldigem Konsum" und „die Welt retten"	325
17.10	Fazit und Ausblick	327
	Literatur	327

18 Alternative Proteine ... 329
Nadine Filko

18.1	Die Proteinwende	329
18.2	Pflanzenbasierte Produkte	331
	18.2.1 Beschaffenheit der neuen Produkte	332
	18.2.2 Nachhaltigkeit pflanzenbasierter Produkte	333
18.3	Zellbasierte Produkte	333
	18.3.1 Nachhaltigkeit zellkultivierter Produkte	335
18.4	Fermentierte Produkte	339
	18.4.1 Nachhaltigkeit fermentierter Produkte	341
18.5	Übersicht zu Life-Cycle-Assessments aller Produktionsprozesse der Proteinwende	341
18.6	Dimensionen und Herausforderungen der Proteinwende	343
	Literatur	352

19 Ökologischer Landbau ... 355
Maria Müller-Lindenlauf und Sabine Zikeli

19.1	Was ist ökologischer Landbau?	355
19.2	Geschichte des ökologischen Landbaus	358
	19.2.1 Anfänge in der Weimarer Republik	358
	19.2.2 Organisch-biologischer Landbau und Bauernbewegung der Nachkriegszeit	360
	19.2.3 Umweltbewegung ab den 1970er Jahren	360
	19.2.4 Verstaatlichung und Ausweitung ab den 1990er Jahren	361
	19.2.5 Status-quo des Ökolandbaus in Deutschland	362
	19.2.6 Zertifizierung und Kontrolle	362
19.3	Wie nachhaltig ist der ökologische Landbau?	364
	19.3.1 Leistungen des ökologischen Landbaus für die Umwelt	364
	19.3.2 Leistungen des ökologischen Landbaus für die Gesellschaft	369
	19.3.3 Wirtschaftlichkeit des ökologischen Landbaus	370
	19.3.4 Positive Beiträge des ökologischen Landbaus zur sozial-ökologischen Transformation	373

		19.3.5	Grenzen und Herausforderungen des ökologischen Landbaus	376
	19.4	Fazit		380
	Literatur			381

20 Agrartechnik ... 387
Olaf Deininger

	20.1	Digitalisierung in der Lebensmittelbranche und Landwirtschaft – Chancen und Risiken	387
	20.2	Technologische Grundlagen	388
	20.3	Ökonomische Folgen	390
		20.3.1 Chancen	390
		20.3.2 Risiken	392
	20.4	Gesellschaftliche Folgen	393
	20.5	Schlussbemerkung	396
	Literatur		397

21 Lieferkettenmanagement ... 399
Julia Schwarzkopf und Marlene Zeitler

	21.1	Einführung	399
	21.2	Begriffsklärung und Gründe für SSCM	401
	21.3	Aufbau und Prozess eines SSCM	403
		21.3.1 Verpflichten	404
		21.3.2 Verstehen	406
		21.3.3 Entwickeln	407
	21.4	Ausblick	410
	Literatur		411

22 Reduzierung von Lebensmittelverschwendung ... 415
Torsten von Borstel

	22.1	Die Relevanz der AHV bei der Reduzierung von Lebensmittelverschwendung	415
	22.2	Rückblick: Entwicklung der Lebensmittelverschwendung und politische Maßnahmen	416
	22.3	AHV-Markt: Größtes Potenzial zur Reduzierung von Lebensmittelabfällen	418
	22.4	Lebensmittelabfälle in der AHV konkret reduzieren	420
		22.4.1 Arten und Auftreten von Lebensmittelabfällen	420
		22.4.2 Lebensmittelabfälle einfach und effektiv messen und dokumentieren	421
		22.4.3 Kosten für Lebensmittelabfall entlang der gesamten Wertschöpfungskette	422

		22.4.4	Effizienzpotenziale und Bildungsansätze zur Reduzierung von Lebensmittelabfällen in der AHV	423
		22.4.5	Langfristig Lebensmittelabfall senken: 5-Steps Food-Waste-Management-Programm von United Against Foodwaste e. V	424
	22.5	Beispiele aus der Praxis		425
		22.5.1	Speiseabfallreduktion in einem Klinikum	425
		22.5.2	Speiseabfallreduktion in einer Stadt in Baden-Württemberg	428
	22.6	Wirtschaftlich Handeln und gleichzeitig die Umwelt schonen		433
	Literatur			435
23	**Transformative Führung**			437
	Mathias Kollmann			
	23.1	Hintergrund und Motivation des Themas		438
	23.2	Bedeutung des Manager-Mindsets für nachhaltige Entscheidungen		439
	23.3	Herausforderungen und Chancen bei der Implementierung von Nachhaltigkeit		441
		23.3.1	Herausforderungen bei der Implementierung von Nachhaltigkeit	441
		23.3.2	Chancen durch nachhaltiges Handeln	443
	23.4	Strategien und Werkzeuge für ein nachhaltiges Mindset		445
	23.5	Einfluss nachhaltiger Führungskräfte auf die Unternehmensleistung		450
	23.6	Mentoring und persönliche Weiterentwicklung		453
	23.7	Zusammenfassung und Ausblick		456
	Literatur			458
Stichwortverzeichnis				463

Nachhaltigkeit in der Foodbranche

Eine Einführung in Nachhaltigkeitskonzepte und die Herausforderungen unseres Ernährungssystems

Carolyn Hutter

Zusammenfassung

Als Einführung bietet dieses Kapitel eine grundlegende Orientierung zum Konzept der Nachhaltigkeit und stellt eine umfassende Definition bereit, die als Grundlage für alle nachfolgenden Kapitel des Buches dient. Nachhaltigkeit wird als integratives Konzept beschrieben, das ökologische, soziale und ökonomische Dimensionen gleichermaßen berücksichtigt und eine Balance zwischen den Bedürfnissen der Gegenwart und den Rechten zukünftiger Generationen anstrebt. Das Kapitel beleuchtet die historischen und konzeptionellen Ursprünge des Begriffs und diskutiert zentrale Nachhaltigkeitsmodelle wie die Triple-Bottom-Line, das Vorrangmodell und deren Verbindung zu den planetaren Grenzen. Es hebt hervor, wie Nachhaltigkeit als übergeordnetes Leitprinzip Handlungsfelder in Politik, Wirtschaft und Gesellschaft strukturiert und konkrete Ansätze zur Ressourcenschonung, Klimaschutz und sozialen Gerechtigkeit fördert. Abschließend dient das Kapitel als thematische Grundlage für die nachfolgenden Abschnitte des Buches, die sich mit spezifischen Herausforderungen und Lösungsansätzen entlang der Lebensmittelwertschöpfungskette sowie mit Querschnittsthemen wie Biodiversität und Klimawandel befassen. Die eingeführte Definition und die behandelten Konzepte liefern dabei eine kohärente Basis für die vertiefte Auseinandersetzung mit Nachhaltigkeit in der Foodbranche.

C. Hutter (✉)
Duale Hochschule Baden-Württemberg (DHBW), Heilbronn, Deutschland
E-Mail: carolyn.hutter@dhbw.de

© Der/die Autor(en), exklusiv lizenziert an Springer Fachmedien Wiesbaden GmbH, ein Teil von Springer Nature 2025
C. Hutter (Hrsg.), *Food Management und Nachhaltigkeit,* SDG - Forschung, Konzepte, Lösungsansätze zur Nachhaltigkeit, https://doi.org/10.1007/978-3-658-47934-3_1

1.1 Die Idee der nachhaltigen Entwicklung

Der Begriff Nachhaltigkeit hat in den letzten Jahrzehnten einen zentralen Platz in Diskussionen über den Zusammenhang von Wirtschaft, Gesellschaft und Umwelt eingenommen. Einst ein Konzept, das im Bergbau und in der Forstwirtschaft des 18. Jahrhunderts seine Wurzeln hatte, wurde es zu einem umfassenden Rahmen, der mittlerweile handlungsleitend für internationale, nationale und lokale Politik und Unternehmen ist und Privatpersonen einen Orientierungsrahmen geben kann. Dieses Buch beleuchtet auf einzelnen Stufen der Lebensmittelwertschöpfungskette ökologische und soziale Herausforderungen und liefert konkrete Lösungsansätze für mehr Nachhaltigkeit in der Foodbranche. Da sich im Laufe der Zeit verschiedene Nachhaltigkeitsdefinitionen entwickelt haben, soll im Folgenden ein Überblick gegeben und ein einheitliches Verständnis von Nachhaltigkeit geschaffen werden. Diese Definition gilt dann gleichermaßen für alle folgenden Kapitel.

Begriffsherkunft
Die Wurzeln des Konzepts der Nachhaltigkeit finden sich in der Forstwirtschaft und im Bergbau des 18. Jahrhunderts. Hans Carl von Carlowitz, ein sächsischer Oberberghauptmann, prägte in seinem 1713 erschienenen Werk *Sylvicultura Oeconomica* den Begriff der „nachhaltenden Nutzung" [39]. Er beschrieb damit das Prinzip, nur so viel Holz zu schlagen, wie durch Aufforstung wieder nachwachsen konnte. Diese Idee der nachhaltigen Ressourcennutzung wurde später auf verschiedene andere Bereiche übertragen, z. B. auf den Fischfang. Demnach ist dieser dann als nachhaltig zu bezeichnen, wenn durch entsprechende Fangmethoden und -frequenz weder die Lebensumgebung der Fische geschädigt wird, und Bestände nur in dem Maße befischt werden, wie sie sich durch natürliche Reproduktion selbst wieder erholen können.

Die heute gängige Definition von Nachhaltigkeit stammt aus dem Bericht der Brundtland-Kommission von 1987, auch bekannt als „Our Common Future". Die Kommission definierte nachhaltige Entwicklung als eine „*Entwicklung, die die Bedürfnisse der Gegenwart befriedigt, ohne zu riskieren, dass zukünftige Generationen ihre eigenen Bedürfnisse nicht befriedigen können.*" [40, S. 6].

Diese Definition legt den Grundstein für das Verständnis von Nachhaltigkeit als ein Konzept, das wirtschaftliche, soziale und ökologische Aspekte gleichermaßen berücksichtigt. Nachhaltigkeit impliziert also, „dass die Gesellschaft auf Dauer nicht von der Substanz leben soll und kann" [20, S. 16].

1.2 Nachhaltigkeitsmodelle

Zwei prominente Modelle zur Erklärung von Nachhaltigkeit sind das Triple-Bottom-Line-Modell und das Vorrangmodell, die sich in der Ausprägung ihrer Nachhaltigkeitsgrade unterscheiden.

1.2.1 Triple-Bottom-Line-Modell

Das Triple-Bottom-Line-Konzept (TBL), auch als Drei-Säulen-Modell bekannt, wurde von John Elkington (1998 [8]) entwickelt. Es betont die gleichwertige Berücksichtigung von drei Dimensionen:

- **Ökonomie**: Wirtschaftliche Rentabilität und Wohlstand
- **Ökologie**: Umweltschutz und Erhaltung der natürlichen Lebensgrundlagen
- **Soziales**: Soziale Gerechtigkeit und Wohlstand

Das Modell argumentiert, dass eine nachhaltige Entwicklung nur erreicht werden kann, wenn alle drei Dimensionen gleichwertig und in ihrer Wechselwirkung betrachtet werden. Unternehmen, die das Konzept verfolgen, sollen mit ihrem Kerngeschäft zu einer nachhaltigen Entwicklung beitragen [8]. Durch diese Ausgeglichenheit der drei Dimensionen kommt allen die gleiche Relevanz zu, eine direkte Abhängigkeit, z. B. der Wirtschaft von der Umwelt, besteht nicht. Vielmehr geht es um das Gleichgewicht der Dimensionen. Mit Blick auf den Grad der Nachhaltigkeit im Sinne einer Vorsorge für künftige Generationen kann bei diesem Modell von einer schwachen bis moderaten Nachhaltigkeit gesprochen werden. Aus diesem Grund ist dieses Nachhaltigkeitsverständnis im betriebswirtschaftlichen Kontext dominant, da die Übernahme von Verantwortung für Umwelt und Gesellschaft eher begrenzt ist. Das Verhältnis zwischen Mensch und Natur ist anthropozentrisch geprägt, Probleme werden durch technische Verfahren gelöst. Wirtschaftswachstum ist nach wie vor das wichtigste Ziel, soll aber – sofern möglich – umweltverträglich erfolgen [5]. Davon abzugrenzen ist das sogenannte Vorrangmodell (Abb. 1.1).

1.2.2 Vorrangmodell: Mensch und Wirtschaft als Teil der Natur

Im Vorrangmodell stehen die drei Dimensionen der Nachhaltigkeit – Ökologie, Soziales und Ökonomie – nicht gleichberechtigt nebeneinander, sondern sind klar gewichtet: Ökologie hat Vorrang vor sozialer und diese wiederum vor wirtschaftlicher Entwicklung [1]. Befürworterinnen und Befürworter dieses Modells argumentieren, dass eine intakte

Abb. 1.1 Drei-Säulen-Modell (links) und Vorrangmodell der Nachhaltigkeit (rechts). (Quelle: eigene Darstellung mit Daten aus Elkington (1998) [8] und Ampofo (2018) [1])

Umwelt die Grundvoraussetzung für soziale und wirtschaftliche Stabilität bildet. Die Ökologie ist somit die Basis allen Lebens und Wirtschaftens.

Ein gesunder Planet ermöglicht soziale Gerechtigkeit und wirtschaftlichen Wohlstand. Wenn die ökologischen Grundlagen etwa durch Übernutzung, Verschmutzung und Klimawandel gefährdet werden, können soziale und ökonomische Systeme nicht langfristig bestehen. Das Vorrangmodell fordert daher, die ökologischen Grenzen zu respektieren, um soziale Gerechtigkeit zu fördern und eine zukunftsfähige Wirtschaft aufzubauen [24]. Dieser Gedanke korrespondiert mit den Untersuchungen zu den planetaren Grenzen, einer Systematisierung, die erstmals 2009 von Johan Rockström und weiteren Forschenden des Stockholm Resilience Centre vorgestellt und später von Steffen et al. (2015 [30]) aktualisiert wurde. Die planetaren Grenzen definieren neun kritische biophysikalische Prozesse, die das stabile Funktionieren des Erdsystems gewährleisten [27]:

- Klimawandel
- Veränderung in der Integrität der Biosphäre (Genetische Vielfalt, Funktionale Integrität)
- Veränderung der Landnutzung

- Veränderung in Süßwassersystemen
- Veränderung in biogeochemischen Kreisläufen (Stickstoff und Phosphor)
- Ozeanversauerung
- Zunahme der Aerosolbelastung
- Ozonabbau in der Stratosphäre
- Überladung mit neuartigen Stoffen

Von diesen neun Prozessen wurden im Jahr 2023 sechs bereits deutlich überschritten: Klimawandel, Verlust der Biodiversität, Stickstoffkreislauf, Landnutzungsänderungen, die Überladung mit neuartigen Stoffen sowie die die Veränderung von Süßwassersystemen [26] (Abb. 1.2).

Das Vorrangmodell korreliert direkt mit dem Konzept der planetaren Grenzen, da es die ökologische Tragfähigkeit als oberste Priorität definiert. Ohne eine intakte Umwelt ist das menschliche Leben und damit auch wirtschaftliche Aktivität nicht möglich. Die Überschreitung der planetaren Grenzen gefährdet damit die Lebensgrundlagen künftiger Generationen und stellt erhebliche Risiken für Wirtschaft und Gesellschaft dar. Der Klimawandel beispielsweise führt zu extremen Wetterereignissen, die Infrastruktur und Versorgungsketten unterbrechen und Agrarwirtschaft und Wohnraum beeinträchtigen. Der Verlust der Biodiversität bedroht ganze Ökosysteme und damit die natürlichen Dienstleistungen, von denen sowohl Gesellschaft als auch Wirtschaft abhängen. So sind etwa 80 % aller Obst- und Gemüsesorten auf die Bestäubung durch Insekten angewiesen (sog. Ökosystemleistungen). Ein Rückgang der Arten wirkt sich also direkt auf den Ertrag und damit die Warenverfügbarkeit aus. Der monetäre Wert der Bestäubung wird daher allein in Deutschland auf ca. 1,7 Mrd. Euro geschätzt [3].

Intra- und Intergenerationale Gerechtigkeit
Ein zentrales Prinzip des Nachhaltigkeitskonzepts ist die Gerechtigkeit zwischen den und innerhalb der Generationen.

Intragenerationale Gerechtigkeit bezieht sich auf die Verteilungsgerechtigkeit innerhalb der gegenwärtigen Generationen. Sie zielt darauf ab, den Zugang zu Ressourcen, Wohlstand und Entwicklungsmöglichkeiten so zu gestalten, dass alle Menschen – unabhängig von ihrem geografischen, wirtschaftlichen oder sozialen Hintergrund – faire Chancen auf ein gutes Leben erhalten. Dies beinhaltet die Bekämpfung von Armut, die Verringerung von Ungleichheit und den Zugang zu Bildung und Gesundheitsversorgung [9].

Intergenerationale Gerechtigkeit bezieht sich auf die Verpflichtung, zukünftigen Generationen gleiche oder bessere Lebensbedingungen zu hinterlassen, als sie gegenwärtig bestehen [25]. Dies bedeutet, dass gegenwärtige Generationen bei ihrer Entwicklungspolitik und ihrem Ressourcenverbrauch Rücksicht auf die Bedürfnisse künftiger Generationen nehmen müssen. So sollen nachfolgende Generationen in der Lage sein, ihre eigenen Bedürfnisse zu decken.

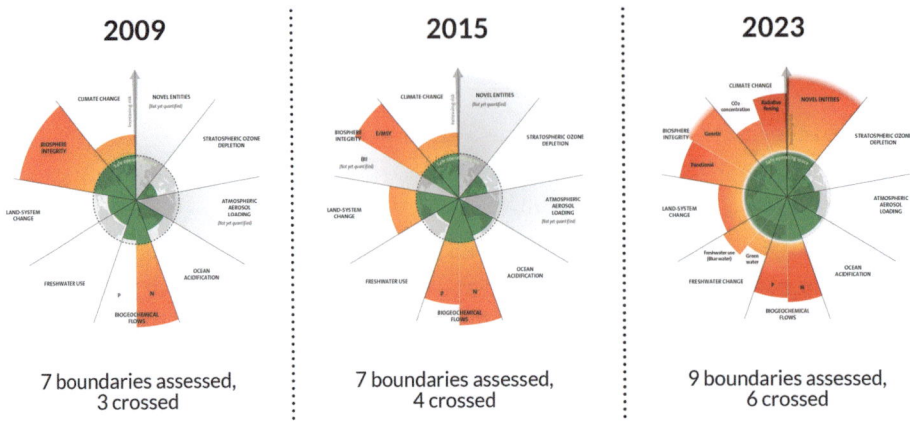

Abb. 1.2 Die planetaren Belastungsgrenzen im Zeitverlauf. (Quelle: Azote for Stockholm Resilience Center (2023) [32] mit Daten aus Richardson et al. (2023) [26]; Steffen et al. (2015) [30]; Rockström et al. (2009) [27])

Aus den bisherigen Überlegungen leitet sich die folgende Definition von Nachhaltigkeit bzw. nachhaltiger Entwicklung für dieses Buch ab:

▶ *„Eine nachhaltige Entwicklung strebt neben der intra- und intergenerationalen Gerechtigkeit für heutige und künftige Generationen hohe ökologische, ökonomische und sozialkulturelle Standards in den Grenzen des Umweltraumes an. Dabei kommt der ökologischen Dimension […] eine Schlüsselrolle zu, denn die natürlichen Lebensgrundlagen begrenzen die Umsetzungsmöglichkeiten anderer Ziele (Umwelt als limitierender Faktor). Die natürlichen Voraussetzungen des Lebens auf der Erde sind nicht verhandelbar"* (in Anlehnung an Rogall 2004, S. 27 [28]).

Globales Handeln erforderlich: die Nachhaltigkeitsziele der Vereinten Nationen
Ausgehend von den globalen ökologischen und gesellschaftlichen Herausforderungen haben die Vereinten Nationen (United Nations, UN) erkannt, dass viele Probleme nur im gemeinschaftlichen, länderübergreifenden Schulterschluss gelöst werden können. 2015 entstanden so die Sustainable Development Goals (SDGs), auch als „Agenda 2030" bekannt. Es handelt sich dabei um einen globalen Rahmenplan, um weltweit nachhaltige Entwicklung zu fördern. Sie wurden von allen 193 Mitgliedstaaten der UN verabschiedet und umfassen 17 Ziele mit 169 Unterzielen, die eine Vielzahl von Themen abdecken.

1 Nachhaltigkeit in der Foodbranche

▶ [Die 17 SDGs im Überblick]

1. Keine Armut: Armut in allen Formen und überall beenden.
2. Kein Hunger: Den Hunger beenden, Ernährungssicherheit und eine bessere Ernährung erreichen und eine nachhaltige Landwirtschaft fördern.
3. Gesundheit und Wohlergehen: Ein gesundes Leben für alle Menschen jeden Alters gewährleisten und ihr Wohlergehen fördern.
4. Hochwertige Bildung: Inklusive, gerechte und hochwertige Bildung gewährleisten und Möglichkeiten des lebenslangen Lernens für alle fördern.
5. Geschlechtergleichstellung: Geschlechtergleichstellung erreichen und alle Frauen und Mädchen zur Selbstbestimmung befähigen.
6. Sauberes Wasser und Sanitäreinrichtungen: Verfügbarkeit und nachhaltige Bewirtschaftung von Wasser und Sanitärversorgung für alle gewährleisten.
7. Bezahlbare und saubere Energie: Zugang zu bezahlbarer, verlässlicher, nachhaltiger und moderner Energie für alle sichern.
8. Menschenwürdige Arbeit und Wirtschaftswachstum: Dauerhaftes, inklusives und nachhaltiges Wirtschaftswachstum, produktive Vollbeschäftigung und menschenwürdige Arbeit für alle fördern.
9. Industrie, Innovation und Infrastruktur: Eine widerstandsfähige Infrastruktur aufbauen, inklusive und nachhaltige Industrialisierung fördern und Innovation unterstützen.
10. Weniger Ungleichheiten: Ungleichheit innerhalb von und zwischen Staaten verringern.
11. Nachhaltige Städte und Gemeinden: Städte und Siedlungen inklusiv, sicher, widerstandsfähig und nachhaltig gestalten.
12. Nachhaltige/r Konsum und Produktion: Nachhaltige Konsum- und Produktionsmuster sicherstellen.
13. Maßnahmen zum Klimaschutz: Umgehend Maßnahmen zur Bekämpfung des Klimawandels und seiner Auswirkungen ergreifen.
14. Leben unter Wasser: Ozeane, Meere und Meeresressourcen im Sinne nachhaltiger Entwicklung erhalten und nachhaltig nutzen.
15. Leben an Land: Landökosysteme schützen, wiederherstellen und ihre nachhaltige Nutzung fördern, Wälder nachhaltig bewirtschaften, Wüstenbildung bekämpfen, Landdegradation beenden und umkehren und den Verlust der biologischen Vielfalt stoppen.
16. Frieden, Gerechtigkeit und starke Institutionen: Friedliche und inklusive Gesellschaften für eine nachhaltige Entwicklung fördern, allen Menschen Zugang zur Justiz ermöglichen und leistungsfähige, rechenschaftspflichtige und inklusive Institutionen auf allen Ebenen aufbauen.
17. Partnerschaften zur Erreichung der Ziele: Umsetzungsmittel stärken und die globale Partnerschaft für nachhaltige Entwicklung mit neuem Leben füllen [38, S. 17–28].

1.2.3 Donut-Modell: Verknüpfung von Vorrangmodell und SDGs

Im sog. Donut-Modell werden das Vorrangmodell der Nachhaltigkeit und die SDGs miteinander verknüpft. Der äußere Ring repräsentiert die Umwelt und beinhaltet die SDGs 6, 13, 14 und 15, die sich mit Wasser, Klimaschutz und Ökosystemen befassen. Der mittlere Bereich stellt die Gesellschaft dar, mit Zielen u. a. zu Gesundheit, Bildung und Gleichberechtigung (SDG 1 bis 5, 10, 16). Der innere Bereich symbolisiert die Wirtschaft, repräsentiert durch die SDGs 7, 8, 9, 11 und 12, die sich auf saubere Energie, gute Arbeitsbedingungen, Innovation, nachhaltige Städte und verantwortungsvollen Konsum konzentrieren. SDG 17, das Partnerschaften zur Erreichung der Ziele fördert, ist oben im Modell positioniert [1, 31]. Diese Darstellung betont die Relevanz der Umwelt als fundamentale Basis für die gesellschaftliche und wirtschaftliche Entwicklung sowie die wechselseitige Abhängigkeit der Dimensionen (Abb. 1.3).

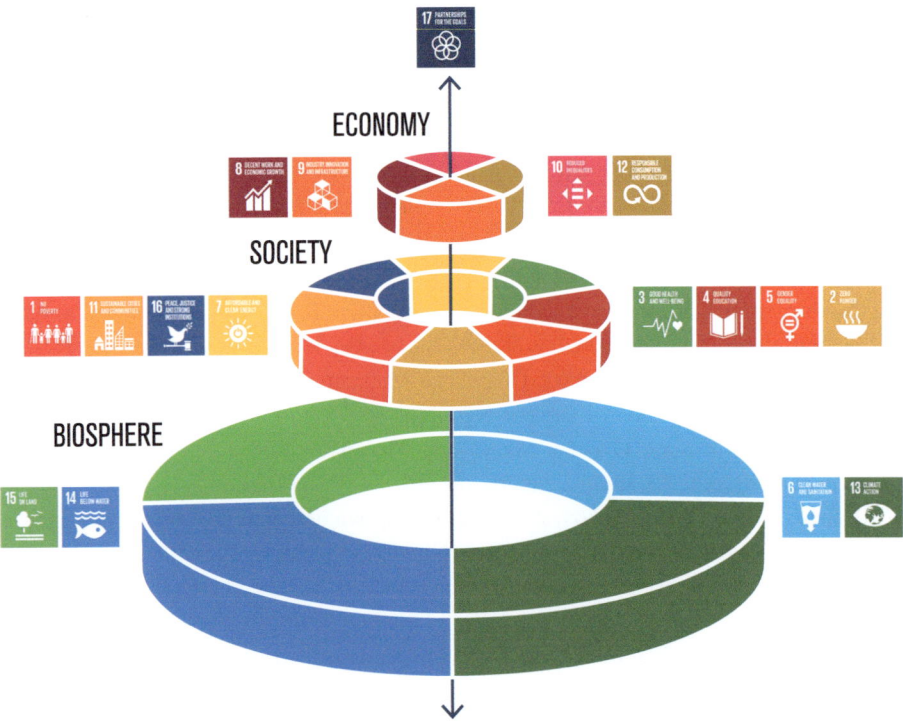

Abb. 1.3 Donut-Modell der Sustainable Development Goals. (Quelle: Azote for Stockholm Resilience Centre (2016) [31])

1 Nachhaltigkeit in der Foodbranche

1.3 Die Notwendigkeit eines nachhaltigen Lebensmittelsystems

Das Ernährungssystem steht oftmals im Zentrum der weltweiten Nachhaltigkeitsbemühungen, da es sowohl einen erheblichen Einfluss auf Umwelt und Gesellschaft hat, als auch stark von ihnen abhängig ist. Zudem kann das Ernährungssystem von jedem Einzelnen täglich beeinflusst werden – positiv wie negativ. Dies unterscheidet Konsumgüter wie Lebensmittel maßgeblich von Investitionsgütern (z. B. ein Auto, Unterhaltungselektronik etc.) und ermöglicht es Konsumentinnen und Konsumenten, die Folgen ihrer Entscheidungen laufend zu überdenken und ggf. anzupassen.

Zudem sind Landwirtschaft, Lebensmittelproduktion, Handel und Konsum untrennbar miteinander verknüpft und beeinflussen den Zustand der natürlichen Ressourcen und das Wohlergehen der Menschen. Die folgenden Ausführungen zum Einfluss des Ernährungssystems auf Umwelt und Gesellschaft sollen an dieser Stelle lediglich die wichtigsten Aspekte benennen; sie werden im Verlauf der nachfolgenden Kapitel ausführlicher beleuchtet.

Umweltbelastungen entlang der Wertschöpfungskette
Die verschiedenen Phasen der Lebensmittelwertschöpfung – von der landwirtschaftlichen Produktion über die Verarbeitung und den Handel bis hin zum Konsum – tragen jeweils auf unterschiedliche Weise zu den aktuellen Umweltproblemen bei. Die *Landwirtschaft* nimmt dabei eine Schlüsselrolle ein: Sie nutzt mehr als ein Drittel der weltweiten Landfläche [12, 37] und ist für etwa ein Viertel der globalen Treibhausgasemissionen verantwortlich [15]. Viehzucht und Düngung tragen maßgeblich zu Methan- und Lachgasemissionen bei (ebd.), während Entwaldung für den Anbau von Futtermitteln große Mengen an CO_2 freisetzt. Hinzu kommen erhebliche Eingriffe in natürliche Ökosysteme, die zum Verlust von Biodiversität führen [14], sowie ein enormer Wasserverbrauch, der in vielen Regionen Grundwasserspiegel absenkt und Wasserressourcen belastet. Die Bewässerung im Rahmen der Landwirtschaft macht etwa 70 % des globalen Süßwasserverbrauchs aus [11, S. V]. In vielen Regionen führt die Übernutzung von Wasserquellen zu Grundwasserversalzung und sinkenden Grundwasserspiegeln [41]. In Regionen mit Wasserknappheit ist eine effiziente Nutzung von Wasserressourcen durch Tröpfchenbewässerung und die Nutzung von Regenwasserspeichern daher wichtig [21]. Intensive landwirtschaftliche Praktiken wie Monokulturen und übermäßige Bodenbearbeitung führen zu Bodenerosion, Verlust von Bodenfruchtbarkeit und Versalzung [7]. Weltweit sind schätzungsweise 33 % der landwirtschaftlichen Böden degradiert [13, S. XIX]. Nachhaltige Bodenbewirtschaftungspraktiken wie Agroforstwirtschaft, Fruchtwechsel und reduzierte Bodenbearbeitung sind daher entscheidend für ein nachhaltiges Ernährungssystem [17]. Eine vielfältige Agrarlandschaft ist widerstandsfähiger gegen Schädlinge und Krankheiten und bietet wichtige Ökosystemleistungen wie Bestäubung und natürliche Schädlingsbekämpfung [36]. Der Schutz von Lebensräumen für Bestäuber und natürliche Feinde von Schädlingen ist daher unerlässlich.

Auch in der *Verarbeitung* und im *Handel* von Lebensmitteln entstehen Umweltbelastungen. Energieintensive Prozesse wie Kühlung und Verarbeitung tragen ebenso wie der globale Transport zu einem steigenden Ressourcenverbrauch und zu Emissionen bei. Der auf globalen Lieferketten aufbauende Lebensmittelhandel ermöglicht zwar eine größere Vielfalt von Lebensmitteln, führt aber auch zu Emissionen durch Transport und zu Abhängigkeiten von Importen [6] Verpackungsmaterialien sind eine weitere Herausforderung [23], da sie große Mengen an Abfällen erzeugen und nur unzureichend recycelt werden.

Der *Konsum* von Lebensmitteln eines und einer jeden Einzelnen hat erhebliche Auswirkungen auf die Nachhaltigkeit, da Verbraucherinnen und Verbraucher täglich Entscheidungen treffen, die Umwelt und Gesellschaft beeinflussen. Ein zentrales Problem ist die Lebensmittelverschwendung: Weltweit wird etwa ein Drittel der produzierten Lebensmittel weggeworfen, was nicht nur erhebliche Ressourcenverluste bedeutet, sondern auch die Emission von Treibhausgasen durch die unnötige Produktion, den Transport und die Entsorgung dieser Lebensmittel verursacht [10]. In Haushalten und der Außer-Haus-Verpflegung entsteht der Großteil dieser Abfälle, häufig aufgrund von Fehlplanungen, Überproduktion oder mangelndem Bewusstsein für Haltbarkeit und Verwertung. Schließlich verstärkt der Konsum tierischer Produkte sowie die hohe Präferenz für stark verarbeitete Lebensmittel die negativen Umweltauswirkungen [33] und erhöht gleichzeitig die Gesundheitsrisiken für viele Menschen.

Abhängigkeit von stabilen ökologischen Rahmenbedingungen

Das Ernährungssystem ist nicht nur Verursacher, sondern auch Opfer der Umweltkrisen, die es mitbeeinflusst. Der Klimawandel stellt eine der größten Bedrohungen dar: Steigende Temperaturen, veränderte Niederschlagsmuster und häufigere Extremwetterereignisse gefährden die landwirtschaftliche Produktion weltweit [19, 29, 34]. Studien zeigen, dass bereits eine Erhöhung der globalen Durchschnittstemperatur um 1 °C potenziell Ertragsrückgänge von rund 10 % bei wichtigen Kulturpflanzen wie Mais und Soja verursachen kann [16, 22]. Gleichzeitig sind gesunde Böden, eine ausreichende Verfügbarkeit von Wasser und die Bestäubung durch Insekten essenziell, um die langfristige Ernährungssicherheit zu gewährleisten. Doch all diese Ressourcen sind bereits stark belastet.

Soziale Verantwortung und Gerechtigkeit

Das aktuelle globale Ernährungssystem fördert oft Ungleichheiten und ist weder gerecht noch nachhaltig [18]. Kleinbäuerinnen und Kleinbauern sowie landwirtschaftliche Arbeitskräfte in vielen Ländern leiden unter Armut, unsicheren Arbeitsbedingungen und mangelndem Zugang zu Bildung und Infrastruktur [35]. Gleichzeitig haben nicht alle Menschen Zugang zu gesunden Lebensmitteln, was zu einer doppelten Bürde aus Unterernährung und Übergewicht führt [4]. Um diese Ungleichheiten abzubauen, ist ein grundlegender Systemwechsel auf allen Ebenen erforderlich. Ein gerechtes Ernährungssystem sollte faire Handelsbeziehungen, menschenwürdige Arbeitsbedingungen sowie die Sicherstellung von Ernährungssicherheit in den Mittelpunkt stellen [18].

Einige Ansätze zur Förderung von Gerechtigkeit im Ernährungssystem sind die Stärkung lokaler Wirtschaftssysteme und -kreisläufe der kleinbäuerlichen Landwirtschaft, die Förderung von Frauenrechten und die Stärkung der Interessen armer Bevölkerungsgruppen, die Umsetzung des Menschenrechts auf Nahrung für alle Menschen weltweit, die Förderung bäuerlicher, nachhaltiger und resilienter Landwirtschaft sowie die Schaffung von Anreizen für eine gesunde Ernährung aus nachhaltiger Produktion [4].

Bildung und Partizipation spielen eine wichtige Rolle bei der Förderung von Ernährungsgerechtigkeit. Schulen können durch ausgewogene Verpflegungsangebote und eine sozial- und kultursensible Gesundheitsförderung gegensteuern. Auch die Ernährungsbildung von Kindern und Jugendlichen kann zu mehr Gerechtigkeit beitragen [2].

Ein integrativer Ansatz für die Zukunft
Ein nachhaltiges Lebensmittelsystem ist entscheidend, um die globalen Herausforderungen des 21. Jahrhunderts zu bewältigen. Es erfordert einen Ansatz, der ökologische, soziale und ökonomische Aspekte gleichermaßen berücksichtigt und durch die Zusammenarbeit aller Akteure entlang der Wertschöpfungskette getragen wird. Nachhaltige landwirtschaftliche Praktiken wie Agroforstwirtschaft, Fruchtwechsel und ressourcenschonende Bewässerung spielen dabei eine zentrale Rolle. Ebenso sind effiziente Verarbeitung, ein nachhaltig agierender Handel und ein bewussterer Konsum unverzichtbare Bausteine. Bildung und Information schaffen die Grundlage, um Verbraucherinnen und Verbraucher in die Lage zu versetzen, nachhaltige und gesündere Entscheidungen zu treffen.

Technologische Fortschritte eröffnen neue Wege, um ein nachhaltiges Lebensmittelsystem zu fördern. Künstliche Intelligenz (KI) und digitale Technologien bieten beispielsweise präzise Werkzeuge zur Überwachung und Optimierung landwirtschaftlicher Prozesse. Mit KI-gesteuerter Landwirtschaft lassen sich Bewässerung, Düngung und Schädlingsbekämpfung gezielt steuern, wodurch Ressourcen effizienter genutzt und Umweltbelastungen minimiert werden. Auch Drohnen und Sensorik spielen eine wichtige Rolle, indem sie frühzeitig Probleme auf Feldern erkennen und nachhaltige Lösungen unterstützen.

Ein weiterer Lösungsansatz liegt in der Entwicklung und Verbreitung alternativer Proteinquellen wie pflanzlicher Fleischersatzprodukte oder Zellkulturen und Insekten, insbesondere als Futtermittel. Diese Innovationen haben das Potenzial, den hohen Ressourcenverbrauch und die Emissionen der konventionellen Viehzucht signifikant zu reduzieren. Gleichzeitig bieten sie Wege, die Ernährung der wachsenden Weltbevölkerung sicherzustellen, ohne die ökologischen Grenzen weiter zu überschreiten.

Die Rolle der Politik und ihre Hebel für ein nachhaltiges Lebensmittelsystem Die Transformation des Ernährungssystems erfordert auch systemische Ansätze, die über technologische Lösungen hinausgehen. Politische und wirtschaftliche Rahmenbedingungen müssen so gestaltet werden, dass sie nachhaltiges Handeln entlang der gesamten Wertschöpfungskette fördern. Dazu gehören Anreize für nachhaltige Produktion, Investitionen in regionale Versorgungskreisläufe und eine stärkere Förderung von Forschung und Innovation. Internationale Zusammenarbeit ist ebenso unerlässlich, um den globalen Charakter der Herausforderungen zu adressieren und gerechte Lösungen zu entwickeln.

Die Politik spielt eine zentrale Rolle bei der Transformation des Ernährungssystems hin zu mehr Nachhaltigkeit. Durch die aktive Gestaltung geeigneter Rahmenbedingungen kann sie Anreize schaffen, nachhaltige Praktiken in der Landwirtschaft, Verarbeitung, im Handel und beim Konsum zu fördern. Zu den wichtigsten Hebeln gehören die Subventionierung nachhaltiger landwirtschaftlicher Methoden und die Schaffung klarer Regulierungen für den Einsatz von Pestiziden, Düngemitteln und Wasserressourcen. Zudem kann die Politik durch gezielte Förderprogramme die Forschung und Entwicklung innovativer Technologien wie AgTech und alternative Proteine vorantreiben. Für letztere sind beispielsweise auch schnelle Zulassungsverfahren von Bedeutung, um eine zügige Marktdurchdringung zu fördern und damit über Mengeneffekte Kosten zu senken und somit die Attraktivität der Produkte für Konsumenten zu steigern.

Ein weiterer politischer Hebel liegt in der Reform von Handels- und Steuerpolitik. Zum Beispiel können Import- und Exportregelungen so angepasst werden, dass regionale Lebensmittelproduktion gefördert und Emissionen aus Transport reduziert werden. Gleichzeitig können progressive Besteuerungssysteme – wie die CO_2-Bepreisung oder Abgaben auf Lebensmittelverschwendung – umweltschädliche Praktiken weniger attraktiv machen. Umgekehrt kann über steuerliche Begünstigungen der Konsum von nachhaltigeren Lebensmitteln, etwa solchen mit einem geringeren ökologischen Fußabdruck, gefördert werden.

Auf Verbraucherseite sollte die Politik den Zugang zu gesunden und nachhaltigen Lebensmitteln erleichtern, etwa durch staatlich geförderte Bildungskampagnen oder verbindliche, einfache Kennzeichnungssysteme. Internationale Zusammenarbeit ist ebenso entscheidend, um globale Handelsbeziehungen fair und ökologisch nachhaltig zu gestalten sowie Entwicklungsländern bei der Anpassung an den Klimawandel zu unterstützen.

Die Politik hat damit die Möglichkeit, nicht nur Leitlinien für nachhaltige Systeme zu gestalten, sondern auch wirtschaftliche und soziale Dynamiken so zu lenken, dass sie die Transformation des Ernährungssystems langfristig sichern.

Ausblick auf die Themen des Buches
Das Buch beleuchtet diese und weitere Herausforderungen und Lösungsansätze aus verschiedenen Perspektiven. Im ersten Teil wird ein umfassender Überblick über die Wertschöpfungsstufen des Ernährungssystems und deren jeweilige Herausforderungen gegeben. Der zweite Teil widmet sich Querschnittsthemen wie dem Einfluss von Klima und Biodiversität auf das Ernährungssystem. Abschließend werden im dritten Teil konkrete Ansätze vorgestellt, die zu einer nachhaltigen Transformation des Ernährungssystems beitragen können. Alle Kapitel bieten vertiefte Einblicke und praxisnahe Beispiele, um die komplexen Zusammenhänge und möglichen Wege zu mehr Nachhaltigkeit aufzuzeigen.

Literatur

1. Ampofo, A. (2018). Das Unternehmen – ein Wirtschaftssubjekt eingebettet in seine Umwelt. In: *Betriebswirtschaftslehre für Umweltwissenschaftler*. Springer.
2. Bartsch, S., Büning-Fesel, M., Cremer, M., Heindl, I., Lambeck, A., Lührmann, P., Oepping, A., Rademacher, C., & Schulz-Greve, S. (2013). Ernährungsbildung – Standort und Perspektiven. *Ernährungs Umschau., 60*(2), M84–M95.
3. BLE. (2024). *Bestäuber*. https://www.genres.de/fachportale/mikroorganismen-und-wirbellose/bestaeuber#:~:Text=Viele%20Kulturpflanzen%20sind%20auf%20die,%E2%82%AC%20gesch%C3%A4tzt. Zugegriffen: 14. Mai 2024.
4. BMZ. (2020). *Ernährungssicherung*. https://www.bmz.de/de/entwicklungspolitik/ernaehrungssicherung. Zugegriffen: 02. Dez. 2024.
5. Burschel, C. J., Losen, D., & Wiendl, A. (2004). *Betriebswirtschaftslehre der Nachhaltigen Unternehmung*. Oldenbourg Wissenschaftsverlag.
6. Clapp, J. (2017). Food Self-Sufficiency: Making Sense of It, and When It Makes Sense. *Food Policy, 66*, 88–96.
7. Dachler, M. (2023). *Welternährung*. Status quo und Ausblick zur globalen Ernährungslage: Springer.
8. Elkington, J. (1998). *Cannibals with forks: The triple bottom line of 21st century business*. Wiley.
9. Faber, M., Manstetten, R. M., Frick, M., & Becker, M. (2023). *Nachhaltiges Handeln in Wirtschaft und Gesellschaft*. Orientierung für den Wandel: Springer.
10. FAO. (2011). *Global Food Losses and Food Waste – Extent, Causes and Prevention*. https://www.fao.org/3/mb060e/mb060e.pdf. Zugegriffen: 11. Dez. 2024.
11. FAO. (2020). *The state of food and agriculture. Overcoming water challenges in agriculture*. https://openknowledge.fao.org/server/api/core/bitstreams/6e2d2772-5976-4671-9e2a-0b2ad87cb646/content. Zugegriffen: 13. Mai 2024.
12. FAO. (2021). *Land use statistics and indicators. Global, regional and country trends 1990–2019*. https://openknowledge.fao.org/server/api/core/bitstreams/04f2740a-d8d2-40fa-8b08-4e0198e604b0/content. Zugegriffen: 13. Mai 2024.
13. FAO; ITPS. (2015). *Status of the World's Soil Resources: Main Report*. https://www.fao.org/3/i5199e/i5199e.pdf. Zugegriffen: 13. Mai 2024.
14. IPBES. (2019). *Global assessment report on biodiversity and ecosystem services of the Intergovernmental Science-Policy Platform on Biodiversity and Ecosystem Services*. IPBES.
15. IPCC. (2019). *Climate Change and Land: An IPCC Special Report*. https://www.ipcc.ch/srccl/. Zugeriffen: 13. Mai 2024.
16. Iizumi, T., Shiogama, H., Imada, Y., Hanasaki, N., Takikawa, H., & Nishimori, M. (2018). Crop production losses associated with anthropogenic climate change for 1981–2010 compared with preindustrial levels. *International Journal of Climatology, 38*(14), 5405–5417.
17. Lal, R. (2015). Restoring Soil Quality to Mitigate Soil Degradation. *Sustainability, 7*(5), 5875–5895.
18. Koerber, K. v. (2014). Fünf Dimensionen der Nachhaltigen Ernährung und weiterentwickelte Grundsätze – Ein Update. *Ernährung im Fokus, 14*(09–10), 260–266.
19. Lobell, D. B., Schlenker, W., & Costa-Roberts, J. (2011). Climate trends and global crop production since 1980. *Science, 333*(6042), 616–620.
20. Luks, F. (2002). *Nachhaltigkeit*. Europäische Verlagsanstalt.
21. Molden, D. (Hrsg.). (2007). *Water for Food, Water for Life: A Comprehensive Assessment of Water Management in Agriculture*. Earthscan. https://www.iwmi.cgiar.org/assessment/files_new/synthesis/Summary_SynthesisBook.pdf. Zugegriffen: 14. Mai 2024

22. Ortiz-Bobea, A., Ault, T. R., Carrillo, C. M., Chambers, R. G., & Lobell, D. B. (2021). Anthropogenic climate change has slowed global agricultural productivity growth. *Nature Climate Change, 11*(4), 306–312.
23. Parfitt, J., Barthel, M., & Macnaughton, S. (2010). Food Waste within Food Supply Chains: Quantification and Potential for Change to 2050. Philosophical transactions of the Royal Society of London. Series B. *Biological Sciences, 365*(1554), 3065–3081. https://doi.org/10.1098/rstb.2010.0126.
24. Pfennig, R., & Müller-Schoppen, E. (2018). Warum Nachhaltigkeit so schwierig ist. In *Nachhaltigkeitsmanagement für Führungskräfte (essentials)*. Springer Gabler.
25. Renn, O., Deuschle, J., Jäger, A., & Weimer-Jehle, W. (2007). *Leitbild Nachhaltigkeit*. Eine normativ-funktionale Konzeption und ihre Umsetzung: VS Verlag.
26. Richardson, K., Steffen, W., Lucht, W., Bendtsen, J., Cornell, S. E., Donges, J. F., Drüke, M., Fetzer, I., Bala, G., von Bloh, W., Feulner, G., Fiedler, S., Gerten, D., Gleeson, T., Hofmann, M., Huiskamp, W., Kummu, M., Mohan, C., Nogués-Bravo, D., ... Rockström, J. (2023). Earth beyond six of nine Planetary Boundaries. *Science Advances, 9*(37).
27. Rockström, J., Steffen, W., Noone, K., Persson, Å., Chapin, F. S. I. I. I., Lambin, E. F., Lenton, T. M., Scheffer, M., Folke, C., Schellnhuber, H. J., Nykvist, B., de Wit, C. A., Hughes, T., van der Leeuw, S., Rodhe, H., Sörlin, S., Snyder, P. K., Costanza, R., Svedin, U., & Foley, J. A. (2009). A safe operating space for humanity. *Nature, 461*, 472–475.
28. Rogall, H. (2004). *Ökonomie der Nachhaltigkeit*. Handlungsfelder für Politik und Wirtschaft: Springer.
29. Schewe, J., Heinke, J., Gerten, D., Haddeland, I., Arnell, N. W., Clark, D. B., Dankers, R., Eisner, S., Fekete, B. M., Colón-González, F. J., Gosling, S. M., Kim, H., Liu, H., Masaki, Y., Portmann, Y. T., Satoh, Y., Stacke, T., Tang, Q., Wada, Y., & Kabat, P. (2014). Multimodel assessment of water scarcity under climate change. *Proceedings of the National Academy of Sciences, 111*(9), 3245–3250.
30. Steffen, W., Richardson, K., Rockström, J., Cornell, S., Ingo, F., Bennett, E., Biggs, R., Carpenter, S., de Vries, W., de Wit, C., Folke, C., Gerten, D., Heinke, J., Mace, G., Persson, L., Ramanathan, V., Reyers, B., & Sörlin, S. (2015). Planetary boundaries: Guiding human development on a changing planet. *Science, 347*(6223), 1–41.
31. Stockholm Resilience Center. (2016). The SDGs wedding cake. https://www.stockholmresilience.org/research/research-news/2016-06-14-the-sdgs-wedding-cake.html. Zugegriffen: 15. Dez. 2024.
32. Stockholm Resilience Center. (2023). *Planetary Boundaries*. https://www.stockholmresilience.org/research/planetary-boundaries.html. Zugegriffen: 15. Dez. 2024.
33. Tilman, D., & Clark, M. (2014). Global Diets Link Environmental Sustainability and Human Health. *Nature, 515*(7528), 518–522.
34. Toreti, A., Deryng, D., Tubiello, F. N., Müller, C., Kimball, B. A., Moser, G., & Rosenzweig, C. (2023). Increased probability of hot and dry weather extremes during the growing season. *Nature Scientific Reports, 13*(1).
35. Toussaint, M., Cabanelas, P., & Muñoz-Dueñas, P. (2022). Social sustainability in the food value chain: What is and how to adopt an integrative approach? *Quality & Quantity, 56*, 2477–2500.
36. Tscharntke, T., Klein, A. M., Kruess, A., Steffan-Dewenter, I., & Thies, C. (2005). Landscape Perspectives on Agricultural Intensification and Biodiversity – Ecosystem Service Management. *Ecology Letters, 8*(8), 857–874.
37. Umweltbundesamt. (Hrsg.). (2013). *Global Landflächen und Biomasse. Nachhaltigkeit und ressourcenschonend nutzen*. https://www.umweltbundesamt.de/sites/default/files/medien/479/publikationen/globale_landflaechen_biomasse_bf_klein.pdf. Zugegriffen: 13. Mai 2024.

38. UN. (2015). *Transforming Our World: The 2030 Agenda for Sustainable Development.* https://sustainabledevelopment.un.org/post2015/transformingourworld/publication. Zugegriffen: 13. Mai 2024.
39. Von Carlowitz, H. C. (1713). *Sylvicultura Oeconomica oder haußwirthliche Nachricht und Naturmäßige Anweisung zur Wilden Baum-Zucht* (Reprint der 2. Aufl. Leipzig. Braun. 1732). Remagen-Oberwinter.
40. World Commission on Environment and Development. (1987). *Report of the World Commission on Environment and Development: Our Common Future.* https://sustainabledevelopment.un.org/content/documents/5987our-common-future.pdf. Zugegriffen: 14. Mai 2024.
41. WWAP (United Nations World Water Assessment Programme). (2024). *The United Nations World Water Development Report 2024: Water for prosperity and peace.* https://unesdoc.unesco.org/ark:/48223/pf0000388948. Zugegriffen: 13. Mai 2024.

Prof. Dr. Carolyn Hutter ist seit 2018 Professorin und Studiengangsleiterin im Bereich BWL-Food Management an der DHBW Heilbronn. Sie berät Unternehmen zu nachhaltigen Geschäftsstrategien und verfügt über umfangreiche Erfahrung im Bereich ESG/Nachhaltigkeit/CSR. Vor ihrer akademischen Tätigkeit leitete sie die Geschäftsstelle Nachhaltigkeit bei der Dr. Ing. h.c. F. Porsche AG und verantwortete als CSR-Leiterin bei Lidl Deutschland u. a. den ersten Nachhaltigkeitsbericht des Unternehmens. Sie ist Kuratoriumsmitglied des Deutschen CSR-Forums, Beirätin des Deutschen Instituts für Gemeinschaftsgastronomie und Mitglied im Beirat der newFOODeconomy der dfv Mediengruppe sowie beim Food Campus Berlin.

Teil I
Aspekte der Nachhaltigkeit auf den einzelnen Stufen der Food-Wertschöpfungskette

Nachhaltigkeit in der Lebensmittelwirtschaft ist ein vielschichtiges Zusammenspiel von Prozessen, Entscheidungen und Wechselwirkungen, die sich über die gesamte Wertschöpfungskette hinweg erstrecken. Sie beginnt bei der Erzeugung von Rohstoffen und reicht bis zum Verhalten der Endkonsumentinnen und -konsumenten. Keine Stufe dieses Prozesses agiert isoliert – jede Entscheidung, jede Maßnahme wirkt sich auf andere Bereiche aus und wird zugleich von ihnen beeinflusst. Ein tieferes Verständnis dieser Zusammenhänge ist entscheidend, um die komplexen Herausforderungen einer nachhaltigen Gestaltung zu bewältigen.

Die Wertschöpfungskette in der Lebensmittelwirtschaft kann daher als ein dynamisches System verstanden werden, in dem jede Stufe eine spezifische Rolle einnimmt und gleichzeitig im Kontext des Gesamtsystems betrachtet werden muss. Die Landwirtschaft bildet den Ausgangspunkt, indem sie die grundlegenden Ressourcen bereitstellt. Veränderungen in den Anbaumethoden oder der Ressourcennutzung beeinflussen nicht nur die Umwelt, sondern auch die Qualität und Verfügbarkeit von Lebensmitteln für nachgelagerte Stufen wie Produktion, Handel und Konsum.

In der Forschung und Entwicklung entstehen Visionen und Konzepte, die frühzeitig die Weichen für eine nachhaltigre Zukunft stellen. Innovative Technologien und Ansätze können dazu beitragen, Prozesse effizienter und umweltfreundlicher zu gestalten. Die Lebensmittelwirtschaft selbst steht dabei vor der Herausforderung, die steigende Nachfrage nach qualitativ hochwertigen Produkten mit der Notwendigkeit von Ressourcenschonung und Emissionsreduktion zu vereinen.

Handel und Vertrieb fungieren als Vermittler zwischen Produktion und Konsum. Sie haben nicht nur eine logistische Funktion, sondern tragen auch eine erhebliche Verantwortung bei der Förderung nachhaltigerer Produkte und Konsummuster, in dem sie ihre Sortimente entsprechend ausrichten und gestalten – sowohl was die angebotenen Produkte selbst, als auch deren Preise betrifft. Gleichzeitig wirkt der Handel zurück auf die Produktion, indem er durch Nachfrage- und Angebotsgestaltung Trends und Standards setzt.

Der Lebensmitteleinzelhandel und die Individual- und Gemeinschaftsgastronomie beeinflussen daher maßgeblich das Konsumverhalten. Die Art und Weise, wie Produkte präsentiert und angeboten werden, hat direkte Auswirkungen darauf, wie Nachhaltigkeit im Alltag wahrgenommen und umgesetzt wird. Dies reicht bis zu den privaten Haushalten, die durch bewusste Entscheidungen am Ende der Kette einen relevanten Beitrag zur Reduktion von Verschwendung und zur Förderung nachhaltigerer Konsummuster leisten.

Die Betrachtung der Wertschöpfungskette aus einer ganzheitlichen Perspektive zeigt, dass Nachhaltigkeit kein punktuelles Ziel ist, sondern ein Prozess, der nur durch die Zusammenarbeit und Abstimmung aller Akteure gelingen kann. Teil I dieses Buches beleuchtet die einzelnen Stufen der Kette und ihre wechselseitigen Abhängigkeiten, um die vielschichtige Dynamik dieses Systems sichtbar zu machen. Nur durch das Verständnis dieser Zusammenhänge können Strategien entwickelt werden, die langfristig ökologische, ökonomische und soziale Ziele vereinen und so den Weg in eine nachhaltige Zukunft ebnen.

Landwirtschaft 2

Die Wechselwirkung von Landwirtschaft und Konsum von Nahrungsmitteln und deren Auswirkungen auf die Umwelt

Jonas Weber

Zusammenfassung

Die moderne Nahrungsmittelproduktion steht vor erheblichen Herausforderungen, trotz technologischer Fortschritte und steigender Erträge. Die wachsende Weltbevölkerung und intensive landwirtschaftliche Praktiken führen zu einem hohen Bedarf an Ressourcen in der Produktion und zu einer zunehmenden Belastung der Umwelt. Das aktuelle Konsumverhalten und die steigende Nachfrage nach tierischen Produkten belasten „das System Nahrungsmittelproduktion" zusätzlich. Gleichzeitig verschärfen der Klimawandel und extreme Wetterereignisse die Bedingungen für die landwirtschaftliche Produktion. Um diesen Herausforderungen zu begegnen, gilt es sich die aktuelle Situation in der Landwirtschaft und der Nahrungsmittelproduktion zu vergegenwärtigen und die größten Problemfelder zu identifizieren. Zudem sind neue und bekannte Strategien zu Anpassungen der Produktion, aber auch des Konsumentenverhaltens notwendig, um eine nachhaltig verbesserte und umweltverträgliche Nahrungsmittelproduktion in der Landwirtschaft zu erreichen.

2.1 Entwicklung der Produktion von Nahrungsmitteln in der Landwirtschaft

Die Produktion von Nahrungsmitteln in der Landwirtschaft hat im Laufe der Geschichte eine beeindruckende Entwicklung durchlaufen. Von den Anfängen der menschlichen Zivilisation bis zur heutigen modernen Landwirtschaft hat sich die Art und Weise, wie

J. Weber (✉)
Duale Hochschule Baden-Württemberg (DHBW), Ravensburg, Deutschland
E-Mail: weber.j@dhbw-ravensburg.de

© Der/die Autor(en), exklusiv lizenziert an Springer Fachmedien Wiesbaden GmbH, ein Teil von Springer Nature 2025
C. Hutter (Hrsg.), *Food Management und Nachhaltigkeit,* SDG - Forschung, Konzepte, Lösungsansätze zur Nachhaltigkeit, https://doi.org/10.1007/978-3-658-47934-3_2

Nahrung angebaut, geerntet und verarbeitet wird, stark verändert. Die Geschichte der Landwirtschaft hat ihren Ursprung im Wechsel vom Nomadentum zur Sesshaftigkeit des Menschen vor mehreren tausend Jahren. Die Menschen begannen mit einfachen Methoden Pflanzen anzubauen und Tiere zu halten, um ihren Nahrungsmittelbedarf zu decken. Der Anbau von Nahrungsmitteln war mit viel Handarbeit verbunden und der Erfolg war stark von den natürlichen Gegebenheiten abhängig. Mit der Zeit entwickelten sich jedoch fortschrittlichere Techniken und Werkzeuge, die es ermöglichten, effizienter zu arbeiten und größere Mengen an Nahrungsmitteln zu produzieren [24]. Damit änderte sich die Erzeugung von Nahrungsmitteln vom Zweck der Selbstversorgung hin zu einem Beruf mit dem Ziel, Lebensmittel für Dritte herzustellen.

Im Laufe der Industrialisierung im 18. und 19. Jahrhundert wurden weitere Technologien in die Landwirtschaft eingeführt. Maschinen wie Dampftraktoren, Sämaschinen und Mähdrescher erleichterten die Arbeit auf den Feldern und erhöhten die Produktivität erheblich. Im 20. Jahrhundert setzte sich der Trend zur Industrialisierung und Mechanisierung in der Landwirtschaft fort. Mit der „Grünen Revolution" Mitte des 20. Jahrhunderts wurden synthetische Dünger und chemische Pflanzenschutzmittel verfügbar, was zu einer Steigerung der Erträge insbesondere in Mitteleuropa und Nordamerika führte [18]. Neben den Düngemitteln und dem Pflanzenschutz sowie der gestiegenen Präzision im Anbau durch den Fortschritt in der Agrartechnik trug die Pflanzenzucht zur Steigerung und Kontinuität der Erträge bei. Dies führte unter anderem dazu, dass ein landwirtschaftlicher Betrieb in Deutschland im Jahr 1960 im Durchschnitt bereits 17 Personen ernährte. In den zurückliegenden sechs Jahrzehnten wurden insbesondere die Anbausysteme weiter optimiert. Parallel führte die Weiterentwicklung der Maschinen zu einer Steigerung der Flächenleistung. Im Jahr 2021 versorgte eine Landwirtin oder ein Landwirt in Deutschland im Durchschnitt 139 Personen ([3], siehe Abb. 2.1).

Dies unterstreicht die dynamische Entwicklung hinsichtlich der Erträge und die Effizienzsteigerung in der Landwirtschaft aufgrund der oben aufgeführten Faktoren. In den letzten Jahrzehnten stiegen gleichzeitig die Bedenken hinsichtlich der Umweltauswirkungen und Nachhaltigkeit einer produktionsorientierten Landwirtschaft [20]. Daher entstanden parallel alternative Formen wie der ökologische Landbau, welche den Schutz der Umwelt und die Erhaltung der natürlichen Ressourcen bei der Produktion von Nahrungsmitteln in den Fokus stellt. Dies bedeutet ein reduziertes Ertragsniveau, welches im Zusammenhang mit dem (steigenden) Bedarf an Nahrungsmitteln kritisch diskutiert wird (siehe Kap. 19).

2.1.1 Nutzung der landwirtschaftlichen Flächen

Die Oberfläche des Planeten ist zu etwa 70 % mit Wasser bedeckt. Auf der verbleibenden Landfläche stehen circa 1,6 Mrd. Hektar als Ackerfläche zur Verfügung, auf welchen die direkte Produktion von Nahrungsmitteln möglich ist. Im Vergleich zu 1960 wurden die

Abb. 2.1 Wie viele Menschen ernährt eine Landwirtin oder ein Landwirt?. (Quelle: BZL (2023) [3])

Flächen um etwa 200.000 Hektar ausgeweitet [13]. Es ist zu berücksichtigen, dass es sich hierbei um eine „Netto-Ausweitung" handelt. Aufgrund der Versalzung, Degradation, Verarmung von Böden und der Ausdehnung der Wüstenflächen kommt es kontinuierlich zu einer Reduktion der Ackerfläche, welche über die Rodung von Wäldern oder die Umwandlung von Grünlandflächen ausgeglichen wird. Hinzu kommt der Bedarf für Siedlungs- und Verkehrsflächen, während gleichzeitig der Anteil an Ackerfläche in den letzten sieben Jahrzehnten erhöht wurde. Ackerflächen, welche aus oben genannten Gründen aus der Produktion fallen, sind in der Regel nicht weiter nutzbar und bieten qualitativ unzureichenden Lebensraum. Flächen, welche wiederum zu Ackerland umgewandelt werden, zeigen in der vorherigen Nutzung (Wald oder Grünland) ein hohes Maß an Biodiversität und Lebensraumqualität. Dies führt zwangsläufig zu einer Reduktion und Verarmung der Lebensräume (siehe Kap. 11).

2.1.2 Produktion von Nahrungsmitteln in der Landwirtschaft

Die Erde zeigt auf der Nordhalbkugel einen höheren Anteil an Landmasse, somit ist die Produktion von Nahrungsmitteln in der nördlichen Hemisphäre absolut betrachtet höher. Die großen Produzenten der wichtigsten Agrarrohstoffe Mais, Weizen und Reis sind China, die USA und Indien [15]. All diese Länder bzw. Regionen liegen auf der Nordhalbkugel. In den USA, der EU und in einigen Regionen Chinas ist zudem ein hohes Maß an Technologisierung in der Produktion vorzufinden. Diese Faktoren lassen vermuten, dass die aufgeführten Nationen mithilfe einer technologischen und modernen Landwirtschaft in Kombination mit einer optimierten Düngung und einem hoch entwickelten Pflanzenschutz die Ernährung der Welt sicherstellen könnten. Die Studie von Groier et al. (2018 [19]) zeigt hingegen, dass über die Hälfte der Nahrungsmittel auf unserem Planeten von Kleinbäuerinnen und Kleinbauern mit einer Anbaufläche von unter 10 Hektar produziert werden. In den Entwicklungsländern selbst werden über 80 % der Nahrungsmittel wie Getreide, Hülsenfrüchte und Gemüse von Kleinbäuerinnen und Kleinbauern erzeugt [12, 19]. Damit wird deutlich, dass die Sicherstellung der weltweiten Nahrungsmittelproduktion nicht allein auf der industrialisierten Landwirtschaft fußt.

In den Industrienationen werden mithilfe der Technologien, dem chemischen Pflanzenschutz und systematisch hergestellten Düngern hohe und meist prognostizierbare Erträge erwirtschaftet. Die Verlässlichkeit der Erntemengen leidet jedoch deutlich unter den veränderten klimatischen Bedingungen. Hierbei ist nicht die absolute Veränderung von Temperatur oder Wasserverfügbarkeit besonders kritisch, sondern die Zunahme von Witterungsextremen, welche die Ernten erheblich gefährden können. Aus diesen hohen Produktionsleistungen wird häufig der Rückschluss gezogen, dass die Industrienationen die Welt ernähren. Eine Reduktion der Produktionsintensität zugunsten von Biodiversität, Umweltschutz oder Klimaschutz widerspricht dem Ziel, das Maximum an Nahrungsmitteln zu produzieren und die (wachsende) Weltbevölkerung bei begrenzter Verfügbarkeit von Ackerflächen zu ernähren. Die Bundesrepublik Deutschland verfügt beispielsweise über 11,7 Mio. Hektar Ackerland und ca. 4,7 Mio. Hektar Grünland [8]. Dabei wird deutlich, dass im Vergleich zum globalen Mittel der Anteil an Ackerflächen mit ca. 75 % deutlich höher ist (global sind 1/3 der Agrarfläche Ackerland). Diese Differenzierung ist hinsichtlich der in der Landwirtschaft hergestellten Produkte und dem Effekt auf den Selbstversorgungsgrad, den Import und Export von Agrargütern wichtig. Aufgrund des hohen Anteils an Ackerfläche und der günstigen klimatischen Bedingungen wäre zu erwarten, dass Deutschland eine hohe Bedeutung bei der Produktion von Nahrungsmitteln für die lokale und globale Bevölkerung zukommt. Dabei exportiert die Bundesrepublik insbesondere tierische Produkte an Drittländer (siehe Abb. 2.2 und 2.3).

Hierbei gilt es zu berücksichtigen, dass für die Erzeugung dieser Produkte Rohstoffe importiert werden. Nach Abzug der Exporte bleiben ca. sieben Millionen Hektar Ackerfläche, welche zur direkten und indirekten Nahrungsmittelerzeugung nach Deutschland importiert werden [31]. Am Beispiel der Anbausituation in Deutschland wird deutlich, dass nicht die Industrienationen die Ernährung der Weltbevölkerung sicherstellen. Vielmehr sind es die bereitgestellten Rohstoffe aus den Entwicklungs- und Schwellenländern, welche zu dem Überangebot und somit dem Export von Nahrungsmitteln in den Industrienationen (hier am Beispiel von Deutschland) führen.

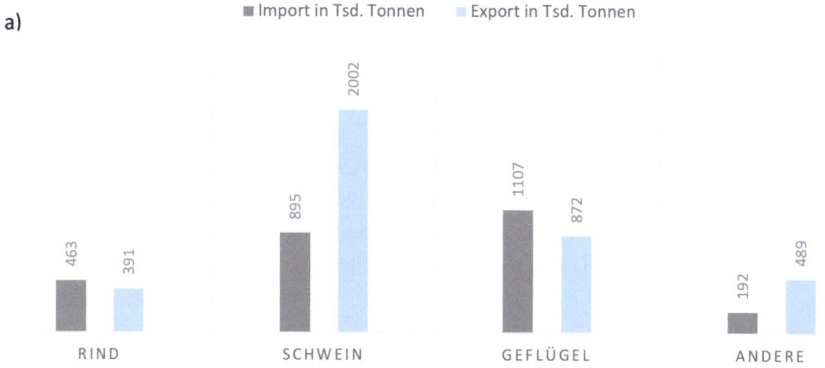

Abb. 2.2 Außenhandel von Fleischprodukten in Tausend Tonnen in Deutschland mit Fleisch 2023. (Quelle: eigene Darstellung mit Daten aus BLE (2023) [4])

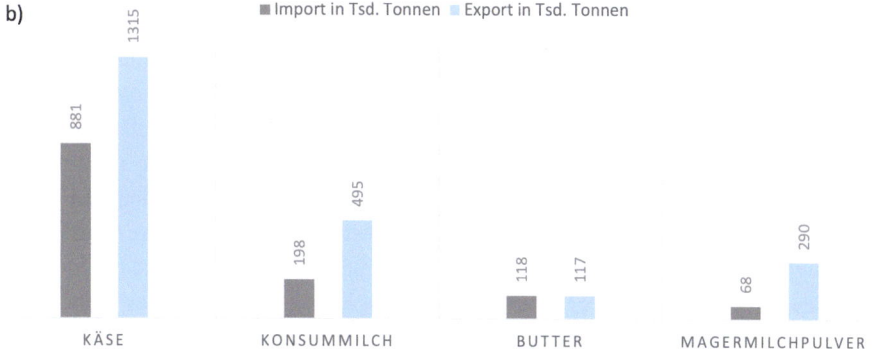

Abb. 2.3 Außenhandel von Milchprodukten in Tausend Tonnen in Deutschland. (Quelle: eigene Darstellung mit Daten aus BLE (2023) [5])

2.2 Verfügbarkeit und Verteilung von Nahrungsmitteln

Im Jahr 2022 waren 735 Mio. Menschen unterernährt, was in etwa 9 % der Bevölkerung entspricht [27]. Statistisch stirbt alle zehn Sekunden ein Mensch an den Folgen von Hunger [26]. In den vergangenen drei Jahrzehnten ist der Anteil der Hungernden zurückgegangen, jedoch steigt die Problematik der Mangelernährung (einseitige Ernährungsweise sowie Mangel an bestimmten Nährstoffen) [27]. Gleichzeitig ist die Zahl der Menschen mit Fettleibigkeit von 990 Mio. Menschen in 2020 auf aktuell etwa 1,25 Mrd. Menschen angestiegen [28]. Insbesondere in Schwellenländern ist eine drastische Verschiebung von Hunger hin zur Fettleibigkeit und Fehlernährung zu beobachten (siehe Kap. 13).

Als Ausgangssituation für die Nahrungssicherung stehen Ackerflächen von 1,6 Mrd. Hektar weltweit zur Verfügung. Wird diese Zahl durch die Weltbevölkerung von acht Milliarden geteilt, ergibt sich eine durchschnittliche Ackerfläche von 2000 m^2, die jeder Person auf dem Globus zur Verfügung steht. Wird die Anbaufläche der jeweiligen Agrarkulturen ebenfalls durch die Personenanzahl geteilt, ergibt sich der Anteil jeder Kultur pro Person. Damit ergibt sich eine Fläche von ca. 450 m^2 mit Getreide, 274 m^2 mit Mais, 224 m^2 mit Reis, 152 m^2 mit Soja und so weiter für jede Person [35]. Abb. 2.4 stellt schematisch dar, welchen Anteil der Fläche die landwirtschaftlichen Kulturen oder Pflanzengruppen einnehmen. Dabei ist deutlich zu sehen, dass wenige Pflanzen oder Pflanzengruppen einen großen Teil der Fläche ausmachen. Wird die globale Durchschnittsernte von beispielsweise Reis (4,6 t je Hektar) [29] zugrunde gelegt, ergibt sich eine Ernte von 110 kg Reis pro Person und Jahr, was einer Tagesration von etwa 280 g entspricht. An diesem Beispiel wird schnell klar, dass die pro Kopf erzeugte Menge an Reis rein rechnerisch – und praktisch – ausreichend ist. In Kombination mit den zu erwartenden Ernteprodukten der restlichen Fläche, die jeder Person zur Verfügung steht, ist die Sicherstellung von Nahrungsmitteln gewährleistet. Dies steht im Widerspruch zu den Zahlen zur Mangelernährung und Hungertoten.

Hintergrund für diese Diskrepanz sind zum einen eine ungleiche Verteilung, zum anderen jedoch eine ineffiziente Verwendung der erzeugten Produkte, insbesondere über die Fütterung von Tieren. In Deutschland werden zwischen 60 und 65 % der auf den Ackerflächen produzierten Rohstoffe zur Fütterung von Tieren eingesetzt. Weitere sieben Prozent werden für die Erzeugung von Energie verwendet. Die auf den verbleibenden Flächen erzeugten Nahrungsmittel dienen dem direkten Konsum [35]. Diese Nahrungsmittel werden lediglich zu zwei Dritteln vom Konsumenten aufgenommen, während ein Drittel der erzeugten Nahrungsmittel weggeworfen wird (siehe Kap. 12 und 22). Dies führt zu einer deutlichen Reduktion an verfügbaren Nahrungsmitteln pro Person.

Aufgrund dieser Zusammenhänge sollte darüber nachgedacht werden, wie die auf Ackerflächen produzierten Güter wirkungsvoll eingesetzt werden könnten. Neben der Reduktion der Lebensmittelverschwendung und der Produktion von Rohstoffen für die energetische und industrielle Nutzung nimmt die Produktion von Tierfutter einen hohen

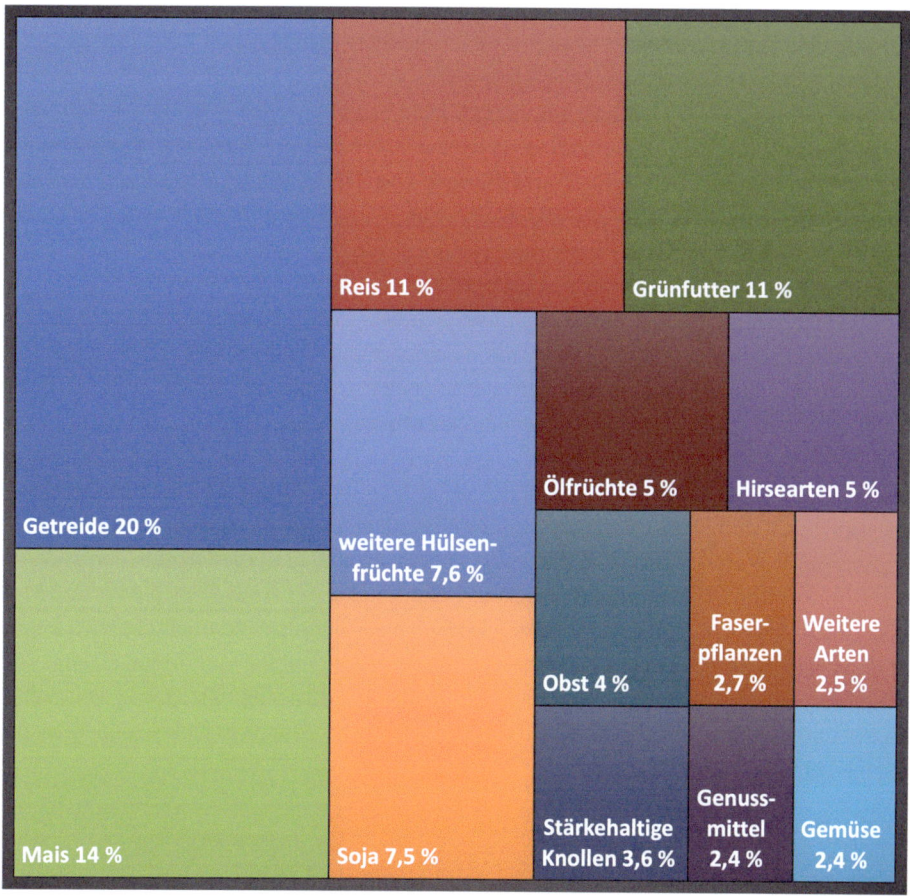

Abb. 2.4 Schematische der globalen Flächenanteile der bedeutendsten landwirtschaftlichen Kulturpflanzen oder Pflanzengruppen. Getreide = Weizen-Arten, Gerste, Roggen, Hafer, Triticale; Grünfutter = Kleearten, Ackergräser und Luzerne; Ölfrüchte = Raps, Sonnenblumen und Lein; weiter Hülsenfrüchte = Bohnenarten, Erbsen, Linsen, Kichererbsen, Lupine, Erdnuss; Obst = alle Obstarten; Faserpflanzen = Baumwolle und Faserlein; Stärkehaltige Knollen = Kartoffel, Maniok, Yams; Genussmittel = Zuckerpflanzen und Tabak; Gemüse = Tomate, Zwiebel, Gurke, Kürbis, Melone, Süßkartoffel. (Quelle: eigene Darstellung mit Daten aus Weltacker (2024) [35])

Flächenanteil in Anspruch. Im Jahr 2020 liegt der durchschnittliche Konsum an Fleisch pro Person in Deutschland bei etwa 79 kg (inkl. Tierfutter), weltweit waren es 43 kg pro Person [9]. Eine Reduktion von tierischen Produkten in der Ernährung würde den Flächenbedarf senken (siehe Kap. 18).

Die Nachfrage an Fleisch- und Milchprodukten ist in den letzten Jahren stark gewachsen. Das steigende Durchschnittseinkommen und die zunehmende Urbanisierung in Entwicklungs- und Schwellenländern führt zu einer Veränderung der Essgewohnheiten

[33]. Tierische Nahrungsmittel wie Fleisch und Milchprodukte werden mit einem höheren sozialen Status und einer besseren Lebensqualität gleichgesetzt [25]. Der steigende Bedarf an tierischen Produkten bringt eine Intensivierung der Tierhaltung in der Landwirtschaft mit sich. Die Tierhaltung hat einen höheren ökologischen Fußabdruck verglichen zu einer rein pflanzlichen Ernährung, insbesondere wenn die Tiere mit Produkten von Ackerflächen gefüttert werden. Die Ernährung von Tieren führt unweigerlich zu einem Energieverlust, da die Tiere das zugeführte Futter nicht ohne Verlust in tierische Produkte wie Milch, Eier oder Fleisch umsetzen können. Es ergibt sich hierbei ein tierart- und produktionsspezifischer Wirkungsverlust. Abb. 2.5 zeigt die erzeugten Kalorien bei einem Hektar Kartoffeln, Weizen, Soja und Gemüse. Dabei können jeweils zwischen 17 und fünf Menschen rein rechnerische mit ausreichenden Kalorien pro Jahr versorgt werden. Wird auf einem Hektar Land Tierfutter angebaut, können die entstandenen tierischen Nahrungsmittel den Kalorienbedarf von circa zwei Menschen decken [32].

Gleichzeitig ist zu berücksichtigen, dass bei der Produktion von Nahrungsmitteln auf Ackerflächen immer Reststoffe anfallen, welche nicht für die direkte menschliche Ernährung geeignet sind. Hinzu kommt, dass insbesondere im Ökolandbau eine Rotation der angebauten Kulturen auf Ackerflächen angestrebt wird, um die Fruchtbarkeit der Böden zu erhalten und Krankheiten zu unterdrücken. Daher kann es in Anbausystemen erforderlich sein, auf Ackerflächen zeitweise Kulturen anzubauen, die nicht der menschlichen Ernährung dienen. Wird über einen längeren Zeitraum immer dieselbe Kulturpflanze angebaut, ergibt sich ein einseitiger Nährstoffentzug im Boden. Zudem steigt die Gefahr von Schädlingen und Krankheiten und der Aufwand hinsichtlich Pflanzenschutzes und Düngung erhöht sich (siehe Kap. 19).

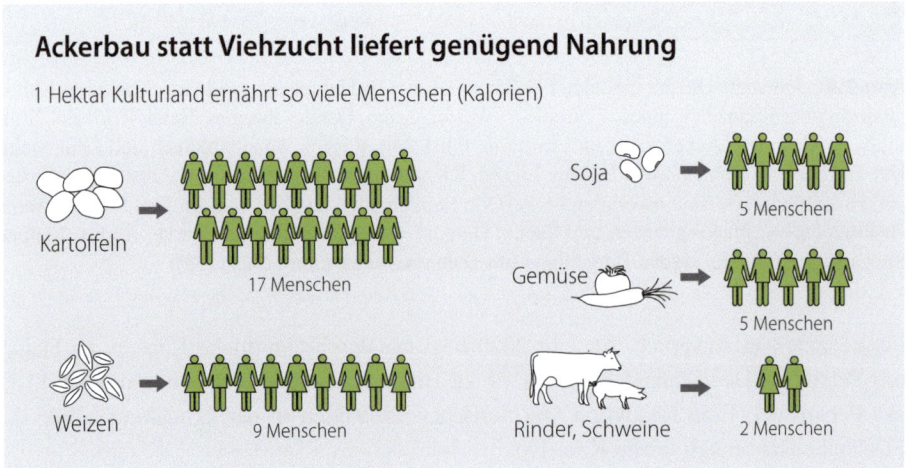

Abb. 2.5 Ein Hektar Ackerland mit Kartoffeln, Weizen, Soja und Gemüse oder Tierfutter deckt den Kalorienbedarf von 2 bis 17 Personen pro Jahr. (Quelle: Umweltstiftung (2019) [32])

Gleichzeitig gilt es, die Ressourcen, die in der Landwirtschaft eingesetzt werden, maximal effizient zu verwenden. Entscheidend ist eine systemische Betrachtung, welche die Produktion mit allen Nebeneffekten möglichst umfänglich abgebildet. Untersuchungen haben gezeigt, dass sehr intensive und sehr extensive Produktion von landwirtschaftlichen Gütern oftmals mit einem hohen CO_2-Fußabdruck pro erzeugtem Produkt einhergeht. Bei sehr intensiven Systemen entstehen hohe Emissionen, insbesondere aufgrund des intensiven Einsatzes von Ressourcen (Betriebsmittel, Futtermittel, etc.). Bei sehr extensiven Produktionssystemen „verteilt" sich der eingebrachte Input an Ressourcen auf verhältnismäßig wenige Endprodukte, was letztendlich ebenfalls zu einem erhöhten CO_2-Fußabdruck führen kann [36]. Beispielsweise zeigt eine Hochleistungsmilchviehrasse einen geringen CO_2-Fußabdruck pro produzierter Einheit Milch. Das Kalb dieser Kuh hat jedoch eine geringe Fleischausbeute, was einen hohen CO_2-Fußabdruck pro Einheit Fleisch bedeutet und im Extremfall die Fleischproduktion unrentabel werden lässt. Dem entgegen stehen sogenannte Fleischrassen, welche nicht für die Milchproduktion geeignet sind, jedoch schnell an Gewicht zunehmen und somit einen guten Fußabdruck pro produziertem Kilogramm Fleisch haben. Eine Kuh einer sogenannten „Zweinutzungsrasse" produziert weniger Milch pro eingesetzter Einheit Futtermittel und hat somit einen höheren CO_2-Fußabdruck pro kg Milch verglichen zur Milchleistungsrasse. Das Kalb der Zweinutzungskuh kann zur Fleischproduktion herangezogen werden, hat jedoch verhaltene Zunahmen pro Tag und somit einen schlechten CO_2-Fußabdruck, verglichen zum Kalb der Fleischrasse aber einen guten CO_2-Fußabdruck verglichen zum Kalb der Milchviehrasse. Berücksichtigt werden muss hierbei, dass bei der Zweinutzungsrasse eine Kuh und ein Kalb benötigt werden. Im System der Fleischrasse sind es eine Kuh und ein Kalb und im System der Milchrasse ebenfalls eine Kuh und ein Kalb. Somit müsst bei der Berechnung des CO_2-Fußabdrucks von Milch und Fleisch gemittelt und durch die Anzahl der benötigten Tiere und Ressourcen geteilt werden. Die Untersuchung von Dentler et al. (2020 [7]) zeigt, dass die Zweinutzungsrassen bei einer Betrachtung der Milch- und Fleischproduktion gemittelt den besseren CO_2-Fußabdruck verglichen zu den hocheffizienten Milch- und Fleischrassen aufweisen. Dieses Beispiel – welches hier nicht vollumfänglich dargestellt ist – zeigt, dass diese Betrachtungen äußerst komplex und abhängig von vielen Faktoren und Rahmenbedingungen sind. Daher sind pauschale Aussagen nur schwer abzugeben. Sofern die Futtermittel auf Flächen entstehen, welche für den direkten menschlichen Verzehr geeignet sind, ist die Produktion von tierischen Nahrungsmitteln kritisch zu sehen und verursacht eine Konkurrenzsituation zwischen Trog und Teller. Die Verwendung und somit Veredelung von Restprodukten aus der Erzeugung pflanzlicher Lebensmittel in der Tierfütterung ist hingegen sinnvoll. Alternativ kann über eine stoffliche Verwertung dieser Nebenprodukte zu beispielsweise Biogas nachgedacht werden.

2.3 Die Rolle der Grünlandflächen in der Nahrungsmittelerzeugung

Rund 2,2 Mio. Hektar der Landflächen des Globus sind sogenanntes Dauergrünland [14]. Darunter sind Wiesen und Weiden, sowie Steppen und Savannen zu verstehen. Diese Flächen nehmen somit zwei Drittel der landwirtschaftlich genutzten Fläche ein und werden nicht direkt zum Anbau von Nahrungsmitteln verwendet. Durch eine Umwandlung der Flächen in Ackerland könnten diese zur Erzeugung von Nahrungsmitteln genutzt werden. Eine solche Umwandlung ist jedoch aus mehreren Gründen kritisch zu sehen und teilweise aufgrund der natürlichen Gegebenheiten nicht möglich. Beispielsweise kann eine starke Hangneigung eine Bodenbearbeitung und somit den Anbau von Ackerkulturen erschweren und verhindern.

Grünlandflächen erfüllen wichtige sozioökonomische Funktionen. Die Artenvielfalt auf Grünlandflächen ist sowohl im floristischen als auch im faunistischen Bereich im Vergleich zu Ackerflächen in verwandten Naturräumen erhöht. Zudem sind die Grünlandflächen Lebensraum für Tiere und Pflanzenarten, die auf Offenland spezialisiert sind (Orchideenarten, verschieden Reptilien und Insekten). Außerdem weisen Böden unter Grünland in der Regel einen höheren Kohlenstoffgehalt auf als Ackerland ([10], S. 19). Dies liegt daran, dass der Boden nicht bearbeitet wird und meist dauerhaft bzw. ganzjährig bewachsen ist. Beide Faktoren wirken dem Abbau von organischer Masse im Boden entgegen und sorgen für einen erhöhten Kohlenstoffgehalt im Boden. Bei einer Umwandlung zu Ackerland wird der Kohlenstoff durch die Bodenbearbeitung teilweise in CO_2 umgewandelt und gelangt in die Atmosphäre. Umgekehrt kann mit der Umwandlung von Ackerland zu Dauergrünland eine Anreicherung an Kohlenstoff im Boden und somit ein Entzug von CO_2 aus der Atmosphäre erreicht werden.

Grünland ist oftmals auf schwer nutzbaren Flächen anzutreffen, welche z. B. eine geringe Bodenauflage aufweisen. Dies bedeutet, dass bereits nach wenigen Zentimetern Boden eine Gesteinsschicht vorherrscht, wodurch diese Flächen für eine ackerbauliche Nutzung nicht attraktiv sind. Zudem erfüllen Grünlandflächen in Regionen wie bspw. dem Allgäu oder dem Südschwarzwald ästhetische Funktionen und prägen das Landschaftsbild. Aus diesen Gründen ist es von hoher Relevanz, Grünlandflächen nicht in Ackerland umzuwandeln. In der EU existiert seit 2005 ein Verbot hinsichtlich der Nutzungsänderung von Grünlandflächen zu Ackerland [1].

Die natürlichen Gegebenheiten, unter denen Grünland anzutreffen ist, sind äußerst vielfältig. In nährstoffarmen Regionen mit saisonalen Niederschlägen und extremen Witterungsbedingungen sind Grünlandflächen vorzufinden, wie auch unter günstigen Witterungsbedingungen mit geringen saisonalen Schwankungen und kontinuierlich hoher Wasserverfügbarkeit. Auf letzteren können hohe Biomasseerträge auf Grünlandflächen erzielt werden, was hochwertiges Futter für Tiere (insbesondere Wiederkäuer) liefert. Grünlandflächen sind durch Nutzung intakt zu halten. Bleibt die Nutzung aus, verbuschen diese Flächen und eine Wald-Vegetation setzt sich durch. Wälder erfüllen ebenfalls eine

Vielzahl von positiven Effekten hinsichtlich Umweltschutzes (CO_2-Senke, Lebensraum, etc.), die Artenvielfalt ist in Wäldern im Vergleich zu Grünland jedoch oft reduziert. Eine Veränderung der aktuellen (bzw. historischen) Flächennutzung stellt daher einen massiven Eingriff in die bestehenden Ökosysteme dar. Deshalb gilt es, Wald- und Grünlandflächen nicht in Ackerland umzuwandeln.

Letztendlich ist der Verzehr von tierischen Produkten hinsichtlich einer tolerierbaren Auswirkung auf unsere Umwelt und die Verfügbarkeit von Nahrungsmitteln vertretbar, wenn bei der Erzeugung der tierischen Produkte ausschließlich Reststoffe aus der Nahrungsmittelerzeugung und Aufwüchse von Grünlandflächen eingesetzt werden. Gleichzeitig deutet eine Vielzahl an Studien darauf hin, dass der Verzehr von tierischen Produkten allgemein gesenkt werden muss, um eine nachhaltige Ernährungssicherung zu gewährleisten [23, 34, 36].

2.4 Effekte der Nahrungsmittelproduktion auf die Umwelt

Der anthropogene Klimawandel basiert hauptsächlich auf der Emission von Treibhausgasen, Kohlendioxid (CO_2), Methan und Lachgas. Jedes dieser Gase hat unterschiedliche Treibhauspotenziale und verweilt unterschiedlich lange in der Atmosphäre [21]. Methan und Lachgas sind zum Beispiel wesentlich wirksamer als Kohlendioxid in Bezug auf ihre klimatischen Auswirkungen. Seit Beginn der Industrialisierung nimmt die Konzentration dieser Gase in der Atmosphäre kontinuierlich zu [22]. Durch die Emissionen in der Produktion ist die Landwirtschaft mitverantwortlich für den Klimawandel (siehe Kap. 10). Gleichzeitig kann Kohlenstoff bei gewissen Bewirtschaftungsformen (z. B. reduzierte Bodenbearbeitung) aus der Atmosphäre gebunden werden. Die in der Landwirtschaft angebauten Kulturpflanzen speichern zusätzlich Kohlenstoff, welcher aufgrund der anschließenden Nutzung der Pflanzen meist wieder emittiert wird. Dabei ist diese Emission im Zusammenhang mit der vorangegangenen Fixierung als Kreislauf zu sehen. Wird von Rindern Methan ausgestoßen, so wurde vorher durch das Wachstum der Gräser CO_2 aus der Atmosphäre fixiert. Das Methan zerfällt nach ca. 12 Jahren in der Atmosphäre wieder zu CO_2. Damit lässt sich bei einer gleichbleibenden Anzahl von Wiederkäuern und Equiden[1] kein zusätzlicher negativer Effekt auf das Klima erwarten. Eine Reduktion der Nutztiere würde eine geringere Emission bedeuten, dabei muss jedoch berücksichtigt werden, dass die Grünlandflächen nur über Wiederkäuer genutzt werden können und bei einer Aufgabe der Bewirtschaftung negativ hinsichtlich CO_2 Speicher-Potenzial und Biodiversitätseffekte entwickeln würden (siehe Abschn. 2.3) [16]. In Deutschland ist die Landwirtschaft nach dem Bereich Energie die größte Quelle von Treibhausgasen [30]. Die Bundesregierung hat im „Klimaschutzplan 2050" [6] das Ziel festgelegt, die Treibhausgasemissionen bis zur Mitte des Jahrhunderts um 80 bis 95 % gegenüber 1990 zu reduzieren. Der Plan beinhaltet erstmals spezifische Minderungsziele für Treibhausgase

---

[1] Pferde, Esel und Zebras.

in der Landwirtschaft und schreibt Maßnahmen wie die Begrenzung des Einsatzes von organischem Dünger und den Schutz von Grünland und Mooren vor, die ebenfalls zur Klimaschutzstrategie beitragen [6]. Zur Erreichung dieser Ziele ist eine sinnvolle Nutzung der Grünlandflächen, eine reduzierte Verwendung von Produkten der Ackerflächen in der Tierfütterung und eine CO_2-Akkumulation in den Boden über Humusaufbau oder die Wiedervernässung von Moorflächen notwendig. Diese Änderungen in der Bewirtschaftung stellen die landwirtschaftlichen Betriebe vor große Herausforderungen und müssen gesellschaftlich und politisch begleitet werden. Dabei gilt es, die Produktion und den Konsum von lokal produzierten Nahrungsmitteln stärker in Wert zu setzen. Lokale Produktionssysteme mit einem Fokus auf eine hohe Ressourceneffizienz und eine Speicherung von CO_2 über die Bewirtschaftungsform mit kurzen Transportwegen ermöglichen eine emissionsarme Produktion und somit auch Konsum von Nahrungsmitteln. Mit einem Fokus auf diese Punkte lässt sich eine Reduktion der negativen Effekte der Produktion von Nahrungsmitteln auf die Umwelt erzielen.

2.5 Mögliche zukünftige Entwicklung der Nahrungsmittelproduktion

Vor dem Hintergrund des Klimaschutzes und der begrenzten Verfügbarkeit einiger Ressourcen (z. B. Ackerland, Beregnungswasser, Phosphor) ist es bei der Produktion von Agrargütern entscheidend, den Fokus auf eine Steigerung der Effizienz und nicht auf eine Steigerung der maximal möglichen Produktionsmenge zu legen. Insbesondere in den Industrienationen gilt es, durch den Einsatz neuer Technologien wie Roboter und KI-Systeme eine Steigerung der Ressourceneffizienz zu erzielen. Beispielsweise sind Kameras an Pflanzenschutzsprühgeräten mithilfe eines Algorithmus bereits heute in der Lage, Unkräuter in Echtzeit zu erkennen und eine zielgerichtete Applikation von Herbiziden auf die Unkrautpflanze umzusetzen. Dies führt in diesem Anwendungsfall zu einer Reduktion der Menge an Herbiziden um bis zu 90 % [2].

Des Weiteren gilt es, die Produktivität in Entwicklungs- und Schwellenländern nicht nach dem Vorbild der Industrienationen auf eine „Maximalproduktion" auszuweiten, sondern ebenfalls die Ressourceneffizienz in den Vordergrund zu stellen. Zudem sollte bekanntes Wissen über Kulturen und vorbeugende Maßnahmen zur Krankheits- und Schädlingsabwehr vermittelt und eingesetzt werden. Dabei kann ohne einen starken Anstieg des Einsatzes von synthetischen Düngern und chemischen Pflanzenschutzmitteln einer Ertragssteigerung und -stabilität erreicht werden. Ein ressourceneffizienter Einsatz von Betriebsmitteln führt zu einer Entlastung der Umwelt bei der Nahrungsmittelproduktion.

Die Veränderung der klimatischen Bedingungen ist nicht aufzuhalten und wirkt sich direkt auf die landwirtschaftliche Produktion aus. Daher ist es wichtig, Lösungen über eine Anpassung der Anbausysteme zu finden. Beispielsweise könnte der Anbau von

Getreide in Mitteleuropa künftig verstärkt in den Wintermonaten stattfinden, um den Hitzephasen im Sommer auszuweichen. Gleichzeitig wird es eine Verschiebung der Anbaugrenzen verschiedener Kulturarten in Richtung Norden geben.

Die Landwirtschaft ist angehalten, stärker in Kreisläufen und geschlossenen Systemen zu denken und lokalen Umweltschutz zu betreiben, um die Klimaveränderungen abzudämpfen. Indoor-Systeme könnten hierbei ein möglicher Lösungsansatz sein. Beim sogenannten Vertical Farming werden Kulturen nicht auf dem Feld, sondern in einer künstlichen Umgebung angebaut, in der die Wachstumsbedingungen optimal gesteuert werden können. Krankheiten und Schädlinge werden abgeschirmt und die Produktion kann auf mehreren Etagen übereinander erfolgen, wodurch die benötigte Fläche mehrfach genutzt wird. Hinzu kommt die Möglichkeit, ganzjährig zu produzieren und Wasser sowie Dünger effizient einzusetzen. Nachteile sind jedoch der Energieverbrauch für Beleuchtung und Technik sowie die Kosten für die Errichtung der Produktionsgebäude. Dabei ist zu berücksichtigen, dass der Energiebedarf zur Bewirtschaftung der Felder entfällt. Im Bereich des Gemüseanbaus existieren bereits solche Modelle. Der Anbau von Getreide in Indoor-Systemen wird kontrovers diskutiert. Erste Ansätze hierzu sind bereits veröffentlicht [11]. Da der Anbau in mehreren Etagen umgesetzt werden kann, wird eine geringe Fläche benötigt. Die dabei freiwerdenden Ackerflächen könnten für Ökosystemdienstleistungen wie Blühflächen oder Schutzgebiete genutzt werden. Inwieweit solche Systeme zur Ernährungssicherheit beitragen und gleichzeitig die Umwelt entlasten, ist die Fragestellung weiterer Forschungsprojekte. Dabei ist zu erwarten, dass es nicht ein System sein wird, welches alle Bedarfe erfüllt. Wahrscheinlich wird ein Mix an Systemen und Strategien zielführend sein. So könnte ein gewisser Anteil der Gemüse- und Getreideproduktion in Vertical-Farming-Systemen stattfinden, ein anderer weiterhin auf Ackerflächen.

Neben der Anpassung des Anbausystems wird die sinnvolle und energieerhaltende Verwertung von Reststoffen zukünftig entscheidend sein. Ein Ansatz hierbei ist die energetische Verwertung über Biogasanlagen. In abgewandelter Form besteht zudem die Möglichkeit, e-Fuels aus Reststoffen der landwirtschaftlichen Produktion zu erzeugen. Die Thematik der Energiegewinnung ist ebenfalls eine Leistung, die aus Agrarflächen erfolgen kann. Dabei gilt es zu vermeiden, dass die „Teller-Tank"-Konkurrenz weiter ausgebaut wird. Aktuell werden oftmals ackerbauliche Flächen entweder für die Produktion von Lebensmitteln oder für die Bereitstellung von Rohstoffen für die Energieerzeugung (Biogas, Freiflächen-PV, oder Windkraftanlagen) genutzt. Dies gilt es künftig zu vereinen, indem z. B. PV-Strom und Nahrungsmittel auf einer Fläche erzeugt werden. Die sogenannten Agri-PV-Anlagen bieten in Dauerkulturen wie Obst, Wein und Beeren vielversprechende Möglichkeiten. Die Anlagen können als „Dachkonstruktion" eingesetzt werden, die Kultur vor sich ändernden klimatischen Bedingungen schützt und gleichzeitig Energie produziert. Weitere Ansätze sind die Installation von PV-Anlagen auf Acker- und Grünlandflächen in ausreichenden Abständen, sodass auf den Flächen neben der Stromerzeugung weiterhin Nahrung und Futtermittel erzeugt werden können. Die Anlagen können durch die Beschattung und eine Reduktion der Windgeschwindigkeit unter den zunehmenden Hitzesituationen die Kultur schützen und sich somit positiv auf die Erträge auswirken. Diese Effekte sind derzeit jedoch noch nicht hinreichend erforscht.

Neben Energie sind Proteine eine wichtige Ressource in der Landwirtschaft und in unserer Ernährung. Die Produktion proteinhaltiger Nahrungsmittel auf den Ackerflächen ist zentral. Gleichzeitig sind diese Proteine in der Tierernährung von Bedeutung, da sie zum einen von den Tieren für das Wachstum benötigt werden und zum anderen zu einer hohen Leistung bei der Erzeugung von tierischen Produkten führen. Diese Proteine werden entweder über eine intensive Nutzung von Grünlandflächen erreicht (nur für Wiederkäuer möglich) oder über den Anbau von Leguminosen wie Sojabohnen gewonnen. Es ist jedoch aus oben aufgeführten Gründen notwendig, Proteine, welche von Ackerflächen gewonnen wurden in der Fütterung zu reduzieren und für die direkte menschliche Ernährung zu nutzen.

Eine alternative Möglichkeit ist die Nutzung von Proteinen aus Reststoffen. Dabei sind Proteine aus tierischen Reststoffen wie Fisch- und Tiermehl umstritten. Ein innovativer Ansatz ist die Verfütterung von Reststoffen aus der Lebensmittelerzeugung an Insekten. Die Larven der Insekten (z. B. der Schwarzen Soldatenfliege – *Hermetia illucens*) setzen die Biomasse um und reichern sich mit Protein an [36]. Diese proteinhaltigen Larven können wiederum in der Tierfütterung verwendet werden und somit die Proteinquellen von Ackerflächen ersetzen. Der Einsatz von Insekten als Proteinerzeuger für Futter und direkte Nahrungsmittel für den Menschen ist eine Quelle, welche in der Frage zur zukünftigen Sicherung der Ernährung nicht außer Acht gelassen werden sollte.

Im Idealfall würde durch einen reduzierten Konsum tierischer Produkte die Steigerung der Produktionseffizienz sowie den Ausbau von Vertical Farming, Agri-PV und Insektenprotein weniger Ackerfläche benötigt werden als derzeit. Gleichzeitig könnte die Ernährungssicherheit für alle Menschen und eine wachsende Weltbevölkerung gewährleistet werden. Die dadurch freiwerdenden Ackerflächen könnten für Ökosystemdienstleistungen oder zum Schutz der Umwelt und Biodiversität genutzt werden. Zudem könnten durch gezielte Maßnahmen Kohlenstoffsenken geschaffen und somit der Klimawandel abgeschwächt werden. In diesem Szenario würde die Landwirtschaft mehr denn je als Ökosystemdienstleister fungieren. Es ist jedoch zu bedenken, dass die klimatischen Veränderungen die Erträge in vielen Regionen der Welt reduzieren werden. Die dadurch verringerte Nahrungsmittelproduktion muss durch die oben genannten Strategien kompensiert werden, um eine Ausdehnung der benötigten Ackerflächen zu vermeiden.

Literatur

1. Amtsblatt der Europäischen Union. (2005). *VERORDNUNG (EG) Nr. 239/2005 DER KOMMISSION vom 11. Februar 2005 zur Änderung und Berichtigung der Verordnung (EG) Nr. 796/2004 mit Durchführungsbestimmungen zur Einhaltung anderweitiger Verpflichtungen, zur Modulation und zum Integrierten Verwaltungs- und Kontrollsystem nach der Verordnung (EG) Nr. 1782/2003*

des Rates mit gemeinsamen Regeln für Direktzahlungen im Rahmen der Gemeinsamen Agrarpolitik und mit bestimmten Stützungsregelungen für Inhaber landwirtschaftlicher Betriebe, Artikel 4 Absatz 1 der Verordnung (EG) Nr. 796/2004. https://eur-lex.europa.eu/legal-content/DE/TXT/PDF/?uri=CELEX:32005R0239&qid=1688723196520. Zugegriffen: 30. Juni 2024.
2. Anne, P., Gasser, S., Göttl, M., & Tanner, S. (2024). The reduction of chemical inputs by ultra-precise smart spot sprayer technology maximizes crop potential by lowering phytotoxicity. *Frontiers in Environmental Economics, 3.*
3. BZL. (2023a). *Wie viele Menschen ernährt eine Landwirtin oder ein Landwirt?* https://www.ble.de/DE/BZL/Informationsgrafiken/informationsgrafiken_node.html#:~:text=In%20Deutschland%20kann%20ein%20Landwirt,betrachtet%20Schwankungen%20in%20beide%20Richtungen. Zugegriffen: 11. Dez. 2024.
4. BLE. (2023). *Bericht zur Markt- und Versorgungslage mit Fleisch 2023.* https://www.ble.de/SharedDocs/Downloads/DE/BZL/Daten-Berichte/Fleisch/2023BerichtFleisch.pdf?__blob=publicationFile&v=2. Zugegriffen: 22. Sept. 2024.
5. BLE. (2023). *Bericht zur Markt- und Versorgungslage mit Milch und Milcherzeugnissen.* https://www.ble.de/SharedDocs/Downloads/DE/BZL/Daten-Berichte/MilchUndMilcherzeugnisse/JaehrlicheErgebnisse/Deutschland/2023BerichtMilch.pdf?__blob=publicationFile&v=2. Zugegriffen: 22. Sept. 2024.
6. BMUV. (2016). *Klimaschutzplan 2050. Klimaschutzpolitische Grundsätze und Ziele der Bundesregierung.* https://www.bmwk.de/Redaktion/DE/Publikationen/Industrie/klimaschutzplan-2050.pdf?__blob=publicationFile&v=1. Zugegriffen: 23. Sept. 2024.
7. Dentler, J., Kiefer, L., Hummler, T., & Elsäßer, M. (2020). Wie nachhaltig und konkurrenzfähig ist die grünlandbasierte Milcherzeugung in benachteiligten Mittelgebirgslagen Süddeutschlands? *Berichte über Landwirtschaft, 98*(1).
8. Destatis. (2024). *Land- und Forstwirtschaft, Fischerei.* https://www.destatis.de/DE/Themen/Branchen-Unternehmen/Landwirtschaft-Forstwirtschaft-Fischerei/Feldfruechte-Gruenland/_inhalt.html#238404. Zugegriffen: 30. Juni 2024.
9. Destatis. (2024). *Globale Tierhaltung, Fleischproduktion und Fleischkonsum,* https://www.destatis.de/DE/Themen/Laender-Regionen/Internationales/Thema/landwirtschaft-fischerei/tierhaltung-fleischkonsum/_inhalt.html. Zugegriffen: 21. Mai 2024.
10. Düwel, O., Siebner, C., Utermann, J., & Krone, F. (2008). *Gehalte an organischer Substanz in Oberböden Deutschlands: Bericht über länderübergreifende Auswertungen von Punktinformationen im FISBo BGR.* https://www.bgr.bund.de/DE/Themen/Boden/Produkte/Schriften/Downloads/Humusgehalte_Bericht.pdf;jsessionid=79A33533F7B2974BAEB2E3D627C37E60.internet002?__blob=publicationFile&v=2. S. 19. Zugegriffen: 23. Sept. 2024.
11. Eichelsbacher, S., Zachow, M., & Asseng, S. (2023). Potential der Indoor-Pflanzenproduktion. *Mitteilung der Gesellschaft für Pflanzenbauwissenschaften, 33,* 1–4.
12. FAO. (2010). *Policies and Institutions to support smallholder agriculture.* https://www.fao.org/4/K7999E/K7999E.pdf. Zugegriffen: 20. Juni 2024.
13. FAO. (2023). *Entwicklung der globalen Ackerfläche und Weidelandfläche in den Jahren 1961 bis 2021.* https://de.statista.com/statistik/daten/studie/1196555/umfrage/anbauflaechen-und-weideflaechen-weltweit/. Zugegriffen: 30. Mai 2024.
14. FAOSTAT. (2022). *Landuse.* https://www.fao.org/faostat/en/#data/RL. Zugegriffen: 10. Dez. 2024.
15. FAOSTAT. (2022). *Production/Crops and livestock products.* https://www.fao.org/faostat/en/#data/QCL/visualize. Zugegriffen: 30. Juni 2024.
16. Flachowsky, G., & Lebzien, P. (2005). *Weniger Spurengase durch gezielte Ernährung der Nutztiere: Potentiale und Einflussmöglichkeiten bei Wiederkäuern und Nichtwiederkäuern* (S. 7–9). Forschungsreport Verbraucherschutz, Ernährung, Landwirtschaft.

17. Glaeser, B. (1987). *The Green Revolution Revisited: Critique and Alternatives*. Allen und Unwin.
18. Groier, M., Machold, I., & Loibl, E. (2018). Landwirtschaftliche Kleinbetriebe zwischen Nachhaltigkeit und Globalisierung. *Austrian Journal of Agricultural Economics and Rural Studies, 29*(22).
19. Heißenhuber, A., Haber, W., & Krämer, C. (2015). *30 Jahre SRU-Sondergutachten „Umweltprobleme der Landwirtschaft" – eine Bilanz*. http://www.umweltbundesamt.de/publikationen/umweltprobleme-der-landwirtschaft. Zugegriffen: 30. Juni 2024.
20. IPCC. (1996). *Climate Change 1995: The Science of Climate Change*.
21. IPCC. (2014). *Climate Change 2014: Synthesis Report. Contribution of Working Groups I, II and III to the Fifth Assessment Report of the Intergovernmental Panel on Climate Change: Summary for Policymakers*.
22. Lima, S., Leal, L., Filho, L., Silva, R., & Arcanjo, D. (2024). Sustainable Food Systems: An analysis of the role of plant-based analogs of animal foods. *Open Science Research, 55*–77.
23. Mazoyer, M., & Roudart L. (2006). *A History of World Agriculture: From the Neolithic Age to the Current Crisis*. Earthscan.
24. Ritchie, H., & Roser, M. (2021). *Environmental impacts of food production*. https://ourworldindata.org/environmental-impacts-of-food. Zugegriffen: 31. Juli 2024.
25. Ritchie, H., Rosado, P., & Roser, M. (2023). *Hunger and Undernourishment Published*. https://ourworldindata.org/hunger-and-undernourishment. Zugegriffen: 31. Juli 2024.
26. Statista. (2024). *Anzahl der unterernährten Menschen weltweit von 2000 bis 2022*. https://de.statista.com/statistik/daten/studie/38187/umfrage/anzahl-der-hungernden-weltweit/. Zugegriffen: 30. Juni 2024.
27. Statista. (2024). *Anzahl von Menschen mit Adipositas (Fettleibigkeit) weltweit in den Jahren 2020 bis 2035*. https://de.statista.com/statistik/daten/studie/1422352/umfrage/prognostizierte-anzahl-an-menschen-mit-adipositas/. Zugegriffen: 30. Juni 2024.
28. Statista. (2024c). *Ertrag je Hektar Anbaufläche der wichtigsten Getreidearten weltweit in den Jahren 1993/1994 bis 2023/2024*. https://de.statista.com/statistik/daten/studie/226127/umfrage/hektarertrag-von-getreide-in-deutschland-seit-1960/. Zugegriffen: 30. Juni 2024.
29. UBA. (2014). *Berichterstattung unter der Klimarahmenkonvention der Vereinten Nationen und dem Kyoto-Protokoll 2014: Nationaler Inventarbericht zum Deutschen Treibhausgasinventar 1990–2012*, Dessau-Roßlau.
30. UBA. (2018). *Umwelt und Landwirtschaft*. https://www.umweltbundesamt.de/sites/default/files/medien/376/publikationen/uba_dzu2018_umwelt_und_landwirtschaft_web_bf_v7.pdf. Zugegriffen: 30. Juni 2024.
31. Umweltstiftung. (2019). *Landwirtschaft konkret – Ausgabe 2019*. https://www.umweltstiftung.com/fileadmin/sn_config/mediapool_umweltstiftung/projekte/landwirtschaft-konkret/Landwirtschaft-konkret-2019/LaWiKo_2019_Grafiken_PDF/Landwirtschaft_konkret_2019_alle_Grafiken.pdf. Zugegriffen: 07. Sept. 2024.
32. UNEP. (2016). *Food Systems and Natural Resources, United Nations Environmental Program*. https://www.resourcepanel.org/reports/food-systems-and-natural-resources. Zugegriffen: 30. Juli 2024.
33. Verkuijl, C., Strambo, C., Hocquet, R., Butterfield, R., Achakulwisut, P., Boyland, M., Vega Araújo, J. A., Bakhtaoui, I., Smit, J., Lima, M. B., & Green, J. (2023). *A just transition in animal agriculture is necessary for more effective and equitable One Health outcomes*. CABI One Health.
34. Weltacker. (2024). *Der globale Acker*. https://www.2000m2.eu/de/der-globale-acker/. Zugegriffen: 30. Juni 2024.
35. Widiyastuti, T., Rahayu, S., Suryapratama, W., & Suhartati, F. M. (2024). Nutrient profile, protease and cellulase activities of protein extracted from black soldier fly (Hermetia illucens)

larvae reared on various substrates. *Online Journal of Animal and Feed Research, 14*(5), 309–320.
36. Zehetmeier, M., Baudracco, J., Hoffmann, H., & Heissenhuber, A. (2012). Does increasing milk yield per cow reduce greenhouse gas emissions? A system approach. *Animal, 6*(1), 154–166.

Prof. Dr. Jonas Weber verbrachte seine Kindheit und Jugend auf einem ökologisch geführten landwirtschaftlichen Betrieb in Süddeutschland. Nach dem Studium in Agrarwissenschaften mit der Vertiefungsrichtung pflanzliche Produktion in Hohenheim folgte die Promotion im Bereich Pflanzenschutz. Im Anschluss an das Studium folgte ein Referendariat für den höheren landwirtschaftlichen Dienst in Baden-Württemberg. Es folgten Stationen an Landwirtschaftsbehörde, dem Ministerium für ländlichen Raum und Verbraucherschutz und dem Landwirtschaftlichen Zentrum Baden-Württemberg. Hier lag der Schwerpunkt auf der fachlichen und wissenschaftlichen Betreuung und Beratung im Bereich der Grünlandbewirtschaftung. Im Jahr 2023 erfolgt der Ruf an die Duale Hochschule Baden-Württemberg am Standort Ravensburg. Die Aufgaben sind neben der Forschung und der Lehre der Aufbau und die Koordination des Studiengangs Agrarwirtschaft.

Forschung und Entwicklung

3

Wie können wir frühzeitig die Weichen für kluge und nachhaltige Geschäftsmodelle in der Lebensmittelbranche stellen?

Hila Attaie

Zusammenfassung

Dieses Kapitel untersucht die entscheidende Rolle von Forschung und Entwicklung (F&E) bei der Förderung von Nachhaltigkeit in Unternehmen. Die Entwicklung neuer Produkte und Prozesse bietet die Chance, von Anfang an sozial, ökologisch und ökonomisch verantwortliche Entscheidungen zu treffen. Im Folgenden werden Ansatzpunkte aufgezeigt, die F&E-Abteilungen von Markeninhaberinnen und Markeninhabern dabei berücksichtigen sollten. Zunächst wird die Bedeutung einer fundierten Innovationsstrategie beleuchtet. Besondere Aufmerksamkeit wird der nachhaltigen Produktentwicklung gewidmet sowie der Auswahl und Beschaffung umweltfreundlicher Rohstoffe, der Entwicklung nachhaltiger Verpackungen und der Umsetzung von Kreislaufkonzepten. Das Kapitel betont die Notwendigkeit einer engen Zusammenarbeit zwischen F&E und anderen internen und externen Stakeholdern. Darüber hinaus wird auf die Bedeutung von Weiterbildung und den Einsatz von Innovationsmethoden zur Förderung nachhaltiger Entwicklungen eingegangen.

3.1 Innovationsstrategie

In der dynamischen Foodbranche ist eine durchdachte Innovationsstrategie von entscheidender Bedeutung, um langfristig wettbewerbsfähig und nachhaltig zu bleiben. Fragt man etablierte Unternehmen nach ihrer Innovationsstrategie, erhält man oft eine Liste von

H. Attaie (✉)
InnoJump, Düsseldorf, Deutschland
E-Mail: hila.attaie@inno-jump.com

Neuproduktprojekten, wobei eine klare Priorisierung oft fehlt. Richard P. Rumelt (2011 [10]), ein renommierter amerikanischer Wirtschaftsprofessor und Autor, definiert Strategie jedoch als „Problemlösung". Demnach geht es darum, Wege zu finden, um die Hindernisse zwischen dem aktuellen Stand und den angestrebten Zielen zu überwinden.

Für eine nachhaltige Innovationsstrategie in Unternehmen ist es wichtig, nicht nur die Ziele zu definieren, sondern auch einen Plan zu entwickeln, wie diese Ziele erreicht werden können. Dies umfasst zunächst eine tiefgehende Kenntnis der eigenen Fähigkeiten und Ressourcen (Blick nach innen) sowie der externen Chancen und Risiken (Blick nach außen). Auf dieser Basis lassen sich dann zielgerichtete Maßnahmen und sinnvolle Richtlinien (Leitplanken) für die Innovationsarbeit festlegen.

3.1.1 Blick nach innen – die eigenen Ziele, Kompetenzen und Ressourcen verstehen

Bevor Unternehmen eine wirkungsvolle Innovationsstrategie entwickeln können, die den aktuellen Herausforderungen gerecht wird, ist es entscheidend, die internen Ziele, Kompetenzen und Ressourcen genau zu kennen. Diese Selbstkenntnis ist die Basis für die Entwicklung nachhaltiger Produkte, Prozesse und Geschäftsmodelle.

> **Einige Schlüsselfragen zur Selbstbewertung**
>
> Kernkompetenzen des Unternehmens:
>
> - Welchen klaren Wettbewerbsvorteil hat Ihr Unternehmen?
> - Warum war Ihr Unternehmen bis jetzt erfolgreich?
> - Welche spezifischen Kompetenzen haben zu diesem Erfolg beigetragen?
> - Welche Vorteile heben Sie von der Konkurrenz ab?
>
> Fachkenntnisse und Fähigkeiten der Mitarbeiterinnen und Mitarbeiter:
>
> - Welche Qualifikationen und Erfahrungen bringen Ihre Mitarbeiterinnen und Mitarbeiter mit?
> - In welchen Bereichen sind sie besonders stark?
> - Wie tragen diese Fähigkeiten zur F&E bei?
> - Wie und wo entsteht neues Wissen in Ihrem Unternehmen?
>
> Technologische Ressourcen:
>
> - Welche spezifischen Herstellungsverfahren beherrscht Ihr Unternehmen?

- Gibt es spezielle Tools oder Systeme, die Ihnen einen Vorteil bieten?

Produktionsprozesse:

- Welche einzelnen Schritte umfasst der Produktionsprozess in Ihrem Unternehmen?
- Gibt es Prozesse, die Ihr Unternehmen besonders gut beherrscht und die Ihnen Wettbewerbsvorteile verschaffen?

Finanzielle Ressourcen für Innovation:

- Wie hoch ist Ihr Budget für F&E?
- In welche Themengebiete investiert Ihre F&E hauptsächlich?

Innovationsziele:

- Welche Innovationsziele verfolgt Ihr Unternehmen?

3.1.2 Blick nach außen – Veränderungen im Umfeld wahrnehmen

In einem schnelllebigen Arbeitsalltag ist es unerlässlich, regelmäßig den Blick nach außen zu richten und das Umfeld auf Veränderungen zu scannen. Gerade in der Foodbranche nutzen Unternehmen Trendberichte, Marktstudien und Umsatzzahlen stark wachsender Kategorien als Orientierungshilfe, um ihre Innovationsrichtung zu bestimmen. Diese Daten dienen als Kompass und helfen, die „Marschrichtung" festzulegen. Der kurzfristige Erfolgsdruck birgt jedoch oft die Gefahr, dass Trends nur oberflächlich betrachtet und wie Schnäppchen gejagt werden, um sofort neue Produkte zu entwickeln. Um nachhaltig auf Trends reagieren zu können, ist ein tiefgreifendes Verständnis gesellschaftlicher Veränderungen notwendig. Das Zukunftsinstitut hat dazu das Modell der Megatrends entwickelt, die als „Lawinen in Zeitlupe" beschrieben werden. Diese tiefgreifenden Veränderungen betreffen alle Bereiche der Gesellschaft, von der Wirtschaft über die Politik bis hin zum individuellen Verhalten [14].

Es ist wichtig zu verstehen, dass Trends mehr sind als kurzfristige Phänomene. Sie sind Antworten auf gesellschaftliche Veränderungen und spiegeln menschliche Bedürfnisse, Wünsche, Ängste und Träume wider. Die führende Food-Trendforscherin Hanni Rützler (2022 [11, 12]) beschreibt in ihrem Food-Report 2023 die Trendforschung als „Übersetzungsleistung von der Gesellschaft in die Wirtschaft". In ähnlicher Weise können wir Innovationsarbeit als eine Übersetzungsleistung sehen, die von der Wirtschaft zurück in die Gesellschaft fließt. Es geht darum, wirtschaftliche Chancen zu entwickeln, um gesellschaftlichen Herausforderungen nachhaltig zu begegnen.

3.1.3 Innovationsstrategie – Leitplanken definieren und Maßnahmen ableiten

Eine wirksame Innovationsstrategie erfordert daher ein tiefes Verständnis dafür, wo die Unternehmen stehen, wohin sie wollen und welche Hindernisse ihnen im Weg stehen. In Zeiten der Unsicherheit ist es wichtig, nicht starr an langfristigen Plänen festzuhalten, sondern flexibel auf aktuelle Herausforderungen zu reagieren. Die Innovationsstrategie muss sich auf konkrete Maßnahmen konzentrieren, die es den Unternehmen ermöglichen, Hindernisse zu überwinden und Fortschritte zu erzielen. Viele Unternehmen scheitern bei der Umsetzung ihrer Innovationsstrategien, weil sie versuchen, zu viele Projekte gleichzeitig zu managen. Daher ist es wichtig, sich zunächst auf wenige, aber wesentliche Probleme zu konzentrieren, die sowohl zur Erreichung der Ziele beitragen als auch lösbar sind. Ein klarer Fokus hilft, Ressourcen effizienter einzusetzen. Für den Erfolg sind zudem feste Leitplanken unerlässlich. Diese definieren die Grundhaltung des Unternehmens für sein Handeln und unterstützen dabei, kohärente Maßnahmen zu entwickeln. Leitplanken helfen, Entscheidungen schneller zu treffen und stellen sicher, dass alle Maßnahmen der Innovationsstrategie Nachhaltigkeit als zentrales Prinzip berücksichtigen.

Für Unternehmen ist es ratsam, sich im Rahmen ihrer strategischen Ausrichtung mit den „Sustainable Development Goals" (SDGs) zu befassen. Diese 17 SDGs wurden 2015 von den Vereinten Nationen verabschiedet und dienen als Leitprinzipien für eine nachhaltige Entwicklung bis 2030. Sie sind nach dem 3P-Modell aufgebaut und decken soziale (People), ökologische (Planet) und ökonomische (Profit) Aspekte gleichermaßen ab [4]. In den letzten 30 Jahren haben Globalisierung und Spezialisierung unsere Arbeitsweise geprägt und dazu geführt, dass Wertschöpfungsketten in kleinere Einheiten zerlegt und über den Globus verteilt wurden. Doch jetzt stehen wir an einem Wendepunkt. Es ist an der Zeit, dass Unternehmen Verantwortung übernehmen und sich fragen, welchen übergeordneten Beitrag sie mit ihrem Geschäftsmodell für die Gesellschaft leisten wollen und können. Die SDGs bieten dafür eine gute Orientierung.

3.2 Verbraucherinnen und Verbraucher

Nachhaltigkeit ist heute in aller Munde und Unternehmen versuchen, sich den damit verbundenen Herausforderungen zu stellen. Während die gesetzlichen Rahmenbedingungen noch nicht ausgereift sind, ist der Druck im Markt deutlich spürbar. Unternehmen der Lebensmittelbranche konzentrieren sich daher mehrheitlich auf kurzfristige Lösungen wie vegane Rezepturen und plastikfreie Verpackungen. Dabei setzen einige Unternehmen auf die Wahrnehmung der Verbraucherinnen und Verbraucher. So mag eine mit Kunststoff kaschierte Papierverpackung zwar nachhaltig erscheinen, ist aber tatsächlich weniger gut recycelbar als reine Papierverpackungen oder Kunststoff-Monofolien. Echte Nachhaltigkeit kann jedoch nur erreicht werden, wenn die Bedürfnisse der Menschen, der Unternehmen und vor allem der Erde gleichermaßen berücksichtigt werden.

3.2.1 Die Zielgruppe verstehen

Jahrzehntelang hat sich die Produktentwicklung vor allem an den Bedürfnissen der Kundinnen und Kunden orientiert. In Zeiten von Klimawandel und Ressourcenknappheit können es sich Unternehmen jedoch nicht mehr leisten, ausschließlich auf kurzfristige Gewinne zu setzen. Die Akteure der Ernährungswirtschaft tragen eine große Verantwortung: Gefragt sind nachhaltige, praktische und zeitgemäße Produktlösungen, die sowohl einen individuellen als auch einen ökologischen Mehrwert schaffen. Die Frage ist nicht, was Verbraucherinnen und Verbraucher als nachhaltig empfinden, sondern wie wir sie dabei unterstützen können, nachhaltige Lösungen in ihren Alltag zu integrieren.

Deshalb ist es für Unternehmen entscheidend, ihre Zielgruppe besser zu verstehen. Osterwalder et al. (2015 [8]) bieten in ihrem Buch „Value Proposition Design" ein sehr praktisches Modell zur Erstellung eines Kundenprofils an. Sie beleuchten das Kundenprofil auf drei Ebenen:

a. Aufgaben (Jobs) – Diese beschreiben die Aufgaben, die Kundinnen und Kunden in ihrem Alltag erledigen möchten.
b. Probleme (Pains) – Diese beschreiben schlechte Ergebnisse, Risiken und Hindernisse, die Kundinnen und Kunden daran hindern, ihre Aufgaben reibungslos zu erledigen.
c. Gewinne (Gains) – Diese beschreiben die Resultate, die Kundinnen und Kunden erzielen wollen bzw. Vorteile, die sie suchen.

Im Kontext der Nachhaltigkeit ist es wertvoll, hinzuhören und herauszufinden, mit welchen Herausforderungen die Kundinnen und Kunden in ihrem Alltag konfrontiert sind:

▶ **Wichtig**
Wie sieht der Alltag der Konsumentinnen und Konsumenten aus?
   Welche Lösungen werden derzeit genutzt?
   Warum nutzen Kundinnen und Kunden diese Lösungen?
   Welche planetaren und sozialen Probleme sind mit den aktuellen Lösungen verbunden?
   Welche nachhaltigen Alternativen könnten angeboten werden?

Wie müssten diese gestaltet sein, damit sie gut in den Alltag der Kundinnen und Kunden passen?

Ein praktisches Beispiel: Ein Take-Away-Service in Mehrwegbehältern könnte als Aufgabe (Job) der Kundeninnen und Kunden beschrieben werden. Ein damit verbundenes Problem (Pain) wäre das Fehlen von Rückgabemöglichkeiten für die Mehrwegbehälter. Ein möglicher Gewinn (Gain) wäre ein flächendeckendes Rückgabesystem, das die Nutzung solcher Behälter erleichtert und fördert.

Es ist ratsam, dass die F&E-Abteilungen diese Grundlagenarbeit Hand in Hand mit den Marketingabteilungen durchführen. Dies bildet die Basis für die Gestaltung nachhaltiger Produkte, Prozesse und Geschäftsmodelle.

3.2.2 Kundenbindung

Damit Unternehmen ihre Zielgruppen gezielt ansprechen und maßgeschneiderte nachhaltige Lösungen anbieten können, ist eine starke Kundenbindung erforderlich. Der Aufbau einer dauerhaften Kundenbeziehung ermöglicht es den Unternehmen, kontinuierlich zu verstehen, was die Verbraucherinnen und Verbraucher bewegt und wie sich ihre Bedürfnisse und Wünsche verändern. Um eine solche Beziehung aufzubauen, ist ein kontinuierlicher Dialog mit den Kundinnen und Kunden unerlässlich. Dieser Dialog sollte sich nicht nur auf die Kommunikation von Unternehmensseite konzentrieren, sondern auch aktiv das Feedback und die Einsichten der Kundinnen und Kunden einholen. Moderne Kommunikationstechnologien und Social Media bieten hierfür ideale Plattformen, die einen regelmäßigen und interaktiven Austausch ermöglichen.

F&E-Abteilungen können diese Partnerschaft nutzen, um Feedback zu neuen Produkten einzuholen. Dabei sollten Unternehmen darauf achten, diesen Austausch authentisch und transparent zu gestalten. Kundinnen und Kunden schätzen es, wenn ihre Meinungen und Rückmeldungen ernst genommen werden und tatsächlich Einfluss auf die Produktentwicklung und Unternehmensstrategie haben. Dies fördert nicht nur das Vertrauen in die Marke, sondern stärkt auch die Kundenbindung. Durch diese ständige Interaktion und das Bemühen, die Bedürfnisse und Wünsche der Kundinnen und Kunden zu verstehen und zu erfüllen, bauen Unternehmen nicht nur eine starke Kundenbindung auf, sondern fördern auch eine Kultur der Nachhaltigkeit, die von den Kundinnen und Kunden getragen und unterstützt wird. In einer Zeit, in der Nachhaltigkeit immer wichtiger wird, kann eine solche Kultur entscheidend dazu beitragen, dass sich nachhaltige Praktiken sowohl im Unternehmen als auch in der Gesellschaft weiter verbreiten.

3.2.3 Nutzererfahrung

Die Nähe zu Kundinnen und Kunden bietet Unternehmen und insbesondere F&E-Abteilungen die Chance, nicht nur neue Produkte zu entwickeln, sondern auch bestehende Produkte kontinuierlich zu optimieren. Dabei ist ein ganzheitliches Verständnis der User Experience von zentraler Bedeutung. Es geht darum, alle Aspekte der Interaktion der Kundin oder des Kunden mit dem Produkt zu verstehen und zu verbessern. Gerade im Kontext der Nachhaltigkeit sollte die Interaktion mit dem Produkt so gestaltet werden, dass sie Verbraucherinnen und Verbraucher dabei unterstützt, nachhaltige Lösungen in ihren Alltag zu integrieren. Dazu gehört zu verstehen, wie Kundinnen und Kunden auf das Produkt aufmerksam werden, wie sie es kaufen, wie sie es verwenden und schließlich, wie sie es entsorgen oder recyceln. Kontinuierliches Feedback von den Nutzern ist entscheidend, um Schwachstellen in Produkten zu erkennen und nachhaltige Verbesserungen vorzunehmen.

In einer zunehmend digitalisierten Welt kann die Integration digitaler Technologien in physische Produkte die Nutzererfahrung erheblich verbessern. Beispielsweise können Apps oder eingebettete Software Lösungen bieten, die Unternehmen dabei helfen, Nutzungsmuster zu verstehen und zu optimieren. Auch der Einsatz künstlicher Intelligenz (KI) zur effizienten Auswertung von Verbraucherdaten kann wertvolle Erkenntnisse für F&E liefern.

3.3 Produktentwicklung

F&E-Abteilungen haben einen entscheidenden Einfluss auf die Entwicklung nachhaltiger Produkte. Langfristiger Unternehmenserfolg hängt davon ab, inwieweit es gelingt, den Bedürfnissen der Verbraucherinnen und Verbraucher einerseits und der Umwelt andererseits gerecht zu werden.

Die Entwicklung neuer Produkte bietet die Chance, von Anfang an sozial und ökologisch verantwortungsvolle Entscheidungen zu treffen. Dies ist oft einfacher als die nachträgliche Anpassung bestehender Produkte. Aufgrund des hohen administrativen Aufwands neigen Unternehmen jedoch dazu, bei Neuentwicklungen auf bestehende Lieferantenbeziehungen zurückzugreifen.

Unter Nachhaltigkeitsgesichtspunkten lohnt es sich jedoch langfristig, kritische Fragen zur Herkunft der Materialien, zu Produktionsmethoden und zu den Verwendungen oder Entsorgungsmethoden am Ende der Lebensdauer der Produkte frühzeitig zu klären.

3.3.1 Konzept und Design

In der Produktentwicklung wird der Grundstein für den gesamten Produktlebenszyklus gelegt und damit dessen Auswirkungen auf die Gesellschaft und die Umwelt maßgeblich bestimmt. In dieser Phase kommt es darauf an, Produkte so zu gestalten, dass sie nicht nur den strategischen Vorgaben des Unternehmens und den Bedürfnissen der Verbraucherinnen und Verbraucher entsprechen, sondern auch den Anforderungen der Umwelt gerecht werden (siehe Abschn. 3.1 und 3.2).

Betrachten wir zunächst die Verbraucherinnen und Verbraucher. Insbesondere seit der Covid-Pandemie hat sich in der Bevölkerung ein ganzheitliches Verständnis von Gesundheit etabliert. Das Zukunftsinstitut beleuchtet im Megatrend Gesundheit die komplexen Wechselwirkungen zwischen körperlicher und mentaler Gesundheit des Menschen in Abhängigkeit vom individuellen Lebensstil, der sozialen Einbindung, dem Arbeitsumfeld und der Umwelt [15]. Es ist von Vorteil, wenn Unternehmen diesen ganzheitlichen Ansatz in ihrer Innovationsarbeit verfolgen, um nicht nur die einzelne Person, sondern auch die Gesellschaft nachhaltig zu fördern. Dabei ist zu berücksichtigen, dass die gesellschaftliche und planetare Gesundheit eng miteinander verknüpft sind.

Eine wertvolle Perspektive im Design und in der Entwicklung bietet das Planet Centric Design, das die weit verbreitete Perspektive des Human Centric Design ablöst [5]. Bei letzterem haben Unternehmen jahrzehntelang ihr Wertversprechen für den Menschen bis zum Äußersten optimiert.

▶ Planet Centric Design ermöglicht nachhaltiges Design für den Menschen innerhalb der planetaren Grenzen. Wenn es Unternehmen gelingt, die Bedürfnisse des Menschen nicht isoliert zu betrachten, sondern auch die des Planeten, eröffnen sich spannende Perspektiven für die Entwicklung nachhaltiger oder gar regenerativer Lösungen. Nach dem Prinzip des Planet Centric Design betrachten Entwicklerinnen und Entwickler das Gesamtsystem. Wichtige Aspekte sind dabei die Reduzierung des ökologischen Fußabdrucks, die Minimierung des Materialverbrauchs, die Schaffung von Kreisläufen und Synergien in der Produktion, ohne dabei die Bedürfnisse der Konsumentinnen und Konsumenten aus den Augen zu verlieren.

Nachfolgend einige übergeordnete „Challengerfragen", die Produktentwicklerinnen und Produktentwickler herausfordern, ihr Design vor der Markteinführung zu überdenken:

Fragen

Welche natürlichen Ressourcen wie Wasser, Boden, Luft, Organismen, Ökosysteme und Nährstoffkreisläufe sind von Ihrer Wertschöpfung betroffen?

Welche negativen Auswirkungen hat Ihr Produkt auf die Umwelt? Betrachten Sie den gesamten Produktlebenszyklus von der Beschaffung über Produktion, Verwendung bis hin zur Entsorgung?

Wie können Sie diese negativen Auswirkungen minimieren oder sogar eliminieren?

Inwiefern kann Ihr Produkt langlebiger gestaltet werden, um den Nutzen zu verlängern und Abfall zu reduzieren?

Wie können Sie Transparenz und Vertrauen in Ihre Produktionsprozesse schaffen, um umweltbewusste Verbraucherinnen und Verbraucher anzusprechen?

Welche positiven Auswirkungen hat Ihr Angebot auf eine nachhaltige Entwicklung von Gesellschaft und Umwelt?

3.3.2 Rohstoffauswahl und – beschaffung

In der Regel sind sich Produktentwicklerinnen und Produktentwickler bei der Auswahl und Festlegung neuer Rohstoffe der Tragweite und Klimarelevanz nicht in vollem Umfang bewusst. In der klassischen Produktentwicklung von Lebensmitteln stehen bei der Auswahl neuer Rohstoffe neben dem Preis die sensorischen, technologischen und ernährungsphysiologischen Eigenschaften im Vordergrund. Mit der Freigabe eines Produktmusters steht die Rezeptur und damit die Spezifikation aller darin enthaltenen Rohstoffe fest. Einkaufsabteilungen haben kaum Kapazitäten und die Kenntnisse, die Entscheidungen der F&E zu hinterfragen. Meist wird umgesetzt, was anderswo entschieden wird. Beschaffung, Produktion und Lieferketten werden in Gang gesetzt.

Verfügt ein Unternehmen jedoch über starke Leitplanken zur Nachhaltigkeit (siehe Abschn. 3.1), die im Unternehmen etabliert sind und gelebt werden, haben Produktentwicklerinnen und Produktentwickler und Einkäuferinnen und Einkäufer eine Richtlinie, an der sie sich bei der Auswahl und Beschaffung neuer Rohstoffe orientieren können. Eine konsequente Beschaffung von Rohstoffen aus regenerativen, umweltfreundlichen und ethisch vertretbaren Quellen kann daher nur gelingen, wenn diese Haltung auch in der Unternehmensstrategie verankert ist.

Neben der Auswahl sollten Produktentwicklerinnen und Produktentwickler auch den Einsatz von Rohstoffen im Auge behalten, um Verschwendung und Abfall, aber auch Kosten zu minimieren.

Die Beantwortung der folgenden Fragen kann Unternehmen dabei helfen, Rohstoffe auszuwählen, die den höchsten Standards der Nachhaltigkeit entsprechen und gleichzeitig negative ökologische und soziale Auswirkungen eines Produkts minimieren. Dies erfordert eine enge Zusammenarbeit zwischen F&E und Einkauf.

> **Fragen**

Notwendigkeit: Kann das Produkt auch ohne diesen Rohstoff entwickelt werden?

Menge: Gibt es Möglichkeiten, die benötigte Menge dieses Rohstoffs zu reduzieren, ohne die Produktqualität zu beeinträchtigen?

Alternativen: Kann der Rohstoff aus Nebenströmen anderer Produktionsprozesse gewonnen werden?

Lieferanten: Welche Lieferanten oder Kooperationspartner können Rohstoffe liefern, die den Nachhaltigkeitskriterien entsprechen? Sind diese Partner zertifiziert (z. B. Fairtrade, Bio-Siegel)?

Anbau: Wie nachhaltig ist der Anbau bzw. die Gewinnung? Werden bei der Produktion des Rohstoffes umweltschonende Anbau- oder Abbaumethoden angewendet? Wie werden Boden, Wasserressourcen und Biodiversität beeinflusst?

Arbeitsbedingungen: Unter welchen Bedingungen arbeiten die Menschen, die den Rohstoff gewinnen? Werden faire Löhne gezahlt und sichere Arbeitsbedingungen gewährleistet?

Transportwege: Wie weit muss der Rohstoff transportiert werden und welche Transportmittel werden eingesetzt? Können lokale Rohstoffe verwendet werden, um Transportemissionen zu minimieren?

3.3.3 Verpackungsentwicklung

Die Wahl des Verpackungsmaterials und die Gestaltung der Verpackung spielen eine zentrale Rolle bei der nachhaltigen Produktentwicklung. Dabei ist zwischen faktischer und emotionaler Nachhaltigkeit zu unterscheiden. Was Verbraucherinnen und Verbraucher emotional als nachhaltig empfinden, kann in der Realität, also faktisch, ein ganz anderes Bild ergeben. Erfreulich ist jedoch, dass die Verbraucherinnen und Verbraucher sensibler für Verpackungen werden und ihre Kaufentscheidung davon abhängig machen. Umso wichtiger ist es, dass sich F&E-Abteilungen beim Design nachhaltiger Verpackungen von Verpackungsexperten beraten lassen.

Die Entwicklung nachhaltiger Verpackungen ist nicht einfach, denn Produktschutz und Verbrauchersicherheit stellen hohe Anforderungen an die Entwickler. Im Hinblick auf die Entwicklung neuer gesetzlicher Rahmenbedingungen müssen jedoch frühzeitig die Weichen bei der Materialauswahl und dem Verpackungsdesign gestellt werden [6].

„Reduce, Reuse, Recycle" sind dabei die richtungsweisenden Säulen für eine nachhaltige Verpackungsentwicklung. Die EU-Verpackungsverordnung „Packaging and Packaging Waste Regulation" (PPWR) sieht ab 2030 umfassende Änderungen vor, um die Nachhaltigkeit von Verpackungen zu fördern. Diese Maßnahmen betreffen insbesondere die Recyclingfähigkeit, die Reduktion von Verpackungsabfällen und die Förderung von Mehrwegsystemen [2].

Die nachfolgenden Fragen helfen F&E-Abteilungen dabei, den Anforderungen der PPWR gerecht zu werden und nachhaltige Verpackungen zu entwickeln, die sowohl die Umwelt schonen als auch den Erwartungen der Verbraucherinnen und Verbraucher entsprechen:

> **Übersicht**
> Materialauswahl:
>
> - Kann das verwendete Material leicht recycelt werden?
> - Besteht die Verpackung aus Monomaterialien, um das Recycling zu erleichtern?
> - Stammen die verwendeten Materialien aus erneuerbaren Quellen und lassen sie sich biologisch abbauen?
> - Können Kunststoffe und Beschichtungen durch biobasierte Materialien substituiert werden?
> - Ist die Verpackung so gestaltet, dass Verbraucherinnen und Verbraucher sie wiederverwenden können, um Abfall zu reduzieren und die Lebensdauer der Verpackung zu verlängern?
>
> Design für Kreislaufwirtschaft
>
> - Kann die Verpackung modular aufgebaut und leicht in ihre Bestandteile zerlegt werden, um das Recycling und die Wiederverwertung der biologischen und technischen Materialien zu erleichtern? (Cradle-to-Cradle-Prinzip)
> - Ist die Menge an Verpackungsmaterial auf das notwendige Minimum reduziert?
> - Wurden überflüssige Elemente und Materialien vermieden, um Ressourcen zu schonen und Abfall zu minimieren?
> - Ist die Verpackung so gestaltet, dass sie nach ihrer ursprünglichen Verwendung für andere Zwecke weitergenutzt werden kann?
> - Ist die Wiederverwendung von Rezyklaten möglich?
>
> Reduzierung von Transportemissionen
>
> - Ist das Verpackungsdesign platzsparend, um den Transportraum optimal zu nutzen und die Anzahl der Transporte und die damit verbundenen Emissionen zu reduzieren?
> - Ist die Verpackung so gestaltet, dass das Gesamtgewicht der Verpackung und damit der Energiebedarf für den Transport reduziert wird?

3.3.4 Qualität

In der klassischen Supply Chain werden relativ lange Haltbarkeiten für verpackte Lebensmittelprodukte gewünscht. Dementsprechend lassen die sensorischen und deklaratorischen Rahmenbedingungen den Entwicklerinnen und Entwicklern wenig Spielraum bei der Wahl der Rezeptur und Verpackung. So werden funktionelle Rohstoffe wie Vitamine überdosiert, Verpackungen mit zusätzlichen Barrieren versehen und vielleicht auch an der einen oder anderen Stelle überdimensioniert entwickelt. Doch wie schnell drehen sich die Produkte wirklich? Wie ist die Lieferkette aufgebaut? Brauchen manche Produkte wirklich 15, 18 oder gar 24 Monate Haltbarkeit? Mithilfe moderner Technologien gibt es viele Optimierungsmöglichkeiten, die Hersteller und Handel aktiv angehen können, um einen optimalen Produktschutz zu gewährleisten und gleichzeitig die Bedürfnisse der Verbraucherinnen und Verbraucher im Blick zu behalten.

Beispielsweise können Unternehmen durch die Erfassung von Echtzeitdaten und fortschrittliche Überwachungsinstrumente die tatsächliche Umlaufgeschwindigkeit ihrer Produkte besser verstehen und ihre Haltbarkeitsanforderungen entsprechend anpassen. Dies kann dazu beitragen, Portionsgrößen, Überdosierung von Rohstoffen und überdimensionierte Verpackungen zu vermeiden und Ressourcen zu sparen. Auch die Verkürzung der Lieferketten durch lokale Produktion und optimierte Logistik kann die Notwendigkeit langer Haltbarkeitszeiten verringern. So können Unternehmen frischere Produkte mit kürzerer Haltbarkeit anbieten, die dennoch sicher und von hoher Qualität sind. Darüber hinaus kann der Einsatz intelligenter Verpackungen, die mit Hilfe von Sensoren/Indikatoren den Zustand der Produkte überwachen und den Verbraucherinnen und Verbraucher informieren, dazu beitragen, die Haltbarkeit zu optimieren und gleichzeitig die Qualität zu sichern. Intelligente Verpackungen bieten nicht nur einen besseren Produktschutz, sondern auch eine höhere Transparenz für den Verbraucherinnen und Verbraucher.

Durch die Anwendung dieser Strategien können Unternehmen die Qualität und Sicherheit ihrer Produkte gewährleisten und gleichzeitig nachhaltigere und ressourcenschonendere Praktiken fördern.

3.3.5 Kreislaufwirtschaft

Wie in allen Industriezweigen gewinnt auch in der Lebensmittelbranche die Kreislaufwirtschaft (engl. Circular Economy) zunehmend an Bedeutung. Im Gegensatz zur linearen Wirtschaft, in der immer neue Rohstoffe zu Produkten verarbeitet, verbraucht und entsorgt werden, setzt die Kreislaufwirtschaft auf eine möglichst lange Nutzung von Rohstoffen und Produkten. Wiederaufbereitung, Wiederverwendung, Recycling und Reparatur setzen sich immer mehr durch [3].

3 Forschung und Entwicklung

In der Lebensmittelindustrie können nicht nur Verpackungen, sondern auch Lebensmittelreste und Nebenprodukte optimal genutzt werden, um Ressourcen zu schonen und Emissionen zu reduzieren. Upcycling nennt man den Prozess, bei dem „Abfallprodukte" oder nicht mehr benötigte Stoffe in neuwertige Produkte umgewandelt werden.

Für die F&E-Abteilungen der Lebensmittelindustrie ist die Kreislaufwirtschaft in mehrfacher Hinsicht interessant:

> **Wichtig**
> **Entwicklung von Entsorgungsszenarien**: Bei der Entwicklung neuer Produkte sollten immer auch Szenarien für die Entsorgung bzw. Wiederverwendung von Roh- und Verpackungsmaterialien berücksichtigt werden. Dies ermöglicht eine nachhaltige Gestaltung des Produktlebenszyklus von Anfang an.
> **Verwendung von Upcycling-Rohstoffen**: Upcycling-Rohstoffe stellen eine alternative Versorgungsquelle dar. Sie eröffnen sowohl ernährungsphysiologisch und sensorisch als auch wirtschaftlich interessante neue Möglichkeiten für die Produktentwicklung. Beispielsweise kann die Nutzung von Fruchttrestern zur Herstellung neuer Lebensmittelprodukte nicht nur Abfall reduzieren, sondern auch neue Marktchancen schaffen.
> **Innovative Geschäftsmodelle**: Unternehmen können bisher ungenutzte Stoffströme aus der eigenen Produktion mit geeigneten Partnern zu hochwertigen Rohstoffen verwerten und damit innovative Geschäftsmodelle entwickeln.

3.4 Prozessentwicklung

F&E-Abteilungen beschäftigen sich in der Regel nicht nur mit der Produkt- und Verpackungsentwicklung, sondern auch mit der Entwicklung bzw. Optimierung von Produktionstechnologien.

Die Technologie spielt eine zentrale Rolle bei der Entwicklung neuer Produkte, um soziale, ökologische und ökonomische Ziele zu erreichen. Im Folgenden sind einige Fragen aufgeführt, mit denen sich F&E-Abteilungen bereits während der Produktentwicklung auseinandersetzen sollten. Wenn die Produktion nicht im eigenen Unternehmen, sondern bei externen Dienstleistern erfolgt, spielen diese Aspekte bei der Auswahl des Dienstleisters eine wichtige Rolle:

> **Fragen**
> **Materialeffizienz**: Welche Maßnahmen können Sie ergreifen, um die Materialeffizienz im Produktionsprozess zu verbessern und Abfälle zu minimieren?

Wassermanagement: Wie können Sie den Wasserverbrauch in Ihren Produktionsprozessen reduzieren und das Wasser wiederverwenden?

Zero-Waste-Strategien: Welche Zero-Waste-Strategien können Sie umsetzen, um Abfälle in Ihren Produktionsprozessen zu vermeiden?

Abfallverwertung: Wie können Sie Nebenprodukte und Abfälle sinnvoll verwerten oder zu neuen Produkten verarbeiten?

Emissionsreduktion: Mit welchen Technologien können Sie den Ausstoß von Treibhausgasen in Ihren Produktionsprozessen reduzieren?

Schadstoffkontrolle: Welche Maßnahmen zur Schadstoffkontrolle können Sie implementieren, um negative Umweltauswirkungen zu minimieren?

Umweltfreundliche Technologien: Welche umweltfreundlichen Technologien können Sie in Ihren Produktionsprozessen einsetzen, um deren Nachhaltigkeit zu erhöhen?

Ökobilanz: Welche Erkenntnisse liefert Ihnen die Lebenszyklusanalyse (Life Cycle Assessment (LCA)), um Umweltbelastungen zu reduzieren?

Kooperationen: Mit welchen Forschungseinrichtungen, Unternehmen und NGOs können Sie bei der Entwicklung nachhaltiger Technologien zusammenarbeiten?

Brancheninitiativen: Wie können Sie sich an Brancheninitiativen zur Förderung und Verbreitung nachhaltiger Praktiken beteiligen?

3.5 Deklaration und Kommunikation

Nachhaltigkeit ist ein Megatrend unserer Zeit. Ein neues gesellschaftliches Bewusstsein für die Umwelt setzt den Rahmen für wirtschaftliches Handeln. Immer mehr Verbraucherinnen und Verbraucher informieren sich über Herkunft und Produktionsbedingungen von Lebensmitteln und treffen bewusste Entscheidungen. Für die jüngeren Generationen wird nachhaltiger Konsum zur Selbstverständlichkeit [9].

Nachhaltigkeit entwickelt sich somit zu einem neuen Qualitätsstandard. Sie ist kein Projekt mit einem Anfang und einem Ende, sondern wird in sozialer, ökologischer und ökonomischer Hinsicht zu einer festen Größe in allen Unternehmensbereichen. Unternehmen, die das Vertrauen der Verbraucherinnen und Verbraucher langfristig nicht aufs Spiel setzen wollen, legen Wert auf eine transparente Kommunikation. Das bedeutet, dass Informationen über Inhaltsstoffe, Produktionsmethoden, Herkunft und Nachhaltigkeitszertifikate klar und verständlich offengelegt werden. Eine transparente Produktkennzeichnung ermöglicht den Verbraucherinnen und Verbrauchern eine bewusste Kaufentscheidung und fördert das Vertrauen in die Marke. Praktische Hinweise zur Entsorgung von Verpackungen tragen zur Kreislaufführung von Stoffströmen bei.

F&E spielen bei dieser strategischen Aufgabe eine entscheidende Rolle. Sie liefern die wissenschaftlich-technischen Grundlagen für die Nachhaltigkeitskommunikation.

Dazu gehören Innovationen in den Bereichen nachhaltige Produktion, umweltfreundliche Verpackungen und Ressourceneffizienz. Darüber hinaus entwickeln F&E-Abteilungen neue Produkte und Verfahren, die den ökologischen Fußabdruck verringern und die soziale Verantwortung stärken. Auch wenn die Kommunikation grundsätzlich in den Verantwortungsbereich des Marketings fällt, sind die Informationen und Daten der F&E-Abteilungen unverzichtbar. Sie sorgen dafür, dass die kommunizierten Inhalte fundiert und glaubwürdig sind. Dabei geht es nicht nur darum, perfekte Lösungen zu präsentieren, sondern die Verbraucherinnen und Verbraucher authentisch auf dem Weg zur Entwicklung nachhaltiger Lösungen mitzunehmen und sie zu schulen.

Nachhaltigkeit ist somit nicht nur eine Frage des guten Willens, sondern integraler Bestandteil der Unternehmensstrategie. Durch eine offene und transparente Kommunikation können Unternehmen nicht nur das Vertrauen der Verbraucherinnen und Verbraucher stärken, sondern auch ihre Position als verantwortungsbewusste und zukunftsorientierte Akteure in der Lebensmittelbranche festigen. Die bisherigen Ausführungen haben gezeigt, welche Rolle F&E-Abteilungen spielen, um Nachhaltigkeit in Unternehmen voranzutreiben. Ein weiterer wesentlicher Aspekt ist, dass F&E-Abteilungen durch ihre Verbindung zu externen Stakeholdern die Weichen für kluge und nachhaltige Geschäftsmodelle in ihren Unternehmen maßgeblich mitbestimmen können.

3.6 Forschung

Um die aktuellen Herausforderungen unseres Ernährungssystems zu meistern, bedarf es kleinerer und größerer Veränderungen entlang der gesamten Wertschöpfungskette. Neue wissenschaftliche Erkenntnisse und innovative Technologien zur Erzeugung kreislauffähiger und regenerativer Lösungen sind dafür unerlässlich. Das Bundesministerium für Bildung und Forschung (BMBF) 2022 [1] fördert mit dem Programm „Innovationsräume Bioökonomie" im Rahmen der „Nationalen Forschungsstrategie BioÖkonomie 2030" die nachhaltige Forschung im Lebensmittelbereich. Bioökonomie setzt auf biologische Ressourcen und Prozesse und orientiert sich an natürlichen Stoffkreisläufen. Die Forschungsförderung setzt entlang der gesamten Wertschöpfungskette an. So arbeiten viele Forscherinnen und Forscher daran, Lebensmittel ressourcenschonend zu erzeugen, neuartige biobasierte Werkstoffe zu erfinden, klimaresistente Sorten für eine nachhaltige Landwirtschaft zu züchten, innovative kreislauforientierte Agrarsysteme zu entwickeln, neue Proteinquellen aus Pflanzen und Insekten zu erschließen, Fleisch und Fisch in Zellkulturen zu züchten und vieles mehr [7]. Unternehmen können an diesen Förderprogrammen teilnehmen und durch enge Zusammenarbeit mit Forschungseinrichtungen und Partnerunternehmen ihre eigenen Nachhaltigkeitsbemühungen vorantreiben. Dabei sollten sie sich auf die Weiterentwicklung ihrer Kernkompetenzen und Technologien konzentrieren, wie in Abschn. 3.3 beschrieben.

3.6.1 Know-how

Für die Wettbewerbs- und Innovationsfähigkeit der Unternehmen im Ernährungssystem ist der Aufbau und die kontinuierliche Weiterentwicklung von Kompetenzen von zentraler Bedeutung. F&E-Abteilungen spielen dabei eine zentrale Rolle, indem sie Grundlagenwissen generieren oder von außen in das Unternehmen einbringen. Dies umfasst technisches Know-how über Roh- und Packstoffe sowie über Produktionstechnologien, das kontinuierlich in neue nachhaltige Entwicklungen einfließen kann.

Eine systematische Aus- und Weiterbildung des F&E-Personals ist unerlässlich. Messen, Seminare und Fachverbände, auch branchenübergreifend, sind wichtige Plattformen, um auf dem neuesten Stand der Technik zu bleiben und Wissen gezielt in die Unternehmen zu bringen. Die regelmäßige Teilnahme an solchen Veranstaltungen ermöglicht es den Mitarbeiterinnen und Mitarbeitern, aktuelle Entwicklungen und Innovationen kennenzulernen und anzuwenden.

Der Austausch von Wissen und Best Practices zwischen Unternehmen und Forschungseinrichtungen ist ebenfalls von großer Bedeutung. Erfolgreiche Partnerschaften sind ein Schlüssel zur Bewältigung der komplexen Herausforderungen in der Ernährungswirtschaft. Dies betrifft nicht nur Kooperationen zwischen Unternehmen, sondern auch die Zusammenarbeit mit Forschungseinrichtungen, NGOs und der öffentlichen Hand.

3.6.2 Innovationsmethoden

Um Produkte, Prozesse und Geschäftsmodelle nachhaltiger zu gestalten, sind clevere Ideen und Ansätze gefragt. Um diese Ideen zielgerichtet zu generieren, lohnt es sich für Designerinnen und Designer sowie Entwicklerinnen und Entwickler, geeignete Innovationsmethoden einzusetzen. Innovationsmethoden sind strukturierte Vorgehensweisen und Werkzeuge, um kreative Ideen zu entwickeln, Probleme zu lösen und neue Produkte, Dienstleistungen oder Prozesse zu schaffen.

Im Kontext der Nachhaltigkeit gibt es eine Reihe wertvoller Methoden, die helfen, in Kreisläufen zu denken, Ressourcen zu sparen, von der Natur zu lernen, die planetaren Grenzen zu respektieren und vieles mehr. Diese Methoden sind besonders nützlich für F&E-Abteilungen, die ihre Produkte und Prozesse nachhaltiger gestalten wollen. Einen detaillierten Überblick geben Van Aerssen et al. (2024 [13]) in ihrem Buch *„Das große Handbuch Nachhaltigkeit"*, das 334 Methoden, Instrumente und Modelle für die erfolgreiche Transformation von Unternehmen enthält.

3.7 Fazit

Zusammenfassend lässt sich festhalten, dass F&E-Abteilungen eine zentrale Rolle bei der Gestaltung und Umsetzung von Nachhaltigkeitsstrategien in der Lebensmittelbranche spielen. Eine effektive Innovationsstrategie setzt den Rahmen für nachhaltige Entscheidungen in allen Unternehmensbereichen. Durch die gezielte Auswahl nachhaltiger Rohstoffe, die Entwicklung umweltfreundlicher Verpackungen und die Umsetzung von Prinzipien der Kreislaufwirtschaft können F&E-Abteilungen wesentlich dazu beitragen, den ökologischen Fußabdruck von Unternehmen zu minimieren. Eine enge Zusammenarbeit mit anderen Unternehmensbereichen und eine transparente Kommunikation sind dabei unerlässlich. Der langfristige Erfolg hängt davon ab, wie gut es F&E-Abteilungen gelingt, Nachhaltigkeit als Kernprinzip in ihren F&E-Prozessen zu verankern und durch kontinuierliche Weiterbildung und innovative Methoden stets auf dem neuesten Stand zu bleiben.

Literatur

1. BMBF. (2022). *Bioökonomie – Biogene Ressourcen und biologisches Wissen für eine nachhaltige Wirtschaft.* https://www.bmbf.de/bmbf/de/forschung/energiewende-und-nachhaltiges-wirtschaften/biooekonomie/biooekonomie_node.html. Zugegriffen: 14. Juni 2024.
2. DR. Deutsche Recycling Service GmbH. (2024). *PPWR – was Sie jetzt über die Verordnung wissen sollten.* https://deutsche-recycling.de/blog/ppwr-was-sie-jetzt-ueber-die-verordnung-wissen-sollten/. Zugegriffen: 14. Juni 2024.
3. Ehlert GmbH. (2023). *Kreislaufwirtschaft in der Lebensmittelindustrie.* https://www.ehlert-gmbh.de/blog/ratgeber/kreislaufwirtschaft-lebensmittelindustrie. Zugegriffen: 15. Juni 2024.
4. Engagement Global. (2024). *Was sind die 17 Ziele? Ziele für Nachhaltige Entwicklung – Agenda 2030 der UN.* https://17ziele.de/info/was-sind-die-17-ziele.html. Zugegriffen: 13. Juni 2024.
5. Huber, S. (2021). What is Planet-Centric Design? Medium. https://samuelhuber.medium.com/what-is-planet-centric-design-8d1754b52fba. Zugegriffen: 14. Mai 2024.
6. IVV. (2024). *Nachhaltige Verpackungen.* https://www.ivv.fraunhofer.de/de/verpackung/nachhaltige-verpackung.html. Zugegriffen: 14. Juni 2024.
7. IVV. (2024). *Innovationsraum NewFoodSystems.* https://www.ivv.fraunhofer.de/de/lebensmittel/newfoodsystems.html. Zugegriffen:14. Juni 2024.
8. Osterwalder, A., Pigneur, Y., Bernarda, G., Smith, A. (2015). *Value Proposition Design: Entwickeln Sie Produkte und Services, die Ihre Kunden wirklich wollen.* Campus Verlag.
9. REWE Group. (2023). *Nachhaltigkeitsstudie – Nachhaltiger Konsum in Zeiten multipler Krisen – Rückblick, Gegenwart, Zukunft.* https://www.rewe-group.com/content/uploads/2023/11/nachhaltigkeitsstudie.pdf?t=2024070406. Zugegriffen: 04. Juli 2024.
10. Rumelt, R. P. (2011). *Good Strategy Bad Strategy: The Difference and Why It Matters.* Crown Business.
11. Rützler, H. (2022). *Foodreport 2023.* Zukunftsinstitut.
12. Rützler, H. (2022). *Foodtrend Glossar.* Zukunftsinstitut.

13. Van Aerssen, B., Buchholz, C., & Klecha, M. (2024). *Das große Handbuch Nachhaltigkeit: 334 Methoden, Instrumente und Modelle für die erfolgreiche Transformation Ihres Unternehmens.* Franz Vahlen Verlag.
14. Zukunftsinstitut. (2023). *Die Megatrends.* https://www.zukunftsinstitut.de/zukunftsthemen/megatrends. Zugegriffen: 13. Juni 2024.
15. Zukunftsinstitut. (2023). *Megatrend Gesundheit.* https://www.zukunftsinstitut.de/zukunftsthemen/megatrend-gesundheit. Zugegriffen: 04. Juli 2024.

Hila Attaie ist eine anerkannte Expertin für Lebensmittelinnovation mit einem starken Fokus auf Nachhaltigkeit. Mit mehr als 20 Jahren Erfahrung in der Lebensmittelbranche hat sie wichtige Beiträge zur Forschung und Entwicklung geleistet, unter anderem für internationale Konzerne (Kraft Foods), verschiedene KMUs und internationale Organisationen wie FAO und CIRAD. Als unabhängige Beraterin kombiniert sie Methoden des Innovationsmanagements mit ihrer umfassenden Branchenexpertise, um nachhaltige und wirtschaftlich tragfähige Lösungen zu entwickeln. Hila Attaie ist Co-Autorin des Buches „Das große Handbuch Nachhaltigkeit: 334 Methoden, Instrumente und Modelle für die erfolgreiche Transformation Ihres Unternehmens" und war maßgeblich an der Entwicklung neuer Methoden für mehr Nachhaltigkeit in Unternehmen beteiligt.

Lebensmittelindustrie und -produktion

Ökologie, Effizienz und Innovation im Spannungsfeld von Preis-, Kosten- und Wettbewerbsdruck

Alexander Märdian

> **Zusammenfassung**
>
> In Deutschland stellt die steigende Nachfrage für nachhaltig erzeugte Lebensmittel die lebensmittelverarbeitende Industrie bei anhaltend hohem Preis-, Kosten- und Wettbewerbsdruck vor Herausforderungen. Nachhaltigkeitsaspekte in der Lebensmittelindustrie gewinnen deshalb zunehmend an Bedeutung. Die globale Lebensmittelindustrie wird durch technologische Innovationen in der Verarbeitung, z. B. Aufbereitung pflanzlicher Proteine, ressourcen- und energieschonende Verfahren zur Verarbeitung sowie Produktinnovationen, einen erheblichen Beitrag zu einem nachhaltigeren Lebensmittelsystem leisten müssen. Weder die Versorgungssicherheit mit Lebensmitteln noch eine deutliche Reduktion von Emissionen und ein nachhaltiger Umgang mit den Ressourcen scheinen aus heutiger Sicht ohne die Forcierung technologischer Innovationen möglich. Prozess- und Produktinnovationen werden in diesem Beitrag ebenso dargestellt wie die Rolle von Startups.

4.1 Einleitung

Dieses Kapitel behandelt den derzeitigen Stand von Ansätzen und Maßnahmen zur Steigerung der Nachhaltigkeit in der verarbeitenden Lebensmittelindustrie und deren Bedeutung innerhalb des Lebensmittelsystems. Ein Lebensmittelsystem umfasst alle Elemente (Umwelt, Menschen, Materialien, Prozesse, Infrastrukturen, Institutionen usw.) und

---

A. Märdian (✉)
Innovation Hub am DIL Deutsches Institut für Lebensmitteltechnik e.V., Quakenbrück, Deutschland
E-Mail: a.maerdian@dil-tec.de

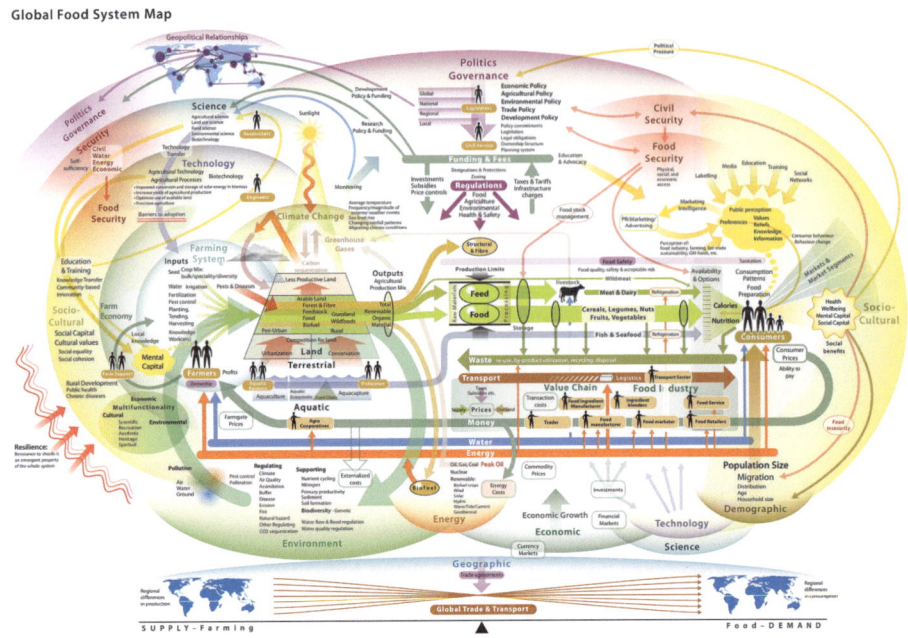

Abb. 4.1 Food System Map – Basic Elements. (Quelle: Shiftn (2009) [42])

Aktivitäten, die sich auf die Produktion (Landwirtschaft, Fischerei), die Verarbeitung, den Vertrieb, die Zubereitung und den Verzehr von Lebensmitteln beziehen, sowie die Ergebnisse dieser Aktivitäten, einschließlich der sozioökonomischen und ökologischen Ergebnisse [23]. Die Komplexität des globalen Lebensmittelsystems wird in Abb. 4.1 verdeutlicht.

Unter dem Begriff Nachhaltigkeit werden hierbei, wie auch in der Einführung ausgeführt, ökologische, ökonomische und soziale Aspekte betrachtet. Der Fokus der Betrachtungen bezieht sich dabei auf den deutschen Markt. Soweit möglich und durch Daten belegbar, erfolgt auch die Einordung in den europäischen und globalen Kontext.

Der Einfluss der weiteren Stufen der Wertschöpfungskette innerhalb des Lebensmittelsystems (Landwirtschaft, Distribution, Gastronomie und Verbraucher) wird in anderen Kapiteln (siehe Kap. 2, 5, 7, etc.) dieses Buches behandelt. Überschneidungen werden weitestgehend und soweit sinnvoll vermieden. Die Trennung zwischen der landwirtschaftlichen Erzeugung von unverarbeiteten Produkten oder Produkten mit einer geringen Verarbeitungstiefe (z. B. Verfahren zur Verlängerung der Haltbarkeit bei der landwirtschaftlichen Erzeugung) werden, soweit möglich, nicht berücksichtigt.

Zum Hintergrund: Der Anteil an verarbeiteten Lebensmitteln, ab Stufe 2 beträgt nach dem NOVA- System[1] in Europa ca. 80 % am Konsum.

Die Relevanz des Themas Nachhaltigkeit in der Lebensmittelindustrie wird deutlich bei der Betrachtung der aktuellen Prognosen zur Entwicklung der Weltbevölkerung. Laut Prognose der United Nations (UN) wird die Zahl der Menschen auf der Erde bis zum Jahr 2050 auf knapp 10 Mrd. anwachsen. Gleichzeitig müssten laut verschiedenen Prognosen zwischen 65 % und 70 % mehr Lebens- und Futtermittel erzeugt werden. Hierfür wäre nach Schätzungen des World Resource Instituts (WRI) u. a. eine Vergrößerung der landwirtschaftlich nutzbaren Fläche um 800 Mio. Hektar notwendig, was ungefähr der doppelten Landfläche Indiens entspräche. Dieses würde nach einer Studie der Wirtschaftsprüfungsgesellschaft PwC dreimal so viel Ressourcen erfordern als die, die auf der Erde vorhanden sind [22, 41, 54, 56].

Um die wachsende Weltbevölkerung zukünftig mit Lebensmitteln zu versorgen, wird allgemein davon ausgegangen, dass Innovationen in der Erzeugung und Verarbeitung von Lebensmitteln, eine Reduktion tierischer Proteinquellen in der Ernährung (insbesondere von Fleisch- und Milchprodukten) und Effizienzsprünge in den globalisierten Lieferketten notwendig sind.

Da nachhaltig erzeugte Lebensmittel i. d. R. teurer als weniger nachhaltig erzeugte Lebensmittel sind, ist ein Blick auf die Ausgaben privater Haushalte für Lebensmittel interessant. In den vergangenen 60 Jahren ist der Ausgabenanteil des Haushaltseinkommens für Lebensmittel in Deutschland, trotz einer höheren Verarbeitungstiefe, signifikant gefallen. Wurden im Jahr 1960 noch 44 % des Einkommens für Nahrungs- und Genussmittel ausgegeben, so lag der Anteil im Jahr 2023 nur noch bei 15 % [44].

Davon ausgehend, dass der gefallene Anteil des Haushaltseinkommens für Lebensmittel nicht ausschließlich auf Einkommenssteigerungen zurückzuführen ist, wird deutlich, dass Effizienzsteigerungen im Anbau und der Produktion, die Erweiterung internationaler Lieferketten und ein Preisrückgang durch Wettbewerbsdruck dafür ursächlich sind.

Seit etwa 2022 ist eine Umkehr der globalen Preisentwicklung für Lebensmittel und Vorprodukte zu verzeichnen. Gründe hierfür sind gestörte Lieferketten durch den Krieg in der Ukraine, weitere politische Konflikte, Ernteausfälle und -rückgänge durch Trockenheit, Dürre, Überschwemmungen und andere Extremwetterereignisse sowie Inflation.

Aktuelle und zukünftige Herausforderungen für Teile der deutschen und europäischen Lebensmittelindustrie sind steigende Kosten für Rohstoffe und Vorprodukte, Kosten für Nachweis- und Dokumentationspflichten, steigende Energiekosten, sowie weitere Kostenblöcke bei anhaltendem Preisdruck. Relevant ist dieses insbesondere für Investitionen in Nachhaltigkeit, da hierfür entsprechende Mittel bereitgestellt werden müssen, denn Investitionen in effiziente Technologien werden häufig nur dann getätigt, wenn dieses die

---

[1] NOVA-System für verarbeitete Lebensmittel: Stufe 1-Unverarbeitet bis minimal verarbeitet, Stufe 2-Verarbeitetet Zutaten, Stufe 3-Verarbeitete Lebensmittel, Stufe 4- Hochverarbeitete Lebensmittel.

Ertragslage der Unternehmen zulässt und die künftige Ertragsentwicklung optimistisch eingeschätzt wird.

In diesem Kapitel werden die Entwicklung von Lebensmitteln und neue Verarbeitungstechnologien, die sich positiv auf die ökologische Nachhaltigkeit auswirken, dargestellt.

4.2 Die verarbeitende Lebensmittelindustrie – Einordnung in das Lebensmittelsystem und wirtschaftliche Bedeutung

Die weltweite Ernährungsindustrie erwirtschaftet 2024 voraussichtlich einen Umsatz von 8,43 Bio. € und gehört damit zu den bedeutendsten Wirtschaftssektoren der Welt [46]. Sie trägt zu etwa einem Drittel des weltweiten Ausstoßes von CO_2-Emissionen bei. Darüber hinaus werden erhebliche Ressourcen durch das globale Lebensmittelsystem in Anspruch genommen. 70–90 % des weltweiten Frischwasserverbrauches, ca. 40 % der landwirtschaftlich nutzbaren Flächen und ca. 30 % der weltweit genutzten Energie werden dem Lebensmittelsystem zugerechnet [14].

Zusätzlich zu den anfallenden Emissionen und dem Ressourcenverbrauch wird dem Lebensmittelsystem der höchste Anteil am Verlust von Biodiversität durch menschliches Handeln zugeschrieben [4].

Die landwirtschaftliche Urproduktion hat im Bereich des Lebensmittelsystems den größten Anteil an CO_2-Emissionen, dem Ressourcenverbrauch und der Verlust an Biodiversität. Erhebliche Auswirkungen auf Umwelt und Gesellschaft hat zudem der Verlust von Lebensmitteln entlang der Wertschöpfungskette. Der Verlust an erzeugten Lebensmitteln, die nicht dem Verbrauch zugeführt werden, liegt laut Schätzungen bei ca. ca. 1,3 Mrd. Tonnen, was in etwa ein Drittel der gesamten landwirtschaftlichen Produktion entspricht (siehe Kap. 12).

Der Anteil der globalen lebensmittelverarbeitenden Industrie an den CO_2-Emissionen liegt bei ca. 4 % (CO_2 Äquivalente). Hinzuzurechnen wären die anteiligen CO_2-Emissionen für den Transport in den Handel und die Verpackung. Davon ausgehend, dass CO_2-Emissionen für den Transport von landwirtschaftlichen Vorerzeugnissen, Betriebsmitteln und Endprodukten auch in der Landwirtschaft erheblich sind, könnte der Verarbeitung 50 % hinzugerechnet werden. Der Anteil der CO_2-Emissionen durch Verpackung ist in der Verarbeitung naturgemäß deutlich höher als in der Landwirtschaft. Würde man hierfür 90 % hinzurechnen, entfallen 11,5 % der CO_2-Emissionen aus der Lebensmittelproduktion auf die lebensmittelverarbeitende Industrie ([37]; siehe Abb. 4.2).

Eine zusätzliche Relevanz im Lebensmittelsystem hat der wirtschaftliche Umbau der Landwirtschaft in Europa, da herkömmliche Erzeugungssysteme wirtschaftlich, ökologisch und sozial immer weniger tragfähig sind. Kennzeichnend hierfür sind die anhaltenden Diskussionen und Überlegungen über neue Einkommensmöglichkeiten für

4 Lebensmittelindustrie und -produktion

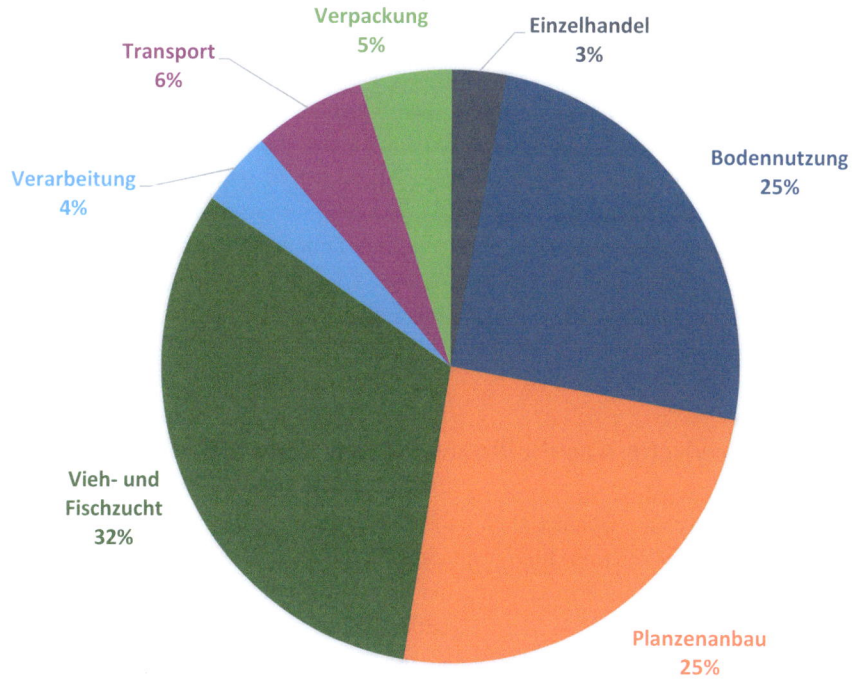

Abb. 4.2 Verteilung CO_2-Emissionen in der Lebensmittelproduktion. (Quelle: eigene Darstellung mit Daten aus Poore und Nemecek (2018) [37])

Landwirte durch den Anbau von bislang wenig kultivierten Pflanzen und eine Erhöhung der Verarbeitungstiefe bei landwirtschaftlichen Erzeugern, wie z. B. Extraktion, Fermentation und weiteren Technologien zur Aufbereitung von Rohmasse.

Einen weiteren und sich verstärkenden Faktor im Lebensmittelsystem, insbesondere auch auf die verarbeitende Industrie, hat die Versorgungssicherheit. Der Krieg in der Ukraine und dessen globale Auswirkungen haben deutlich gemacht, wie vulnerabel globale Lieferketten sind. Die Herausforderungen, die sich für den Umbau zu einem nachhaltigeren Lebensmittelsystems ergeben, sind entsprechend groß.

Faktoren wie Preisdruck, Liefersicherheit und dominante Konsumpräferenzen bilden zusätzlich eine Hürde zur Verbesserung der ökologischen, ökonomischen und sozialen Nachhaltigkeit in der Lebensmittelindustrie.

In der EU könnte die *Farm-to-Fork Strategie*, die Bestandteil des 2009 vorgestellten Green Deals ist, Auswirkungen auf die Nachhaltigkeit des Lebensmittelsystems haben. Eines der Ziele ist: „Faire, gesundheitsförderliche und umweltfreundliche Lebensmittelsysteme für eine bessere Ernährung". Die Strategie sieht insgesamt 27 Maßnahmen zur Schaffung eines nachhaltigen Lebensmittelsystems vor, die die Lebensmittelerzeugung, die Lebensmittelverarbeitung, den Handel und den Großverbraucherbereich betreffen [20].

Die Schaffung eines Rechtsrahmens steht noch aus und die Auswirkungen auf die verarbeitende Lebensmittelindustrie, wie auch die damit erhofften Wirkungen, sind derzeit (Stand 2024) noch nicht detailliert benannt oder absehbar.

Volkswirtschaftlich betrachtet gehört die lebensmittelverarbeitende Industrie in Deutschland zu den wichtigsten Wirtschaftszweigen und ist überwiegend mittelständisch strukturiert. Sie erwirtschaftete im Jahr 2022 218,5 Mrd. € und beschäftigt ca. 637.000 Menschen in 5911 Betrieben [9].

Im europäischen Vergleich steht die deutsche Lebensmittelindustrie gemessen am Umsatz an erster Stelle, gefolgt von Frankreich. Global liegt die deutsche Lebensmittelproduktion gemessen am Umsatz nach China, den USA, Indien, Japan und Indonesien auf Platz 6 [48].

4.3 Ökologische Nachhaltigkeit in der Lebensmittelindustrie

Bestrebungen für mehr Nachhaltigkeit in der Verarbeitung von Lebensmitteln werden getrieben durch rein ökonomische Notwendigkeiten, gesetzliche Bestimmungen und die steigende Nachfrage nach Lebensmitteln, die nachhaltig erzeugt wurden.

Nachhaltigkeit wird dabei laut einer aktuellen Studie der BVE (Bundesvereinigung der Deutschen Ernährungsindustrie) zunehmend zur Wettbewerbsfrage. So haben 60 % aller deutschen Unternehmen laut BVE eine Nachhaltigkeitsstrategie. Bemängelt wird aber, dass mittelständische Unternehmen Probleme bei der gleichzeitigen Umsetzung zu vieler und teilweise noch unklar definierter Regularien haben werden ([11], S. 22, 72).

So sind häufig verwendete Begriffe und Aussagen wie „Nachhaltigkeit", „Klimaneutralität" und „Umweltneutralität" noch nicht klar definiert. Im Rahmen der EU Green Claims Directive (im Deutschen „Richtlinie über Nachweisbarkeit und Kommunikation umweltbezogener Produktangaben") werden künftig Aussagen zur Nachhaltigkeit von Produkten gesetzlich reguliert werden und sind durch entsprechende Siegel oder Zertifikate nachzuweisen.

Nachhaltigkeit hat im Lebensmittelsystem deshalb einen hohen Stellenwert. Dieses konnte auch durch eine Anfang 2024 durchgeführte Analyse des Innovation Hub am DIL und Swiss Food Research belegt werden. Im Rahmen dieser Analyse wurde nach weltweiten Nennungen zum Thema „Nachhaltigkeit in der Lebensmittelindustrie" auf Websites, Veröffentlichungen zu Konferenzen, in Magazinen und weiteren Veröffentlichungen in den Jahren von 2010 bis 2024 gesucht. Die Daten wurden durch eine datenbankunterstützte Suchmaschine generiert, die Nennungen hierzu im Internet identifizierte. Für 2010 wurden weltweit 10 Nennungen gefunden. Bis 2017 waren die jährlichen Nennungen gering und sind seit 2018 stark angestiegen. Für 2023 konnten 2.536 Nennungen gelistet werden. Bis zum Zeitraum der Datenerhebung im Februar 2024 wurden bereits 723 Nennungen für das laufende Jahr gefunden ([17]; siehe Abb. 4.3).

4 Lebensmittelindustrie und -produktion

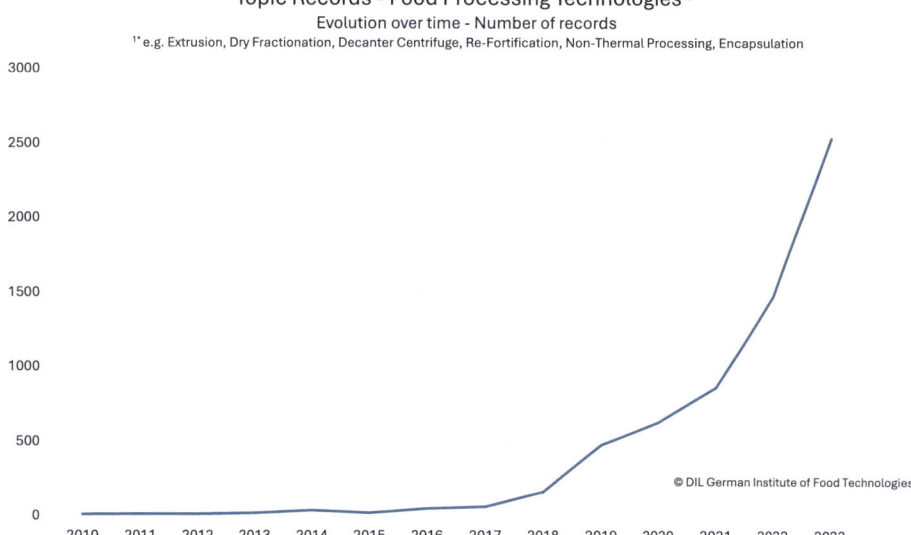

Abb. 4.3 Topics Records – Food Processing Technologies. (Quelle: DIL und Swiss Food Research (2024) 17: *Global Mapping of Innovations in selected Food Processing Technologies 2010–2023*)

Der Nachweis der durch den Gesetzgeber vorgegebenen und von Verbraucherinnen und Verbrauchern eingeforderten Nachhaltigkeitsaspekte wird künftig einen forcierten Einsatz innovativer Technologie in der Herstellung und Verarbeitung von Lebens- und Futtermitteln erfordern.

Weder die Versorgungssicherheit mit Lebensmitteln noch eine deutliche Reduktion von Emissionen und der Ressourcenverbrauch scheinen aus heutiger Sicht ohne diese Forcierung möglich.

4.3.1 Nachhaltigkeitsmanagement in der lebensmittelverarbeitenden Industrie

Ob in Unternehmen eine Nachhaltigkeitsstrategie existiert, die Grundlage für ein Nachhaltigkeitsmanagement ist, hängt laut BVE stark von der Umsatzgröße der Unternehmen ab. Nur die Hälfte aller Unternehmen unter einem Umsatz von 50 Mio. € und 60 % der Unternehmen mit einem Umsatz zwischen 50 und 149 Mio. € haben eine Nachhaltigkeitsstrategie formuliert (siehe Abb. 4.4).

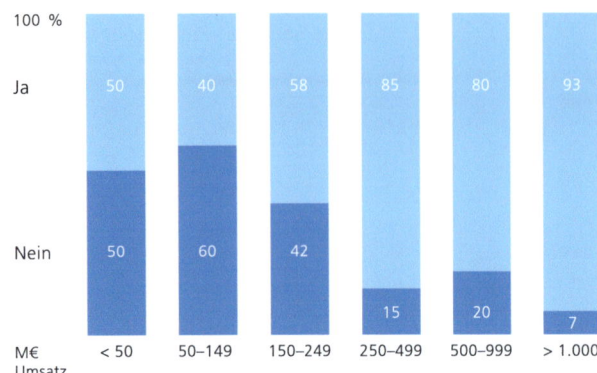

Abb. 4.4 Anteil der Unternehmen in der Lebensmittelindustrie mit einer Nachhaltigkeitsstrategie. (Quelle: BVE und RSM Ebner Stolz (2024) [12])

> **Übersicht**
>
> Typischerweise konzentriert sich das betriebliche Nachhaltigkeitsmanagement auf die Bereiche:
>
> - Rohstoff- und Lieferkettenmanagement
> - Energieeffizienz
> - Abfallvermeidung in der Herstellung und Ressourceneffizienz
> - Reduzierung oder Valorisierung von Nebenströmen
> - Verpackungen
>
> Diese Bereiche sind in Unternehmen teilweise nicht klar voneinander abgrenzt und werden zusammengefasst betrachtet, wie z. B. das Rohstoff- und Lieferkettenmanagement.

Rohstoff- und Lieferkettenmanagement

Bei steigenden Anforderungen der Konsumentinnen und Konsumenten bezüglich transparenter Nachhaltigkeitsaspekte einerseits und einem hohen Preis-, Kosten- und Wettbewerbsdruck anderseits, sehen sich Hersteller zunehmend in einer schwierigen Position.

Im Branchendialog des Instituts für Wirtschaftsforschung (ifo) über die nachhaltige Lieferkettengestaltung im Lebensmitteleinzelhandel (LEH) wird einerseits dem LEH ein großer Einfluss auf Konsumentscheidungen konstatiert, da er durch die Sortimentsgestaltung eine Steuerungsfunktion wahrnimmt und andererseits festgestellt, dass die Konsumentin und der Konsument durch seine Kaufentscheidung Nachhaltigkeitstrends bestimmt [55].

Dieser Argumentation folgend haben Hersteller bei anhaltendem Preis- und Kostendruck kaum Steuerungsmöglichkeiten, da Nachhaltigkeitsaspekte durch Konsumentinnen und Konsumenten respektive dem LEH vorgegeben werden.

Ökonomische und soziale Nachhaltigkeit in der lebensmittelverarbeitenden Industrie werden mit Ausnahme der Diskussionen über eine Forcierung lokaler Beschaffung, die sich überwiegend auf das vermutete Verbraucherinteresse beziehen, vor dem Hintergrund globaler und komplexer Lieferketten diskutiert. Eine sozialverträgliche Beschaffung von Vorprodukten und Rohwaren wird primär auf den Anfang der komplexen Lieferkette in rohstoffproduzierenden Entwicklungs- und Schwellenländern gelegt. Eine größere Einbindung regionaler Erzeuger von landwirtschaftlichen Produkten in die Lieferkette ist in Deutschland möglich, wird aber bezüglich des Angebotes, der Saisonalität und der Beschaffungskosten schnell an ihre Grenzen stoßen.

Weitere Aspekte wie der Fairtrade-Ansatz haben für die lebensmittelverarbeitende Industrie bezüglich der geforderten Mengen und Arten ebenfalls ein eingeschränktes Potenzial zur Steigerung sozialer Nachhaltigkeit. Zwar ist der Umsatz von Fairtrade-Produkten in Deutschland von 654 Mio. € im Jahr 2013 auf 2,6 Mrd. € im Jahr 2023 gestiegen, ist aber absolut gesehen gering und konzentriert sich auf wenige Produktgruppen, wie z. B. Kaffee und Schokolade. Letztlich dürfte sich der Vertrieb von Fairtrade-Produkten weiterhin auf den Handel konzentrieren und wird keine maßgebliche Rolle für die verarbeitende Industrie entwickeln können [21].

Das betriebliche Rohstoffmanagement beinhaltet Maßnahmen zur Sicherstellung der Beschaffung von Rohstoffen, der Erfassung und Kontrolle von Lagerfähigkeiten, der Bedarfsplanung, der Bestandsüberwachung und der Qualitätskontrolle und hat seit 2022, bedingt durch gestörte Lieferketten, zusätzlich erheblich an Bedeutung gewonnen. Bis etwa 2022 standen primär die Beschaffungskosten und die Konditionenpolitik im Vordergrund, während nach den Erfahrungen mit Lieferengpässen durch gestörte Lieferketten zusätzlich die Versorgungs- bzw. Liefersicherheit an Relevanz gewonnen hat.

Um ökologische und soziale Nachhaltigkeit, einschließlich ethischer Geschäftspraktiken, zu fördern wurden verschiedene nationale und EU-weite gesetzliche Rahmenwerke eingeführt oder sind in Vorbereitung.

Das Lieferkettensorgfaltspflichtengesetz (LkSG)
Am 01. Januar 2023 ist in Deutschland das Lieferkettensorgfaltspflichtengesetz (LkSG) in Kraft getreten. Bis Ende 2023 galt das Gesetz für Unternehmen mit mehr als 3000 Beschäftigten in Deutschland und seit 2024 mit mehr als 1000 Beschäftigten in Deutschland. Das LkSG regelt die unternehmerischen Sorgfaltspflichten für die Einhaltung sozialer Standards entlang der Lieferkette.

Auch das Inkrafttreten des EU-Lieferkettengesetzes nimmt Formen an und soll schrittweise bis 2028 in nationales Recht überführt werden. Betroffen sind Unternehmen ab 5000 Mitarbeiterinnen und Mitarbeiter rund einem Umsatz von 1,5 Mrd. € (bis 2027), Unternehmen ab 3000 Mitarbeiterinnen und Mitarbeiter und einem Umsatz von 900 Mio. € (bis 2028) und Unternehmen, die mehr als 1000 Mitarbeiterinnen und Mitarbeiter beschäftigen und einen Umsatz von mindestens 450 Mio. € erzielen.

Die Corporate Sustainability Reporting Directive (CSRD)
Am 5. Januar 2023 ist die europäische Corporate Sustainability Reporting Directive (CSRD) in Kraft getreten. Hiervon sind ab 2025 alle Unternehmen betroffen, die bereits der bisherigen NFRD unterlagen. Ab 2028 gilt die Berichtspflicht – infolge der durch die Omnibus-Verordnung beschlossenen Verschiebung – auch für alle großen Unternehmen mit einer Bilanzsumme ab 25 Mio. €, Nettoerlösen von 50 Mio. € und 250 Beschäftigten. Ab 2029 gilt die Berichtspflicht zudem für alle börsennotierten KMU. Für nicht-EU-Unternehmen mit einer Niederlassung oder einem Tochterunternehmen in der EU und einem Nettoumsatz von über 150 Mio. € in der EU gilt die Pflicht ab dem Geschäftsjahr 2028 mit Berichtserstellung ab 2029 (Stand September 2025).

Die Corporate Sustainability Due Diligence Directive (CSDDD)
Die EU-weite Corporate Sustainability Due Diligence Directive (CSDDD) wurde am 13. Juni 2024 verabschiedet und ist in Kraft getreten. Sie muss innerhalb von zwei Jahren in nationales Recht überführt werden. Ursprünglich war vorgesehen, dass ab 2027 alle europäischen Unternehmen mit mehr als 5.000 Beschäftigten und einem Nettoumsatz von 1,5 Mrd. € betroffen sind, ab 2028 Unternehmen ab 3.000 Mitarbeitern und einem Umsatz von 900 Mio. € sowie ab 2029 Unternehmen mit mehr als 1.000 Mitarbeitern und einem Umsatz von mindestens 450 Mio. €. Im Rahmen der Omnibus-Verordnung wurde jedoch ein einjähriger Aufschub beschlossen, sodass die Anwendung nun erst ab 2028, 2029 und 2030 greift.

Energieeffizienz
Die Verarbeitung von Lebensmitteln ist relativ energieintensiv. Mit einem Anteil von 6 % am Primärenergieverbrauch des verarbeitenden Gewerbes in Deutschland liegt die Nahrungs- und Genussmittelindustrie auf Platz sechs des Verbrauches. Klammert man die besonders energieintensiven Industrien (Chemische Erzeugnisse (33,8 %), Kokerei- und Mineralöl-erzeugnisse (14,5 %) und Metalle (14,3 %) aus, wird die Relevanz deutlich ([49], siehe Abb. 4.5).

Abhängig von der jeweiligen Verarbeitung wird Energie für thermische, mechanische, chemische und physikalische Prozesse benötigt und der Verbrauch von Wasser ist bei der Verarbeitung von Lebensmitteln naturgemäß hoch.

Laut BVE hat der Einsatz von Energiemanagementsystemen und Maßnahmen zur Nutzung von Restenergie aus der Produktion, z. B. Wärmerückgewinnung, den Energieeinsatz bereits deutlich reduzieren können [11].

Der Einsatz von Wasseraufbereitungsanlagen ist in Deutschland teilweise verpflichtend und der Einsatz von Biogasanlagen zur Stromerzeugung, bei denen nicht verwertbarer Reststoffe genutzt werden, dürfte weiterhin zunehmen.

4 Lebensmittelindustrie und -produktion

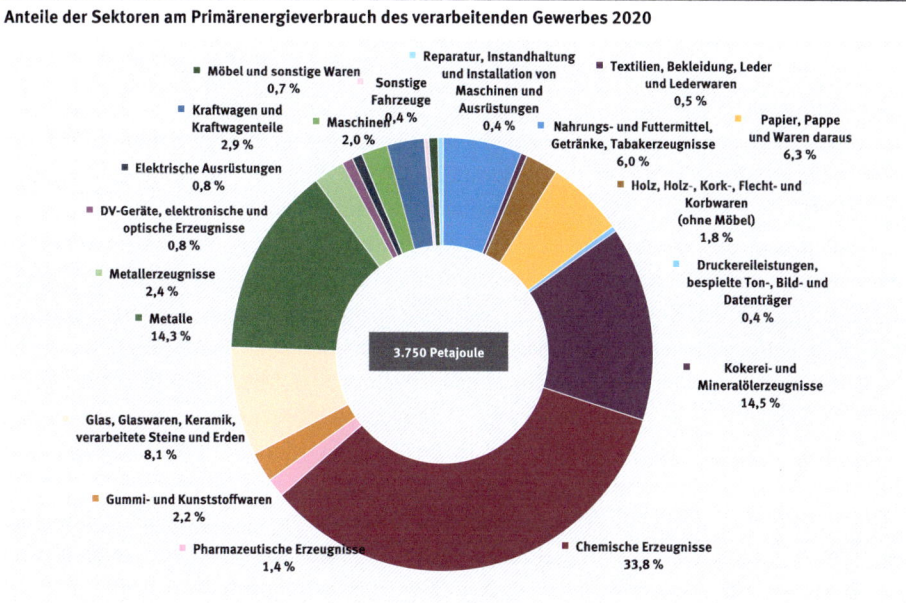

Abb. 4.5 Anteile der Sektoren am Primärenergieverbrauch des verarbeitenden Gewerbes 2020. (Quelle: Statistisches Bundesamt (2022) [49])

Abfallvermeidung in der Produktion und Ressourceneffizienz

Der Anteil an den gesamten Lebensmittelabfällen in der Verarbeitung lag 2020 in Deutschland bei 15 %, in der Landwirtschaft bei 2 %, im Handel bei 7 %, in der Gastronomie bei 17 % und in den privaten Haushalten bei 59 % [53].

Global betrachtet ist diese Verteilung in entwickelten Industrieländern ähnlich. In rohstoffproduzierenden Schwellenländern dürfte die Landwirtschaft einschließlich Lagerung und Logistik den größten Anteil am Verlust von Lebensmitteln haben, da effiziente und moderne Land- und Lagerungstechnik nur eingeschränkt verfügbar ist.

Maßnahmen zur Steigerung der Produktions- und Ressourceneffizienz, hierzu zählt auch die Reduktion von (vermeidbaren) Abfällen, dürften auch deshalb an Bedeutung gewinnen, da sie sich direkt auf das wirtschaftliche Ergebnis von Unternehmen auswirken.

Reduzierung und Valorisierung von Nebenströmen

Sogenannte Nebenströme aus der verarbeitenden Lebensmittelindustrie sind Stoffe mit Aufwertungspotenzial, die sich zu Lebensmitteln oder zu weiteren Produkten oder Energieträgern (z. B. Bioethanol) verarbeiten lassen. Dieses wird als Valorisierung von Nebenströmen bezeichnet und ist immer dann möglich, wenn herkömmlich erzeugte Produkte stark im Preis steigen oder durch den Einsatz neuer Technologien eine marktgerechte Weiterverarbeitung möglich ist.

Beispiele für Nebenströme sind Biertreber, Schalen von Kaffeebohnen, Apfeltrester, Molke, Presskuchen aus Ölsaaten, Kartoffelschalen, Faserstoffe, Avocadokerne etc.

Verpackungen

Der Verbrauch von Lebensmittelverpackungen steigt nach wie vor kontinuierlich. Während 1991 in Deutschland 7,65 Mio. t Lebensmittelverpackungen verbraucht wurden, waren es im Jahr 2020 bereits 8,68 t [45]. Lebensmittelverpackungen zeichnen sich durch verschiedene Funktionen aus, die teils miteinander kombiniert sein können. Neben dem Schutz des Lebensmittels vor Beschädigungen und Verunreinigung, der Erleichterung des Transportes und Handlings für den Konsumenten, der Verlängerung der Haltbarkeit, der Kommunikation (z. B. Zutatenliste) dienen Sie auch Marketingzwecken und sollen i. d. R. am Point-of-Sale (PoS) Kaufanreize auslösen. Sie bestehen aus verschiedenen Materialien wie etwa Pappe, Papier, Kunststoff, Glas, Aluminium oder Weißblech. Größtenteils wird Kunststoff verwendet (44,7 %), gefolgt von Papier und Karton (30 %), Metall (13 %) und Glas (7 %) [5].

Eine Herausforderung bei Verpackungen mit besserer Umweltbilanz sind insbesondere die geforderten Sperrschichten (z. B. auch auf Pappe), die sich direkt auf die Haltbarkeit und Sicherheit von Lebensmitteln auswirken. Diese Beschichtungen verhindern i. d. R. aber das Recyceln und die biologische Abbaubarkeit von Verpackungen.

Nachhaltigkeit bei Verpackungslösungen hat mittlerweile einen großen Stellenwert in der lebensmittelverarbeitenden Industrie, da umweltfreundliche Verpackungen in zunehmendem Maße von Konsumentinnen und Konsumenten gefordert werden [15].

Laut Deutschem Innovationsreport Food 2023 haben in den Jahren von 2020 bis 2023 86,7 % aller befragten Unternehmen merklich verbesserte Produkte und Dienstleistungen eingeführt.[2] Bei 50 % aller Produktinnovationen handelte es sich um die Einführung nachhaltigerer (umweltfreundlicher) Verpackungen [16].

Neue und umweltfreundliche Verpackungen könnten künftig aus Pappe und Papier bestehen, sofern biobasierte Beschichtungen entwickelt werden, die z. B. aus alternativen biologischen Materialien, wie Pflanzen oder Algen hergestellt werden. Auch vollständig recyclefähiger Mono-Kunststoff mit den geforderten Funktionalitäten und die Verwendung von Rezyklat zur Herstellung von Verpackungen werden sich positiv auf die Umweltbilanz auswirken.

Generell macht die Verpackung eines Lebensmittels einen zwar nur kleinen Anteil am CO_2-Fußabdruck eines Produktes aus, nachhaltigere Verpackungen werden aber hinsichtlich ihrer Umweltbilanz, der Konsumentenpräferenzen und einer verlängerten Haltbarkeit eine zunehmend wichtige Rolle in der lebensmittelverarbeitenden Industrie spielen.

---

[2] 70 % Veränderung der Rezeptur, 50 % durch Reduzierung/Verzicht auf bestimmte Zutaten, 41,4 % durch Verwendung nachhaltiger Rohstoffe, 28,6 % durch die Verwendung gesünderer Rohstoffe/Zutaten, 24,3 % durch die Verwendung regionaler Rohstoffe/Zutaten, 34,3 % durch die Verwendung alternativer Proteine etc.

4.4 Nachhaltigkeit durch Prozess- und Produktinnovationen – Technologischer Fortschritt schafft neue Möglichkeiten

Prozess- und Produktinnovationen in der Lebensmittelindustrie werden nach allgemeiner Einschätzung einen erheblichen Beitrag zur Verbesserung der Nachhaltigkeit leisten können. Bemängelt wird aber*, dass die Budgets für Forschung und die Startup-Förderung in Europa hierfür nicht hoch genug sind. Einige neue Technologien, die sich positiv auf die Nachhaltigkeit von Lebensmitteln auswirken, werden nachfolgend dargestellt [25, 34, 51].

4.4.1 Verringerung des Energieeinsatzes und des Wasserverbrauches

Der Wasserverbrauch kann durch effizientere Reinigungsmethoden und die Wiederaufbereitung von Wasser erfolgen.

Die Verbesserung des Energieeinsatzes von Strom wird häufig durch den Einsatz regenerativ erzeugter Energieträger oder durch den Einsatz innovativer energiesparender Verarbeitungsmethoden erreicht.

Beispiele hierfür sind neue thermische und nicht-thermische Verfahren oder auch der von einem niedersächsischen Startup entwickelte Trajektionsmischer, der u. a. zum Mischen, Rühren, Kneten und Tumbeln von Lebensmitteln eingesetzt werden kann. Durch diese Technologie wird die Prozessierungszeit um bis zu 90 % reduziert, was eine erhebliche Stromeinsparung zur Folge hat [28].

4.4.2 Verlängerung der Haltbarkeit

Die Verlängerung der Haltbarkeit von frischen und verarbeiteten Lebensmitteln hat einen erheblichen Einfluss bei der Reduzierung von Lebensmittelabfällen. Es gibt bereits zahlreiche innovative Technologien, die die Haltbarkeitsdauer, im Handel als shelf life bezeichnet, von Lebensmitteln verlängern oder Schutzverpackungen überflüssig machen sollen. Nachfolgend werden einige innovative Verfahren vorgestellt, die bereits Marktreife erlangt haben oder über einen fortgeschrittenen Marktreifegrad (Market-Readiness-Level (MRL)) verfügen.

Coating
Ein Beispiel hierfür ist das sog. Coating (Ummanteln) von Obst und Gemüse mit essbaren und aus biologischen Materialen hergestellten Coatings.

Hochdruckbehandlung (High Pressure Processing- Hochdruckpasteurisierung (HPP))
Bei der Hochdruckbehandlung werden Lebensmittel für wenige Minuten einem Druck von bis zu 6000 bar ausgesetzt. Unerwünschte Mikroorganismen, wie beispielsweise Salmonellen und Listerien, werden durch dieses Verfahren inaktiviert oder eliminiert. Anders als bei der Erhitzung von Lebensmitteln zur Haltbarkeitsmachung bleiben bei diesem Verfahren Vitamine vollständig erhalten und die Farbe und Struktur der Lebensmittel ändert sich im Vergleich zum Erhitzen nur sehr geringfügig.

PEF (Pulsed Electrical Fields)
Ein weiteres nicht-thermisches Verfahren zur Haltbarkeitsmachung von Lebensmitteln ist das PEF-Verfahren, bei dem Lebensmittel einem hohen elektrischem Impuls ausgesetzt werden (typischerweise 20–30 kV/cm). Auch dieses Verfahren sorgt für die Inaktivierung von Mikroorganismen und tötet vegetative Keime ab. Im Vergleich zu klassischen Erhitzungsmethoden ist dieses Verfahren weniger energieintensiv und bietet darüber hinaus weitere Vorteile in Bezug auf die Produktqualität und Weiterverarbeitung [48].

Außerdem wird das PEF-Verfahren zum schonenden Zellaufschluss bei z. B. pflanzlichen Zellen eingesetzt. Anwendungsbeispiel sind Kartoffeln für die Produktion von Pommes Frites und Chips, die sich leichter schneiden lassen und dadurch den Energieeinsatz verringern. Mit PEF behandelte Kartoffeln nehmen beim Frittieren weniger Öl auf und garen schneller. Der weltweite Markt für Pommes Frites wurde für 2023 auf über 15.9 Mrd. US-Dollar geschätzt. Allein in Deutschland werden pro Jahr ca. 480.000 t Pommes Frites produziert, was die Dimension der energetischen Bilanz und damit das Potenzial des PEF-Verfahrens verdeutlicht [47, 52].

Weitere Anwendungsbeispiele für PEF sind Fruchtsäfte, Olivenöl, Obst, Wein und weitere flüssige oder feste Lebensmittel.

UHPH (Ultra High Pressure Homogenization)
UHPH ist ebenfalls eine neue, nicht-thermische Behandlungsmethode für flüssige Lebensmittel, die Energie einspart. UHPH ist für Anwendungen in der biotechnologischen und pharmazeutischen Industrie in einem fortgeschrittenen Stadium bereits entwickelt und wird eingesetzt.

Für Anwendungen in der Lebensmittelindustrie hat UHPH ein großes Potenzial für die Herstellung neuer Strukturen und gesunder Lebensmittelprodukte, während sie gleichzeitig zur mikrobiellen Inaktivierung (z. B. gleichzeitige Homogenisierung und Konservierung) eingesetzt werden kann. Möglich ist z. B. die Herstellung fettreduzierter Produkte ohne künstliche Emulgatoren und Verdickungsmittel [2, 57] und milchfreie, joghurtähnliche fermentierte Produkte, [32, 33].

Derzeit wird intensiv an einer Adaption dieser Technologie für den Einsatz in der verarbeitenden Lebensmittelindustrie geforscht [18].

UV (Ultra Violet Light) Behandlung
Die Behandlung von Lebensmitteln mit UV-C Strahlen dient zur Inaktivierung von Mikroorganismen und der Haltbarkeitsmachung von frischen Lebensmitteln. Sie stellt in einem Teil der Anwendungsbereiche eine Alternative zu thermischen Verfahren dar und ist energieeffizienter. Die UV-Behandlung kann auch dazu dienen, die Bildung von Vitamin D2 in Lebensmitteln anzuregen. Derzeit ist dieses Verfahren allerdings nur für die Entkeimung von Trinkwasser, Hartkäse, Obst- und Gemüseoberflächen, Eiern und zur Entkeimung von Flüssigzucker zugelassen.

Ohm'sches Erhitzen (Ohmic or Joule Heating)
Das Ohm'sche Erhitzen (auch als Ohmic, Joule oder Resistance Heating bekannt) ist eine Technologie zur Erhitzung von Lebensmitteln. Hierbei fungiert das Lebensmittel als Widerstand in einem elektrischen Kreislauf. Beim Durchfluss elektrischen Stroms durch das Lebensmittel wird die elektrische Energie mit einem hohen Konversionsfaktor (ca. 90 %) in thermische Energie umgewandelt. Die thermische Energie entsteht somit direkt dort, wo sie benötigt wird, nämlich im Inneren und im gesamten Volumen des Lebensmittels. Dies ist ein grundlegender Unterschied zu konventionellen Erhitzungsmethoden von Lebensmitteln, bei denen normalerweise die thermische Energie außerhalb des Lebensmittels erzeugt wird (z. B. Wasserdampf durch die Verbrennung fossiler Brennstoffe), und anschließend auf das Lebensmittel übertragen wird. Hierdurch sind konventionelle Erhitzungsmethoden wie Dampferhitzung oder konduktive Erhitzung oftmals energieintensiver und können einen größeren ökologischen Fußabdruck hinterlassen. Das Ohm'sche Erhitzen bietet hier eine umweltfreundliche Alternative [3, 29, 30, 31, 35].

4.4.3 Aufwertung von Nebenströmen

Bei der Verarbeitung von Lebensmitteln fallen z. T. Reststoffe an, die Proteine, Ballaststoffe und andere Nährstoffe enthalten. Bei pflanzlichen Produkten sind dies z. B. Pressrückstände aus der Saft-, Öl- und Weinherstellung, Schalen aus der Verarbeitung von Zitrusfrüchten, Bananen, Kartoffeln und Zwiebeln, Kerne aus der Mango-, Kürbis und Avocado-Verarbeitung, Biertreber, Schrot, Okara (aus der Herstellung von Sojamilch) und vieles mehr. Bei tierischen Produkten sind dies z. B. Molke, Blut, Fett etc. Diese Reststoffe werden auch als Nebenströme bezeichnet.

Bei der sog. Valorisierung oder Aufwertung oder auch dem Up-Cycling von Nebenströmen werden die Reststoffe zu neuen Lebensmittel- oder Futtermittelprodukten oder zu Zutaten für die Lebensmittelproduktion weiterverarbeitet. Beispiele hierfür sind bei Produkten: Chips und Cracker aus Pressrückständen, Proteinshakes aus Molke, Süßungsmittel aus dem Saft der Kakaofrucht und bei Zutaten: Aromastoffe aus Schalen von Zitrusfrüchten und Pektin aus Nebenströmen der Apfelverarbeitung.

4.4.4 Aufbereitung von pflanzlichen Proteinen

Generell werden für vegane Fleisch- und Fischprodukte Proteinmehle, Proteinisolate oder Proteinkonzentrate aus Hülsenfrüchten, Getreide, Pseudogetreide, Nüssen oder Ölsaaten verwendet. Diese Rohstoffe werden durch lebensmitteltechnologische Verfahren (Herstellung von Emulsionen oder durch Extrusion und mechanische Weiterverarbeitung) in Form und Struktur gebracht [43].

Für Molkereialternativen werden z. B. Mandeln, Cashews, Reis, Erbsen und Hafer eingesetzt und dann weiterverarbeitet. Um weitere pflanzliche Rohstoffe für die Herstellung von veganen Milchprodukten zu gewinnen, werden auch weitere Ansätze, wie die Extraktion von Proteinen aus Gras, verfolgt.

Perspektivisch ist damit zu rechnen, dass weitere Pflanzenarten für die Herstellung und die Extraktion von Proteinen genutzt werden. Ein Beispiel hierfür ist die Mungbohne, die vom US-amerikanischen Startup JustEgg für die Herstellung von veganem Rührei verwendet wird.

Von weltweit ca. 250.000 bekannten Pflanzenarten sind etwa 30.000 essbar und es ist wahrscheinlich, dass sich unter bislang wenig kultivierten Pflanzenarten solche finden, die für bestimmte Ersatzprodukte besonders geeignet sind [6].

Die Extraktion und Aufbereitung von Proteinen wird in der Regel von Vorproduzenten durchgeführt und die Weiterverarbeitung erfolgt durch Lebensmittelhersteller.

2023 wird der Weltmarkt für vegane Proteinpulver auf 4,63 Mrd. USD geschätzt und bis 2033 ein Wachstum auf 9,7 Mrd. USD prognostiziert. Den größten Anteil am Marktvolumen für veganes Proteinpulver hat pflanzliches Proteinpulver [24].

4.4.5 Marktentwicklung von pflanzenbasierten Produkten als Alternative zu Fleisch-, Fisch- und Molkereiprodukten

Die Nachfrage nach Alternativprodukten hat weltweit zugelegt und wird weiter wachsen. Das Marktforschungsunternehmen Future Market Insights hat das globale Marktvolumen 2023 mit 11.3 Mrd. USD beziffert und prognostiziert ein Wachstum auf 35.9 Mrd. USD für 2033. Andere Institute kommen bei der globalen Marktbetrachtung zu anderen Daten, tendenziell wird aber ein starkes Marktwachstum prognostiziert [24].

Für den europäischen Markt hat sich das **Good Food Institute** (GFI) mit der Marktlage befasst und hierfür die Daten des Marktforschungsinstitutes Circana für sechs europäische Länder ausgewertet. *GFI* geht davon aus, dass der Markt in sechs Europäischen Ländern zwischen 2022 und 2023 um 5,5 % gewachsen ist. Laut GfI ist Deutschland mit 2,2 Mrd. Euro der größte Markt für pflanzenbasierte Lebensmittel und verzeichnet das höchste Marktwachstum mit 8,0 % [26].

Nach dem starken Wachstum während der Corona-Krise hatte sich das Wachstum nach Beendigung der Ausgangsbeschränkungen abgeschwächt. Aus heutiger Sicht scheint

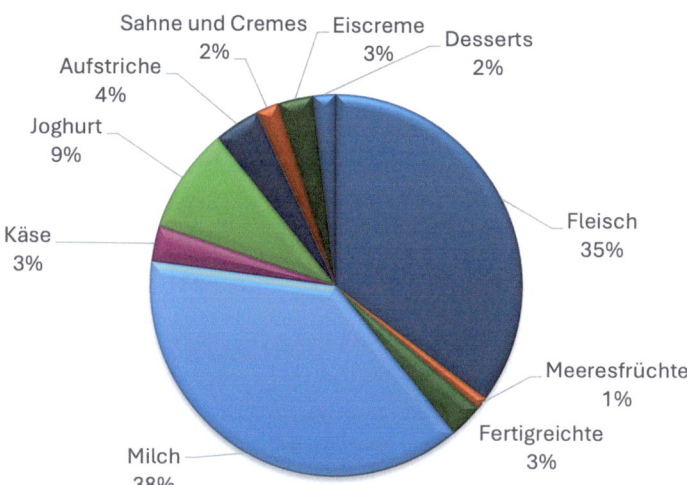

Abb. 4.6 Anteil pflanzenbasierte Produkte in Europa. (Quelle: Gfi (2023 [26]))

eine Begrenzung der Fertigung- und Entwicklungskapazitäten, sowie ein noch nicht durchgängiger Bekanntheitsgrad für vegane Alternativen ein stärkeres Marktwachstum zu verhindern.

Mittlerweile sind Preisparitäten bei Fleischersatzprodukten teilweise erreicht. Laut einer Studie von ProVeg ist ein Warenkorb mit 12 pflanzlichen Alternativprodukten durchschnittlich um 25 % teurer als einer mit tierischen Produkten. Ursächlich hierfür war die Entwicklung neuer Extruder und Düsen, die einen höheren Fertigungsdurchsatz ermöglichten [40].

Abb. 4.6 zeigt die Produktverteilung veganer Alternativen am Gesamtmarkt für vegane Ersatzprodukte in 13 europäischen Ländern im Jahr 2022.

4.4.6 Entwicklung von Produkten aus alternativen Proteinen (z. B. Algen, Mycelium, Insekten, CO_2)

Neben pflanzlichen Rohstoffen werden für die Erzeugung von Alternativprodukten auch Algen, Pilz- Myzel, Insekten und CO_2 verwendet.

Großblättrige Makroalgen spielen in der Ernährung im asiatischen Raum traditionell eine bedeutende Rolle. Relativ neu ist die Verwendung von Mikroalgen, i. d. R. Spirulina und Chlorella, da diese inzwischen in der EU als Lebensmittel zugelassen worden sind. Mikroalgen können als Zutat Lebensmitteln zugesetzt werden (z. B. Brot, Cremes,

Nudeln), und weisen einen hohen Proteingehalt auf. Sie verändern i. d. R. aber den Geschmack und die Farbe des Trägerproduktes.

Bei der Herstellung von Fischalternativen dürften Mikroalgen wegen Ihres salzigen Geschmacks und den enthaltenen Omega-3 Fettsäuren eine bedeutende Rolle spielen.

Pilz-Mycelium eignet sich für die Fermentation in Fermentern und wird bereits zur Erzeugung von Fisch- und Fleischalternativen (z. B. durch die Startups KYNDA aus Jelmstorf und Bosque Foods aus Berlin) verwendet. Aufgrund seiner positiven Eigenschaften, wie z. B. der langfaserigen und an Fleisch erinnernden Struktur und der Nährstoffwerte ist das Pilz-Mycelium gut für die Herstellung von Analogprodukten geeignet.

Insekten

Lebensmittel aus ganzen Insekten konnten sich in Europa bislang nicht durchsetzen und es ist eher unwahrscheinlich, dass Lebensmittel aus ganzen Insekten (meist getrocknet, geröstet, gewürzt oder ummantelt) signifikante Marktanteile erreichen werden. Mit Insekten, die zu Zutaten verarbeitet werden, um dann daraus Lebensmittel, wie z. B. Nudeln, Brot oder Cracker, herzustellen, wird bereits seit längerer Zeit experimentiert. Die ersten Produkte kamen 2013 in den USA und Kanada auf den Markt und immer wieder gab es auch in Europa Start-ups, die insektenbasierte Lebensmittel für den menschlichen Verzehr entwickeln [10].

In Europa gelten Produkte mit Insektenprotein als neuartige Lebensmittel und müssen nach der Novel-Food-Verordnung zugelassen werden. Derzeit sind vier Insektenarten für die Produktion von Lebensmittel zugelassen:

Die Wanderheuschrecke (*Locusta migratoria*), die Hausgrille (*Acheta domesticus*), die Larve des Mehlkäfers (*Tenebrio molitor*) und die Larve des Getreideschimmelkäfers (*Alphitobius diaperinus*), die auch als Buffaloworm bezeichnet wird.

Die mangelnde Verbraucherakzeptanz lässt nach derzeitigem Stand darauf schließen, dass in weiten Teilen Europas Lebensmittel, die mit Insektenprotein hergestellt werden, Nischenprodukte bleiben.

Eine bedeutende Rolle könnten Insekten bzw. aus Insektenprotein gewonnene Futtermittel aber in der Landwirtschaft oder bei Heimtiernahrung (Pet-Food) spielen (siehe Kap. 2).

Das Marktpotenzial für insektenbasierte Futtermittel erscheint im Vergleich zu Lebensmitteln deutlich größer. Für Futtermittel aus Insekten wird laut dem Marktforschungsinstitut *straits research* in den kommenden Jahren ein starkes globales Marktwachstum von 1.25 Mrd. USD im Jahr 2023 bis auf 3,42 Mrd. USD im Jahr 2032 erwartet [50].

Unter Nachhaltigkeitsgesichtspunkten hat dieses eine hohe Relevanz, da beispielsweise in Deutschland 56 % des erzeugten Getreides für Futtermittel verwendet wird [8]. Diese Menge könnte für die Produktion von Lebensmitteln verwendet werden, respektive die Anbaufläche anders genutzt werden, wenn Futtergetreide durch insektenbasiertes Futtermittel ganz oder teilweise ersetzt werden würde.

Proteine auf Basis von Kohlendioxid

Neue Technologien erlauben die Herstellung von Mikroben, aus denen dann Protein extrahiert wird. Das finnische Start-Up Unternehmen Solar Foods stellt ein Protein her, das als Solein bezeichnet wird und aus Mikroben gewonnen wird, die mit den Luftbestandteilen Kohlendioxid und Wasserstoff „gefüttert" werden [13].

Solar Foods hat mehr als zwanzig Lebensmittel auf Basis von Solein hergestellt, mittlerweile 45 Mio. € Venture Kapital eingeworben und eine erste Fabrik im Finnischen Vantaa eröffnet. Eine erste Zulassung für die Inverkehrbringung von Lebensmitteln, die mit Solein angereichert werden, hat das Unternehmen im Oktober 2022 in Singapur erhalten [13].

Ein weiteres Startup aus den USA, Air Protein, arbeitet mit ähnlichen Verfahren zur Herstellung von Proteinen aus „Luft" [1].

4.4.7 Biomassefermentation, Präzisionsfermentation, Cultivated Meat

Fermentation ist die älteste Form der Lebensmittelverarbeitung zur Haltbarmachung und Veredelung von Lebensmitteln. Bei der Fermentation werden Lebensmittel durch Bakterien, Hefen Pilze und den Zusatz von Enzymen umgewandelt.

Neue Fermentationstechniken, wie die Biomassefermentation und die Präzisionsfermentation spielen eine entscheidende Rolle bei der Herstellung alternativer Proteine.

Die Biomassefermentation erlaubt, z. B. für die Herstellung von Fleischalternativen, die Kultivierung großer Proteinmengen mit fleischähnlicher Textur. Das Verfahren ist ähnlich wie die Verfahren bei der Fermentation von Molkereiprodukten und Bier.

Bei der Präzisonsfermentation werden genmodifizierte oder geneditierte Mikroorganismen verwendet, um Proteine für die Herstellung z. B. veganer Fleisch-, Molkerei- und Eiprodukte zu erzeugen. Hierbei werden die Gensequenzen genutzt, die sich in entsprechenden Organismen für Milch, Eier oder Fleisch befinden.

Die Zulassung von Lebensmitteln auf der Basis genetisch modifizierter Inhaltsstoffe in der EU ist komplex. Hier greifen im Wesentlichen die Novel Food Verordnung der EU (EG) 2015/2283 und die Verordnung über gentechnisch veränderte Lebens- und Futtermittel (EG) 128/2003.

In Fachkreisen und der Presse wird intensiv über vereinfachte Zulassungen diskutiert, um den Anschluss an die Entwicklung nicht zu verpassen. So veröffentlichte bspw. die WirtschaftsWoche im Mai 2023 einen Artikel von Andreas Menn „Wie Europa die Zukunft der Ernährung verschläft" in dem u. a. bemängelt wird, das neuartige Lebensmittel auch in Europa entwickelt werden, aber nur in den USA und anderen Ländern vermarket werden könnten [36].

Es gibt auch Verfahren zur Herstellung von tierischen Zellen (Cultivated Meat). Bei diesem Verfahren werden Fleisch- und Fettzellen im Labor gezüchtet. Dieser Technologie schreibt man ein erhebliches Veränderungspotenzial zu, da sie die negativen Umweltauswirkungen der Tierzucht minimieren kann. Der niederländische Wissenschaftler Markt Post stellte in einer Fernsehshow 2013 den ersten Burger Patty aus In-Vitro Fleisch vor. Knapp 10 Jahre danach arbeiten nach Angaben des Gfi über 170 Unternehmen an dieser Technologie und es sind ca. 2.6 Mrd. USD investiert worden. Diese Produkte sind derzeit nur in den USA und Singapur zugelassen. Eine Zulassung in der EU ist derzeit nicht abzusehen [27].

Über die künftige Bedeutung von Präzisonsfermentation und Cultivated Meat im Lebensmittelsystem empfiehlt sich die Lektüre eines Interviews, das die agrarzeitung mit dem Institutsleiter des DIL Dr. Volker Heinz geführt hat [39].

4.4.8 Verpackungen

Es gibt verschiedene Ansätze, um Verpackungslösungen für Lebensmittel nachhaltiger zu gestalten. Einerseits ist dieses die Reduzierung von Umverpackungen oder der Einsatz kompostierbarer Verpackungen, soweit diese die geforderten Funktionalitäten erfüllen.

Lebensmittelverpackungen müssen je nach Einsatzzweck unterschiedliche Anforderungen hinsichtlich ihrer Funktionalitäten erfüllen. Um dieses zu erreichen, werden verschiedene Barrieren (Sperrschichten) verwendet. Diese Barrieren sind je nach Einsatz, Wasserdampf-, Sauerstoff- oder Gasundurchlässig oder verfügen über weitere Eigenschaften. Häufig werden mehrere Schichten auf ein Trägermaterial aufgebracht, die sich nicht mehr voneinander trennen lassen. Verpackungen dieser Art können nicht oder kaum recycelt werden.

Produktinnovationen zielen darauf ab, Sperrschichten für Papier und kartonbasierte Verpackungen zu entwickeln, Verpackungen aus biobasierten Rohstoffen mit Sperrfunktionen zu entwickeln, Rezyklate für die Herstellung zu verwenden, recyclingfähige Mono-Kunststoffverpackungen zu entwickeln, oder Coatings für Obst.- und Gemüse zu verwenden, die eine Umverpackung nicht erforderlich machen.

Darüber hinaus müssen Verpackungen weitere Anforderungen hinsichtlich der Gesundheitlichen Unbedenklichkeit, der Stapel-, Präsentier- und Transporteigenschaften, sowie der Etikettierbarkeit erfüllen.

4.4.9 Startups als Treiber für Innovationen in der Lebensmittelindustrie

Lebensmittel-Startups sind verglichen mit Startup-Aktivitäten in anderen Wirtschaftszweigen ein relativ neues Phänomen. Seit etwa Anfang der 2000er Jahre fokussierten sich neue Lösungen von Startups im Lebensmittelbereich auf Lieferdienste, Online-Plattformen und ab ca. 2010 auch auf Lieferlösungen für sog. Meal Kits (Mahlzeiten-Sets), die während der Covid-19-Pandemie einen Höhepunkt erreichen. Die Entwicklung von Apps, die es Konsumentinnen und Konsumenten ermöglichten, eine gezielte Auswahl von Lebensmitteln und die Kontrolle der Ernährung zu planen und nachzuverfolgen, werden von Startups vermehrt seit den 2010er Jahren entwickelt. Seit Anfang der 2010er Jahre erschienen zunehmend mehr Startups, die sich mit der Erzeugung oder Verarbeitung alternativer Proteine befassten. Seit Ende der 2010er/ Anfang der 2020er Jahre begannen AgriFood-Startups eine bedeutende Rolle bei der Entwicklung von nachhaltigen Prozesstechnologien und der Entwicklung von Zutaten zu spielen.

Digitale Lösungen für die Bereiche Nachverfolgbarkeit, Monitoring, Planung, Analytik, Steuerung und Überwachung von Prozessen in der Beschaffung und Verarbeitung von Lebensmitteln werden durch Startups vermehrt seit etwa Anfang der 2020er Jahre entwickelt.

Heute lassen sich Startup-Aktivitäten für Lebensmittel in die Bereiche Landwirtschaftstechnik (insbesondere Smart Farming), lokale Beschaffung, gesunde und nachhaltige Ernährung, Lebensmitteltechnologie und digitale Lösungen einordnen. Sie spielen bei der Entwicklung neuer und nachhaltiger Lösungen eine zentrale Rolle, da diese im Vergleich zu etablierten Unternehmen innovative Lösungen außerhalb eines bestehenden Produkt- und Dienstleistungsportfolios entwickeln.

Dieser Erkenntnis wird auch auf europäischer Ebene Rechnung getragen. Das paneuropäische Konsortium EIT Food, das mittlerweile zu den weltgrößten Konsortien im AgriFood-Bereich zählt, baut mittlerweile sehr stark auf innovative technologische Lösungen von Startups und fördert diese durch verschiedene Programme.

Die Finanzierung von AgriFood-Startups hat nach Ende der Covid-19 Pandemie und dem Anstieg der Kapitalmarktzinsen und bei sich abflachender Wirtschaftsentwicklung bislang nicht wieder das Niveau bis etwa 2022 erreicht. Insbesondere in Europa sollte nach Expertenmeinung die Förderung von AgriFood-Startups deutlich erhöht werden, da diese einen maßgeblichen Beitrag zur Erneuerung des Lebensmittelsystem leisten können [19].

Zu Innovationen als Lösungsansatz für mehr Nachhaltigkeit in der Lebensmittelbranche siehe auch Kap. 14.

4.5 Fazit

Die globale lebensmittelverarbeitende Industrie wird künftig nachhaltigere Produkte, Verarbeitungs- und Beschaffungsprozesse entwickeln und einsetzten müssen, um einen Beitrag zur Erreichung der SDGs zu leisten. In Europa sind hierfür die ersten gesetzlichen Rahmenbedingungen und Zielvorgaben geschaffen worden.

Für die Herstellung nachhaltigerer Produkte werden i. d. R. Investitionen notwendig, die die Preise von Produkten erhöhen würden. Speziell für Deutschland lässt sich feststellen, dass Verbraucherinnen und Verbraucher immer stärker auf Nachhaltigkeit von Lebensmitteln achten, in weiten Teilen aber preissensibel einkaufen.

Ob sich Preissteigerungen für Produkte, die nachhaltiger produziert werden, in der Breite durchsetzen, entscheidet der Verbraucher und bedingt der Lebensmitteleinzelhandel durch die Steuerungsfunktion in der Sortimentspolitik. Die lebensmittelverarbeitende Industrie wird hierbei direkt auf die Nachfrage des LEH reagieren.

Herausfordernd ist hierbei auch die Definition und Einordnung von Nachhaltigkeit bei Lebensmitteln, die im Vergleich zu Kennzeichnungen des Nährwertprofils (z. B. NutriScore) wesentlich schwieriger ist.

Neue und innovative Lebensmitteltechnologien werden hierbei eine zentrale Bedeutung haben. Forschungsinstitute und Startups werden die Treiber in der Entwicklung von innovativen Technologien und Produkten für mehr Nachhaltigkeit bleiben.

Literatur

1. Air Protein. (o.J.). *We Believe You Can Eat For The World You Want.* https://airprotein.com. Zugegriffen: 11. Okt. 2024.
2. Aganovic, K., & Bindrich, U. (2017). *Ultra-high pressure homogenisation rocess for production of reduced fat mayonnaise with similar rheological characteristics as its full fat counterpart.* https://www.researchgate.net/publication/320420249_Ultra-high_pressure_homogenisation_process_for_production_of_reduced_fat_mayonnaise_with_similar_rheological_characteristics_as_its_full_fat_counterpart?. Zugegriffen: 11. Okt. 2024.
3. Astráin-Redín, L., Ospina, S., Cebrián, G., & Álavarez-Lanzarote, I. (2024). Ohmic Heating Technology for Food Applications, From Ohmic Systems to Moderate Electric Fields and Pulsed Electric Fields. *Food Engineering Reviews 16,* 225–25. https://doi.org/10.1007/s12393-024-09368-4.
4. Benton, T. G., Bieg, C., Harwatt, H., Pudasaini, R., & Wellesley, L. (2021). *Food system impacts on biodiversity loss Three levers for food system transformation in support of nature.* Energy, Environment and Resources Programme.
5. Bizerba. (2020). *Verpackungssicherheit in der Lebensmittelindustrie.* https://lp.bizerba.com/wp-content/uploads/2020/02/BIZ_Whitepaper_Pack_Integrity_de_03_Ansicht.pdf. Zugegriffen: 11. Sept. 2024.
6. BLE. (o.J.). *Nationales Fachprogramm pflanzengenetische Ressourcen.* https://www.ble.de/DE/Themen/Landwirtschaft/Biologische-Vielfalt/Nationales-Fachprogramm-Pflanzen/nationales-fachprogramm-pflanzen_node.html. Zugegriffen: 11. Okt. 2024.
7. BMAS. (o.J.). *Corporate Sustainability Reporting Directive.* https://www.csr-in-deutschland.de/DE/CSR-Allgemein/CSR-Politik/CSR-in-der-EU/Corporate-Sustainability-Reporting-Directive/corporate-sustainability-reporting-directive-art.html. Zugegriffen: 11. Okt. 2024.
8. BMEL. (2023). *Versorgungsbilanz Getreide.* https://www.bmel-statistik.de/ernaehrung/versorgungsbilanzen/getreide. Zugegriffen: 12. Sept. 2024.
9. BMWK. (2022). *Lebensmittelindustrie.* https://www.bmwk.de/Redaktion/DE/Artikel/Branchenfokus/Industrie/branchenfokus-lebensmittelindustrie.html. Zugegriffen: 11. Sept. 2024.

4 Lebensmittelindustrie und -produktion

10. Bugsolutely. (2018). *A brief history of edible insects in the west (2012–2018)*. https://www.bugsolutely.com/brief-history-edible-insects-west-2012-2017/. Zugegriffen: 11. Sept. 2024.
11. BVE. (2023). *BVE Jahresbericht 2023*. https://www.bve-online.de/presse/infothek/publikationen-jahresbericht/bve-jahresbericht-ernaehrungsindustrie-2023. Zugegriffen: 08. Sept. 2024.
12. BVE und RSM Ebner Stolz. (2024). *Den Berg bezwingen*. https://www.bve-online.de/presse/infothek/publikationen-jahresbericht/bve-ebner-stolz-nachhaltigkeit-2024. Zugegriffen: 22. Sept. 2024.
13. Cleanthinking. (2024). *Solar Food eröffnet erste Fabrik für Solein-Protein im finnischen Vantaa*. https://www.cleanthinking.de/solar-foods-protein-power-to-food/. Zugegriffen: 12. Sept. 2024.
14. Dalin, C., Outhwaite, & C. L. (2019). Impacts of Global Food Systems on Biodiversity and Water: The Vision of Two Reports and Future Aims. *One Earth, 1*(3), 298–302.
15. DLG. (2024). *DLG-Insights Sustainable Packaging 2024*. https://www.dlg.org/mediacenter/alle-publikationen/dlg-studien/dlg-verpackungsstudie/dlg-verpackungsstuide-teil-1. Zugegriffen: 11. Sept. 2024.
16. DIL und Engel & Zimmermann. (2023). *3. Deutscher Innovationsreport Food 2023*. https://innovationsreport-food.de/. Zugegriffen: 09. Sept. 2024.
17. DIL und Swiss Food Research. (2024). *Global Mapping of Innovations in selected Food Processing Technologies 2010–2023*.
18. Ebert, E., & Aganovic, K. (2022). Current technology readiness levels (TRL) of nonthermal technologies and research gaps for improved process control and integration into existing production lines. In J. A. Režek (Hrsg.), *Nonthermal Processing in Agri-Food-Bio Sciences*. Food Engineering Series. Springer.
19. Echo. (2024). *Exploring the rise of Food Startups*. https://echoglobal.tech/exploring-the-rise-of-food-startups/. Zugegriffen: 11. Okt. 2024.
20. Europäische Kommission. (o.J.). *Farm to Fork strategy for a fair, healthy and environmentally-friendly food system*. https://food.ec.europa.eu/horizontal-topics/farm-fork-strategy_en. Zugegriffen: 11. Sept. 2024.
21. Fairtrade Deutschland e.V. (2024). *Umsatz mit Fairtrade-Produkten steigt auf 2,6 Mrd. Euro*. https://www.fairtrade-deutschland.de/service/presse/details/umsatz-mit-fairtrade-produkten-bei-26-mrd-euro-11802. Zugegriffen: 11. Sept. 2024.
22. FAO. (2009). How to feed the world in 2050. https://www.fao.org/fileadmin/templates/wsfs/docs/expert_paper/How_to_Feed_the_World_in_2050.pdf. Zugegriffen: 11. Okt. 2024.
23. FAO. (2019). *The State of Food and Agriculture. Moving forward on food loss and waste reduction*.
24. FMI. (2023). Vegan Protein Powder Market Outlook (2023 to 2033). https://www.futuremarketinsights.com/reports/vegan-protein-powder-market. Zugegriffen: 11. Okt. 2024.
25. German Agrifood Society. (2024). *New Agrifood Report 2023*. https://agri-food.de/new-agrifood-report-2023/. Zugegriffen: 11. Sept. 2024.
26. Gfi. (2023). *Entwicklung des Marktes für pflanzenbasierte Lebensmittel im deutschen Einzelhandel*. https://gfieurope.org/de/plantbased-markt-deutschland-und-europa-2021-2024/. Zugegriffen: 20. Jan. 2025.
27. Gfi. (2023). *State of the industry Report: Cultivated meat and seafood*. https://gfi.org/wp-content/uploads/2024/08/State-of-the-Industry-Report-Cultivated-meat-and-seafood.pdf?_gl=1%2Aqi3nuh%2A_up%2AMQ..%2A_ga%2AMTk2MzM4OTQwMy4xNzI1Nzg5NDQ4%2A_ga_TT1WCK8ETL%2AMTcyNTc4OTQ0NS4xLjEuMTcyNTc4OTQ0NS4wLjAuMA. Zugegriffen: 11. Okt. 2024.
28. hs-tumbler. (o.J.). *Trajektionsmischer*. https://www.hs-tumbler.com/trajektionsmischer. Zugegriffen: 11. Sept. 2024.

29. Joeres, E., Drusch, S., Töpfl, S., Juadjur, A., Bindrich, U., Völker, T., Heinz, V., & Terjung, N. (2023). Ohmic vs. conventional heating: Influence of moderate electric fields on properties of potato protein isolate gels. *Innovative Food Science & Emerging Technologies, 85*(1).
30. Joeres, E., Drusch, S., Töpfl, S., Loeffler, M., Witte, F., Heinz, V., & Terjung, N. (2020). Influence of oil content and droplet size of an oil-in-water emulsion on heat development in an Ohmic heating process. *Innovative Food Science and Emerging Technologies 2021, 69*(1).
31. Joeres, E., Schölzel, H., Drusch, S., Töpfl, S., Heinz, V., & Terjung, N. (2022). Ohmic vs. conventional heating: Influence of moderate electric fields on properties of egg white protein gels. *Food Hydrocolloids, 127*.
32. Joeres, E., Ristic, D., Tomasevic, I., Smetana, S., Heinz, V., & Terjung, N. (2024). Structure, Microbiology and Sensorial Evaluation of Bologna-Style Sausages in a Kilohertz Ohmic Heating Process. *Applied Sciences, 14*(3).
33. Levy, R., Okun, Z., Davidovich-Pinhas, M., & Shpigelman, A. (2021). Utilization of high-pressure homogenization of potato protein isolate for the production of dairy-free yogurt-like fermented product. *Food Hydrocolloids, 113*.
34. Ludwig K., Profeta A., Märdian A., Hollah C., Schmiedeknecht, M. H., & Heinz, V. (2022). Transforming the German Food System: How to Make Start-Ups Great! *Sustainability, 14*(4), 2363.
35. Maloney, N., & Harrison, M. (2016). *Advanced Heating Technologies for Food Processing.* In Woodhead Publishing Series in Food Science, Technology and Nutrition. S. 203–256.
36. Menn, A. (2023). *Wie Europa die Zukunft der Ernährung verschläft.* https://www.wiwo.de/technologie/forschung/alternative-proteine-wie-europa-die-zukunft-der-ernaehrung-verschlaeft/29134414.html#:~:text=Die%20Aufnahme%20neuartiger%2C%20tierfreier%20Lebensmittel,um%20%C3%BCber%2080%20Prozent%20senken. Zugegriffen: 12. Sept. 2024.
37. Poore J., & Nemecek T. (2018). Reducing food´s environmental impact through producers and consumers. *Science, 360*(6392), 987–992.
38. Raso J., Heinz V., Alvarez I., & Toepfl S. (2022). *Pulsed electrical fields technology for the food industry.* Springer.
39. Pionke, S. (2020). *In Zukunft wird Precision Fermentation eine Rolle spielen.* https://www.agrarzeitung.de/nachrichten/politik/lebensmitteltechnologie-in-zukunft-wird-precision-fermentation-eine-rolle-spielen-90903. Zugegriffen: 12. Sept. 2024.
40. ProVeg International. (2022). *Preisstudie 2023.* https://proveg.com/de/wp-content/uploads/sites/5/2023/07/ProVeg_Preisstudie_2023.pdf. Zugegriffen: 12. Sept. 2024.
41. PwC. (2022). *Derzeitige Lebensmittelproduktion steuert auf globale Ernährungskrise zu.* https://www.strategyand.pwc.com/de/de/presse/2022/globale-ernaehrungskrise.html. Zugegriffen 08. Sept. 2024.
42. Shiftn. (2009). *Global Food System Map.* https://de.slideshare.net/slideshow/global-food-system-map-57053271/57053271. Zugegriffen: 11. Okt. 2024
43. Smetana, S., Ristic, D., Pleissner, D., Tuomisto, H. L., Parniakov, O., & Heinz, V. (2023). Meat substitutes: Resource demands and environmental footprints. *Resources, Conservation and Recycling, 225,* 102–109.
44. Statista. (2024). *Anteil der Ausgaben der privaten Haushalte in Deutschland für Nahrungsmittel, Getränke, Tabakwaren an den Konsumausgaben in den Jahren 1850 bis 2023.* https://de.statista.com/statistik/daten/studie/75719/umfrage/ausgaben-fuer-nahrungsmittel-in-deutschland-seit-1900/. Zugegriffen: 11. Sept. 2024.
45. Statista. (2024). *Lebensmittelverpackungen: Funktionen, Verbrauch und Nachhaltigkeit.* https://de.statista.com/themen/9746/lebensmittelverpackungen/#editorsPicks. Zugegriffen: 11. Sept. 2024.

46. Statista. (2024). *Lebensmittel – weltweit.* https://de.statista.com/outlook/cmo/lebensmittel/weltweit. Zugegriffen: 11. Okt. 2024.
47. Statista. (2024). *Produktionsmenge von Pommes Frites in Deutschland in den Jahren 2004 bis 2023.* https://de.statista.com/statistik/daten/studie/152289/umfrage/produktionsmenge-von-vorgebackenen-pommes-frites-seit-2004/. Zugegriffen: 11. Okt. 2024.
48. Statista. (2024). *Revenue of the food market worldwide in 2023, by country.* https://www.statista.com/forecasts/758620/revenue-of-the-food-market-worldwide-by-country#:~:text=From%20the%20selected%20regions%2C%20the,trillion%20U.S.%20dollars%20to%20China. Zugegriffen: 11. Sept. 2024.
49. Statistisches Bundesamt. (2022). *Umweltökonomische Gesamtrechnungen, Energiegesamtrechnung. Berichtszeitraum 2000–2020.* Tabellenblatt 3.4.
50. Straits research. (2024). *Insect Feed Market Size, Share & Trends Analysis Report, By Animal Type, By Insect Type, By Application and By Region.* Report Code SRFB3585DR.
51. Tatum, M. (2024). *Investment into European Food Tech set worsen in 2024.* https://www.foodnavigator.com/Article/2024/07/22/Food-tech-investment-set-to-decline-in-Europe. Zugegriffen: 11. Sept. 2024.
52. The Business Research Company. (2024). *French Fries Global Market report.* https://www.thebusinessresearchcompany.com/infographics/french-fries-global-market-report. Zugegriffen: 11.10.2024.
53. UBA (2023): *Lebensmittelabfälle.* https://www.umweltbundesamt.de/themen/abfall-ressourcen/abfallwirtschaft/abfallvermeidung/lebensmittelabfaelle#undefined. Zugegriffen: 11. Sept. 2024.
54. UNCCD. (2022). *Global land outlook.* https://www.unccd.int/sites/default/files/2022-04/UNCCD_GLO2_low-res_2.pdf. Zugegriffen: 11. Okt. 2024.
55. Vogel, C. (2022). *Nachhaltige Lieferkettengestaltung im Einzelhandel.* ifo Schnelldienst, 75. Jg. https://www.ifo.de/DocDL/sd-2022-01-vogel-forum-handel.pdf. Zugegriffen: 08. Sept. 2024.
56. WRI. (2023). *How to Manage the Global Land Squeeze? Produce, Protect, Reduce, Restore.* https://www.wri.org/insights/manage-global-land-squeeze-produce-protect-reduce-restore. Zugegriffen: 11. Okt. 2024.
57. Zdravkovic, M., Ebert, E., Panz, C., Okun, Z., Endreß, H.-U., Shpigelman, A., & Aganovic, K. (2020). Functionalisation of Pectin by Ultra High Pressure Homogenisation. *Proceedings 2021, 70*(1).
58. Deutscher Nachhaltigkeitskodex (2023): *CSRD: Was Unternehmen jetzt wissen müssen.* https://www.deutscher-nachhaltigkeitskodex.de/de/berichtspflichten/corporate-sustainability-reporting-directive-csrd/. Zugegriffen: 05.Sept.2025.
59. Europäische Union (2022): *Richtlinie (EU) 2022/2464 des Europäischen Parlaments und des Rates vom 14. Dezember 2022 zur Änderung der Verordnung (EU) Nr. 537/2014 und der Richtlinien 2004/109/EG, 2006/43/EG und 2013/34/EU hinsichtlich der Nachhaltigkeitsberichterstattung von Unternehmen. Amtsblatt der Europäischen Union.* https://eur-lex.europa.eu/legal-content/DE/TXT/PDF/?uri=CELEX%3A32022L2464. Zugegriffen: 05.Sept.2025
60. Deutscher Nachhaltigkeitskodex (2025): *Omnibus-Verordnung.* https://www.deutscher-nachhaltigkeitskodex.de/de/berichtspflichten/omnibus/. Zugegriffen: 05.Sept.2025
61. Bundesministerium der Justiz (2025): *Gesetz zur Umsetzung der Richtlinie (EU) 2022/2464 über die Nachhaltigkeitsberichterstattung von Unternehmen.* https://www.bmjv.de/SharedDocs/Gesetzgebungsverfahren/DE/2025_CSRD-UmsG.html. Zugegriffen: 05.Sept.2025
62. Deutscher Nachhaltigkeitskodex (2024): *Corporate Sustainability Due Diligence Directive (CSDDD).* https://www.deutscher-nachhaltigkeitskodex.de/de/berichtspflichten/corporate-sustainability-due-diligence-directive-csddd/. Zugegriffen: 05.Sept.2025

63. Europäische Union (2024): *Richtlinie (EU) 2024/1760 des Europäischen Parlaments und des Rates vom 13. Juni 2024 über unternehmerische Sorgfaltspflichten im Bereich Nachhaltigkeit (Corporate Sustainability Due Diligence Directive, CSDDD).* Amtsblatt der Europäischen Union. https://eur-lex.europa.eu/legal-content/DE/TXT/?uri=CELEX%3A32024L1760. Zugegriffen: 05.Sept.2025
64. Bundesministerium für Umwelt, Naturschutz und nukleare Sicherheit (2024): *Europäische Lieferkettenrichtlinie (CSDDD).* https://www.bundesumweltministerium.de/themen/nachhaltigkeit/wirtschaft/lieferketten/europaeische-lieferkettenrichtlinie-csddd. Zugegriffen: 05.Sept.2025
65. Industrie- und Handelskammer Nord Westfalen (2025): *EU-Lieferkettenrichtlinie (CSDDD) – Fristverlängerungen durch die Omnibus-Verordnung.* https://www.ihk.de/nordwestfalen/international/lieferketten/die-eu-lieferkettenrichtlinie-kompakt-6112282. Zugegriffen: 05.Sept.2025

Alexander Märdian leitet seit 2019 den Innovation Hub am DIL Deutsches Institut für Lebensmitteltechnik e. V. und war zuvor in leitenden Positionen der internationalen Wirtschaftsförderung, als Unternehmensberater und als Unternehmer tätig.

Großhandel

Was bewirkt Nachhaltigkeit? Ein verändertes Rollenverständnis des Großhandels in der Lebensmittelwirtschaft

Daniel Werth, Andrea Fuchs, Nurith Epstein und David Rygl

> **Zusammenfassung**
>
> Nachhaltigkeit spielt eine entscheidende Rolle in der Lebensmittelwirtschaft und betrifft ökologische, ökonomische und soziale Aspekte. Die EU fördert mit der „Farm to Fork Strategy" nachhaltige Praktiken bei Lebensmittelherstellern und -händlern. Angesichts der wachsenden Weltbevölkerung und knapper werdender Ressourcen sind nachhaltige Praktiken unerlässlich, um Umweltbelastungen zu verringern und die Biodiversität zu schützen. Der Großhandel spielt eine Schlüsselrolle bei der Förderung von Nachhaltigkeit in der Lebensmittelwirtschaft. Durch optimierte Lieferketten, regionale Beschaffung und den Einsatz digitaler Technologien, kann dieser bspw. zur Reduktion von Emissionen und Lebensmittelverschwendung beitragen. Dem Großhandel kommt im Nachhaltigkeitskontext vor dem Hintergrund der Digitalisierung eine Doppelrolle zu. Einerseits sammelt und verarbeitet der Großhandel als Datenintermediär relevante

D. Werth (✉)
Ferdinand-Steinbeis-Institut, Heilbronn, Deutschland
E-Mail: daniel.werth@ferdinand-steinbeis-institut.de

A. Fuchs
Ferdinand-Steinbeis-Institut, Heilbronn, Deutschland
E-Mail: andrea.fuchs@ferdinand-steinbeis-institut.de

N. Epstein
Ferdinand-Steinbeis-Institut, Heilbronn, Deutschland
E-Mail: nurith.epstein@ferdinand-steinbeis-institut.de

D. Rygl
Ferdinand-Steinbeis-Institut, Heilbronn, Deutschland
E-Mail: david.rygl@ferdinand-steinbeis-institut.de

© Der/die Autor(en), exklusiv lizenziert an Springer Fachmedien Wiesbaden GmbH, ein Teil von Springer Nature 2025
C. Hutter (Hrsg.), *Food Management und Nachhaltigkeit,* SDG - Forschung, Konzepte, Lösungsansätze zur Nachhaltigkeit, https://doi.org/10.1007/978-3-658-47934-3_5

Daten entlang der Lieferkette, was Transparenz und effizientere Abläufe ermöglicht. Andererseits ist der Großhandel als Netzwerkknotenpunkt dazu befähigt, als Interessenvertretung einzutreten und Gemeinwohl für alle an der Wertschöpfungskette beteiligten Akteure zu schöpfen. Ein ganzheitlicher Nachhaltigkeitsansatz im Großhandel, der ökologische, ökonomische und soziale Dimensionen integriert, ist entscheidend für eine zukunftsfähige Lebenswirtschaft.

5.1 Nachhaltigkeit in der Lebensmittelwirtschaft

Nachhaltigkeit betrifft Umwelt-, Wirtschaft- und Gesellschaft gleichermaßen und ist als solches auch ein entscheidender Aspekt im Lebensmittelsektor [3]. Dementsprechend lancierte die EU als erstes Ergebnis der „Farm to Fork Strategy" einen Code of Conduct, der sowohl ökologisch als auch sozial nachhaltige Praktiken bei Lebensmittelherstellern und -händlern forcieren soll [5, 29].

Die Relevanz der Nachhaltigkeit im Lebensmittelsektor und das gesellschaftliche Bewusstsein für das Thema sind in den vergangenen Jahren immens gestiegen, zumal mit der wachsenden Weltbevölkerung ein kontinuierlich steigender Nahrungsmittelbedarf einhergeht, die zur Verfügung stehenden Ressourcen jedoch gleichzeitig knapper werden, bzw. spezifische Ressourcen endlich sind [46]. Entsprechend sind nachhaltige Praktiken in der Lebensmittelwirtschaft von essenzieller Bedeutung, um die Umweltbelastung zu reduzieren, die Biodiversität zu schützen und die Ressourcen effizient zu nutzen. Eine nachhaltige Lebensmittelerzeugung ist substanzieller Bestandteil mehrerer Hauptziele der von den Vereinten Nationen verabschiedeten „Agenda 2030" – einem globalen Aktionsplan, der mit 17 nachhaltigen Entwicklungszielen, Sustainable Development Goals (SDGs), die weltweite Förderung von Nachhaltigkeit fokussiert [46]. Der Food Sustainability Index (FSI) rankt 78 Länder weltweit. Der Index umfasst eine Vielzahl an Indikatoren und Sub-Indikatoren, die darauf abzielen drei zentrale Säulen zu erfassen: Lebensmittelverluste und -verschwendung, Landwirtschaft und Ernährungsprobleme [69]. Die Bewertung erfolgt auf einer Skala von 0 bis 100 angegeben, wobei 100 die höchste Nachhaltigkeit und den größten Fortschritt bei der Erfüllung der wichtigsten ökologischen, gesellschaftlichen und wirtschaftlichen Fortschrittsindikatoren (key progress indicators) bedeutet. Schweden und Japan (jeweils 76 von 100 Punkten), Kanada und Finnland (jeweils 75 von 100 Punkten) sowie Österreich rangieren im internationalen Vergleich auf den ersten fünf Rängen, wenn es um Nachhaltigkeit im Lebensmittelsektor geht. Deutschland belegt mit 72 von 100 Punkten Platz 10 [70]. Wie Abb. 5.1 zeigt, korreliert der FSI zudem länderübergreifend mit Geschlechtergleichheit, der nationalen Performance bei der Erreichung der SDGs, dem Human Development Index (HDI), dem BIP pro Kopf sowie den nationalen Gesundheitsausgaben [70].

Der erhebliche Einfluss der Lebensmittelwirtschaft auf die Umwelt und die Gesellschaft beginnt bereits bei den Erzeugern. So nutzt die Landwirtschaft weltweit mehr

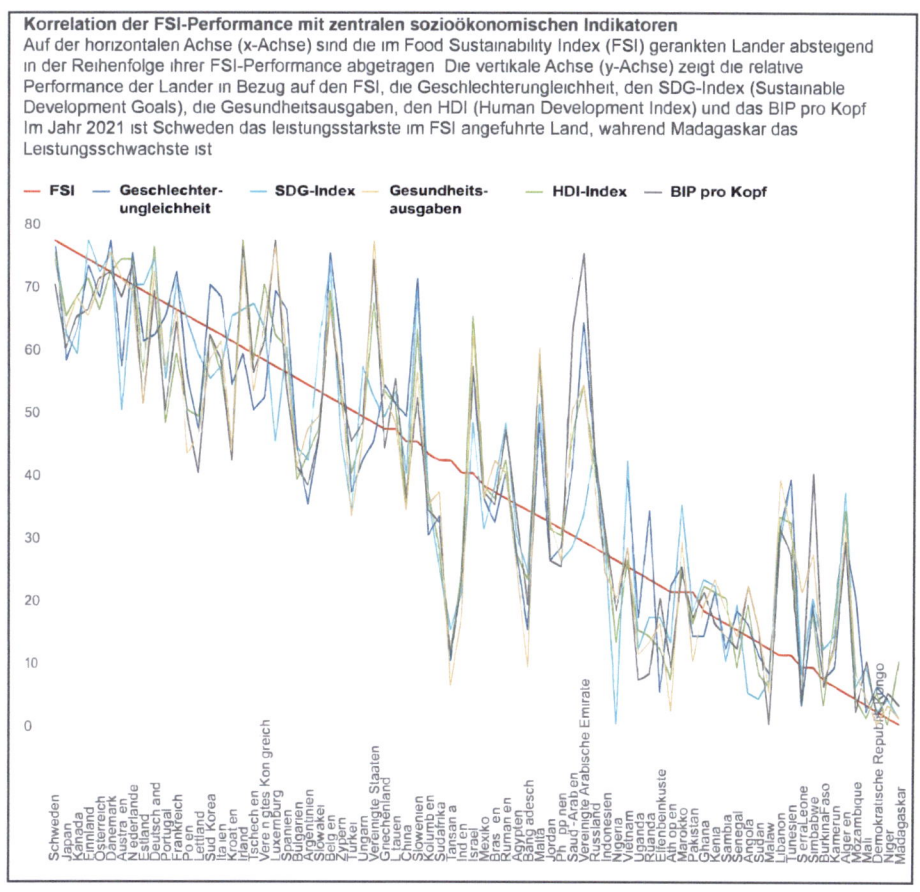

Abb. 5.1 Zusammenhang der FSI-Performance mit zentralen sozioökonomischen Indikatoren. (Quelle: eigene Darstellung mit Daten aus The Economist (2021) [68])

als ein Drittel der Landoberfläche [32]. Extensive sowie partiell unsachgemäße Bodennutzung, wie bspw. durch Monokulturen, unsachgemäße Bewässerung, oder landwirtschaftliche Übernutzung, führen zu deutlichen Einschränkungen in Bezug auf deren landwirtschaftliche Nutzbarkeit [20, 34, 83]. Die landwirtschaftliche Bewässerung macht dabei etwa 70 % des globalen Süßwasserverbrauchs aus [31]. Hinzu kommt, dass im Jahr 2023 etwa 80 % der gerodeten Flächen entwaldet wurden, um die Böden für die landwirtschaftliche Bodennutzung oder Palmölplantagen, zu erschließen [61]. Nicht zuletzt bedroht der Einsatz von Pestiziden und Düngemitteln [40], ebenso wie der Rückgang der natürlichen Lebensräume multipler Arten, die Biodiversität – wie ein Blick auf die Rote Liste verdeutlicht [45, 74]. Die Lebensmittelwirtschaft als Ganzes verursacht 35 % der globalen Treibhausgasemissionen (17,318 Mrd. Tonnen Kohlendioxid-Äquivalente), wovon 57 % auf die Produktion tierischer Lebensmittel, 29 % auf pflanzliche Lebensmittel sowie 14 % auf Gummi und Baumwolle entfallen [82]. Neben der landwirtschaftlichen Lebensmittelerzeugung haben auch die nachgelagerten Wertschöpfungsstufen (z. B. Produktion, Distribution, Vermarktung) erhebliche Auswirkungen auf das Ökosystem und die Biodiversität. Global gesehen wird etwa ein Drittel der produzierten Lebensmittel verschwendet, sei es durch Überproduktion, unsachgemäßen Transport, falsche Lagerhaltung oder unangemessenes Konsumverhalten. Dies führt nicht nur zu beträchtlichen finanziellen Verlusten, sondern auch zu Ressourcenverschwendung und zusätzlichen Treibhausgasemissionen [30]. Die Treibhausgasemissionen allein aus Lebensmittelabfällen entsprechen 58 % des gesamten gemessenen Methangases von Deponien. Im Jahr 2020 beliefen sich diese Emissionen auf etwa 55 Mio. Tonnen CO_2-Äquivalente durch verrottende Lebensmittelabfälle auf Deponien [49].

Die Lebensmittelverarbeitung erhöht den Ressourcenverbrauch und das Abfallaufkommen, insbesondere durch die eingesetzten Verpackungsmaterialien [59]. Schätzungen gehen davon aus, dass die Lebensmittelindustrie im Jahr 2019 insgesamt 12,5 Mio. Tonnen Plastikmüll primär durch Verpackungen verursachte [62]. Neben den dadurch anfallenden Treibhausgasemissionen ist dies insbesondere aufgrund der Umweltverschmutzung durch Plastik und Mikroplastik bedenklich, denn diese führt zu einer Kontamination von Lebensmitteln und damit negativen Auswirkungen auf die öffentliche Gesundheit [19, 21, 33]. So kostet die Verschmutzung durch Plastik jährlich etwa 135.000 Meeressäugern und etwa einer Million Meeresvögeln das Leben [57].

Durch internationale Importe ermöglicht der globale Handel zwar regional ganzjährig eine größere Lebensmittelvielfalt, seine Lieferlogistik zieht jedoch zugleich erhebliche Emissionen nach sich und schafft Abhängigkeiten [17]. „Lebensmittelmeilen"-Emissionen entlang der Lebensmittelversorgungskette belaufen sich auf ca. 19 % der Gesamtemissionen der Lebensmittelwirtschaft. Für Obst und Gemüse, z. B. Avocados aus Mexiko oder Orangen aus Spanien, werden laut EU-Angaben doppelt so viele Treibhausgasemissionen freigesetzt wie bei deren eigentlicher Produktion [54]. Im Handel fallen weitere Emissionen durch die Lagerhaltung an. Ein einzelner Supermarkt verursacht einzig durch die Lebensmittelkühlung jährlich Emissionen äquivalent zum CO_2-Ausstoß von 300 PKWs [16]. Nicht zuletzt trägt auch der individuelle Endkonsument eine Mitverantwortung für den aktuell negativen Einfluss der Lebensmittelwirtschaft. So bedingen Ernährungsgewohnheiten und damit verbundenes Kaufverhalten (z. B. Überkonsum, hoher Konsum tierischer Produkte oder alleiniger Fokus auf den Preis anstelle von lokal und biologisch produzierten Lebensmitteln) nicht nur zu individuellen gesundheitlichen Problemen, sondern ebenso zu einer höheren Umweltbelastung [71].

Insgesamt ist die Interdependenz des Ernährungssystems, intakter Ökosysteme und einer stabilen Gesellschaft offenkundig. Akteure der Lebensmittelbranche sollten daher auch aus ökonomischer Perspektive an einer nachhaltigen Wirtschaftsweise, im Sinne der Erhaltung ihrer eigenen wirtschaftlichen Grundlagen, interessiert sein und die Perspektive von primär kurzfristigen Profitstreben hin zu einer nachhaltigkeitsorientierten Perspektive verlagern. Nicht zuletzt aufgrund der essenziellen Bedeutung stabiler Klimabedingungen, zumal eine Temperaturerhöhung über 2°C gravierende Auswirkungen auf die globale Nahrungsmittelproduktion haben kann [41] und einzelne Kippunkte des Klimasystems partiell bereits heute unumkehrbar sind [66]. Fruchtbare Böden, effiziente Wassernutzung und der Erhalt der Biodiversität, sind auch für die landwirtschaftliche Produktivität und damit für die Ernährungssicherheit entscheidend.

Soziale Aspekte wie fairer Handel, menschenwürdige Arbeitsbedingungen oder der Zugang zu gesunden Lebensmitteln müssen im Sinne einer ganzheitlichen Perspektive der Nachhaltigkeit ebenfalls berücksichtigt werden (Toussaint et al. 2022 [72]). Im Jahr 2023 erzielten die 60 größten Lebensmittel- und Getränkeunternehmen der Welt durchschnittlich 16 von 100 Punkten bezüglich der Risikobekämpfung von Zwangsarbeit in der Lieferkette, wobei v. a. Arbeiter in der landwirtschaftlichen Erzeugung tendenziell verstärkt von Zwangsarbeitsbedingungen betroffen). Die Beeinträchtigung der psychischen Gesundheit der Arbeiter in der Lebensmittelwirtschaft – gerade in der landwirtschaftlichen Produktion – ist immens. So wird in den USA die Suizidrate einschlägiger Arbeiter um das 1,5- bis 2-fache höher beziffert als das der allgemeinen Bevölkerung (Peterson et al. 2016 [60]). Darüber hinaus gilt es auch tierethische Aspekte zu berücksichtigen, zumal gegenwärtig noch immer 60 % der globalen Eierproduktion von Hühnern aus Legebatterien stammen, die den Tieren freien Auslauf und Tageslicht verwehrt (Compassion in World Farming International 2024 [18]). Nur ein ganzheitlicher Ansatz kann langfristig und generationengerecht die Ernährung der wachsenden Weltbevölkerung sicherstellen. Dabei ist neben den vielfältigen Faktoren, in der Produktion und Lieferkette, auch ein bewusstes Konsumverhalten wichtig, um die natürlichen Ressourcen zu schonen und Belastungen für das Ökosystem und die Gesellschaft zu minimieren. Vereinzelt starten Initiativen im Lebensmitteleinzelhandel mit dem Ziel das Nachhaltigkeitsverständnis der Konsumenten stärker zu adressieren. Im Rahmen des Pilotprojektes „True Price" wird den Konsumenten sowohl der Einzelhandelspreis als auch der „wahre" Preis des To-Go-Kaffees angezeigt, wobei letzterer sowohl CO_2-Emissionen, Wasser- und Ressourcenverbrauch, sowie die Arbeitsbedingungen bei der Produktion von Kaffee, Hafer- und konventioneller Milch berücksichtigt [27].

5.2 Verortung des Großhandels im deutschsprachigen Raum am Beispiel der Lebensmittelwirtschaft

Als Referenzpunkt fungiert das Grundprinzip der Wirtschaft, das auch für den Großhandel die basalen Anforderungen definiert. Das Grundprinzip der Wirtschaft gründet demnach in der Generierung von Leistungen durch wirtschaftliche Tätigkeiten von Institutionen oder Einzelpersonen, um bestehende Bedürfnisse zu befriedigen. Dieser Prozess der Leistungserbringung und -verwertung umfasst sowohl materielle als auch immaterielle Bereiche, deren Ergebnis wirtschaftliche Güter darstellen. Des Weiteren gilt es zu berücksichtigen, dass in arbeitsteiligen Volkswirtschaften die Herstellung von Gütern, deren weiterführende Verwendung sowie deren Verbrauch auseinanderfallen, was zu vielfältigen Spannungen führen kann [4, 77], u. a.:

> **Beispiel**
>
> Räumliche Spannung: Der Ort der Leistungserbringung und der Ort der Nutzung sind nicht identisch.
>
> Zeitliche Spannungen: Zeitpunkt der Leistungserbringung und -nutzung sind nicht identisch.
>
> Qualitative Spannungen: Nach Abschluss des materiellen Leistungserstellungsprozesses fehlt den Wirtschaftsgütern die Verwendungsreife. ◄

Im Gesamtkontext der wirtschaftlichen Leistungserzeugung ist die Lebensmittelwirtschaft in die Ernährungswirtschaft eingebettet, die ihrerseits Schnittmengen zu multiplen anderen Branchen aufweist. Innerhalb der Lebensmittelwirtschaft ist zwischen Handel, Ernährungsgewerbe und Gastgewerbe (z. B. Hotels, Außer-Haus-Verpflegung, Gastronomie, Caterer) zu differenzieren. Das Ernährungsgewerbe beinhaltet neben dem Lebensmittelhandwerk ebenso die Lebensmittelindustrie. Der Handel bezieht sich auf den eigentlichen Lebensmittelhandel, Einzel- und Großhandel (siehe Abb. 5.2).

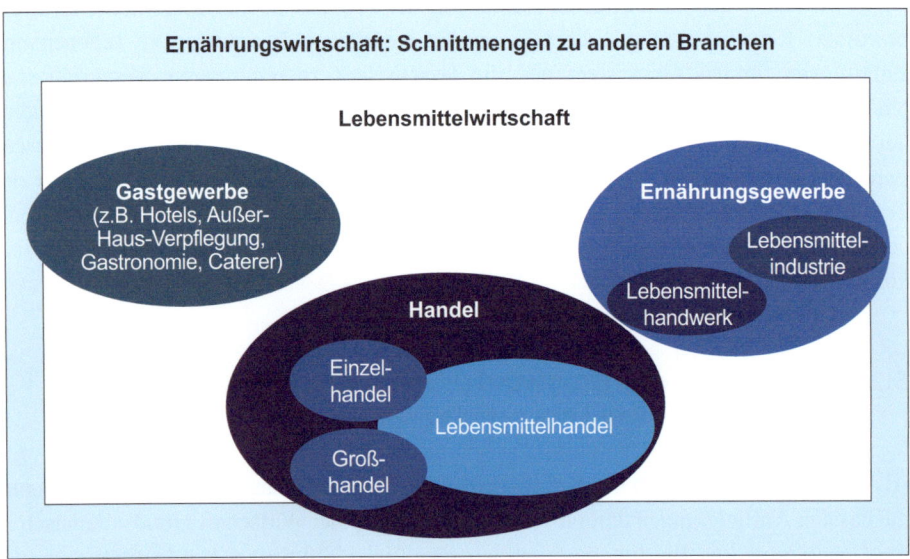

Abb. 5.2 Ernährungswirtschaft: Schnittmengen zu anderen Branchen. (Quelle: eigene Darstellung mit Daten aus BMEL (2023) [10]; Destatis (2008) [25])

Dabei kann der Handel funktional, als die wirtschaftliche Tätigkeit definiert werden, die in einer Volkswirtschaft zur Beseitigung der genannten Spannungen ausgeübt wird. Dabei ist es nicht von Bedeutung, welche Institution oder Person diese Tätigkeit ausübt. Grundsätzlich können alle Wirtschaftsgüter als Objekte des Handels betrachtet werden. Das Hauptmerkmal des Handelsunternehmens ist es dabei, dass seine Leistungserstellung sowohl auf der materiellen als auch auf der immateriellen Ebene stattfindet. Es werden materielle Güter gehandelt, die zudem durch die Verknüpfung mit einer Auswahl von Dienstleistungen der Verwertungsreife nähergebracht werden [2, 51, 77].

Handelsunternehmen werden wiederum nach der Art ihrer Kunden in die zwei Kategorien, Großhandel und Einzelhandel, eingeteilt. Vom Großhandel wird dann gesprochen, wenn Waren an gewerbliche Kunden verkauft werden (Business-to-Business/B2B) [67]. Beim Einzelhandel hingegen werden die Waren direkt an Endverbraucher verkauft (Business-to-Customer/B2C). Die Kunden des Großhandels können wie folgt spezifiziert werden [84]:

> **Beispiel**
>
> Wiederverkäufer: Groß- und Einzelhandelsbetriebe,
> Gewerbliche Nutzer/Weiterverarbeiter: Industrie- und Handwerksbetriebe,
> Großverbraucher: z. B. Hotellerie, Gastronomie, Heime, Werksküchen. ◄

Die umfassende Ausrichtung des Großhandels, sein Facettenreichtum und seine Spezialisierung wird vor allem bei der Betrachtung der Wirtschaftszweige deutlich, sodass das Statistische Bundesamt den Großhandel in die nachfolgenden acht Kategorien unterteilt:

1. Handelsvermittlung,
2. Großhandel mit landwirtschaftlichen Grundstoffen und lebenden Tieren,
3. Großhandel mit Nahrungs- und Genussmitteln,
4. Getränken und Tabakwaren,
5. Großhandel mit Gebrauchs- und Verbrauchsgütern,
6. Großhandel mit Geräten der Informations- und Kommunikationstechnik,
7. Großhandel mit sonstigen Maschinen, Ausrüstungen und Zubehör,
8. Großhandel ohne ausgeprägten Schwerpunkt und sonstiger Großhandel [25].

Im internationalen Kontext wird der Großhandel hauptsächlich in den Bereichen Strom, Preise und Markt betrachtet. Der im deutschsprachigen Raum ansässige Großhandel ist offensichtlich ein Phänomen, das auf seiner historischen Genese oder auf ähnlichen Wirtschaftszweigen (wie Österreich oder der Schweiz) beruht.

Im deutschsprachigen Raum zeichnet sich der Großhandel insbesondere durch eine hohe Diversität mit traditionellen Geschäftsmodellen aus. In nahezu jedem Industrie-

oder Handelszweig werden branchenspezifische Produkte in großen Mengen von Herstellern eingekauft, gebündelt und an Hersteller und Händler verkauft und geliefert. Die Lebensmittelgroßhändler agieren aktuell primär in der Rolle eines Intermediärs zwischen landwirtschaftlichen Bertrieben, Lebensmittelproduzenten, Unternehmen aus dem Lebensmittel verarbeitenden Gewerbe, Einzelhändlern, Onlinehändlern sowie Hotel- und Gastronomiebetrieben. Großhandelsunternehmen kaufen für die Lebensmittelproduktion und -veredelung in großen Mengen direkt von Herstellern, Landwirten oder anderen Großhändlern ein und vermarkten diese im weiteren Verlauf. Dabei ist Großhändler in der Lebensmittelwirtschaft stark von Veränderungen in der Nachfrage, den Verbrauchergewohnheiten, der Verfügbarkeit von landwirtschaftlichen Erzeugnissen und den Trends im Lebensmittelsektor beeinflusst [10].

In den letzten Jahrzehnten wurde das Kerngeschäftsmodell im Großhandel – der kosteneffiziente Einkauf und Verkauf von Produkten in großen Stückzahlen – ergänzend durch produktspezifische Dienstleistungen erweitert [67, 77]. Im Kontext von Fragen zur Nachhaltigkeit und einer zunehmenden Relevanz von Markt-, Lieferanten- bis hin zu Produktdaten stehen Großhändler zunehmend vor der Aufgabe, das bisherige Großhandelsgeschäft nicht nur effizienter und datengetriebener zu optimieren, sondern auch selbst neu zu entwerfen (bspw. durch das Angebot digitaler Add-on-Services). Für traditionelle (Großhandels-)Unternehmen ist es essenziell Antworten im Umgang mit Nachhaltigkeit und dem zukunftsgerichteten Umgang mit Daten und Informationen im Kontext der digitalen Transformation zu finden [44], deren Herleitung bereits nach aktuellen Recherchen weitestgehend noch unstrukturiert behandelt werden. Bisherige Analysen zeigen, dass der Großhandel, im Allgemeinen und der Lebensmittelgroßhandel im Besonderen, im deutschsprachigen Raum trotz seiner wirtschaftlichen Bedeutung, in Bezug auf Gesamtumsatz und Umsatz pro Mitarbeiterin und Mitarbeiter, weitaus weniger erforscht und mit deutlich weniger Daten dokumentiert sind als andere Branchen [10]. Angesichts aktueller Entwicklungen der digitalen Transformation und steigender Transparenzanforderungen im Nachhaltigkeitskontext, die z. B. durch digitale Technologien oder Wirtschaftskrisen hervorgerufen werden und neue Wettbewerber im Großhandel hervorbringen, ist Forschung in diesem Bereich prospektiv von entscheidender Bedeutung.

Im Zuge einer zunehmenden Digitalisierung einhergehenden Transparenz der jeweiligen Wertschöpfungsstufen, welche ihrerseits Markt- und Wettbewerbsveränderungen bedingt, verändert sich zugleich das Ökosystem eines Großhändlers, sodass eine Anpassung an die neue Situation erforderlich wird. Die Erforschung von Nachhaltigkeit und digitaler Transformation im (Lebensmittel-)Großhandel ist dementsprechend für das Überleben Hunderter von Unternehmen von entscheidender Bedeutung [85].

5.3 Nachhaltigkeit im Großhandel

Auch der Lebensmittelgroßhandel als Drehkreuz zwischen Produzenten bzw. Veredlern und dem Einzelhandel, sowie zu Hotel- und Gastronomiebetrieben, spielt eine essenzielle Rolle bei der Förderung von Nachhaltigkeit, der gebündelten Zusammenführung relevanter Daten (z. B. Produktspezifikationen, Stammdaten, Lieferantendaten) und offeriert zahlreiche Potenziale, um positive ökologische und soziale Auswirkungen zu erzielen. Ein Stellhebel liegt u. a. in der Optimierung der Lieferketten. Hier kann der Großhandel die Treibhausgasemissionen und den Energieverbrauch signifikant senken bzw. Dekarbonisierung erreichen, indem er effizientere Logistik und weniger Zwischenstationen nutzt.

Ein weiterer Stellhebel liegt in der Schaffung von Transparenz bspw. auf Produkt- und Lieferkettenebene, bedingt durch die zur Verfügung stehende Technik. Aufgrund der bisherigen Rolle des Großhandels als Intermediär zwischen vor- und nachgelagerten Funktionen ist einer der zentralen Geschäftsfähigkeiten die strukturierte Zusammenführung, Aufbereitung und Weiterleitung von relevanten Daten und Informationen an interessierte Stakeholder. Der Einsatz digitaler Technologien und datengetriebener Ansätze (z. B. von Datenräumen, Blockchain Technologie und digitalen Zwillingen) ermöglicht unternehmensintern eine präzisere Steuerung von Lagerbeständen, was Verderb und Abfall minimiert [15], sowie eine unternehmens- und branchenübergreifende Koordination von Produkt- und Logistikströmen auf Datenbasis [51]. Denn, um bspw. einen CO_2-Fußabdruck in der Lieferkette zu reduzieren, ist zunächst eine genaue Erfassung der Emissionen erforderlich. Eine fundierte Datenbasis ermöglicht erst die Entwicklung und Umsetzung von Maßnahmen nach dem Muster „verstehen, messen, dekarbonisieren, integrieren und steuern". Digitale Ansätze sind dabei essenziell, sowohl bei der Datenerhebung als auch bei der Reduktion in den operativen Prozessen, mit umfassenden Ansätzen zukünftiger (digitaler) Wertschöpfungspotenziale. Neue Technologien fördern die Digitalisierung gerade auch im Kontext der Nachhaltigkeit, datenbasierte Entscheidungen und neue Geschäftsmodelle im Lebensmittelgroßhandel. Carbon-Accounting-Anwendungen projizieren den Klimaeffekt entlang der Lieferkette, und Supply-Chain-Lösungen unterstützen die Datenerfassung für Life Cycle Assessments. Offene Data-Sharing-Netzwerke erhöhen die Transparenz und erweitern die Datenbasis [23]. Apeel Sciences plant, die hyperspektrale Bildgebungstechnologie von ImpactVision einzusetzen, um Lebensmittelanbietern die Erfassung quantifizierbarer Daten zur Produktqualität, einschließlich Reifegrad und Frische, zu ermöglichen. Diese Daten sollen dazu dienen, Lebensmittelverluste nach der Ernte zu minimieren, indem die Verteilung optimiert und die Haltbarkeit durch gezielte Maßnahmen verlängert werden kann [28].

Ein weiterer Hebel liegt im Wareneinkauf, unter gleichzeitiger Berücksichtigung der effizienten Zusammenführung und Aufbereitung relevanter Daten. Der Großhandel kann an dieser Stelle regionale Produzenten unterstützen und deren Produkte bevorzugen, wodurch Transportwege verkürzt, lokale Wirtschaftskreisläufe gestärkt und die Abhängigkeit von globalen Lieferketten – soweit möglich – reduziert werden. Dies trägt nicht nur zur Frische und Qualität der Produkte bei, sondern vermindert auch Lebensmittelverschwendung [8]. In ähnlicher Weise adressiert das Start-up Foodshed.io die Herausforderung der lokalen Lebensmittelverteilung, indem es nachhaltige Produzenten mit lokalen Großhändlern und Märkten vernetzt [35, 36]. Ebenfalls auf diesem Weg der Reduzierung von Lebensmittelverschwendung ist die Organisation Kanbe's Markets, die durch die Verknüpfung von Ladenbesitzern, Großhändlern, lokalen Erzeugern und städtischen Landwirten eine ähnliche Strategie verfolgt [42, 76].

Weitere Gründe für Lebensmittelverschwendung im Großhandel sind die Zurückweisung aufgrund beschädigter Ware oder Verpackungen, Unterbrechungen in der Kühlkette, falscher Verpackung oder Labels, Qualitätsmängeln sowie falscher Warenauswahl. Hinzu kommen die direkte Entsorgung von Lebensmitteln aufgrund falscher oder zu langer Lagerung, unsachgemäßem Umgang mit den Lebensmitteln, Überschreitung des Haltbarkeitsdatums, Rücksendungen von Warenhäusern aufgrund von Fehlauswahl sowie Produktrückrufen seitens der Hersteller [53]. Möglichkeiten zur Reduktion und Vermeidung derart bedingter Lebensmittelverschwendung liegen in der Kooperation mit den Anbietern, unter Berücksichtigung relevanter Daten und Informationen, um die Ursachen der Warenschädigungen im Rahmen der Lieferlogistik zu identifizieren, der Einführung von Smart-Labeling, um per Software, Produkte entlang der Lieferkette tracken zu können sowie darin, die generelle Kommunikation entlang der Lieferkette zu optimieren. Zusätzlich können die Transportunternehmen bezüglich des korrekten Umgangs mit den Waren geschult und besseres Equipment bereitgestellt werden. Zugleich gilt es bei den Logistikunternehmen eine sachgerechte, konstante Kühlung sicherzustellen.

Maßnahmen entgegen dem Lebensmittelverlust könnten z. B. eine Erweiterung der Produktpalette durch die Integration von „unvollkommenen Lebensmitteln" erweitert werden. Zudem könnten beschädigte Lebensmittel in alternative Produkte umgewandelt werden, wie vorgeschnittene Salate oder fertig zubereitete Produkte. Darüber hinaus ist es wichtig, Anbieter über geeignete Verpackungsoptionen und Labeling aufzuklären. Realtime Monitoring des Warenbestands und der Verkäufe ermöglichen einen optimieren Forecast für den künftigen Lebensmitteleinkauf, auch im Großhandel. Verbesserte Qualitätskontrollen, Verkäufe über alternative Kanäle (bspw. Organisationen der Lebensmittelrettung), die Koordination zwischen Lebensmittelrettern, Früherkennungssysteme für Warenschäden, Kennzeichnung und vergünstigte Weitergabe beschädigter Lebensmittel, Kooperationen mit Lebensmittel-Up-/Recyclingunternehmen, die Einführung von Online- Marktplätzen, eine Ausweitung der eigenen Kühlkapazitäten oder die Umnutzung von Lebensmitteln, die von Tieren verzehrt werden können, als Tierfutter durch die Weitergabe an Bauernhöfe oder Tierheime/-rettungen, bieten weitere Möglichkeiten, Lebensmittelverschwendung entgegenzuwirken [53].

Ferner kann auch der Großhandel durch die Bevorzugung nachhaltiger Verpackungslösungen, basierend auf produkt- und lieferkettenrelevanten Daten, den Einsatz von recycelbaren oder kompostierbaren Materialien fördern und den ökologischen Fußabdruck erheblich verringern [75]. Systeme zur Rückverfolgbarkeit erhöhen die Transparenz entlang der Lieferkette und stellen sicher, dass nachhaltige und ethische Produktionsmethoden eingehalten werden, was den Verbraucherinnen und Verbrauchern glaubwürdige Informationen über die Herkunft und Produktionsbedingungen ihrer Lebensmittel bietet [1]. Investitionen in energieeffiziente Lager- und Kühltechnologien sowie die Nutzung erneuerbarer Energien wie Solar- oder Windkraft können den Energieverbrauch weiter reduzieren und zur Nachhaltigkeit beitragen. Im weiteren Verlauf kann der Großhandel schließlich durch Kooperationen mit Wohltätigkeitsorganisationen und Lebensmittelbanken überschüssige Lebensmittel umleiten und durch optimierte Bestellprozesse und Bestandsmanagement die Lebensmittelverschwendung minimieren [55].

Aufgrund der traditionellen, lieferkettenbedingten Position des Großhandels und unter einer zunehmenden Bündelung und Bereitstellung relevanter Datenknoten zwischen vor- und nachgelagerten Unternehmen, lässt sich vermuten, dass sich der Großhandel zunehmend zu einem Datenintermediär [78, 79] weiterentwickelt.

5.4 Ein verändertes Rollenverständnis des Großhandels – Ansätze für zukunftsfähige Wertschöpfungen

Das Thema Nachhaltigkeit verlangt von den Akteuren der Lebensmittelwirtschaft – so auch vom traditionellen (Lebensmittel-)Großhandel – prospektiv ihr bisheriges Rollenverständnis zu überdenken und neu zu definieren. Im Sinne eines ganzheitlichen Nachhaltigkeitsansatzes sollten in dieses Rollenverständnis die drei Dimensionen der ökologischen, ökonomischen und sozialen Nachhaltigkeit einfließen (u. a. [13, 39, 65]).

Die Umsetzung dieser umfassenden Nachhaltigkeitsstrategie erfordert nicht nur eine Neubewertung des Rollenverständnisses, sondern auch die Fähigkeit, Kennzahlen zu erfassen und den Status Quo sowie den Fortschritt kontinuierlich zu messen und nachzuvollziehen [26, 38]. Es gibt zahlreiche Ansätze, um diese Ziele zu erreichen. Viele dieser Ansätze, die teilweise auch politisch reguliert sind, sind häufig hoch komplex (u. a. [9, 12, 14, 73, 64]). Diese Komplexität stellt nicht selten eine Nutzungsbarriere dar [24, 47].

Um sich im Kontext einer ethischen, ökologisch nachhaltigen und sozial gerechten Wirtschaftsordnung zu positionieren, bietet die Gemeinwohl-Bilanz einen niedrigschwelligen Ansatz, der sicherstellt, dass alle 17 SDGs im Zuge der wirtschaftlichen Aktivitäten ganzheitlich berücksichtigt werden. Auf diese Weise kann ein sozialer und gesellschaftlicher Beitrag geleistet und gleichzeitig eine Profilbildung für den Händler erreicht werden [43].

Den Ausgangspunkt der Gemeinwohl-Bilanz bildet die Gemeinwohl-Matrix, die 20 Gemeinwohl-Themen definiert (siehe Abb. 5.3).

Werte Berührungspunkte	Menschenwürde	Solidarität und Gerechtigkeit	Ökologische Nachhaltigkeit	Transparenz und Mitentscheidung
A: Lieferanten	A1 Menschenwürde in der Zulieferkette	A2 Solidarität und Gerechtigkeit in der Zulieferkette	A3 Ökologische Nachhaltigkeit in der Zulieferkette	A4 Transparenz und Mitentscheidung in der Zulieferkette
B: Eigentümer und Finanzpartner	B1 Ethische Haltung im Umgang mit Geldmitteln	B2 Soziale Haltung im Umgang mit Geldmitteln	B3 Sozial-ökologische Investitionen und Mittelverwendung	B4 Eigentum und Mitentscheidung
C: Mitarbeitende	C1 Menschenwürde am Arbeitsplatz	C2 Ausgestaltung der Arbeitsverträge	C3 Förderung des ökologischen Verhaltens der Mitarbeiter	C4 Innerbetriebliche Mitentscheidung und Transparenz
D: Kunden und Mitunternehmen	D1 Ethische Kundenbeziehungen	D2 Kooperation und Solidarität mit Mitunternehmen	D3 Ökologische Auswirkung durch Nutzung und Entsorgung von Produkten und Dienstleistungen	D4 Kundenmitwirkung und Produkttransparenz
E: Gesellschaftliches Umfeld	E1 Sinn und gesellschaftliche Wirkung der Produkte und Dienstleistungen	E2 Beitrag zum Gemeinwesen	E3 Reduktion ökologischer Auswirkungen	E4 Transparenz und gesellschaftliche Mitentscheidung

Abb. 5.3 Verortung der SDGs in der Gemeinwohl-Matrix. (Quelle: eigene Darstellung mit Daten aus Kasper, M.; Hofielen, G. (2020) [43])

Die Gemeinwohl-Bilanz eignet sich sowohl für KMU (Klein- und mittelständische Unternehmen) als auch für Konzerne und Organisationen des öffentlichen Bereichs. Im Rahmen des Bilanzierungsprozesses zur Erstellung des Gemeinwohl-Berichts nehmen Unternehmen dabei periodisch eine Selbsteinschätzung bzgl. der 20 Themen vor und beschreiben, wie die Werte Menschenwürde, Solidarität und Gerechtigkeit, ökologische Nachhaltigkeit sowie Transparenz und Mitentscheidung gegenüber den jeweiligen Stakeholdergruppen (d. h. Lieferanten, Eigentümern und Finanzpartnern, Mitarbeiterinnen und Mitarbeitern, Kundinnen und Kunden und Mitunternehmen, gesellschaftliches Umfeld) praktiziert werden. Die Beschreibung erfolgt primär qualitativ und wird durch quantitative Indikatoren ergänzt. Diese können einer Auswahlliste an partiell verpflichtenden Indikatoren und Kenngrößen entnommen werden. Die beschriebenen Themen werden extern evaluiert und zusammen mit der erreichten Punktzahl (max. 1000 Punkte, min. −3600 Punkte) in einem Testat dokumentiert. Dieses ergibt gemeinsam mit dem Gemeinwohl-Bericht die Gemeinwohl-Bilanz [7].

Bewertungsziel ist es, den Impact der unternehmerischen Aktivitäten für das Gemeinwohl aufzuzeigen, wobei sich berichtende Unternehmen auf einer Werteskala selbst verorten. Folglich basiert die Bewertung darauf, wie die Werte der Gemeinwohl-Werteskala direkt in den unternehmerischen Aktivitäten angewendet werden und wie sich diese gelebten Werte auf die verschiedenen Stakeholdergruppen auswirken. Im Rahmen der Bewertung wird die Einordnung in aufeinander aufbauenden Bewertungsstufen (Basislinie, Erster Schritt, Fortgeschritten, Erfahren, Vorbildlich) vorgenommen. Dabei wird jeder Bewertungsstufe ein Skalenbereich zugeschrieben[1], der den Entwicklungsstand eines Unternehmens in seiner Gemeinwohlorientierung, entlang der Themen differenziert, angibt. Für sämtliche Aspekte zeigt die sog. „Basislinie" (zugehöriger Skalenbereich: 0) das Mindestmaß gemeinwohlorientierten Wirtschaftens an, welche mindestens dem gesetzlich definierten Standard entspricht. Die Gesamtbewertung ergibt sich aus den Bewertungen aller 20 Themen, diese fließen zu jeweils 50 Punkten mit gleicher Gewichtung ein. Der zugehörige Bilanzrechner gewichtet die Themen im Zuge der Ermittlung der Gesamtbewertung anhand nachfolgender Faktoren: der Unternehmensgröße, den Finanzströmen von und zu Lieferanten, Finanziers und Mitarbeiterinnen und Mitarbeitern, den in den Herkunftsländern der essenziellen Vorproduktion bestehenden sozialen Risiken sowie der Branche und der branchenspezifischen ökologischen und sozialen Risiken [7].

Elementarer Bestandteil der Folgeberichterstattung ist es, auf die im vorangegangenen Gemeinwohl-Bericht zur künftigen organisationalen Weiterentwicklung im Bereich der einzelnen Themenfelder angeführten Maßnahmen einzugehen und den zwischenzeitlichen Fortschritt bei der Maßnahmenumsetzung detailliert zu dokumentieren [7]. Die Gemeinwohl-Matrix räumt seinen Anwendern Flexibilitätsspielräume ein, sodass Unternehmen proaktiv zur Adaption und Optimierung ihrer Strategien und Maßnahmen motiviert werden.

Im Sinne eines zukunftsweisenden Rollenverständnis müssen, wie bereits erwähnt, vor dem Hintergrund einer sich transformierenden Wirtschaft und Gesellschaft, Geschäftsmodelle neu gedacht werden [80]. Auch das Rollenverständnis des Großhandels wäre dahingehend zu überdenken, sich nicht einzig auf den traditionellen physischen B2B-Bereich zu fokussieren, sondern seinen Blick zu weiten und innovative Ansätze zu integrieren, um nachhaltiger zu werden und wettbewerbsfähig zu bleiben. Die Digitalisierung bietet dem Großhandel hierfür zahlreiche Möglichkeiten, seine Prozesse zu optimieren, KI-gestützt effizientere Distributionsnetzwerke und fortgeschrittene Logistiklösungen zu erschließen, neue Geschäftsmodelle zu entwickeln und künftig ein eigenes Portfolio an Servicedienstleistungen zu offerieren [37, 63]. IoT-Anwendungen (Internet of Things) sowie der Einsatz von Big Data Analytics und Künstlicher Intelligenz bieten dem Großhandel einerseits die Möglichkeit Geschäftsprozesse zu verbessern, indem präzisere Forecasts über Angebot und Nachfrage getroffen und auf diese Weise der Warendurchlauf sowie die Lagerbestände datenbasiert optimiert werden können [50]. Andererseits ermöglichen Blockchain Technologien in Echtzeit transparente Nachverfolgbarkeit über die gesamte Supply-Chain hinweg, wodurch bspw. falsche, beschädigte oder verdorbene

---

[1] Basislinie; Skalenbereich 0; Erster Schritt: Skalenbereich 1; Fortgeschritten: Skalenbereich 2–3; Erfahren: Skalenbereich 4–6; Vorbildlich: Skalenbereich 7–10.

ebenso wie unter nicht sozialen oder nicht nachhaltigen Standards produzierte Rohstoffe/Produkteidentifizierbar werden [48].

Ein erster niedrigschwelliger Schritt hin zu einem zukunftsorientierten Rollenverständnis könnte in der Erweiterung der Vertriebskanäle über digitale Marktplätze bzw. B2B E-Commerce Portale und mobile Appangebote liegen. Die Tendenz der zunehmenden Verlagerung des Lebensmittelgroßhandels in den E-Commerce Bereich, zeichnete sich auch in den Jahren vor der Corona-Pandemie zusehends ab. So stieg der prozentuale Umsatz aus E-Commerce[2] im Großhandel von Nahrungsmitteln, Getränken und Tabakwaren bereits seit dem Jahr 2013 von 5,5 % auf 13,1 % im Jahr 2020 an [11].

Im eigentlichen Warentransport ermöglicht der Einsatz von Elektrofahrzeugen ebenso wie eine weitgehende lokale und regionale Beschaffung und ein möglichst regionaler Warenabsatz die Reduktion der Transportemissionen. Zusätzlich kann die Nutzung spezieller KI-Tools zur Optimierung der Bestandsverwaltung und Vermeidung von Überbeständen Lebensmittelabfälle reduzieren [58] und im IoT vernetzte Geräte zur Überwachung der Lagerbedingungen in Echtzeit, die Lebensmittelqualität sicherstellen [50]. Die Nutzung umweltfreundlicher Verpackungsmaterialien trägt darüber hinaus proaktiv zur Abfallvermeidung bei [81].

Ebenso eröffnen digitale Plattformen vielfältige Möglichkeiten [6], z. B. eine bessere Vernetzung mit Lieferanten und Kunden, wodurch ein breites Servicedienstleistungsangebot zzgl. Dienstleistungsmarketing sowie Kooperationen im Sinne der Forschung und Entwicklung im Sinne der sozialen Nachhaltigkeit möglich werden. Ausgehend von seinen retrospektiv akkumulierten Daten (u. a. Kunden-/Verkaufsdaten), könnte der Großhandel künftig bspw. als Servicedienstleister fungieren und eine „Matching"-Plattform zwischen Einzelhandel und Kunden offerieren, was ihm auch im Kontext einer stärkeren Regionalisierung zu Gunsten nachhaltigerer Wirtschaftsmodelle seine Rolle als relevanter Akteur sichern könnte. Die Nutzung dieser Datenbestände für KI-gestützte Analysen birgt zugleich das Potenzial das Customer-Relationship-Management (CRM) zu verbessern, indem personalisierte Kundenservices und virtuelle Assistenten offeriert werden können, wobei Empfehlungen auf Basis der individuellen Nutzungspräferenzen und Nachhaltigkeitsziele von Kunden ermittelt und frühzeitig erkannt werden können (z. B. Gesundheits- und Wellness-Trend, Performance Food). Im Rahmen einer phygital „Matching"-Plattform, welche individualisierte Dienstleistungen und Produkte offeriert, könnte [22, 56], je nach Rollenverständnis, zudem die Positionierung als neutrale Schiedsinstanz für anonymes Beschwerde- und/oder Qualitätsmanagement erwogen werden. Alternativ könnte ebenso unter Nutzung digitaler Möglichkeiten der Direktvertrieb via Online-Plattformen vom Großhandel direkt an Endverbraucher erschlossen und so der klassische Einzelhandel im Zuge der Verschlankung der Lieferketten umgangen werden.

---

[2] E-Commerce bedeutet rechtsverbindliche Ein- oder Verkäufe über Websites, Apps oder automatisierten Datenaustausch. Ausgenommen sind Bestellungen über manuell erstellte E-Mails.

In Summe obliegt dem Lebensmittelgroßhandel im Nachhaltigkeits- und Digitalisierungskontext prospektiv das singuläre Potenzial, die Doppelrolle als Datenintermediär in der Lebensmittellieferkette zu bekleiden und zugleich als Interessensvertretung zu wirken und Gemeinwohl für alle an der Lebensmittellieferkette beteiligten Akteure zu schöpfen.

Literatur

1. Aung, M. M., Chang, Y. S. (2014). Traceability in a food supply chain: Safety and quality perspectives. *Food Control, 39,* 172–184.
2. Ausschuss für Definitionen zu Handel und Distributionen. (2006). *Katalog E – Definitionen zu Handel und Distribution* (5. Aufl.). Institut für Handelsforschung an der Universität zu Köln.
3. Baldwin, C. J. (Hrsg.). (2011). *Sustainability in the food industry.* Wiley-Blackwell and the Institute of Food Technologists.
4. Barth, K., Hartmann, M., & Schröder, H. (2007). *Betriebswirtschaftslehre des Handels.* Springer Gabler.
5. Batkai, M. (2021). *Europe Advances Farm to Fork Strategy with New Sustainability Code of Conduct.* https://foodtank.com/news/2021/08/europe-advances-farm-to-fork-strategy-with-new-sustainability-code-of-conduct/. Zugegriffen: 06 Juni 2024.
6. Bender, B., Habib, N., & Gronau, N. (2021). Digitale Plattformen: Strategien für KMU. *Wirtschaftsinformatik & Management, 13,* 68–76.
7. Blachfellner, M., Drosg-Plöckinger, A., Fieber, S., Hofielen, G., Knakrügge, L., Kofranek, M., Koloo, S., Loy, C., Rüther, C., Sennes, D., Sörgel, R., & Teriete, M. (2017). *Arbeitsbuch zur Gemeinwohlbilanz 5.0 Vollbilanz.* https://germany.ecogood.org/wp-content/uploads/sites/8/2022/05/GWOE_Arbeitsbuch_5_0_1_voll_FIN_WEB2.pdf. Zugegriffen: 19 Juni 2024.
8. Bloom, J. D., & Hinrichs, C. C. (2011). Moving local food through conventional food system infrastructure: Value chain framework comparisons and insights. *Renewable Agriculture and Food Systems, 26*(1), 13–23.
9. BMAS. (2023). *CSR-Praxis – Standards.* https://www.csr-in-deutschland.de/DE/CSR-Allgemein/CSR-in-der-Praxis/CSR-Berichterstattung/Standards/standards.html. Zugegriffen: 01 Juli 2024.
10. BMEL. (2023). *Ernährungsgewerbe.* https://bmel-statistik.de/ernaehrung/ernaehrungsgewerbe/. Zugegriffen: 20 Juni 2024.
11. BMEL. (2023). *Unternehmen, Umsatz, Beschäftigte, Rohertrag und Investitionen im Ernährungsgroßhandel.* https://view.officeapps.live.com/op/view.aspx?src=https%3A%2F%2Fbmel-statistik.de%2Ffileadmin%2Fdaten%2F4103000-0000.xlsx&wdOrigin=BROWSELINK. Zugegriffen: 20 Juni 2024.
12. BMUV. (2024). *Deutsche Nachhaltigkeitsstrategie.* https://www.bmuv.de/WS893. Zugegriffen: 01 Juli 2024.
13. BMZ. (2024). *Nachhaltigkeit – nachhaltige Entwicklung.* https://www.bmz.de/de/service/lexikon/nachhaltigkeit-nachhaltige-entwicklung-14700. Zugegriffen: 01 Juli 2024.
14. Bornhauser, C., Slavinski, S., Burri, C., & Thiriet, V. (2023). *Sustainability standards and labels.* https://assets.kpmg.com/content/dam/kpmgsites/ch/pdf/kpmg-ch-eco-labels-sustainability-standards-labels.pdf.coredownload.inline.pdf. Zugegriffen: 01 Juli 2024.
15. Christopher, M. (2016). *Logistics & supply chain management.* Pearson.

16. Chung, E. (2023). *How supermarkt freezers are heating the planet, and how they could change.* https://www.cbc.ca/news/science/hfc-climate-supermarkets-1.6726627. Zugegriffen: 06 Juni 2024.
17. Clapp, J. (2017). Food Self-Sufficiency: Making Sense of It, and When It Makes Sense. *Food Policy, 66*, 88–96.
18. Compassion in World Farming International. (2024). *Farm animals – Egg laying hens.* https://www.ciwf.org.uk/farm-animals/chickens/egg-laying-hens/. Zugegriffen: 06 Juni 2024.
19. Conti, G. O., Ferrante, M., Banni, M., Favara, C., Nicolosi, I., Cristaldi, A., Fiore, M., & Zuccarello, P. (2020). Micro- and nano-plastics in edible fruit and vegetables. The first diet risks assessment for the general population. *Environmental Research,187*.
20. Dachler, M. (2023). *Welternährung. Status quo und Ausblick zur globalen Ernährungslage.* Springer.
21. Davison, T. (2024). *How Does Plastic Affect Human Health.* https://blog.cleanhub.com/how-does-plastic-affect-humans. Zugegriffen: 06 Juni 2024.
22. Deloitte. (2021). *The retail future.* https://www2.deloitte.com/content/dam/Deloitte/xe/Documents/consumer-business/me_the-retail-future.pdf. Zugegriffen: 01 Juli 2024.
23. Deloitte. (2023). *Dekarbonisierung der Lieferkette.* https://www2.deloitte.com/content/dam/Deloitte/de/Documents/risk/Deloitte-POV-Dekarbonisierung-der-Lieferkette.pdf. Zugegriffen: 05 Juni 2024.
24. Deloitte. (2023). *Integrating sustainability into business strategy.* https://www2.deloitte.com/us/en/insights/environmental-social-governance/integrating-sustainability-into-business-strategy.html. Zugegriffen: 01 Juli 2024.
25. Destatis. (2008). *Klassifikation der Wirtschaftszweige.* https://www.destatis.de/DE/Methoden/Klassifikationen/Gueter-Wirtschaftsklassifikationen/klassifikation-wz-2008.html. Zugegriffen: 21 Juni 2024.
26. Destatis. (2024). *Nachhaltigkeitsindikatoren.* https://www.destatis.de/DE/Themen/Gesellschaft-Umwelt/Nachhaltigkeitsindikatoren/_inhalt.html. Zugegriffen: 01 Juli 2024.
27. Dutch News. (2023). *Albert Heijn starts 'true pricing' trial to reveal real cost of food.* https://www.dutchnews.nl/2023/04/albert-heijn-starts-true-pricing-trial-to-reveal-real-cost-of-food/. Zugegriffen: 01 Juli 2024.
28. Eatson, E. S. (2021). *Apeel Acquires ImpactVision, Furthering Goal of Reducing Global Food Waste.* https://foodtank.com/news/2021/05/apeel-acquires-impactvision-furthering-goal-of-reducing-global-food-waste/. Zugegriffen: 06 Juni 2024.
29. Europäische Kommission.. (o.J.). *Code of Conduct.* https://food.ec.europa.eu/horizontal-topics/farm-fork-strategy/sustainable-food-processing/code-conduct_en. Zugegriffen: 06 Juni 2024.
30. FAO. (2011). *Global food losses and food waste – Extent, causes and prevention.* https://www.fao.org/sustainable-food-value-chains/library/details/en/c/266053/. Zugegriffen: 05 Juni 2024.
31. FAO. (2020). *COVID-19 and the role of local food production in building more resilient local food systems.* https://www.fao.org/policy-support/tools-and-publications/resources-details/en/c/1333955/. Zugegriffen: 05 Juni 2024.
32. FAO. (2021). *The State of Food Security and Nutrition in the World 2021.* https://openknowledge.fao.org/server/api/core/bitstreams/04f2740a-d8d2-40fa-8b08-4e0198e604b0/content. Zugegriffen: 05 Juni 2024.
33. Fava, M. (2022). *Plastic pollution in the ocean.* https://oceanliteracy.unesco.org/plastic-pollution-ocean/. Zugegriffen: 06 Juni 2024.
34. Fitzpatrick, I., Young, R., Barbour, R., Perry, M., Rose, E., & Marshall, A. (2019). *The Hidden Cost of UK Food.* https://sustainablefoodtrust.org/wp-content/uploads/2022/01/Website-Version-The-Hidden-Cost-of-UK-Food_compressed.pdf. Zugegriffen: 06 Juni 2024.
35. Foodshed.io. (2024). *Homepage.* https://foodshed.io/. Zugegriffen: 06 Juni 2024.

36. Greene, L. (2023). *Foodshed.io Connects Sustainable Producers to Wholesale Markets.* https://foodtank.com/news/2023/09/foodshed-io-connects-sustainable-producers-to-wholesale-markets/. Zugegriffen: 06 Juni 2024.
37. Harwardt, M., Niermann, P. F. J., Schmutte, A. M., & Steuernagel, A. (2022). *Praxisbeispiele der Digitalisierung.* Springer.
38. IHK Berlin. (2024). *Nachhaltige Wirtschaft.* https://www.ihk.de/berlin/nachhaltige-wirtschaft/massnahmen. Zugegriffen: 01 Juli 2024.
39. LpB BW. (2023). *Dossier Nachhaltigkeit.* https://www.lpb-bw.de/dossier-nachhaltigkeit. Zugegriffen: 01 Juli 2024.
40. IPBES. (2019). *Global Assessment Report on Biodiversity and Ecosystem Services.* https://www.ipbes.net/global-assessment. Zugegriffen: 05 Juni 2024.
41. IPCC. (2014). *Climate Change 2014: Synthesis Report.* https://www.ipcc.ch/report/ar5/syr/. Zugegriffen: 01 Juli 2024.
42. Kanbe's Markets. (2021). *Kanbe's Marktes.* https://www.kanbesmarkets.org/. Zugegriffen: 06 Juni 2024.
43. Kasper, M., & Hofielen, G. (2020). *Gemeinwohl-Ökonomie.* https://gwoe.17plus.org/. Zugegriffen: 20 Juni 2024.
44. Kempermann, H., & Pohl, P. (2019). Innovative Milieus in Deutschland. *IW-Trends-Vierteljahresschrift zur empirischen Wirtschaftsforschung, 46*(3), 91–108.
45. Klotz, S., & Settele, J. (2017). Biodiversität, in: Brasseur, G. P., Jacob, D., & Schuck-Zöller, S. (Hrsg.). *Klimawandel in Deutschland. Entwicklung, Folgen, Risiken und Perspektiven* (S. 151–160). Springer.
46. Kohl, A., & Sabet, S. (2020). *Nachhaltigkeit in der Lebensmittelbranche.* https://www.bzfe.de/fileadmin/resources/import/pdf/eifonline_nachhaltigkeit_lebensmittelindustrie_web.pdf. Zugegriffen: 05 Juni 2024.
47. KPMG. (2024). *How companies can ensure more sustainable and ethical supply chains.* https://kpmg.com/ca/en/home/insights/2024/03/how-companies-can-ensure-more-sustainable-supply-chains.html. Zugegriffen: 01 Juli 2024.
48. Krause, O. U. (2023). Der aktuelle Status der Digitalisierung in der Logistik. In P. H. Voß (Hrsg.), *Die Neuerfindung der Logistik* (S. 161–169). Gabler Wiesbaden.
49. Krause, M., Kenny, S., Stephenson, J., & Singleton, A. (2023). *Quantifying Methane Emissions from Landfilled Food Waste.* https://www.epa.gov/system/files/documents/2023-10/food-waste-landfill-methane-10-8-23-final_508-compliant.pdf. Zugegriffen: 06 Juni 2024.
50. Kuuse, M. (2023). Die wachsende Rolle von KI im Bestandsmanagement (mit Beispielen). https://www.mrpeasy.com/blog/de/ki-im-bestandsmanagement/. Zugegriffen: 01 Juli 2024.
51. Lang, V. (2022). *Digitalisierung und Digitale Transformation.* In *Digitale Kompetenz* (S. 1–54), Springer Vieweg. https://doi.org/10.1007/978-3-662-66285-4_1.
52. Lerchenmüller, M. (2003). *Handelsbetriebslehre.* Kiehl Ludwigshafen (Rhein).
53. Lewis, H., Downes, J., Verghese, K., & Young, G. (2017). *Food waste opportunities within the food wholesale and retail sectors.* Prepared for the NSW Environment Protection Authority by the Institute for Sustainable Futures at the University of Technology Sydney. S.1–99.
54. Li, M., Jia, N., Lenzen, M., Malik, A., Wei, L., Jin, Y., & Raubenheimer, D. (2022). Globale Lebensmittelmeilen machen fast 20% der gesamten Emissionen von Nahrungsmittelsystemen aus. *Nature Food, 3*(6), 445–453.
55. Lipinski, B., Hanson, C., Waite, R., Searchinger, T., Lomax, J., & Kitinoja, L. (2013). *Reducing food loss and waste.* World Resources Institute Working Paper.
56. McKinsey & Company. (2021). *Omnichannel shopping in 2030.* https://www.mckinsey.com/capabilities/growth-marketing-and-sales/our-insights/omnichannel-shopping-in-2030. Zugegriffen: 01 Juli 2024.

57. NABU. (2022). *Plastikmüll und seine Folgen.* https://www.nabu.de/natur-und-landschaft/meere/muellkippe-meer/muellkippemeer.html. Zugegriffen: 06 Juni 2024.
58. Ökolandbau. (2024). *Wie kann der Handel Lebensmittelverschwendung mit Hilfe von KI vermeiden?* https://www.oekolandbau.de/handel/unternehmensfuehrung/nachhaltig-wirtschaften/lebensmittelverschwendung-mit-ki-vermeiden/. Zugegriffen: 01 Juli 2024.
59. Parfitt, J., Barthel, M., & Macnaughton, S. (2010). Food waste within food supply chains: quantification and potential for change to 2050. *Philosophical Transactions of the Royal Society B: Biological Sciences, 365*(1554), 3065–3081.
60. Peterson, C., Sussell, A., Li, J., Schumacher, P. K., Yeoman, K., & Stone, D. M. (2016). Suicide Rates by Industry and Occupation – National Violent Death Reporting System, 32 States, 2016. *Morbidity and Mortality Weekly Report (MMWR) 2020, 69*(3), 57–62.
61. Philips, J. (2023). *From Paper to Palm Oil: The leading causes of deforestation in 2023.* https://www.environmentalconsortium.org/from-paper-to-palm-oil-the-leading-causes-of-deforestation-in-2023/. Zugegriffen: 06 Juni 2024.
62. Plastic Soup Foundation. (2021). *Food production causes plastic pollution: FAO puts little known problem on the map.* https://www.plasticsoupfoundation.org/en/2021/12/food-production-causes-plastic-pollution/#:~:text=FAO%20estimates%20that%20in%202019,biggest%20user%2C%20up%20to%202030. Zugegriffen: 06 Juni 2024.
63. Plattform Lernende Systeme. (2020). *Von Daten zu Wertschöpfung. Potenziale von daten- und KI-basierten Wertschöpfungsnetzwerken.* acatech/Bundesministerium für Bildung und Forschung (BMBF). https://www.plattform-lernende-systeme.de/datenoekosysteme.html. Zugegriffen: 01 Juli 2024
64. Presse- und Informationsamt der Bundesregierung. (2024). *Die 17 globalen Nachhaltigkeitsziele verständlich erklärt.* https://www.bundesregierung.de/breg-de/themen/nachhaltigkeitspolitik/nachhaltigkeitsziele-erklaert-232174. Zugegriffen: 01 Juli 2024.
65. Pufé, I. (2012). *Nachhaltigkeit.* UTB.
66. Rahmstorf, S., Levermann, A., Winkelmann, R., Donges, J., Caesar, L., Sakschewski, B., & Thonick, K. (2019). *Kipppunkte im Klimasystem.* https://www.pik-potsdam.de/~stefan/Publications/Kipppunkte%20im%20Klimasystem%20-%20Update%202019.pdf. Zugegriffen: 05 Juni 2024.
67. Samadi, S. (2009). *Die Servicefunktionen des Großhandels als Erfolgsfaktoren.* Springer Gabler.
68. The Economist. (2021). *Food Sustainability Index – Key Findings.* https://impact.economist.com/projects/foodsustainability/fsi/key-findings/. Zugegriffen: 06 Juni 2024.
69. The Economist. (2021). *Food Sustainability Index – 2021 Methodology Paper.* https://impact.economist.com/projects/foodsustainability/fsi/2021-methodology-paper/. Zugegriffen: 16 Aug. 2024.
70. The Economist. (2024). *Food Sustainability Index – Interactive World Map.* https://impact.economist.com/projects/foodsustainability/interactive-world-map/. Zugegriffen: 06 Juni 2024.
71. Tilman, D., & Clark, M. (2014). Global diets link environmental sustainability and human health. *Nature, 515*(7528), 518–522.
72. Toussaint, M., Cabanelas, P., & Muñoz-Dueñas, P. (2022). Social sustainability in the food value chain: What is and how to adopt an integrative approach? *Quality and Quantity, 56,* 2477–2500.
73. UN. (2024). *Sustainable Development Goals.* https://sdgs.un.org/goals. Zugegriffen: 01 Juli 2024.
74. UNEP. (2021). *Our global food system is the primary driver of biodiversity loss.* https://www.unep.org/news-and-stories/press-release/our-global-food-system-primary-driver-biodiversity-loss. Zugegriffen: 06 Juni 2024.
75. Verghese, K., Lewis, H., Lockrey, S., & Williams, H. (2012). Packaging's role in minimizing food loss and waste across the supply chain. *Packaging Technology and Science, 28*(7), 441–452.

76. Walla, K. (2019). *Maxfield Kaniger's Kanbe's Markets: A Piece for the Food Insecurity Puzzle.* https://foodtank.com/news/2019/04/maxfield-kanigers-kanbes-markets-a-piece-for-the-food-insecurity-puzzle/. Zugegriffen: 06 Juni 2024.
77. Weber, P., Neff, A., & Lasi, H. (2019). *Neue Wertschöpfung für den Groß- und Außenhandel durch interdisziplinäre internetbasierte Wertschöpfungsfähigkeiten – ein fähigkeitenbasierter Ansatz.* Edited by Ferdinand-Steinbeis-Institut. Stuttgart. https://ferdinand-steinbeis-institut.de/wp-content/uploads/2022/06/2019-Studie_Neue-Wertschoepfung-fuer-den-Gross-und-Aussenhandel-1.pdf. Zugegriffen: 16 Juni 2024.
78. Weber, P., Wehrling, M., & Lasi, H. (2024). *Datentreuhänder.* Einordnung und Schlüsselfunktionen in digitalen Ökosystemen. https://ferdinand-steinbeis-institut.de/wp-content/uploads/2024/01/Whitepaper-Datentreuhaender_3881.pdf. Zugegriffen: 28 Juni 2024.
79. Weber, P., Wehrling, M., & Lasi, H. (2023). *Datengenossenschaften als Datentreuhänder – Eine qualitative Analyse von Pilotprojekten.* https://ceur-ws.org/Vol-3630/LWDA2023-paper5.pdf. Zugegriffen: 28 Juni 204.
80. Wolan, M. (2020). Digitale Transformation im künstlich intelligenten Zeitalter. In *Next Generation Digital Transformation.* Springer Gabler Wiesbaden.
81. World Economic Forum. (2019). Sustainable packaging is good for profits as well as the planet. https://www.weforum.org/agenda/2019/01/most-plastic-packaging-is-unrecycled-that-has-to-change/. Zugegriffen: 01 Juli 2024.
82. Xu, X., Sharma, P., Shu, S., Lin, T., Ciais, P., Tubiello, F. N., Smith, P., Campbell, N., & Jain, A. K. (2021). Global greenhouse gas emissions from animal-based foods are twice those of plant-based foods. *Nature Food, 2,* 724–732.
83. Zimmer, M., Lippelt, J., & Frank, J. (2012). Kurz zum Klima: Zu viel Salz verdirbt den Boden. *ifo Schnelldienst, ifo Institut – Leibniz-Institut für Wirtschaftsforschung an der Universität München, 65*(19), 51–53.
84. Zentes, J., Morschett, D., & Schramm-Klein, H. (2007). *Strategic retail management.* Springer.
85. Zentes, J., Hüffner, G., Pocsay, S., & Chavie, R. (2007). *Innovative Geschäftsmodelle und Geschäftsprozesse im Großhandel.* Deutscher Fachverlag (Zukunft im Handel, 21).

Prof. Dr. Daniel Werth ist seit 2019 am Ferdinand-Steinbeis-Institut am Bildungscampus in Heilbronn tätig. Seine Tätigkeit liegt in der Dualität aus wissenschaftlicher Forschung und dem direkten Transfer in die Wirtschaft. Er forscht und lehrt in den Bereichen multilateraler Ökosysteme und der Verlagerung von Wertschöpfung im digitalen Kontext mit KMU. Hierzu zählen insbesondere die differenzierten Untersuchungen zukunftsfähiger und konfliktärer Ökosysteme (Unternehmenskooperationen). Er ist als Experte für Business Transformation in mehreren Beiräten/Gremien tätig.

Andrea Fuchs ist seit 2024 beim Ferdinand-Steinbeis-Institut am Bildungscampus in Heilbronn tätig. Sie beschäftigt sich mit den Facetten des ESG-Themenkomplexes in Organisationen, vorrangig jedoch KMUs. Ihr Fokus liegt dabei primär auf organisationalen Sozialfragen. Hierzu zählen mitunter Analysen zur nachhaltigen Organisation von Arbeit und Arbeitsorganisationen, zur zukünftigen Entwicklung von Arbeitsmärkten und Arbeitsformen, sowie Forschung zu humanistischen Arbeitsbedingungen und der Arbeitnehmergesundheit.

Dr. Nurith Epstein ist seit 2024 beim Ferdinand-Steinbeis-Institut am Bildungscampus in Heilbronn tätig. Vor ihrer jetzigen Position promovierte sie in den Bildungswissenschaften und forschte intensiv zu Karrierewegen in der Medizin und den Lebenswissenschaften. Derzeit konzentrieren sich ihre Forschungsschwerpunkte auf den Themenkomplex Nachhaltigkeit und ESG (Environmental, Social, and Governance). Ihr besonderes Interesse gilt dabei den sozialen Dimensionen der Nachhaltigkeit, insbesondere der kontinuierlichen Weiterbildung von Mitarbeiter innen und Mitarbeitern und der Bedeutung von Diversität in Organisationen.

Prof. Dr. David Rygl ist seit 2021 beim Ferdinand-Steinbeis-Institut am Bildungscampus in Heilbronn tätig. David Rygl beschäftigt sich mit den Themenbereichen der Unternehmensentwicklung KMUs sowie Mittelständischer Weltmarktführer (MWFs). Hierzu zählen beispielsweise neben der Untersuchung zukünftiger Internationalisierungsstrategien des Mittelstands im Kontext der zunehmenden Re-Globalisierung in vielen Teilen der Weltwirtschaft auch Analysen zur nachhaltigen Gestaltung von Wertschöpfungsszenarien in internationalen Innovationsökosystemen für Start-Ups, Handwerk und Mittelstand.

Lebensmitteleinzelhandel

Die Relevanz des Handels für die Nachhaltigkeit vor dem Hintergrund des Attitude-Behavior-Gap

Stephan Rüschen und Julia Schumacher

Zusammenfassung

Nachhaltigkeit im Lebensmitteleinzelhandel (LEH) wird durch die täglichen Kaufentscheidungen und durch den Konsum beeinflusst. Das Attitude-Behavior-Gap der Konsumentinnen und Konsumenten ist ein wesentlicher Erklärungsansatz, warum es einen Unterschied zwischen Einstellung und Verhalten gibt. Die DHBW befragt seit 2021 (jährlich) in einer repräsentativen Studie die Konsumenten zu ihrer Attitude (Einstellung) und zu ihrem Behavior (Kaufverhalten) und kann damit das Gap bei 13 Nachhaltigkeitskriterien ermitteln. Auf Basis der Gaps und Experteninterviews werden 10 Handlungsempfehlungen für Politik, Handel und Hersteller gegeben, um einen Beitrag zur Reduktion des Gaps zu leisten.

6.1 Einleitung

Sowohl die ökologischen als auch die sozialen Herausforderungen sind in der heutigen Zeit aufgrund der Corona Pandemie und der Kriege in Europa und Nahost noch dringlicher geworden. Das Kauf- und Konsumverhalten der Menschen insbesondere bei Lebensmitteln ist von diesen Umständen unmittelbar betroffen. Vor allem durch die Inflation und daraus resultierende Budgetrestriktionen für viele Haushalte hat sich das Konsumverhalten insbesondere bei Lebensmitteln in den vergangenen drei Jahren einschneidender verändert als die Jahrzehnte davor. Das zeigt sich auch in den Absatzmengen von Bioprodukten und Fleischalternativen, die nach langen Wachstumsphasen erstmals

S. Rüschen (✉) · J. Schumacher
Duale Hochschule Baden-Württemberg (DHBW), Heilbronn, Deutschland
E-Mail: stephan.rueschen@dhbw.de

wieder rückläufig sind [4, 18]. Eine positive Einstellung zu nachhaltigem und verantwortungsvollem Konsum, sowie das Interesse an nachhaltigem Verhalten der Angebotsseite (mit Herstellern und Handel) ist bei einem Großteil der Zielgruppen zwar gegeben, aber bei Analyse der gekauften Artikel ist jedoch eine Diskrepanz zwischen der Einstellung zu nachhaltigem Konsum und dem Anteil tatsächlich konsumierter nachhaltiger Produkte zu beobachten. Diese Diskrepanz wird als Attitude-Behavior-Gap bezeichnet.

Dieser Artikel beleuchtet den Unterschied zwischen Einstellung und Verhalten zum nachhaltigen Konsum im Jahr 2023, sowie die kurzfristigen Veränderungen gegenüber den vorherigen beiden Jahren. Außerdem werden Handlungsempfehlungen für Handel und Industrie verfasst. Der LEH hat als Gatekeeper zwischen Herstellung und Konsum eine herausragende Bedeutung bei der Umsetzung von Nachhaltigkeit in der gesamten Wertschöpfungskette:

Der Handel…

- entscheidet, welche Produkte im Sortiment den Kundinnen und Kunden angeboten werden. Daher kann der Handel das Kriterium ‚Nachhaltigkeit' mit in die Listungsentscheidungen einbeziehen.
- kann mit seiner Macht Einfluss auf die Hersteller nehmen und damit einen Beitrag für mehr Nachhaltigkeit auch in den vorgelagerten Wertschöpfungsstufen leisten.
- hat bei Eigenmarken den vollständigen Gestaltungsspielraum und kann diesen nachhaltigkeitsorientiert nutzen.
- kann mit seiner Preispolitik das Kaufverhalten von Kundinnen und Kunden beeinflussen.
- kommuniziert intensiv über Werbeprospekte und am Point of Sale (POS) mit Kundinnen und Kunden und kann seine Werbebotschaften nachhaltigkeitsorientiert gestalten.

6.2 Definition Attitude-Behavior Gap

Zu den vier wichtigsten politischen Themen zählten die Deutschen im Jahr 2022 die soziale Gerechtigkeit (59 %) und den Schutz von Umwelt und Klima (57 %) [24]. Der Anteil von Bio-Lebensmitteln am Gesamtmarkt beispielsweise liegt im Jahr 2022 jedoch nur bei 6,8 % und ist im Jahr 2022 laut CPS GfK (2023 [3]) das erste Mal seit 20 Jahren gesunken. Auch der Marktanteil von fair gehandeltem Kaffee liegt im Jahr 2023 nur bei 5 % [6].

Diese Diskrepanz zwischen der Einstellung (z. B. „soziale Gerechtigkeit und Umwelt- und Klimaschutz sind wichtig") und Verhalten (tatsächliches Einkaufsverhalten) von Konsumenten in Bezug auf Nachhaltigkeit wird als Attitude-Behavior-Gap bezeichnet [5]. Je nach Studie finden auch die Bezeichnungen Intention-Behavior-Gap, Value-Action-Gap oder Ethical-Purchasing-Gap Verwendung. Diese Inkonsistenz kann in allen Bereichen des Konsums und vor allem beim Konsum von Lebensmitteln beobachtet werden [1].

6.3 Gründe für die Entstehung des Gaps

Da das menschliche Verhalten komplex ist, können unterschiedliche Modelle und Theorien zur Erklärung des Gaps angewendet werden. Diese befassen sich mit den tieferliegenden Gründen für die Differenz zwischen einer geäußerten positiven Einstellung gegenüber verschiedenen Dimensionen von Nachhaltigkeit und dem tatsächlichen Verhalten [9]. Dabei spielen verschieden Faktoren eine Rolle, welche sich in soziale, individuelle und situationsspezifische Faktoren einordnen lassen [13].

Soziale Faktoren
Bei den sozialen Faktoren wird unter anderem der Einfluss von sozialen Netzwerken, Vorbildern, und Medien untersucht [17, 19]. Aber auch das Verhalten von engen Freundinnen und Freunden und die Berichterstattungen in den Medien haben einen Einfluss darauf, ob nachhaltige Konsumentscheidungen getroffen werden. Weitere Faktoren wie der soziale Status [15] und direkte/erwartete Bewertungen aus dem persönlichen sozialen Umfeld beeinflussen, ob Menschen zu einem für die Gesellschaft als vorteilhaft konnotiertem Verhalten tendieren [10]. Weitere soziale Faktoren sind Erziehung und Bildung [16].

Individuelle Faktoren
In den Bereich der individuellen und insbesondere auch psychologischen Faktoren fällt unter anderem die erwartete Verhaltenskontrolle („Perceived Behavioral Control"). Diese beschreibt, ob ein Mensch davon überzeugt ist, sein Verhalten selbstständig ändern zu können. Demnach ist die Wahrscheinlichkeit, dass Personen, die in der Vergangenheit Ziele zur Verhaltensänderung erfolgreich erreicht haben, ihr Verhalten erneut erfolgreich ändern können, hoch [20]. Weitergehend spielt die Selbstwirksamkeitserwartung eine Rolle, die damit zusammenhängt, ob ein Individuum der Meinung ist, einen relevanten Beitrag zur Lösung von Problemen beitragen zu können [11]. Auf einen ähnlichen Aspekt nimmt auch der „Locus of Control" Bezug. Er beschreibt die Überzeugung davon, dass die Beeinflussung von Umweltaspekten überhaupt im eigenen Einflussbereich liegt [14]. Auf der psychologischen Ebene entstehen zudem kognitive Dissonanzen, die als Bewältigungsstrategie beschreiben, wie Menschen damit umgehen, wenn sie eine Kaufentscheidung getroffen haben, die nicht mit ihren Einstellungen oder Intentionen in Einklang steht. Die kognitive

Dissonanz-Reduktion führt zwar nicht zu der Entstehung des Gaps, bewirkt aber, dass das Gap und das inkonsistente Verhalten beibehalten werden [2, 7].

Situationsspezifische Faktoren
Neben den sozialen und individuellen Faktoren, wirken sich auch diverse situationsspezifische Faktoren auf die Entstehung des Gaps aus. Hierzu zählen Preis, Platzierung der nachhaltigen Produkte am POS, die Qualität und Qualitätsversprechen nachhaltiger Produkte, die Nähe von Einkaufsstätten, die Kennzeichnung von Lebensmitteln und diverse weitere Elemente des Nudgings [23].

Aufgrund der Komplexität des menschlichen Verhaltens stellen diese aufgezählten Faktoren aus den drei Bereichen (sozial, individuell und situationsspezifisch) nur einen Bruchteil der Faktoren dar, die sich auf die Entstehung des Gaps auswirken können. Zu einer Reduzierung des Gaps beim Lebensmittelkonsum tragen die Wahrnehmung der Kommunikation, sowie die Zufriedenheit und das Vertrauen durch die positive Beeinflussung des Kaufverhaltens signifikant bei [22].

6.4 Untersuchung des Gaps

In zwei voneinander getrennt durchgeführten repräsentativen quantitativen Online-Befragungen (jeweils n = circa 1.000) wurde für 13 ausgewählte Kaufkriterien die Einstellung beziehungsweise in der zweiten Studie das Konsumverhalten der Befragten erfasst. Die beiden Befragungen wurden getrennt voneinander durchgeführt, um Verzerrungen im Antwortverhalten aufgrund der sozialen Erwünschtheit (Social Desirability) zu minimieren.

Der Fragenkatalog fokussierte sich dabei auf 13 Kaufkriterien, die Konsumierende im Hinblick auf nachhaltigen Lebensmittelkonsum als wichtig erachten [8, 12, 21]:

- Reduktion von und Verzicht auf Fleisch-/Fischkonsum
- Preis-/Leistungsverhältnis
- Reduktion von Lebensmittelverschwendung
- Bio
- Bio-Verbandssiegel
- Herkunft
- Tierschutz und Tierwohl
- Regionalität
- Verpackung
- CO_2-Abdruck

- Verantwortungsvolles Handeln der Marke
- Transparenz
- Lohn-/Arbeitsbedingungen

Abb. 6.1 stellt dar, wie groß die erfassten Gaps bezogen auf die einzelnen Kriterien der Nachhaltigkeit als Kaufkriterien in den Jahren 2021 bis 2023 sind. Die Attitude-Werte haben sich im Durchschnitt um acht Punkte von 50 auf 42 reduziert. Im Gegensatz dazu bleiben die Behavior-Werte über die drei Jahre weitestgehend konstant bei durchschnittlich 36 im Jahr 2021 beziehungsweise 35 in den Jahren 2022 und 2023.

Insgesamt lässt sich eine Verringerung des Gaps beobachten. Das Gap startete im Jahr 2021 mit einem Durchschnittswert von −14, verringerte sich zum Jahr 2022 auf −9 und endete im Jahr 2023 schließlich bei −7. Diese Reduzierung des Gaps erfolgte

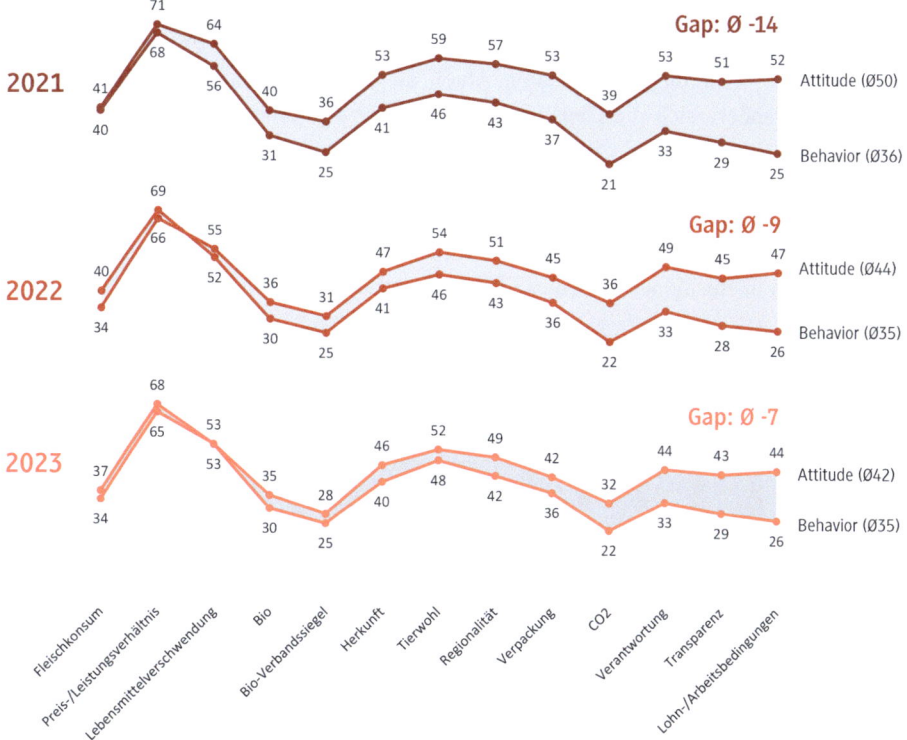

*Attitude: Wie wichtig ist Dir folgendes Kriterium beim Einkauf von Lebensmitteln? (Skala 0-100)
**Behavior: Wie oft tust Du folgendes beim Kauf von Lebensmitteln? (Skala 0-100)

Abb. 6.1 Attitude-Behavior-Gaps von 2021 bis 2023. (Quelle: eigene Darstellung)

jedoch nicht aufgrund der der Zunahme der Behavior-Werte – wie es eigentlich wünschenswert wäre – sondern aufgrund sinkender Attitude-Werte. Nachhaltigkeit verliert in der Einstellung der Konsumierenden also an Relevanz. Dabei ist insbesondere das Ranking der folgenden Nachhaltigkeitskriterien hervorzuheben: Die „Regionalität" kann höhere Werte (sowohl Attitude als auch Behavior) vorweisen als das Kriterium „Bio". Auch die Werte zum Kriterium „Tierwohl" sind sowohl bei der Attitude als auch beim Behavior höher als die des damit verwandten Themas „Fleischkonsum". Außerdem ist ein schrittweiser Rückgang der Attitude-Werte für den Fleischkonsum über die drei Jahre zu beobachten (von 41 [2021] über 40 [2022] zu 37 [2023]). Die niedrigsten Behavior-Werte erreicht über alle Jahre hinweg das Kriterium „CO_2" mit einem Durchschnittswert von 21 im Jahr 2021 beziehungsweise 22 in den Jahren 2022 und 2023. Dem Gegenüber sind sowohl die Attitude- als auch Behavior-Werte für den Faktor „Lebensmittelverschwendung" – abseits vom „Preis-/Leistungsverhältnis", welches nicht als Nachhaltigkeitskriterium gezählt werden kann – über alle drei Jahre am höchsten.

Abb. 6.2 verdeutlicht die Veränderungen der Scores von 2021 zu 2023. Das Ranking aufgrund der Relevanz der verschiedenen Faktoren bleibt nahezu unverändert. Die Gesamtveränderung der Gaps ist bei „Verpackung" (−10), sowie bei „Tierwohl", „Verantwortung" und „Lohn- und Arbeitsbedingungen" (jeweils −9) am größten. Dabei liegt diese Gesamtveränderung zum größten Anteil an den sinkenden Attitude-Werten. Am wenigsten verändern sich die Gaps insgesamt bei den Faktoren „Fleisch-/Fischkonsum" (−4) und „Bio" (−4). Die einzigen Nachhaltigkeitskriterien die einen – wenn auch geringen – Anstieg der Behavior-Werte verzeichnen können sind „Tierwohl" (+2), „CO_2" (+1) und „Lohn- und Arbeitsbedingungen" (+1).

Neben den 13 Nachhaltigkeitskriterien wurde in der Studie auch die Zustimmung zu drei Aussagen in Bezug auf das eigene Einkaufsverhalten abgefragt (siehe Abb. 6.3):

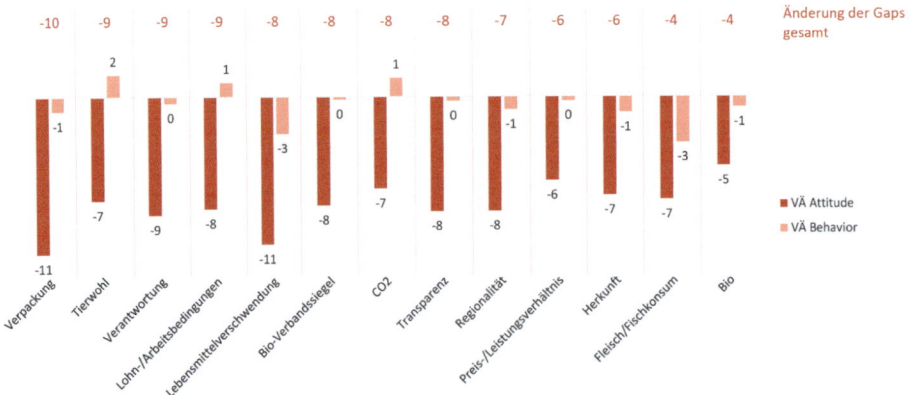

Abb. 6.2 Veränderung der Scores. (Quelle: eigene Darstellung)

6 Lebensmitteleinzelhandel

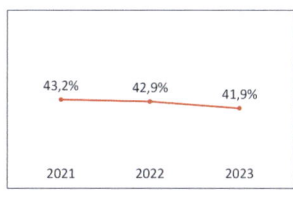
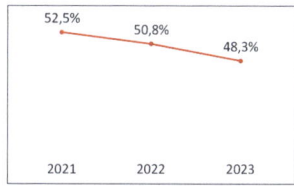
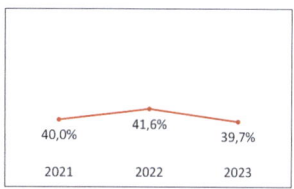

Jeweils Anteil Antworten „Stimme zu" und „Stimme etwas zu" in Prozent v. Gesamt

Abb. 6.3 Zustimmung zu Aussagen zum Einkaufsverkaufsverhalten. (Quelle: eigene Darstellung)

- „Der Gedanke an Nachhaltigkeit beeinflusst mein Ernährungs- und Kaufverhalten."
- „Ich bin bereit, für Nachhaltigkeit auf Wohlstand zu verzichten."
- „Ich bin bereit, meine angestammte Einkaufsstätte zu wechseln, wenn eine andere Einkaufsstätte mehr nachhaltige Artikel hat."

Bei allen drei Aussagen sinken die Zustimmungswerte von 2021 auf 2023. Am meisten Zustimmung hat die Aussage zum Verzicht auf Wohlstand mit 52,5 % erhalten. Dies ist jedoch auch die Aussage, die die meisten Prozentpunkte verliert (−4,2 %). Die wenigste Zustimmung hat die Aussage zum Wechsel der Einkaufsstätte erhalten (40 %). Sie ist jedoch auch die Einzige, die zum Jahr 2022 einen kleinen Anstieg (auf 41,6 %) verzeichnen kann, bevor sie zum Jahr 2023 wieder auf 39,7 % absinkt. Der Gedanke an Nachhaltigkeit hat im Jahr 2023 noch das Einkaufsverhalten von 43,2 % der Befragten beeinflusst. Dieser Wert sank im Jahr 2023 auf 41,9 %.

Bei der Betrachtung der Zielgruppen ist über die drei Jahre ein sukzessiver Rückgang der Bedeutung der Nachhaltigkeitskriterien auf Basis der Attitude-Werte zu beobachten. Der Anteil der „Überzeugten" ist dabei von 20 % im Jahr 2021 auf nur noch 14,6 % im Jahr 2023 gesunken. Gleichzeitig ist der Anteil der Verweigerer von 24,2 % im Jahr 2021 auf 35,4 % angestiegen. Damit machen die Verweigerer über ein Drittel der Konsumierenden aus. Dem entgegen bleibt die Größe der Zielgruppen auf Basis der Behavior-Werte über die drei Jahre hinweg weitestgehend konstant. Dennoch ist der Anteil der Verweigerer mit 40,1 % im Jahr 2023 höher als erwartet. Diese Werte zeigen jedoch, dass Nachhaltigkeit im täglichen Einkauf für viele Verbraucherinnen und Verbraucher nur eine sehr geringe Relevanz haben. Der Lebensmitteleinkauf ist für viele ein Gewohnheitseinkauf, der schnell gehen soll. Dadurch findet offensichtlich keine intensive Auseinandersetzung mit den verschiedenen Produktalternativen statt. Für diese Zielgruppe sind Kennzeichnungen und Informationsbereitstellung zur Nachhaltigkeit von Produkten am POS vermutlich weitestgehend irrelevant.

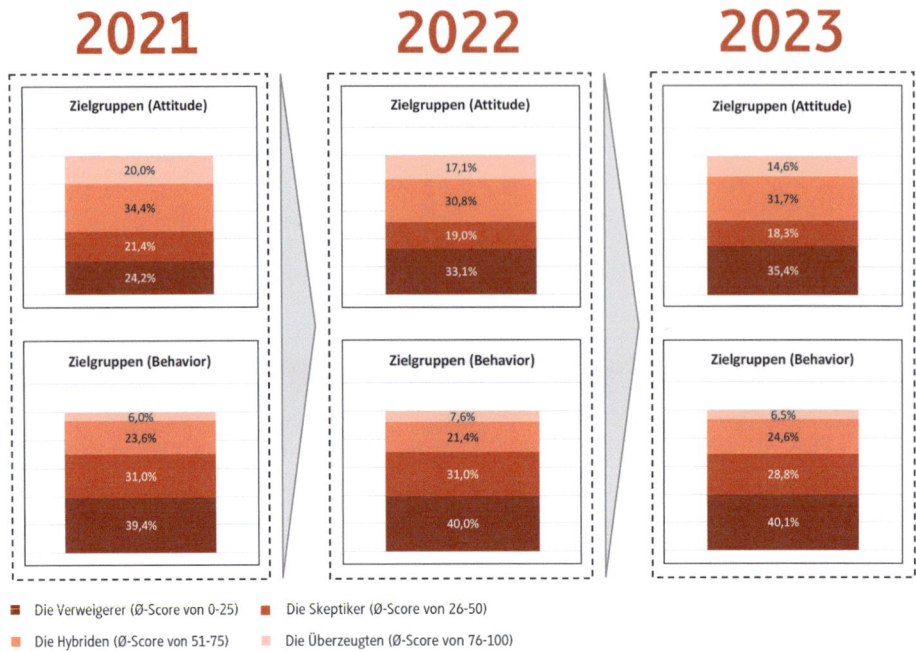

Abb. 6.4 Attitude- und Behavior-Werte innerhalb von Zielgruppen. (Quelle: eigene Darstellung)

Innerhalb der Zielgruppen ist die Zustimmung zu den Aussagen in Bezug auf die Bereitschaft zum Einkaufsstättenwechsel, dem Einfluss von Nachhaltigkeit auf das Einkaufs- und Ernährungsverhalten, sowie die Bereitschaft zum Verzicht auf Wohlstand zugunsten von Nachhaltigkeit bei den Überzeugten am höchsten und bei den Verweigerern am niedrigsten. Im Dreijahresverlauf haben sich die Werte für Zustimmung beziehungsweise Ablehnung kaum verändert (siehe Abb. 6.4).

Die Relevanz von Nachhaltigkeit nimmt auch bei der Betrachtung der Betriebsformen sukzessive ab (siehe Abb. 6.5). Im Dreijahresvergleich sinken die Attitude-Werte für Kundinnen und Kunden von Super- und Verbrauchermärkten, sowie von Discountern signifikant. Während der Unterschied von Verbrauchermarkt und Discounter im Jahr 2021 noch größer war, unterscheiden sich die Werte im Jahr 2023 nur noch marginal. Die Befragung zeigt, dass die Unterschiede zwischen den drei klassischen LEH-Betriebsformen relativ gering sind. Dadurch werben diese Betriebsformen zumindest in Bezug auf Nachhaltigkeit um dieselben Kunden und Kundinnen.

Die Anzahl der Befragten für Bio-Supermärkte ist sehr gering (n = 51), sodass nur eine sehr eingeschränkte Aussagekraft vor allem im Dreijahresvergleich abgeleitet werden kann.

Bei Betrachtung der Demographie der Befragten (Geschlecht, Alter, Einkommen) zeigt sich, dass Frauen einen höheren Nachhaltigkeitsscore (sowohl Attitude- als auch

Abb. 6.5 Attitude- und Behavior-Werte nach Betriebsformen. (Quelle: eigene Darstellung)

Behavior-Werte) haben als Männer. Zudem ist auch der Rückgang der Attitude-Werte mit −10 bei den Männern höher als bei den Frauen mit −6. In Bezug auf das Alter sind die Durchschnittswerte bei den älteren Zielgruppen höher als bei den Jüngeren. Die Untersuchung ergibt damit nicht, dass die jüngeren Zielgruppen (21–40) beim Kauf von Lebensmitteln einen höhere Nachhaltigkeitsorientierung als die älteren Zielgruppen (61–70) hätten.

Insgesamt nehmen auch über alle Einkommensklassen hinweg die Attitude-Werte ab, während die Behavior-Werte weitestgehend stabil bleiben. Eine Korrelation von Einkommen und einer Nachhaltigkeitsorientierung gemessen am Attitude-Behavior-Score ist auch im Dreijahresverlauf in dieser Untersuchung nicht zu erkennen. Signifikant ist jedoch der Rückgang der Attitude-Werte in der Einkommensgruppe über 5000 € von 55 im Jahr 2021 auf 39 im Jahr 2023.

6.5 Handlungsempfehlungen für den Handel

Auf Basis der empirischen Ergebnisse und der im Rahmen der im Jahr 2021 für die Studie durchgeführten Experteninterviews können 10 Handlungsempfehlungen zur Reduzierung des Attitude-Behavior-Gaps (durch Annäherung der Behavior- and die Attitude-Werte) und zur Stärkung von Nachhaltigkeitskriterien bei der Kaufentscheidung von Verbraucherinnen und Verbraucher formuliert werden. Diese behalten auch nach zwei Jahren noch ihre Gültigkeit.

1. Nachhaltigkeit muss in Unternehmen eine Grundhaltung und Bestandteil des Purpose sein. Die Verantwortung dafür sollte nicht nur an eine Nachhaltigkeitsabteilung delegiert werden.
2. Die Branche benötigt ein einheitliches Verständnis und eine einheitliche Definition von Klimaneutralität.

3. Es wird ein branchenübergreifender und umfassender Nachhaltigkeits-Score für alle Produkte benötigt. Somit könnte für die Kundinnen und Kunden die Komplexität der Kaufentscheidung reduziert werden. Die Verständlichkeit der Siegel und das wahrgenommene Vertrauen in die bestehenden Siegel müssen gestärkt werden.
4. Gemeinsame Round-Table-Initiativen von Händlerinnen und Händlern sowie Herstellenden zur Gestaltung des Transformationsprozesses müssen etabliert werden. Es bedarf in vielen Themen einer Kooperation der Wettbewerber im LEH („Coopetition").
5. Herstellende und Handel sollten darauf einwirken, dass durch staatliche Maßnahmen der preisliche Unterschied zwischen nachhaltigen und nicht-nachhaltigen Produkten reduziert wird. Preise müssen auch externe Kosten im Sinne eines True-Cost-Ansatzes enthalten.
6. Neben dem Preis ist die Markenloyalität bei habituellen Kaufentscheidungen ein Hemmnis für nachhaltigeren Konsum. Die Markenartikelindustrie ist gefordert, Produkte und Verpackungen nachhaltiger zu gestalten. Der Handel muss mit seiner Marktmacht in Gesprächen und Verhandlungen mit Herstellenden Nachhaltigkeit vor Konditionen priorisieren.
7. Information, Aufklärung und Ehrlichkeit sollten in der Kommunikation Priorität haben, um die Wertschätzung von Lebensmitteln und der eigenen Gesundheit weiter zu steigern. Im Marketing muss eine emotionale, soziale und kognitive Ansprache erfolgen. Das so entstandene subjektive Wissen ist Moderator für die Umsetzung von Einstellung (Attitude) in Verhalten (Behavior). Der Handel muss ein profundes Know-how über die Komplexität der Nachhaltigkeitskonzepte aufbauen und Kundinnen und Kunden, Mitarbeiterinnen und Mitarbeitern sowie Lieferanten zur Verfügung stellen.
8. In der Sortimentspolitik muss durch Neueinlistungen von Marken und auch Eigenmarken das entsprechende Angebot nachhaltiger Artikel geschaffen werden. Nachhaltige Produkte müssen nicht nur Nachhaltigkeit adressieren, sondern sollten ein Werteversprechen beinhalten, das alle Bedürfnisse der Kundschaft bedient. Die Eliminierung von nicht-nachhaltigen Produkten und nicht-nachhaltigen Lieferketten sollte branchenweit umgesetzt werden.
9. Nachhaltige Produkte müssen in der Platzierung am POS als Alternative für konventionelle Produkte einfach zu finden sein.
10. Verpackungen müssen an die tatsächlichen Bedarfsmengen angepasst werden. Die Ökobilanz und Recyclingfähigkeit der Verpackungen müssen für die Kundinnen und Kunden transparent sein. Die Informationen auf den Verpackungen müssen einfach verständlich sein.

6.6 Ausblick

Bereits seit den 1990er Jahren wurden zahlreiche Studien zum Attitude-Behavior-Gap durchgeführt, die sich vor allem in Warengruppen, Erfassungsmethoden und Länderkontext unterscheiden. Dabei wurden kaum Studien bisher exakt wiederholt mit dem Ziel, eine Dynamik und Entwicklung des Gaps aufzuzeigen. Die vorliegende Studie konnte aufzeigen, wie sich in einem sehr kurzen Zeitraum eine der beiden Größen – die Attitude – durch eine herausfordernde Umwelt verändert.

Literatur

1. Carrigan, M., & Attalla, A. (2001). The myth of the ethical consumer – Do ethics matter in purchase behaviour? *Journal of Consumer Marketing, 18*(7), 560–578.
2. Cooper, J., & Fazio, R. H. (1984). A New Look at Dissonance Theory. *Advances in Experimental Social Psychology, 17,* 229–266.
3. CPS GfK. (2023). *Quo vadis Bio? Consumer Index Total Grocery 02|2023.* https://www.gfk.com/hubfs/EU%202023%20Files/Consumer%20Index/CI_02_2023.pdf-. Zugegriffen: 15. Juni 2024.
4. CPS GfK. (2023). *Quo vadis Fleischanalog? Consumer Index Total Grocery 06|2023.* https://www.gfk.com/hubfs/EU%202023%20Files/Consumer%20Index/CI_06_2023.pdf. Zugegriffen: 15. Juni 2024.
5. Elhaffar, G., Durif, F., & Dubé, L. (2020). Towards closing the attitude-intention-behavior gap in green consumption: A narrative review of the literature and an overview of future research directions. *Journal of Cleaner Production, 275.*
6. Fairtrade Deutschland e.V. (2024). *Jahres- und Wirkungsbericht 2023/24.* https://www.fairtrade-deutschland.de/service/presse/jahresbericht-2023-24. Zugegriffen: 15. Juni 2024.
7. Festinger, L. (1957). *A theory of cognitive dissonance.* Stanford University Press.
8. Forsa. (2019). *Welche Produktkriterien sind Ihnen beim Lebensmitteleinkauf besonders wichtig?* https://de.statista.com/statistik/daten/studie/75430/umfrage/kriterien-beim-lebensmittelkauf/. Zugegriffen: 15. Juni 2024.
9. Gleim, M., & Lawson, S. J. (2014). Spanning the gap: an examination of the factors leading to the green gap. *Journal of Consumer Marketing, 31*(6–7), 503–514.
10. Green, T., & Peloza, J. (2014). Finding the right shade of green: the effect of advertising appeal type on environmentally friendly consumption. *Journal of Advertising, 43*(2), 128–141.
11. Hanss, D., & Böhm, G., (2010). Can I make a difference? The role of general and domain-specific self-efficacy in sustainable consumption decisions. *Umweltpsychologie, 14,* 46–74.
12. Ipsos. (2023). Wie wichtig sind Ihnen die folgenden Themen beim Einkauf von Lebensmitteln und Produkten des täglichen Bedarfs? *Lebensmittelzeitung, 33,* 35.
13. Joshi, Y., & Rahman, Z. (2015). Factors affecting green purchase behaviour and future research directions. *International Strategic Management Review, 3,* 128–143.
14. Kalamas, M., Cleveland, M., & Laroche, M. (2014). Pro-environmental behaviors for thee but not for me: green giants, green gods, and external environmental locus of control. *Journal of Business Research, 67*(2), 12–22.
15. Miller, G. (2011). *The Mating Mind: How Sexual Choice Shaped the Evolution of Human Nature.* Anchor.

16. Pickett-Baker, J., & Ozaki, R. (2008). Pro-environmental products: marketing influence on consumer purchase decision. *Journal of Consumer Marketing, 25*(5), 281–293.
17. Runyan, R.C., Foster, I.M., Park, J., & Ha, S. (2012). Understanding pro-environmental behavior: a comparison of sustainable consumers and apathetic consumers. *International Journal of Retail & Distribution Management, 40*(5), 388–403.
18. Rüschen, S., & Schumacher, J. (2023). *Zeitenwende im Bio-Fachhandel.* https://handel-dhbw.de/schriftenreihe/whitepaper/zeitenwende-im-bio-fachhandel/. Zugegriffen: 15. Juni 2024.
19. Scott, J. (1991). Networks of corporate power: A comparative assessment. *Annual Review of Sociology,* 181–203.
20. Shaw, D., Shiu, E., & Clarke, I. (2000). The contribution of ethical obligation and selfidentityto the theory of planned behaviour: an exploration of ethical consumers. *Journal of Marketing Management, 16*(8), 879–894.
21. Statista. (2017). *Wie häufig achten Sie bei der Auswahl von Lebensmitteln auf folgende Eigenschaften? URL:* https://de.statista.com/statistik/daten/studie/494742/umfrage/umfrage-zu-wichtigen-kriterien-beim-lebensmittelkauf-in-deutschland/. Zugegriffen: 15. Juni 2024.
22. Sultan, P., Tarafder, T., Pearson, D., & Henryks, J. (2020). Intention-behaviour gap and perceived behavioural control – behaviour gap in theory of planned behaviour: Moderating roles of communication, satisfaction and trust in organic food consumption. *Food Quality and Preference, 81.*
23. Thaler, R. H., & Sunstein, C. R. (2009). *Nudge: Improving Decisions about Health, Wealth, and Happiness.* Penguin.
24. UBA. (2023). *Umwelt- und Klimathemen weiterhin stark im gesellschaftlichen Bewusstsein verankert.* https://www.umweltbundesamt.de/themen/nachhaltigkeit-strategien-internationales/umweltbewusstsein-in-deutschland#:~:text=Der%20Schutz%20von%20Umwelt%20und%20%E2%81%A0Klima%E2%81%A0%20ist%20f%C3%BCr,allerdings%20ein%20leichter%20R%C3%BCckgang%20ab. Zugegriffen: 15. Juni 2024.

Prof. Dr. Stephan Rüschen ist seit 2013 Professor für Lebensmittelhandel und Studiengangsleiter Retail Management an der Dualen Hochschule Baden-Württemberg (DHBW) in Heilbronn. 2000–2012 war er bei Metro Vash & Carry in verschiedenen Geschäftsführungspositionen im In- und Ausland tätig.

Julia Schumacher war zwischen 2022 und 2024 wissenschaftliche Mitarbeiterin an der Dualen Hochschule Baden-Württemberg (DHBW) in Heilbronn.

Gastronomie

7

Impulse aus Forschung und Praxis für eine zukunftsorientierte nachhaltige Gestaltung der gastronomischen Wertschöpfung

Michaela Nübling

> **Zusammenfassung**
>
> Herausforderungen in der Gastronomie in Deutschland sind aktuell so mannigfaltig wie noch nie. Gewinnung und Bindung von Fach- und Arbeitskräften, Kostendruck in den Bereichen Waren-, Energie- und Personalkosten sowie Änderungen rechtlicher und politischer Rahmenbedingungen beeinflussen das ohnehin dynamische und anspruchsvolle Tätigkeitsfeld der überwiegend kleinen und mittelständischen Gastronomiebetriebe. Hinzu kommen der Wandel von Esskultur, Konsumverhalten und Erwartungshaltung der Gäste sowie die globale Dringlichkeit zur nachhaltigen Gestaltung der gastronomischen Wertschöpfungskette. Ziel dieses Kapitels ist es, einen Einblick in aktuelle Forschungserkenntnisse, Gästeerwartungen und Praxisbeispiele nachhaltig gestalteter Wertschöpfungsaktivitäten zu geben. Unter Gastronomie wird hierbei die klassische, speisengeprägte Gastronomie mit Service (Restaurants, Wirtshäuser, Gaststätten u. ä.) verstanden. Als Anregung für die Zukunft und Ausgangspunkt zur Weiterentwicklung wird ein Bezugsrahmen prozessorientierter gastronomischer Wertschöpfung vorgestellt.

M. Nübling (✉)
Duale Hochschule Baden-Württemberg (DHBW), Ravensburg, Deutschland
E-Mail: nuebling@dhbw-ravensburg.de

7.1 Einleitung

Zunächst wird eine Momentaufnahme aktueller Herausforderungen im Gastgewerbe dargestellt. Wirtschaftliche, politische und gesellschaftliche Einflussfaktoren und deren Auswirkungen auf die Angebots- und Nachfrageseite werden aufgeführt. Die Bedeutung von Nachhaltigkeit als Herausforderung für die Zukunft der Gastronomie wird aufgegriffen und darauf basierend wird die Herangehensweise dieses Kapitels vorgestellt.

7.1.1 Aktuelle Herausforderungen in der Gastronomie in Deutschland

Das Gastgewerbe in Deutschland hat in den vergangenen Jahren zahlreiche Herausforderungen und in vielerlei Hinsicht erheblichen Wandel durchlebt. Wirtschaftliche, politische und gesellschaftliche Rahmenbedingungen haben sich aufgrund der Pandemie, dem Ukraine-Konflikt sowie der konjunkturellen Lage immer wieder verändert. Im Zuge dieser Entwicklungen ist zwischen den Jahren 2021 und 2017 ein Rückgang der Anzahl von Unternehmen im gesamten deutschen Gastgewerbe um nahezu 40.000 Betriebe zu beobachten gewesen [14]. Damit einher ging eine deutliche Dezimierung in der Anzahl der Beschäftigten sowie ein Umsatzrückgang. Im Vergleich zum Vor-Corona-Niveau erwirtschaftet die Gastronomie im März 2024 noch immer 14,5 % weniger Umsatz [68].

Aufgrund des Fach- und Arbeitskräftemangels passen gastronomische Betriebe immer häufiger ihre Öffnungszeiten an. Gestiegene Energie-, Personal- und Lebensmittelkosten sowie der Wegfall der Steuererleichterung[1] wurde teilweise in Form von Preissteigerungen an die Gäste weitergegeben. Inwiefern dies direkte Auswirkungen auf die Nachfrage und den Branchenumsatz hat, ist noch unklar. Es wird sowohl von Aufschwung [43] als auch von verhaltener gastronomischer Nachfrage aufgrund von Preissteigerungen [9] berichtet. Insgesamt hat sich gerade durch die pandemiebedingten Schließungen von Restaurants und Bars der gesellschaftlich hohe Stellenwert der Gastronomie in Deutschland manifestiert. Essen außer Haus ist für viele Menschen Teil ihrer Lebensphilosophie [52]. Dabei ist ein attraktives gastronomisches Angebot für die lokale Bevölkerung sowie für Reisende aus dem In- und Ausland von großer Bedeutung.

Insgesamt führt ein Wandel der gesellschaftlichen Rahmenbedingungen zu einer Evolution der gastronomischen Nachfrage. Diese wird u. a. durch die Zunahme von mobilem Arbeiten, veränderten Wertvorstellungen, Essgewohnheiten und Erwartungen der Menschen begünstigt. Eine beobachtbare Konsequenz veränderter Arbeitsbedingungen in der Bevölkerung kann die Verlagerung der Nachfrage von urbanen Zentren in den umliegenden Raum sein [43]. Gleichzeitig sind gerade in Städten klassische Anbieter schon

---
[1] Von 01.07.2020 bis 31.12.2023 galt in der Hotellerie und Gastronomie in Deutschland ein reduzierter Mehrwertsteuersatz von 7 % auf Speisen zum Verzehr vor Ort.

seit einiger Zeit einem erhöhten Wettbewerbsdruck durch systemgastronomische Konzepte sowie alternative Marktbegleiter, etwa in Form von Take-Away-Angeboten oder sog. Ghost Kitchens[2], ausgesetzt. Eine Entwicklung, die durch die Pandemie zusätzlich beschleunigt wurde. Im ländlichen Raum hingegen sind traditionell familiengeführte Betriebe immer häufiger zur Betriebsaufgabe gezwungen. Dies zeigt sich bspw. in einem Rückgang von Dorfgasthäusern und gutbürgerlichen Restaurants.

Neben diesen herausfordernden aktuellen Entwicklungen sind ein zunehmendes Interesse und Bewusstsein für Nachhaltigkeit in der Branche erkennbar. Dies wird durch zahlreiche wissenschaftliche Publikationen [2, 27, 34, 44, 77], in der Branchenpresse (foodservice, Allgemeine Hotel- und Gastronomie Zeitung u. a.) sowie auf Messen und Fachveranstaltungen (ANUGA, Internorga, Intergastra u. a.) sichtbar. Dabei wird stets verdeutlicht, dass das Gastgewerbe im Besonderen und der Tourismus auf übergeordneter Ebene sowohl unter den veränderten Bedingungen (z. B. Lebensmittelunsicherheit aufgrund des Klimawandels) leidet als auch Mitverursacher zahlreicher Herausforderungen wie Treibhausgasemissionen, Lebensmittelverschwendung und erhöhtem Energiebedarf ist [27, 44, 45]. Fest steht, es gibt dringenden Bedarf an zukunftsorientierten nachhaltigen Lösungsansätze in und für die Gastronomie. Da die Branche insbesondere in Deutschland überwiegend aus kleinen und mittelständischen Unternehmen besteht [6, 69], stellt der Umgang mit dieser Herausforderung im dynamischen Tagesgeschäft der einzelnen Betriebe eine sehr anspruchsvolle Aufgabe dar.

Auch in Hinblick auf die Nachfrage nach gastronomischen Leistungen nimmt der Stellenwert der Nachhaltigkeit zu. Essen ist neben dem physiologischen Grundbedürfnis vor allem ein emotionales, sozial und kulturell geprägtes Phänomen. Werte, Einstellungen und Überzeugungen beeinflussen das Gästeverhalten. Neben einer Zunahme der Nachfrage nach veganen und vegetarischen Angeboten hat sich in den letzten Jahren unter dem Begriff LOHAS (Lifestyle of Health and Sustainability) ein potenzielles Gästesegment mit ausgeprägter Gesundheits- und Nachhaltigkeitsorientierung entwickelt. Im Jahr 2023 identifizierten sich 62,9 % weibliche und 37,1 % männliche Menschen in Deutschland als LOHAS [38]. Gleichzeitig ist zu beobachten, dass eine Bedeutungszunahme der Nachhaltigkeit bei den Konsumentinnen und Konsumenten nicht immer mit entsprechendem Verhalten einhergeht (als attitude-behavior-gap bekannt), daher zeigt sich aktuell ein heterogenes und teilweise diffuses Bild.

---

[2] Unter Ghost Kitchen, auch dark oder virtual kitchen genannt, werden Küchen ohne Sitzplätze bzw. Gastbereich verstanden. Speisen aus solchen Produktionsküchen können zumeist nur über Lieferdienste, telefonisch oder online bestellt werden (https://www.ktchnrebel.com/de/dark-kitchen-gastronomie/).

7.1.2 Problemstellung, Zielsetzung und Vorgehensweise

Ausgehend von der globalen Dringlichkeit, ökologische und gesellschaftliche Herausforderungen anzugehen, kommt der Gastronomie eine besondere Bedeutung im Ernährungssystem zu. Im Sinne des Donut-Modells (siehe Kap. 1) wird deutlich, dass ein Fortbestehen der Branche Handlungsbedarf erfordert. Dabei führen die aktuellen Entwicklungen, Herausforderungen und Besonderheiten der gastronomischen Leistungserstellung in Hinblick auf die ökologische, ökonomische und soziale Nachhaltigkeit in der Branche zu einem Dilemma: die Vereinbarkeit der Gästebedürfnisse nach allzeit verfügbaren, gesunden, schmackhaften, bezahlbaren aber auch prestigereichen, individualisierten gastronomischen Erlebnissen zum einen und der Realisierbarkeit der Sustainable Development Goals (SDGs) im Rahmen einer nachhaltig gestalteten und wirtschaftlich realisierbaren gastronomischen Wertschöpfung auf der anderen Seite. Daher ist grundsätzlich davon auszugehen, dass die nachhaltige Weiterentwicklung bei allen Beteiligten eine Veränderungsbereitschaft des derzeitigen Verhaltens voraussetzt.

Um zu identifizieren, wie Nachhaltigkeit in der Gastronomie proaktiv verankert werden kann und was für den erfolgreichen Aufbau eines zukunftsfähigen F&B Management[3] erforderlich ist, wird ein Bezugsrahmen prozessorientierter gastronomischer Wertschöpfung vorgestellt (siehe Abb. 7.1). Darüber hinaus erfolgt eine kurze begriffliche und zahlenmäßige Vorstellung der Gastronomie in Deutschland sowie eine Erläuterung ausgewählter Besonderheiten der gastronomischen Leistungserstellung (siehe Abschn. 7.2). Im Anschluss wird Nachhaltigkeit aus verschiedenen Perspektiven (siehe Abschn. 7.3) betrachtet, um schließlich Anregungen für die Gestaltung nachhaltigkeitsorientierter Wertschöpfung in der Gastronomie aufzuzeigen (siehe Abschn. 7.4). Aufgrund der Heterogenität der Branche und der Vielzahl kleinteiliger Beispiele ist es nicht möglich im Rahmen des Kapitels die Gastronomie als Ganzes abzubilden.

7.2 Gastronomie in Deutschland

Nachfolgend wird die Gastronomie als Wirtschaftszweig thematisiert und eine Eingrenzung vorgenommen. Die Grundlagen der Leistungserstellung und Wertschöpfung gastronomischer Betriebe im klassischen Sinne – speisengeprägt, mit Servicedienstleistungen zum Verzehr vor Ort (Gastwirtschaft, Restaurant, etc.) – werden erläutert. Abschließend wird ein Bezugsrahmen für prozessorientierte gastronomische Wertschöpfung vorgestellt.

---

[3] Die internationale Abkürzung F&B steht für Food & Beverage und ist auch im deutschsprachigen Raum gängig; z. B. für Positionsbezeichnungen wie F&B Manager.

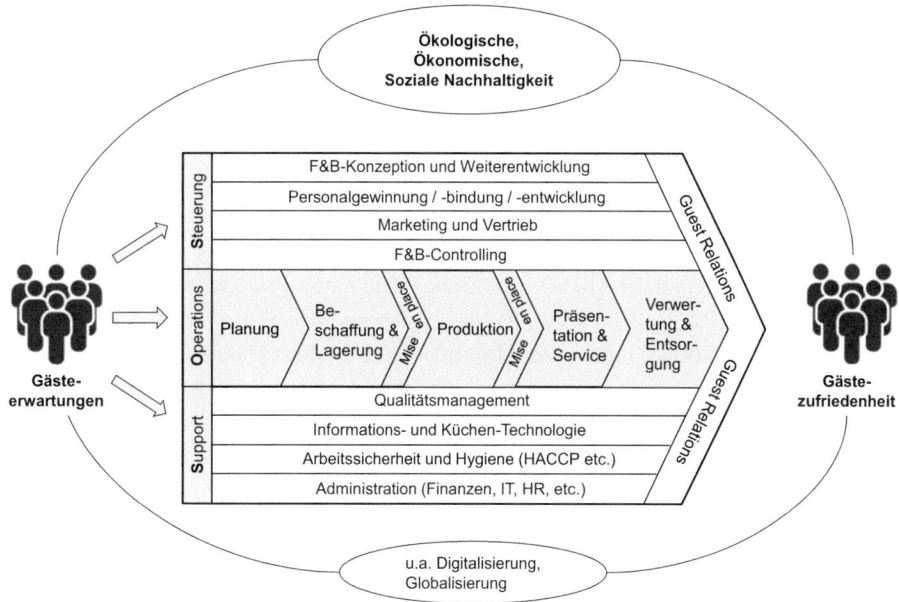

Abb. 7.1 Wertschöpfungsorientiertes F&B Management. (Quelle: eigene Darstellung)

7.2.1 Betriebsarten und Betriebstypen der Gastronomie

In Deutschland wird das Gastgewerbe gemäß dem Statistischen Bundesamt in die Bereiche Beherbergungsgewerbe, Gaststättengewerbe und Caterer bzw. Erbringer sonstiger Verpflegungsdienstleistungen unterteilt.

Neben der übergeordneten Verwendung des Begriffs Gastronomie als Synonym für das Gaststättengewerbe finden sich in der Literatur zahlreiche Herangehensweisen an Definitionen und Abgrenzungen des Begriffs [26, 54, 74]. Von der Kochkunst über die Ausprägung bestimmter Küchenstile sind verschiedene Ansätze möglich [22]. Eine einheitliche Definition ist aufgrund der Heterogenität des gastronomischen Angebots schwierig. Eine Kategorisierung kann der Strukturierung und Systematisierung des Angebots dienen. Hierzu werden gemäß Hänssler (2024 [30]) zunächst übergeordnete Betriebsarten betrachtet, um darauf basierend Betriebstypen abzuleiten.

In Anlehnung an die Systematik des Statistischen Bundesamts können Betriebsarten wie folgt gruppiert werden:

- (klassische) speisengeprägte Betriebe mit Service (z. B. Restaurants),
- speisengeprägte Betriebe mit Selbstbedienung (z. B. Restaurants mit Selbstbedienung),
- andere speisengeprägte Betriebe mit eingeschränktem Angebot (z. B. Cafés),
- getränkegeprägte Betriebe (z. B. Bars),

- Caterer und sonstige Verpflegungsdienstleister.

Eine weitere Differenzierung des gastronomischen Angebots kann ausgehend von den Betriebsarten (Restaurant, Selbstbedienungsrestaurant, Café) nach folgenden Merkmalen vorgenommen werden (in Anlehnung an [30]): Art und Qualität des kulinarischen Angebots (Speisen und Getränke), Serviceniveau und Serviceleistungen, Ausstattung und Ambiente, Ort der Leistungserstellung und Leistungsinanspruchnahme (vor Ort, take-away, home delivery). Daran angelehnt können Betriebstypen wie Sterne- und Hauben-Restaurant, gutbürgerliches Gasthaus, Steakhaus, Pizzeria u. v. m. abgegrenzt werden.

Im Folgenden sollen unter dem Begriff Gastronomie klassische speisengeprägte Betriebe mit Servicedienstleistungen zum Verzehr vor Ort verstanden werden, da diese die weitreichendsten wechselseitigen Abhängigkeiten im Ernährungssystem haben und zahlenmäßig den größten Anteil an der Branche ausmachen. Auf Basis dieser Definition sind auch Hotelrestaurants eingeschlossen.

7.2.2 Wirtschaftliche Bedeutung des Gastgewerbes und der Gastronomie in Deutschland

Unabhängig der Zuordnung zu einzelnen Betriebsarten und -typen, kommen der Gastronomie und dem Gastgewerbe in Deutschland eine bedeutende wirtschaftliche und gesellschaftliche Relevanz zu. Im Jahr 2021 umfasste das gesamte deutsche Gastgewerbe circa 187.000 Betriebe, erwirtschaftete einen Umsatz von 68 Mrd. Euro und beschäftigte rund 2 Mio. Menschen. Dabei entfallen etwa 75 % der Betriebe auf die Gastronomie. In diesem Segment erwirtschafteten rund 137.700 Betriebe einen Umsatz von 46 Mrd. Euro [14, 67]. Die klassische speisengeprägte Gastronomie (Restaurants, Wirtshäuser, Gaststätten) hat mit gut 40 % den bedeutendsten Anteil [67], was sich auch in der Anzahl der Beschäftigten zeigt. Ähnlich dem Baugewerbe ist das Gastgewerbe klein- und mittelständisch strukturiert. Kleine und mittlere Unternehmen (KMU) erwirtschafteten 2021 rund 80 % des Branchenumsatzes und beschäftigten nahezu 90 % der Angestellten [69].

7.2.3 Besonderheiten der gastronomischen Leistungserstellung

Zentrale Bestandteile der Leistungserstellung in der Gastronomie sind das Speisen- und Getränkeangebot, die Serviceleistung sowie das Ambiente und die Ausstattung der Räumlichkeiten beim Verzehr vor Ort. Demnach ist die Gastronomie Anbieter von Produktions-, Handels- und Dienstleistungen und dadurch geprägt von einigen Besonderheiten, die Implikationen für die Gestaltung der gastronomischen Wertkette haben. Im Kern sind dies folgende vier Merkmale [25, 31, 49]:

- **Service als nicht fassbare, subjektiv bewertete Dienstleistung** (Immaterialität):
  Die Servicekomponente der gastronomischen Leistung ist immateriell. Sie ist nicht greifbar, kann weder gelagert noch transportiert werden. Es können zwar Service-Standards festgelegt werden, jedoch sind persönlich erbrachte Dienstleistungen stets durch die Individualität des Serviceleistenden (Gastgeberin/Gastgeber, Servicekraft, Sommelier/Sommelière) geprägt und werden von Gästen auf Basis ihrer Erwartungen und bisherigen Erfahrungen subjektiv bewertet. Bei Gästen kann dies vor Leistungsinanspruchnahme zu Unsicherheit in Hinblick auf die Erfüllung ihrer Erwartungen und Bedürfnisse führen.
- **Zeitnaher Konsum erbrachter Leistungen durch den Gast** (Uno Actu Prinzip):
  In der klassischen Gastronomie fallen Leistungserstellung und Leistungsinanspruchnahme größtenteils zeitlich und räumlich zusammen. Demzufolge wird die Leistung mehr oder weniger zeitgleich zur Erstellung konsumiert und beurteilt, ob Service, Speisen und Getränke den Erwartungen entsprechen. Je nach Betriebstyp geht damit eine hohe Bedeutung der räumlichen Umgebung im Sinne von Architektur, Design und Ambiente einher (siehe hierzu Ausführungen zur Gastrophysik etwa in [24]). Je nach Konzept werden Produktionsleistungen ganz oder teilweise ausgelagert (z. B. Einkauf von Tiefkühlwaren wie Gebäck oder Brot) oder zeitlich versetzt vorproduziert (z. B. fermentiertes Gemüse).
- **Eingebundenheit des Gastes in den Leistungserstellungsprozess** (Gast als externer Faktor):
  Aufgrund der persönlich erbrachten Dienstleistung ist der Gast als externer Faktor in den Prozess der Leistungserstellung unmittelbar integriert. Die Bedeutung dieser Integration und der interpersonellen Interaktion zwischen Gast und Gastgebendem nimmt mit zunehmenden Qualitätsniveau der angebotenen Leistung (z. B. Sterne-/Hauben-Restaurants) zu.
- **Operative Herausforderungen** (Starres Angebot, schwankende Nachfrage):
  Die Kapazität gastronomischer Betriebe ist aufgrund der räumlichen Gebundenheit relativ starr. So gibt es i. d. R. eine bestimmte Anzahl an Sitzplätzen, die je nach Konzept einmal oder mehrfach pro Tag ausgelastet wird. Die Nachfrage kann sehr ungleich verteilt sein und auch innerhalb eines Tages, einer Woche oder eines Monats stark schwanken. Unterschiede bestehen möglicherweise zwischen verschiedenen Wochentagen, Saison- und Jahreszeiten. Hinzu kommt, dass je nach Konzept, Wetterlage oder aufgrund anderer Faktoren Gäste als walk-in (ohne Reservierung) im Restaurant erscheinen, mit der Erwartung, zeitnah gastronomische Leistungen in Anspruch nehmen zu dürfen.

Durch diese ausgewählten Besonderheiten wird deutlich, dass die Wertschöpfungskette in der Gastronomie von anderen Branchen und Stakeholdern im Ernährungssystem deutlich abweicht. Daher werden im Folgenden als Grundlage weiterer Ausführungen modellhaft die wertschöpfenden Aktivitäten eines Gastronomiebetriebs in Form eines Bezugsrahmens für prozessorientiertes F&B Management abgebildet.

7.2.4 Wertschöpfung in der Gastronomie

Um die Potenziale der nachhaltigen Entwicklung gastronomischer Wertschöpfung zu identifizieren und Nachhaltigkeit zukunftsfähig zu verankern, scheint eine systematische prozessorientierte Herangehensweise zielführend. Dabei ist zunächst die Identifikation aller an der Wertschöpfung beteiligten Prozesse, Aktivitäten und Wechselwirkungen erforderlich. Ein in der Betriebswirtschafts- und Managementlehre etabliertes Instrument hierfür ist die Wertkette nach Porter (2014 [61]). Um die Realität mit ihren wechselseitigen und interdependenten Zusammenhängen zu berücksichtigen, wird das in der betriebswirtschaftlichen Organisationslehre bekannte SOS-Konzept[4] ergänzend herangezogen [3]. Ziel dieses Kapitels ist die Herleitung, Darstellung und Erläuterung eines Bezugsrahmens mit Gültigkeit für speisengeprägte Betriebe mit Service zum Verzehr vor Ort.

Der grundlegende Aufbau einer Wertkette aus Sicht der allgemeinen Betriebswirtschaftslehre besteht aus primären und unterstützenden Aktivitäten, die für die Leistungserstellung und Wertschöpfung erforderlich sind [61]. Dabei werden fünf Kategorien primärer Aktivitäten postuliert [61]: Eingangslogistik, Operationen, Ausgangslogistik, Marketing und Vertrieb sowie Kundendienst. Unterstützende Aktivitäten wiederum werden in vier Arten unterteilt: Beschaffung, Technologieentwicklung, Personalwirtschaft, Unternehmensinfrastruktur. Aufbauend auf Porter wird F&B Management auf Basis der Arbeitsabläufe und Besonderheiten der Praxis in einem gastro-spezifischen Bezugsrahmen abgebildet (siehe Abb. 7.1).

Besonders im Rahmen der **Steuerung**, welche der Erreichung übergeordneter, strategischer Ziele dient, spielen Inhaberinnen und Inhaber sowie Führungskräfte eine tragende Rolle. Neben der grundlegenden Ausrichtung des Betriebs in Form eines gastronomischen Konzepts (kulinarisches Angebot, Ambiente etc.; siehe hierzu Hänssler 2024 [32]), stellt aktuell besonders die Gewinnung, Bindung und Entwicklung von Arbeits- und Fachkräften eine der größten Herausforderungen dar. Sowohl im Bereich Personal als auch in den Bereichen Marketing, Vertrieb, F&B Controlling und Guest Relations eröffnet die Digitalisierung Möglichkeiten innovativer Gestaltung einzelner Aktivitäten (z. B. Online-Tischreservierungen, Vermarktung mithilfe von Social Media, Revenue Management). Hierbei beeinflussen rechtliche Vorgaben die Gestaltung und Umsetzung der Prozesse.

---

[4] SOS steht für Steuerung-Operation-Service; da in der Gastronomie Service für die persönliche Dienstleistung verwendet wird, wird hier der Begriff Unterstützungs- oder Supportprozess verwendet.

Die Support-Aktivitäten umfassen alle innerbetrieblichen Unterstützungsleistungen. Die Primäraktivitäten der Operations und sämtliche Steuerungsaktivitäten wären ohne diese Unterstützungsprozesse nicht effektiv und effizient umsetzbar. Neben dem kontinuierlichen Qualitätsmanagement (Überwachung von Prozessen durch Checklisten, Beschwerdemanagement etc.) und der Administration kommen in der Gastronomie der Arbeitssicherheit und dem Hygienemanagement (HACCP[5]; [23]) sowie dem Einsatz von IT- und Küchentechnologie eine große Relevanz zu. Hier bietet die Digitalisierung große Chancen für eine ressourcenschonende Prozessgestaltung [23].

In den Operations sind alle Aktivitäten der eigentlichen Leistungserstellung von der Planung und Beschaffung, über die Produktion und Bereitstellung der Dienstleistung in Form von servierten Speisen und Getränken bis hin zur Entsorgung inbegriffen. Im Rahmen der Produktpräsentation und des Service spielt der Gast als externer Faktor eine besondere Rolle. Hier wird das gastronomische Erlebnis sicht-, spür- und erlebbar. Unter „mise en place" werden sämtliche Vorbereitungsarbeiten in der Küche und im Service verstanden [31]. Der Grad der Auslagerung von Produktionsschritten (z. B. Einsatz von Convenience Produkten) variiert je nach Konzept und Betriebstyp.

In Hinblick auf zukunftsorientierte nachhaltige Lösungsansätze sei angemerkt, dass die Wertketten einzelner gastronomischer Betriebe in das übergeordnete Food-System eingebettet sind. Demzufolge bestehen Verbindungen und Wechselwirkungen mit einer Vielzahl weiterer Wertketten verschiedenster Stakeholder wie Lieferanten, Entsorger und im Fall der Gäste auch privater Haushalte. Gerade diese Zusammenhänge und Abhängigkeiten von Aktivitäten innerhalb und außerhalb eines Unternehmens tragen zur besonderen Herausforderung der nachhaltigen Entwicklung und Zielerreichung der SDGs in der Gastronomie bei. Gleichzeitig bieten diese aber auch Chancen zur gemeinsamen Gestaltung. Hierin liegt die Grenze des gastronomischen Wertschöpfungsmodells (siehe Abb. 7.1), da Verknüpfungen zwischen Teilfunktionen, Aktivitäten und Entscheidungen nicht visualisiert werden können. Darüber hinaus im Bezugsrahmen nicht sichtbar und dennoch von wesentlicher Bedeutung sind weiche Faktoren wie Betriebsklima, Dienstleistungskultur und Wertvorstellungen.

---

[5] HACCP steht für hazard analysis of critital control points, einer systematischen Analyse kritischer Punkte (Lagerung, Verarbeitung von Lebensmitteln) zur Vermeidung von Gefahren wie Erkrankungen und Verletzungen.

7.3 Verschiedene Aspekte der Nachhaltigkeit in der Gastronomie

Im folgenden Kapitel wird die Berücksichtigung von Nachhaltigkeitsgesichtspunkten in der gastronomischen Leistungserstellung und Wertschöpfung diskutiert. Hierzu werden Erkenntnisse aus der Forschung herangezogen. Im Weiteren wird auch auf die Gästeperspektive eingegangen, bevor eine Stichprobe ausgewählter Beispiele aus der Praxis vorgestellt werden, um einen ersten Eindruck möglicher Ansatzpunkte zu geben.

7.3.1 Forschungsstandpunkt – ausgewählte Studien und aktuelle Schwerpunkte

In den vergangenen 20 Jahren ist eine Zunahme der Publikationen zum Thema Nachhaltigkeit in den Tourismuswissenschaften zu verzeichnen.[6] Im Folgenden werden in Anlehnung an den Bezugsrahmen (siehe Abb. 7.1) ausgewählte Forschungsschwerpunkte in der Gastronomie aufgezeigt. Die Gästeperspektive betreffende Studien werden größtenteils im Abschn. 7.3.2 aufgeführt.

Im Rahmen der nachhaltigen Gestaltung übergeordneter, strategischer Steuerungsaktivitäten kommt in der Gastronomie zwei internen Stakeholdern[7] eine besondere Bedeutung zu: den Mitarbeiterinnen und Mitarbeitern und Führungskräften [34, 46, 77]. Dabei sind Motivation und Beweggründe für Verhalten vielseitig, verschiedenartig und grundlegend durch Einflussfaktoren außerhalb des Unternehmens geprägt, z. B. durch Herkunft, Sozialisierung, Religion.

Eine große Rolle in Hinblick auf nachhaltiges Engagement und Verhalten von Führungskräften spielen Werte [4, 11, 17, 18]. Wertvorstellungen wirken sich auf die Motivation aus, einen Beitrag zur nachhaltigen Entwicklung leisten und etwas bewegen zu wollen. Jang (2020 [40]) leitet ab, dass sich nachhaltig orientierte Führungskräfte durch ein erhöhtes Bewusstsein für die weitreichenden Auswirkungen von Management-Entscheidungen abheben. In diesem Zusammenhang bestätigen Kim et al. (2016 [41]) den positiven Effekt von Selbstwirksamkeit auf die Motivation, sich nachhaltig zu verhalten. Selbstwirksamkeit kann bereits in der Kindheit erfahren werden. Zudem kann Ausbildung, Studium und die Zusammenarbeit mit Vorbildern die Überzeugung, Herausforderungen wie z. B. Lebensmittelverschwendung [10, 19] bewältigen zu können, fördern. Choi und Parsa (2006 [11]) untersuchten Zusammenhänge zwischen Einstellungen, Engagement, Werten und der Bereitschaft, für die Umsetzung von Nachhaltigkeitsmaßnahmen entsprechend notwendige Preiserhöhungen durchzusetzen. Gemäß dieser Studie führt eine

---

[6] Z. B. Arun et al. 2021 [2]; Higgins-Desbiolles et al. 2019 [34]; Legrand et al. 2023 [44]; Lund-Durlacher et al. 2021 [45]; Madanaguli et al. 2022 [46]; Pufé 2017 [62]; Yong et al. 2024 [77].
[7] Andere Stakeholder wie Politik, NGOs u. a. haben im übergeordneten Food-System einen wichtigen Stellenwert, sollen in diesem Kapitel jedoch nicht im Detail diskutiert werden.

positive Einstellung gegenüber Nachhaltigkeit alleine nicht automatisch dazu, dass Kosten weitergegeben werden. Erst wenn eine Werte-Identifikation mit Nachhaltigkeit und aktives Engagement hinzukommen, zeigt sich positives Verhalten im Sinne des Betriebes und der Nachhaltigkeit. Möglicherweise ist dies darauf zurückzuführen, dass Führungskräfte davon ausgehen, dass Gäste ähnliche Werte vertreten und davon eine erhöhte Zahlungsbereitschaft ableiten [11]. Als grundsätzliche Motivation zur Initiierung und Implementierung nachhaltiger Maßnahmen nennen Führungskräfte in einer Studie von Baloglu et al. (2022 [4]) Einsparungen, Einhaltung gesetzlicher Vorschriften, Verbesserung von Unternehmensreputation, Mitarbeiterzufriedenheit und -bindung sowie die Positionierung im Markt und die Reduzierung von Umweltbelastungen. Diese werden gleichzeitig als positive Auswirkungen einer erhöhten Verankerung von Nachhaltigkeit im Unternehmen eingeschätzt. Baloglu et al. (2022 [4]) weisen darauf hin, dass es in diesem Zusammenhang zu oberflächlichen nachhaltigen Initiativen kommen kann, was ggfs. zu Green Washing führt. Unter Green Washing werden Kommunikationsmaßnahmen von Organisationen verstanden, die ein nachhaltiges Image vermitteln sollen, ohne dass entsprechende Aktivitäten tatsächlich umgesetzt werden [73]. Dies stellt eine zentrale Herausforderung in der Nachhaltigkeitskommunikation dar, was hier jedoch nicht näher betrachtet werden soll.

In Hinblick auf die Rolle von Führungskräften weisen Studien auf Unterschiede zwischen Betreiberformen hin.[8] Gerade für Aktivitäten wie Konzeptionierung, Strategieformulierung oder Personalrekrutierung und -schulung kommt der zentralen Steuerung von Restaurantketten eine tragende Bedeutung in der nachhaltigen Ausrichtung zu [4, 40]. Dahingegen wird die Rolle der einzelnen Person vor allem in unabhängigen inhabergeführten Betrieben betont [39, 40]. Vor allem in der Zusammenarbeit mit Stakeholdern sind verantwortungsbewusste und engagierte Unternehmerinnen und Unternehmer ausschlaggebend für positive Veränderungen [40]. Sie können eine stärkere Verankerung von Nachhaltigkeit zielführender vorantreiben, da ihre Entscheidungsfreiheit und Agilität im Vergleich zu angestellten Führungskräften größer sind. Dies weist jedoch auf die weitreichende Verantwortung hin, welche die nachhaltige Entwicklung in kleinen und mittelständischen Betrieben mit sich bringt.

Persönliche Werte, Alter, Geschlecht, Bildungsstand und Sozialisierung beeinflussen u. a. die Einstellung und Motivation von Mitarbeiterinnen und Mitarbeitern in der Umsetzung von Nachhaltigkeitsmaßnahmen [46, 77]. Dieser internen Stakeholder-Gruppe kommt daher besonders im Bereich Operations eine zentrale Bedeutung zu, da sie für verhaltensorientierte Aspekte wie den Umgang mit Lebensmitteln einen großen Hebel für die nachhaltige Entwicklung und Prozessoptimierung darstellt [10].

---

[8] Mögliche Betreiberformen in der Gastronomie: Eigentümerbetrieb, Franchising, Pachtbetrieb.

In der gehobenen Gastronomie spielt Nachhaltigkeit bei der Beschaffung in einer Vielzahl von Sternerestaurants[9] eine große Rolle [37]. Dies zeigt sich vor allem im regionalen Einkauf, in der Zusammenarbeit mit lokalen Erzeugern und Züchtern sowie in der Verarbeitung von Bio-Lebensmitteln [12, 39]. Regionalität wird dabei über verschiedene Studien hinweg unterschiedlich definiert [7, 15, 27], bezieht sich jedoch zumeist auf eine geografische Eingrenzung (z. B. einem Gebiet, einer Region), einen bestimmten Umkreis oder eine bestimmte Art der Bezugsquelle (z. B. direkt vom Erzeuger). Größere Einigkeit herrscht in Hinblick auf die Vorzüge lokal bezogener Lebensmittel, wie die höhere Produktqualität und geringere Emissionen aufgrund kürzerer Transportwege. Der Einkauf von biologisch erzeugten Lebensmitteln wird hervorgehoben (z. B. [4, 37]), wobei in diesem Zusammenhang auch die Gastperspektive im Vordergrund vieler Studien steht [28, 39]. Neben dem Tierwohl in Zusammenhang mit der Beschaffung von Fleisch, führt eine Studie zur Nachhaltigkeit in der Sternegastronomie auch den Bezug von Fisch und Meeresfrüchten aus nachhaltiger Fischerei an 37]. Maßnahmen in Zusammenhang mit der Lagerung und Entnahme von Lebensmitteln werden weniger explizit erforscht, sind jedoch implizit adressiert bspw. in Studien zur Lebensmittelverschwendung.

Analog wird in Sternerestaurants im Rahmen der Produktion die ganzheitliche Verarbeitung von Tieren und Pflanzen, sog. *nose-to-tail* und *root-to-leaf*[10], als wichtige Maßnahme adressiert [37, 51]. In diesem Zusammenhang wird außerdem die Verarbeitung von Obst und Gemüse, welches nicht den gängigen Ansprüchen an Form und Aussehen entsprechen, diskutiert [51]. Diese Produktionsansätze stehen in direkter Verbindung mit der Vermeidung von Lebensmittelverschwendung und haben eine möglichst effiziente Nutzung von Nahrungsmitteln im Sinne von *zero waste* zum Ziel. Hier sei aus Anbieterperspektive angemerkt, dass zum einen das Küchenpersonal entsprechend qualifiziert und befähigt sein muss und darüber hinaus die Küche und Lager darauf ausgelegt sein müssen, ganze Tiere von *nose-to-tail* verarbeiten zu können. Inwiefern dies heute über einzelne gehobene Restaurants hinaus realistisch ist, scheint auch in Hinblick auf den akuten Fachkräftemangel in der Gastronomie fraglich.

Im Bereich Präsentation und Service sind neben veganen und vegetarischen Optionen Trends wie pflanzenbasierte Fleischalternativen Forschungsschwerpunkt internationaler Studien. Ye und Mattila (2022 [76]) leiten ab, dass Menschen, die eine Verbindung zwischen Fleischkonsum und Klimawandel wahrnehmen, eine positivere Einstellung und Kaufbereitschaft gegenüber pflanzlichen Alternativen haben. Zusätzliche Informationen auf Speisekarten und eine gezielte Beschreibung nachhaltiger Speisen und Getränke

---

[9] Seit 2020 vergibt der renommierte Guide Michelin die Auszeichnung grüner Stern für gehobene Restaurants mit besonderem Engagement im Bereich der Nachhaltigkeit (https://guide.michelin.com/de/de/article/sustainable-gastronomy/was-ist-der-grune-michelin-stern).

[10] Demgemäß sollen alle essbaren Teile eines Tieres oder einer Pflanze verarbeitet werden, was ökonomisch und ökologisch effizient wäre, jedoch in der Praxis auf Herausforderungen in der Umsetzung und mangelnde Akzeptanz der Gäste stößt.

können sich, in Abhängigkeit der Zielgruppe, verkaufsfördernd auswirken. Reinholdsson et al. (2022 [63]) betonen in diesem Zusammenhang die Relevanz von Genuss und genussorientierten Hinweisen, wenn es um die Steigerung der Verkaufszahlen für vegetarische Gerichte geht. Piester et al. 2020 [60] kommen in ihrer Studie am Beispiel von vegetarischen Burgern zu ähnlichen Erkenntnissen und heben zusätzlich Unterschiede zwischen den Geschlechterzuordnungen weiblich und männlich hervor. Auf eine erhöhte Nachhaltigkeits- und Gesundheitsaffinität bei Frauen weisen mehrere Studien und Daten hin ([2, 9, 38]). Insgesamt kommt der Speisekarte, neben Webseiten und sozialen Medien, in der Kommunikation mit dem Gast eine zentrale Rolle zu (zur grundlegenden Rolle und Gestaltung von Speisekarten siehe Fuchs und Balch 2019 [24]). In Kontext mit der Einflussnahme auf Gästeverhalten gewinnen besonders die sozialen Medien und vor allem Influencer-Marketing an Bedeutung. Arun et al. (2021 [2]) kommen nach der Analyse mehrerer Studien zum Schluss, dass es in Hinblick auf die Gestaltung und Auswirkung dieser Online-Marketinginstrumente noch Forschungslücken gibt.

Ein ganz zentraler Forschungsfokus der letzten Jahre fällt auf Maßnahmen und Aktivitäten im Bereich der Verwertung und Entsorgung. So sind die Entstehung sowie Reduzierung von Lebensmittelabfällen und Lebensmittelverschwendung (siehe Kap. 12 und 22) sowie Prozesse und Schritte in Zusammenhang mit Verpackungsmüll, Mülltrennung, Recycling und Entsorgung Schwerpunkt zahlreicher Studien [10, 17, 18, 19]. Forschungsziele sind dabei insbesondere die Quantifizierung des Abfallvolumens und die Ableitung von Lösungsmöglichkeiten zur Reduzierung oder Vermeidung. Vermutlich lässt sich die hohe Anzahl von Studien in diesem Bereich durch die übergeordneten politisch postulierten Ziele erklären.[11] Außerdem wird hier deutlich, wie sehr Aktivitäten und Maßnahmen innerhalb der Operations wechselseitig miteinander verbunden sind. So kann Lebensmittelverschwendung über die gesamte Leistungserstellung hinweg verursacht werden. Von einer schlechten Planung über den Einkauf minderwertiger Qualität, fehlerhafter Lagerung oder Lagerentnahme, mangelhaftem Einsatz oder Umsetzung von Rezepten, fachlichen Qualifizierung des Personals, ineffizientem mise en place bis hin zu Tellerresten können (vermeidbare) Lebensmittelabfälle entstehen. Diese Interkonnektivität von Teilprozessen erschwert die Erforschung und Lösung operativer Nachhaltigkeitsherausforderungen entlang der Wertkette.

In Hinblick auf die für Gäste wenig sichtbaren Bereiche der Operations wurden alternative Entsorgungswege für entstandene Küchenabfälle wie Kompostierung oder die Umwandlung von entsorgtem Öl in Biodiesel [58] erforscht. Studien und Publikationen weisen auf bauliche, technologische und verhaltensorientierte Möglichkeiten mit dem Ziel der Energie- und Wassereinsparung hin [4, 27, 36, 37, 44, 46].

Zusammenfassend kann festgestellt werden, dass in zahlreichen Studien die ökologische Nachhaltigkeit im Vordergrund steht und vor allem Aspekte der sozialen Nachhaltigkeit vernachlässigt werden. Gerade in Hinblick auf die ökonomische Nachhaltigkeit und die SDGs finden kaum ganzheitliche Betrachtungen statt (zu diesem Schluss

---

[11] SDG 12.3: Halbierung der Lebensmittelverschwendung bis 2030.

kommen auch Higgins-Desbiolles et al. 2019 [34]). Außerdem findet bis dato vor allem im Rahmen der Leistungserstellung (Operations) eine Fokussierung auf einzelne Maßnahmen wie bspw. die Reduzierung von Lebensmittelabfällen oder den Einkauf lokaler (Bio)-Zutaten statt. Andere für die Leistungserstellung wesentliche Aktivitäten sind noch weitgehend unerforscht (z. B. Einsatz von Küchentechnologie aus ergonomischer Sicht, Nachhaltigkeitsaspekte wie der gesundheitsorientierte Einsatz von Fetten und Ölen in der Zubereitung von Speisen).

Grundsätzlich sind Forschungsergebnisse differenziert zu betrachten. Vielfach werden quantitative Methoden eingesetzt und Selbsteinschätzungen erhoben [2]. Dies kann in mehrfacher Hinsicht problematisch sein. Durch soziale Erwünschtheit, zeitliche Verzögerung zwischen tatsächlichem und abgefragtem Verhalten oder unterbewussten Einflussfaktoren, die für Probandinnen und Probanden nicht abrufbar sind, können große Abweichungen von der Realität entstehen. Essen und Trinken ist ein emotionales, sozial geprägtes Thema, sodass ein tiefergehendes Verständnis der Zusammenhänge möglicherweise eher über qualitative Methoden gewonnen werden kann. Zudem ist es kulturell und religiös geprägt, daher lassen sich internationale Forschungsergebnisse ggfs. nicht ohne Weiteres übertragen.

7.3.2 Gästeperspektive – wie Trends die Essgewohnheiten und Erwartungen an die Gastronomie in Deutschland prägen

Der Wandel der Esskultur sowie veränderte Konsumgewohnheiten, Werte, Bedürfnisse und Erwartungen der Konsumenten (Gäste) stellen sämtliche Stakeholder des Ernährungssystems vor Herausforderungen. In der Gemeinschaftsverpflegung und Systemgastronomie erhalten im Trend liegende Themen wie *Planetary Health Diet* und *Plant-based Food* steigende Aufmerksamkeit und Berücksichtigung ([48, 53]; siehe Kap. 17 und 18). In der klassischen Gastronomie sind die beobachtbaren Veränderungen heterogen. Die Nichtverfügbarkeit qualitativ adäquater, kostentechnisch interessanter Alternativen wird diskutiert [8]. Von hoher Beachtung aktueller Entwicklungen bei der Angebotsgestaltung bis hin zu unveränderten Speisen- und Getränkeangeboten sind verschiedene Herangehensweisen sowie Unterschiede zwischen ländlichen und urbanen Standorten zu beobachten: Von insgesamt 390 veganen Restaurants in Deutschland befinden sich 85 Betriebe in Berlin [67].

Seit 2016 führt das forsa[12] Institut für das Bundesministerium für Ernährung und Landwirtschaft (BMEL) eine repräsentative Befragung zum Ernährungsverhalten in Deutschland durch, welche Daten zum Außer-Haus-Konsum erhebt. Um die Chancen und Herausforderungen aus der Gästeperspektive zu beleuchten, werden im Folgenden mehrere Studien herangezogen: BMEL-Ernährungsreport [5, 20], Konsumverhalten der deutschen Bevölkerung im Gastgewerbe [9], Nachhaltigkeit in der Gastronomie [67],

---

[12] Forsa Gesellschaft für Sozialforschung und statistische Analysen mbH (https://www.forsa.de/).

Food Report 2024 [64]. Gemäß der aktuellen Erhebung (forsa 2023, n = 1001) sieht die Frequentierung gastronomischer Betriebe in Deutschland wie folgt aus: 4 % gehen mehrmals pro Woche, 11 % einmal pro Woche, 28 % mehrmals im Monat, 29 % einmal im Monat, 26 % weniger oft als einmal im Monat und 3 % nie in einem Wirtshaus, einer Gaststätte oder einem Restaurant essen.[13] So kann festgehalten werden, dass nahezu Dreiviertel der deutschen Bevölkerung mindestens einmal im Monat essen geht, was die generelle Nachfrage nach gastronomischen Erlebnissen und den Stellenwert der Branche verdeutlicht.

Werden alle Arten des Außer-Haus-Konsums betrachtet, legen Gäste in Deutschland Wert auf frisches Obst und Gemüse, Fleisch, vegetarische oder vegane Alternativen [20]. Die wichtigsten Aspekte beim Essen außer Haus sind gemäß forsa (2023 [20]) und BZT (2024 [9]): Geschmack, Regionalität und Saisonalität, Preis-Leistungsverhältnis, Ambiente und Gastlichkeit sowie bei omnivoren Befragten die Tierhaltung. Die Erwartungshaltung gegenüber gastronomischen Anbietern zeigt, dass Gäste der Mitnahme von Essensresten und unterschiedlichen Portionsgrößen mit entsprechenden preislichen Anpassungen einen gewissen Stellenwert einräumen. Obwohl in der Gastronomie in Deutschland eher unüblich, wird zudem von rund der Hälfte der Befragten das Angebot von kostenlosem Leitungswasser als wichtig bzw. sehr wichtig eingestuft [20]. Die Pflicht zur Abgabe von kostenlosem Leitungswasser, ist jedoch aktuell in Deutschland gesetzlich nicht verankert [78].

Generell unterliegen Konsumentenverhalten und Gästeerwartungen aktuellen Trends und Entwicklungen. Hierbei kann unterschieden werden zwischen Megatrends, die langanhaltenden, grundsätzlichen Wandel verursachen, soziokulturellen Trends, welche mittelfristig Lebensstil, Wertorientierung und Bedürfnisse beeinflussen sowie kurzfristigen Trends (z. B. saisonale Modetrends). Im Rahmen einer Befragung zu den wichtigsten Aspekten von Nachhaltigkeit (Statista 2023; n = 1016) wurden folgende Kriterien am häufigsten ausgewählt: Tierwohl (57 %), bewusster Konsum (49 %), umweltschonende Verpackung (49 %), fair gehandelte und erzeugte Waren (45 %), Regionalität (41 %). Biologischer und regionaler Anbau von Lebensmitteln sowie Fairtrade wurden schon früher häufig genannt als Befragte in Deutschland zur Bekanntheit von Ernährungstrends befragt wurden [67]. Gemäß Choi et al. (2021 [12]) haben eine positive Einstellung gegenüber Nachhaltigkeit, ein ausgeprägtes Zugehörigkeitsgefühl zu einer Gemeinde oder Region sowie Gesundheitsbewusstsein großen Einfluss darauf, ob Gäste bei einem Restaurantbesuch bevorzugt regionale Produkte nachfragen und eine höhere Zahlungsbereitschaft zeigen.

Arun et al. (2021 [2]) betonen, dass bei Gästen die Ausprägung ihrer Einstellungen, Werte, Erwartungen und Persönlichkeitseigenschaften Auswirkungen auf nachhaltiges

---

[13] Die Studie zum Konsumverhalten der deutschen Bevölkerung im Gastgewerbe des BZT 2024; n = 2.024) kommt zu ähnlichen Ergebnissen bei der Frage „Wie häufig gehen Sie außer Haus essen?" 3 % täglich, 8 % mehrmals wöchentlich, 13 % einmal pro Woche, 28 % mindestens einmal im Monat, 31 % seltener als monatlich.

Verhalten haben. Peng (2020 [59]) weist zusätzlich auf die Bedeutung von Vertrauen hin. Besonders in der gehobenen Gastronomie, wo Genuss und Erlebnis von zentraler Bedeutung sind, setzen Gäste die Aufrechterhaltung hoher und höchster Qualitätsstandards im Rahmen der nachhaltigen Weiterentwicklung von Restaurantkonzepten voraus. Auf die Relevanz von Vertrauen wird in Zusammenhang mit dem Angebot von Bio-Produkten [28] und der ganzheitlichen Verwertung von Tieren [51] hingewiesen. Wie bereits erwähnt, stellt Green Washing in diesem Zusammenhang eine große Herausforderung dar. Außerdem könnte dies ein Hinweis dafür sein, dass Konsumenten gesunde, nachhaltige Gerichte in Bezug auf Genuss oder Geschmack als inferior einstufen.

Trendforschende im Foodbereich wie Hanni Rützler heben hervor, dass Trends häufig Gegentrends verursachen. Das aktuelle Konsumverhalten in Deutschland betreffend, lässt sich dies am Beispiel von zwei Lebensmitteln mit großer Bedeutung für die nachhaltige Gestaltung der gastronomischen Wertschöpfung genauer erläutern: pflanzliche Lebensmittel und Fleisch.

Kulinarisch hat sich die Bedeutung und Zubereitungsvielfalt von Pflanzen in den letzten Jahrzehnten stark gewandelt. Dabei ist festzustellen, dass Obst, Gemüse und Getreide einerseits im Trend der *plant based foods*, aber auch in ihrer Reinform oder in Verbindung mit Pilzen, Hülsenfrüchten und Samen in vielen gastronomischen Konzepten einen zunehmend hohen Stellenwert einnehmen. Beobachtbar sind kreative Zubereitungsweisen nach dem Produktionsansatz *root-to-leaf* bzw. *zero waste* und eine wieder entdeckte Wertschätzung alter Gemüsesorten (z. B. Marburger Esszimmer [47]). Zudem ist eine Zunahme von Konzepten mit veganer oder vegetarischer Ausrichtung festzustellen. So spezialisieren sich manche Betriebe der (Spitzen-) Gastronomie in Deutschland ausschließlich auf pflanzliche Zutaten (z. B. Cookies Cream [13]; Seven Swans [65]). Unter dem Trend *brutal lokal* wird das Auskommen ohne klassische Luxusprodukte in der gehobenen Gastronomie verstanden, was nicht gleichbedeutend sein muss mit einer Fokussierung auf pflanzliche Zutaten, sondern auch Fleisch aus regionaler Aufzucht einschließen kann (z. B. Nobelhart & Schmutzig [55]; [64]). Erneut stellt sich die Frage, wie der einzelne Betrieb lokal und regional definiert, da keine allgemeingültige Definition vorliegt.

Fleisch kann als Gegentrend zu *plant based, vegan und vegetarisch* gesehen werden. Besonders die Trends der *real omnivores* und *carneficionados* [64] weisen darauf hin. Fleisch und ein damit verbundener Stellenwert bei den Gästen sowie ein Nachfragefokus in Richtung qualitativ hochwertigem Fleisch kommt besonders in der gehobenen Gastronomie zum Tragen. Aufseiten der Züchter ist dabei eine Rückbesinnung auf alte (z. B. Franz Keller's Falkenhof [21]) und seltene Tierrassen (z. B. Wagyu Rind aus dem Allgäu [74]) zu beobachten (siehe hierzu auch das Slow Food Projekt Arche des Geschmacks; siehe Tab. 7.1). In Verbindung mit Fleisch wird, wie bereits erwähnt *nose-to-tail* diskutiert. In diesem Zusammenhang beleuchten Nitzko und Spiller (2019 [51]) die Gästewahrnehmung. So wurde im Rahmen ihrer Erhebung der Ansatz *root-to-leaf* von Konsumenten überwiegend positiv wahrgenommen. Konträr hierzu wurde *nose-to-tail* weniger wohlwollend betrachtet. Die Gründe hierfür sind unklar, Nitzko und Spiller (2019

[51]) führen Ekel, hygienische Bedenken oder geringes Vertrauen in die Fleischindustrie als Gründe an. Im Vergleich zu den Nachkriegsjahren zeigt sich bei der Zubereitung von Speisen zu Hause schon seit langem ein Rückgang der Nachfrage nach Innereien u. ä., was zu enormen Herausforderungen im Sinne der ganzheitlichen Verarbeitung von Tieren führt ([33, 35] zur Entwicklung des Essverhaltens und der Esskultur). Von den Befragten grundsätzlich als positiv erachtet wurden wenig intensiv verarbeitete Zutaten und die Zubereitung von Gerichten ohne Zusatzstoffe. Natürlichkeit scheint demnach einen gewissen Stellenwert zu haben, was vermutlich personen- sowie konzept- und anlassabhängig ist.

Zusammenfassend stellen die Problematik der *attitude-behavior-gap* und die Gefahr von Bias (verzerrte, fehlerbehaftete Wahrnehmung, Erinnerung) im Sinne der Sozialverträglichkeit von Antworten bei der Gästeperspektive eine große Herausforderung beim Transfer der Ergebnisse in die Praxis dar. Darüber hinaus ist fraglich, inwiefern in einer Gesellschaft mit rückläufiger Ernährungskompetenz [42] Gäste in der Lage sind erwartete Aspekte wie etwa die Saisonalität von Lebensmitteln zu beurteilen. Nichtsdestotrotz liefern diese aktuellen Entwicklungen, Einschätzungen und Trends gerade in Hinblick auf die Besonderheiten der gastronomischen Wertschöpfung und der damit verbundenen Rolle des Gastes wichtige Hinweise für die zukunftsorientierte nachhaltige Lösungsansätze in der Gastronomie.

Die simultane Relevanz von Fleisch und pflanzlichen Angeboten kann Dilemma und Chance zugleich darstellen und betont den Bedarf nach klar definierten, bezahlbaren, anlass- und gastorientierten gastronomischen Konzepten. Dabei zeichnet sich in manchen Ausrichtungen eine Rückbesinnung auf den Kern der Gastronomie ab: das kulinarische Handwerk.

7.3.3 Praxisperspektive – ausgewählte Handlungsfelder und Best Practice Beispiele

Als „Agenda 2030" wurden im Jahr 2015 die 17 SDGs mit den zugehörigen 169 Unterzielen von den Vereinten Nationen als globale Richtlinie der nachhaltigen Entwicklung definiert (siehe Abschn. 7.1.2). Für die Gastronomie sind ausgewählte SDGs von besonderer Bedeutung (siehe Tab. 7.1). Ganzheitlich betrachtet ist die Grundvoraussetzung gastronomischer Leistungserstellung und Wertschöpfung eine intakte landwirtschaftliche Versorgung. Demnach ausschließlich unter stabilen Klimabedingungen zukunftsfähig möglich. Gleichzeitig spielen in einer Branche von Menschen für Menschen die sozialen Rahmenbedingungen eine ganz besondere Rolle, denn ohne Personal sind gastronomische Dienstleistungen wie wir sie heute kennen unmöglich. Darüber hinaus können Betriebe ausschließlich unter Berücksichtigung wirtschaftlicher Rentabilität zukunftssicher agieren.

Aktuell gibt es bereits zahlreiche innovative Beispiele in der Praxis. In Anlehnung an den Bezugsrahmen des prozess- und wertschöpfungsorientierten F&B Managements

Tab. 7.1 Handlungsfelder mit ausgewählten Praxisbeispielen zur Erreichung der für die Gastronomie besonders relevanten Ziele für nachhaltige Entwicklung (SDG)

Handlungsfelder	SDG	Best Practice Beispiele
Ressourcenschonende Prozessgestaltung Abfallmanagement Hygienemanagement Energie Kreislaufwirtschaft	SDG 8, SDG 12, SDG 13	KI zur Analyse und Optimierung von Food Waste (https://www.kitro.ch/) digital unterstütztes Hygiene- und Energiemanagement (https://www.rational-online.com/de_at/digitale-loesungen/connectedcooking/) energie-effiziente Spültechnologie mit Wärmerückgewinnung (https://www.winterhalter.com/de-de/energiesparen/; https://www.winterhalter.com/de-de/finanzierung/pay-per-wash/) Arbeitskleidung aus Polyester-Baumwollgemisch auf Basis von recyceltem Plastikmüll (https://www.kaya-kato.de/)
Steuerung (Soziales: Personal, Lieferkette) Fairness Frauen Gesundheit Werte	SDG 3, SDG 8	Nachhaltigkeit im Food-System von Menschen für Menschen (https://die-gemeinschaft.net/) Frauen als Treiberinnen für Veränderung (https://www.sophiahoffmann.com/) Werte sichtbar machen (https://lemabri.com/, Stich [70]

(Fortsetzung)

Tab. 7.1 (Fortsetzung)

Handlungsfelder	SDG	Best Practice Beispiele
Operations Beschaffung Produktion Präsentation Entsorgung	SDG 3, SDG 12, SDG 13, SDG 14, SDG 15	Zusammenarbeit mit lokalen und regionalen Erzeugerinnen und Erzeugern von Fisch, Fleisch und pflanzlichen Zutaten (https://www.hotel-maier.de/kulinarik/die-speiserei-im-maier/, https://www.seegut-zeppelin.de/; Fennel, Hendrik) Wein aus alternativen Verpackungen (https://www.ebbflowkeg.com/, https://staatsweingut-freiburg.de/nachhaltigkeit/) Leitungswasser gegen Spende zugunsten Viva con Agua (https://erasmus-karlsruhe.de/, https://www.vivaconagua.org/) Lebensmittelverschwendung vermeiden, durch Angebot versch. Portionsgrößen (https://www.fegersgrünerbaum-lahr.de; https://grosser-kiepenkerl.de/)
Gäste Kommunikation Transparenz Tradition Verhalten	SDG 12, SDG 13	Zertifizierungen und Auszeichnungen https://www.slowfood.de/go-slow/genussfuehrer, https://www.bio-ahv.de, https://www.klimateller.de, https://www.schmeck-den-sueden.de/) Erhalt von Tradition und lokaler Esskultur (https://www.slowfood.de/was-wir-tun/projekte-aktionen-und-kampagnen/arche-des-geschmacks) Speisekartengestaltung mithilfe von Nudging (https://www.kesslermuehle.de/kulinarik/, Meisinger, Michel, https://grosser-kiepenkerl.de/)

Eigene Darstellung[14]

(siehe Abb. 7.1) wurden Handlungsfelder sowie zugehörige Bereiche identifiziert und Best Practice Beispiele ausgewählt (siehe Tab. 7.1).

---

[14] Die Auswahl von Best-Practice-Beispielen beruht u. a. auf persönlichen Gesprächen [70, 71] und Erfahrungen, musste jedoch in Hinblick auf den Umfang des Kapitels eingegrenzt werden.

Im Handlungsfeld der ressourcenschonenden Gestaltung primärer und unterstützender Prozesse kann der Megatrend Digitalisierung einen großen Beitrag zur nachhaltigen Entwicklung leisten (siehe Kap. 16). So können aktuell noch wenig verbreitete *KI-Lösungen* der Reduzierung von Lebensmittelabfällen helfen (SDG 12). Durch eine Kamera über dem Müllbehälter wird der Anteil vermeidbarer und unvermeidbarer Speisereste ermittelt und erkannt, welche Speisereste (z. B. Pommes, Salat) entsorgt wurden. Zeitliche und personelle Ressourcen in Zusammenhang mit einer manuellen Erhebung können so geschont und gezielte Handlungsmöglichkeiten abgeleitet werden. Außerdem kann, in Anbetracht steigender Energie- und Wasserkosten, modernste Küchentechnologie im Bereich der Unterstützungsprozesse effizient sein (SDG 12, SDG 13), z. B. durch Datenerhebung im Rahmen des *Hygienemanagements* (HACCP) oder durch Optimierungen von *Wasser- und Energieverbrauch* im Bereich der Spültechnik. Investitionen für solche Lösungen amortisieren sich in der Regel durch die erzielten Einsparungen. Anbieter ermöglichen verschiedene Finanzierungsmodelle, was je nach Unternehmensgröße oder F&B Konzept interessant sein kann. Darüber hinaus bieten Hersteller und Händler umfangreiche, teilweise kostenfreie Beratung an. Ein Best Practice Beispiel für die viel diskutierte Kreislaufwirtschaft im Bereich der Zulieferer der Gastronomie ist etwa *Arbeitskleidung* aus recyceltem Plastik (SDG 13).

Im Bereich der Steuerung spielen sowohl Mitarbeiterinnen und Mitarbeiter und Führungskräfte als auch weitere Stakeholder (Netzwerk) eine wichtige Rolle (SDG 3, SDG 8). Eine Verankerung der sozialen Nachhaltigkeit in diesem Bereich der Wertschöpfungskette betrifft neben den Rahmenbedingungen für das betriebsinterne Personal (Arbeitsklima, faire Entlohnung, etc.) die sozialen Aspekte entlang der Lieferkette (Arbeitsbedingungen und Entlohnung in der Landwirtschaft etc.). Aus diesem Grund haben sich im Jahr 2018 Führungskräfte und Entrepreneure aus Gastronomie, Landwirtschaft, Bäckerhandwerk und anderen Branchen unter dem Motto *Gemeinschaft* zusammengeschlossen, um sich zu verschiedensten Aspekten der nachhaltigen Entwicklung auszutauschen (z. B. digitaler Stammtisch), Veränderungen anzustoßen sowie Netzwerke zwischen Stakeholdern zu fördern. Ein weiterer Aspekt der sozialen Nachhaltigkeit kann das Engagement in und für die lokale Bevölkerung sein, was zu den grundlegenden Überlegungen im Rahmen der Positionierung am Markt gehört und vielfältige Formen annehmen kann [37]. Die Bedeutung von *Frauen als Change Makerinnen* wird in diesem Zusammenhang diskutiert und zeigt sich in der Praxis anhand vieler Beispiele ([64]; siehe Tab. 7.1). Unabhängig von Geschlecht und Betreiberform wird dadurch die Bedeutung eines positiven Betriebsklimas und einer nachhaltig orientierten Unternehmenskultur als Grundvoraussetzung der nachhaltigen Entwicklung verdeutlicht.

Im Handlungsfeld der Operations gibt es eine hohe Anzahl an Best Practice Beispielen für nachhaltigkeitsorientierte Aktivitäten, die der Erreichung mehrerer SDGs dienen. In einem persönlichen Gespräch erläutert der Gastronom und Hotelier Hendrik Fennel, dass die Verankerung von Nachhaltigkeit für ihn ein kontinuierlicher Verbesserungsprozess (KVP) ist [16]. In seinen Betrieben wird im Bereich Beschaffung und Produktion die *Zusammenarbeit mit lokalen Erzeugerinnen und Erzeugern* und ein pragmatischer, vernunftorientierter Ansatz verfolgt. Dies zeigt sich bspw. in der Abwägung biologisch angebauter versus regional bezogener Lebensmittel. Wenn keine lokale Bezugsquelle vorhanden ist oder die benötigte Menge nicht regional bezogen werden kann, wird ein Ausweichen auf Bioprodukte mit längerem Transportweg unter bestimmten Voraussetzungen in Betracht gezogen. Hindernisse wie logistische Herausforderungen, fachliche Kompetenz in der Küche, aber auch rechtliche Aspekte in Hinblick auf die Beschaffung und Verarbeitung ganzer Tiere zeigen auf, dass neben einer grundsätzlichen nachhaltigen Orientierung zeitliche, personelle und finanzielle Ressourcen erforderlich sind, um Nachhaltigkeit entlang der gesamten Wertschöpfungskette umzusetzen.

Obwohl in anderen europäischen Ländern Standard und gesetzlich verpflichtend, ist die – kostenfreie – Abgabe von *Leitungswasser* in Deutschland aktuell wenig verbreitet.[15] Aus ökonomischer Perspektive stellen Getränke in der Gastronomie eine wichtige Umsatzquelle dar. Dem Mineralwasser kommt hier eine besondere betriebswirtschaftliche Bedeutung zu, da zum Teil hohe Deckungsbeiträge erwirtschaftet werden. Ausgewählte Betriebe zeigen ein Entgegenkommen in Richtung aktueller Gästeerwartung nach kostenfreiem Leitungswasser (siehe Abschn. 7.3.2). In einem mit dem grünen Michelin Stern ausgezeichneten Restaurant bspw. werden Gäste gebeten, für das in Karaffen servierte Leitungswasser mit oder ohne Kohlensäure zugunsten einer gemeinnützigen Organisation zu spenden. Langfristig könnte durch die Reduzierung von Glasflaschen eine Emissionseinsparung erzielt werden (SDG 13). Die Entwicklung und Verbreitung *alternativer Weinverpackungen* verfolgen u. a. dasselbe Ziel. Für den Bierausschank sind die Mehrwegflasche und kleine Edelstahlfässer (kegs) schon seit langem Standard. Bei Präsentation und Service von Wein in der Gastronomie sind aktuell 0,75-l Flaschen gängig. Weinerzeuger und Händler experimentieren mit alternativen Angeboten wie Bag-in-Box (z. B. 2,25 l), Mehrweg-Glasflaschen (z. B. 0,5 l) und Sankey-Kegs (z. B. 20 l) für Schankanlagen. In diesem Zusammenhang zeigen sich aktuell noch Hindernisse und Hürden. Gründe hierfür sind traditionelle Denk- und Verhaltensmuster aber auch Unkenntnis der Innovation sowie damit verbundener Chancen und Risiken. Mangelnde Auswahl, räumliche Gegebenheiten sowie logistische Herausforderungen im Sinne der Bereitstellung und Reinigung wiederverwendbarer Alternativen beeinträchtigen die Diffusion innovativer Weinverpackungen im Markt [56].

Im Rahmen der Angebotsgestaltung und Präsentation spielt die Speisekarte eine zentrale Rolle [24]. Aktuelle Daten verdeutlichen, dass vor allem jüngere Gäste unter 29 Jahren und ältere Gäste über 60 Jahren, Speisen in *verschiedenen Portionsgrößen* mit entsprechender preislicher Anpassung erwarten. Teilweise wird dieser Erwartung in der Praxis bereits Rechnung getragen, was idealerweise einen Beitrag zur Reduzierung von Lebensmittelverschwendung im operativen Teilprozess der Entsorgung leistet.

---

[15] Eine Ausnahme stellt der Kaffee-Service dar, im Rahmen dessen oft standardmäßig ein kleines Glas Wasser gereicht wird.

Wie bereits mehrfach verdeutlicht, ist das Handlungsfeld Gäste von großer Bedeutung. Für die Entstehung und Beeinflussung von Gästeerwartungen werden in der Praxis häufig *Auszeichnungen und Zertifizierungen* genutzt [37]. Dabei ist die Anzahl an nationalen und internationalen Siegeln in den letzten Jahren stark gestiegen. Legrand et al. (2023 [44]) weisen in diesem Zusammenhang auf Unterschiede in Bezug auf die Überprüfung durch unabhängige externe Institute hin (z. B. ISO-Zertifizierungen). Im Gespräch mit Hendrik Fennel wird auf regional-spezifische Optionen für die Kommunikation von Qualität und Transparenz, wie bspw. das baden-württembergische Zertifikat *Schmeck den Süden* hingewiesen. Aber auch überregionale Mitgliedschaften wie Slow Food und externe Nachhaltigkeitsprüfungen wie die Bio-Zertifizierung u. v. m. werden aktuell von Betrieben der Hotellerie und Gastronomie genutzt, um die Erwartungen, das Vertrauen und die Bindung von Gästen positiv zu beeinflussen. Neben der hohen Anzahl stellt sowohl die Intransparenz von Kriterien, Vergabe- und Prüfverfahren sowie das bereits erwähnte Green Washing in diesem Zusammenhang eine große branchenübergreifende Herausforderung dar.

Eine zentrale Aufgabe der gastronomischen Verankerung von Nachhaltigkeit ist die Bewahrung bzw. Wiederherstellung von *Essen als identitätsstiftendes Kulturgut* (u. a. SDG 12, SDG 14, SDG 15). Um die Gästewünsche nach Abwechslung, Individualisierung, Prestige und Status zu erfüllen, wird in der Praxis in manchen gehobenen Restaurants aufgezeigt, dass Luxusgüter und lange Transportwege für Zutaten und Lebensmittel an Bedeutung verlieren. Voraussetzung für die Verstetigung dieser Entwicklung ist eine Rückbesinnung auf Tradition und Handwerk. Von der Alblinse über bunte Bentheimer Schweine bis hin zu Karpfen aus nachhaltiger Teichwirtschaft engagieren sich Erzeugerinnen und Erzeuger sowie die Gastronomie im Rahmen des Slow Food *Arche des Geschmacks* Projekts in der Förderung des Anbaus und der Züchtung von in Vergessenheit geratenen Rassen, Sorten und Arten.

Eine Möglichkeit zur Verhaltensbeeinflussung von Gästen ist sowohl in der Forschung [76] als auch in der praktischen Umsetzung zu beobachten: Nudging. Der von Thaler und Sunstein (2009 [72]) geprägte Ansatz der Verhaltensökonomie wird in der Gastronomie vor allem im Rahmen der Speisekartengestaltung sichtbar. Die sog. *nudges* können dabei sehr unterschiedlich aussehen und mehr oder weniger ausführlich sein, dienen jedoch stets der Beeinflussung von Verhalten, etwa der Auswahl vegetarischer oder veganen Alternativen. Michel Meisinger, Nachwuchsführungskraft in der Hotellerie und Gastronomie, erläutert in einem persönlichen Austausch, dass Nudging-Informationen auch zur Fokussierung regionaler und traditioneller Gerichte genutzt werden. Neben Symbolen wie grünen Blättern wird in der Praxis erfolgreich die Veränderung der Reihenfolge von Optionen innerhalb eines Menüs eingesetzt, um die Auswahl bestimmter Alternativen zu beeinflussen [50].

Zusammenfassend kann festgestellt werden, dass Nachhaltigkeit in der Gastronomie in Form von zahlreichen Best Practice Beispielen Umsetzung findet. Sowohl ausgewählten Forschungserkenntnissen als auch aktuellen Gästeerwartungen wird in der Praxis bereits Rechnung getragen. Hier wäre in Hinblick auf den starken Forschungsfokus langfristig ein noch umfangreicherer Theorie-Praxis-Transfer wünschenswert. Darüber hinaus zeigt sich, dass einzelne positive Beispiele noch keine branchenweite, flächendeckende Nachhaltigkeitsorientierung über sämtliche Betriebsarten und Betriebstypen bedeutet. Forschungs-, Gäste- und Praxisperspektive verdeutlichen, dass vielfach Prozesse und Aktivitäten im Fokus der nachhaltigen Entwicklung stehen, welche für Gäste sichtbar sind. Obschon nachvollziehbar in Anbetracht der Relevanz des Gastes als externer Faktor in der gastronomischen Leistungserstellung soll anhand dieser Best Practice Beispiele abschließend die Bedeutung der ressourcenschonenden Gestaltung von nicht sichtbaren Prozessen für eine proaktive Nachhaltigkeitsorientierung betont werden.

7.4 Zusammenfassung und Ausblick

Abschließend werden, in Anlehnung an die Merkmale gastronomischer Leistungserstellung und die Besonderheiten der Wertschöpfung, Impulse für die Berücksichtigung von Nachhaltigkeit in der Gestaltung von gastronomischen Wertketten aufgezeigt. Eine prozessorientierte Herangehensweise in mehreren Schritten wird vorschlagen.

7.4.1 Anregungen zur Verankerung von Nachhaltigkeit in der Gastronomie

Eine mögliche Herangehensweise an die betriebliche Verankerung von Nachhaltigkeit in kleinen und mittelständischen Unternehmungen ist die prozessorientierte Betrachtung betriebsindividueller Wertschöpfungsaktivitäten. Auf Basis des Bezugsrahmens (siehe Abb. 7.1) kann so Klarheit über den Status Quo, Wirkungszusammenhänge und Verknüpfungen zwischen Informationen, Entscheidungen, Verantwortlichkeiten und Aktivitäten geschaffen werden. Folgende besondere Merkmale der gastronomischen Leistungserstellung sollten auf den Prüfstand gestellt werden:

- **Positionierung**: Am Anfang und Ende der gastronomischen Wertschöpfung stehen die Gäste mit ihren unterschiedlichen Bedürfnissen und heterogenen Erwartungen. Demnach kommt einem klar definierten F&B Konzept und dessen Weiterentwicklung eine ganz besondere und häufig noch immer unterschätzte Bedeutung zu. So kann mit einem nachhaltigkeitsorientierten Angebot eine entsprechende Nachfrage generiert und Gästeverhalten positiv beeinflusst werden. Außerdem sind Werte wie Respekt, Authentizität, Vernunft und Natürlichkcit neben der Nachhaltigkeit von zentralem Belang. Im Sinne der sozialen Nachhaltigkeit muss dies auch Folgen für eine wertschätzende human-ressourcenorientierte Gestaltung von Konzepten und zugehörigen Prozessen haben. Die Verantwortung hierfür liegt zunächst bei jedem Einzelnen, darüber hinaus jedoch auch bei den Vorbildern in Aus- und Weiterbildungsinstitutionen, Verbänden, Zertifizierungsorganisationen u. a.

- **Wertschöpfung**: Die Schaffung eines nachhaltigen gastronomischen Erlebnisses ist nur mithilfe aller an der Wertschöpfung beteiligten Stakeholder möglich. Die Transparenz und Analyse vor- und nachgelagerter Teil-, Unterstützungs- und Steuerungsaktivitäten, an denen sowohl interne als auch externe Stakeholder beteiligt sind, ist daher essentiell. Selbst wenn viele Prozesse und Aktivitäten für Gäste nicht sichtbar sind, haben sie große Auswirkungen auf die nachhaltige Gestaltung der Wertschöpfungskette. Digitalisierung kann hierbei unterstützen. Nur in einem betriebswirtschaftlich gut aufgestellten Unternehmen kann eine schrittweise Weiterentwicklung und Verankerung von Nachhaltigkeit effizient umgesetzt werden. Dem F&B Controlling und noch grundlegender der Kostenerfassung und Kalkulation gastronomischer Leistungen [75] kommen hier eine wesentliche Bedeutung zu.
- **Standort**: In der tourismuswissenschaftlichen Diskussion wird seit jeher die Bedeutung des Standorts betont [29]. Lebensmittelunsicherheit, Energiekrise und Pandemie bekräftigen dies heute. Aktuelle Entwicklungen wie der Arbeits- und Fachkräftemangel aber auch die Interkonnektivität eines gastronomischen Betriebs mit der lokalen Umwelt und Infrastruktur sind Aspekte, welche die nachhaltige Wertschöpfung positiv beeinflussen oder negativ beeinträchtigen können. Demzufolge sind gastronomische Betriebe mit einer zunehmend volatilen Umgebung konfrontiert. Damit kommt der Standortwahl möglicherweise eine noch höhere Bedeutung zu als bisher gedacht. Für F&B Konzepte mit Nachhaltigkeitsfokus können bisher als wenig interessant eingeschätzte rurale Standorte bspw. durch den erleichterten Bezug hochwertiger regionaler Zutaten und die Verlagerung der Nachfrage aufgrund von mobilem Arbeiten unter gewissen Voraussetzungen (z. B. Verfügbarkeit von Personal) an Attraktivität gewinnen.
- **Innovationsbereitschaft**: Die Kriterien und Ziele der Nachhaltigkeit im Sinne des Donut-Modells stellen den Rahmen dar. Die nachhaltige Ausrichtung in Form einer kontinuierlichen, inkrementellen Weiterentwicklung sämtlicher primärer (Operations) und unterstützender (Steuerung, Support) Wertschöpfungsaktivitäten setzt eine Veränderungsbereitschaft des Verhaltens voraus. Demnach ist Innovationsbereitschaft aufseiten der gastronomischen Anbieter, aber auch in Hinblick auf andere Beteiligte (Zulieferer, Landwirtschaft, Gäste, etc.) im Food-System, eine aus den obigen Aufführungen abgeleitete Grundvoraussetzung für die Sicherung der Zukunftsfähigkeit. Vor allem aufgrund der eingangs erläuterten akuten, aktuellen Herausforderungen der Gastronomie ist unternehmerischer Mut, Risikobereitschaft, Leidenschaft und Ausdauer erforderlich, um die nachhaltige Entwicklung voranzutreiben.

Als Anregung einer möglichen Herangehensweise wird vereinfacht ein Prozess mit vier Phasen vorgeschlagen:[16]

---

[16] In Anlehnung an Siebert et al. 2018 [66].

1. Kick-Off und Status-Quo Erfassung Feststellung der Ausgangssituation in Hinblick auf den aktuellen Stand der nachhaltigen Gestaltung von Prozessen und Aktivitäten der betriebsindividuellen gastronomischen Wertschöpfungskette. *Wo stehen wir heute mit unserem Betrieb?*

2. Hot-Spot Identifikation und Priorisierung Identifikation und Analyse wichtiger Handlungsfelder sowie möglicher Maßnahmen. Gefolgt von einer ersten Einschätzung der Dringlichkeit und der Umsetzungspotentiale. *Wo können wir ansetzen? Welche Prozesse und Aktivitäten können wir ohne großen Aufwand nachhaltiger gestalten? Wo und wie können Netzwerke und Kooperationen etabliert werden?*

3. Ziele und Maßnahmen Abteilungsinterne und -übergreifende Definition und Abstimmung von Zielen und Maßnahmen zur Schaffung von Transparenz und Vermeidung von Zielkonflikten. *Was wollen wir erreichen? Wie können Mitarbeiterinnen und Mitarbeiter und Teams zusammenarbeiten, um Ziele zu erreichen?*

4. Umsetzung und Monitoring Schrittweise Verwirklichung und regelmäßige Überprüfung der Zielsetzungen und Maßnahmen zur kontinuierlichen Verbesserung sowie Verankerung von Nachhaltigkeit entlang der gastronomischen Wertschöpfung. *Welche Schritte sind zu unternehmen? Was funktioniert schon gut, wo ist noch Anpassung erforderlich?*

Abschließend gilt hervorzuheben, dass die Verankerung der Nachhaltigkeit als grundlegende Wertvorstellung in der Unternehmens- und Dienstleistungskultur eine wichtige Grundlage für nachhaltiges Handeln darstellt. Ein wertorientiertes Leitbild bringt Klarheit und Ausrichtung. Darauf basierend kann eine gemeinsame Entwicklung mit dem Team sowie möglicherweise mit Lieferanten und anderen Stakeholdern empfehlenswert sein. Die Einbindung von Mitarbeiterinnen und Mitarbeiter ist gerade bei kleinen und mittelständischen Betrieben der Gastronomie besonders wertvoll und zielführend, da die Teams häufig nur aus wenigen Mitgliedern bestehen und Jede und Jeder unmittelbar an der Umsetzung beteiligt ist. Hohe Fluktuation, akuter Fach- und Arbeitskräftemangel sowie Interkulturalität und Diversität erschweren die Situation jedoch erheblich. Sensibilisierung und Motivation kann über frühzeitige Aufklärung und Prozesseinbindung jedoch gefördert werden. Außerdem können Anreize für nachhaltigkeitsorientierte Ideen und Vorschläge sinnvoll sein, um kontinuierliche Verbesserung und Engagement zu fördern [66].

7.4.2 So what?

Der abgeleitete Anspruch an proaktive zukunftsorientierte nachhaltige Lösungsansätze in der Gastronomie fordert die Aufrechterhaltung eines heterogenen Angebots vom einfachen (gesunden) Sattwerden, über ressourcenschonende, gemeinschaftliche, genussorientierte Erlebnisse für eine Gesellschaft, in der Menschen mit unterschiedlichem Glauben, kultureller und sozialer Prägung sowie verschiedenen finanziellen Ressourcen, Werten, Erwartungen und Einstellungen leben.

Das eingangs aufgeführte Dilemma setzt eine Verhaltensänderung bei Anbietern und Nachfragern voraus. Daher ist klar, die Verantwortung für eine nachhaltige Entwicklung tragen alle gemeinsam. Eine Veränderung von Denkmustern und Verhalten kann entstehen, wenn eine gesellschaftliche Evolution von Werten und Haltungen hin zu mehr Wertschätzung für Landwirtschaft und Handwerk stattfindet. Für die Gastronomie bedeutet dies in Anbetracht der klein- und mittelständischen Struktur und zahlreicher, teilweise existenzbedrohender Entwicklungen, dass eine Verankerung von Nachhaltigkeit nur in Form eines schrittweisen, kontinuierlichen Verbesserungsprozesses erfolgen kann. Dabei sollte die Diskussion Nachhaltigkeit nicht als dogmatische Streitfrage von richtig oder falsch, schwarz oder weiß geführt werden. Authentizität, Vernunftorientierung, Pragmatismus, ökonomische Vertretbarkeit und eine sozialverträgliche Herangehensweise ist zur Erreichung der SDGs erforderlich.

Literatur

1. Allgäu Waygu. (o.J.). *Allgäu Waygu – Fleisch wie Du es liebst.* https://www.allgäu-wagyu.de. Zugegriffen: 18. Sept. 2024.
2. Arun, T. M., Kaur, P., Ferraris, A., & Dhir, A. (2021). What motivates the adoption of green restaurant products and services? A systematic review and future research agenda. *Business Strategy and the Environment, 30*(4), 2224–2240.
3. Bach, N., Brehm, C., Buchholz, W., & Petry, T. (2017). *Wertschöpfungsorientierte Organisation. Architekturen – Prozesse – Strukturen.* Springer Gabler.
4. Baloglu, S., Raab, C., & Malek, K. (2022). Organizational motivations for green practices in casual restaurants. *International Journal of Hospitality and Tourism Administration, 23*(2), 269–288.
5. BMEL (2023). *Deutschland, wie es isst. Der BMEL-Ernährungsreport 2023.* https://www.bmel.de/SharedDocs/Downloads/DE/Broschueren/ernaehrungsreport-2023.pdf?__blob=publicationFile&v=4. Zugegriffen: 13. Febr. 2024.
6. Brandt, P. (2022). Branchen im Fokus: Gastgewerbe. *ifo Schnelldienst, 73*(4), 60–62.
7. Brune, S., Knollenberg, W., Barieri, C., & Stevenson, K. (2023). Towards a unified definition of local food. *Journal of Rural Studies, 103*.
8. Buchheim, E. (2024). Zu wenig Größe! *Foodservice, 2,* 52–56.
9. BZT. (2024). *Wie Deutschland essen geht: Eine Studie zum Konsumverhalten der deutschen Bevölkerung im Gastgewerbe.* https://bzt.bayern/umfrage_konsumverhalten_gastgewerbe/. Zugegriffen: 03. Mai 2024.
10. Chawla, G., Lugosi, P., & Hawkins, R. (2022). Factors influencing hospitality employees' pro-environmental behaviors towards food waste. *Sustainability, 14*(15).
11. Choi, G., & Parsa, H. G. (2006). Green practices II. *Journal of Foodservice Business Research, 9*(4), 41–63.

12. Choi, J., Park, J., Jeon, H., & Asperin, A. E. (2021). Exploring local food consumption in restaurants through the lens of locavorism. *Journal of Hospitality Marketing & Management, 30*(8), 982–1004.
13. Cookies Cream. (o.J.). *Cookies Cream.* https://cookiescream.com/de/. Zugegriffen: 18. Sept. 2024.
14. DEHOGA. (2023). *DEHOGA-Zahlenspiegel III/2023.* https://www.dehoga-bundesverband.de/zahlen-fakten/dehoga-zahlenspiegel/. Zugegriffen: 16. Febr. 2024.
15. Eriksen, S. N. (2013). Defining local food: Constructing a new taxonomy – three domains of proximity. *Acta Agriculturae Scandinavica Section B - Soil & Plant Science, 63,* 47–55.
16. Fennel, H. (2024). *Geschäftsführer Hotel Maier und Seegut Zeppelin.* Persönliches Gespräch: 21. Juni 2024.
17. Filimonau, V., & De Coteau, D. A. (2019). Food waste management in hospitality operations: A critical review. *Tourism Management, 71,* 234–245.
18. Filimonau, V., Sezerel, H., Ashton, M., Kubal-Czerwinska, M., Bhaskara, I., & Ermoleav, V. A. (2024). How chefs develop the practice to manage food waste in professional kitchens. *International Journal of Hospitality Management, 119,* 1–13.
19. Filimonau, V., Matute, J., Kubal-Czerwińska, M., & Mika, M. (2024). How to encourage food waste reduction in kitchen brigades: The underlying role of 'green'transformational leadership and employees' self-efficacy. *Journal of Hospitality and Tourism Management, 59,* 139–148.
20. forsa. (2023). *Ernährungsreport 2023. Ergebnisse einer repräsentativen Bevölkerungsumfrage.* https://www.bmel.de/SharedDocs/Downloads/DE/_Ernaehrung/forsa-ernaehrungsreport-2023-tabellen.pdf?__blob=publicationFile&v=2. Zugegriffen: 13. Febr. 2024.
21. Franz Keller's Falkenhof. (o.J.). *Franz Keller's Falkenhof – vom Einfachen das Beste.* https://www.falkenhof-franzkeller.de. Zugegriffen: 18. Sept. 2024.
22. Fuchs, W. (2021). Gastronomie. In W. Fuchs (Hrsg.), *Tourismus, Hotellerie und Gastronomie von A bis Z* (S. 400–401). De Gruyter Oldenbourg.
23. Fuchs, W. (2021b). HACCP. In W. Fuchs (Hrsg.), *Tourismus, Hotellerie und Gastronomie von A bis Z* (S. 454). De Gruyter Oldenbourg.
24. Fuchs, W., & Balch, N. A. (2019). *Die Kartenmacher: Speise- und Getränkekarten richtig gestalten.* UVK.
25. Gardini, M. A. (2022). *Marketing-Management in der Hotellerie.* DeGruyter Oldenbourg.
26. Gillespie, C. (2001). *European Gastronomy into the 21st Century.* Butterworth-Heinemann.
27. Gössling, S., & Hall, C. M. (2022). *The sustainable chef. The environment in Culinary Arts, Restaurants, and Hospitality.* Routledge.
28. Hanks, L., & Mattila, A. S. (2016). Consumer response to organic food in restaurants: A serial mediation analysis. *Journal of Foodservice Business Research, 19*(1), 109–121.
29. Hänssler, K.-H. (2000). Der Standort. In K. H. Hänssler (Hrsg.), *Management in der Hotellerie und Gastronomie* (S. 13–26). Oldenbourg.
30. Hänssler, K.-H. (2024). Betriebsarten und Betriebstypen in der Gastronomie. In K. H. Hänssler, W. Fuchs, & M. A. Gardini (Hrsg.), *Management in der Hotellerie und Gastronomie* (S. 67–98). DeGruyter Oldenbourg.
31. Hänssler, K.-H. (2024b). Gastgewerbliche Leistung als Dienstleistung In K. H. Hänssler, W. Fuchs, & M. A. Gardini (Hrsg.), *Management in der Hotellerie und Gastronomie* (S. 177–191). DeGruyter Oldenbourg.
32. Hänssler, K.-H. (2024). Marktkonzept. In K. H. Hänssler, W. Fuchs, & M. A. Gardini (Hrsg.), *Management in der Hotellerie und Gastronomie* (S. 35–66). DeGruyter Oldenbourg.
33. Heinzelmann, U. (2016). *Was is(s)t Deutschland.* Tre Torri.

34. Higgins-Desbiolles, F., Moskaw, E., & Wijesinghe, G. (2019). How sustainable is sustainable hospitality reserach? A review of sustainable restaurant literature from 1991 to 2015. *Current Issues in Tourism, 22*(13), 1551–1580.
35. Hirschfelder, G. (2001). *Europäische Esskultur*. Campus.
36. Hu, M. L., Horng, J. S., Teng, C. C., & Chou, S. F. (2013). A criteria model of restaurant energy conservation and carbon reduction in Taiwan. *Journal of Sustainable Tourism, 21*(5), 765–779.
37. Huang, Y., Hall, M., & Chen, N. (2023). The sustainability characteristics of Michelin green star restaurants. *Journal of Foodservice Business Research*, 1–26.
38. IfD Allensbach. (2023). *Personen mit Gesundheits- und Nachhaltigkeitsorientierung (LOHAS) in Deutschland nach Geschlecht im Vergleich mit der Bevölkerung im Jahr 2023. Statista* https://de-statista-com.ezproxy-dhrv-1.redi-bw.de/statistik/daten/studie/982117/umfrage/umfrage-unter-lohas-in-deutschland-zur-geschlechterverteilung/. Zugegriffen: 19. Juni 2024.
39. Iraldo, F., Testa, F., & Battaglia, M. (2017). Greening competitiveness for hotels and restaurants. *Journal of Small Business and Enterprise Development, 24*(3), 607–628.
40. Jang, Y. J. (2020). The role of stakeholder engagement in environmental sustainability: A moderation analysis of chain affiliation. *Journal of Hospitality & Tourism Research, 46*(5), 1006–1026.
41. Kim, S. H., Kim, M., Han, H. S., & Holland, S. (2016). The determinants of hospitality employees' pro-environmental behaviors: The moderating role of generational differences. *International Journal of Hospitality Management, 52*, 56–67.
42. Kolpatzik, K., & Zaunbrecher, R. (Hrsg.). (2020). *Ernährungskompetenz in Deutschland*. KomPart.
43. Krause, S., Krolage, C., Ungemach, C., Meder, J., Riefle, J., Schill, S., & Fischer, L. (2023). Gastronomie im Aufschwung trotz vieler Krisen: Wie sieht das neue Konsumverhalten nach Corona aus? *ifo Schnelldienst, 76*, 51–56.
44. Legrand, W., Chen, J. S., & Laeis, G. C. M. (2023). *Sustainability in the Hospitality Industry*. Routledge.
45. Lund-Durlacher, D., Gössling, S., Antonschmidt, H., Obersteiner, G., & Smeral, E. (2021). Gastronomie und Kulinarik. In U. Pröbstl-Haider, D. Lund-Durlacher, M. Olefs, & F. Prettenthaler (Hrsg.), *Tourismus und Klimawandel* (S. 93–106). Springer Spektrum.
46. Madanaguli, A., Dhir, A., Kaur, P., Srivastava, S., & Singh, G. (2022). Environmental sustainability in restaurants. A systematic review and future research agenda on restaurant adoption of green practices. *Scandinavian Journal of Hospitality and Tourism, 22*(4–5), 303–330.
47. Marburger Esszimmer. (o.J.). *Marburger Esszimmer by Denis Feix*. https://www.marburger-esszimmer.de. Zugegriffen: 18. Sept. 2024.
48. McDonalds. (2023). *Jetzt auch pflanzlich! McDonald's und Beyond Meat erfüllen mit McPlant Nuggets einen lang ersehnten Gästewunsch*. https://www.mcdonalds.com/content/dam/sites/de/unreferenced/articles/pdf/2023_02/Pressemitteilung_McDonalds_Deutschland_McPlant_15022023.pdf.coredownload.pdf. Zugegriffen: 16. Febr. 2024.
49. Meffert, H., Bruhn, M., & Hadwich, K. (2018). *Dienstleistungsmarketing*. Springer Gabler.
50. Meisinger, M. (2024). *Inhaberfamilie Meisinger, Hotel Kesslermühle*. Persönliche Aussage: 13. Juni 2024.
51. Nitzko, S., & Spiller, A. (2019). Comparing „leaf-to-root", „nose-to-tail" and other efficient food utilization options from a consumer perspective. *Sustainability, 11*(17).
52. Nestlé (2015). *Nestlé Zukunftsstudie: Wie is(s)t Deutschland 2030*. Deutscher Fachverlag.
53. Nestlé. (2023). *So nachhaltig is(s)t Kantine und Mensa*. Deutscher Fachverlag.
54. Neill, L., Poulston, J., Hemmington, N., Hall, C., & Bliss, S. (2017). Gastronomy or food studies: A case of academic distinction. *Journal of Hospitality & Tourism Education, 29*(2), 91–99.

55. Nobelhart & Schmutzig. (o.J.). *Nobelhart & Schmutzig Speiselokal.* https://www.nobelhartundschmutzig.com. Zugegriffen: 18. Sept. 2024.
56. Nuebling, M. A., Behnke, C., Hammond, R., Sydnor, S., & Almanza, B. (2017). On tap: Foodservice operators' perceptions of a wine innovation. *Journal of Foodservice Business Research, 20*(3), 251–267.
58. Outili, N., Kerras, H., Nekkab, C., Merouani, R., & Meniai, A. H. (2020). Biodiesel production optimization from waste cooking oil using green chemistry metrics. *Renewable Energy, 145,* 2575–2586.
59. Peng, N. (2020). Luxury restaurants' risks when implementing new environmentally friendly programs – evidence from luxury restaurants in Taiwan. *International Journal of Contemporary Hospitality Management, 32*(7), 2409–2427.
60. Piester, H. E., DeRieux, C. M., Tucker, J., Buttrick, N. R., Galloway, J. N., & Wilson, T. D. (2020). "I'll try the veggie burger": Increasing purchase of sustainable foods with information about sustainability and taste. *Appetite, 155.*
61. Porter, M. E. (2014). *Wettbewerbsvorteile – Spitzenleistungen erreichen und behaupten.* Campus.
62. Pufé, I. (2017). *Nachhaltigkeit.* UTB.
63. Reinholdsson, T., Hedeström, M., Ejelöv, E., Hansla, A., Bergquist, M., Svenfelt, Å., & Nilsson, A. (2023). Nudging green food: The effects of a hedonic cue, menu position, a warm-glow cue, and a descriptive norm. *Journal of Consumer Behaviour, 22*(3), 557–568.
64. Rützler, H., & Reiter, W. (2023). *Food Report 2024.* Klambt-Verlag.
65. Seven Swans. (o.J.). *Seven Swans.* https://www.sevenswans.de/. Zugegriffen: 18. Sept. 2024.
66. Siebert, H. F., Akbar, P., Hoffmann, S., Joerß, T., Mai, R., Schlüter, T., & Schulze-Ehlers, B. (2018). *Handbuch Nachhaltigkeitsmanagement.* Springer.
67. Statista. (2023). *Nachhaltigkeit in der Gastronomie.* https://de-statista-com.ezproxy-dhrv-1.redi-bw.de/statistik/studie/id/88440/dokument/nachhaltigkeit-in-der-gastronomie/. Zugegriffen: 12. Juni 2024.
68. Statistisches Bundesamt. (2024). *Pressemitteilung: Gastgewerbeumsatz im März 2024 um 2,4% gegenüber Vormonat gesunken.* https://www.destatis.de/SiteGlobals/Forms/Suche/Presse/DE/Pressesuche_Formular.html?cl2Taxonomies_Themen_0=gastgewerbe_tourismus. Zugegriffen: 06. Juni 2024.
69. Statistisches Bundesamt. (2024). *Kleine und mittlere Unternehmen erzielten rund 79% des Umsatzes im Bau- und Gastgewerbe.* https://www.destatis.de/DE/Themen/Branchen-Unternehmen/Unternehmen/Kleine-Unternehmen-Mittlere-Unternehmen/aktuell-umsatz.html. Zugegriffen: 12. Juni 2024.
70. Stich, J. P. (2024). Kita-Küche statt Sternerestaurant. *Allgemeine Hotel- und Gastronomie-Zeitung, 5,* 21.
71. Spence, C. (2018). *Gastrologik: Die erstaunliche Wissenschaft der kulinarischen Verführung.* Beck.
72. Thaler, R. H., & Sunstein, C. R. (2009). *Nudge: Improving decisions about health, wealth, and happiness.* Penguin.
73. Umweltbundesamt. (o. J.). *Greenwashing und Sustainable Finance.* https://www.umweltbundesamt.de/greenwashing-sustainable-finance#greenwashing-im-kontext-von-sustainable-finance. Zugegriffen: 07. Juni 2024.
74. Wagner, D. (2015). Gastronomie als Forschungsfeld. In K. P. Fritz & D. Wagner (Hrsg.), *Forschungsfeld Gastronomie* (S. 1–18). Springer Gabler.
75. Widmann, D., & Nübling, M. (2024). Kalkulation der gastronomischen Leistungen. In K. H. Hänssler, W. Fuchs, & M. A. Gardini (Hrsg.), *Management in der Hotellerie und Gastronomie* (S. 591–613). DeGruyter Oldenbourg.

76. Ye, T., & Mattila, A. S. (2022). The impact of environmental messages through on consumer responses to plant-based meat: Does language style matter? *International Journal of Hospitality Management, 107*.
77. Yong, R. Y. M., Chua, B.-L., Fakfare, P., & Han, H. (2024). Sustainability à la carte: A systematic review of green restaurant research (2010–2023). *Journal of Travel & Tourism Marketing, 41*(4), 508–537.
78. Zwink, H. (2024). *Was das Gastgewerbe von Europa erwartet. Gratis-Leitungswasser nur freiwillig*. https://www.ahgz.de/hotellerie/news/positionen-zur-europawahl-2024-was-das-gastgewerbe-von-europa-erwartet-312175. Zugegriffen: 24. Juni 2024.

Prof. Dr. Michaela Nübling lehrt an der DHBW Ravensburg im Studienschwerpunkt Hotel- und Gastronomiemanagement. Aktuelle Herausforderungen im operativen Hotel- und F&B-Management (u. a. Servicequalität, Prozessoptimierung), Wein in der Gastronomie (u. a. innovative Verpackung, Weinkartengestaltung, Kalkulation) sowie nachhaltiger Konsum und Ernährungskompetenz gehören zu ihren Interessen. Sie ist selbst Absolventin eines dualen BWL-Bachelors in Hotel- und Gastronomiemanagement. Ihren Master absolvierte sie 2012 an der University of Houston, danach promovierte sie an der Purdue University, USA. Michaela Nübling bringt vielseitige, langjährige, internationale Branchenerfahrung mit in ihre Position als Studiengangsleiterin im Studienzentrum Tourismus, Hotellerie und Gastronomie der DHBW Ravensburg und widmet sich dort auch der Weiterentwicklung des Kulinarischen Entwicklungszentrums.

Gemeinschaftsverpflegung

Best Practices für Nachhaltigkeit am Beispiel der Betriebsgastronomie

Jan Wirsam und Kevin Röhl

> **Zusammenfassung**
>
> Nachhaltigkeit ist ein zentraler Faktor bei unternehmerischen Entscheidungen und beeinflusst zahlreiche Prozesse in der Betriebsgastronomie sowie deren Lieferanten sowie Kundinnen und Kunden. Dieses Kapitel basiert auf einer Befragung, die die praktische Umsetzung nachhaltiger Maßnahmen auf Basis von Experteninterviews mit fünf renommierten Akteuren der Branche beleuchtet. Die Ergebnisse der Befragung adressieren strategische und operative Punkte. Das Ernährungsverhalten hat einen bedeutenden Einfluss auf das Klima, und eine Umstellung des globalen Ernährungssystems könnte die Erderwärmung erheblich reduzieren. Künftige Ernährungsstrategien und Projekte konzentrieren sich auf die Erhöhung des Anteils pflanzenbasierter Menüs und die stärkere Integration der Planetary Health Diet. Vereinzelte Best Practice Ansätze führen zu Verbesserungen, jedoch fehlt oftmals die strategische Umsetzung in der Breite und der ernährungspolitische Wille. Herausforderungen auf operativer Ebene bestehen insbesondere in der Beschaffung nachhaltiger Lebensmittel, der Wirtschaftlichkeit und der Mitarbeitereinbindung. Die vollständige Umsetzung ganzheitlicher Nachhaltigkeitskonzepte wird oft als teuer und komplex wahrgenommen. Abschließend zeigt die Studie, dass nachhaltige Programme in der Betriebsgastronomie möglich und von den Gästen geschätzt werden. Das Gästefeedback zeigt eine positive Resonanz auf nachhaltige Initiativen, wobei insbesondere die Transparenz und die sichtbaren

J. Wirsam (✉) · K. Röhl
Hochschule für Technik und Wirtschaft (HTW), Berlin, Deutschland
E-Mail: Jan.Wirsam@HTW-Berlin.de

K. Röhl
E-Mail: Kevin.Roehl@HTW-Berlin.de

Verbesserungen positiv hervorgehoben werden. Durch kontinuierliche Verbesserungen und eine enge Zusammenarbeit mit den Gästen wird das Thema Nachhaltigkeit aktiv vorangetrieben und in der Gemeinschaft verankert. Betriebsgastronomien spielen eine wichtige Rolle in der Nachhaltigkeitsberichterstattung ihrer Unternehmen, auch wenn standardisierte Kennzahlen noch fehlen. Die wichtigsten aufgeführten Maßnahmen in der Nachhaltigkeitsberichtserfassung umfassen Ausführungen zum Umsetzungsgrad der Planetary Health Diet, Angaben zur Reduzierung von Lebensmittelverschwendung, Ausweis von Nachhaltigkeitskennzeichnungen wie etwa ISO 14001 und weiteren Zertifizierungen, Statistiken zum Einsatz von Mehrwegbehältern, Erklärung des Anteils an Bio-Lebensmitteln, die Beschreibung von Komponentenwahl-Systemen, die Messung des CO_2-Fußabdrucks, Auswertungen zu regionalen Produkten und Angaben zum Einsatz biologisch abbaubarer Reinigungsmittel.

Interviewpartner:

Tobias Grau, *Geschäftsführer der Vivantes Gastronomie Berlin.*
Seit 30 Jahren Gastronom aus Leidenschaft mit einem Weitblick in Bezug auf nachhaltige, gesunde und geschmackvolle Speisenversorgung für Patientinnen und Patienten, Seniorinnen und Senioren und Kolleginnen und Kollegen.

Horst Kafurke, *Geschäftsführer der E.ON Gastronomie GmbH*
Seit 2015 für E.ON tätig. Verantwortlich für ca. 60 nachhaltig zertifizierte Standorte in Deutschland. Wir leben Nachhaltigkeit über alle Prozessstufen der Gemeinschaftsverpflegung.

Walter Kratzer, *AZ ONE Business Solutions GmbH*
Seit 2004 für die Allianz tätig. Leitung Gastronomie Allianz Campus Unterföhring, 3 Mitarbeiterrestaurants, 5000 Essensteilnehmer täglich.

Moritz Mack, *CEO Mercedes-Benz Gastronomie GmbH*
Seit 2012 ist er in der Gastronomie bei Mercedes-Benz tätig. In dieser Position implementierte er die Voraussetzungen für die Planetary Health Diet in der Mercedes-Benz Gastronomie. Moritz Mack liegt die Ernährungswende besonders am Herzen und sieht dabei große Potenziale in der Gemeinschaftsverpflegung und deren Beiträge zur Dekarbonisierung und den SDG-Zielen der UN.

Andreas Wagner, *Geschäftsführer Studierendenwerk Trier aÖR*
Übt seit 20 Jahren die Geschäftsführung im Studiwerk aus und ist seitdem (neben anderem) sehr an allen Themen rund um Gemeinschaftsverpflegung und Nachhaltigkeit (am liebsten in Kombination) interessiert.

Best Practices der Nachhaltigkeit in der Betriebsgastronomie zu untersuchen, stellt eine relevante und wichtige Aufgabe dar. Die Herausforderungen der letzten Jahre, insbesondere durch die Corona-Krise, Ukraine Krieg und den Anstieg der Preise haben zuletzt die Aufmerksamkeit der Betriebsgastronomien auf viele Krisen gelenkt und teils unerwartete, noch nie dagewesene Situationen hervorgerufen, die es zu meistern galt und die bis heute noch andauern [2, 3, 6] Nachhaltigkeit spielt bei allen unternehmerischen Entscheidungen eine zentrale Rolle und wirkt sich auf eine Vielzahl von Prozessen im betriebsgastronomischen Umfeld und deren Kunden aus. Im Rahmen der zugrunde liegenden Untersuchung wurden fünf renommierte Akteure befragt, um die wichtigsten Aktivitäten zu identifizieren [7, 8, 9, 10, 11]

Ernährung spielt bei den Nachhaltigkeitsbetrachtungen eine fundamentale Rolle und wirkt sich direkt auf das Klima aus. Der weltweite Lebensmittelkonsum könnte die Erderwärmung bis 2100 um fast 1 °C erhöhen. Diese zusätzliche Erwärmung reicht aus, um das Ziel einer globalen Erwärmung von max. 1,5 °C zu überschreiten. Berechnungen zeigen jedoch, dass eine Transformation in unserem Ernährungssystem zu deutlichen Einsparungen führen kann und die Erwärmungsraten sinken können. Allerdings erwähnen nur wenige Länder landwirtschaftliche Treibhausgas-Minderungsmaßnahmen in ihren national festgelegten Beiträgen zum Pariser Abkommen [4].

Eine Untersuchung aus dem Jahr 2019 zeigt, dass Deutschland in mehreren zentralen Bereichen der Ernährungspolitik hinter den internationalen Best Practices zurückbleibt. Insbesondere Indikatoren zur Lebensmittelbesteuerung, zur Regulierung des Lebensmittelmarketings sowie zu Einzelhandelspolitik und Maßnahmen in der Gastronomie wurden als sehr niedrig bis niedrig eingestuft [5].

Um dem entgegenzuwirken, hat das Bundesministerium für Ernährung und Landwirtschaft (BMEL) im November 2023 die nationale Strategie für anteilig 30 % ökologische Land- und Lebensmittelwirtschaft bis 2030 ausgerufen. Sie beinhaltet die Förderung ökologischer und regionaler Wertschöpfungsketten. Informationskampagnen und berufliche Bildung sollen die Bevölkerung über die Vorteile von Bio-Produkten aufklären. Agrar- und Wirtschaftsförderung werden auf Nachhaltigkeit und Umweltschutz ausgerichtet, um den Mehraufwand für ökologische Betriebe zu incentivieren. Zudem wird explizit der Ausbau der Bio-Verpflegung in der Gemeinschaftsverpflegung gefordert mit dem Ziel jedem Zugang zu gesundem Bio-Essen zu ermöglichen. Weiterhin sollen heimische Bio-Höfe unterstützt werden [1].

Diese Befragung gibt Einblicke in die strategische und praktische Umsetzung nachhaltiger Maßnahmen in fünf Betriebsgastronomien durch Experteninterviews. Ziel ist es, ein fundiertes Verständnis über Strategien, bestehende Praktiken, Herausforderungen und zukünftige Vorhaben zu gewinnen und darauf basierend Handlungsempfehlungen abzuleiten. Dafür wurden strukturierte Interviews mit Experten aus der Betriebsgastronomie durchgeführt. Die Interviews basierten auf den folgenden vordefinierten Fragen:

Fragen

- Welche Maßnahmen zur Nachhaltigkeit werden in Ihrem Betrieb durchgeführt?
- Was sind die erfolgreichsten Maßnahmen?
- Was sind die wichtigsten Messzahlen für Nachhaltigkeit in Ihrem gastronomischen Betrieb?
- Was sind die Schwierigkeiten beim Thema Nachhaltigkeit in der Betriebsgastronomie?
- Welche zukünftigen Projekte streben Sie im Bereich Nachhaltigkeit an?
- Wie ist das Gäste-Feedback?
- Welche Rolle spielt die Betriebsgastronomie im Nachhaltigkeitsbericht Ihres Unternehmens?

Die Antworten stellen eine Auswahl der genannten Punkte dar und erheben keinen Anspruch auf Vollständigkeit. Hervorgehoben wurden in den Antworten jedoch Mehrfachnennungen und besonders innovative und erfolgreiche Ansätze.

8.1 Maßnahmen zur Nachhaltigkeit

Die Nachhaltigkeitsstrategien der untersuchten Betriebe umfassen die gesamte Wertschöpfungskette, von der Produktion bis zum Endverbrauch und beinhalten auch intensive Lieferanten-Audits [7, 8, 9, 10, 11]. Das Thema Nachhaltigkeit ist mittlerweile bis in alle Unternehmensbereiche vorgestoßen. Die untersuchten Konzepte basieren meist auf den drei Säulen der Nachhaltigkeit: ökologisch, ökonomisch und sozial. Lieferanten werden fair bezahlt, und die Arbeitsbedingungen sowie die Umwelteinflüsse werden kontrolliert. Vereinzelt wird auch die Gesundheit der Mitarbeiterinnen und Mitarbeiter als vierte Säule der Nachhaltigkeit angegeben.

Operative Best-Practice-Beispiele beziehen sich u. a. auf:

- Angabe des tatsächlichen CO_2-Fußabdrucks auf dem Speiseplan
- Visualisierung des CO_2-Ausstoßes als Label und Auswahlkriterium für die Gäste
- Angebot zur monetären CO_2-Kompensation für Mahlzeiten
- Unterstützung von Biodiversitätsprojekten, wie etwa dem Erhalt und die Aufforstung von Wäldern
- Änderung der Menu-Linien, um leckere und nachhaltige Gerichte anzubieten, mit der Zielsetzung zertifizierte, nachhaltige Speisepläne einzuführen
- Preispolitische Maßnahmen, in dem etwa die pflanzlichen, klimafreundlichen Mahlzeiten als günstigste Alternative im Speiseplan angeboten werden
- Zertifizierung nach ISO 14001

- Fokussierung des Wareneinkaufs regionaler Produkte, wobei 60–70 % der Produkte aus einem Umkreis von 100 km stammen sollen
- Einführung des „Eaternity"-Systems, welches die Transparenz auf den Speiseplänen durch die Kennzeichnung des Ressourcenverbrauchs (Treibhausgase, Fläche, Wasser) erhöht
- Modernisierung der Spülanlage, welche Einsparungen bei CO_2, Trinkwasser, Elektrizität und Reinigungschemikalien ermöglicht
- Einsatz von neuen Reinigungsmitteln in kleineren Gebinden, um die Reduktion der Umweltbelastungen durch die eingesetzten Chemikalien erheblich zu ermöglichen
- Einsatz von komplett biologisch abbaubaren Reinigungsmitteln in den Betrieben
- Müllvermeidung in allen betrieblichen Abläufen, insbesondere auch in Hinsicht auf Speisereste
- Vollständige Eliminierung von Einwegverpackungen
- Einführung von Komponentenwahlsystemen, um die Auswahl für die Gäste zu optimieren und Speisereste zu minimieren

Insbesondere beim gastronomischen Angebot wird auf Nachhaltigkeit gesetzt, mit Lebensmitteln aus biologischem Anbau und einem erhöhten Anteil veganer und vegetarischer Gerichte. Ein bedeutender Aspekt der Nachhaltigkeitsstrategie ist die Planetary Health Diet, die gesunde Ernährung mit einem geringen CO_2-Fußabdruck kombiniert.

Besondere Aufmerksamkeit gilt weiterhin der Digitalisierung von Prozessen, wie Bestellmöglichkeiten, Vorbestellungen und mittlerweile auch der verstärkte Einsatz von Robotik, um Ressourcen zu sparen.

Weitere erfolgreiche Aspekte beziehen den Bau des Betriebs ein, um auch hier klimafreundliche Umgebungen zu schaffen.

Die Maßnahmen werden oftmals auch in einer Balanced Scorecard verankert und werden dadurch in die aktive Planung und Steuerung des Betriebs integriert. Erfolge werden dabei nicht nur in finanzieller Hinsicht, sondern auch durch Verbesserungen im Bereich der Nachhaltigkeit und Mitarbeiterbindung gemessen.

8.2 Messzahlen für Nachhaltigkeit in betriebsgastronomischen Betrieben

Die Messbarkeit von Kennzahlen im betriebsgastronomischen Kontext wird in Zukunft an Bedeutung gewinnen, da dadurch der betriebsübergreifende und historische Vergleich in Form von Benchmarking gefördert wird. Ziel ist es, eine höhere Transparenz zu erreichen und auch in Zukunft Schritt für Schritt Nachhaltigkeitskennzahlen zu erheben und diese dann gezielt zu optimieren. Die Angaben in Hinblick auf Kennzahlen sind bisher nicht standardisiert und variieren von Betrieb zu Betrieb. Nur wenige Angaben finden bereits den Weg in die Nachhaltigkeitsberichterstattung [7, 8, 9, 10, 11].

Positive Beispiele beziehen sich derzeit auf den Ausweis von CO_2-Emissionen der Betriebe, teilweise auch bereits wird die CO_2-Bilanzierung einzelner Gerichte durchgeführt. Hier wird noch viel IT-Aufwand in Zukunft betrieben, um etwa sämtliche Datenbanken zusammenzuführen. Etablierte Datenbanken, wie etwa Eaternity ermöglichen hier bereits genauere Aussagen zu den Ressourcenverbräuchen von CO_2, Wasser und Fläche sowie der Betrachtung von Tierwohlaspekten. Ein einfacherer Ansatz ist die Analyse der Verkaufszahlen der einzelnen Menü-Linien, sodass sich hier auch das Kundenverhalten und Feedback, etwa durch Kundenbefragungen gut ermitteln lässt.

Kritisch angemerkt wurde, dass die Erhebung und Erstellung von Angaben für den Nachhaltigkeitsbericht einen erheblichen zeitlichen und finanziellen Aufwand bedeuten. Der positive Nutzen wurde im Ergebnis jedoch begrüßt, da etwa der historische Vergleich oder eine betriebsübergreifende Bewertung zu zusätzlichen Erkenntnissen führen kann und ein Ansporn für weitere Verbesserungen darstellt.

8.3 Schwierigkeiten in Bezug Nachhaltigkeit in der Betriebsgastronomie

Spannungsfelder werden insbesondere in der Beschaffung, der Wirtschaftlichkeit und bei der Einbindung der Mitarbeiterinnen und Mitarbeiter gesehen. Beim Thema Nachhaltigkeit gibt es oft das Phänomen des „Cherry Picking", bei dem leicht umsetzbare Maßnahmen als Zeichen der Nachhaltigkeit dargestellt werden, ohne das Konzept ganzheitlich zu denken. Eine vollständige Umsetzung ist schwierig und oft teuer. Beispielhaft dafür ist der Bezug von vergleichsweise teuren Lebensmitteln von Lieferanten, die zwar alle Kriterien erfüllten, jedoch keine wirtschaftliche Umsetzung [7, 8, 9, 10, 11]. Die Beschaffung nachhaltiger und zugleich bezahlbarer Lebensmittel ist ein zentrales Thema, das mit erheblichen Herausforderungen verbunden ist. Die Menge an benötigten Lebensmitteln ist in den Betriebsgastronomien groß, was regionale Produzenten oft an ihre Grenzen führt. Zudem erfüllen diese Lieferanten häufig nicht die geforderten Qualitätsstandards. In strukturschwachen Regionen ist es zudem besonders schwierig, das passende regionale Angebot für die Gemeinschaftsverpflegung zu finden. Die Logistik ist ebenfalls ein großes Problem, zentralisierte Lieferantenstrukturen erschweren es teilweise, einzelne Produkte separat anzuliefern. Ein weiteres Problem ist die Erhöhung des Anteils an Bioprodukten. Das Ziel, von 11 % auf die politisch gewollten 25–30 % zu kommen, schreitet nur langsam voran. Initiativen mussten aufgrund von Qualitäts- und Mengenproblemen aufgegeben werden.

Die Einbindung der Mitarbeiterinnen und Mitarbeiter stellt eine zusätzliche Herausforderung dar. Viele arbeiten seit Jahrzehnten nach bewährten Methoden und müssen erst vom Nachhaltigkeitsgedanken überzeugt werden. Die Herausforderung besteht am Ende darin, den Kundenwünschen gerecht zu werden und gleichzeitig wirtschaftlich attraktive Angebote zu machen. Aktionsfelder umfassen daher verschiedene Einflüsse wie Wirtschaftlichkeit, Umweltaspekte und Kundenwünsche.

8.4 Zukünftige Projekte im Bereich der Nachhaltigkeit

Zukunftsthemen der Nachhaltigkeit umfassen insbesondere auch das gastronomische Angebot mit einer starken Tendenz, den pflanzenbasierten Anteil weiter zu erhöhen. Schwerpunkte liegen hier auf der Modernisierung traditioneller, pflanzenbasierter Rezepturen. Alte Rezepte sollen modernisiert und durch pflanzliche Alternativen wie Hülsenfrüchte und Wurzelgemüse ersetzt werden. Regionale Tagesmenüs, aus saisonalen und lokalen Zutaten, soll zukünftig verstärkt angeboten werden [7, 8, 9, 10, 11].

Die Ausrichtung der Menü-Linien an der Planetary Health Diet wird weiterhin angestrebt. Umsetzungskonzepte dazu umfassen den höheren Anteil an Bio-Lebensmittel, Ausbau der pflanzlichen Ernährung, Förderung des Tierwohls und die Unterstützung der Regionalität gepaart mit entsprechenden Kommunikationsmaßnahmen. Der Dialog mit den Gästen soll die Akzeptanz der durchzuführenden Maßnahmen erhöhen und auch die Sensibilisierung der Gäste in Hinblick auf die Nachhaltigkeit unterstützen. Aktuelle Verkaufszahlen der befragten Betriebe zeigen, dass Fleischgerichte immer noch dominieren, aber das Angebot an attraktiven vegetarischen und veganen Optionen stetig erweitert wird.

Ein weiteres großes Thema in dem Zusammenhang ist die Betrachtung des CO_2-Fußabdrucks und einhergehend der Einsatz entsprechender Datenbanken. Regionalität bleibt ein zentrales Anliegen, und es wird angestrebt, vegane Gerichte im Biobereich bezahlbar zu machen.

8.5 Das Feedback der Gäste

In den vergangenen Jahren wurden erhebliche Fortschritte im Bereich Nachhaltigkeit festgestellt, begleitet von einem positiven Feedback seitens der Gäste. Die wachsende Präsenz der Fridays for Future Bewegung hat mittlerweile alle Generationen erreicht, die vermehrt nachhaltige Angebote einfordern [7, 8, 9, 10, 11].

Direkte Austauschformate, etwa in Form von Gesprächsrunden, zeigen, dass es immer Raum für Verbesserungen gibt und verdeutlichen, dass die Anstrengungen im Bereich der Nachhaltigkeit von den Gästen anerkannt und geschätzt werden. Durch die Unterstützung seitens der Geschäftsleitungen und Vorgesetzten sind Nachhaltigkeitszirkel entstanden, welche den direkten Austausch auf mehreren Ebenen zulassen. Diese Treffen mit verschiedenen Interessengruppen fördern den Gästedialog und das gemeinsame Engagement für Nachhaltigkeit. Die Gäste fordern eine konsequente Umsetzung nachhaltiger Praktiken und äußern Kritik, wenn nicht-nachhaltige Produkte angeboten werden. Bei Gästebefragungen spielt das Thema Nachhaltigkeit stets eine zentrale Rolle. Auch erlauben permanente Online-Befragungen zusätzlich kontinuierliches Feedback. Rückmeldungen, egal ob Lob oder Kritik, werden dadurch dokumentiert und ernst genommen. Die Gäste schätzen die Transparenz und die sichtbaren Verbesserungen.

Die Einführung von nachhaltigen Initiativen wird ebenfalls positiv aufgenommen. Gäste zeigen ihre Begeisterung für diese Maßnahmen, indem sie Fotos auf Social Media teilen. Bei einer Umfrage zur Bereitschaft, für ökologisch produzierte Lebensmittel mehr zu bezahlen, zeigen die Rückmeldungen, dass die meisten Gäste offen dafür sind. Dies unterstreicht die Bedeutung von Nachhaltigkeit für die Gäste und ihre Bereitschaft, dafür mehr auszugeben. Die Einführung der Planetary Health Diet stößt ebenfalls auf großes Interesse und positive Resonanz. Engagierte Personen tragen dazu bei, das Thema voranzutreiben. Die Kommunikation der Nachhaltigkeitsmaßnahmen erfolgt sorgfältig, um politische Diskussionen zu vermeiden und die Gäste nicht zu überfordern. Der Fokus liegt darauf, transparente Informationen bereitzustellen und die Gäste schrittweise an komplexere Nachhaltigkeitsaspekte heranzuführen.

Insgesamt zeigen die Ergebnisse, dass nachhaltige Programme in der Betriebsgastronomie möglich sind und von den Gästen geschätzt werden. Durch kontinuierliche Verbesserungen und eine enge Zusammenarbeit mit den Gästen wird das Thema Nachhaltigkeit aktiv vorangetrieben und in der Gemeinschaft verankert.

8.6 Die Rolle der Betriebsgastronomien im Nachhaltigkeitsbericht

Bei der Betrachtung der Nachhaltigkeitsberichte und der Rolle der Betriebsgastronomien ergibt sich noch kein einheitliches Bild. Standardisierte Kennzahlensysteme, die einen historischen oder betriebsübergreifenden Vergleich ermöglichen, sind nur in Ansätzen vorhanden. Erste Ansätze, das Thema Betriebsgastronomien in den Nachhaltigkeitsberichten zu thematisieren gibt es aber bereits. Oftmals werden preisgekrönte Initiativen hervorgehoben. Nur vereinzelt wird bereits umfassendes Zahlenmaterial erhoben und wird dann auch integrierter Bestandteil der CSR-Berichterstattung [7, 8, 9, 10, 11].

Ein idealer Nachhaltigkeitsbericht sollte die Komplexität eines Nachhaltigkeitskonzepts und valide Zertifizierungen darstellen, um die Glaubwürdigkeit der Maßnahmen zu unterstreichen. Entsprechende Scoringsysteme für die Rolle der Ernährung im betrieblichen Umfeld sollten einen betriebsübergreifenden und chronologischen Vergleich erlauben.

8.7 Ausblick in die Zukunft

Der Ausblick in die Zukunft unterstreicht die Vorreiter-Rolle der Betriebsgastronomien bei der Umsetzung klimafreundlicher Maßnahmen. Die Betriebsgastronomien können einen wesentlichen Beitrag zum Klimawandel und der Ernährungswende leisten. Die Politik hat die Werkzeuge, um Nachhaltigkeit durch Subventionen und Regelungen zu fördern. Positive Entwicklungen gibt es bereits, wie Nachhaltigkeitsinitiativen [7, 8, 9, 10, 11] auf EU-, Bundes- und Länderebene sowie regionaler und lokaler Aktivitäten. Diese Projekte sind inspirierend und fördern neue Konzepte.

Das Engagement für Nachhaltigkeit soll weiterhin intensiviert werden. Dabei muss der Fokus nicht nur auf der Verpflegung liegen, sondern auch auf den vorgelagerten und nachgelagerten Prozessen, um die Systematik der Nachhaltigkeit ganzheitlich zu betrachten. Dies ist derzeit nicht überall der Fall. Nachhaltigkeit betrifft viele Aspekte und muss daher umfassend umgesetzt werden, insbesondere angesichts der klimatischen Herausforderungen der nächsten Jahrzehnte. Die Branche der Gemeinschaftsverpflegung spielt dabei eine Vorreiterrolle, die auf kleinere gastronomische Einheiten übertragen werden könnte.

Die Bundesregierung unternimmt kleine Schritte, wie das Ziel, 30 % der landwirtschaftlichen Produktion ökologisch zu gestalten. Dies ist ambitioniert und öffnet den Raum für Diskussionen, insbesondere in Hinblick auf die konkrete Realisierung und Umsetzungsgeschwindigkeit. Es braucht Mut zu innovativen Projekten, Mut zu Leuchtturmprojekten und den Mut der Politik, sich umfassend zu informieren und in die Umsetzung zu gehen. Die Kombination von Bio-Produkten und nachhaltigen Prozessen ist bereits ein Hauptfokus der Ernährungsstrategie. Allerdings fehlen oft die finanziellen Mittel, die notwendige Professionalität und ein entsprechendes Vertrauen, um diese Ziele zu erreichen. Eine Vision ist es, alles in Bio und regional anzubieten. Doch das Verständnis der Gäste, Betriebsgastronomien, Lebensmittelindustrie für die Ernährungswende ist maßgeblich, da alle Akteure des Ernährungssystems mitentscheiden, was tatsächlich angeboten und verzehrt wird. Geduld, Kommunikation und effektive politische Maßnahmen sind notwendig, um dieses Ziel zu erreichen.

Zusammenfassung

In den befragten Betriebsgastronomien wurden umfangreiche Nachhaltigkeitsmaßnahmen implementiert, die von der Ausrichtung der Menü Linien an der Planetary Health Diet, Vermeidung von Lebensmittelabfällen bis hin zur Modernisierung von Spülanlagen reichen. Diese Maßnahmen sind Teil einer ganzheitlichen Strategie, die ökologische, ökonomische und soziale Säulen umfasst und darauf abzielt, den ökologischen Fußabdruck zu minimieren [7, 8, 9, 10, 11]. Die erfolgreichsten Maßnahmen umfassen die Einführung von pflanzenbasierten Menü Linien, Mehrwegsystemen, die Optimierung regionaler Lieferketten und die Digitalisierung von Bestellprozessen, die sowohl die Umweltbelastung reduzieren als auch die betriebliche Effizienz steigern.

Zukünftige Projekte konzentrieren sich verstärkt auf die weitere Erhöhung des Anteils pflanzenbasierter Menüs und die konsequente Integration der Planetary Health Diet. Hierbei wird angestrebt, Menüs stärker nach regionalen und saisonalen Verfügbarkeiten zu gestalten und die Akzeptanz für nachhaltige Ernährungsweisen zu fördern. Dabei helfen zunehmend auch digitale Anwendungen, wie beispielsweise die Verwendung der Datenbank Eaternity zur Berechnung von CO_2-Äquivalenten.

Die vorgestellten Maßnahmen und Strategien in den Betriebsgastronomien zeigen, dass durch gezielte Veränderungen im Ernährungssystem signifikante Einsparungen erreicht werden können. Die Varianz in den Schwerpunkten und unterschiedlichen Herangehensweisen der einzelnen Betriebe zeigt auch, dass es keine einheitliche Strategie gibt. Dies wird durch das Fehlen klar definierter Key Performance Indicators verstärkt, die sich bisher nicht in Nachhaltigkeitsberichten wiederfinden. Dies unterstreicht die Notwendigkeit einer stärkeren politischen Einflussnahme, um klare Standards zu setzen, die eine nachhaltige Entwicklung im Agrarsektor und in der Betriebsgastronomie fördern und die Messbarkeit der Fortschritte sicherstellen.

Die wichtigsten Maßnahmen auf einem Blick:

- Orientierung an der Planetary Health Diet
- Reduzierung Lebensmittelverschwendung
- Transparenz durch Eaternity
- ISO 14001 Zertifizierung
- Mehrwegbehälter einsetzen
- Bio-Lebensmittel verwenden
- Komponentenwahl System
- CO_2-Fußabdruck messen
- Regionale Produkte bevorzugen
- Biologisch abbaubare Reinigungsmittel verwenden

Literatur

1. BMEL. (2023). *Pressemitteilungen – BMEL bringt Bio-Strategie 2030 auf den Weg.* https://www.bmel.de/SharedDocs/Pressemitteilungen/DE/2023/131-bio-strategie-2030.html. Zugegriffen: 25. Juni 2024.
2. Grömling, M. (2024). Der deutschen Wirtschaft fehlen 545 Milliarden Euro. In *Institut der deutschen Wirtschaft (IW)*. https://www.iwkoeln.de/presse/pressemitteilungen/michael-groemling-der-deutschen-wirtschaft-fehlen-545-milliarden-euro.html. Zugegriffen: 25. Juni 2024.
3. Hintersdorf, C. (2024). Lage für Betriebsgastronomie bleibt herausfordernd. In *HOGAPAGE*. https://www.hogapage.de/nachrichten/wirtschaft/gastronomie/lage-f%C3%BCr-betriebsgastronomie-bleibt-herausfordernd/. Zugegriffen: 25. Juni 2024.

4. Ivanovich, C. C., Sun, T., Gordon, D. R., & Ocko, I. B. (2023). Future warming from global food consumption. *Nature Climate Change, 13*(3), 297–302.
5. Philipsborn, P., Geffert, K., Klinger, C., Hebestreit, A., Stratil, J., & Rehfuess, E. A. (2022). Nutrition policies in Germany: a systematic assessment with the Food Environment Policy Index. *Public Health Nutrition, 25*(6), 1691–1700.
6. Spiegel. (2024). *Coronafolgen in der Gastronomie: Betriebskantinen leiden unter Homeoffice.* https://www.spiegel.de/wirtschaft/unternehmen/betriebskantinen-leiden-unter-homeoffice-corona-folgen-in-der-gastronomie-a-aa2194e2-5b65-476b-8fa8-b8f378db2941. Zugegriffen: 25. Juni 2024.
7. Wirsam, J. (2024). *Best Practices bei der Nachhaltigkeit in der Betriebsgastronomie – Fallbeispiel Vivantes.* Interview mit Tobias Grau.
8. Wirsam, J. (2024). B*est Practices der Nachhaltigkeit in der Betriebsgastronomie – Fallbeispiel Allianz.* Interview mit Walter Kratzer.
9. Wirsam, J. (2024). *Best Practices der Nachhaltigkeit in der Betriebsgastronomie – Fallbeispiel Daimler.* Interview mit Moritz Mack.
10. Wirsam, J. (2024). *Best Practices der Nachhaltigkeit in der Betriebsgastronomie – Fallstudie Studierendenwerke Trier.* Interview mit Andreas Wagner.
11. Wirsam, J. (2024). *Best-Practices der Nachhaltigkeit in der Betriebsgastronomie – Fallbeispiel E.ON.* Interview mit Horst Kafurke. Zoom.

Prof. Dr. Jan Wirsam ist seit 2015 Professor für Operationsmanagement und Innovationsmanagement an der Hochschule für Technik und Wirtschaft Berlin. Seine Lehr- und Forschungsgebiete umfassen die Schwerpunkte Innovationsmanagement, Nachhaltigkeit und Operationsmanagement. Hierbei setzt er sich insbesondere mit digitaler Innovation, Start-ups, Geschäftsmodellinnovation sowie pflanzenbasierten Wertschöpfungsketten und der Ernährungswende auseinander. Er hat an der Universität Mainz Betriebswirtschaftslehre mit den Schwerpunkten Produktion, Marketing und Wirtschaftsinformatik studiert. Im Anschluss forschte und lehrte er am Lehrstuhl für ABWL und Produktionswirtschaft und hat im Bereich Innovationsmanagement promoviert. Er ist Mentor, u. a. beim Proveg Incubator, und Advisor verschiedener Start-ups, Impact Investoren und Family Offices. Er ist Mitgründer des Forschungsinstituts für pflanzenbasierte Ernährung gGmbH und Autor, darunter das Werk „Die Vermessung der Ernährung", gemeinsam veröffentlicht mir Prof. Dr. Claus Leitzmann. Weiterhin ist er in verschiedenen gemeinnützigen Organisationen tätig, u. a. in der AG Forschung des Förderkreises biozyklisch-veganer Anbau e. V.

Kevin Röhl ist wissenschaftlicher Mitarbeiter am Lehrstuhl von Prof. Wirsam an der HTW Berlin und forscht zu den Themen Digitalisierung, Gesundheit und Ernährung. Insbesondere Volkskrankheiten aufgrund ungesunder Ernährung beschäftigen ihn im Rahmen seiner Forschungsprojekte. Zahlreiche Veröffentlichungen und Vorträge zu den Themen Digitalisierung, KI, Gesundheit und Ernährung sind bereits Ergebnis seiner Forschung.

Private Haushalte

Chancen und Hürden von Konsumentinnen und Konsumenten bei der Ernährungswende: Eine Analyse aus der Perspektive der Konsumentenforschung

Carsten Leo Demming

> **Zusammenfassung**
>
> Der Beitrag beleuchtet aus Sicht der Konsumentenforschung, wie private Haushalte zur Ernährungswende beitragen können und welche Hindernisse sie dabei überwinden müssen. Im Mittelpunkt steht dabei die Schlüsselrolle von Konsumentinnen und Konsumenten sowie die Barrieren, die sie daran hindern, nachhaltigere Entscheidungen zu treffen. Neben fehlendem Wissen und mangelnder Veränderungsbereitschaft auf Konsumentinnen- und Konsumentenseite stellen auch ungünstige Rahmenbedingungen wie hohe Kosten und eingeschränkte Verfügbarkeit nachhaltiger Produkte wesentliche Hindernisse dar. Der Beitrag skizziert zudem Lösungsansätze, darunter verbesserte Informationskampagnen, politische Maßnahmen wie Nachhaltigkeitskennzeichnungen und steuerliche Anreize sowie unternehmerische Strategien. Ziel ist des Beitrags ist es, Konsumentinnen und Konsumenten in ihrer Rolle als Treibende der Transformation des Ernährungssystems begreifbar zu machen und durch Analyse von Chancen und Barrieren seitens der Konsumentinnen und Konsumenten nachhaltige Konsumgewohnheiten zu fördern.

C. L. Demming (✉)
Duale Hochschule Baden-Württemberg (DHBW), Heilbronn, Deutschland
E-Mail: carsten.demming@dhbw.de

9.1 Einleitung

Die Menschheit sieht sich einer erheblichen Überschreitung der sogenannten planetaren Grenzen gegenüber – einem Konzept, das die bedeutendsten durch den Menschen verursachten Störungen des Erdsystems hervorhebt. Dies führt dazu, dass planetare Kipppunkte, unumkehrbare Klimaweichen, bald erreicht sind, wie die jüngeren Berichte des Weltklimarats Intergovernmental Panel on Climate Change [20] zeigen. Es besteht somit ein dringender Bedarf an Umstellung und Dekarbonisierung aller menschlichen Wirtschaftssektoren.

Landwirtschaft und Ernährung tragen weltweit maßgeblich zur Überschreitung der meisten dieser planetaren Grenzen bei, etwa durch überschüssige Nährstoffströme, übermäßige Veränderung der Landsysteme, Wasserknappheit und den Verlust der biologischen Vielfalt [2]. Besonders erwähnenswert sind dabei die CO_2-Emissionen, denn Lebensmittel haben einen erheblichen Treibhausgas-Fußabdruck. Mindestens 25 % aller globalen CO_2-Emissionen entfallen auf den Lebensmittelsektor [35], was den Ausstoß dieses Sektors ebenso wichtig macht, wie Emissionen aus dem Individualverkehr oder dem Wohnungsbau [20]. Teilweise wird, je nach Art der Berechnung und Zuweisung auch von über einem Drittel Anteil des Agri-Food-Sektors am Gesamt-Treibhausgasausstoß weltweit ausgegangen. Ähnlich sieht die Situation aus europäischer Perspektive aus: So sind in der EU laut Europäischer Kommission Lebensmittel für 38 % aller konsumbezogenen Treibhausgase verantwortlich [13].

Erfreulicherweise stehen diesen dramatischen Tatsachen auch einzigartige Vorteile des Agrar- und Ernährungssektors entgegen. Theoretisch ist nämlich die Veränderung des derzeitigen, nicht nachhaltigen Lebensmittelsystems weniger komplex als in anderen Sektoren und daher besonders naheliegend. Dabei ergeben sich gegenüber beispielsweise der Transformation des Individualverkehrs oder des Wohnungsbaus zwei wesentliche Vorteile in der Ernährungswende: der Faktor Zeit und der Faktor Kosten.

Der Faktor Zeit meint die größtenteils zeitlich unmittelbaren, direkten Auswirkungen von Lebensmittel-Konsumentscheidungen auf Ernährungssysteme und deren planetaren Effekte. Denn anders als beim Haus- oder Autokauf werden Konsumentscheidungen für Lebensmittel wöchentlich oder gar täglich neu getroffen und sind somit schnell anpassbar. Wenn Konsumentinnen und Konsumenten, in Deutschland, Europa und in der ganzen Welt, heute den Konsum nicht nachhaltiger Lebensmittel einschränken und stattdessen nachhaltigere Produkte bevorzugen würden, hätte dies sofortige positive Auswirkungen auf den Großteil der erwähnten planetaren Kipppunkt-Dimensionen. Gleichzeitig hätten geänderte Lebensmittel-Konsumentscheidungen mittelbare, und damit indirekte Auswirkungen auf Erzeugungsbetriebe, die sich den geänderten Marktbedingungen und Präferenzen anpassen würden, weil sie es müssten, um am Markt erfolgreich zu bleiben. Eine besondere Rolle kommt dabei den Produkten aus tierischer Erzeugung zu. Hintergrund: Die globalen Treibhausgasemissionen tierischer Lebensmittel sind etwa doppelt so hoch wie die pflanzlicher Lebensmittel [37]. Insbesondere das Halten von Wiederkäuern wie Rindern oder Schafen schlägt wegen hoher Methan-Emissionen stark zu Buche. Damit bietet sich Konsumentinnen und Konsumenten durch Reduktion des Konsums von Fleisch- und Milchprodukten jedoch auch ein enormes Potenzial für das Einsparen von CO_2-Emissionen. In diesem Zusammenhang wird auch von der Proteinwende (siehe Kap. 18) gesprochen, womit das Ersetzen von tierischen Proteinen durch pflanzliche Alternativen gemeint ist. Innerhalb weniger Jahre könnten dadurch erstaunliche Ergebnisse erzielt werden. Dazu ein Beispiel: Wenn allein die Kundinnen und Kunden der vier größten Handelsketten in der EU die Hälfte ihres konsumierten Rind-, Schweine- und Hühnerfleisches durch eine Mischung aus Hülsenfrüchten, Tofu und pflanzlichen Fleischalternativen bis 2030 ersetzten, würde dadurch eine Fläche von der Größe Portugals, Wasser in der Größenordnung von 228.000 olympischen Schwimmbecken pro Jahr und rund die Hälfte der gesamten ernährungsbezogenen Treibhausgasemissionen eingespart [21].

Doch nicht nur ist die Ernährungswende zeitnah umsetzbar. Der Faktor Kosten meint als Ergänzung, dass Veränderung im Agrar- und Ernährungssektor zu vergleichsweise niedrigen Kosten für Gesellschaften im Allgemeinen und die Konsumentinnen und Konsumenten im Speziellen erzielbar wäre. Anders als in anderen Sektoren, wo Wohnungssanierungsprogramme und Elektro-Antriebsförderung hohe gesellschaftliche Investitionen, sei es auf Staats-, Unternehmens- oder Kundenseite erfordern, wäre eine Verschiebung hin zu mehr Nachhaltigkeit im Agrar- und Ernährungssystem vergleichsweise günstig zu bewerkstelligen. Insbesondere Konsumentinnen und Konsumenten können nahezu ohne Mehrkosten die Ernährungswende vollziehen – bei Zugrundelegen der Annahme, dass dabei eine Proteinwende von tierischen hin zu pflanzlichen Proteinen ein zentrales Element wäre. Gleichzeitig sei einschränkend erwähnt, dass eine Umstellung der Landnutzung selbstredend Kosten für produzierende Unternehmen nach sich ziehen würde. Dies gilt insbesondere im Bereich der landwirtschaftlichen Primärproduktion von Fleisch und Milch. Beispielsweise würde Leerstand von Ställen große Effizienzverluste für Produzenten bedeuten. Diese Kosten könnten jedoch beispielsweise über Förderungsprogramme zur Transformation zumindest teilweise abgefangen werden. Erste Ansätze für eine solche Anschubhilfe seitens Regierungen ist die Proteinstrategie der deutschen Bundesregierung zur Förderung pflanzlicher Alternativen in der Bundesrepublik Deutschland. Die einzelnen Eiweißförderungsbestandteile des Bundes werden derzeit zu einer Proteinstrategie weiterentwickelt. Dazu finden seit Frühjahr 2024 Workshops und Gespräche mit Stakeholdern entlang der Wertschöpfungskette statt. Der Schwerpunkt liegt auf pflanzlichen Proteinquellen sowie deren Verarbeitung mit bewährten und innovativen Verarbeitungstechnologien. Die sogenannte Proteinstrategie des Bundesministeriums für Ernährung und Landwirtschaft (BMEL) soll im Frühjahr 2025 veröffentlicht werden und als Leitlinie der Arbeit des Kompetenzzentrums Proteine der Zukunft in der Bundesanstalt für Landwirtschaft und Ernährung [4] dienen.

Trotz der vermeintlichen Vorzüge des Agrar- und Ernährungssektors in Bezug auf Transformation, ist diese in der Realität nur in geringem Maße zu beobachten. Sinnbildlich wird das beim Blick auf die Entwicklung des Fleischkonsums. Hier sehen wir, dass von 2018 bis 2023 zwar der Verbrauch in Deutschland abnimmt, aber auf geringem Niveau. Im jährlichen Durchschnitt der letzten fünf Jahre sinkt der Fleischkonsum dabei um etwa 3 % pro Jahr [3]. Eine besondere Bedeutung hat dabei besonders der Ernährungsstil Flexitarismus, also der bewusste, situative Verzicht und die Reduzierung von Fleischkonsum. In Deutschland bezeichnen sich 41 % der Bevölkerung inzwischen als Flexitarierinnen und Flexitarier – ein Jahr zuvor waren es jedoch noch 5 % mehr. Hinzu kommen insgesamt unverändert 10 %, die sich entweder vegan oder vegetarisch ernähren. Zu konstatieren ist, dass dies keine Revolution, sondern lediglich, und wenn überhaupt, eine langsame Veränderung im Konsumentenverhalten darstellt.

Dieser Beitrag behandelt zum einen mögliche Chancen und Wege hin zur konsumentengetriebenen Ernährungswende und analysiert zum anderen als Schwerpunkt die Hürden für Konsumentinnen und Konsumenten, die auf diesem Weg überwunden werden müssen. Dabei werden die verschiedenen Hürden, denen Konsumentinnen und Konsumenten bei der Ernährungswende begegnen, benannt und aus der Sichtweise der Konsumentenforschung analysiert. Daraus sollen für Stakeholder des Agrar- und Ernährungssystems wichtige Hinweise zum Abbau von Hürden ableitbar sein.

Fest steht aus Sicht des Autors, dass die Rolle von Konsumentinnen und Konsumenten und ihre Verantwortung entlang der Wertschöpfungskette noch zu wenig verstanden sind. Dieses Kapitel versucht, Erkenntnisse für ein besseres Verständnis für das Potenzial von Konsumentinnen und Konsumenten für die nachhaltige Transformation zu sammeln und zu strukturieren. Große Teile dieser Erkenntnisse leiten sich dabei aus der Mitarbeit und Ko-Leitung des Autors im Forschungsprojekt „Vermittlung relevanter Nachhaltigkeitsinformationen" [19] ab.

9.2 Chancen der Ernährungswende – Schlüsselrolle der Konsumentinnen und Konsumenten

Die Transformation unserer Ernährung hin zu mehr Nachhaltigkeit ist ein zentrales Thema im Kontext des globalen Klimawandels und der sozialen Gerechtigkeit, spätestens seit der Konferenz der Vereinten Nationen über Umwelt und Entwicklung in Rio 1992 wächst nachhaltige Entwicklung in seiner Bedeutung als einer der dringlichsten globalen Herausforderungen [24]. Diese Priorisierung übertrug sich seither in der Folge auch auf die Land- und Ernährungswirtschaft. Konsumentinnen und Konsumenten und ihr Verhalten spielen dabei eine Schlüsselrolle entlang der gesamten Lebensmittelwertschöpfungskette. Ihre Entscheidungen beeinflussen – wie eingangs beschrieben – nicht nur die Nachfrage nach nachhaltigen Produkten, sondern auch die Produktionsmethoden und die Verteilung von Lebensmitteln. Übergeordnetes Ziel ist im besten Falle ein nachhaltiger Konsum in dem Sinne von Entscheidungen für Nahrungsmittel, die für den Einzelnen, die Gesellschaft und den Planeten von Nutzen und lebensbereichernd sind [29]. In diesem Kontext ist die Planetary Health Diet (siehe Kap. 17) als wissenschaftlich fundierte Empfehlung zu einer solchen Ernährungsweise mit Planet und Mensch im Fokus zu nennen, die von einer internationalen Kommission erarbeitet wurde und neben der veränderten Ernährungsweise auch eine Optimierung der Lebensmittelproduktion optimiert und Reduktion von Lebensmittelabfällen hervorhebt [11]. Obwohl spezifische Umfragedaten zur allgemeinen Bekanntheit fehlen, ist anzunehmen, dass bisher wenige Konsumentinnen und Konsumenten dieses spezifische Konzept einordnen können. In Deutschland haben jedoch zuletzt Organisationen wie die Deutsche Gesellschaft für Ernährung (DGE) und die Verbraucherzentrale Bayern Informationen zur Planetary Health Diet bereitgestellt, was auf eine zunehmende Verbreitung des Konzepts hindeutet. Dennoch ist anzunehmen, dass das Bewusstsein für diese Ernährungsweise in der breiten Bevölkerung noch ausbaufähig ist.

Nichtsdestotrotz ist Nachhaltigkeit beim Lebensmittelkonsum seit mindestens zehn Jahren ein wachsendes Thema für Konsumentinnen und Konsumenten in Deutschland, insbesondere für Angehörige der tendenziell jüngeren Generationen Millennials und Generation Z. Vor allem der Trend der pflanzlichen Milch- und Fleischalternativen wird von diesen jungen Generationen getragen [16]. Gleichwohl muss erwähnt werden, dass das Bedürfnis nachhaltiger Erzeugung für Konsumentinnen und Konsumenten naturgemäß nachgelagert nach elementaren Bedürfnissen wie Sicherheit, Leistbarkeit und Genuss steht. Entsprechend verlagert sich die Beschäftigung mit und Bedeutung von Nachhaltigkeitsthemen, wenn Unsicherheiten bei diesen besonders elementaren Produkteigenschaften entstehen. Externe Entwicklungen und dringende Anliegen wie jüngste Inflationsentwicklungen können somit bewirken, dass Nachhaltigkeit von Lebensmitteln für Konsumentinnen und Konsumenten zeitweilig in den Hintergrund rückt. Wichtig zu verstehen ist jedoch, dass das Thema Nachhaltigkeit als zentraler Mega-Trend auch bei Lebensmitteln nicht mehr verschwindet [30]. Durch ihre inerte Machtposition können Konsumentinnen und Konsumenten das Ernährungssystem dabei maßgeblich mitprägen, denn nur was akzeptiert und gekauft wird, kann am Markt langfristig bestehen. In diesem Zusammenhang wird das nachhaltige Einkaufen von Lebensmitteln besonders wichtig. Konsumentinnen und Konsumenten haben zwar die Möglichkeit, einen wesentlichen Beitrag zu einer nachhaltigeren Ernährung und damit auch zu einem nachhaltigeren Lebensmittelsektor zu leisten, indem sie bewusst umweltfreundliche und sozial verantwortliche Produkte wählen [17]. Voraussetzung ist jedoch die Fähigkeit zur Verantwortungsübernahme, die mit der Befähigung einhergeht, überhaupt nachhaltige Entscheidungen treffen zu können. Eine Verantwortungszuweisung auf die Konsumentinnen und Konsumenten durch andere Stakeholder (z. B. Vertreter aus Politik, Handel und Industrie) in der Bedeutung, dass konsumentenseitig kein stärkerer Wandel als derzeit gewünscht sei, greift deshalb zu kurz. Vielmehr sind hierzu Hürden von Konsumentinnen und Konsumenten bei der Ernährungswende in Betracht zu ziehen.

9.3 Hürden für Konsumentinnen und Konsumenten bei der Ernährungswende

Die Barrieren, die Konsumentinnen und Konsumenten daran hindern nachhaltiger zu konsumieren, sind dabei vielfältig und unterschiedlich durchschlagend in ihrer Wirkung (siehe Abb. 9.1). Grob lassen sie sich aus Sicht des Autors in drei große Bereiche unterteilen, die den Übergang zu einem nachhaltigeren Agri- Ernährungssystem verlangsamen und behindern:

Einfach gesagt, müssten alle drei Bereiche verbessert werden, um die Ernährungswende durch veränderte Konsumentscheidungen zu beschleunigen. Dennoch ist jede Dimension einzigartig und bedarf detaillierter Betrachtung. Dies soll in den folgenden Abschnitten erfolgen.

9.3.1 Mangelndes Wissen der Konsumentinnen und Konsumenten zur Veränderung

Eine der größten Hürden für Konsumentinnen und Konsumenten ist das mangelnde Bewusstsein für die Auswirkungen ihrer Ernährungsgewohnheiten auf die Umwelt und die Gesellschaft. Dies kann unterschiedliche Ebenen des mangelnden Bewusstseins betreffen: Nachfolgend sollen zwei Aspekte fokussiert werden, das mangelnde Wissen über die Auswirkungen von Ernährung und Lebensmitteln generell und das mangelnde Wissen, welche Lebensmittel und Ernährungsweisen aus Nachhaltigkeitssicht im Vergleich zu bevorzugen sind.

Zum einen sind sich viele Konsumentinnen und Konsumenten nicht bewusst, dass ihre Ernährung einen erheblichen Einfluss auf die Treibhausgasemissionen, die Biodiversität und die Nutzung natürlicher Ressourcen hat. Einfach gesagt, wissen viele Konsumentinnen und Konsumenten generell wenig über die Nachhaltigkeit von Lebensmitteln [9]. Obwohl das Interesse am Thema Nachhaltigkeit in den letzten Jahren gestiegen ist [18,

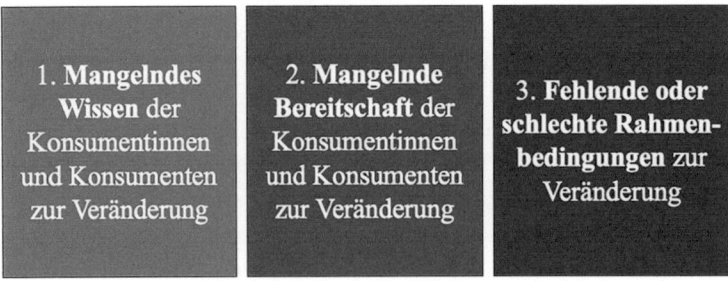

Abb. 9.1 Barrieren, die Konsumentinnen und Konsumenten an der Umsetzung der Ernährungswende hindern. (Quelle: eigene Darstellung)

23], unterschätzen Konsumentinnen und Konsumenten die tatsächlichen negativen Auswirkungen des Lebensmittelkonsums noch erheblich [8]. Ein Teil dieser Unkenntnis kann auf fehlende, unverständliche oder uneinheitliche Nachhaltigkeitsinformationen zurückzuführen sein, die im Extremfall nachhaltige Konsumentscheidungen sogar behindern können [24]. Wichtig hierbei ist auch, dass den Konsumentinnen und Konsumenten oft auch das Vokabular und die Dimensionen der Nachhaltigkeit unklar oder gar unbekannt sind. Das macht es auch schwierig, diese zu gewichten oder einzuschätzen. Im Resultat bedeutet das auch, dass Nachhaltigkeit als komplex und kompliziert wahrgenommen wird.

Zum anderen können Konsumentinnen und Konsumenten aufgrund des Informationsmangels im Lebensmittelmarkt kaum fundierte Auswahlentscheidungen zwischen verschiedenen Lebensmitteloptionen in Bezug auf Nachhaltigkeit treffen. Dies ist allerdings höchst relevant, da dieses Abwägen und Entscheiden die Grundlage für Transformation darstellt. Konkret als Beispiel fehlt es Konsumentinnen und Konsumenten an der schlichten und glaubwürdigen Vergleichsgrundlage, beispielsweise wie viel mehr CO_2 durch das Rindfleisch-Steak im Vergleich zum Soja-Schnitzel emittiert wurden. So basieren Abwägungen bei Konsumentinnen und Konsumenten häufig auf heuristischen Signalen und Nachhaltigkeitsglaubenssätzen wie etwa dem Bio-Siegel oder dem Prinzip der Regionalität, die wie im Beispiel aber häufig wenig Auswirkungen auf alle Ziel-Kriterien hätten und deshalb nicht alleinig geeignet sind, um Auswahlentscheidungen zu leiten.

Als besonderer Punkt ist die Rolle der Medien und Werbung bei dem Erwerb von Nachhaltigkeitswissens anzusprechen. Sie spielen eine entscheidende Rolle bei der Vermittlung von Informationen an Konsumentinnen und Konsumenten. Immer wieder dominieren jedoch Konnotationen in Bezug auf Nachhaltigkeitsthemen, die Polarisierung statt Wissenserwerb und Information schaffen. Beispielhaft dafür ist mediale Berichterstattung über eine Studie zu nennen, die ursprünglich zeigt, dass der Konsum von pflanzlichen hoch verarbeiteten Lebensmitteln – von Pommes Frites über Süßigkeiten und Fertiggerichten bis zum vegetarischen Schnitzel – das Risiko für Herz-Kreislauf-Erkrankungen erhöhen kann [28]. In vielen Medien wurden diese Ergebnisse jedoch unzulässig verkürzt auf die Gesundheitswirkung von Fleischalternativprodukten, zum Beispiel als „Mit Fleischersatz tut man sich nichts Gutes" [1] oder „Vegetarischer Fleischersatz soll schlecht fürs Herz sein" [34]. Solche Verkürzungen verwirren Konsumentinnen und Konsumenten und überlagern teilweise verlässliche und transparente Informationen zu Nachhaltigkeit oder auch Gesundheitswirkung von nachhaltigen Optionen. Im gleichen Maße wird derzeit nur wenig Information seitens der Medien verbreitet, wie nachhaltiger Konsum erleichtert werden kann.

Zusammengefasst haben Konsumentinnen und Konsumenten oft nur begrenztes Wissen über nachhaltige Ernährung und sind mit wenigen oder widersprüchlichen Kenntnissen und Informationen zu einzelnen Optionen konfrontiert. Dadurch wird Verhaltensänderung beim Lebensmittelkonsum behindert [8]. Konsumentinnen und Konsumenten wissen oft weder um den Einfluss von Ernährung, noch welche konkreten Lebensmittel gut oder schlecht sind in Bezug auf Nachhaltigkeit. Dies wiederum führt zu Unsicherheiten und Missverständnissen, die in der Konsequenz auch die Bereitschaft zur Veränderung hemmen kann.

9.3.2 Mangelnde Bereitschaft zur Veränderung

Ernährung ist tief in kulturelle und soziale Strukturen eingebettet. Gelernte Essgewohnheiten und gesellschaftliche Normen können die Umstellung auf eine nachhaltigere Ernährung deshalb erschweren [25]. Viele Menschen sind stark an traditionelle Essgewohnheiten gebunden. Diese kulturellen Praktiken sind oft schwer zu ändern, da sie tief in der Identität und den sozialen Beziehungen verwurzelt sind. Beispielsweise ist Fleischkonsum für viele Konsumentinnen und Konsumenten identitätsstiftend (beispielsweise für die Kohorten- oder Geschlechtsidentität) und ist unter anderem deshalb schwirig zu reduzieren [27]. So besteht allgemein ein Geschlechterunterschied in den Ernährungsstilen. Beispielhaft lässt sich das an dem Geschlechteranteil für fleischlastige bzw. vegane/vegetarische Ernährung illustrieren. Abb. 9.2 zeigt, wie stark der Geschlechterunterschied ausgeprägt ist.

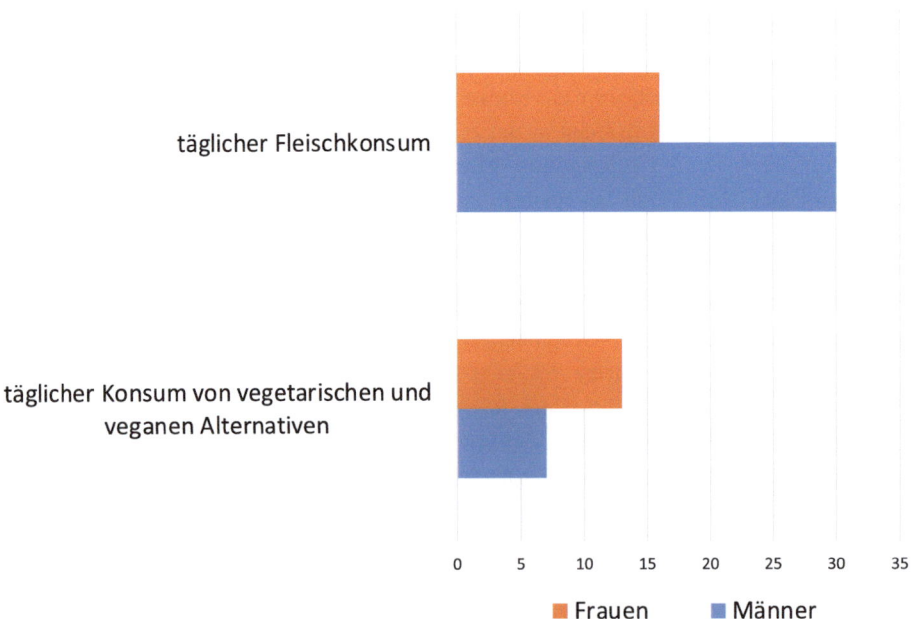

Abb. 9.2 Geschlechterverteilung bei täglichem Konsum von Fleisch und pflanzlichen Alternativprodukten (in % aller Personen in Deutschland). (Quelle: eigene Darstellung mit Daten aus BMEL (2024) [7])

Untersuchungen zeigen, dass sowohl Persönlichkeitsmerkmale als auch geschlechterspezifisches Identitätsmanagement zu diesem Unterschied beitragen. So sind bei Teilen von Konsumentinnen und Konsumenten die Konzepte von Umweltfreundlichkeit und Weiblichkeit mental miteinander verknüpft und Verbrauchende, die sich umweltfreundlich verhalten, werden dementsprechend von anderen als weiblicher stereotypisiert [5].

Gleichzeitig ändern sich gesellschaftliche Normen in Bezug auf Essen und Lebensmittel auch mit dem Alter. So ist der Anteil der Vegetarierinnen und Vegetarier und Veganerinnen und Veganer mit 20 % bei den 14–29-Jährigen mehr als doppelt so hoch wie in jeder älteren Alterskohorte in Deutschland [7]. Transformation scheint also mit zunehmendem Alter schwieriger zu werden. Die Beispiele Geschlechterunterschiede und Unterschiede in Alterskohorten untermalen die Rolle von sozialem Druck und Gemeinschaftseinflüsse. Konsumenten stehen häufig unter sozialem Druck, bestimmte Ernährungsgewohnheiten beizubehalten, um nicht aus der Gemeinschaft ausgeschlossen zu werden. Dies kann insbesondere in engen sozialen Kreisen wie Familien oder Freundeskreisen eine große Hürde zur Veränderung darstellen.

Neben den sozialen Einflüssen spielen insbesondere psychologische Aspekte wie persönliche Gewohnheiten, Vorlieben und Wahrnehmungen eine wesentliche Rolle bei der Ernährungswende. Die tief verwurzelten Verhaltens- und Wahrnehmungsmuster zu ändern, stellt eine erhebliche Herausforderung für Konsumentinnen und Konsumenten dar [14]. Dies liegt unter anderem daran, dass Gewohnheiten und Vorlieben deshalb schwer zu ändern, da sie häufig das Ergebnis jahrelanger Praxis sind und durch emotionale Bindungen und sensorische Vorlieben verstärkt werden. Gleichzeitig kann die Wahrnehmung von nachhaltigen Lebensmitteln auch durch Vorurteile und Missverständnisse verzerrt sein. Manche Konsumentinnen und Konsumenten halten nachhaltige Produkte etwa für weniger schmackhaft oder weniger attraktiv [12].

Auch die Bequemlichkeit und Alltagstauglichkeit von nachhaltigen Optionen bei Lebensmitteln spielen eine wichtige Rolle in Bezug auf die mangelnde Wechselbereitschaft. Viele Konsumentinnen und Konsumenten bevorzugen Produkte, die leicht zugänglich und schnell zuzubereiten sind. Nachhaltige Ernährung erfordert aber oft mehr Zeit für Planung, Einkauf und Zubereitung, was für viele Menschen eine erhebliche Hürde darstellt, beispielsweise bei der Lebensmittelabfallvermeidung (siehe Kap. 12 und 22) [36].

9.3.3 Fehlende oder schlechte Rahmenbedingungen zur Veränderung

Neben dem Mangel an Wissen und Wollen von Konsumentinnen und Konsumenten machen häufig externe Rahmenbedingungen den Zugang zu veränderten Konsummustern schwierig. Im Folgenden soll insbesondere auf zwei Aspekte in diesem Zusammenhang eingegangen werden: finanzielle Hürden (und damit verknüpft Preisunterschiede) sowie Verfügbarkeit am Einkaufsort.

Nachhaltige Lebensmittel sind oft teurer als konventionelle Produkte [15]. Diese Preisunterschiede können für viele Konsumentinnen und Konsumenten eine erhebliche Barriere darstellen, insbesondere für diejenigen mit geringem Einkommen. Der höhere Preis nachhaltiger Lebensmittel ist unter anderem auf höhere Produktionskosten und geringere Subventionen oder andere Steuerbehandlung zurückzuführen. Ersteres ist auch auf noch nicht ausgeschöpfte Skaleneffekte zurückzuführen. Konsumentinnen und Konsumenten mit niedrigem Einkommen haben oft weniger Spielraum für zusätzliche Ausgaben, was die Wahl nachhaltiger Produkte erschwert. Dies verstärkt soziale Ungleichheiten und behindert die breite Akzeptanz nachhaltiger Ernährung.

Konkret liegen die Durchschnittspreise pflanzlicher Alternativen für tierische Lebensmittel je nach Kategorie zwischen 3 % (Milchalternativen) und 35 % (Fleischalternativen) über der tierischen Option. Dies hat, neben Präferenzen der Verbraucherinnen und Verbraucher und anderen Faktoren enorme Auswirkungen auf Abverkäufe. So lag der Marktanteil pflanzlicher Optionen am Gesamtmarkt 2023 in der fast preisparitätischen Warengruppe Milch(-alternativen) bei 9,8 %, in der Warengruppe Fleisch(-alternativen), wo pflanzliche Alternativen vergleichsweise teuer sind, jedoch nur bei 2,3 % [15]. Ähnliche Ableitungen lässt das Absatzplus von pflanzlichen Alternativen des Einzelhändlers Lidl Deutschland nach Einführung einer Preisparität zu: Der in 2023 verkündete Schritt, die Preise für tierische Produkte und pflanzliche Alternativen anzugleichen, zahlte sich für Lidl in einem um etwa 30 % gestiegenen Absatz beim Plant-based-Sortiment aus, teilt der Discounter mit [22].

Zudem sind nachhaltige Produkte nicht überall gleichermaßen verfügbar. Die Verfügbarkeit und Zugänglichkeit nachhaltiger Lebensmittel ist regional sehr unterschiedlich. In ländlichen Gebieten oder weniger wohlhabenden Stadtteilen kann der Zugang zu nachhaltigen Produkten stark eingeschränkt sein. Laut einer Studie achtet zwar ein Großteil der Deutschen beim Kauf von Nahrungsmitteln auf Nachhaltigkeitskriterien, also Umwelt, Soziales oder eine gute Unternehmensführung. Bei einem Wechsel zu nachhaltigeren Produkten würde aber für etwa die Hälfte der Befragten eine bessere Verfügbarkeit im Lebensmitteleinzelhandel helfen [26]. Es besteht also noch ein klares Defizit in der Warenverfügbarkeit. So gaben 41 % der Konsumentinnen und Konsumenten an, dass sie Schwierigkeiten haben, nachhaltige Lebensmittel in ihrer Nähe zu finden [6]. Umgekehrt liegen in der derzeit schlechten Verfügbarkeit aber auch große Risiken für Industrie und Handelsunternehmen. Laut einer Studie kaufen 27 % der Deutschen weniger oder nichts, wenn keine nachhaltigen Produkte verfügbar sind [32].

Zusammenfassend sind finanzielle Hürden und Verfügbarkeit Schlüsselelemente, die zur Beschleunigung der Ernährungswende unbedingt berücksichtigt werden sollten. Um die Nachhaltigkeit beim Einkauf von Lebensmitteln zu fördern, müssen zukünftig sowohl die Anbieter als auch die Konsumentinnen und Konsumenten ihre Verantwortung wahrnehmen.

9.4 Mögliche Lösungsansätze und Strategien zur Überwindung der Hürden

Nach der Analyse der Hürden sollen im folgenden Abschnitt schlaglichtartig Lösungsansätze und Möglichkeit diskutiert werden, wie diese Hürden adressiert und überwunden werden können. Dabei besteht keinesfalls Anspruch an Vollständigkeit, vielmehr sollen mögliche Impulse exemplarisch skizziert werden. Generell lassen sich diese in die drei Themenfelder Bildung und Information, weitere politische Maßnahmen und unternehmerische Entscheidungen gliedern.

Fakt ist, es besteht ein Bedarf an klareren und verlässlicheren Informationen, um den Konsumentinnen und Konsumenten eine informierte Entscheidung bei Lebensmitteln zu ermöglichen. Dieser Bedarf wird auch durch die Ergebnisse des vom Deutschen Bundestag eingesetzten Bürgerrats „Ernährung im Wandel" dokumentiert [10]. Zentrales Instrument zur Überwindung des Wissensdefizits von Konsumentinnen und Konsumenten ist Bildung und Information. Um die genannten Hürden zu überwinden, sind dabei strukturierte Bildungsinitiativen und angegliederte Informationskampagnen nötig, die leicht verständlich, zugänglich und transparent sind. Dabei ist insbesondere die Förderung sozialer Veränderungen und die Unterstützung sozial oder ökonomisch benachteiligter Gruppen zu berücksichtigen. Eine Möglichkeit, die fehlende Kenntnis über die Nachhaltigkeit von Lebensmitteln zu reduzieren, ist die Einführung einer Nachhaltigkeitskennzeichnung von Lebensmitteln. Diese würde das Problem adressieren, dass nachhaltig produzierte Lebensmittel für Konsumentinnen und Konsumenten derzeit schwer überprüfbar sind. Solch eine Kennzeichnung müsste durch unabhängige Kontrollen verifiziert sein und mit einem Label sichtbar gemacht werden. Damit Labels informierte Konsumentscheidungen fördern, müssen sie jedoch einfach und verständlich sein sowie auf überprüfbaren Kriterien basieren. Zudem sollten sie bekannt genug sein, um nicht in der Masse ähnlicher und teils irreführender Zeichen unterzugehen. Andernfalls riskieren Verbraucherinnen und Verbraucher Überforderung und Verwirrung, was schlimmstenfalls zu einer generellen Ablehnung der Auseinandersetzung mit solchen Informationen führen kann [19]. Weiterhin sollte die Einführung einer solchen Kennzeichnung begleitet werden durch umfassende Informationskampagnen, die die richtige Nutzung und das Vertrauen in ein Label wirksam unterstützen können.

Weitere politische Maßnahmen könnten beispielsweise Neuregelungen der steuerlichen Behandlung von Lebensmitteln sein. Insbesondere der ermäßigte Umsatzsteuersatz für Grundnahrungsmittel könnte einer Novellierung unterzogen werden, die in Zukunft auch Nachhaltigkeitsaspekte umfassen könnte. Damit würden steuerliche Nachteilsituationen für pflanzliche Alternativen teilweise ausgeglichen werden. So lägen pflanzliche Milchalternativen ohne Umsatzsteuerdiskriminierung statt bei $+3\,\%$ Preisaufschlag im Vergleich zum tierischen Pendant bereits bei einem niedrigeren Vergleichspreis von $-7\,\%$ Preisabschlag. Wie im Absatz zu negativen Rahmenbedingungen schon ausgeführt, würde vermutlich ein substanzielles Absatzwachstum die Folge dieser Maßnahme sein.

Andere Maßnahmen könnten eine steuerliche Sanktion von CO_2-Emissionen oder strenge Nachhaltigkeitsvorgaben zur Verkehrsfähigkeit von Lebensmitteln betreffen. Diese würden allerdings eine verlässliche Messung und Datengrundlage für Nachhaltigkeitskriterien und -wirkungen von Lebensmitteln voraussetzen.

Ergänzende Lösungsansätze würden aus Sicht des Autors unternehmerische und institutionelle Entscheidungen betreffen. So lässt sich bereits am Beispiel der Preisparität für pflanzliche Alternativprodukte bei Lidl Deutschland abschätzen, wie massiv unternehmerische Entscheidungen sich auf Konsumentscheidungen auswirken können. Neben Preisentscheidungen können auch Listungs- oder Promotionmaßnahmen große positive Effekte erzielen. Für die Unternehmen ist die Positionierung als Treiber der Ernährungswende zumindest mittel- und langfristig sehr vielversprechend, da gerade zahlungskräftige Käuferschichten die Nachhaltigkeitswahrnehmung eines Unternehmens als wichtiges Kriterium mit in die Kaufentscheidung einbeziehen. Weitere Bedeutung kommt den Unternehmen und Institutionen der Gemeinschaftsverpflegung (siehe Kap. 8) zu. Hier liegen große Potenziale, durch Aktionen und Nudging Konsumentinnen und Konsumenten in Erstkontakt mit nachhaltigen Alternativen zu bringen und damit nachhaltig ihr Konsumverhalten zu beeinflussen.

9.5 Fazit und Implikationen für Wissenschaft und Praxis

Die Umstellung auf eine nachhaltigere Ernährung ist ein komplexer Prozess, der von zahlreichen Hürden geprägt ist. Diese Herausforderungen müssen adressiert werden, um effektive Strategien zur Förderung nachhaltiger Konsumgewohnheiten zu entwickeln. Konsumentinnen und Konsumenten nehmen dabei deine zentrale Rolle in der Transformation der Lebensmittelwertschöpfungskette ein. Ihre Entscheidungen können den Markt erheblich beeinflussen und damit die Richtung der gesamten Branche vorgeben. Daher ist es entscheidend, ihre Bedürfnisse und Hürden zu verstehen, um die Ernährungswende erfolgreich zu gestalten. Dieses Kapitel bietet einen umfassenden Überblick über verschiedene Hürden, denen Konsumentinnen und Konsumenten bei der Ernährungswende gegenüberstehen und hebt die Bedeutung der Berücksichtigung dieser Hürden hervor. Weitere Erkenntnis: Durch eine differenzierte Betrachtung und gezielte Maßnahmen können diese Herausforderungen zukünftig überwunden und nachhaltige Konsumgewohnheiten gefördert werden.

Literatur

1. Ärzte Zeitung (2024). *Mit Fleischersatzprodukten tut man seiner Gesundheit nichts Gutes.* https://www.aerztezeitung.de/Medizin/Mit-Fleischersatzprodukten-tut-man-seiner-Gesundheit-nichts-Gutes-450133.html. Zugegriffen: 26. Nov. 2024.
2. Bass, S. (2009). Planetary boundaries: keep off the grass. *Nature Climate Change, 1,* 113–114.

3. BLE. (2024). *Pro-Kopf-Verzehr von Fleisch sinkt auf unter 52 Kilogramm.* https://www.ble.de/SharedDocs/Pressemitteilungen/DE/2024/240404_Fleischbilanz.html. Zugegriffen: 26. Nov. 2024.
4. BLE. (2024). *Forum „Proteine der Zukunft auf den Teller" gestartet.* https://www.ble.de/SharedDocs/Downloads/DE/Pressemitteilungen/2024/241106_Proteine-der-Zukunft.html. Zugegriffen: 26. Nov. 2024.
5. Brough, A. R., Wilkie, J. E., Ma, J., Isaac, M. S., & Gal, D. (2016). Is eco-friendly unmanly? The green-feminine stereotype and its effect on sustainable consumption. *Journal of Consumer Research, 43*(4), 567–582.
6. BMEL. (2021). *Nachhaltiger Konsum.* https://www.bmel.de/DE/themen/nachhaltigkeit/n. Zugegriffen: 26. Nov. 2024.
7. BMEL. (2024). *Deutschland, wie es isst: Der BMEL-Ernährungsreport 2024.* https://www.bmel.de/SharedDocs/Downloads/DE/Broschueren/ernaehrungsreport-2024.html. Zugegriffen: 26. Nov. 2024.
8. Camilleri, A. R., Larrick, R. P., Hossain, S., & Patino-Echeverri, D. (2019). Consumers underestimate the emissions associated with food but are aided by labels. *Nature Climate Change, 9*(1), 53–58.
9. Crippa, M., Solazzo, E., Guizzardi, D., Monforti-Ferrario, F., Tubiello, F. N., & Leip, A. (2021). Food systems are responsible for a third of global anthropogenic GHG emissions. *Nature Food, 2*(3), 198–209.
10. Deutscher Bundestag. (2024). *Bürgergutachten – Empfehlungen des Bürgerrates „Ernährung im Wandel: Zwischen Privatangelegenheit und staatlichen Aufgaben" an den Deutschen Bundestag.* https://www.bundestag.de/resource/blob/990580/buergergutachten_broschuere.pdf. Zugegriffen: 26. Nov. 2024.
11. EAT-Lancet Commission. (2019). *Healthy diets from sustainable food systems.* Summary Report of the EAT-Lancet Commission. https://eatforum.org/content/uploads/2019/07/EAT-Lancet_Commission_Summary_Report.pdf. Zugegriffen: 26. Nov. 2024.
12. Erhard, A., Jahn, S., & Boztug, Y. (2024). Tasty or sustainable? Goal conflict in plant-based food choice. *Food Quality and Preference, 120,* 105237.
13. Europäische Kommission. (2024). *Consumption Footprint Platform.* https://eplca.jrc.ec.europa.eu/ConsumptionFootprintPlatform.html. Zugegriffen: 26. Nov. 2024.
14. Fehér, A., Gazdecki, M., Véha, M., Szakály, M., & Szakály, Z. (2020). A comprehensive review of the benefits of and the barriers to the switch to a plant-based diet. *Sustainability, 12*(10).
15. GFI. (2024). *Entwicklung des Marktes für pflanzenbasierte Lebensmittel im deutschen Einzelhandel 2021–2023 und erste Erkenntnisse für 2024.* https://gfieurope.org/de/wp-content/uploads/sites/2/2024/10/GFI-Europe-Entwicklung-des-Marktes-fuer-pflanzenbasierte-Lebensmittel-im-deutschen-Einzelhandel-2021-2023-Oktober-2024.pdf. Zugegriffen: 26. Nov. 2024.
16. GfK. (2023). *Zeit für eine poetische Revolution.* DE GfK Consumer Panel FMCG MAT 3/2023. https://www.gfk.com/hubfs/EU%202023%20Files/Consumer%20Index/CI_05_2023.pdf. Zugegriffen: 26. Nov. 2024.
17. Hallström, E., Carlsson-Kanyama, A., & Börjesson, P. (2015). Environmental impact of dietary change: a systematic review. *Journal of Cleaner Production, 91,* 1–11.
18. Hanss, D., & Böhm, G. (2012). Sustainability seen from the perspective of consumers. *International Journal of Consumer Studies, 36*(6), 678–687.
19. Hutter, C., Demming, C. L., Kreiser, M., Ullrich, S., & Anders, A. (2023). *Nachhaltigkeit verständlich gemacht: Neue Erkenntnisse für die Lebensmittelkennzeichnung – Abschlussbericht zum Forschungsprojekt „Vermittlung relevanter Nachhaltigkeitsinformationen (VereNa).* Research Paper #6. Duale Hochschule Baden-Württemberg Heilbronn (DHBW) (Hrsg.). https://www.food-management.online. Zugegriffen: 26. Nov. 2024.

20. IPCC. (2023). *Climate Change 2023: Synthesis Report*. Contribution of Working Groups I, II and III to the Sixth Assessment Report of the Intergovernmental Panel on Climate Change (S. 35–115). IPCC.
21. Kuepper, B. (2023). *Impacts of a shift to plant proteins effects of reduced meat production on GHG emissions, land, and water use*. Profundo Research Report. https://profundo.nl/download/impacts-of-reduced-meat-consumption-2311. Zugegriffen: 26. Nov. 2024.
22. Lebensmittelzeitung. (2024). *Vegan-Absatz bei Lidl steigt deutlich*. https://www.lebensmittelzeitung.net/handel/nachrichten/nach-preissenkung-vegan-absatz-bei-lidl-steigt-deutlich-177175. Zugegriffen: 26. Nov. 2024.
23. Macnaghten, P., & Jacobs, M. (1997). *Public identification with sustainable development: Investigating cultural barriers to participation* (S. 5–24). Global Environmental Change.
24. Meyer-Höfer, M., & Spiller, A. (2013). Anforderungen an eine nachhaltige Land-und Ernährungswirtschaft: Die Rolle des Konsumenten. *KTBL-Schrift, 500*, 1–9.
25. Pfeiffer, C., Speck, M., & Strassner, C. (2017). What leads to lunch—How social practices impact (non-) sustainable food consumption/eating habits. *Sustainability, 9*(8).
26. PWC. (2022). *ESG im Handel*. https://pages.pwc.de/umfrage-esg-im-handel. Zugegriffen: 26. Nov. 2024.
27. Randers, L., & Thøgersen, J. (2023). Meat, myself, and I: The role of multiple identities in meat consumption. *Appetite, 180*.
28. Rauber, F., da Costa Louzada, M. L., Chang, K., Huybrechts, I., Gunter, M. J., Monteiro, C. A., & Levy, R. B. (2024). *Implications of food ultra-processing on cardiovascular risk considering plant origin foods: An analysis of the UK Biobank cohort*. The Lancet Regional Health–Europe. https://www.thelancet.com/journals/lanepe/article/PIIS2666-7762(24)00115-7/fulltext?mc_cid=0401075361&mc_eid=b6cc4956e8. Zugegriffen: 26. Nov. 2024.
29. Reisch, L., Eberle, U., & Lorek, S. (2013). Sustainable food consumption: An overview of contemporary issues and policies. *Sustainability: Science, Practice and Policy, 9*(2), 7–25.
30. Rützler, H. (2023). *Food Report 2024-Die wichtigsten Food-Trends*. Zukunftsinstitut.
32. Simon-Kucher. (2023). *Retail-Studie: 27 % der Deutschen kaufen weniger oder nichts, wenn keine nachhaltigen Produkte verfügbar sind*. https://www.simon-kucher.com/de/wer-wir-sind/newsroom/retail-studie-27-prozent-der-deutschen-kaufen-weniger-oder-nichts-wenn-keine. Zugegriffen: 26. Nov. 2024.
34. Top Agrar. (2024). *Vegetarischer Fleischersatz soll schlecht fürs Herz sein*. https://www.topagrar.com/schwein/news/vegetarischer-fleischersatz-soll-schlecht-fuers-herz-sein-20005622.html. Zugegriffen: 26. Nov. 2024.
35. Vermeulen, S. J., Campbell, B. M., & Ingram, J. (2012). Climate change and food systems. *Annual Review of Environment and Resources, 37*, 195–222.
36. Wakefield, A., & Axon, S. (2020). "I'm a bit of a waster": Identifying the enablers of, and barriers to, sustainable food waste practices. *Journal of Cleaner Production, 275*.
37. Xu, X., Sharma, P., Shu, S., Lin, T. S., Ciais, P., Tubiello, F. N., & Jain, A. K. (2021). Global greenhouse gas emissions from animal-based foods are twice those of plant-based foods. *Nature Food, 2*(9), 724–732.

Prof. Dr. Carsten Leo Demming bringt als Konsumentenforscher und Studiengangsleiter im Studiengang BWL-Food Management an der praxisorientierten Hochschule DHBW Heilbronn eine umfassende fachliche Erfahrung im Bereich der empirischen Sozialforschung in Nachhaltigkeitskontexten ein. Aufgrund seiner akademischen Qualifikation im Bereich der Konsum- und Verhaltenswissenschaften und seiner praktischen Tätigkeit in verschiedenen Positionen des Lebensmittelsektors sowie im Bereich Unternehmensberatung und Marktforschung hat er langjährige praktische Projekterfahrung in Innovations- und Transformationsprojekten erworben. Dabei ist Nachhaltigkeit in Zusammenhang mit Konsumentenbedürfnissen für ihn ein Schlüsselthema, beispielsweise über Projektleitung (gemeinsam mit Prof. Dr. Carolyn Hutter) des abgeschlossenen Landesforschungsprojekts „Vermittlung relevanter Nachhaltigkeitsinformationen (VereNa)" und Autor weiterer Publikationen in diesem Themenfeld.

Teil II
Von Klimawandel bis Gesundheit: Übergreifende Herausforderungen und Chancen

Nachhaltigkeit in der Lebensmittelwirtschaft erfordert nicht nur ein Verständnis für die Prozesse innerhalb einzelner Stufen der Wertschöpfungskette, sondern auch für die Querschnittsthemen, die diese Stufen miteinander verbinden. Themen wie Klimawandel, Biodiversität, Lebensmittelverschwendung und Gesundheit betreffen jede Phase der Wertschöpfungskette und verdeutlichen die tiefen Verflechtungen, die unser Lebensmittelsystem prägen. Diese übergreifenden Herausforderungen lassen sich nur lösen, wenn sie in ihrer Gesamtheit betrachtet werden – als verbindende Elemente, die eine ganzheitliche Herangehensweise erfordern.

Der Klimawandel ist eines der zentralen Querschnittsthemen und verdeutlicht die Wechselwirkungen zwischen Umwelt und Ernährungssystem. Die Landwirtschaft ist sowohl ein Treiber des Klimawandels, etwa durch Emissionen aus Düngemitteln und Tierhaltung, als auch dessen „Opfer", da Extremwetterereignisse wie Dürren oder Überflutungen die Ernteerträge gefährden. Gleichzeitig bietet jede Stufe der Wertschöpfungskette Lösungsansätze: von der Einführung emissionsarmer Produktionsmethoden über eine effizientere Logistik bis hin zu klimafreundlicher Ernährung, die den Fokus auf regionale und saisonale Produkte legt.

Die Biodiversität steht in einer engen Beziehung zur Lebensmittelwirtschaft. Eine vielfältige Flora und Fauna sichert stabile Ökosysteme und damit die Grundlage für landwirtschaftliche Erträge. Doch Monokulturen und der Einsatz von Pestiziden reduzieren diese Vielfalt und gefährden langfristig die Produktionsfähigkeit. Gleichzeitig ist die Branche selbst abhängig von der Vielfalt, etwa durch Bestäuber wie Bienen (und andere bestäubende Insekten) oder die genetische Vielfalt von Kulturpflanzen. Maßnahmen wie der Schutz von Lebensräumen, die Förderung nachhaltiger Anbaumethoden und der Erhalt traditioneller Sorten sind daher unerlässlich.

Ein weiteres zentrales Thema ist die Lebensmittelverschwendung, die entlang der gesamten Wertschöpfungskette auftritt. Von Verlusten bei der Ernte über überschüssige Produktion und vermeidbare Verluste im Handel bis hin zu weggeworfenen Lebensmitteln in privaten Haushalten – die Verschwendung belastet Umwelt und Ressourcen enorm. Initiativen wie die Optimierung von Lieferketten, die Weitergabe überschüssiger Lebensmittel und die Aufklärung der Konsumentinnen und Konsumenten über die Haltbarkeit von Produkten bieten Ansätze zur Reduktion.

Gesundheit schließlich verbindet die Fragen nach nachhaltigem Konsum und individueller Lebensqualität. Nachhaltige Ernährung ist nicht nur gut für die Umwelt, sondern kann auch positive Auswirkungen auf die Gesundheit haben, etwa durch den verstärkten Konsum pflanzlicher und weniger stark verarbeiteter Lebensmittel. Gleichzeitig stellt sich die Frage, wie die Balance zwischen Genuss, Gesundheit und Nachhaltigkeit gestaltet werden kann, ohne soziale oder kulturelle Aspekte zu vernachlässigen.

Die Querschnittsthemen Klimawandel, Biodiversität, Lebensmittelverschwendung und Gesundheit durchziehen alle Stufen der Wertschöpfungskette und verdeutlichen die Notwendigkeit eines systemischen Ansatzes. Sie zeigen, dass Nachhaltigkeit nicht allein durch isolierte Maßnahmen erreicht werden kann, sondern durch die bewusste Gestaltung der Verbindungen zwischen den einzelnen Akteuren und Prozessen. Teil 2 dieses Buches widmet sich diesen Themen und gibt Einblicke in die vielfältigen Herausforderungen und Potenziale, die damit verbunden sind. Nur durch ein Verständnis dieser Querschnittsdimensionen können langfristig nachhaltige Lösungen entwickelt und umgesetzt werden.

Klimawandel

10

Treiber, Opfer, Teil der Lösung: Ein Überblick über die komplexen Zusammenhänge zwischen Ernährungssystem und Klimawandel

Katharina Weiss-Tuider

Zusammenfassung

Das Ernährungssystem und das Klimasystem der Erde sind wechselseitig aufs Engste verbunden. Dennoch verursacht die Lebensmittelwirtschaft als Ganzes rund ein Drittel aller menschengemachten Treibhausgasemissionen und gehört damit zu den großen Treibern des anthropogenen Klimawandels. So ist aus dem komplexen Kreislaufverhältnis zwischen Ernährungs- und Klimasystem ein Teufelskreis geworden, mit wachsenden Schäden und Risiken nicht nur für Klima und Umwelt, sondern auch für Lebensmittelwirtschaft und Ernährungssicherheit. Zugleich liegen in der klimafreundlichen Evolution des Ernährungssystems gigantische Chancen. Dieser Beitrag zeigt in einem Überblick auf, warum es im Eigeninteresse des Food Systems liegt, diese jetzt zu ergreifen, und betrachtet beide Seiten der Medaille: den komplexen Impact des Ernährungssystems auf Klima und Ökosystemleistungen sowie die vielfältigen, oft überraschenden Auswirkungen des Klimawandels auf verschiedene Teile der Lebensmittel-Wertschöpfungskette.

K. Weiss-Tuider (✉)
Wissenschaftskommunikatorin, Berlin, Deutschland
E-Mail: scicomm@weisstuider.de

10.1 Erfolg und Emissionen: die zwei Seiten des Ernährungssystems

Es ist die Geschichte eines großen Erfolgs: Das globalisierte Ernährungssystem versorgt heute einen Großteil der Weltbevölkerung. Ob durch Agrartechnologie und „Grüne Revolution", durch Marktstrukturen und Versorgungsketten, durch Expertennetzwerke oder auch Welternährungspolitik: Seine Errungenschaften ließen allein seit den 1960er Jahren das Nahrungsmittelangebot pro Kopf um mehr als 30 % steigen [17]. Doch fast zur selben Zeit erklangen bereits Warnungen, dass diese strahlenden Erfolge mit fatalen Kosten, mit Schattenseiten einhergingen; schon 1972 – vor über einem halben Jahrhundert! – warnte der Club of Rome vor den „Grenzen des Wachstums", an die auch Nahrungsmittelproduktion und Ressourcenverbrauch stoßen mussten. Heute herrscht wissenschaftlich Konsens, dass eine der Schattenseiten des Ernährungssystems nicht nur dunkel ist, sondern geradezu kohlenstoffschwarz: Vom Acker bis zum Teller (und darüber hinaus) verursacht das globale Ernährungssystem verursacht rund ein Drittel aller menschengemachten Treibhausgasemissionen [12, 17, 72]. Ein großer Teil der Emissionen stammt aus der landwirtschaftlichen Produktion: Wäre die globale Agrarwirtschaft ein Land, läge sie in der Rangfolge der größten Treibhausgasproduzenten der Welt auf Platz 3 – direkt hinter China und den USA. Über die Klimawirkung der anderen Glieder der Wertschöpfungskette darf dies allerdings nicht hinwegtäuschen: Je nach Land können die Emissionen aus der Lebensmittelwirtschaft als Ganzes fast doppelt so hoch sein wie die der Landwirtschaft allein [57]. Die Art und Weise, wie und insbesondere welche Nahrungsmittel wir produzieren, verarbeiten, verpacken, vertreiben, auch verschwenden und entsorgen, macht die Lebensmittelwirtschaft zu einem der großen Treiber des anthropogenen Klimawandels. Das bedeutet: Es ist keine Notwendigkeit, sondern es sind vorherrschende Praktiken und Mechanismen, unternehmerische und auch systemische Entscheidungen, die dazu führen, dass das gegenwärtige Ernährungssystem eine maßgebliche Rolle bei der Überschreitung der planetaren Grenzen („planetary boundaries") hat [27, 48, 68]. Neben der Belastungsgrenze des Klimasystems sind das z. B. auch der dramatische Verlust von Biodiversität, der Wasserverbrauch, die wachsende Belastung mit „neuartigen Substanzen" wie Chemikalien und Pestiziden oder auch die sogenannten Landnutzungsänderungen, wie die Abholzung für Ackerland – Vorgänge, die ebenfalls wiederum mit dem Klimawandel zusammenhängen.

Diese Schattenseiten unseres gegenwärtigen Ernährungssystems trüben längst seinen strahlenden Erfolg – auch in Anbetracht der deutlichen Ineffizienz: Mindestens 32 % der produzierten Nahrungsmittel werden nie gegessen [64]. Der Kampf gegen den Welthunger war Jahrzehnte lang erfolgreich, doch nun stagniert er: Im Jahr 2023 litten bis zu 757 Mio. Menschen Hunger, und mehr als ein Drittel der Weltbevölkerung hat keinen Zugang zu gesunder Ernährung [23]. Und während sich die Lebensmittelwirtschaft immer stärker an „westlichen", ressourcenintensiven Ernährungsgewohnheiten ausrichtet, gefährden gerade diese durch zu viel Fleisch, Zucker und ungünstige Fettsäuren die menschliche Gesundheit [1]. Längst durchdringt die Öffentlichkeit ein Bewusstsein für diese „Flaws" des Food Systems. Veränderte Ernährungsmuster wie Flexitarismus, Vegetarismus oder auch Klimatarismus denken häufig Umwelt- und Klimaschutz sowie menschliche Gesundheit zusammen. Die Mehrheit der Menschen in Deutschland wünscht sich mehr klimafreundliche oder nachhaltige Ernährung [7, 8], insbesondere jüngere Altersgruppen, wenngleich weiterhin große Wissensdefizite zur Umsetzung bestehen [2]. Zugleich ist Ernährung ein Thema, das regelmäßig Gemüter hochkochen lässt: nicht nur, wenn es um individuelle Ernährungsentscheidungen geht, sondern auch bei der Diskussion um Produktions- und Wirtschaftsweisen und systemische Veränderungen. Es ist fatal, dass dabei häufig die andere Seite der Medaille aus dem Blick gerät: die gravierenden Auswirkungen des Klimawandels auf die Lebensmittelwirtschaft selbst.

Das Ernährungssystem ist nicht nur einer der großen Treiber, sondern auch der großen Leidtragenden des Klimawandels. Ernährungs- und Klimasystem sind aufs Engste verbunden, und das Verhältnis ist wechselseitig und zyklisch [43]. Lange waren diese Interaktionen und Interdependenzen zwischen Klima- und Ernährungssystem dem Sektor selbst nicht ausreichend präsent. Einen deutlichen Hinweis darauf liefert etwa der jährliche Statusreport der Task Force on Climate-Related Financial Disclosures (TCFD). Laut diesem berichteten z. B. noch 2018 gerade mal 45 % der Unternehmen aus Agrar- und Lebensmittelwirtschaft, welche klimabezogenen Risiken, aber auch Chancen für ihr Business, ihre Strategie und Finanzplanung bestehen [56]. Und doch: Der Sektor ist in Bewegung. Immer mehr Akteurinnen und Akteure im Food System suchen Wege aus der Abwärtsspirale, zu der das Kreislaufverhältnis zwischen Klima und Ernährungssystem geworden ist. Sie gestalten neue Chancen und Dynamiken und letztlich das, was wir als Menschheit so dringend brauchen: eine Evolution des Ernährungssystems. Dafür ist wichtig zu verstehen, wie Klima- und Ernährungssystem voneinander abhängen und wie durch die vorherrschenden Praktiken Herausforderungen, Schäden und Nachteile entstehen. Im folgenden Überblick werden deswegen einige der wichtigsten Zusammenhänge aufgeschlüsselt.

10.2 Klimawandel, Treibhausgase und -effekt: Grundlagen zum Verständnis

Die Geschichte des modernen Ernährungssystems beginnt bereits vor knapp 12.000 Jahren – und zwar mit einer Klimaveränderung. Damals endete die letzte Eiszeit und es begann jene Warmperiode, von der wir Menschen noch heute profitieren: Das sogenannte Holozän bescherte der Erde stabile klimatische Bedingungen, milde Temperaturen und regelmäßige Niederschläge. Es kam zur berühmten neolithischen Revolution: Die Menschen entwickelten Sesshaftigkeit, Landwirtschaft und mit zunehmendem Fortschritt

Methoden, Nahrungsmittel zu lagern, zu konservieren, zu transportieren, zu handeln – eine fortwährende Evolution der Ernährungssysteme. Tatsächlich scheint der Mensch sogar eine bevorzugte Klima-Nische zu besetzen, auf die auch heute die Produktion von pflanzlichen und tierischen Nahrungsmitteln angepasst ist: eine Art ökologische Nische unserer Spezies, die einen optimalen Temperaturbereich bietet und wo die meisten Menschen der Welt siedeln [71]. Doch bis zum Ende unseres Jahrhunderts könnte ein Drittel der Weltbevölkerung außerhalb dieser Klima-Nische leben und damit in extremen klimatischen Regionen [35]. Denn nach den vergangenen 12.000 Jahren befindet sich die Erde nun wieder im Klimawandel – doch dieser ist anthropogen (menschengemacht) und verändert das Erdklima mit einer so dramatischen Geschwindigkeit, dass vielen Ökosystemen und Arten keine Zeit zur Anpassung bleiben. Angetrieben wird der Klimawandel von Treibhausgasen. Diese gehören zwar zu den natürlichen Bestandteilen der Erdatmosphäre, wo sie einen Teil der Wärmestrahlung absorbieren und so den *natürlichen* Treibhauseffekt der Erde bedingen. Und ohne diesen läge die durchschnittliche Lufttemperatur auf unserem Planeten nicht bei knapp 15 °C, sondern bei −18 °C – und die Erde wäre wohl eine eher einsame, eisige Kugel im Weltall. Allerdings haben menschliche Aktivitäten die Konzentration dieser so enorm klimawirksamen Treibhausgase seit dem Beginn der Industrialisierung stark ansteigen lassen. So kommt es zu einem *zusätzlichen* Treibhauseffekt.

▶ [Wichtigste anthropogene Treibhausgase und Emissionsanteile durch das Ernährungssyster
[Kohlenstoffdioxid (CO_2)
ist das wichtigste menschenverursachte Treibhausgas. Es entsteht als Nebenprodukt bei der Verbrennung von fossilen Treibstoffen, Biomasse oder bei Landnutzungsveränderungen. Es reichert sich in der Atmosphäre an und wird nur langsam abgebaut; nach 1000 Jahren sind noch immer 15 bis 40 % vorhanden [59]. Beitrag zum Treibhauseffekt: **63,9 %** [42]. Anteil des Ernährungssystems an den CO_2-Emissionen weltweit: **21 %** [20].]

[Methan (CH_4)
– hält sich durchschnittlich 12,4 Jahre in der Atmosphäre und ist damit wesentlich kurzlebiger als CO_2. Allerdings ist es, auf einhundert Jahre gerechnet, rund 28-mal klimaschädlicher. CH_4 entsteht, wenn Mikroorganismen organische Stoffe unter Ausschluss von Sauerstoff umwandeln, z. B. in Rindermägen oder Mülldeponien. Es ist zudem Hauptbestandteil von Erdgas. Die Konzentration von Methan ist heute mehr als 2,5-mal so hoch wie vor Beginn der Industrialisierung. Beitrag zum Treibhauseffekt: **19,1 %** [42]. Anteil des Ernährungssystems an den CH_4-Emissionen weltweit: **53 %** [20].]

[Distickstoffmonoxid (Lachgas, N_2O)
– hat wie CO_2 eine lange Lebensdauer in der Atmosphäre und ist darüber hinaus über einen Zeitraum von 100 Jahren rund 298-mal klimaschädlicher. Lachgas entsteht, wenn Mikroorganismen stickstoffhaltige Verbindungen im Boden abbauen.

Seine Konzentration in der Atmosphäre ist in den vergangenen 20 Jahren stark gestiegen. Beitrag zum Treibhauseffekt: 5,7 % [42]. Anteil des Ernährungssystems an den Lachgas-Emissionen weltweit: 78 % [20].]

[Fluorierte Gase („F-Gase")
– stammen fast ausschließlich aus menschlichen Quellen. Zu ihnen zählen vollfluorierte Kohlenwasserstoffe (FKW), teilfluorierte Kohlenwasserstoffe (H-FKW), Schwefelhexafluorid (SF6) und Stickstofftrifluorid (NF3). Als Ersatzstoffe für die ozonschädlichen FCKW und HFCKW entwickelt, sind F-Gase heute als Kühl-, Lösch- und Treibmittel im Einsatz. Zwar schonen sie die Ozonschicht, doch ihr klimaschädliches Potenzial liegt 100- bis 23.500-mal über dem von CO2. Beitrag zum Treibhauseffekt: 11,3 % [42]. Anteil des Ernährungssystems (Kühlketten) an den F-Gas-Emissionen weltweit: rund 26 % [20].]

[Treibhausgase
– haben also unterschiedliche klimaschädliche Wirkung. Um Vergleichbarkeit herzustellen, werden Treibhausgas-Emissionen entsprechend der Klimawirksamkeit von CO_2 umgerechnet und als Kohlenstoffdioxid-Äquivalente (CO_2e bzw. CO_2eq) angegeben.]

Die Mehrheit der Staaten hat sich beim Pariser Klimaabkommen 2015 darauf geeinigt, die globale Erwärmung auf maximal 2 °C, möglichst sogar auf 1,5 °C über dem vorindustriellen Niveau zu begrenzen. Doch die notwendigen Maßnahmen bleiben bislang aus, die Emissionen steigen weiter. Zum Beginn des Jahres 2024 wurden die „1,5-Grad-Marke" erstmals für eine Dauer von zwölf Monaten überschritten. Bleibt die Menschheit auf diesem Pfad und schafft es nicht, die Treibhausgas-Produktion drastisch zu verringern, prognostiziert der Weltklimarat Intergovermental Panel on Climate Change (IPCC) eine mittlere globale Erwärmung von 3,2 °C bis zum Ende unseres Jahrhunderts [30]. Für viele Menschen wirkt das intuitiv wie eine wenig dramatische Veränderung – doch Klima ist nicht Wetter. Folgende drei Punkte sind deswegen wichtig, um die Folgen von Klimawandel und -schutz realistisch einzuschätzen:

1. **Jedes Zehntelgrad zählt**. Denn schon geringe Veränderungen können im Klimasystem gravierende Folgen nach sich ziehen. So erleben z. B. auf einer durchschnittlich 1,5 °C wärmeren Erde rund 14 % der Weltbevölkerung mindestens alle fünf Jahre eine extreme Hitzewelle. Bei 2 °C Erwärmung steigt diese Zahl auf 37 % [41].
2. **Nicht jede Region erwärmt sich gleich**. Temperaturangaben wie 1,5 oder 3,2°C benennen eine *durchschnittliche* globale Erwärmung. Über Landflächen steigen die Temperaturen stärker als über Ozeanen. Auch Deutschland erwärmt sich *mehr* als die Erde im Durchschnitt, die Temperatur ist hierzulande bereits um über 1,6°C gestiegen.
3. **Es reicht nicht aus, die Emissionen nur zu senken** – auch wenn in der öffentlichen Debatte oft dieser Eindruck entsteht. Weniger Emissionen bedeutet nicht, dass die Temperaturen sinken, nur dass sie weniger schnell steigen. Denn da Treibhausgase

wie CO_2 über Jahrhundert bis Jahrtausende in der Atmosphäre verbleiben, verstärken sie auch weiterhin den Treibhauseffekt der Erde. Eine besondere Chance liegt allerdings in der Reduzierung von Methan – und damit, angesichts der starken CH_4-Emissionsanteile, im Ernährungssystem. Denn Methan benötigt nur gut ein Jahrzehnt, um wieder aus der Atmosphäre zu verschwinden. Durch diese kurzfristige positive Auswirkung kann es der Welt bei ihrem Kampf gegen den Klimawandel wertvolle Zeit kaufen, wenn es gelingt, die CH_4-Emissionen schnell und drastisch zu verringern [65].

10.3 Die eine Seite der Medaille: Das Ernährungssystem als Treiber des Klimawandels

Die meisten der weltweiten Treibhausgasemissionen stammen aus den Sektoren Energie und Industrie, Verkehr, Landwirtschaft und Gebäude. Um den Einfluss des Ernährungssystems als Ganzes auf das Klimasystem wirklich zu erfassen, müssen jedoch alle relevanten Prozesse entlang der Lebensmittel-Wertschöpfungskette betrachtet werden, von landwirtschaftlicher Produktion mit Anbau und Ernte, Landnutzungsänderung wie Entwaldung oder Trockenlegung von Mooren, über Verarbeitung, Verpackung, Transport, Vertrieb und Verbrauch bis hin zur Entsorgung von Lebensmittelabfällen. Je nach Studie sind hier teils divergierende Zahlen in Umlauf und sorgen für Verwirrung. Die Unterschiede gehen oft darauf zurück, dass Studien unterschiedliche Datensätze oder Referenzjahre heranziehen, Emissionsanteile an den Prozessteilen der Lebensmittelwirtschaft verschieden zuordnen, oder Grenzen zwischen Einzelprozessen unterschiedlich ziehen. Deutlich wird dies auch im IPCC-Sonderbericht zu Klimawandel und Landsystemen (2019 [30]): Demnach sind Landwirtschaft gemeinsam mit Forstwirtschaft und Landnutzung weltweit für 23 % der anthropogenen Treibhausgasemissionen verantwortlich. Erweitert man jedoch die Rechnung auf das gesamte Ernährungssystem, produzieren Landwirtschaft, Transport, Verarbeitung, Kühlung, Lagerung und Zubereitung von Lebensmitteln global bis zu 37 % der jährlichen Emissionen [38]. Um hier einen Überblick zu bieten, bezieht sich dieser Artikel auf Studien, deren Berechnungen teils unterschiedlich ansetzen, sodass die Zahlen teilweise nur eingeschränkt direkt vergleichbar sind. Da die Berechnung der Treibhausgasemissionen des Ernährungssystems jedoch stets nur eine Annäherung ist, ist ein solch pragmatischer Ansatz im Rahmen eines Überblickartikels gerechtfertigt.

- Nicht nur fällt dann das Food System mit rund einem Drittel aller menschenverursachten Emissionen ins Gewicht, sondern – wie die detaillierte Betrachtung der wichtigsten anthropogenen Treibhausgase eben aufzeigte – auch mit großen Anteilen am besonders klimawirksamen Methan und Lachgas.

Tab. 10.1 Top 6 der Wirtschaftsräume, deren Emissionen aus den Food Systems bereits über die Hälfte der weltweiten ernährungsbedingten Treibhausgase verursachen. (Quelle: eigene Darstellung mit Daten aus Crippa et al. 2015 [12])

Land	Emissionen aus dem Ernährungssystem	Anteil an den globalen Gesamtemissionen des Ernährungssystems
China	2,3 $GtCO_2e$	13,5 %
Indonesien	1,6 $GtCO_2e$	8,8 %
USA	1,5 $GtCO_2e$	8,2 %
Brasilien	1,3 $GtCO_2e$	7,4 %
Europäische Union	1,2 $GtCO_2e$	6,7 %
Indien	1,1 $GtCO_2e$	6,3 %

- 57 % der Gesamtemissionen aus dem Ernährungssystem gehen auf tierische Produkte zurück. Mit 29 % entfallen demgegenüber nur die Hälfte der Emissionen auf pflanzliche Nahrungsmittel [72].
- Ein wachsendes Problem, denn die weltweite Fleischproduktion hat sich seit den 1960er Jahren verfünffacht [19] und das Gros der Prognosen geht davon aus, dass der Fleischhunger der Welt weiter steigen wird.
- Zwar sinkt der Anteil aus der Lebensmittelwirtschaft an menschenverursachten Gesamtemissionen. Allerdings nur, weil andere Sektoren noch stärker zugelegt haben. Auch das globale Ernährungssystem hat seit 2001 mit 14 % Emissionssteigerung zugelegt [21]. Weil die Welt künftig noch mehr Nahrungsmittel produzieren wird und zudem der Hunger nach Tierprodukten immer weiterwächst, sagen Prognosen voraus, dass die Emissionen bis 2050 um weitere 80 % steigen [10, 58].

▶ Das globale Ernährungssystem stößt damit so viele Klimagase aus, dass allein seine Emissionen das 1,5-Grad-Ziel verhindern und sogar die 2-Grad-Grenze des Pariser Klimaabkommens gefährden – selbst wenn alle anderen klimaschädlichen Emissionen aus fossilen Brennstoffen sofort gestoppt würden [10].

Wo genau diese gigantischen Emissionen entlang der Lebensmittelkette entstehen, unterscheidet sich in den einzelnen Ländern teils erheblich (Tab. 10.1). Global betrachtet stammt knapp die Hälfte der ernährungsbedingten Klimagase – ca. 7,8 Gigatonnen CO_2e im Jahr 2021 – aus der Erzeugung in den landwirtschaftlichen Betrieben. Vor allem die Darmgärung von Wiederkäuern, das Güllemanagement sowie trockengelegte Böden kommen hier auf hohe Werte [21]. Abb. 10.1 zeigt auch die wichtige Leistung der Waldgebiete

Abb. 10.1 Emissionen entlang der Agri-Food-Kette in Gigatonnen CO_2-Äquivalent. (Quelle: Eigene Darstellung mit Daten aus FAO (2023a) [21])

als Kohlenstoffsenke, die allein von den Emissionen der sogenannten Waldumwandlung – also Entwaldung – übertroffen wird. Rund 20 % der Klimagase – ca. 3,1 Gigatonnen CO_2e – entstammen den sogenannten Landnutzungsänderungen, darunter die Entwaldung. Und die weiteren rund 30 % der Emissionen verursachen Prozesse vor und nach der Erzeugung, wie Transport, Verpackung und Kühlung. Einen anderen Weg der Kalkulation gehen z. B. Poore und Nemecek (2018 [44]) in ihrer vielzitierten Studie, die sich den CO_2-Fußabdruck einzelner Lebensmittel genauer anschaut. Dann machen die Klimagase aus Landnutzung und Landwirtschaft sogar mehr als 80 % der Emissionen der meisten tierischen Lebensmittel aus (siehe Abb. 10.1). Wie genau kommen diese gigantischen Mengen an Klimagas aber im Einzelnen letztlich zustande? Um das besser zu verstehen, schauen wir im Folgenden exemplarisch auf einige der emissionsstärksten Aspekte der Wertschöpfungskette.

10.3.1 Klimakiller Kuh? Emissionen durch Tierhaltung und Tierprodukte

Kaum eine Emissionsquelle wird wohl so emotional diskutiert wie Tierprodukte – zumindest, was die Ernährung angeht. Doch trotz verschiedener Berechnungen [28, 72][1] und

---

[1] So hat z. B. die FAO den Emissionsanteil der landwirtschaftlichen Tierhaltung mehrfach anders berechnet – von 18 % (2006) über 14,5 % (2017) zu 11,1 % (2023) –, eine Senkung, die auch durch Kritik an der Unterschätzung der Methanemissionen begleitet und zuletzt sogar zum Protest durch Forschende der Universität Leiden geführt hat, deren Zahlen ins FAO-Reporting einflossen. Eine

oft heißlaufender Debatten steht eines außer Frage: Die landwirtschaftliche Tierhaltung und die Herstellung von Tierprodukten sind der größte Verursacher von klimaschädlichen Treibhausgasen aus dem Ernährungssystem. Das liegt nicht nur an Direktemissionen aus der Tierhaltung – es geht also keineswegs nur den vieldiskutierten „Klimakiller Kuh" selbst –, sondern auch an den emissionsintensiven Prozessen, die die Tierhaltung begleiten und kausal mit ihr zusammenhängen. Und da Treibhausgas eben nicht gleich Treibhausgas ist, geht es auch darum, welche Klimagase dabei entstehen. Mit einem großen Anteil des weltweit verursachten Lachgases (78 %) und mehr als die Hälfte des gesamten Methans (53 %) stammen zwei besonders potente Klimagase aus der Lebensmittelkette und hier wiederum insbesondere aus Tierhaltung und Güllemanagement [20]. Eine der wichtigsten Quellen für Methan ist die Darmgärung von Wiederkäuern, die sogenannte enterische Fermentation. Salopp gesagt: Ein Rind rülpst und furzt täglich bis zu 250 Liter Methan, und gemeinsam mit Schafen und Ziegen rülpsen die riesigen Rinderherden der Welt geradezu das Klima kaputt. Wie riesig die Zahl von Nutztieren heute wirklich ist, wird besser erfassbar, wenn man sich das Verhältnis zwischen Tierarten vor Augen führt. Nutztiere – vor allem Rinder und Schweine – machen rund 60 % der gesamten Biomasse aller Säugetiere auf unserem Planeten aus – gegenüber nur 4 % Biomasse von wilden Säugetieren (sowie 36 % Menschen, [6]). Und für das Klima zählt nicht nur, was bei all diesen Nutztieren gasförmig, sondern auch, was fest oder flüssig rauskommt, ob bei Kuh, Schwein oder Huhn. Die Nutzung von Tierexkrementen fällt unter Gülle- oder Wirtschaftsdüngermanagement. Werden die Exkremente gelagert und auf Feldern ausgebracht, verarbeiten Mikroorganismen die organischen Stoffe und produzieren Methan, Lachgas und CO_2. Beispiel Deutschland: Fast 76 % des Methans aus der Landwirtschaft stammt aus der Verdauung von Rindern, gut 19 % des Methans aus dem Güllemanagement [60]. Und dabei hat Deutschland „nur" etwa 10 Mio. Rinder – bei 1,6 Mrd. Rindern weltweit.

Um dem „Verdauungsproblem" der Wiederkäuer und ihrem Methanausstoß Herr zu werden, gibt es verschiedene Vorschläge: Manche setzen auf algenhaltiges Futter, manche auf Genveränderungen an der Kuh, um die Werte zu reduzieren. Das hierin nicht die Lösung liegen kann, wird klar, wenn man die weiteren, indirekten Emissionen betrachtet, die kausal auf die Tierhaltung zurückgehen. Die gigantische Zahl an Nutztieren benötigt gigantische Mengen an Futter – und so verbraucht die Tierhaltung rund 78 % der weltweiten landwirtschaftlichen Nutzfläche [6]. Das entspricht der gesamten Fläche von Nord- und Südamerika zusammen. Das ist erstens ineffizient: Denn die hier angebauten Pflanzen werden für den Trog statt für den Teller produziert, also große Mengen an Energie und Nährstoffen erst in Tiere investiert, um zuletzt nur einen Bruchteil der Nährwerte als Fleisch oder Milch zu erhalten. In Zahlen bedeutet das, dass diese riesige Fläche die Menschheit mit nur 37 % des weltweit konsumierten Proteins und mit nur 18 % der

---

robuste Kalkulation muss neben der Tierhaltung selbst weitere Teile der Wertschöpfungskette einbeziehen, um einen realistischen Rückschluss zum Klimaeinfluss von Tierprodukten zu erlauben. Xu et al. haben 2021 eine solche Studie vorgelegt und errechnen 20 % Anteil an den Treibhausgasen weltweit.

Kalorien versorgt [44]. Zweitens verursacht die Tierhaltung durch Flächenverbrauch und zusätzlichen „Flächenfraß", also die Ausweitung der Nutzfläche auf Naturräume, die mit größten Emissionen aus dem Ernährungssystem (siehe Abschn. 10.3.3).

Sind also „emissionsärmere" Tiere wie Hühner und Puten eine Lösung für den wachsenden Fleischhunger der Welt? Dabei nur auf die Emissionswerte von Tierarten zu schauen, griffe zu kurz. Denn auch Geflügelhaltung steht in Konkurrenz zur Produktion von pflanzlichen Nahrungsmitteln für den Menschen und hat einen erheblichen ökologischen Fußabdruck, nimmt also Einfluss auf Biodiversität, auf die Qualität von Gewässern, Luft und Boden. Vor allem aber birgt die Geflügelzucht Risiken für die Gesundheit von Mensch und Ökosystemen, da sie als Intensivtierhaltung die Entstehung und Verbreitung von Zoonosen – wie Vogelgrippe – sowie Antibiotika-Resistenzen fördert. Geflügelfarmen spielen hierbei laut neuesten Erkenntnissen eine wichtige Rolle [4].

10.3.2 Viel hilft viel – aber nicht dem Klima: Emissionen durch Düngemittel

Neben dem organischen Dünger aus der Tierhaltung verdankt das Ernährungssystem seinen Erfolg auch der Erfindung synthetischer Düngemittel. Der Einsatz von Stickstoffdüngern ist seit den 1960er Jahren um 800 % gewachsen [38]. Das großzügige Düngen folgt jedoch häufig dem Prinzip „Viel hilft viel" und bringt nicht nur höhere Erträge, sondern auch alarmierende Folgen für Ökosysteme und Klima mit sich. Denn die Pflanzen nehmen nur einen Teil des Stickstoffs auf; Mikroorganismen im Boden setzen ihn hingegen in Lachgas um. Und bereits die Produktion von Dünger ist energieintensiv. Durch Stickstoffdünger allein kommen so bereits etwa 5 % des weltweiten Klimagas-Ausstoßes zustande. Bereits ein effizienterer Einsatz von Stickstoff würde ihn erheblich reduzieren [24].

10.3.3 Flächenfraß für Futtermittel: Emissionen aus Landnutzung und Landnutzungsänderungen[2]

Intakte Ökosysteme erfüllen für das Klimasystem unserer Erde sowie für uns Menschen wichtige Funktionen: Wälder, Moore und andere Naturräume binden und speichern CO_2; sie wirken als Kohlenstoffsenken. Sie sind Teil des Wasserhaushalts einer Region, schützen vor Hitze, Stürmen oder auch Überschwemmungen. Und sie erhalten die Biodiversität, die wichtig ist für landwirtschaftlichen Ertrag, aber auch für Schutz vor Krankheitserregern, sogar für die Entwicklung von Medikamenten. Sie erfüllen also wichtigste

---

[2] Die Nutzung von Land und die Veränderung von Ökosystemen wird, inklusive der Waldwirtschaft, unter den Begriff „Land Use, Land Use-Change and Forestry" (LULUCF) gefasst. Die Sammelbezeichnung „Agriculture, Forestry and Other Land Uses" (AFOLU) schließt auch den Sektor Landwirtschaft mit ein.

Ökosystemleistungen, die sie nur aufrecht erhalten können, wenn sie, wenn überhaupt, nachhaltig genutzt werden.

Beinahe die Hälfte der bewohnbaren Erdoberfläche wird heute für die Erzeugung von Nahrungs- und Futtermitteln genutzt. Wie dabei Böden degradieren und selbst zum Problem werden, zeigen Moorgebiete: die effizientesten Kohlenstoffspeicher der Welt. Moore bedecken nur 3 % der Landflächen und speichern doch 30 % des gesamten terrestrischen Kohlenstoffs – doppelt so viel wie alle Wälder der Welt. Moore sind also wahre Klimahelden – solange sie nass sind. Denn entwässerte Moorböden sind wahre „Hotspots für Treibhausgase" [61], von CO_2 über Methan bis Lachgas. Allein in Deutschland, wo Landwirtschaft auf vielen trockengelegten, degradierten Moorgebieten stattfindet, stoßen sie heute rund fünfmal so viele Treibhausgase aus wie alle Inlandsflüge [61]. Das macht die Wiedervernässung von Mooren nicht nur zu einer wichtigen Chance für den Klimaschutz, sondern auch für die Landwirtschaft: Förderung und Umstellung auf Paludikultur kann Landwirtinnen und Landwirte in ihre Expertenrolle für Land zurückbringen, um *mit* Naturräumen zu arbeiten und diese als ihr wichtigsten Kapital zu bewahren.

Von Landnutzungsänderung ist die Rede, wenn natürliche Ökosysteme in Nutzfläche umgewandelt werden. Prominentestes Beispiel hierfür sind die Abholzungen und Brandrodungen in tropischen und subtropischen Waldgebieten, vor allen in Brasilien, Argentinien und Indonesien. Zwar sind die Zahlen leicht rückläufig, doch Entwaldung ist bislang für den größten Anteil von Klimagasen aus dem weltweiten Ernährungssystem verantwortlich [21]. Indonesiens Wälder verschwinden für Palmöl, Brasiliens Wälder brennen für Soja – nicht für Tofu, sondern für Tierfutter. Erst 2023 hat das Ausmaß der Zerstörung die EU veranlasst, Importe einzuschränken, für die Wälder leiden. Das Ausmaß der Zerstörung im Amazonas ist so verheerend, dass der Wald durch Brände, Hitze und Dürren mittlerweile mehr CO_2 ausstößt, als er aufnehmen kann [25].

10.3.4 Klimaschädliche Körner: Emissionen aus dem Reisanbau

Reis ist für Millionen von Menschen Grundnahrungsmittel und Einkommensquelle – aber auch ein echter Klimakiller. Und dies keineswegs wegen langer Reisewege von asiatischen Plantagen in weltweite Supermärkte, sondern aufgrund seiner üblichen Anbaumethode. Die Felder werden mit großen Mengen Wasser geflutet und der Schlamm bietet beste Bedingungen für Mikroorganismen, die Methan produzieren. Reis gehört mit einem Gesamtanteil von bis zu 12 % zu den großen Verursachern dieses Treibhausgases. Er schadet dem Klima in etwa so stark wie der gesamte Flugverkehrssektor [13]. Da Trockenreisanbau zwar möglich, aber nicht so ertragreich ist, liegen Chancen in der Weiterentwicklung der Methoden, wie dem „alternate wetting and drying", der das Reisfeld im Wechsel flutet und trockenlegt [13].

10.3.5 Transport und Kühlung: Beispiele für Emissionen aus den vor- und nachgelagerten Prozessen

Die landwirtschaftliche Produktion sorgt also an vielen Stellen für Klimagase, doch immer mehr Emissionen stammen aus den vor- und nachgelagerten Prozessen innerhalb der Wertschöpfungskette. Die Anteile von Einzelhandel, Verpackung, Transport und Verarbeitung an den gesamten CO_2-Emissionen des Ernährungssystems sind in den vergangenen drei Jahrzehnten um 33 bis 300 % gewachsen [12]. Allerdings sind dies so auch Teilsektoren, wo Akteurinnen und Akteure der Lebensmittelwirtschaft besonders viel Einfluss durch klimabewusste Entscheidungen nehmen können. Im Folgenden werfen wir – exemplarisch – einen Blick auf jene zwei Prozesse, die besonders häufig diskutiert werden: Transport und Kühlung.

Wie schwer wiegen Food Miles? Diskussionen um Transport
„Je lokaler, desto klimafreundlicher", lautet eine populäre Einschätzung bei der Wahl von Nahrungsmitteln. Auf den ersten Blick erscheint dies logisch, reduzieren sich so doch die „Food Miles" und deren Emissionen, wenn Produkte nicht über die weiten Wege eines global verstrickten Ernährungssystems reisen müssen. Ist also das Steak von nebenan doch klimafreundlicher als die weitgereiste Avocado aus Lateinamerika? Tatsächlich stellen Studien wiederholt heraus, wie gering die Transportemissionen ausfallen: Bei den meisten Lebensmitteln liegen sie unter 10 %. Im Fall von Tierprodukten ist der Anteil noch geringer [44, siehe Abb. 10.2). Crippa et al. (2021 [12]) werten sogar die Verpackung (5,4 % Anteil an Gesamtemissionen des Ernährungssystems) klimaschädlicher als den Transport (4,8 %). Und es zeigt sich: Davon stammen fast alle Treibhausgase nicht aus dem internationalen, sondern aus dem regionalen oder lokalen Verkehrsnetz. Selbst eine Studie, die auch den internationalen Versand von Rohstoffen, Maschinen oder auch Düngemitteln einkalkulierte und resümierte, die Transportemissionen machten doch ein Fünftel des globalen Ernährungssystems aus, kommt wiederum zum Schluss: Obwohl die internationalen Reisen, meistens per Schiff, einen Großteil der „Food Miles" ausmachen (71 %), sind dennoch die Emissionen der inländischen Transporte im Straßenverkehr 1,3-mal höher [36]. Die Wahl des Nahrungsmittels und dessen Saisonalität sind also wesentlich stärkere Faktoren in der Klimabilanz als Regionalität; oder salopp gesagt: Was wann produziert und konsumiert wird, hat meist mehr Einfluss auf's Klima, als woher es kommt [44, 36, 49].

Gekühlte Produkte, erhitztes Klima: F-Gase aus den Kühlketten
Kühlung spielt für die Nahrungsmittelsicherheit eine wichtige Rolle, aber auch für das Klima. Denn der Energieverbrauch für Kühlketten v. a. in Einzelhandel und Supermärkten steigt [12]. Und: Die Kühlkette leckt; die Verluste an Kältemitteln sind groß. Deren Geschichte zeigt, wie wichtig es ist, die Umwelt- und Klimawirksamkeit von neuartigen Stoffen schon bei der Entwicklung mit zu bedenken. Nachdem das Ozonloch entdeckt und Fluorchlorkohlenwasserstoffe (FCKW) auch als Kältemittel verboten wurde, setzte

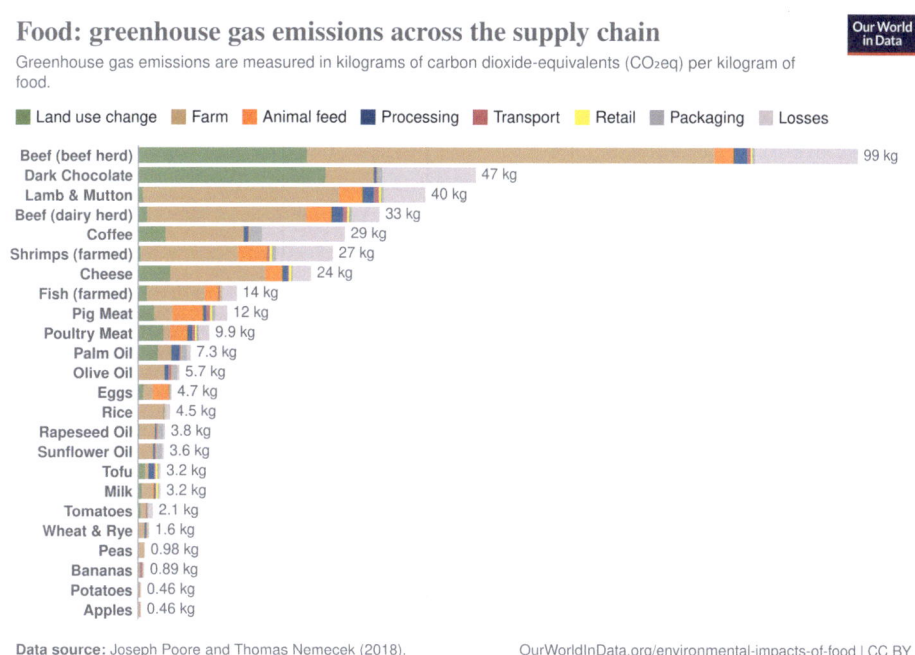

Abb. 10.2 Treibhausgasemissionen entlang der Lebensmittelkette mit Blick auf einzelne Nahrungsmittel (Angaben in kg CO_2e pro Kilogramm Nahrungsmittel). (Quelle: Ritchie, H. (2020) [49])

die Industrie auf neue synthetische F-Gase. Doch diese, darunter teilhalogenierte Fluorkohlenwasserstoffe (HFWK), erwiesen sich als immens potente Treibhausgase, deren Wirkung die von CO_2 um das bis zu 23.500-Fache übersteigt. Dennoch hat sich ihre industrielle Verwendung, v. a. für Kühlsysteme, seit den 1990ern mehr als verdoppelt. Zwar liegen die Anteile an den ernährungsbedingten Gesamtemissionen bei 2 %, doch gehen Prognosen davon aus, dass insbesondere in Entwicklungsländern künftig noch mehr F-Gase eingesetzt werden und in die Atmosphäre entweichen [12]. Das internationale Verbot von FCKW bewies, wie wirksam Regulierung sein kann, doch im Fall von F-Gasen zeigen sich nun die nachhaltig positiven Effekte von Regulierung, wenn diese zugleich mit Investitionen in umweltfreundlichere Lösungen und effizientere Technologien verbunden wird: Dank der F-Gas-Verordnung der EU (seit 2015 bzw. neu seit 2024) sind die klimaschädlichen F-Gase immerhin in Europa und auch in Deutschland auf einem „deutlichen Abwärtstrend" [62].

10.3.6 Wie wir das Klima wegschmeißen: Emissionen durch Lebensmittelverschwendung und -verlust

Ein letzter Aspekt stellt wohl jedoch am stärksten heraus, wie groß das Verlustgeschäft des gegenwärtigen Ernährungssystems ist – für uns alle und für zukünftige Generationen. Mindestens ein Drittel aller Nahrungsmittel wird entweder verschwendet oder geht verloren. Ein Teil des Verlusts passiert zwischen Ernte und Vertrieb (ca. 14 %, [18], ein weiterer Teil im Einzelhandel und bei den Verbraucherinnen und Verbrauchern selbst (zusammen ca. 17 %, [63]). In einer Analyse „vom Acker bis zum Verbraucher" zeigt der WWF, dass von den 18 Mio. Tonnen Nahrungsmitteln, die in Deutschland jährlich verloren gehen, 10 Mio. Tonnen vermeidbar wären, denn: Diese „genusstauglichen Nahrungsmittel" landen im Müll [70]. Zugleich leiden Hunderte Millionen Menschen weltweit an Mangel- und Unterernährung. Zu dieser ethischen Dimension des Problems kommen zwei weitere: die ökonomische und die ökologische. Etwa 1 Billion US-Dollar beträgt der geschätzte finanzielle Verlust – jedes Jahr [17]. Und: Verlust und Verschwendung von Nahrungsmitteln sind für bis zu 10 % aller menschenverursachten Klimagase verantwortlich [38]. Wo also das Food System, ob im Einzelhandel oder auch in der Gemeinschaftsverpflegung, diese Verluste reduziert, investiert es auch in den Schutz von Ressourcen und Klima (siehe Kap. 12 und 22).

10.4 Die andere Seite der Medaille: Das Ernährungssystem als Opfer als Klimawandels

Der Blick auf die andere Seite der Medaille zeigt die Tragik der Situation: Je weiter das Ernährungssystem die globale Erderhitzung mit befeuert, desto größer werden die Herausforderungen für die einzelnen Glieder der Lebensmittelkette. Zwar können Klimaveränderungen in einigen nördlicheren Regionen kurzfristig zu positiven Effekten führen [40], indem etwa regional höhere Temperaturen den Anbau bestimmter Kulturpflanzen zulassen. Doch zeichnet sich weltweit ein zunehmend drastisches Bild, weil „noch nie dagewesene negative Auswirkungen des Klimawandels die Widerstandsfähigkeit der Landwirtschaft und der Ernährungssysteme sowie die Fähigkeit vieler Menschen, insbesondere der Schwächsten, bedrohen, angesichts des zunehmenden Hungers, der Unterernährung und des wirtschaftlichen Drucks, Nahrungsmittel zu erzeugen und zu beziehen", wie es die Gemeinschaft von 160 Staaten auf dem Weltklimagipfel im Jahr 2023 formulierte [11]. Unter Druck geraten vor allem jene Ernährungssysteme, die nicht nachhaltig sind [43]. Sie können durch Rückkopplungseffekte den Teufelskreis zwischen Agri-Food-Kette und Klimawandel weiter verstärken, wenn Land- und Lebensmittelwirtschaft auf Klimawandelfolgen wiederum mit weiteren klima- und umweltschädlichen Praktiken reagieren. Beispiele hierfür sind: der Einsatz von energieintensiven Kühlanlagen in Ställen, um Nutztiere vor Hitzestress zu schützen, der Einsatz von noch mehr klimawirksamen Kühlstoffen wegen gestiegenen Temperaturen, oder auch der Einsatz von noch mehr Pestiziden, um Krankheiten oder Schädlinge abzuwehren, die durch die Klimaveränderungen verstärkt auftreten [38]. Auch Pestizide können als Chemikalien wiederum eine klimaschädliche – und meist nur wenig beachtete – Wirkung herbeiführen [22]. Eine Übersicht über zentrale Risiken für das globale Ernährungssystem und die Ernährungssicherheit liefert der IPCC-Sonderbericht zu Klimawandel und Landsystemen [38]. Dazu gehören:

- **Nahrungsmittel-Quantität**: Der Klimawandel kann direkt oder indirekt die landwirtschaftlichen Erträge beeinflussen, z. B. über Veränderungen im Niederschlagsregime, der Bodenfruchtbarkeit, der Bestäuberleistung oder durch das Auftreten von Schädlingen/Krankheiten.
- **Nahrungsmittel-Qualität**: Der CO_2-Gehalt der Atmosphäre wirkt sich nicht nur auf das Wachstum, sondern auch auf den Nährstoffgehalt von Pflanzen aus.
- **Nahrungsmittel-Sicherheit**: Risiken infolge des Klimawandels können in der Primärproduktion sowie anderen Teilen der Wertschöpfungskette auftreten.
- **Menschliche Gesundheit**: Temperaturveränderungen, Extremwetter, aber auch die zunehmend bedrohte Verfügbarkeit von genügend und nährstoffreichen Nahrungsmitteln haben Einfluss auf die Gesundheit von Arbeitskräften in Agrar- und Lebensmittelwirtschaft.

Der Klimawandel ist also keineswegs „nur" ein Umweltfaktor, es geht für die Lebensmittelwirtschaft nicht allein um den Effekt von meteorologischen Variablen auf biophysikalische Prozesse, also um Herausforderungen in der landwirtschaftlichen Produktion. Es geht auch um wirtschaftliche Risiken für die anderen Glieder der Wertschöpfungskette, für Infrastrukturen, den Handel und auch die Verbraucherinnen und Verbraucher, mit letztlich weitreichenden sozio-ökonomischen Konsequenzen. Der Klimawandel verstärkt Risiken und multipliziert Bedrohungen, er kann Kettenreaktionen herbeiführen und durch Risikokaskaden die Stabilität eines Systems gefährden [53]. Er hat Auswirkungen auf Preise und Verbrauch [54] und er kann Wettbewerbsvorteile verschieben. Auch ist der Klimawandel keine „isolierte" Krise, sondern bildet gewissermaßen nahtlose Übergänge und dementsprechend gewaltige Synergien mit anderen Krisen, wie dem Verlust der Biodiversität (siehe auch Kap. 11) oder politischen Konflikten, Kriegen und Migrationsbewegungen. Treffen verschiedene Stressoren zusammen, kann es zu Verbundereignissen kommen, mit „gesellschaftlichen und/oder ökologischen Mehrfachrisiken", etwa wenn Hitze und Trockenheit zu Vegetationsbränden führen, die wiederum nicht nur Ernteerträge, sondern auch die menschliche Gesundheit beeinträchtigen [53]. In diesen komplexen Wirkungsketten und Wechselspielen liegt die umfassende Bedrohung infolge der Klimakrise auch und insbesondere für die Lebensmittelwirtschaft (siehe Abb. 10.3). Die folgenden drei exemplarischen Aspekte stellen nochmals heraus, wie vielfältig – und

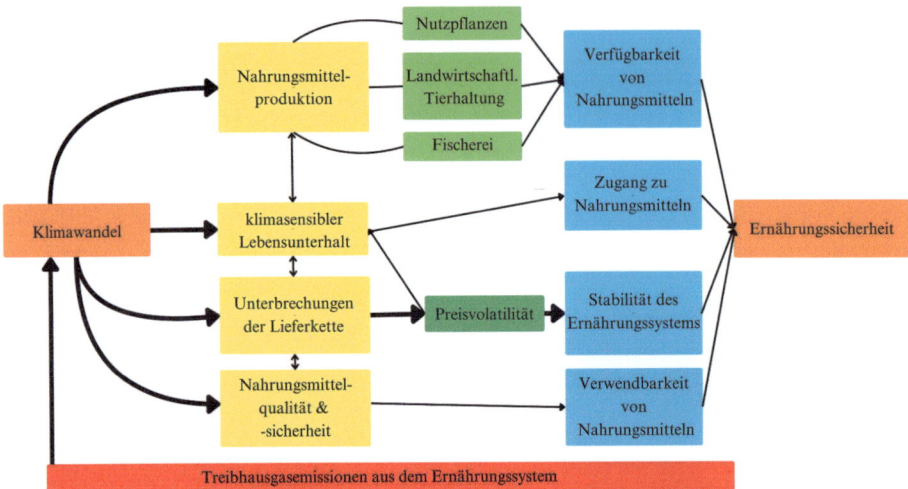

Abb. 10.3 Auswirkungen des Klimawandels auf Ernährungssystem, auf Nahrungsmittelsicherheit und Ernährungssicherheit. (Quelle: eigene Darstellung)

teilweise überraschend – der Impact des Klimawandels auf die Lebensmittelwirtschaft sein kann.

10.4.1 Feld und Stall im Hitzestress: Herausforderungen für die Primärproduktion

Durch den Klimawandel steigt die globale Durchschnittstemperatur und Europa ist der Kontinent, der sich am schnellsten erwärmt [16]. Weltweit steigt auch die Wahrscheinlichkeit für extreme Wetterereignisse wie Hitzewellen, Dürren oder Stürme. Darunter leiden nicht nur Menschen, auch Kulturpflanzen und Tiere haben mit höheren durchschnittlichen oder phasenweise extremen Temperaturen zu kämpfen. Besonders empfindlich reagieren Pflanzen in kritischen Entwicklungs- und Wachstumsphasen: Hitzestress kann z. B. für Tomaten das Ende für Blüten oder junge Früchte bedeuten [37]. Weizenpollen droht bei mehr als 31 °C die Sterilität. Das Resultat sind geringere Kornzahl und geringerer Ertrag [47]. Hinzu kommt eine verschobene „Taktung": Wenn sich durch den Klimawandel Vegetationsperioden verschieben, können sich Pflanze und Bestäuber verpassen – aber dafür auch Pflanze und Schädling ungünstig begegnen. Die Wachstumssaison von Sommer- und Winterweizen war im Jahr 2020 um sechs Tage kürzer als im Zeitraum 1981 bis 2010 [50].

Sensibler als oft gedacht reagiert auch der Wasserhaushalt einer Region auf Veränderungen der Temperatur: Pro zusätzlichem °C verdunstet ca. 5 % mehr Wasser [37] – Wasser, das durch Veränderungen von Niederschlagsmustern in einem Agrarökosystem entweder fehlen oder aber z. B. . als Starkregenereignis die landwirtschaftliche

Produktion treffen kann. Doch das größte Risiko für Erträge besteht laut Weltklimabericht durch Dürren [9]: Um ertragreich arbeiten zu können, werden weltweit bereits jetzt 23 % der Anbauflächen bewässert. Auch in Deutschland laufen inzwischen immer öfter die Wasserpumpen heiß. Denn im Frühjahr und Sommer nehmen hierzulande die Niederschläge ab, und die höheren Temperaturen sorgen für mehr Verdunstung und trockenere Böden [37]. Im Vergleich zum Jahr 2009 wurde in Deutschland im sehr niederschlagsarmen Jahr 2022 fast die Hälfte mehr Fläche bewässert [14]. Dabei ist nicht allein der Wassermangel eine Gefahr für Nutzpflanzen: Dürre und Hitze schaden zugleich Bodengesundheit und -mikrobiom, sodass Bodenkeime und Krankheitserreger wie Pilze mit Pflanzen leichteres Spiel haben [15].

Hitzestress trifft allerdings auch Stall und Weide. Vor allem wenn zugleich die Luftfeuchtigkeit steigt, hat dies Folgen für die Tiergesundheit und den landwirtschaftlichen Ertrag: Steigt z. B. die Luftfeuchtigkeit über 70 %, leiden Milchkühe schon bei moderaten Temperaturen von 24 °C. Die Folge: weniger Milchleistung und weniger Proteingehalt, ergo Milch von geringerer Qualität [37]. Andere Organismen hingegen profitieren von höheren Temperaturen: bakterielle Krankheitserreger. Und das ist nicht allein ein Risiko für die Tiergesundheit. Die industrielle Tierhaltung hat erheblich zur Entwicklung von Antibiotika-Resistenzen beigetragen, auch beim Menschen [3]. Unter wärmeren Bedingungen kommt es auch zu mehr Resistenzbildung unter den üblichen bakteriellen Erregern – eine zunehmende Bedrohung für unsere medizinische Versorgung auch in Deutschland und Europa [39].

Vor Fischerei und Aquakultur machen die Auswirkungen von Erderhitzung und Extremwettern ebenfalls nicht Halt. Immer wärmeres Meerwasser führt zu immer mehr Zonen mit niedrigem Sauerstoffgehalt, und in Kombination mit anderen Stressoren – wie Ozeanversauerung infolge der CO_2-Emissionen und Überfischung – kommt es zu starken Veränderungen mariner Ökosysteme [52]. Während jedoch wildlebende Wassertiere zumindest teilweise abwandern können, ist dies Zuchtfischen nicht möglich. Für Aquakulturbetriebe bedeutet dies Herausforderungen, auch durch ein erhöhtes Risiko für Krankheiten, Parasiten und giftige Algen [38].

Das Beispiel Temperaturerhöhung und Hitze macht also deutlich: Hinter den direkten Auswirkungen auf Pflanzen, Boden oder auch Wasser ergeben sich lange Verkettungen von Folgen. Macht Klimastress z. B. Pflanzen anfälliger für Krankheiten und Schädlinge und kommen diese durch Klimaveränderungen vermehrt vor, setzen Betriebe voraussichtlich mehr Pestizide ein, um die Ernte zu sichern. Das hat nicht nur wiederum ökologische Konsequenzen, sondern kann auch dazu führen, dass die Rohstoffe nicht mehr den EU-Richtlinien entsprechen und so das Angebot für den Lebensmittelsektor schrumpft [26] – ganz abgesehen davon, dass die Verbraucherinnen und Verbraucher selbst kein Interesse an stärker belasteten Nahrungsmitteln haben.

10.4.2 Mythos CO_2-Düngung: Qualitätsverluste statt Quantitätsgewinne

Wer dem Klimawandel oder zumindest seinen nachteiligen Auswirkungen skeptisch gegenübersteht, bezieht sich häufig auf folgende Annahme: Pflanzen benötigen CO_2 zum Wachsen, also sollte mehr davon in der Atmosphäre sogar eine gute Sache sein. Machen die anthropogenen Treibhausgasemissionen die Erde gar zu einem wahren Garten Eden? Die Sache ist dann doch komplexer. Kulturpflanzen reagieren je nach Stoffwechsel unterschiedlich auf CO_2-Konzentration in der Luft, und zugleich spielen die Temperaturen und die Verfügbarkeit von Wasser oder auch Stickstoff eine wichtige Rolle [37]. Eine Fülle von Studien und Experimenten konnte zeigen, dass die negativen Auswirkungen der Erderwärmung den Düngeeffekt von CO_2 überwiegen – vor allem der Hitzestress. So verändert ein höherer CO_2-Gehalt in der Atmosphäre auch den Nährstoffgehalt von Kulturpflanzen und damit letztlich auch die Qualität von Lebensmitteln wie Brot. Bleiben wir beim Beispiel Weizen: Das Getreide zeigt unter höherem CO_2-Angebot zwar mehr Ertrag, aber ebenso einen niedrigeren Proteingehalt; außerdem reagiert Weizen stark auf Temperaturstress [66]. In anderen Nutzpflanzen reduzieren sich Mikronährstoffe wie Kalzium, Eisen oder Zink [43]. Versuche mit japanischen Reissorten zeigten, dass die höheren Temperaturen und Treibhausgas-Konzentrationen in einem pessimistischen, d. h. emissionsintensiven Klimaszenario nicht nur bis zu 35 % weniger Ertrag, sondern auch bis zu 85 % schlechtere Qualität zur Folge hätten [31].

10.4.3 Ein wachsendes „wicked problem": Risiken der Lebensmittelsicherheit

Lebensmittelsicherheit wird in Zeiten des Klimawandels zum „wicked problem", zum wirklich üblen Problem, wie Hueston und McLeod es formulieren (2012 [29]). Denn das Problem ist komplex und zeigt überraschende Facetten: Steigende Temperaturen und Luftfeuchtigkeit bieten z. B. Mikroben und Algenblüten (und damit der Kontamination mit Biotoxinen) gute Entwicklungsmöglichkeiten, sowohl in der Landwirtschaft als auch in Fischerei und Aquakultur. Jüngst sorgten Studien für Aufsehen, die Zunahmen von Pilzinfektionen beobachteten – bei Menschen wie auch bei Nutzpflanzen – und vor Resistenzbildung warnen, wie man sie bislang von Bakterien kannte [69]. Das macht die Belastung mit Mykotoxinen wahrscheinlicher, die ebenfalls vom höheren CO_2-Gehalt der Atmosphäre angeregt werden kann [5].

10.4.4 Unsicherheiten und Preisvolatilität: Beispiele für ökonomische Risiken

Der Klimawandel und seine Folgen verursachen Risikopunkte und -felder entlang der Lebensmittelketten selbst, aber ebenso in verbundenen Sektoren und Systemen. So können sich destabilisierte Strukturen, Verwerfungen und Konflikte wiederum auf die Lebensmittelwirtschaft auswirken – ob in der Finanzwirtschaft, in Infrastrukturen, Gesundheitssystemen oder in der Politik. Aufgrund der komplexen Verwebungen können sich Probleme, wie etwa Produktionseinbrüche, über die lokalen, regionalen oder auch globalen Lieferketten fortsetzen [53]. Die Liefer- und Versorgungsketten werden allerdings auch selbst zum Risikofaktor, wenn Klimawandelfolgen zuschlagen und Verkehrssysteme oder Infrastruktur direkt betreffen. Extremwetter und was sie mit sich führen, ob Überschwemmung, Dunst oder Staub, können Straßen und Gleise schädigen oder unpassierbar machen [67]. Hitze oder Kälte wirken sich buchstäblich bis ins technische Detail von Transport und Fahrzeugen aus. Die Planung von Lieferketten erfordert immer mehr, den Klimawandel als Grund für Verspätungen, Umleitungen oder Ausfälle einzukalkulieren [67]. Und doch hilft alle Absicherung von Produktion und Infrastruktur am Ende nicht weiter, wenn der Klimawandel durch Extremwetter, Infektionskrankheiten, soziale Unruhen oder auch Mangel an genügend und nahrhaften Nahrungsmitteln die menschliche Gesundheit so beeinträchtigt, dass den Ernährungssystemen vor Ort die menschliche Arbeitskraft fehlt.

Die Weltgesundheitsorganisation warnt seit Jahren davor, dass der Klimawandel zunehmend Versorgungsströme und Lieferketten stört und es dadurch zu Preisspitzen kommt und die Preise und Märkte volatiler werden [17]. Wie genau sich Marktstrukturen oder Import und Export von Rohstoffen und Nahrungsmitteln verändern, ist schwer vorherzusagen. Klar ist nur: Der Klimawandel führt bereits zu Veränderungen in der Lebensmittelwirtschaft, und er wird weitere mit sich bringen. Wirtschaftsanalysen benennen in einem Klimaszenario mit 2 °C Erwärmung einen Anstieg der globalen Produktionskosten von bis zu 30 % bis zum Jahr 2030: Energieintensive Produktion wird zunehmend mit höheren Preisen belastet sein, Wassermangel kann sich ähnlich auf Landwirtschaft oder auch Getränkeherstellung niederschlagen [45]. Analysen des Finanzsektors verweisen bereits jetzt auf starke Preisschwankungen bei bestimmten Obst-, Getreide- und Gemüsesorten (wie Weizen, Kartoffeln, Tomaten) und beziehen Preissprünge der jüngeren Vergangenheit konkret auf Wetterextreme (wie bei Olivenöl, Kakao oder bestimmten Kartoffelsorten) [26, 33]. Und während insbesondere die Agrar- und Lebensmittelwirtschaft schon immer damit konfrontiert war, auf Wetter und Witterung zu reagieren und mit Unsicherheitsfaktoren wie Niederschlägen oder Krankheitserregern zu kalkulieren, ist die Problematik durch den Klimawandel heute von anderer, neuer Qualität. Denn die Veränderungen infolge der Klimakrise treten mit immer höherer Taktzahl, lokaler Intensität und globaler Reichweite auf. Dies betrifft letztlich auch das Wirtschaftswachstum: Laut Prognose wird die Weltwirtschaft bis zur Mitte unseres Jahrhunderts einen Einkommensrückgang von 19 % erleben [34]. Diese finanziellen Schäden übersteigen laut der Prognose jene

Kosten, die erforderlich wären, um die globale Erwärmung auf 2 °C zu begrenzen, bereits um das Sechsfache[3]. Nur wenige Regionen in sehr hohen Breitengraden werden von diesen wirtschaftlichen Schäden verschont bleiben, während die größten Verluste gerade jene Regionen des globalen Südens treffen werden, die bereits heute finanziell schlechter dastehen – und zudem historisch sehr viel weniger zu den menschengemachten Emissionen beigetragen haben [34].

Stehen wir also am Ende der Analyse vor nichts als einem trüben, bitteren Bild der Zukunft, sowohl für die Lebensmittelwirtschaft als auch die Welt? Mitnichten. Denn Berichte zeigen auch, welche gigantischen Chancen entstehen, wenn es gelingt, die Agrar- und Ernährungssysteme der Welt zu transformieren: sozioökonomische Gewinne in der Höhe von 5 bis 10 Billionen US-Dollar, pro Jahr [52].

10.5 Fazit und Ausblick

Ernährung ist schon immer ein existenzielles Thema, doch mit dem Fortschreiten der Klimakrise ist die Frage nach Zukunft und Entwicklung des Ernährungssystems entscheidender denn je. Mit den wachsenden Herausforderungen entlang der Lebensmittel-Wertschöpfungskette – ob in landwirtschaftlicher Produktion, beim Transport oder in der Weiterverarbeitung und im Vertrieb – nehmen auch wirtschaftliche und gesellschaftliche Unsicherheiten und Risiken zu. Und je weiter gängige Praktiken des Ernährungssystems die globale Erwärmung mit vorantreiben, desto mehr sind unsere Lebensgrundlagen, unser Wohlstand und unsere Sicherheit in Gefahr. Dabei fällt ins Gewicht, dass mit Methan und Lachgas besonders potente Klimagase zu großen Anteilen aus der Agri-Food-Kette stammen und dass die Landwirtschaft – und zu einem überproportionalen Anteil die landwirtschaftliche Tierhaltung – durch Flächenverbrauch und Landnutzungsänderungen extreme Emissionen verursachen. Mit der weiter voranschreitenden Zerstörung natürlicher Ökosysteme gehen nicht nur dringend benötigte Kohlenstoffsenken verloren, sondern es entstehen sogar neue Kohlenstoffquellen. Angesichts dieser verheerenden Auswirkungen, die sich letztlich zerstörerisch auch auf das Ernährungssystem selbst auswirken, ist es umso unverständlicher, dass die EU-Agrarförderungen weiterhin zu 82 % in Tierprodukte fließen [32]. Außerdem fällt ins Gewicht, dass die Emissionen der vor- und nachgelagerten Prozesse in den vergangenen Jahren weiter gestiegen sind. Dabei liegen gerade

---

[3] Die zitierten Zahlen basieren auf der ursprünglich in Nature (2024) veröffentlichten Studie. Das Forschungsteam hat zwischenzeitlich die Analyse überarbeitet: Der prognostizierte Rückgang der weltweiten Wirtschaftsleistung wird nach neuer Kalkulation auf 17 % (statt 19 %) geschätzt und das Verhältnis zu den Kosten, die globale Erwärmung auf max. zwei Grad zu begrenzen, auf 5:1 (statt 6:1). Die Kernaussagen der Studie bleiben jedoch unverändert. Die Autoren verweisen darauf, dass die noch ungleichere Verteilung der Schäden durch den Klimawandel und die höheren Verluste in ärmeren Regionen die globalen Schadenskosten verringern. Das Peer-Review-Verfahren der überarbeiteten Ergebnisse ist zum Zeitpunkt der Veröffentlichung noch nicht abgeschlossen. Stand: 03. September 2025. (Potsdam-Institut für Klimafolgenforschung 2025)

hier durch neue Produktionsweisen oder optimierte Prozesse Möglichkeiten, die Emissionen in den Bereichen Verpackung, Transport oder auch Systemgastronomie zu reduzieren. Bleibt es hingegen beim Business as usual, würden allein die Emissionen aus den Lebensmittelketten die Erderwärmung über die kritische Grenze von 1,5 °C bzw. 2 °C treiben [10]. Das bedeutet für ohnehin vulnerable Regionen, v. a. in Afrika, Mittel- und Südamerika sowie Asien, dass sich das Problem der Ernährungssicherheit weiter verschärft, dass Unter- und Mangelernährung weiter zunehmen – mit dramatischen sozialen, wirtschaftlichen und migrationsbezogenen Folgen [30]. Modellierungen zeigen, dass durch den Klimawandel bis 2050 weltweit das Angebot verschiedener Nahrungsmittel zurückgehen wird – dass jedoch dabei der erwartbare Mangel an Obst und Gemüse sogar mehr Todesfälle mit sich bringen wird als Untergewicht [55]. Dieselbe Modellierung zeigt aber auch: Klimaschutzmaßnahmen wirken dieser Entwicklung entgegen.

Allein durch die außerordentliche Abhängigkeit der landwirtschaftlichen Primärproduktion von Klima und Ökosystemleistungen liegt es im größten Eigeninteresse der Lebensmittelwirtschaft, das Klima und die Ökosysteme zu erhalten und zu schützen. Das ist eine zentrale Erkenntnis. Und gerade weil die Verflechtungen und Wechselwirkungen zwischen Klima und Ernährungssystem so stark sind, besteht hier besonders großes Potenzial, um – wie es die Staatengemeinschaft auf dem Weltklimagipfel 2023 formulierte – „wirksame und innovative Antworten auf den Klimawandel zu finden und gemeinsamen Wohlstand für alle zu schaffen" [11]. Wie üblich gibt es hier keine „single silver bullet", keine einfache Patentlösung, die alle Probleme auf einmal beseitigt – vielmehr sind alle Glieder der Lebensmittelkette gefragt, und hier bieten sich zahlreiche Möglichkeiten. Konzepte dafür liegen längst vor, ob in Form des Farm-to-Table, das auf Saisonalität von Lebensmitteln setzt, oder in Form der Planetary Health Diet, die von Expertinnen und Experten aus den Feldern Gesundheit, Landwirtschaft, Nachhaltigkeit und Politik entwickelt wurde und die wissenschaftliche Grundlage für eine Transformation des globalen Ernährungssystems bietet [68]. Die Planetary Health Diet zeigt Wege auf, um auch eine gewachsene Weltbevölkerung von 10 Mrd. Menschen im Jahr 2050 gesund und ausreichend zu ernähren – ohne die ökologischen Belastungsgrenzen der Erde zu überschreiten. Was diese Konzepte verbindet und die Gesundheit von Mensch, Natur und Klima gemeinsam schützt, ist eine Ernährung auf verstärkt pflanzlicher Basis. Insbesondere das Ernährungssystem determiniert letztlich die Flächennutzung eines Landes, und darüber wiederum die Treibhausgasemissionen. Pflanzliche Nahrungsmittel benötigen wesentlich weniger Fläche als Tierprodukte – und so hat die Ernährung einer Bevölkerung „erheblichen Einfluss auf die Flächennutzung, nicht nur im Inland, sondern auch in Ländern, aus denen Fleisch importiert wird" [46]. Damit kann eine enorme Fläche frei werden, die als Kohlenstoffsenke fungiert – und das kann uns den wichtigen Zielen des Pariser Klimaabkommens wiederum erheblich näher bringen [46]. Ernährungsentscheidungen bieten zuletzt auch auf individueller Ebene den größtmöglichen Hebel, um das Klima zu schützen. Indem die Lebensmittelwirtschaft diese Entscheidungen für eine möglichst pflanzenbasierte und saisonale Ernährung fördert und erleichtert, kann sie ihr wahres Potenzial erst entfalten: als jener Sektor, der uns durch Nahrungsmittel nicht nur die Existenz sichert, sondern zugleich unsere natürlichen, planetaren Lebensgrundlagen bewahrt.

Literatur

1. Adolph, T. E., & Tilg, H. (2024). Western diets and chronic diseases. *Nature Medicine, 30,* 2133–2147.
2. AOK. (2024). *Nachhaltige Ernährung für Klima und Gesundheit: Wo steht Deutschland?* https://www.aok.de/pp/fileadmin/bereiche/unternehmenskommunikation/AOKs_und_ihr_Verband/AOK_Bundesverband/Pressemitteilungen/2024/AOK_Factsheet_Ernaehrung2.0.pdf. Zugegriffen: 06. Juni 2024.
3. Ardakani, Z., Canali, M., Aragrande, M., Tomassone, L., Simoes, M., Balzani, A., & Beber, C. L. (2023). Evaluating the contribution of antimicrobial use in farmed animals to global antimicrobial resistance in humans. *One Health, 17,* 100647.
4. Baker, M., Zhang, X., Maciel-Guerra, A., Babaarslan, K., Dong, Y., Wang, W., Hu, Y., Renney, D., Liu, L., Li, H., Hossain, M., Heeb, S., Tong, Z., Pearcy, N., Zhang, M., Geng, Y., Zhao, L., Hao, Z., Senin, N., … Dottorini, T. (2024). Convergence of resistance and evolutionary responses in Escherichia coli and Salmonella enterica co-inhabiting chicken farms in China. *Nature Communications, 15*(206).
5. Bencze, S., Puskás, K., Vida, G., Karsai, I., Balla, K., Komáromi, J., & Veisz, O. (2017). Rising atmospheric CO_2 concentration may imply higher risk of Fusaium mycotoxin contamination of wheat grains. *Mycotoxin Research, 33*(3), 229–236.
6. Benton, T.G., Bieg, C., Harwatt, H. et al. (2021). Food system impacts on biodiversity loss. Three levers for food system transformation in support of nature. *Research Paper, Energy, Environment and Resources Programme.* https://www.chathamhouse.org/sites/default/files/2021-02/2021-02-03-food-system-biodiversity-loss-benton-et-al_0.pdf. Zugegriffen: 02. Juli 2024.
7. Betsch, C., Eitze, S., Sprengholz, P. et al. (2023). *Ergebnisse aus der Planetary Health Action Survey – PACE. Sonderwelle Ernährung Erhebung KW 6 2023, Stand 20.02.23.* https://projekte.uni-erfurt.de/pace/_files/PACE_W13.pdf. Zugegriffen: 15. Aug. 2024.
8. BMEL. (2023). *Deutschland, wie es isst. Der BMEL-Ernährungsreport 2023.* Berlin.
9. Caretta, M. A., Mukherji, A., Arfanuzzaman, M. et al. (2022). Water. In H.-O. Pörtner, D. C. Roberts, M. Tignor, et al. (Hrsg.), *Climate Change 2022: Impacts, Adaptation and Vulnerability* (S. 551–712). Contribution of Working Group II to the Sixth Assessment Report of the Intergovernmental Panel on Climate Change. Cambridge University Press.
10. Clark, M. A., Domingo, N. G. G., Colgan, K., Thakrar, S. K., Tilman, D., Lynch, J., Azevedo, I. L., & Hill, J. D. (2020). Global food system emissions could preclude achieving the 1.5° and 2°C climate change targets. *Science, 370,* 705–708.
11. COP28 UAE. (2023). *COP28 UAE Declaration on Sustainable Agriculture, Resilient Food Systems, and Climate Action.* https://www.cop28.com/en/food-and-agriculture. Zugegriffen: 02. Juli 2024.
12. Crippa, M., Solazzo, E., Guizzardi, D., Monforti-Ferrario, F., Tubiello, F. N., & Leip, A. (2021). Food systems are responsible for a third of global anthropogenic GHG emissions. *Nature Food, 2,* 198–209.
13. Dahlgreen, J., & Parr, A. (2024). Exploring the Impact of Alternate Wetting and Drying and the System of Rice Intensification on Greenhouse Gas Emissions: A Review of Rice Cultivation Practices. *Agronomy, 14*(2), 378.

14. Destatis. (2024). *Im Jahr 2022 wurden 554 000 Hektar landwirtschaftlich genutzte Freilandfläche bewässert.* https://www.destatis.de/DE/Presse/Pressemitteilungen/2024/05/PD24_186_41.html. Zugegriffen: 03. Juli 2024.
15. Döring, T. F., Rosslenbroich, D., Giese, C., Athmann, M., Watson, C., Vágó, I., Kátai, J., Tállai, M., & Bruns, C. (2020). Disease suppressive soils vary in resilience to stress. *Applied Soil Ecology, 149,* 103482.
16. EUA. (2024). *Europäische Bewertung der Klimarisiken. Zusammenfassung.* EUA-Bericht 01/2024. https://www.eea.europa.eu/de/publications/europaeische-bewertung-der-klimarisiken-zusammenfassung. Zugegriffen: 06. Juni 2024.
17. FAO. (2015). *Global Initiative on Food Loss and Waste Reduction.* https://openknowledge.fao.org/server/api/core/bitstreams/57f76ed9-6f19-4872-98b4-6e1c3e796213/content. Zugegriffen: 16. Aug. 2024.
18. FAO. (2019). *The State of Food and Agriculture 2019. Moving forward on food loss and waste reduction.* Rom. https://openknowledge.fao.org/server/api/core/bitstreams/11f9288f-dc78-4171-8d02-92235b8d7dc7/content. Zugegriffen: 07. Juli 2024.
19. FAO. (2022). *Food Outlook – Biannual Report on Global Food Markets.* Rom.
20. FAO. (2022). *Greenhouse gas emissions from agrifood systems. Global, regional and country trends, 2000–2020.* FAOSTAT Analytical Brief Series Nr. 50. Rom.
21. FAO. (2023). *Agrifood systems and land-related emissions. Global, regional and country trends, 2001–2021.* FAOSTAT Analytical Briefs Series Nr. 73. Rom.
22. FAO. (2023). *Breaking the Vicious Cycle of Pesticides and Climate Change with Agroecology.* https://www.fao.org/family-farming/detail/en/c/1635949/. Zugegriffen: 10. Aug. 2024.
23. FAO, IFAD, UNICEF, WFP, WHO. (2024). *The State of Food Security and Nutrition in the World 2024 – Financing to end hunger, food insecurity and malnutrition in all its forms.* Rom.
24. Gao, Y., & Cabrera Serrenho, A. (2023). Greenhouse gas emissions from nitrogen fertilizers could be reduced by up to one-fifth of current levels by 2050 with combined interventions. *Nature Food, 4,* 170–178.
25. Gatti, L. V., Basso, L. S., Miller, J. B., Gloor, M., Gatti Domingues, L., Cassol, H. L. G., Tejada, G., Aragão, L. E. O. C., Nobre, C., Peters, W., Marani, L., Arai, E., Sanches, A. H., Corrêa, S. M., Anderson, Randow, L. V., Correia, C. S. C., Crispim, S. P., & Neves, R. A. L. (2021). Amazonia as a carbon source linked to deforestation and climate change. *Nature, 595,* 388–393.
26. Geijer, T. (2024). *Climate change adaptation pressure heats up for food and agriculture companies.* https://think.ing.com/articles/climate-change-forces-food-agri-companies-to-adapt/#a4 Zugegriffen: 14. Aug. 2024.
27. Gerten, D., Heck, V., Jägermeyr, J., Bodirsky, B. L., Fetzer, I., Jalava, M., Kummu, M., Lucht, W., Rockström, J., Schaphoff, S., & Schellnhuber, H. J. (2020). Feeding ten billion people is possible within four terrestrial planetary boundaries. *Nature Sustainability, 3,* 200–208.
28. Hayek, M. N., & Miller, S. M. (2021). Underestimates of methane from intensively raised animals could undermine goals of sustainable development. *Environmental Research Letters, 16.*
29. Hueston, W., & McLeod, A. (2012). Overview of the global food system: Changes over time/space and lessons for the future food safety. Institute of Medicine (US). Improving Food Safety through a One Health Approach: Workshop Summary. National Academies Press (US). https://www.ncbi.nlm.nih.gov/books/NBK114491/. Zugegriffen: 01. Aug. 2024.
30. IPCC. (2023). Synthesis Report of the IPCC Sixth Assessment Report (AR6). https://www.ipcc.ch/report/sixth-assessment-report-cycle/. Zugegriffen: 11. Aug. 2024.
31. Itoh, H., Yamashita, H., Wada, K. C., & Yonemaru, J.-I. (2024). Real-time emulation of future global warming reveals realistic impacts on the phenological response and quality deterioration in rice. *Proceedings of the National Academy of Sciences, 121*(21).

32. Kortleve, A. J., Mogollón, J. M., Harwatt, H., & Behrens, P. (2024). Over 80 % of the European Union's Common Agricultural Policy supports emissions-intensive animal products. *Nature Food, 5,* 288–292.
33. Kotz, M., Kuik, F., Lis, E., & Nickel, C. (2024). Global warming and heat extremes to enhance inflationary pressures. *Communications Earth & Environment, 5,* 116.
34. Kotz, M., Levermann, A., & Wenz, L. (2024). The economic commitment of climate change. *Nature, 628,* 551–557.
35. Lenton, T. M., Xu, C., Abrams, J. F., Ghadiali, A., Loriani, S., Sakschewski, B., Zimm, C., Ebi, K. L., Dunn, R. R., Svenning, J.-C., & Scheffer, M. (2023). Quantifying the human cost of global warming. *Nature Sustainability, 6,* 1237–1247.
36. Li, M., Jia, N., Lenzen, M., Malik, A., Wei, L., Jin, Y., & Raubenheimer, D. (2022). Global food-miles account for nearly 20% of total food-systems emissions. *Nature Food, 3*(6), 445–453.
37. Lotze-Campen, H., Conradt, T., Ewert, F. et al. (2023). Klimawirkungen und Anpassung in der Landwirtschaft. In G. P. Brasseur, D. Jacob, & S. Schuck-Zöller (Hrsg.), *Klimawandel in Deutschland. Entwicklung, Folgen, Risiken und Perspektiven* (S. 237–247). Springer Spektrum.
38. Mbow, C., Rosenzweig, C., Barioni, L.G., et al. (2019). Food Security. In P. R. Shukla, J. Skea, E. Calvo Buendia et al. (Hrgs), *Climate Change and Land: An IPCC special report on climate change, desertification, land degradation, sustainable land management, food security, and greenhouse gas fluxes in terrestrial ecosystems.*
39. Meinen, A., Tomczyk, S., Wiegand, F. N. et al. (2023). Antimicrobial resistance in Germany and Europe – A systematic review on the increasing threat accelerated by climate change. *Journal of Health Monitoring, 8*(243), 93–108.
40. Mirzabaev, A., Olsson, L., Kerr, R. B. et al. (2023). Climate Change and Food Systems. In J. von Braun, K. Afsana, L. O. Fresco, M. H. A. Hassan (Hrsg.), *Science and Innovations for Food Systems Transformation* (S. 511-529). Springer.
41. NASA. (2019). *A Degree of Concern: Why Global Temperatures Matter, Part 2: Selected Findings of the IPCC Special Report on Global Warming.* https://climate.nasa.gov/news/2865/a-degree-of-concern-why-global-temperatures-matter/. Zugegriffen: 09. Aug. 2024.
42. NOAA. (2023). *The NOAA Annual Greenhouse Gas Index (AGGI)*. https://gml.noaa.gov/aggi/aggi.html. Zugegriffen: 14. Sept. 2024.
43. Owino, V., Kumwenda, C., Ekesa, B., Parker, M. E., Ewoldt, L., Roos, N., Lee, W. T., & Tome, D. (2022). The impact of climate change on food systems, diet quality, nutrition, and health outcomes: A narrative review. *Frontiers in Climate, 4.*
44. Poore, J., & Nemecek, T. (2018). Reducing food's environmental impacts through producers and consumers. *Science, 360*(6392), 987.
45. PwC. (2020). *The Food Industry in the Spotlight of Climate Change.* https://www.pwc.de/de/handel-und-konsumguter/the-food-industry-in-the-spotlight-of-climate-change.pdf. Zugegriffen: 04. Juli 2024.
46. Rasche, L., Schneider, U.A., & Steinhauser, J. (2023). A stakeholders' pathway towards a future land use and food system in Germany. *Sustainability Science, 18,* 441–455.
47. Rezaei, E. E., Siebert, S., Manderscheid, R., Müller, J., Mahrookashani, A., Ehrenpfordt, B., Haensch, J., Weigel, H.-J., & Ewert, F. (2018). Quantifying the response of wheat yields to heat stress: The role of the experimental setup. *Field Crops Research, 217,* 93–103.
48. Richardson, K., Steffen, W., Lucht, W., Bendtsen, J., Cornell, S. E., Donges, J. F., Drüke, M., Fetzer, I., Bala, G., von Bloh, W., Feulner, G., Fiedler, S., Gerten, D., Gleeson, T., Hofmann, M., Huiskamp, W., Kummu, M., Mohan, C., Nogués-Bravo, D., … Rockström, J. (2023). Earth beyond six of nine planetary boundaries. *Science Advances, 9.*

49. Ritchie, H. (2020). *You want to reduce the carbon footprint of your food? Focus on what you eat, not whether your food is local.* Our World in Data. https://ourworldindata.org/food-choice-vs-eating-local. Zugegriffen: 04. Aug. 2024.
50. Romanello, M. et al. (2022). The 2022 report of the Lancet Countdown on health and climate change: Health at the mercy of fossil fuels. *The Lancet, 400,* 1619–1654.
51. Rose, K. A., Gutiérrez, D., Breitburg, D., Conley, D., Craig, K. J., Froehlich, H. E., Jeyabaskaran, R., Kripa, V., Mbaye, B. C., Mohamed, K. S., Padua, S., & Prema, D. (2019). Impacts of ocean deoxygenation on fisheries. In D. Laffoley, J. M. Baxter (Hrsg.), *Ocean deoxygenation: Everyone's problem. Causes, impacts, consequences and solutions* (S. 519–544). IUCN Global Marine and Polar Programme.
52. Ruggeri Laderchi, C., Lotze-Campen, H., DeClerck, F. et al. (2024). *The Economics of the Food System Transformation. Food System Economics Commission (FSEC).* Global Policy Report. https://foodsystemeconomics.org/policy/global-policy-report/. Zugegriffen: 01. Aug. 2024.
53. Scheffran, J. (2023). Klimawandel als Risikoverstärker: Kipppunkte, Kettenreaktionen und komplexe Krisen. In G. P. Brasseur, D. Jacob, S. Schuck-Zöller (Hrsg.), *Klimawandel in Deutschland*. Springer Spektrum.
54. Smith, P., & Gregory, P. J. (2013). Climate change and sustainable food production. *Proceedings of the Nutrition Society, 72*(1), 21–28.
55. Springmann, M., Mason-D'croz, D., Robinson, S., Garnett, T., Godfray, H. C. J., Gollin, D., Rayner, M., Ballon, P., & Scarborough, P. (2016). Global and regional health effects of future food production under climate change: a modelling study. *The Lancet, 387,* 1937–1946.
56. TCFD. (2019). *2019 Status Report.* https://assets.bbhub.io/company/sites/60/2020/10/2019-TCFD-Status-Report-FINAL-0531191.pdf. Zugegriffen: 07. Juni 2024.
57. Tubiello, F. N., Rosenzweig, C., Conchedda, G., Karl, K., Gütschow, J., Xueyao, P., Obli-Laryea, G., Wanner, N., Qiu, S. Y., Barros, J. D., Flammini, A., Mencos-Contreras, E., Souza, L., Quadrelli, R., Heiðarsdóttir, H. H., Benoit, P., Hayek, M., & Sandalow, D. (2021). Greenhouse gas emissions from food systems: Building the evidence base. *Environmental Research Letters, 16*(6).
58. Tubiello, F. N., Karl, K., Flammini, A. et al. (2022). Pre- and post-production processes increasingly dominate greenhouse gas emissions from agri-food systems. *Earth System Science Data, 14,* 1795–1809.
59. UBA. (2022). *Die Treibhausgase.* https://www.umweltbundesamt.de/themen/klima-energie/klimaschutz-energiepolitik-in-deutschland/treibhausgas-emissionen/die-treibhausgase. Zugegriffen: 06. Aug. 2024.
60. UBA. (2024). *Beitrag der Landwirtschaft zu den Treibhausgas-Emissionen.* https://www.umweltbundesamt.de/daten/land-forstwirtschaft/beitrag-der-landwirtschaft-zu-den-treibhausgas#treibhausgas-emissionen-aus-der-landwirtschaft. Zugegriffen: 23. Juli 2024.
61. UBA. (2024). *Emissionen der Landnutzung, -änderung und Forstwirtschaft.* https://www.umweltbundesamt.de/daten/klima/treibhausgas-emissionen-in-deutschland/emissionen-der-landnutzung-aenderung#bedeutung-von-landnutzung-und-forstwirtschaft. Zugegriffen: 23. Juli 2024.
62. UBA. (2024). *Emissionen fluorierter Treibhausgase.* https://www.umweltbundesamt.de/daten/klima/treibhausgas-emissionen-in-deutschland/emissionen-fluorierter-treibhausgase-f-gase#entwicklung-in-deutschland-seit-1995. Zugegriffen: 23. Juli 2024.
63. UNEP. (2021). *Food Waste Index Report 2021.* https://www.unep.org/resources/report/unep-food-waste-index-report-2021. Zugegriffen: 22. Juli 2024.
64. UNEP. (2024). *Food Waste Index Report 2024.* https://wedocs.unep.org/handle/20.500.11822/45230. Zugegriffen: 15. Sept. 2024.

65. UNEP; CCAC. (2021). *Global Methane Assessment. Benefits and Costs of Mitigating Methane Emissions*. https://www.ccacoalition.org/sites/default/files/resources//2021_Global-Methane_Assessment_full_0.pdf. Zugegriffen: 11. Sept. 2024.
66. Wang, X., & Liu, F. (2021). Effects of Elevated CO2 and Heat on Wheat Grain Quality. *Plants, 10*(5), 1027.
67. Wang, T., Qu, Z., Yang, Z., Garnett, T., Tilman, D., DeClerck, F., Wood, A., Jonell, M., Clark, M., Gordon, L. J., Fanzo, J., Hawkes, C., Zurayk, R., Rivera, J. A., Vries, W. D., Sibanda, L. M., Afshin, A., Chaudhary, A., Herrero, M., … Murray, C. J. L. (2020). Climate change research on transportation systems: Climate risks, adaptation and planning. *Transportation Research Part D: Transport and Environment, 88*.
68. Willett, W., Rockström, J., Loken, B., Springmann, M., Lang, T., Vermeulen, S., (2019). Food in the Anthropocene: the EAT-Lancet Commission on healthy diets from sustainable food systems. *The Lancet Commissions, 393*(10170), 447–492.
69. Williams, S. L., Toda, M., Chiller, T., Brunkard, J. M., & Litvintseva, A. P. (2024). Effects of climate change on fungal infections. *PLOS Pathogens, 20*(5).
70. WWF. (2015). *Das große Wegschmeißen. Vom Acker bis zum Verbraucher: Ausmaß und Umwelteffekte der Lebensmittelverschwendung in Deutschland*. https://www.wwf.de/fileadmin/fm-wwf/Publikationen-PDF/WWF_Studie_Das_grosse_Wegschmeissen.pdf. Zugegriffen: 07. Mai 2024.
71. Xu, C., Kohler, T. A., Lenton, T. M., & Scheffer, M. (2020). Future of the human climate niche. *PNAS, 117*(21), 11350–11355.
72. Xu, X., Sharma, P., Shu, S., Lin, T.-S., Ciais, P., Tubiello, F. N., Smith, P., Campbell, N., & Jain, A. K. (2021). Global greenhouse gas emissions from animal-based foods are twice those of plant-based foods. *Nature Food, 2*, 724–732.
73. Potsdam-Institut für Klimafolgenforschung. (2025). Nature-Studie zu Klimaschäden überarbeitet. https://www.pik-potsdam.de/de/aktuelles/nachrichten/nature-studie-zu-klimaschaeden-ueberarbeitet. Zugegriffen: 03. Sept. 2025.

Dr. Katharina Weiss-Tuider ist Wissenschaftskommunikatorin, Autorin und als Kommunikationsexpertin tätig. Zu ihren Schwerpunkten zählen der Themenkomplex planetare Gesundheit, Klimaforschung, Ernährungswende und Landwirtschaft. Als Kommunikationsmanagerin am Alfred-Wegener-Institut, Helmholtz-Zentrum für Polar- und Meeresforschung, hat sie die Öffentlichkeitsarbeit der weltgrößten, internationalen Forschungsexpedition in die Arktis „MOSAiC" (2019–2020) gestaltet und als Teilnehmerin ins arktische Meereis und zum „Epizentrum des Klimawandels" begleitet. Ihre Publikationen zur Expedition und Klimaforschung wurden u. a. als Wissensbuch des Jahres 2020/21 ausgezeichnet.

Biodiversität   11

Die wechselseitige Beziehung zwischen Food und Artenvielfalt und die Verantwortung des Lebensmittelsektors zum Erhalt der Biodiversität

Peter Zens

> **Zusammenfassung**
>
> „Biodiversitätsschutz muss so selbstverständlich werden wie Zähne putzen" – dieser auf den ersten Blick so triviale Satz meiner Vorstandskollegin bei Biodiversity in good Company e. V. Dr. Stefanie Eichiner bringt unsere Aufgaben im Bereich Biodiversität auf den Punkt: Biodiversitätsschutz muss jetzt endlich zur Gemeinschaftsaufgabe werden und damit ein selbstverständlicher Teil aller Strategien und Geschäftsmodelle von Unternehmen aller Branchen, insbesondere aber in der Food Branche. Es wird Zeit vom „Gut gemeint" ins „Gut gemacht" zu kommen!

11.1 Der Verlust der biologischen Vielfalt – ein wachsendes globales Problem und eine gesamtgesellschaftliche Bedrohung

Der Verlust der Biodiversität ist nicht nur ein „Umweltproblem". Wie auch der Klimawandel, bedroht das Artensterben die Lebensgrundlagen von uns Menschen und muss als eine der dramatischsten menschengemachten Krisen des 21. Jahrhunderts wahrgenommen werden. Laut IPBES, dem Weltbiodiversitätsrat der Vereinten Nationen, sind rund eine Million Tier- und Pflanzenarten aktuell vom Aussterben bedroht [13]. Viele natürliche Belastungsgrenzen der Erde sind bereits überschritten [19]. Die intensive Landwirtschaft wird als einer der Haupttreiber für den Verlust der biologischen Vielfalt gesehen [14].

P. Zens (✉)
Food for Biodiversity e.V. und Gertrudenhof, Hürth, Deutschland
E-Mail: peter.zens@gertrudenhof.info

Andererseits sind die Unternehmen der Agar- und Ernährungsbranche aber auch auf die Vielfalt der Arten und Ökosysteme und ihre Dienstleistungen angewiesen.

11.2 Die primären Treiber von Verlust biologischer Vielfalt. Welchen Einfluss nimmt die Lebensmittelbranche auf die Artenvielfalt?

Die wesentlichen Treiber für den Verlust von Biodiversität sind die Degradierung, Verschmutzung und Zerstörung von Ökosystemen, die Übernutzung natürlicher Ressourcen, der Klimawandel und invasive, nicht heimische Arten.

Die Landwirtschaft ist der größte einzelne Flächennutzer. Weltweit werden rund 37 % der terrestrischen Fläche der Welt (13,4 Mrd. ha) landwirtschaftlich genutzt. In Deutschland wird mehr als die Hälfte der Landesfläche landwirtschaftlich genutzt [15]. Über Jahrhunderte hinweg hat die vorherrschende kleinteilige, traditionelle Landwirtschaft eine offene und vielfältige Kulturlandschaft geprägt und damit zur Arten- und Biotopvielfalt beigetragen. Dies hat sich mit der Intensivierung des Ackerbaus und der Industrialisierung der Tierhaltung in den letzten fünf Jahrzehnten dramatisch verändert. Durch Mechanisierung und Intensivierung hat sich die Größe der Felder, sogenannter Schläge, deutlich erhöht. Auch die durchschnittliche Größe landwirtschaftlicher Betriebe ist kontinuierlich gewachsen und landwirtschaftliche Flächen wurden stark aggregiert. Die Fruchtfolgen wurden, z. B. auch durch stärkeren Anbau von Öl- oder Energiepflanzen wie Raps und Mais, immer enger. Wertvolle Landschaftselemente wie Gehölze, Hecken, Teiche, Blühstreifen, Feldraine, Brachen und Vorgewende wurden massiv reduziert, obwohl diese für wildlebende Tiere und Pflanzen äußerst wichtig sind. Letztlich fehlen Nistplätze, Nahrung und Rückzugsmöglichkeiten für Wildtiere wie z. B. Vögel, und landwirtschaftliche Nützlinge sind kaum noch zu finden.

Diese strukturellen Veränderungen tragen dazu bei, dass die heute viel zu oft vorherrschende intensivierte Landwirtschaft als eine der zentralen Ursachen für den Verlust der biologischen Vielfalt gesehen werden muss. Die Situation wird durch den Einsatz von chemisch-synthetischen Pestiziden und Mineraldüngern noch weiter dramatisiert. Substanzen aus diesen Agrochemikalien werden in die Ökosysteme eingebracht und wirken sich negativ auf die natürliche Flora und Fauna aus. Der daraus resultierende Verlust an Biodiversität, und damit der Verlust von Ökosystemleistungen, ist dramatisch.

Das im Rahmen der UN-Konvention über die biologische Vielfalt (CBD) im japanischen Aichi 2010 gesetzte politische Ziel, den Artenschwund bis 2020 zu stoppen und den Trend umzukehren, wurde nicht erreicht. Das nun für 2030 neu definierte Ziel scheint aber ebenfalls nicht erreichbar, da Indikatoren der Nationalen Biodiversitätsstrategie bisher kaum positive Veränderungen aufweisen. Das Bewusstsein über negative Auswirkungen unseres Wirtschaftens auf die biologische Vielfalt und den daraus resultierenden Verlust von Biodiversität, hat zwar zugenommen, die Transformationsprozesse in den Primärsektoren – dazu gehört die Lebensmittelproduktion – sind aber zu langsam. Um die Lebensmittelsicherheit langfristig zu gewährleisten, den Ernährungsbedarf zu decken und unsere Ökosysteme und damit menschliche Lebensgrundlagen zu erhalten, ist es unerlässlich, dass wir die Art und Weise, wie wir Lebensmittel produzieren, transportieren und konsumieren grundlegend und schnell verändern. Noch ist es nicht zu spät für Lösungen. Die Landwirtschaft und der Lebensmittelsektor müssen aber rasch die richtigen Entscheidungen treffen und dazu beitragen, Lebensräume und die biologische Vielfalt dauerhaft zu bewahren.

11.3 Die Bedeutung der Biodiversität für die Ernährungsindustrie

Schutz, Erhalt und schonende Nutzung der biologischen Vielfalt bilden die Voraussetzung für die Dauerhaftigkeit vieler Produktionsprozesse, Dienstleistungen und auch für die Lebensmittelsicherheit. Gerade die Agrarwirtschaft ist in hohem Maß von der Natur abhängig. Biodiversität bildet eine zentrale Grundlage der Lebensmittelerzeugung und Lebensmittelvielfalt. Biodiversität beeinflusst die Fruchtbarkeit von Böden, den Wasserhaushalt, die Bestäubung und weitere Faktoren. Zu den essentiellen Ökosystemleistungen gehört auch das Bodenleben, das für die Erhaltung der Bodenfruchtbarkeit unerlässlich ist. Ökosystemleistungen wie Wasserrückhalt, Bestäubungsleistungen oder natürliche Schädlingskontrolle werden aber oft nicht monetär bewertet. Andererseits werden Bodenorganismen wie Regenwürmer und Springschwänze, Mikroorganismen, Bodenbakterien und Pilze durch eine intensivere Bodenbewirtschaftung in der Regel negativ beeinflusst. Auch diese Schäden werden i. d. R. nicht bewertet bzw. internalisiert. Die Lebensmittelwirtschaft ist der größte Profiteur einer Natur, die das Klima reguliert, sauberes Wasser liefert und gesunde Böden bereithält. Deutschland bezieht aus der ganzen Welt Agrarrohstoffe und -produkte, sodass auch internationale Lieferketten hinsichtlich ihrer Risiken und Potenziale für die Biodiversität betrachtet werden müssen. Unternehmen aus der Ernährungsindustrie, die sich in ihren Agrar-Lieferketten aktiv für mehr Biodiversität einsetzen, können einen entscheidenden Beitrag zur nachhaltigen Transformation leisten.

Entscheidend ist dabei, dass Hauptursachen für den Verlust der Biodiversität positiv beeinflusst werden durch:

- Erhalt und Wiederherstellung von Ökosystemen
- Reduzierung von Verschmutzung
- Schutz von natürlichen Ressourcen
- Eindämmung des Klimawandels

- Verhinderung des Eintrags von invasiven Arten, die heimische Arten verdrängen.

11.4 Warum sollte die Ernährungsindustrie eine Verbesserung ihrer Biodiversitätsperformance anstreben?

Neben einer altruistischen oder moralischen Motivation gibt es vor allem konkrete, unternehmerische oder strategische Argumente für Unternehmen und Akteure der Ernährungsindustrie, sich dem Thema Biodiversität intensiver zu widmen.

Rohstoffverfügbarkeit Wenn die Natur und ihre Ökosysteme aufgrund negativer Wirkungen durch Lebensraumzerstörung, Klimawandel und Verlust der Artenvielfalt nicht mehr in der Lage sind, Güter und Leistungen in dem Umfang zur Verfügung stellen, wie sie von der Gesellschaft verbraucht werden, kommt es zu einer Verknappung dieser Leistungen bzw. benötigter Ressourcen. Dies wird, vor allem bei disruptiven Szenarien wie dem völligen Ausfall gewisser ökologischer Systemleistungen, zu deutlichen Preissteigerungen und gesellschaftlichen Konflikten führen. Eine Befragung von Entscheiderinnen und Entscheidern in Unternehmen global agierender Unternehmen ergab, dass unter den zehn am problematischsten eingestuften Risiken sechs mit dem Erhalt der Biodiversität zusammenhängen [22].

Reputation und Verhalten von Verbraucherinnen und Verbraucher Wenn Unternehmen mit der Zerstörung von Natur, z. B. Wäldern oder Seen, in Verbindung gebracht werden, wirkt sich das negativ auf die Reputation aus. Eine Mehrheit von Konsumentinnen und Konsumenten unterstrichen im jährlich durch die Union for Ethical BioTrade (UEBT) erhobenen Biodiversitätsbarometer [21], dass sie Unternehmen in der Verantwortung sehen, Biodiversität zu schützen und dass sie Marken bevorzugen, die sich für den Erhalt und die Wiederherstellung der Natur einsetzen. Trotz Effekte kognitiver Dissonanzen bei den Befragten wird deutlich, dass sich das Wissen und der Anspruch in Bezug auf Biodiversität unter Verbraucherinnen und Verbraucher in den letzten zehn Jahren stark weiterentwickelt hat.

Anforderungen des Finanzmarkts Finanzunternehmen stehen unter immer stärkerem Druck, die Verknappung natürlicher Ressourcen und den Verlust der biologischen Vielfalt als Risiko und ihren Investitionsportfolios abzubilden. Die Ernährungsbranche wird hierbei als Hochrisikosektor eingestuft. Deshalb müssen Unternehmen dieses Sektors ihren Beitrag zum Erhalt der Biodiversität und zum Klimaschutz belegen – z. B. durch Förderung einer regenerativen Landwirtschaft – wenn sie Finanzierungsinstrumente der Kapitalmärkte weiterhin nutzen wollen. Bei der Bewertung der Wesentlichkeit der Lieferketten von Rohstoffen, die z. B. in Verbindung mit Entwaldung stehen, haben die sogenannten „Science based

Targets for Nature" eine wachsende Bedeutung. Deren Ziel ist die Eindämmung von Landnutzungsänderungen, die Verringerung des Flächenbedarfs sowie des Land-Fußabdrucks und Einbindung der Landwirte in positive Praktiken [9].

Eine wachsende Anzahl von Initiativen von Finanzmarktakteuren wie Finance for Biodiversity Foundation der EU, Finance@Biodiversity Community, oder Partnership for Biodiversity Accounting Financials belegen diese Tendenz. Die Taskforce on Nature-related Financial Disclosures [20] hat sich zum Ziel gesetzt, ein Rahmenwerk für die Finanzberichterstattung zum Biodiversitätsverlust zu entwickeln (LEAP Ansatz). Insgesamt 153 Finanzinstitute aus 21 Ländern mit einem Vermögen von mehr als 21,1 Billionen Euro haben 2023 den Finance for Biodiversity Pledge unterzeichnet [10]. Sie verpflichten sich zur Offenlegung ihrer Wirkungen auf die Biodiversität und zur Reduzierung ihrer Wirkungen.

Ordnungspolitische und regulatorische Anforderungen Durch neue und stringentere ordnungspolitische Vorgaben wächst der Druck auf die Ernährungsindustrie, über ihre Wirkungen auf die Biodiversität zu berichten und Strategien und Maßnahmen zum Schutz der Biodiversität zu entwickeln und gemeinsam mit Zulieferern umzusetzen.

11.5 Aktuelle ordnungspolitische Rahmenbedingungen für eine bessere Ausrichtung der Lebensmittelbranche auf den Erhalt der biologischen Vielfalt

Auch die EU-Kommission reagiert auf diese Bedrohung unserer Zukunft durch den Verlust der biologischen Vielfalt, z. B. im Rahmen des European Green Deals.

European Green Deal Mit dem Green Deal soll der Übergang zu einer modernen, ressourceneffizienten und wettbewerbsfähigen Wirtschaft gestaltet werden, die bis 2050 keine Netto-Treibhausgase mehr ausstößt und ihr Wachstum von der Ressourcennutzung abkoppelt. Die EU definiert hier die Wiederherstellung der Natur auf landwirtschaftlich genutzten Flächen als eine zentrale Verpflichtung der Landwirtschaft in Europa. Der European Green Deal umfasst diverse Nachhaltigkeitsstrategien, unter anderem die Strategie „Vom Hof auf den Tisch" (Farm to Fork) und die Biodiversitätsstrategie 2030.

EU Farm to Fork-Strategie Die Farm to Fork-Strategie [6] der EU zielt über einen Zehnjahresplan darauf ab, europäische Agrar- und Lebensmittelsysteme nachhaltiger zu gestalten. Eines der Ergebnisse der EU-Farm to Fork Strategie ist ein Verhaltenskodex für verantwortungsvolle Unternehmens- und Marketingpraktiken in der Lebensmittelwirtschaft [3]. Dieser Verhaltenskodex legt Ziele fest, zu denen sich die Akteure der Lebensmittelbranche freiwillig verpflichten können, um ihre Nachhaltigkeitsleistung spürbar zu verbessern und zu kommunizieren. Der Kodex sieht unter anderem eine „Transformation zu Rohstofflieferketten, die nicht zur Entwaldung, Waldschädigung und Zerstörung natürlicher Lebensräume beitragen und die hochwertige Ökosysteme und die biologische Vielfalt erhalten und schützen" [3] vor.

Um die Ziele zu erreichen, verpflichten sich die Unterzeichner zur:

- Förderung nachhaltiger landwirtschaftlicher Praktiken zur Verbesserung der Artenvielfalt
- Förderung nachhaltiger Beschaffung von Rohstoffen gemeinsam mit Lieferanten, innerhalb oder außerhalb der EU
- Einführung von wissenschaftlich fundierten Nachhaltigkeitszertifizierungssystemen für Lebensmittel inkl. Fisch und Fischereiprodukten.

EU Biodiversitätsstrategie 2030 In der Biodiversitätsstrategie 2030 [7] fokussiert die EU neben dem Bereich Bauwesen sehr deutlich auf die Branche „Landwirtschaft und Lebensmittel", da diese in besonderem Maß von der Artenvielfalt abhängig ist. Wesentliche Elemente der Biodiversitätsstrategie 2030 der EU sind:

- Gesetzlicher Schutz von mindestens 30 % der Landfläche und 30 % der Meereszonen der EU (ein Drittel davon streng geschützt)
- Wiederherstellung geschädigter Ökosysteme, u. a. durch rechtlich verbindliche Ziele zur Wiederherstellung der Natur
- Umkehr des Trends des deutlichen Rückgangs von Bestäuberinsekten
- Reduzierung des Einsatzes von Pestiziden um 50 %
- Landschaftselemente mit großer biologischer Vielfalt auf mindestens 10 % der landwirtschaftlichen Fläche
- Ökologische Landwirtschaft auf mindestens 25 % der landwirtschaftlichen Fläche.

EU-Verordnung für entwaldungsfreie Lieferketten (EUDR) Am 29. Juni 2023 trat die EU-Verordnung für entwaldungsfreie Lieferketten (EUDR) in Kraft. Diese verbietet den Handel von Rohstoffen und Produkten, die zur Entwaldung oder Waldschädigung beitragen [8]. Die EU legt hier einheitliche und verbindliche Regeln für alle Marktakteure in der EU fest. Nach einer 18-monatigen Übergangsfrist gilt die EUDR für große Unternehmen, ab dem 30. Juni 2025 auch für kleinere Unternehmen. Kleine und mittlere Unternehmen (KMUs) sind bisher noch ausgenommen.

Die Verordnung betrifft zunächst sieben Erzeugnisse: Soja, Rindfleisch, Palmöl, Holz, Kakao, Naturkautschuk und Kaffee, sowie einige daraus hergestellte Produkte wie Leder,

Schokolade und Möbel. Ein zentraler Punkt der EUDR ist, dass nicht nur illegale Entwaldung verhindert werden soll, sondern jegliche Form von Entwaldung, auch wenn sie im Produktionsland legal wäre. Produkte gelten als entwaldungsfrei, wenn sie auf Flächen hergestellt wurden, die nach dem 31. Dezember 2020 nicht entwaldet wurden und auf denen seitdem keine Waldschädigungen stattgefunden haben. Alle Marktteilnehmer und Händler müssen gemäß der EUDR diese Sorgfaltspflicht einhalten. Sie besteht aus einem dreistufigen Verfahren, das von den Bezugsländern der Waren abhängt. Erst wenn ein Unternehmen alle erforderlichen Schritte des Sorgfaltspflichtverfahrens abgeschlossen hat und zu dem Schluss kommt, dass kein oder nur ein geringes Entwaldungsrisiko besteht, darf es das betreffende Produkt auf dem EU-Markt in den Handel bringen oder ausführen.

Auch die deutsche Bundesregierung hatte bereits im April 2020 Leitlinien zur Förderung von entwaldungsfreien Lieferketten von Agrarrohstoffen [2] verabschiedet. Am 11. Juni 2021 wurde dann das Lieferkettensorgfaltspflichtgesetz (LkSG) vom Deutschen Bundestag beschlossen. Es fokussiert jedoch nicht so stark auf Biodiversität, sondern soll primär zur Verbesserung der internationalen Menschenrechtslage dienen, indem es Anforderungen an Sorgfaltspflichten und ein verantwortungsvolles Management von Lieferketten der Unternehmen festlegt. Das Gesetz ist seit dem 1. Januar 2024 für in Deutschland ansässige Unternehmen mit mindestens 1000 Beschäftigten in Deutschland verbindlich anzuwenden.

EU-Lieferkettengesetz Im März 2024 haben die meisten EU-Länder für ein europäisches Lieferkettengesetz gestimmt. Dieses Gesetz wird sicherstellen, dass europäische Unternehmen in ihren Lieferketten Menschenrechts- und Umweltstandards einhalten. Die Unternehmen müssen sicherstellen, dass Produkte, die sie importieren, in Drittländern keine Kinderarbeit oder Umweltschäden verursachen. Das EU-Lieferkettengesetz ist strenger als das deutsche LkSG und betrifft voraussichtlich eine größere Zahl von Unternehmen. Es bezieht Umweltaspekte ein, wie den Rückgang der Biodiversität, Entwaldung und den Klimawandel, die im deutschen Gesetz bisher weniger Berücksichtigung fanden. Unternehmen in der Lebensmittelbranche müssen damit ab 2025 erweiterte Verpflichtungen in Bezug auf ihre Lieferketten erfüllen. Dabei sollte auch die Biodiversität beachtet werden, etwa bei der Auswahl von Lieferanten und Beschaffungsregionen sowie bei der Erstellung von Verhaltenskodizes für Lieferanten [16].

EU-Offenlegungspflichten zu Biodiversität und Ökosystemen (CSRD) Die Corporate Sustainability Reporting Directive (CSRD) trat als EU-Rechtsvorschrift am 5. Januar 2023 in Kraft. Die CSRD definiert verbindliche Standards für die Nachhaltigkeitsberichterstattung von EU-Unternehmen und EU-Tochtergesellschaften von Nicht-EU-Unternehmen in Bezug auf deren ökologische und soziale Auswirkungen der Geschäftstätigkeit sowie ESG-Maßnahmen. Die CSRD gilt zunächst nur für eine kleine Gruppe von börsennotierten Unternehmen und wird schrittweise für kleinere Unternehmen verbindlich. Die Richtlinie zielt darauf ab, die Vergleichbarkeit von Unternehmensberichten zu verbessern und Unternehmen dazu zu bringen, ihre Auswirkungen auf die Biodiversität zu messen und zu berichten. Da große Unternehmen Daten von ihren Lieferanten einfordern werden, betrifft die CSRD letztlich alle Unternehmen.

Die CSRD ist in vier Hauptthemenbereiche gegliedert: Querschnittsthemen (ESRS 1), Umwelt (ESRS E), Soziales (ESRS S) und Unternehmensführung (ESRS G). Unternehmen müssen die Interaktion von Biodiversität mit anderen Umweltthemen wie Klimawandel, Verschmutzung, Wasser und Kreislaufwirtschaft berücksichtigen. Der Reporting-Standard zu Biodiversität und Ökosystemen (ESRS E4) Europäische Kommission (2023 [5]) verlangt von Unternehmen umfangreiche Angaben zu ihrer Biodiversitätsstrategie und zu Auswirkungen, Risiken und Chancen im Zusammenhang mit Biodiversität. ESRS steht für „ESRS (European Sustainbility Reporting Standards)" und bezieht sich auf Standards für die Berichterstattung über soziale, Umwelt-, und Governance-Themen. Unternehmen müssen – sofern das Thema als wesentlich eingestuft wird – bis 2030 ihre Auswirkungen auf Biodiversität und Ökosysteme messen und berichten. Die ESRS umfassen insgesamt 1178 Datenpunkte, von denen sich 119 auf Biodiversität und Ökosysteme beziehen. Die Auswahl der zu berichtenden Daten erfolgt durch eine doppelte Wesentlichkeitsanalyse. Eine vorgeschaltete doppelte Wesentlichkeitsanalyse soll sowohl die Auswirkungen des Unternehmens auf Biodiversität und Ökosysteme zu prüfen, als auch die finanziellen Abhängigkeiten des Unternehmens von der Biodiversität. ESRS E4 empfiehlt eine Methodik, die von der TNFD unter dem Namen „LEAP" (TNFD [20]) entwickelt wurde.

Auch auf internationaler Ebene wird ein „Nature Positive Business" diskutiert u. a. im Rahmen des G7 Nature Compact oder dem Kommuniqué der G20. Der World Business Council for Sustainable Development (WBCSD [22]) hat eine „Roadmap to Nature Positive" veröffentlicht, um Unternehmen dabei zu unterstützen, wissenschaftlich fundierte Ziele für die Natur festzulegen und Bericht zu erstatten. Auf globaler Ebene sollen ebenfalls einheitliche Biodiversitäts-Berichtsstandards entwickelt werden, z. B. von der „Task Force for nature-related Financial Disclosures".

11.6 Welche Maßnahmen können bzw. müssen Unternehmen der Lebensmittelbranche ergreifen, um die Biodiversität zu erhalten und zu fördern?

Biologische Vielfalt ist für alle Akteure der Lebensmittelbranche wesentlich. Das Management in Unternehmen muss daher die Weichen für eine kontinuierliche Verbesserung der Performance im Bereich Biodiversität stellen. Aufgrund der komplexen Zusammenhänge und der Herausforderungen, insbesondere bei der Reduzierung negativer Wirkungen über die indirekten Einflüsse, sollte das Handlungsfeld "biologische Vielfalt" strukturiert und kontinuierlich angegangen werden. Wichtig ist es dabei, dass sich die Geschäftsführung (bzw. Vorstand) mit Geschäftsrisiken und -chancen in Bezug auf die Biodiversität beschäftigt und klare Ziele definiert.

Bei der Festlegung der Ziele kann unter anderem die Initiative „Science Based Targets for Nature (SBTN)" [18] Hilfestellung geben. Die SBTN geben fünf Schritte vor:

1. Untersuchen der Aspekte Wasser, Land, Biodiversität, Ozeane und Klima;
2. Evaluieren und Priorisieren,
3. Messen/Daten zusammenstellen, Ziele setzen und offenlegen;
4. Umsetzen;
5. Überprüfen.

Schädliche Aktivitäten sollen anhand einer Vermeidungshierarchie definiert werden: Vermeiden, Verringern, Restaurieren und Regenerieren, Transformieren. Für alle Schritte stellt SBTN-Leitfäden zur Verfügung. Um den Verlust der Biodiversität zu stoppen, braucht es ehrgeizige Maßnahmen, nachhaltigere Produktionssystemen und veränderte Konsummuster. Vor der Definition von Maßnahmen- oder Aktionsplänen, die negative Wirkungen verhindern oder deutlich verringern sollen, sind solide Informationen über die Ausgangslage (Baseline) erforderlich. Dabei ist es empfehlenswert, das Biodiversitätsmanagement in bereits vorhandene Managementsysteme zu integrieren, z. B. in die EU-Öko-Audit-Verordnung EMAS III oder ISO 14001. Beide Umwelt-Managementsysteme bieten einen guten Rahmen für das Management der biologischen Vielfalt. Hilfreiche Fragen an das Unternehmensmanagement sind:

Fragen

- Wird der Umweltaspekt Biodiversität im Rahmen des Umweltmanagementsystems oder anderer Managementsysteme berücksichtigt?
- Wurden Risiken sowie die direkten und indirekten Wirkungen des Unternehmens auf die biologische Vielfalt systematisch untersucht?
- Kennt das Unternehmen die wichtigsten mit Biodiversität verbundenen Geschäftsrisiken?
- Hat das Unternehmen die Risiken der wichtigsten Rohstoffe für die Biodiversität analysiert?
- Wendet das Unternehmen die Minderungshierarchie an (Vermeidung, Minderung, Wiederherstellung, Kompensation), um negative Auswirkungen auf die Biodiversität zu reduzieren?
- Beinhaltet das Umwelt- oder Nachhaltigkeitsprogramm Ziele und Maßnahmen zur Sicherung der biologischen Vielfalt?
- Sind die (meisten) Ziele und Maßnahmen messbar und überprüfbar?
- Wurden aussagekräftige Kennzahlen und Indikatoren für das Monitoring ausgewählt?
- Beinhaltet das Fortbildungsprogramm für Mitarbeiterinnen und Mitarbeiter Aspekte der biologischen Vielfalt?

BIODIVERSITÄTSFREUNDLICHE LANDWIRTSCHAFT

Reduzierung der negativen Auswirkungen auf Biodiversität und Ökosysteme (z. B. Reduktion von Pestiziden)

SEHR GUTE FACHLICHE PRAXIS FÜR MEHR BIODIVERSITÄT

Schaffung, Schutz oder Aufwertung von Lebensräumen (z. B. Schaffen von naturnahen Lebensräumen und Biotop-Korridoren)

BIODIVERSITÄTSMANAGEMENT

Abb. 11.1 Ziele und Aufgaben eines Biodiversitätsaktionsplan. (Quelle: eigene Darstellung)

- Engagiert sich das Unternehmen in einer nationalen oder europäischen Business and Biodiversity-Initiative?
- Kooperiert das Unternehmen mit anderen Akteuren, z. B. wissenschaftlichen Institutionen, Naturschutzbehörden oder Umweltschutzorganisationen zum Thema Biodiversität?
- Berücksichtigt das Unternehmen Biodiversität bei Geldanlagen oder Beteiligungen an anderen Unternehmen?
- Berichtet das Unternehmen zu Aspekten der Biodiversität anhand von Daten, Kennzahlen oder Indikatoren?

Für Unternehmen der Lebensmittelbranche kann die Erarbeitung eines Biodiversitätsaktionsplans (BAP) und eines Biodiversitätsmanagementplans (BMP) eine gute Basis für das Biodiversitätsmanagement bieten (siehe Abb. 11.1). Ein zentraler Aspekt dieser Pläne, die auf einer Ist-Analyse der landwirtschaftlichen Zulieferbetriebe aufbauen, sind klar definierte Maßnahmen zum Schutz natürlicher und naturnaher Habitate und die Schaffung ökologischer Strukturen.

Ein Biodiversitätsaktionsplan sollte sich auf die beiden Hauptfelder zum Schutz der Biodiversität konzentrieren:

Anforderungen an wirksame Biodiversitäts-Aktionspläne und Biodiversitätsmanagement:

- Natürliche und naturnahe Habitate sowie ökologische Strukturen dürfen nicht mit Pestiziden und Dünger behandelt werden.
- Durch eine Vernetzung der Habitate mittels Biotop-Korridoren werden die Lebensräume aufgewertet und die Wanderung von Arten auch in intensiv genutzten landwirtschaftlichen Regionen ermöglicht.

- Landwirtschaftliche Betriebe realisieren Maßnahmen zum Schutz geschützter und gefährdeter Arten und vermeiden Praktiken, die geschützte und gefährdete Tierarten stören oder gefährden.
- Gewässer aller Art werden vor Verschmutzung geschützt, u. a. durch angemessene Pufferzonen mit heimischer Vegetation, die auch als Biotop-Korridore dienen.
- Invasive Arten werden identifiziert, den regionalen Naturschutzbehörden gemeldet und entsprechend den Empfehlungen der Behörde bekämpft oder kontrolliert.
- Es erfolgt keine Verwendung von genmanipulierten Pflanzen oder genmanipuliertem Saatgut.
- Boden und Düngung: u. a. Nährstoffbilanzen und regelmäßige Humusbilanzen; Düngung entsprechend der Düngebedarfsermittlung. Es findet eine kontinuierliche Verbesserung im effizienten Einsatz der Düngemittel hin zu einem optimalen Düngemanagement und Maßnahmen gegen Erosion und für vielfältige Kulturen statt, auch bei Dauerkulturen.
- Pflanzenschutz: u. a. kein Einsatz von Pestiziden, die nachweislich eine schädigende Wirkung auf Nützlinge, bestäubende Insekten, Amphibien oder Fische haben, konsequente Umsetzung aller Prinzipien des integrierten Pflanzenschutzes sowie deren Dokumentation und der landwirtschaftliche Betrieb informiert sich regelmäßig über Fortschritte bei der Nutzung von Nützlingen und hat einen Plan zur biologischen Bekämpfung von Schädlingen.
- Wassernutzung und Wassermanagement: u. a. der landwirtschaftliche Betrieb bezieht Wasser für betriebsspezifische Tätigkeiten ausschließlich über nachvollziehbare und dokumentierte Wege. Die verbrauchte Wassermenge ist plausibel bezüglich des Bedarfs und übersteigt nicht die behördlich erlaubten Entnahmemengen. Der landwirtschaftliche Betrieb dokumentiert die Menge an Wasser, die er bei jeder Bewässerung verbraucht hat und weist eine effiziente Wassernutzung nach.
- Alle Abwässer werden vor ihrer Einleitung in den Boden oder in ein Gewässer adäquat gereinigt.

Lebensmittel-Standards und Biodiversität
Wenn es um die Sicherstellung von Rohstoffmengen, Rohstoffqualitäten und Produktionskriterien geht spielen Standards eine wichtige Rolle. In den vergangenen Jahren haben viele Standardorganisationen begonnen, ihre Vorgaben und Anforderungen zum Schutz der Biodiversität zu verbessen. Einen maßgeblichen Impuls hierzu gab das EU-Projekt „Food & Biodiversity" mit der Analyse von 54 Standards, Labels und Beschaffungsvorgaben und der Vorlage von Empfehlungen für effektive Kriterien zum Schutz der Biodiversität. Diese Empfehlungen sind auch eine gute Orientierung für Lebensmittelunternehmen, die ihre

Beschaffung verbessern wollen. Auf der Grundlage der Empfehlungen hat Global G.A.P mit Unterstützung von Lieferanten, Bioland, Global Nature Fund und Lidl den Global G.A.P Biodiversity Add-On Standard entwickelt, nach dem sich derzeit Erzeuger von Obst und Gemüse in Europa zertifizieren lassen können [12].

Eine wichtige Aufgabe ist es, Biodiversitätsrisiken in den Lieferketten zu kennen und wirksame Maßnahmen zu deren Verringerung zu ergreifen. Die meisten Unternehmen können derzeit noch keine umfassende Risikoanalyse für alle wesentlichen Rohstoffe in Bezug auf die Biodiversität machen. Es empfiehlt sich deshalb eine Priorisierung der wichtigsten und risikoreichsten Rohstoffe. Hilfestellung bei der Bewertung liefern Instrumente, die aufzeigen, ob Rohstoffe aus Regionen mit Biodiversity Hotspots stammen (High Conservation Value Areas, Key Biodiversity Areas). Weitere Informationen liefert das der WWF Biodiversity Risk Filter [22], der die zehn wichtigsten Risikofaktoren beim Anbau bestimmter landwirtschaftlicher Rohstoffe in einem Land oder einer Region aufzeigt.

Biodiversitätsmanagement erfordert außerdem gute Kenntnisse der lokalen und globalen Ebene. Es ist daher auch empfehlenswert, sich Expertise bei Naturschutzbehörden und Umweltorganisationen einzuholen. Sie kennen oft die Situation vor Ort und können bei der Risikoanalyse und bei der Identifizierung von Zielen und Maßnahmen wertvolle Hilfestellungen geben. Die nationale Business and Biodiversity-Initiative „Biodiversity in Good Company" organisiert den Erfahrungsaustausch zwischen Unternehmen und gibt einen Überblick über Studien, Instrumente, positive Beispiele [1]. Unternehmen können sich auch bei der European Business@Biodiversity Platform einbringen oder Mitglied in einer der internationalen Initiativen werden, z. B. Business for Nature oder One Planet Business for Biodiversity.

11.7 Der Verein Food for Biodiversity und sein Beitrag

Food for Biodiversity wurde im März 2021 von 13 Verbänden und Standardorganisationen der Lebensmittelbranche, Umweltverbänden und Forschungsinstituten gegründet. Drei Jahre später, im Jahr 2024, hat der Verein bereits über 30 Mitglieder, darunter mit REWE, Edeka, Lidl und Aldi Süd, die vier größten Anbieter des Lebensmitteleinzelhandels. Mit dem Verein Food for Biodiversity wollen Vertreterinnen und Vertreter von Unternehmen, Verbänden und Standards aus der Lebensmittelbranche ein ambitioniertes Statement setzen und einen entscheidenden Beitrag zum Schutz der biologischen Vielfalt und gegen das Artensterben leisten.

Verschiedene Akteure verfolgen im Verein ein gemeinsames Ziel: Food for Biodiversity stellt die Förderung, Wiederherstellung und den Erhalt der Biodiversität ins Zentrum seiner Vereinsarbeit. Lebensmittelhersteller und -händler, Standard-Geber und weitere Akteure der Branche, wissenschaftliche Institutionen und Umweltorganisationen ziehen als Mitglieder an einem Strang: Sie verpflichten sich, Maßnahmen umzusetzen, die den

Schutz der biologischen Vielfalt in der Lebensmittelbranche und ihren vorgelagerten Wertschöpfungsketten verankern.

Das Vereinsziel ist der Schutz der Artenvielfalt. Negative Wirkungen auf Arten und Ökosysteme sollen verringert und positive Einflüsse verstärkt werden. Der Verein unterstützt die Lebensmittelbranche bei einem verbesserten Management von Biodiversität und möchte einen wesentlichen Beitrag zur Transformation der aktuellen Ernährungssysteme in nachhaltige und zukunftsfähige Systeme leisten.

Eine gute Orientierung für Unternehmen liefert das „Basis-Set an Biodiversitätskriterien", das vom Verein Food for Biodiversity erarbeitet wurde und 63 Kriterien für landwirtschaftliche Betriebe sowie Standardorganisationen und Unternehmen beinhaltet [11]. Das Basis-Set ist kein eigenständiger Standard, sondern will dazu beitragen, dass bestehende Standards und Beschaffungsvorgaben von Unternehmen verbessert werden.

Dieses Basis-Set an Biodiversitätskriterien wird aktuell in verschiedenen Pilotprojekten gemeinsam von Unternehmen, Umweltverbänden und Forschungsinstituten oder Standards in spezifischen landwirtschaftlichen Kulturen und Lieferketten erprobt. Und genau dieses gemeinsame Handeln macht Food for Biodiversity aus: es geht vom runden Tisch ins gemeinsame Tun. Seite an Seite mit vereinten Kompetenzen! Immer mit dem klaren Ziel, die Lieferkette rund um den Kernrohstoff eines Produktes biodiversitätsfördernder zu gestalten (siehe Abb. 11.2).

Darüber hinaus bietet Food for Biodiversity seinen Mitgliedern regelmäßige (Online-)Fortbildungen und darüber hinaus ein in dieser Form einmaliges Netzwerk, um miteinander in den Austausch zu gehen und damit das Umsetzungstempo deutlich zu erhöhen.

Abb. 11.2 Handlungsfelder in der Arbeit von Food for Biodiversity. (Quelle: eigene Darstellung)

Da es am Ende des Tages auch in der Hand der Konsumentinnen und Konsumenten liegt, dass Biodiversitätsschutz in der Lebensmittelbranche zur unumgänglichen Aufgabe eines jeden Unternehmens wird, entwickelt und multipliziert Food for Biodiversity auch Angebote zur Sensibilisierung von Verbraucherinnen und Verbrauchern. Denn nur wenn dieses Thema im Mainstream ankommt, werden auch Bemühungen um bessere politische Rahmenbedingungen mehrheitsfähig werden.

11.8 Fazit

Über 15 Jahre sind mittlerweile vergangen, seitdem Rockstroem et. al (2009 [17]) in ihrer Studie zu den planetaren Grenzen sehr eindrucksvoll aufzeigen konnten, dass Biodiversitätsschutz eine der wichtigsten Aufgaben der Menschheit ist, wenn wir ein gutes Leben auf unserem Planeten für künftige Generationen sicherstellen wollen. Niemand kann also sagen, dass es noch einen Erkenntnismangel gibt, sondern bisher weiterhin lediglich ein Umsetzungsproblem. Umso wichtiger ist die Arbeit von Initiativen wie Food for Biodiversity, die endlich die verschiedenen Stakeholder nicht nur an einen Tisch, sondern ins gemeinsame Tun und Handeln bringt und klarmacht, dass Biodiversitätsschutz aufgrund der doppelten Wesentlichkeit in den Fokus gerückt werden muss bei jeder unternehmerischen Planung und Entscheidung. Gleichzeitig bietet Food for Biodiversity aber auch genau die Hilfestellungen und Partnerschaften, damit dieses Handeln nicht nur Projektarbeit, sondern Alltag bei Unternehmen und Landwirten wird und somit die deutsche Lebensmittelbranche Vorreiter auch für andere Sektoren und Länder werden kann.

Literatur

1. Biodiversity in Good Company. (2024). *Über uns.* https://www.business-and-biodiversity.de/ueber-uns. Zugegriffen: 02. Juli 2024.
2. BMEL. (2020). *Leitlinien der Bundesregierung zur Förderung von entwaldungsfreien Lieferketten von Agrarrohstoffen.* https://www.bmel.de/SharedDocs/Downloads/DE/_Wald/leitlinien-entwaldungsfreie-lieferketten.pdf?__blob=publicationFile&v=2. Zugegriffen: 30. Juni 2024.
3. Europäische Kommission. (2021). *EU-Verhaltenskodex für verantwortungsvolle Unternehmens- und Marketingpraktiken. Ein gemeinsamer Zielpfad zu nachhaltigen Lebensmittelsystemen.* https://food.ec.europa.eu/document/download/08709964-ef08-4332-a899-a456bdf0bff5_de. Zugegriffen: 02. Juli 2024.
4. Europäische Kommission. (2022). *Proposal for a Directive of the European Parliament and of the Council on Corporate Sustainability Due Diligence and amending Directive (EU) 2019/1937* https://ec.europa.eu/transparency/documents-register/detail?ref=COM(2022)71&lang=en. Zugegriffen: 02. Juli 2024.
5. Europäische Kommission. (2023). *Delegierte Verordnung der Kommission vom 31.07.2023 zur Ergänzung der Richtlinie 2013/34/EU des Europäischen Parlaments und des Rates durch Standards für die Nachhaltigkeitsberichterstattung.* https://ec.europa.eu/info/law/better-regulation/have-your-say/initiatives/13765-Erste-europaische-Standards-fur-die-Nachhaltigkeitsberichterstattung_de. Zugegriffen: 02. Juli 2024.

6. Europäische Kommission. (2024). *Der europäische Grüne Deal. Erster klimaneutraler Kontinent werden.* https://commission.europa.eu/strategy-and-policy/priorities-2019-2024/european-green-deal_de. Zugegriffen: 02. Juli 2024.
7. Europäische Kommission. (2024). *Biodiversity strategy for 2030.* https://environment.ec.europa.eu/strategy/biodiversity-strategy-2030_en?prefLang=de. Zugegriffen: 30. Juni 2024.
8. Europäische Union. (2023). *Verordnung (EU) 2023/1115 des Europäischen Parlaments und des Rates vom 31. Mai 2023 über die Bereitstellung bestimmter Rohstoffe und Erzeugnisse, die mit Entwaldung und Waldschädigung in Verbindung stehen, auf dem Unionsmarkt und ihre Ausfuhr aus der Union sowie zur Aufhebung der Verordnung (EU) Nr. 995/2010.* https://eur-lex.europa.eu/legal-content/DE/TXT/PDF/?uri=CELEX:32023R1115. Zugegriffen: 30. Juni 2024.
9. Finance for Biodiversity. (2023). *Unlocking the biodiversity-climate nexus. A practioner´s guide for financial institutions.* https://www.financeforbiodiversity.org/wp-content/uploads/FfB-Foundation-Unlocking-the-biodiversity-climate-nexus.pdf. Zugegriffen: 30. Juni 2024.
10. Finance for Biodiversity. (2023). *About the pledge; Stand 08.12.2023.* https://www.financeforbiodiversity.org/about-the-pledge/. Zugegriffen: 30. Juni 2024
11. Food for Biodiversity. (2022). *Basis-Set Biodiversitätskriterien für die Lebensmittelbranche.* https://neu.food-biodiversity.de/wp-content/uploads/2022/08/220607Basis-Set-Brosch_deut.pdf. Zugegriffen: 02. Juli 2024.
12. Global G. A. P. (2022). *BioDiversity. Add-on to core-solution.* https://www.globalgap.org/what-we-offer/solutions/biodiversity/. Zugegriffen: 02. Juli 2024.
13. Helmholtz-Zentrum für Umweltforschung. (2019). *Das „Globale Assessment" des Weltbiodiversitätsrates IPBES.* https://www.helmholtz.de/fileadmin/user_upload/IPBES-Factsheet.pdf. Zugegriffen: 02. Juli 2024
14. IAASTD. (2009). *Weltagrarbericht, Synthesebericht.* https://www.weltagrarbericht.de/themen-des-weltagrarberichts/klima-und-energie.html. Zugegriffen: 02. Juli 2024.
15. Jering, A. et al. (2023). *Globale Landflächen und Biomasse nachhaltig und ressourcenschonend nutzen.* https://www.umweltbundesamt.de/sites/default/files/medien/479/publikationen/globale_landflaechen_biomasse_bf_klein.pdf. Zugegriffen: 01. Juli 2024
16. Lieferkettensorgfaltspflichtengesetz. (2021). *Gesetz über die unternehmerischen Sorgfaltspflichten zur Vermeidung von Menschenrechtsverletzungen in Lieferketten (Lieferkettensorgfaltspflichtengesetz – LkSG).* https://www.gesetze-im-internet.de/lksg/LkSG.pdf. Zugegriffen: 30. Juni 2024.
17. Rockström, J., Steffen, W., Noone, K., Persson, Å., Chapin, F. S., Lambin, E. F., Lenton, T., Scheffer, M., Folke, C., Schellnhuber, H., Nykvist, B., de Wit, C., Hughes, T., Van der Leeuw, S., Rodhe, H., Sörlin, S., Snyder, P., Costanza, R., Svedin, U., & Foley, J. (2009). *A safe operating space for humanity. Nature, 461,* 472–475.
18. Science Based Targets Initiative (2024). *Take action. Setting science-based targets for nature: A step-by-step guide.* https://sciencebasedtargetsnetwork.org/companies/. Zugegriffen: 01. Juli 2024.
19. Steffen, W., Richardson, K., Rockström, J., Cornell, S., Ingo, F., Bennett, E.., Biggs, R., Carpenter, S., de Vries, W., de Wit, C., Folke, C., Gerten, D., Heinke, J., Mace, G., Persson, L., Ramanathan, V., Reyers, B., & Sörlin, S. (2015). *Planetary boundaries: Guiding human development on a changing planet. Science, 347*(6223), 1–41.
20. TNFD. (2023). *Guidance on the identification and assessment of nature-related issues: The LEAP approach.* https://tnfd.global/wp-content/uploads/2023/08/Guidance_on_the_identification_and_assessment_of_naturerelated_Issues_The_TNFD_LEAP_approach_V1.1_October2023.pdf?v=1698403116. Zugegriffen: 02. Juli 2024.

21. UEBT. (2022). *UEBT Biodiversity Barometer. The Biodiversity reckoning 2022.* https://static1.squarespace.com/static/577e0feae4fcb502316dc547/t/6409db549975dd4b6aa32da1/1678367585952/UEBT+Biodiversity+Barometer+2022.pdf. Zugegriffen: 30. Juni 2024.
22. WWF. (2024). *WWF Risk Filter Suite.* https://riskfilter.org/biodiversity/home. Zugegriffen: 02. Juli 2024.

Peter Zens ist Landwirt und Inhaber des Erlebnisbauernhofs Gertrudenhof in Hürth. In dritter Generation bewirtschaftet er den Familienbetrieb direkt vor den Toren Kölns, der zu einem Erlebnisbauernhof mit jährlich einigen hunderttausend Besuchern gewachsen ist. Er hat mit seinem Familienbetrieb einen Ort geschaffen, an dem Menschen gerne ihre Freizeit verbringen und saisonal, regional im 1200m2 großen Hofladen einkaufen können, aber auch in seinem 2024 gegründeten Umweltbildungsort Gertrudenhof e. V. in vielfältigen Angeboten Schlüsselerlebnisse zu nachhaltiger Landwirtschaft, Biodiversitätsschutz, Ernährung und Wertschätzung von Lebensmitteln sammeln können. Er lebt seine Überzeugung, dass ein Unternehmen nur zukunftsfähig ist, wenn es alle drei Säulen der Nachhaltigkeit, nämlich Ökonomie, Ökologie und Soziales in all seinem Tun berücksichtigt und engagiert sich bereits seit über 15 Jahren ehrenamtlich für Naturschutzthemen. Aktuell (2024) ist er engagiert im Vorstand der bundesweiten Biodiversity in good Company e. V. Initiative und bereits seit Vereinsgründung 2020 Vorsitzender von Food for Biodiversity e.V.

Lebensmittelverschwendung

Ausmaß, Ursachen und Arten entlang der Wertschöpfungskette

12

Maren Ann-Kathrin Jakob

Zusammenfassung

Lebensmittelverschwendung ist ein ökologisches, ein ethisch-moralisches und ein soziales Problem und insbesondere ein Problem westlicher Überflussgesellschaften. Bekannt ist, dass in Industrieländern – betrachtet man die Lebensmittelversorgungskette – die meisten Lebensmittelabfälle am Ende der Kette anfallen. In Deutschland und anderen Industrieländern liegt daher das größte Einsparpotenzial im Sektor der Privathaushalte. Aber auch auf den anderen Wertschöpfungsstufen können – im Sinne der Multiakteursverantwortung – wertvolle Beiträge zur Verringerung der Lebensmittelverschwendung geleistet werden.

12.1 Einleitung

Die Food and Agriculture Organization (FAO) geht davon aus, dass etwa ein Drittel der produzierten Lebensmittel global verloren gehen oder verschwendet werden [5]. Abseits der reinen Mengen sollten Lebensmittelabfälle auch im Kontext der in sie geflossenen Ressourcen betrachtet werden. In Urproduktion, Verarbeitung, Veredlung, Transport und Zubereitung stecken Ressourcen wie Wasser oder Landfläche, personeller und energetischer Aufwand. Die Ressourcenlast eines Lebensmittels steigt entlang der Lebensmittelversorgungskette mit jeder Verarbeitungsstufe an. Wird ein Lebensmittel in einem Privathaushalt oder in der Gastronomie verschwendet, so sind es die aufsummierten Ressourcen aus den Vorketten, die verschwendet werden.

M. A.-K. Jakob (✉)
Duale Hochschule Baden-Württemberg (DHBW), Heilbronn, Deutschland
E-Mail: maren.jakob@dhbw.de

© Der/die Autor(en), exklusiv lizenziert an Springer Fachmedien Wiesbaden GmbH, ein Teil von Springer Nature 2025
C. Hutter (Hrsg.), *Food Management und Nachhaltigkeit,* SDG - Forschung, Konzepte, Lösungsansätze zur Nachhaltigkeit, https://doi.org/10.1007/978-3-658-47934-3_12

Vermeidbare Lebensmittelabfälle und -verluste bedeuten, dass sämtlicher Aufwand *vergebens* und die Ressourcennutzung *unnötig* war. Der Zusatz *-verschwendung* erfährt damit im Kontext der Vermeidbarkeit von Lebensmittelabfällen und -verlusten Berechtigung.

12.2 Lebensmittelverschwendung ist nicht nachhaltig

Lebensmittelverschwendung impliziert, dass Lebensmittel unnötigerweise produziert werden und das macht das Ernährungssystem ineffizient.

Exkurs planetare Grenzen
Solange sich die Menschheit innerhalb der planetaren Belastungsgrenzen bewegt, befindet sie sich in einem *sicheren* Bereich. Sobald sie diese Grenzen jedoch überschreitet, kann es zu katastrophalen und unumkehrbaren Folgen für die Erde und damit auch für die Menschheit kommen. Definiert werden konnten neun Belastungsgrenzen, wie zum Beispiel Klimawandel, Landnutzungswandel oder die Versauerung der Meere. In einigen Bereichen wurde der sichere Handlungsraum bereits verlassen, das heißt, dass in diesen Bereichen erhöhtes oder hohes Risiko besteht und dass gravierende Folgen nicht ausgeschlossen werden können. Mittlerweile sind sechs von neun Belastungsgrenzen überschritten. Sobald eine Belastungsgrenze überschritten wird, kann das gesamte System ins Wanken geraten, und unter Umständen kann ein unaufhaltsamer Dominoeffekt durch Wechselwirkungen ausgelöst werden (Kipppunkte). Mit dem Konzept der planetaren Grenzen machen international Wissenschaftlerinnen und Wissenschaftler deutlich, dass Kipppunkte unumkehrbar sein werden, das heißt, dass unbedingt vorher – rechtzeitig – gegengesteuert werden muss, um dem Eintreten solcher Kipppunkte vorzubeugen. [15].

Die Erzeugung von Lebensmitteln ist ein wesentlicher Faktor für das Überschreiten der planetaren Belastungsgrenzen. Der Zusammenhang mit dem Landnutzungswandel liegt auf der Hand. Aber auch bei der Süßwasserentnahme, der Intaktheit der Biosphäre und beim Klimawandel spielt die Landwirtschaft eine wichtige Rolle. Große Teile der globalen Frischwasserentnahmen erfolgen für landwirtschaftliche Zwecke. Im Zuge des Landnutzungswandels wird immer mehr Fläche in Ackerfläche umgewandelt, weshalb Habitate verloren gehen, was wiederum das Artensterben begünstigt. Zusammen mit dem Ausstoß beträchtlicher Mengen an Treibhausgasen, wie Kohlenstoffdioxid oder Methan (zum Beispiel durch Tierhaltung oder in beheizten Gewächshäusern), trägt die Nahrungsmittelproduktion zum Klimawandel bei. Auch im Rahmen der Entsorgung von Lebensmittelabfällen fallen zusätzliche Treibhausgase durch verrottende Lebensmittel an (Renner et al. 2021 [14]). Die Nahrungsmittelproduktion ist mit fünf von sechs bereits überschrittenen Belastungsgrenzen in Verbindung zu bringen (Campbell et al. 2017 [4]). Die Verschwendung von Lebensmitteln bedeutet unnötige Ressourcennutzung, unnötigen Treibhausgasausstoß und unnötige Arbeit. Diese Lebensmittel gar nicht erst zu produzieren, würde erheblich Druck von den Belastungsgrenzen der Erde nehmen.

Lebensmittel zu verschwenden, bedeutet auch, Lebensmittel zu entsorgen, die an anderen Orten dringend benötigt worden wären. Mehr als 800 Mio. Menschen leiden heute

Hunger. Verteilungsgerechtigkeit ist ein zentrales Problem der Welternährung, insbesondere im Hinblick auf die nach wie vor wachsenden Gesamtbevölkerungszahlen. Der Ressourcenüberkonsum in hoch entwickelten Ländern führt zu Lebensmittelknappheit und Ressourcenmangel in den Exportländern. Zudem führt er dort zu steigenden Preisen, was wiederum der dortigen Bevölkerung den Zugang zu Lebensmitteln erschwert. In einkommensstarken Ländern geht es insbesondere um eine Umverteilung an vulnerable Gruppen, zum Beispiel über die Tafeln.

Abfallarmes Verhalten ist Teil einer nachhaltigeren Entwicklung und daher auch Teil der **Sustainable Development Goals** (SDGs) Im September 2015 hat die Vollversammlung der Vereinten Nationen in New York die sogenannte *Agenda 2030*, eine gemeinsame Nachhaltigkeitsvision, verabschiedet. Das Kernstück dieser Agenda sind die 17 Nachhaltigkeitsziele mit 169 Unterzielen, deren Vision die weltweite Sicherung einer nachhaltigen Entwicklung auf ökonomischer, sozialer sowie ökologischer Ebene ist. Auch Deutschland hat sich den Zielen einer Entwicklung verpflichtet. Ein Kernziel ist SDG 12: *Nachhaltige Konsum- und Produktionsmuster sicherstellen.* Bezogen auf Lebensmittelabfälle und -verschwendung fordert SDG 12.3 explizit die Halbierung der weltweiten Lebensmittelverschwendung bis 2030.

▶ SDG 12.3 „By 2030, halve per capita global food waste at the retail and consumer levels and reduce food losses along production and supply chains, including post-harvest losses" [19].

12.3 Lebensmittelabfälle und -verluste

Von der produzierten Menge Agrargüter können nur diejenigen Teile potenziell verschwendet werden, die auch für den menschlichen Konsum vorgesehen sind. Herausgerechnet werden also diejenigen Teile, die beispielsweise als Tierfutter oder zur Samengewinnung produziert werden. Lebensmittelverschwendung kann als Lebensmittelabfall oder in Form von Lebensmittelverlust auftreten. Die Begriffe Lebensmittelabfall und Lebensmittelverlust werden unterschiedlichen Teilen der Lebensmittelversorgungskette zugeordnet:

▶ Definition
[Lebensmittelverluste (food loss)
  Lebensmittelabfälle, die am Anfang der Lebensmittelversorgungskette entstehen. Lebensmittelverluste entstehen demnach bei Produktion und Verarbeitung von Lebensmitteln, zum Beispiel bei Erzeugerinnen und Erzeugern]
  [Lebensmittelabfälle (food waste)

Lebensmittelabfälle entstehen im Kontext von Konsum, so zum Beispiel im Handel, im Außerhausbereich oder in den privaten Haushalten]
[Vermeidbare Lebensmittelabfälle
Lebensmittel, die bei rechtzeitiger Nutzung und adäquater Handhabung genießbar gewesen wären, aber auch Lebensmittel, die ohne qualitative Mängel und bei uneingeschränkter Genießbarkeit entsorgt werden (z. B. übergelagertes Brot, das schimmelt; Speisen, die entsorgt werden, weil man keinen Appetit mehr darauf hat; Überhangbestellungen von Erdbeeren oder anderen verderblichen Waren; Tellerreste; etc.]

[Unvermeidbare Lebensmittelabfälle
alle nicht für den menschlichen Verzehr geeigneten Teile eines Lebensmittels. Beispiele hierfür sind Knochen, Gräten, Eierschalen, Kerne, Bananenschalen oder Kaffeesatz]

[Teilweise vermeidbare Lebensmittelabfälle
Grauzone, die sich daraus ergibt, dass die Bewertung dessen, was als vermeidbar, teilweise oder nicht vermeidbar gilt, von kulturellen, religiösen und sozialen Normen abhängt. Radieschenblätter sind dahingehend beispielsweise durchaus strittig: Während sie für den einen Abfall sind, sind sie für den anderen eine Salatzutat oder eine Grundlage für Pesto. Es gibt viele weitere solcher Beispiele: Karotten- und Gurkenschalen, Kohlrabiblätter, Giersch oder Löwenzahn, Innereien von Tieren, Brotrinde oder auch das Apfelkernhaus. Vermeidbarkeit und Unvermeidbarkeit liegen damit teilweise im Auge der Betrachterin und des Betrachters.

Lebensmittel, die zum Beispiel vom Lebensmitteleinzelhandel an die Tafeln abgegeben werden, sind kein Lebensmittelabfall, da diese Lebensmittel nach wie vor gegessen werden. Lebensmittel, die in Biogasanlagen verarbeitet werden, gelten jedoch als Lebensmittelverschwendung. Auch was an vermeidbaren Lebensmittelabfällen auf dem Kompost verrottet oder in Müllverbrennungsanlagen mit Energierückgewinnung verbrannt wird, gilt als Lebensmittelverschwendung, obwohl nach wie vor ein Nutzen (Biogas, nährstoffreicherer Boden, Energie oder Wärme) aus den Lebensmittelabfällen resultiert. Allerdings ist der Nutzen bedeutend geringer, als wenn die Lebensmittel gegessen worden wären. [6]].

Hintergrundinformation
Die Food Waste Hierarchy [13] ordnet die möglichen Verwertungsoptionen für Lebensmittel nach ihrer ökologischen Sinnhaftigkeit. Abb. 12.1 stellt das Verwertungsdreieck für Lebensmittelabfälle dar. Die *bestmögliche* Verwertungsoption ist Prävention, die *schlechteste* Option ist das Deponieren von Lebensmittelabfällen.

Ausgangspunkt des Verwertungsdreiecks ist der sogenannte *Food-Surplus*: Food-Surplus ist die Differenz zwischen dem tatsächlichen Lebensmittelbedarf und dem, was in einkommensstarken Ländern wie Deutschland zur Verfügung steht. Die Differenz beträgt in Ländern wie Deutschland teilweise über 1000 kcal pro Person und Tag [13]. Dieser *Food-Surplus* sorgt dafür, dass vermeidbarer Lebensmittelabfall überhaupt entstehen kann. Die gestrichelte Linie (siehe Abb. 12.1) unterteilt das Verwertungsdreieck in Lebensmittel (*Food*) und Lebensmittelabfall (*Waste*). Oberhalb der Linie

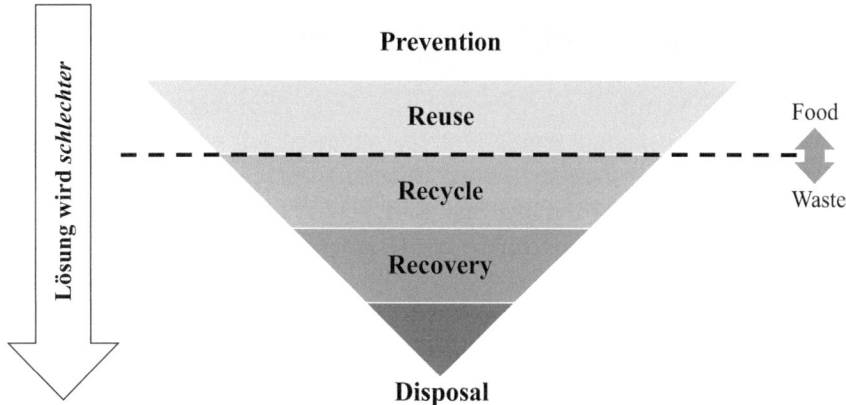

Abb. 12.1 Verwendungsdreieck – Food Waste Hierachy; Quelle: eigene Darstellung mit Daten aus Papargyropoulou et al. 2014 [13]

findet Lebensmittelabfall-Vermeidungs-Management (*Waste-Prevention-Management*) statt, unterhalb der roten Linie findet Lebensmittelabfall-Management (*Waste-Management*) statt. Priorität ist es, Abfällen vorzubeugen, zum Beispiel indem durch bessere Planung, Technik und optimierte Prozesse der *Food-Surplus* gesenkt wird. *Reuse* bedeutet *Weiterverwendung*, hier beispielsweise durch das Erschließen alternativer Vermarktungsmöglichkeiten oder durch Spenden, beispielsweise an die Tafeln. Insgesamt sollten so viele Lebensmittel wie möglich der Ernährung des Menschen und damit ihrer originären Bestimmung entsprechend Verwendung finden. Sofern dann aus einem Lebensmittel doch Lebensmittelabfall wird, sieht das Verwertungsdreieck zuerst die Verwendung als Tierfutter oder als Kompost vor. Dann, auf der nachgelagerten Stufe, die Verwertung in Biogasanlagen (Energierückgewinnung). Lebensmittelabfälle, die bis hierhin keiner alternativen Verwertung zugeführt werden konnten, werden deponiert ([13]; siehe Abb. 12.1).

12.4 Lebensmittelabfälle entlang der Wertschöpfungskette

Das Statistische Bundesamt (2022 [18]) beziffert die Gesamtabfallmenge – also vermeidbare und unvermeidbare Lebensmittelabfälle – in Deutschland mit ca. 11 Mio. Tonnen pro Jahr (Bezugsjahr 2020). Sie entstehen auf allen Ebenen der Lebensmittelversorgungskette:

- 2 % (0,2 Mio. Tonnen) der Abfälle entfallen auf die **Primärproduktion** (Landwirtschaft, Fischwirtschaft & Aquakultur). Lebensmittelabfälle entstehen hier in erster Linie durch Vorernteverluste (zum Beispiel durch Schädlinge oder Wettereinflüsse), Ernteverluste (zum Beispiel durch Transport oder Lagerung) und Verluste durch Tierkrankheiten (zum Beispiel Sperrmilch bei Medikamenteneinsatz). Sie stellen für die Produzierenden einen ökonomischen Verlust dar, da Ressourcen und Arbeit bereits investiert wurden. Daher werden überschüssige, aussortierte und verdorbene Lebensmittel selten extern als Abfälle entsorgt, sondern meist betriebsintern verwertet, beispielsweise als Futtermittel [1].

- Im Rahmen der **Verarbeitung** (Lebensmittelindustrie, Handwerksbetriebe) fallen 15 % der gesamten Lebensmittelabfälle (1,6 Mio. Tonnen) an, wobei die Lebensmittelabfälle im Verarbeitungssektor je nach Branche stark schwanken. Zur Verarbeitung gehören Fleisch- und Fischverarbeitung, Back- und Teigwarenverarbeitung, die Milchverarbeitung, die Verarbeitung von Obst und Gemüsen, die Getränkeherstellung sowie die Tiefkühl-, Feinkost- und Süßwarenindustrie. Gründe für Lebensmittelverschwendung sind hier insbesondere die Qualitätssicherung, Prozessverluste, Retouren und Überproduktion [1].
- Auf den **Handel** (Lebensmitteleinzelhandel, Lebensmittelgroßhandel, aber auch Drogeriemärkte, Bäckereien, Fleischereien, Onlinehandel und Wochenmärkte) entfallen 7 % (0,8 Mio. Tonnen) der Lebensmittelabfälle. Gründe für Lebensmittelverschwendung sind hier zumeist das Verbrauchsdatum, eingeschränkte, zweifelhafte oder fehlende Verkehrsfähigkeit, Rückruf oder Verderb.
- Im Sektor der **Außerhausverpflegung** sind es 17 % (1,9 Mio. Tonnen), zumeist Ausgabeverluste und Tellerreste. Da es sich dabei überwiegend um aufwendig zubereitete und verzehrfertige Speisen handelt, sind die damit verbundenen ökonomischen und ökologischen Effekte besonders hoch [12].
- Der Großteil der Lebensmittelabfälle entsteht mit 59 % (6,5 Mio. Tonnen) in **Privathaushalten**. Jede Verbraucherin und jeder Verbraucher werfen hier demnach etwa 78 kg Lebensmittel pro Jahr weg. Für die privaten Haushalte wird dabei von einem Vermeidbarkeitsgrad von ca. 50 % ausgegangen [17].

Die Zuordnung der Lebensmittelabfälle und -verluste auf die einzelnen Stufen der Lebensmittelversorgungskette ist nicht immer trennscharf möglich: So werden beispielsweise in der Primärproduktion Obst und Gemüse, die nicht der gängigen Vermarktungsnorm entsprechen, aussortiert, weil Händlerinnen und Händler Verbraucheransprüche antizipieren und oftmals nur makelloses Obst und Gemüse zum Verkauf anbieten. Dieses aussortierte Obst und Gemüse wird dann als *consumer-related food waste* bezeichnet, aber der Versorgungsstufe Produktion zugerechnet [16]. Weiterhin wird beispielsweise ein Tellerrest bei einem Restaurantbesuch der Außerhausverpflegung zugerechnet, sofern er dort auf dem Teller zurückgelassen wird. Nimmt die Restaurantbesucherin oder der Restaurantbesucher den Tellerrest mit nachhause, isst ihn jedoch nicht, sondern entsorgt ihn am Folgetag zuhause, so erfolgt die Zurechnung auf den Privathaushalt. Diese Verschiebungen und Unschärfen sind mitzudenken.

Hintergrundinformation
In einkommensstarken und industrialisierten Ländern, zu denen Deutschland gehört, entstehen die meisten Lebensmittelabfälle am Ende der Lebensmittelversorgungskette. Die FAO unterstreicht daher, dass eine Reduzierung der Lebensmittelabfälle auf Konsumebene in diesen Ländern den

größten Hebel darstellt. Daraus folgt, dass der *Carbon-Footprint*, der sich im Laufe der Lebensmittelversorgungskette akkumuliert, in diesen Ländern zum wichtigsten (Ziel-)Indikator wird [6].

„*High-income countries with low levels of food insecurity will likely place the emphasis on environmental objectives, in particular reducing GHG emissions. This will call for interventions later in the supply chain, in particular retail and consumption, where levels of loss or waste are expected to be the highest*" [6].

Die ökologischen Folgen können in Form von *Footprints* dargestellt werden: Unterschieden werden der *Carbon-Footprint* für Treibhausgase, der *Land-Footprint* für die Landnutzung und der *Water-Footprint* für die Süßwassernutzung. Der *Carbon-Footprint* wird in CO_2-Äquivalenten gemessen. Diese entstehen entlang der gesamten Lebensmittelversorgungskette, selbst bei der Entsorgung durch Verrotten oder Verbrennen. Daher gilt: Je später in der Lebensmittelversorgungskette ein Lebensmittel entsorgt wird, desto höher der *Carbon-Footprint* des Lebensmittels. Zudem ist der *Carbon-Footprint* abhängig von der Lebensmittelart: Hochverarbeitete und tierische Lebensmittel haben einen höheren *Carbon-Footprint* als pflanzliche, weniger verarbeitete oder unverarbeitete Lebensmittel. Für den *Land-Footprint* wird zumeist die Fläche berechnet, die zur Erzeugung einer bestimmten Menge eines bestimmten Lebensmittels notwendig ist. Da die Landnutzung fast ausschließlich auf der ersten Stufe der Lebensmittelversorgungskette geschieht, ist es für den *Land-Footprint* fast unerheblich, auf welcher Stufe ein Lebensmittel entsorgt wird. Der *Land-Footprint* ist von Anfang an – im Rahmen der Lebensmittelerzeugung – gesetzt. Er variiert von Lebensmittel zu Lebensmittel und ist bei tierischen Produkten vergleichsweise hoch. Der *Water-Footprint* umfasst sämtliches Süßwasser (Grund- und Oberflächenwasser), das im Laufe der Lebensmittelversorgungskette in ein Lebensmittel fließt. Alle drei Indikatoren sind davon abhängig, wo geographisch produziert oder verarbeitet wird und unter welchen technischen Voraussetzungen dies geschieht [6].

Aufgrund dessen, dass ein Großteil der Lebensmittel in den privaten Haushalten verschwendet wird und die Ressourcenlast der Vorketten hier akkumuliert mit am höchsten ist, konzentrieren sich die folgenden Ausführungen auf Verbraucherinnen und Verbraucher und deren Verhaltensumgebungen. Die Verhaltensumgebungen, in denen Verbraucherinnen und Verbraucher konsumieren und verschwenden, sind wesentlich durch die anderen Akteure der Lebensmittelversorgungskette bestimmt; So zum Beispiel durch Speisekarten, Verpackungsgrößen, Produktspezifikationen, Werbemaßnahmen, Verkaufsförderung oder Portionsgrößen. Gleichzeitig sind die Lebensmittelabfälle, beispielsweise in der Außerhausverpflegung, oftmals wesentlich vom Verhalten der Verbraucherinnen und Verbraucher abhängig, zum Beispiel bei Tellerresten.

12.5 Was auf Konsumebene verschwendet wird

In deutschen Haushalten werden Obst und Gemüse (ca. 34 % der vermeidbaren Lebensmittelabfälle) am häufigsten vermeidbar entsorgt, hier insbesondere Äpfel, Bananen, Kartoffeln, Tomaten und Gurken. Gefolgt von gekochten und zubereiteten Speisen (ca. 16 %), also beispielsweise Gerichten vom Vortag oder zubereiteten Salaten, die nicht aufgegessen wurden. Brot und Backwaren (ca. 14 %), Getränke (ca. 11 %) und

Milchprodukte (ca. 10 %) werden ebenso häufig vermeidbar entsorgt. Fleisch und Wurstwaren machen ca. 5 % der vermeidbaren Lebensmittelabfälle aus. Weiterhin, aber vergleichsweise selten entsorgt, werden beispielsweise Tiefkühlprodukte, Fertigprodukte etc. Diese Zahlen hat die GfK repräsentativ im Auftrag des Bundesministeriums für Ernährung und Landwirtschaft ermittelt. [7].

Die Quantifizierung von Lebensmittelabfällen gestaltet sich schwierig: Lebensmittelabfälle können gewogen, gezählt oder fotografiert werden, sie können in Kilogramm, CO_2-Äquivalenten oder Kalorien gemessen werden, Vermeidbarkeit und Unvermeidbarkeit liegen häufig im Auge des Betrachters und die Zuordnung auf die Lebensmittelgruppen ist insbesondere bei ganzen Mahlzeiten (zum Beispiel bei Lasagne), die entsorgt werden, schwierig, da oft unterschiedliche Lebensmittelgruppen enthalten sind (in Lasagne beispielsweise Gemüse, Teigwaren, Milchprodukte und Fleisch). Im Hinblick auf die Vergleichbarkeit (beispielsweise zwischen Jahren, Ländern und Stichproben) wird auf nationaler und internationaler Ebene an einer Normierung gearbeitet.

Werden Lebensmittelabfälle nicht in *kg* (Masse), sondern in Form des CO_2-Fußabdrucks betrachtet, so verschieben sich die Anteile der Produktgruppen an den gesamten Lebensmittelabfällen. Anhand der britischen Abfallzahlen wurde dies beispielhaft berechnet: Hier hat beispielsweise die Produktgruppe Obst und Gemüse einen relativen Anteil von 43 % an den gesamten Lebensmittelabfällen. Ausgedrückt als CO_2-Fußabdruck verringert sich der Anteil von Obst und Gemüse an den Lebensmittelabfällen auf 18 %. Anders ist dies bei Fleisch und Wurst: Sie haben einen relativen Anteil von 10 % an den gesamten Lebensmittelabfällen, beim CO_2-Fußabdruck wird daraus ein Anteil von 43 % [9]. Dieses Beispiel zeigt, dass nicht nur auf die Masse oder die Menge verschwendeter Lebensmittel geschaut werden darf. Relevant ist vielmehr, wie viel in den ressourcenintensiveren Produktgruppen verschwendet wird. Auch wenn Lebensmittel aus Produktgruppen mit vergleichsweise *großem* CO_2-Fußabdruck, wie Fleisch oder Milchprodukte, insgesamt seltener entsorgt werden als solche Lebensmittel mit *geringerem* CO_2-Fußabdruck, wie zum Beispiel Obst oder Gemüse, so relativiert sich diese Verteilung, wenn Nachhaltigkeitsaspekte in die Betrachtung einfließen. Lebensmittelabfälle sind demnach aus Nachhaltigkeitsperspektive differenziert zu betrachten, besonderes Augenmerk sollte darauf liegen, dass ressourcenintensiv erzeugte Lebensmittel, wie Fleisch, Fisch, Eier, Milch und Milchprodukte nicht vermeidbar entsorgt werden. Damit gewinnt auch die individuelle Ernährungsweise an Bedeutung, denn nur was eingekauft wird, kann auch verschwendet werden. Personen, die ressourcenleichter essen (flexitarische, vegetarische oder vegane Kostformen) verschwenden automatisch auch ressourcenleichter, weil sie tendenziell weniger oder keine Lebensmittel tierischen Ursprungs verschwenden. Auch Aussagen wie „Iss wenigstens das Fleisch auf" werden vor dem Hintergrund obiger Ausführungen nachvollziehbar. Gleichzeitig ist es ethisch-moralisch bedenklich Fleisch zu entsorgen, da dann Tiere unnötigerweise geschlachtet werden [11].

12.6 Warum auf Konsumebene verschwendet wird

Vermeidbare Lebensmittelabfälle lassen sich unterschiedlich begründen. In vielen Fällen liegt der Grund, weshalb ein Lebensmittel verschwendet wird (werden muss), in der Vergangenheit. So wird zum Beispiel zu viel gekauft, was später zu Lebensmittelverschwendung durch Schimmel führt. Die Ursache und das eigentliche Wegwerfen sind daher in vielen Fällen räumlich und zeitlich entkoppelt. Am häufigsten werden Lebensmittel aufgrund von Haltbarkeits-, Mengen- oder Qualitätsproblemen entsorgt:

- **Haltbarkeitsprobleme**: Ein Lebensmittel ist verdorben oder verschimmelt, das Mindesthaltbarkeits- oder das Verbrauchsdatum ist überschritten.
- **Mengenprobleme**: Es wurde zu viel gekauft, zu viel gekocht, zu viel auf den Teller getan, zu viel bestellt oder auch zu viel geerntet oder angebaut.
- **Qualitätsprobleme**: Ein Lebensmittel wird beispielsweise aufgrund von Optik, Geruch oder Geschmack (unappetitlich) weggeworfen.

Sonstige Gründe können Zeitprobleme, Schädlingsbefall, Fehler (zum Beispiel falsches Produkt eingekauft, falsche Lagerung, versalzen oder verkochen) oder Unfälle (zum Beispiel Produkt fällt herunter) sein.

Es ist nicht abschließend geklärt, wovon abhängt, ob in einem Haushalt viel oder wenig verschwendet wird. Diskutiert werden Merkmale wie das Alter der Haushaltsmitglieder (Jüngere verschwenden tendenziell mehr als Ältere), die Anzahl der Haushaltsmitglieder (je mehr Personen, desto weniger wird verschwendet), das Geschlecht der Wegwerfenden, Bildungsstand und Haushaltseinkommen. Wahrscheinlicher ist, dass das individuelle Können (*Food-Management-Skills*), also beispielsweise Zubereitungskompetenzen, lebensmittelbezogenes Wissen, Kreativität, Planung und Organisation, beeinflussen, ob in einem Haushalt viel oder wenig vermeidbar entsorgt wird [11].

Lebensmittelverschwendung ist nicht nachhaltig, sie ist teuer und ethisch-moralisch bedenklich. Sie erscheint auf Konsumebene gleichzeitig vergleichsweise leicht zu verändern, durch kleinere, individuelle Verhaltensanpassungen im Essalltag von Verbraucherinnen und Verbrauchern, wie zum Beispiel geplantes, bedarfsgerechtes Einkaufen oder eine kreative Resteküche. Und dennoch zeigen die repräsentativen Erhebungen zu Lebensmittelabfällen in deutschen Haushalten kaum positive Veränderungen im Zeitverlauf [7, 8]. Neuere Studien bleiben zwar abzuwarten, aber eine Halbierung der Lebensmittelabfälle bis 2030, wie sie SDG 12.3 fordert, ist derzeit (2024) nicht absehbar. Mögliche Gründe hierfür könnten sein [11]:

- Mangel an Befähigung zur selbstbestimmten Verhaltensveränderung. Ein Großteil der Lebensmittel wird im privaten Raum, zuhause, entsorgt und damit weitestgehend abseits staatlicher Einflussmöglichkeiten und abseits von sozialer Kontrolle. Selbstbestimmte Verhaltensveränderungen verlangen Wissen, Fähigkeiten und Fertigkeiten.

- Lebensmittelwegwerfen gilt gesellschaftlich als *normal* („Wegwerfgesellschaft", „Konsumgesellschaft") und ist ein oft nicht hinterfragter Teil des Essalltags. Das kann unterschiedliche Gründe haben, so zum Beispiel fehlendes Problembewusstsein oder auch fehlendes Bewusstsein für die eigene Wirksamkeit zu einer positiven Veränderung beizutragen.
- Ernährungsumgebungen, die abfallarmes Verhalten konterkarieren. So können beispielsweise Verkaufsförderungsmaßnahmen wie BOGOF (Buy one get one free) oder die Preisgestaltung im Einzelhandel Lebensmittelverschwendung begünstigen, indem zu viel gekauft wird.
- Mangel an Lebensmittelwertschätzung, wobei definitorisch noch nicht abschließend geklärt ist, was genau Lebensmittelwertschätzung ist und woran sie festgemacht wird. Angenommen wird, dass es sich dabei um eine achtungs- und respektvolle Grundeinstellung gegenüber Pflanzen, Tieren, Ressourcen und Menschen, die Lebensmittel produzieren und verarbeiten handelt, die sich unter anderem beispielsweise darin zeigt, dass Lebensmittel nicht leichtfertig entsorgt werden [3].

12.6.1 Lebensmittelverschwendung senken

Die Lebensmittelverschwendung und damit auch die Treibhausgasemissionen in Deutschland zu verringern, ist Aufgabe aller Akteure der Lebensmittelversorgungskette. Insbesondere die Konsumebene (Privathaushalte, Außerhaussektor und Handel) ist aus Nachhaltigkeitsgründen dringend aufgefordert, eigenverantwortlich aktiv zu werden. Hierfür braucht es aber Rahmenbedingungen, wie beispielsweise geeignete Bildungsangebote, die alle Verbraucherinnen und Verbraucher erreichen und eine entsprechende Befähigung anbahnen oder eine entsprechende Ausbildung für Mitarbeiterinnen und Mitarbeiter im Außerhaussektor oder auch eine verbesserte Sharing-Infrastruktur für überflüssige Lebensmittel. So wäre es beispielsweise Aufgabe der Politik, ein entsprechendes Schulfach (Ernährungs- und Verbraucherbildung) verbindlich und schulartenübergreifend einzuführen und die entsprechenden Lehrkräfte auszubilden [2]. Handel, Außerhausmarkt, Lebensmittelindustrie und lebensmittelerzeugende Betriebe gestalten die Verhaltensumgebungen für Verbraucherinnen und Verbraucher. Eine verhaltenssensible Umgebung unterstützt die Handelnden dabei, dass sich im Alltag abfallvermeidende Verhaltensweisen entfalten können. Den Handelnden wird durch eine Modellierung der Umgebung erleichtert, bestimmte Verhaltensweisen – hier abfallarmer Lebensmittelkonsum – umzusetzen. [11].

Verbraucherinnen und Verbraucher, Unternehmen und die Politik sind verantwortliche Akteure im Ernährungskontext, daher wird daher von einer **Multiakteursverantwortung** gesprochen. Dieser Begriff beschreibt eine komplexe Sachlage, in der unterschiedlichen Akteuren gleichermaßen Verantwortung zugeschrieben wird. Der oder dem Einzelnen kommt demnach genauso Verantwortung zu wie der Politik und den Unternehmen. Weitere Akteure, wie beispielsweise die Medien, sind ebenfalls mitzudenken. Diese geteilte Verantwortlichkeit führt nicht selten zur sogenannten Verantwortungsdiffusion oder dazu, dass die Lasten einseitig auf eine oder mehrere Akteursgruppen übertragen werden. Verantwortungsdiffusion beschreibt, dass je größer die Gruppe derer, die Verantwortung übernehmen könnten, desto kleiner ist die Gruppe derjenigen, die tatsächlich Verantwortung übernimmt.

Der Lebensmitteleinzelhandel nimmt innerhalb der Lebensmittelversorgungskette eine dominierende Rolle, sowohl gegenüber den vor- (Primärproduktion und Lebensmittelverarbeitung) als auch gegenüber den nachgelagerten (Konsum, Entsorgung) Stufen, ein [10, 16]. Dies rührt insbesondere daher, dass sämtliche Verhandlungsmacht auf dieser Wertschöpfungsstufe auf wenige Player konzentriert ist. Ansatzpunkte, die sowohl auf vorgelagerten als auch nachgelagerten Stufen die Lebensmittelverschwendung verringern könnten, sind insbesondere Vermarktungsnormen, Verpackungen, die Haltbarkeit, die Preisgestaltung und damit zusammenhängende Werbung und Verkaufsförderung. Durch die zentrale Rolle und Bedeutung des Lebensmitteleinzelhandels im Ernährungssystem ergeben sich auch für die verbraucherorientierte Ernährungspolitik Anknüpfungspunkte: Beispielsweise gemeinsame Initiativen und Informationskampagnen, denn Händlerinnen und Händler verfügen über eine große, themenspezifische Reichweite.

12.7 Fazit

Es gibt unterschiedliche Gründe, warum es sich lohnt, der Lebensmittelverschwendung vorzubeugen oder sie zu bekämpfen. Für Privatpersonen und Betriebe entlang der Lebensmittelversorgungskette ist es zumeist in erster Linie ein *Businesscase* (zum Beispiel Geld oder Kosten einsparen, Ineffizienzen reduzieren). Aber auch darüber hinaus sollten Beiträge zur ökologischen Nachhaltigkeit, zur Ernährungssicherheit, zu einer verbesserten Wirtschaftskraft (verbesserte Produktivität) oder ethisch-moralische Überlegungen abfallarmes Verhalten begründen.

Die Sustainable Development Goals, denen sich Deutschland verpflichtet hat, sind ohne eine Veränderung des Ernährungsverhaltens nicht zu erreichen (Wissenschaftlicher Beirat für Agrarpolitik, Ernährung und gesundheitlichen Verbraucherschutz beim BMEL (WBAE) [20]). Das Wegwerfen von Lebensmitteln ist Teil des Ernährungsverhaltens. Der Handlungsdruck nimmt aufgrund der Fristen und insbesondere der planetaren Grenzen beständig zu. Es bedarf Anstrengungen auf allen Ebenen – von Politik, Wirtschaft, Verbraucherinnen und Verbrauchern.

Literatur

1. Athai, J., Kuntscher, M., & Schmidt, T. (2023). *Lebensmittelabfälle und -verluste in der Primärproduktion und in der Verarbeitung.* Thünen Working Paper 209. Braunschweig.
2. Bartsch, S., & Körner, T. (2012). Lebensmittel wegwerfen? Wertschätzung von Lebensmitteln als Bildungsaufgabe. *Ernährung im Fokus,12*(07–08), 238–243.
3. Brombach, C., & Bergmann, K. (2021). Wertschätzung für Lebensmittel und Mehrzahlungsbereitschaft. Empirische Untersuchung zur Verbrauchersicht. *Ernährung im Fokus, 02,* 86–91.
4. Campbell, B. M., Beare, D. J., Bennett, E. M., Hall-Spencer, J. M., Ingram, J. S., Jaramillo, F., Ortiz, R., Ramankutty, N., Syer, F. A., & Shindell, D. (2017). Agriculture production as a major driver of the Earth system exceeding planetary boundaries. *Ecology and Society, 4*(8).
5. FAO. (2011). *Global food losses and food waste – Extent, causes and prevention.* Rome/Italy.
6. FAO. (2019). *The state of food and agriculture. Moving forward on food loss and waste reduction.* Rome/Italy.
7. GfK SE – Gesellschaft für Konsumforschung. (2017). *Systematische Erfassung von Lebensmittelab-fällen der privaten Haushalte in Deutschland.* Schlussbericht zur Studie, durchgeführt für das Bundesministerium für Ernährung und Landwirtschaft. Nürnberg.
8. GfK SE – Gesellschaft für Konsumforschung. (2021). *Systematische Erfassung des Lebensmittelab-falls der privaten Haushalte in Deutschland.* Schlussbericht 2020, durchgeführt für das Bundesministerium für Ernährung und Landwirtschaft. Nürnberg.
9. Göbel, C., Teitscheid, P., Ritter, G., Blumenthal, A., Friedrich, S., Frick, T., Grotstollen, L., Möllenbeck, C., Rottstegge, L., Pfeiffer, C., Baumkötter, D., Wetter, C., Uekötter, B., Burdick, B., Langen, N., Lettenmeier, M., & Rohn, H. (2012). *Verringerung von Lebensmittelabfällen – Identifikation von Ursachen und Handlungsoptionen in Nordrhein-Westfalen. Münster.* durchgeführt für das Ministerium für Klimaschutz, Umwelt, Landwirtschaft, Natur und Verbraucherschutz des Landes Nordrhein-Westfalen.
10. Herzberg, R., Schmidt, T., & Keck, M. (2022). Market power and food loss at the producer-retailer interface of fruit and vegetable supply chains in Germany. *Sustainability Science, 17,* 2253–2267.
11. Jakob, M. (2024). *Lebensmittelabfälle, Lebensmittelwegwerfverhalten und Lebensmittelwertschätzung, Explorative Analysen zur Lebensphase Studium.* Dissertation an der TU Berlin.
12. Kuntscher, M., Schmidt, T., & Goossens, Y. (2020). *Lebensmittelabfälle in der Außer-Haus-Verpflegung – Ursachen, Hemmnisse und Perspektiven.* Thünen Working Paper 161. Braunschweig.
13. Papargyropoulou, E., Lozano, R., Steinberger, J. K., & Wright, N. (2014). The food waste hierarchy as a framework for the management of food surplus and food waste. *Journal of Cleaner Production, 76,* 106–115.
14. Renner, B., Arens-Azevêdo, U., Watzl, B., Richter, M., Virmani, K., & Linseisen, J. (2021). DGE-Positionspapier zur nachhaltigeren Ernährung. *Ernährungs Umschau, 68*(7), 144–154.
15. Rockström, J., Steffen, W., Noone, K., Persson, A., Chapin, F. S., Lambin, E. L., Thimaoty M., Scheffer, M., Folke, C., Schellnhuber, H.-J., Nykvist, B., De Wit, C. A., Hughes, T., van der Leeuw, S., Rodhe, H., Sörlin, S., Snyder, P. K., Costanza, R., Svedin, U., Falkenmark, M., Karlberg, L., Corell, R. W., Fabry, V. J., Hansen, J., Walker, B., Liverman, D., Richardson, K., Crutzen, P., & Foley, J. (2009). Planetary boundaries: exploring the safe operating space for humanity. *Ecology and Society, 14*(2), 1–32.
16. Scheubrein, B., & Jakob, M. (2021). *Food Waste – Wertschätzung von Lebensmitteln im Handel.* Schriftenreihe Handelsmanagement. 14. Norderstedt.

17. Schmidt, T., Schneider, F., & Claupein, E. (2018). *Lebensmittelabfälle in privaten Haushalten in Deutschland – Analyse der Ergebnisse einer repräsentativen Erhebung 2016/2017 von GfK SE.* Thünen Working Paper. 92. Johann Heinrich von Thünen-Institut. Braunschweig.
18. Statistisches Bundesamt. (2022). *Lebensmittelabfälle in Deutschland.* https://www.destatis.de/DE/Themen/Gesellschaft-Umwelt/Umwelt/Abfallwirtschaft/Tabellen/lebensmittelabfaelle.html. Zugegriffen: 20. Okt. 2024.
19. UN. (2015). *SDG 12. Ensure sustainable consumption and production patterns.* https://sdgs.un.org/goals/goal12. Zugegriffen: 08. Juni 2024.
20. WBAE. (2020). *Politik für eine nachhaltigere Ernährung. Eine integrierte Ernährungspolitik entwickeln und faire Ernährungsumgebungen gestalten.* Berlin.

Prof. Dr. Maren Ann-Kathrin Jakob ist wissenschaftliche Mitarbeiterin und Dozentin an der Fakultät Wirtschaft der Dualen Hochschule Baden-Württemberg am Standort Heilbronn. Sie beschäftigt sich in Lehre und Wissenschaft mit der Lebensmittelwirtschaft. Sie ist Europa-Hotelfachfrau (IHK) und hat Betriebswirtschaftslehre und Business Management Marketing studiert. Beruflich hat sie Erfahrungen in Hotellerie und Gastronomie sowie in der Unternehmensberatung gesammelt. Maren Ann-Kathrin Jakob promovierte an der TU Berlin zum Lebensmittelwegwerfverhalten.

Gesundheit

13

Wie kann nachhaltig Ernährung die Gesundheit des Einzelnen und des Planeten gleichermaßen fördern?

Lia Carlucci

Zusammenfassung

Die Gesundheit des Einzelnen und die Gesundheit des Planeten sind untrennbar miteinander verbunden. Momentan gefährdet das aktuelle Ernährungssystem jedoch sowohl die menschliche als auch die planetare Gesundheit. Eine Umstellung auf eine nachhaltige, pflanzenbetonte Ernährung weist den Weg in eine gelingende Zukunft und ist daher unerlässlich. Dieses Kapitel untersucht, wie nachhaltige Ernährungsweisen nicht nur unser persönliches Wohlergehen fördern, sondern auch positive Auswirkungen auf die Umwelt haben können. Es zeigt, wie jeder Einzelne und jede Einzelne durch bewusste Ernährungsentscheidungen Teil der Lösung sein kann und betont die Bedeutung von moderner, zukunftsweisender Kommunikation sowie innovativen Ansätzen in der Lebensmittelindustrie.

13.1 Was bedeutet nachhaltige Ernährung?

Ein Ernährungssystem das natürliche Ressourcen so nutzt, dass Umweltauswirkungen gering sind, die Ernährung gesichert ist und zukünftige Generationen nicht benachteiligt werden, wird als nachhaltig bezeichnet. Kennzeichen dieser Ernährungsweise sind ökologisches, ökonomisches und soziales Verantwortungsbewusstsein [11]. Und dieses ist eng verknüpft mit „Planetary Health", also dem Verständnis, dass die Gesundheit der Menschheit und die unseres Planeten in enger Verbindung miteinander stehen [25].

L. Carlucci (✉)
Food Campus Berlin, Berlin, Deutschland
E-Mail: hi@liacarlucci.com

13.2 Nachhaltige Ernährung und Gesundheit

Eine ausgewogene, pflanzenbetonte Ernährung ist der Schlüssel zum Schutz der menschlichen und planetaren Gesundheit. Das derzeitige Ernährungssystem stellt jedoch eine Bedrohung für beide dar [8]. Abb. 13.1 stellt diesen Zusammenhang bildlich dar. Der heiß diskutierte EAT-Lancet-Bericht, veröffentlicht 2019 im renommierten gleichnamigen Magazin, unterstreicht die Dringlichkeit, das globale Ernährungssystem umzustellen, um die Ziele der Vereinten Nationen für nachhaltige Entwicklung zu erreichen und um künftige Generationen zu schützen. Mitgearbeitet haben 37 Wissenschaftlerinnen und Wissenschaftler aus 16 Ländern, die das Konzept der Planetary Health Diet entwickelten. Dieser Prototyp einer pflanzenbetonten Ernährung, aufgebaut auf wissenschaftlicher Evidenz, zeigt wie eine Transformation unseres Ernährungssystems gelingen kann. Die Empfehlungen zur Planetary Health Diet können kulturell angepasst und global eingesetzt werden [29].

13.2.1 Pflanzen-reich und Fleisch-reduziert

Der Bericht empfiehlt folgende Ernährungsweise: reich an pflanzlichen Lebensmitteln, ergänzt durch geringe Mengen tierischer Produkte. Denn diese Art der Ernährung schützt sowohl die individuelle als auch die planetare Gesundheit. Insbesondere in wohlhabenden Ländern bedeutet dies etwa doppelt so viel Obst, Gemüse, Hülsenfrüchte und Nüsse auf dem Teller wie bisher. Und: eine Reduktion des Konsums von rotem Fleisch und zugesetztem Zucker von mehr als 50 %. Die empfohlene Menge an Milch oder Milchprodukten

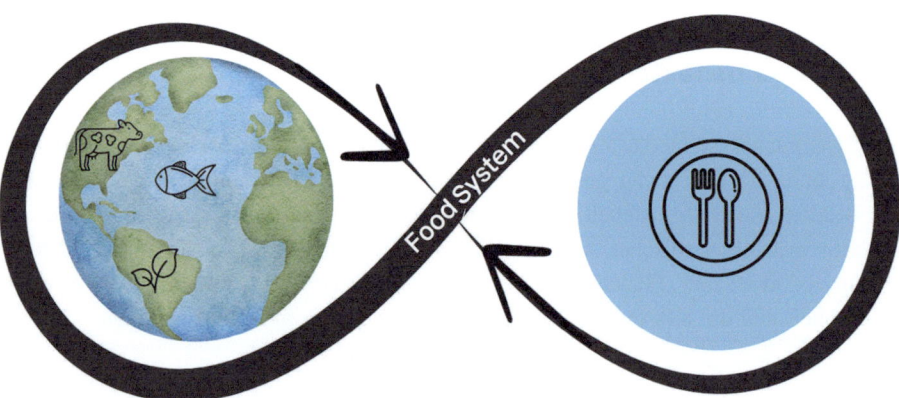

Abb. 13.1 Die Zusammenhänge zwischen individueller und planetarer Gesundheit sowie des Ernährungssystems. (Quelle: eigene Darstellung mit Daten aus Eat Lancet Commission (2019) [8])

Tab. 13.1 Pro-Kopf-Verbrauch von Fleisch in ausgewählten Regionen weltweit. (Quelle: eigene Darstellung mit Daten aus BLE (2023) [3])

Region	Fleischverzehr pro Jahr pro Kopf
EU	76 kg
USA	129 kg
Australien	122 kg
Südamerika	83 kg
Asien	34 kg
Afrika	17 kg

(einschließlich Käse und Joghurt) liegt bei etwa 250 g pro Tag. Das entspricht ungefähr einem Glas Kuhmilch oder einer Portion Kuhmilch-Joghurt pro Tag. [8].

13.2.2 Runter vom Fleisch

Der Appetit auf Fleisch muss also, vor allem in der westlichen Welt, heruntergefahren werden – auf durchschnittlich 300 g pro Woche. Das entspricht etwa einem Steak und vier Salamischeiben. Hinzu kommen 200 g Fisch pro Woche. In Deutschland liegen wir aktuell im Durchschnitt bei 1000 g Fleisch pro Woche [3]. Wir müssen also den Fleischkonsum auf ein Drittel absenken. Tab. 13.1 zeigt eindrücklich, wie sich die Höhe des Fleischverbrauchs in ausgewählten Regionen darstellt.

13.2.3 Gesundheitliche Nachteile hohen Fleischkonsums

Den Fleischkonsum deutlich reduzieren zu müssen mag auf den ersten Blick unattraktiv scheinen. Doch tun wir damit unserer und der planetaren Gesundheit viel Gutes. Denn Fleisch ist zwar nährstoffreich, da es unter anderem Eisen, Eiweiß, Vitamin B12, Vitamin B2, Zink und Selen mitbringt, aber es kann auch das Risiko für Herz-Kreislauferkrankungen, Krebs [30] oder Rheuma [16] erhöhen.

Gesättigte Fettsäuren erhöhen den LDL-Cholesterinspiegel („schlechtes Cholesterin") und begünstigen Arteriosklerose [32]. Die enthaltenen Omega-6-Fettsäuren, insbesondere die Arachidonsäure, schädigen, wenn es zu viele werden, den Stoffwechsel: Sie behindern den Nährstofftransport in die Zellen hinein und aus ihnen heraus und befeuern Entzündungen. Und: Die oft hohen Mengen an Salz in Fleisch- und Wurstprodukten fördern Bluthochdruck [31].

Fleisch zu reduzieren, lohnt sich also gleich doppelt. Zum einen erhöhen wir die Lebensqualität, indem wir unsere Lebensgrundlage schützen und Umweltbelastungen reduzieren. Zum anderen erhöhen wir die Lebensqualität, indem wir unsere individuelle Gesundheit fördern.

13.2.4 Gesundheitliche Vorteile von nachhaltiger Ernährung

Und als wären das allein nicht schon Gründe genug, bringt eine nachhaltige, ausgewogene pflanzenbasierte Ernährung noch weitere gesundheitliche Vorteile mit sich. Der hohe Anteil an Obst, Gemüse, Vollkornprodukten, Bohnen und Hülsenfrüchten liefert dem Körper eine Vielzahl positiver Inhaltsstoffe, darunter eine extra Portion sekundäre Pflanzenstoffe. Der Name verrät es bereits: Diese Stoffe stecken ausschließlich in Pflanzen [9].

Pflanzenbasierte Ernährung ist arm an gesättigten Fettsäuren und reich an Ballaststoffen. Auch die Zufuhr von Betacarotin, Vitamin C, Vitamin E, Thiamin, Folat, Biotin, Pantothensäure und Magnesium ist bei pflanzenbasierter Ernährung hervorragend. Einige dieser Nährstoffe gelten in der Allgemeinbevölkerung übrigens als kritisch, da sie oft nicht erreicht werden, darunter Folat oder das Antioxidans Vitamin E [12].

Daher überrascht es nicht, dass Menschen, die sich so ernähren, ein verringertes Risiko für verschiedene Krankheiten haben, einschließlich Herz-Kreislauferkrankungen, bestimmter Krebsarten und Typ-2-Diabetes [9].

Vegetarierinnen und Vegetarier sowie Veganerinnen und Veganer weisen zudem ein reduziertes Risiko für Bluthochdruck und Fettleibigkeit auf. Die vermehrte Aufnahme von Ballaststoffen und sekundären Pflanzenstoffen führt zu niedrigeren Gesamt- und LDL-Cholesterinwerten sowie einer besseren Kontrolle des Blutzuckerspiegels. Am Ende reduziert das Gesamtpaket der pflanzenbasierten Ernährung das Risiko chronischer Krankheiten [26].

Eine Harvard Studie fand zudem heraus, dass das Risiko eines vorzeitigen Todes durch Krebs, Herz- oder Lungenerkrankungen bei Teilnehmenden, die am genauesten die Planetary Health Diet einhielten, um 30 % niedriger war als in der Vergleichsgruppe. Und auch die ernährungsbedingte Umweltbelastung derjenigen, die die Planetary Health Diet am besten einhielten, war deutlich reduziert, vor allem in den Bereichen Treibhausgasemissionen, Düngemittelbedarf und Landnutzung [1]. Das zeigt, dass eine Ernährungsweise, die die Gesundheit der Menschen unterstützt, gleichzeitig auch gut für die planetare Gesundheit ist – beide sind eng miteinander verknüpft. Was gut für uns ist, ist auch gut für unseren Planeten.

13.2.5 Lebensverlängernde, kulinarische Maßnahmen

Um sich praktisch vor Augen führen zu können, was passiert, wenn man die eigene Ernährungsweise ändert und wie sich das auf die persönliche Lebenserwartung auswirkt, hat ein Wissenschafts-Team aus Norwegen eine Art Online-Rechner entwickelt. In 14 Lebensmittel-Kategorien können Verzehrmengen angegeben werden. Verändern sich die Anteile dieser, verändert sich die Lebenserwartung. So ist auf einen Blick ersichtlich wie sich eine Reduktion von Fleisch und eine Erhöhung von Hülsenfrüchten, also ein einfacher

Shift auf dem Teller, auf die Gesundheit auswirkt. In Kombination mit Bewegung kann so die durchschnittliche Lebenserwartung um 10 Jahre verlängert werden [10].

13.2.6 P wie Pflanzen-Protein

„Wo kriegst du eigentlich dein Protein her?" – eine Frage, die Menschen oft zu hören bekommen, die sich pflanzenbasiert ernähren. Denn immer noch lebt der Mythos von „Fleisch macht Fleisch und Lauch macht Lauch". Oder um es anders auszudrücken: Eiweiß ist gedanklich mit tierischen Lebensmitteln verankert, aber nicht mit pflanzlichen. Zurecht?

In der pflanzenbasierten Ernährung ist Eiweiß im Normalfall kein kritischer Nährstoff. Wichtig ist es, neben genügend Eiweiß aus Getreide, Nüssen und Hülsenfrüchten auch ausreichend Kalorien zuzuführen. Denn gerät der Körper in einen Mangelzustand, wird Eiweiß zur Energiegewinnung abgezogen [11]. Auch Produkte aus Sojabohnen wie Tofu oder Tempeh oder aus Weizen wie Seitan, tragen zur Eiweißversorgung bei. Zudem sieht die Planetary Health Diet als Ergänzung geringe Mengen tierisches Eiweiß aus Fleisch, Fisch sowie Eiern vor [8]. Zu einem Mangel kommt es hier nicht – höchstens an Fantasie, wie das am Ende auf dem Teller aussehen soll. Und dafür gibt es zum Glück passende Rezepte.

Ein oft diskutierter Punkt bei pflanzlichem Eiweiß ist die Bioverfügbarkeit – also wie gut der Körper das aufgenommene Eiweiß verwerten kann. Tierisches Eiweiß gilt in der Regel als vollwertiger, da es alle essentiellen Aminosäuren enthält. Pflanzliches Eiweiß ist einzeln betrachtet auf die Aminosäurezusammensetzung etwas weniger vollständig, das kann aber durch eine geschickte Kombination verschiedener pflanzlicher Eiweißquellen ganz leicht ausgeglichen werden. Beispielsweise ergänzen sich Reis mit Erbsen oder Tacos mit Bohnen ideal.

Reis und Mais (wie im Fall von Tacos) haben relativ wenig von der essentiellen Aminosäure Lysin, dafür jedoch viel Methionin. Bei Hülsenfrüchten wie Erbsen und Bohnen verhält es sich umgekehrt: Sie enthalten viel Lysin, aber weniger Methionin.

Durch den Verzehr beider Lebensmittel zusammen kann die biologische Wertigkeit des Proteins gesteigert werden. Auf diese Weise lässt sich auch mit einer rein pflanzlichen Ernährung ein vollständiges Aminosäureprofil erreichen.

13.3 Wie gesund sind Fleischalternativen?

Wer sich mit Eiweiß in der pflanzenbasierten Ernährung auseinandersetzt, landet früher oder später auch bei Fleischalternativ-Produkten. Und diese sind hochverarbeitet, stecken voller Zusatzstoffe und sind daher gesundheitlich nicht empfehlenswert, oder? Es herrscht Verwirrung.

Fakt ist, es hat sich einiges weiterentwickelt auf dem Markt der pflanzlichen Alternativprodukte. Die Absätze klettern europaweit auf Milliardenhöhe. Ganz vorne rangieren Milch- und Fleischalternativen. Der Absatz von pflanzenbasiertem Fleisch ist zwischen 2020 und 2022 europaweit um 19 % gestiegen. Und Deutschland belegt Platz eins in der Kauflust auf pflanzenbasierte Alternativen [13].

13.3.1 Zusatz von Salz und anderen Stoffen

In Fleischalternativen, ebenso wie im Original, steckt Salz. Das hat verschiedene Gründe, neben gustatorischen auch lebensmitteltechnologische. Salz wirkt beispielsweise als Konservierungsmittel, hemmt Wachstum von Mikroorganismen und verlängert so die Haltbarkeit [23]. Zusatzstoffe wirken ebenfalls als Konservierungsmittel, haben aber auch weitere Funktionen und betreffen etwa Farbe, Textur oder Konsistenz, aber auch Geschmack eines Lebensmittels. In der Europäischen Union sind etwa 320 Zusatzstoffe zugelassen, die eine E-Nummer tragen und von nationalen und internationalen Expertengremien auf ihre gesundheitliche Wirkung geprüft wurden [2]. Für die Verwendung von Zusatzstoffen gelten folgende Regeln:

- Der Stoff ist gesundheitlich unbedenklich – bestätigt durch eine Prüfung.
- Der Einsatz ist technologisch erforderlich.
- Es findet keine Verbrauchertäuschung statt.
- Der Stoff erfüllt die verbindlichen, EU-weit-geltenden Reinheitsregeln.

Zusatzstoffe sind in Verruf geraten, gleichwohl sie zugelassen und auf gesundheitliche Unbedenklichkeit von Expertinnen und Experten geprüft sind. Und Salz? Zu viel davon ist schädlich, weil es beispielsweise den Blutdruck erhöht [31]. Pauschale Kritik an Fleischalternativ-Produkten aufgrund zu hoher Mengen an Zusatzstoffen und Salzgehalt ist jedoch nicht haltbar.

Zwar gibt es immer noch Produkte, die keine echte Alternative sind, sondern primär tierische Vorbilder möglichst nah an Geschmack und Textur nachahmen möchten – auf Kosten der Nährstoffdichte [22]. Aber Rezepturen haben sich geändert.

Bei den ersten Produkten, die auf den Markt kamen, ging es darum tierische Vorbilder, etwa einen Fleischburger, möglichst echt zu imitieren. Heute geht es mehr denn je um echte Alternativen mit möglichst wenig Zusatz- und Hilfsstoffen und möglichst „cleanen" Zutatenlisten. Diese neue Generation pflanzenbasierter Produkte legt ihren Fokus auf „Clean Label" und auch reduzierte Salzgehalte sind zu finden.

13.3.2 Clean Label

Das Modell eines „Clean Labels" ist nicht einfach zu definieren, da sich die Vorstellung davon, was ein „sauberes" Lebensmittel ist von Mensch zu Mensch unterscheidet. Im Kern geht es darum künstliche oder von Konsumierenden als negativ wahrgenommene Inhaltsstoffe zu vermeiden und stattdessen auf natürliche Zutaten zu setzen, die man auch zu Hause benutzt. Es sollen „natürlichere" Produkte mit einer einfacherer Zutatenliste und möglichst wenig verarbeitet geschaffen werden. Das Institute for Food Technologists gibt vor, dass ein Clean-Label-Produkt einen leicht verständlichen Namen, so wenig Zutaten wie möglich und keine chemisch-synthetischen oder künstlichen Stoffe enthalten soll. Eine einheitliche, branchenweite Definition gibt es bis jetzt jedoch nicht. Für Fleisch-Alternativprodukte bietet der Clean-Label-Trend eine Chance, Rezepturen zu überarbeiten, Zutaten neu zu überdenken und technologische Prozesse zu optimieren. Clean Label ist aus Sicht von Verbraucherinnen und Verbrauchern eng verknüpft mit Produkten, die als gesundheitlich gut bewertet werden [20].

„Kurze Zutatenliste" gleich „gutes Produkt"? Clean Label benennt nicht explizit „kurze" Inhaltsbeschreibungen, sondern setzt auf einfache Zutatenlisten mit möglichst natürlichen Faktoren. Doch auch die Länge der Zutatenliste als möglicher Indikator der Güte eines Produktes für Konsumentinnen und Konsumenten schwebt im Raum. Zwar ist die Zutatenliste bei vielen Produkten in den letzten Jahren geschrumpft, doch das allein reicht als Qualitätskriterium für „gesunde" Produkte nicht aus [22]. Ganz praktisch: Schweineschmalz hat nur eine Zutat, während ein Vollkornbrot mit Saaten weit mehr Zutaten hat. Welches ist das „gesündere" Produkt? Zumindest können wir festhalten, dass Schweinmalz das Vollkornbrot in punkto Gesundheit nicht übertrumpft, nur weil es aus maximal ein bis zwei Zutaten besteht. Also: kurze Zutatenlisten sind prinzipiell gut, machen aber nicht automatisch das gesündere Produkt aus.

Fleisch-Alternativen unter der Lupe In der direkten Gegenüberstellung von Fleischalternativen mit vergleichbaren Fleischprodukten punkten die Alternativen in folgenden Kategorien:

- Günstigerer Proteingehalt und -qualität
- Niedrigerer Gesamtfettgehalt
- Niedrigerer Gehalt an gesättigten Fettsäuren

Bio-Fleischalternativen weisen zudem weitaus weniger Zusatzstoffe auf, beispielsweise Aromen, verglichen mit konventionellen Alternativen. Energie- und Zuckergehalte von Fleischalternativen ähneln denen von Fleischprodukten. Bei den hohen Salzgehalten (Stand 2017) besteht in beiden Kategorien Verbesserungsbedarf. Jedoch gibt es große Variationen zwischen den einzelnen Produkten, was Salz-, Energie- und Fettgehalte angeht. Es lohnt sich immer ein Blick auf die Nährwerttabelle des jeweiligen Lebensmittels [19 27].

Wer sich trotz dieser Vorteile in der Zusammensetzung fragt, ob sich ein Umstieg lohnt, dem sei der Verweis auf die Studie von Crimarco et al. aus dem Jahr 2020 [4] empfohlen: Gesunde Erwachsene, die auf pflanzliche Fleischalternativen umgestiegen sind, konnten mehrere Risikofaktoren für Herz-Kreislauferkrankungen reduzieren. Negative Auswirkungen auf Risikofaktoren gab es keine. Es besteht weiterer Forschungsbedarf, was die langfristigen, gesundheitlichen Auswirkungen von Fleischalternativen im Vergleich zu Fleischprodukten anbelangt. Dennoch: Die ersten Untersuchungen wirken vielversprechend und weisen in eine gesündere Zukunft.

13.3.3 Anders essen – aber wie?

Essensmäßig befinden wir uns fast noch in der Steinzeit. Seit 15.000 Jahren halten wir Tiere, es gibt wenig Veränderung und jetzt müssen wir uns plötzlich anders ernähren. Wie kann das gelingen? So wie momentan gelebt und gewirtschaftet wird, bräuchten wir drei bis vier Planeten. Wir brauchen Lebensmittelgerechtigkeit und daher eine breite Lösungspalette. Was den Markt der Fleischalternativen anbelangt – hier werden Lösungen angeboten. Zukunftsprognosen sagen dem Feld rosige Zeiten voraus, allerdings weniger im Sinne von ausschließlich pflanzlicher Ernährung, sondern eher in Richtung vollständig ausgerichtet nach der Planetary Health Diet. Vorstellbar ist in dem Sinne ein Dreiklang aus hochwertigem Fleisch, pflanzlichen Fleischalternativen sowie Fleisch aus Zellkulturen (cultured food) [21].

▶ Essen nach der Planetary Health Diet heißt für den Bereich Fleisch: mehr Bio, mehr pflanzlich, mehr cultured food. Gut für uns. Gut für unseren Planeten.

13.4 Kommunikation als Transformationshebel

Wir brauchen eine Transformation auf den Tellern und Kreativität in den Küchen. Wie kann das gelingen? Denn Regierungen können Verbraucherinnen und Verbrauchern schlecht vorschreiben, dass sie nur einmal pro Woche Fleisch essen dürfen. Und wie wäre das wohl zu kontrollieren? Zu Zeiten des Mittelalters konnte die katholische Kirche solche Regeln zwar vorschreiben, aber zu diesen Methoden wollen wir ungern zurück. Und auch der Klerus hatte Probleme mit der Kontrolle. Der Legende nach hat ein Mönch während der Fastenzeit, in der Fleischkonsum verboten war, Fleisch kleingehackt in

Nudeltaschen versteckt – die Maultasche war geboren. Diese Anekdote zeigt: Wir brauchen andere Lösungen, um möglichst viele Menschen auf die Reise Richtung Planetary Health mitzunehmen.

13.4.1 Welche Möglichkeiten gibt es?

Folgende Dinge könnten Regierungen konkret tun:

- Verbote und Gebote nutzen, um die Richtung vorzugeben
- Subventionen, Steuern und Gebühren überdenken, streichen oder neu einführen (Warum hat Kuhmilch immer noch 7 % Mehrwertsteuer und Haferdrinks 19 %?)
- In Aufklärung und Bildung investieren

> **Beispiel**
>
> Ein Beispiel für eine konkrete Regierungsvorgabe wäre die Einführung einer True Cost Calculation (Berechnung inklusive gesamtgesellschaftlicher Kosten). Zum Hintergrund: Sichere Ernährungssysteme erfordern geringeren Klima-Impact. Gleichzeitig müssen gesunde und nachhaltige Lebensmittel für alle erschwinglich sein. Eines der Hauptprobleme unserer aktuellen Ernährungssysteme ist, dass Schäden durch die Lebensmittelproduktion nicht eingepreist sind. Überdies werden die Vorteile günstiger, nachhaltiger Lebensmittel nicht genügend herausgestellt. Das führt dazu, dass nachhaltige Lebensmittel für Verbraucherinnen und Verbraucher oft teurer und für Unternehmen häufig nicht rentabel sind, im Gegensatz zu nicht nachhaltigen Lebensmitteln. True Cost Calculation berücksichtigt diese ausgelagerten Kosten für Schäden, integriert sie in Verkaufspreise von Lebensmitteln und macht diese sichtbar. Darunter fallen etwa Umweltkosten, wie Treibhausgasemissionen oder der Verlust der Artenvielfalt, aber auch soziale Kosten wie faire Löhne, gute Arbeitsbedingungen oder die Gesundheit der Mitarbeiterinnen und Mitarbeiter. Mit True Cost Calculation sollen nachhaltige Lebensmittel erschwinglich werden, ökologische Nachhaltigkeit gefördert und soziale Gerechtigkeit unterstützt werden [17].◄

Auch „Nudges" sollten wir weiter vorantreiben. Gemeint sind verhaltensbasierte Anreize für Konsumentinnen und Konsumenten. Auch wenn es nur kleine Impulse sind, so wurde in der Forschung wiederholt gezeigt, dass sie einen maßgeblichen Einfluss auf das Alltagsverhalten von Konsumentinnen und Konsumenten haben [15]. Beispiele für Nudges sind:

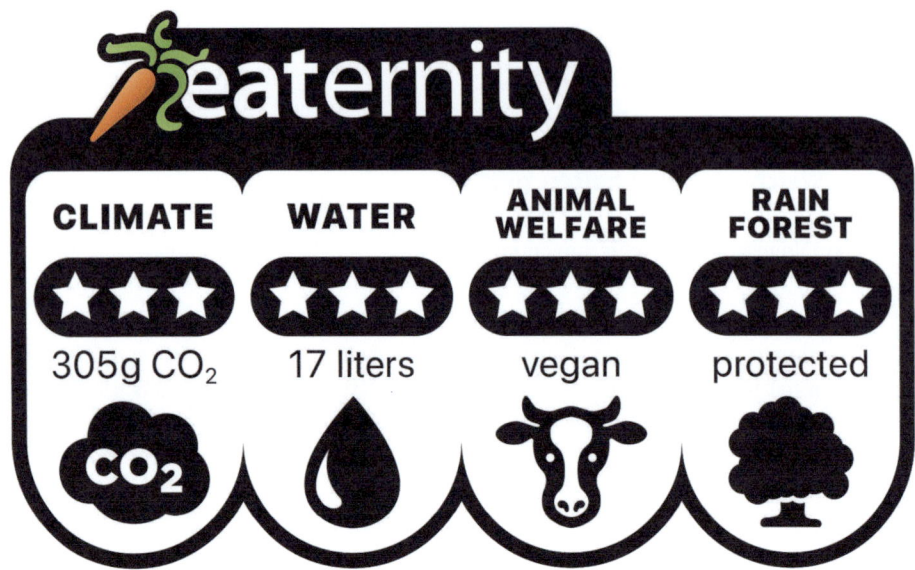

Abb. 13.2 Der Eaternity Score. (Quelle: Eaternity Score (o. J.) [7])

- Nachhaltigere Alternativen werden auf Speisekarten in Restaurants oder Kantinen durch andere Schriftfarben oder durch Piktogramme hervorgehoben.
- In Restaurants und Kantinen liegt der Fokus auf vegan und vegetarischen Gerichten.
- Lebensmittel können in punkto Nachhaltigkeit durch eine CO_2-Ampel oder anderen Nachhaltigkeitslabeln (wie z. B. der Eaternity Score (siehe Abb. 13.2) oder der Eco Score) miteinander verglichen werden.
- Interaktive Informationen geben transparent Auskunft über die Herkunft und die Nachhaltigkeit von Lebensmitteln, direkt am Point-of-Sale (POS), also im physischen oder digitalen Supermarkt.
- Behälter zum Mitnehmen von überschüssigem Essen und Tellerresten werden in Restaurants und Kantinen automatisch bereitgestellt. Man muss nicht erst danach fragen.

Parallel dazu müssen Industrie und Kapitalgeberinnen und Kapitalgeber weiterhin Geld in die Entwicklung von Alternativen stecken, um möglichst schnell skalierbare und bezahlbare Alternativprodukte zu entwickeln. Der Hauptfokus liegt auf folgenden Gruppen und Herstellungsverfahren:

1. Pflanzenbasierte Alternativen
2. Zellbasierte Alternativen (sogenanntes in-vitro-Fleisch)
3. Alternativen auf Basis von Fermentation (siehe Kap. 18).

In den letzten zehn Jahren hat der Sektor der alternativen Proteine 14,2 Mrd. USD (knapp 13 Mrd. Euro) an privatem Kapital angezogen, wobei sich die jährlichen Investitionen im Durchschnitt fast verdoppelt haben (wenn auch mit großen Schwankungen, was für eine junge Branche normal ist) [14].

Dieses Momentum sollten wir aufrechterhalten. Damit diese Alternativen aber überhaupt Anklang in der Gesellschaft finden, müssen wir als Konsumierende sowie Gastronominnen und Gastronomen unsere gedankliche Vorstellung davon, wie unsere Ernährung auszusehen hat und wie ein Teller konzipiert sein sollte, neu denken. Warum meinen immer noch viele, dass zu einer vollwertigen Mahlzeit ein 300 g Stück Fleisch notwendig ist? Und wie schaffen wir ein Umdenken und – letztendlich – „Umhandeln"?

Die Macht der Sprache

Wir brauchen neue Narrative. Eine Erzählung einer Welt, die nicht dem Untergang geweiht ist, sondern die ein positiver Ort mit Zukunft ist, für den es sich lohnt aktiv zu werden und sich zu engagieren. Marken die einen solchen Ort, eine lebenswerte Zukunft, ins Blickfeld rücken, profitieren langfristig von dieser Positionierung. Dafür müssen sie zu „Planetary Health Brands" werden [21] (siehe Kap. 17). Dazu gehört auch, dass wir neue Sprachbilder brauchen, Poesie statt Problematisierung. Wer hat schon Lust auf „Laborfleisch"? Und wenn wir immer nur von Fleisch-Alternativen reden, werden diese nie die Hauptrolle spielen.

Deswegen sprechen wir beim Food Campus Berlin auch nicht mehr von Alternativen, sondern von „Smart Proteins" oder „nachhaltigen Proteinen". Warum? Weil wir dadurch eine positive Zukunft mitgestalten. Seien wir mal ehrlich – Alternative klingt doch nach Kompromiss, nach zweiter Wahl, oder? Wer will schon einen Abklatsch, wenn sie oder er das Original haben kann. Und deswegen kreieren wir mit Worten eine ganz neue Kategorie, frei von Vergleichen, für-sich-stehend und in eine lohnende Zukunft weisend. Eine ähnliche verbale, zukunftsweisende Richtung schlägt das StartUp *Heura* ein. Das spanische Unternehmen produziert pflanzliches Fleisch und pflanzlichen Fisch. Deren Bezeichnung als „Alternativen" hat das Unternehmen auf seiner Homepage deutlich erkennbar durchgestrichen und durch „Nachfolger" (Meat Successors) ersetzt [18]. Eine Wortspielerei mit klarer Botschaft.◄

13.4.2 Marken – Orientierung

Viele klassische Food-Markenhersteller tun sich schwer, differenzierende Positionierungen zu finden. Die Jahre, in denen Produktqualität und Rezepturkompetenz ausgereicht haben, sind lange vorbei. Heutzutage ist Qualität im Wettbewerb kein Unterscheidungsmerkmal mehr, da sie von allen Marktteilnehmenden, von günstigen Einstiegsmarken bis hin zu Premium-Marken, geboten wird. Das macht austauschbar, die Markentreue der Kundinnen und Kunden schwindet, und der Kampf um Aufmerksamkeit muss bei jedem Kauf neu gewonnen werden [28].

Gerade jüngere Zielgruppen sind immer weniger treu gegenüber traditionellen Food-Marken. Gleichzeitig wird das Thema Nachhaltigkeit immer komplexer. Wo gestern noch Bio und gefühlte Nachhaltigkeit in Form von Regionalität dominierten, geht es heute viel um „plant based". Das beherrschende Thema ist der Klimawandel. Allen muss jedoch bewusst sein, dass wir morgen nicht mehr nur über das Klima reden sollten, sondern über alle neun planetaren Grenzen.

Immer wenn es komplex wird, sind Orientierung und Entlastung gefragt. Marken stehen klassisch für Orientierung. Es ist die Kern-Daseinsberechtigung von Marken, Orientierung für bestimmte Eigenschaften zu geben. Hier eröffnet sich ein hoch interessantes und vor allem hoch relevantes Differenzierungsfeld für Markenhersteller im Kontext von Planetary Health. Jörg Reuter, Mitinitiator des Food Campus Berlin, geht so weit und bezeichnet diese Positionierungschance für Markenartikler im Sinne von Planetary Health als „Antidepressivum gegen Markenpositionierungs-Burnout" [28]. Ein überzeugender Nutzen für Kundinnen und Kunden kann zukünftig nur in Verbindung mit nachhaltigem Nutzen geschaffen werden. Die Umwelt spielt dabei immer eine zentrale Rolle. Marken, die das Konzept der Planetary Health integrieren möchten, sollten sich verdeutlichen: Die Lebensmittelindustrie trägt einerseits zur Problematik bei, kann aber auch maßgeblich an der Lösung mitwirken [28]. Gerade beim Thema Food ist die Sehnsucht nach unbeschwertem Konsum trotz des zunehmenden Wissens inhärent. Hier liegt eine Chance für Markenartikler Lösungen zu schaffen, gesellschaftlichen und individuellen Nutzen zu integrieren und sich damit als starke, zukunftsweisende, positive Marke zu positionieren.

Food-Based Dietary Guidelines Ein wichtiges Kommunikationstool auf dem Weg zu einer stärker pflanzenbasierten Ernährung sind nationale, lebensmittelbasierte Ernährungsempfehlungen (Food-Based Dietary Guidelines). Inzwischen gibt es in über 100 Ländern derartige Übersichten. Diese sollen der Bevölkerung helfen, im Alltag eine gesunde Ernährungsweise umzusetzen. Lebensmittelbasierte Ernährungsempfehlungen basieren auf aktuellen wissenschaftlichen Erkenntnissen und sind darauf ausgelegt, klar, verständlich, kulturell angepasst und über verschiedene Medien kommunizierbar zu sein [29].

Die Deutsche Gesellschaft für Ernährung (DGE) hat 2024 (b [6]) ihre Ernährungsempfehlungen hinsichtlich mehr Nachhaltigkeit aktualisiert: Tierische Produkte sollen nun maximal 25 % unserer Ernährung ausmachen. Damit hat die DGE einen Schritt nach vorne gemacht. Die Empfehlungen stützen sich auf ein fortschrittliches mathematisches Modell, das die aktuellsten, wissenschaftlich fundierten Erkenntnisse zu den Auswirkungen unserer Ernährung auf Gesundheit und Umwelt integriert. Insgesamt kommen diese Empfehlungen dem Konzept der Planetary Health Diet immer näher.

Der DGE-Ernährungskreis (siehe Abb. 13.3) zeigt auf einen Blick wie eine gesunde und ökologisch nachhaltige Ernährung aussieht. Er ist damit eine Art Wegweiser mit Beispielen für eine optimale Lebensmittelauswahl. Die Größe der Lebensmittelgruppe veranschaulicht dabei den Anteil an der Ernährung. Je größer eine Lebensmittelgruppe ist, desto mehr kann daraus gegessen werden. Empfehlenswert ist es, innerhalb der Gruppen die Vielfalt an Lebensmitteln zu nutzen und abwechslungsreich zu essen [5].

Eine gesunde und umweltschonende Ernährung ist zu mehr als ¾ pflanzlich und knapp ¼ tierisch.

Zwei Punkte, wie die DGE-Empfehlung noch verbessert werden könnte:

Abb. 13.3 DGE-Ernährungskreis. (Quelle: DGE (2024) [6])

- Fast die Hälfte aller weltweiten Ernährungsleitlinien benennen pflanzliche Alternativen zu Fleisch oder tierischer Milch. Zwar hat Deutschland den höchsten Umsatz mit pflanzlichen Alternativprodukten in Europa. Doch die DGE hat pflanzliche Alternativen nicht in ihre offiziellen Empfehlungen integriert.
- Hülsenfrüchte tauchen zwar als eigenes Feld auf, aber nicht als Eiweißquelle. Sie hängen zwischen Getreide und Obst und Gemüse, sollten aber bestenfalls neben oder integriert im Feld von Fleisch, Eiern und anderen Eiweißquellen auftauchen.

Andere Länder sind hier schon weiter. Blicken wir beispielsweise nach Schweden (siehe Abb. 13.4).

Schweden fasst seine lebensmittelbasierten Ernährungsempfehlungen in einem Satz zusammen: „Iss grüner, nicht zu viel und beweg dich." [24]. In den lebensmittelbasierten Ernährungsempfehlungen sind Hülsenfrüchte, Nüsse und Samen bei Fleisch und Eiern einsortiert, als Proteinlieferanten. In der Kategorie Milch und Käse finden sich pflanzliche Milch- und Joghurtalternativen, jeweils gekennzeichnet mit einem grünen Blatt. Kartoffeln und Wurzelgemüse bilden in Schweden neben Obst und Gemüse noch mal eine eigene Kategorie. Abb. 13.4 zeigt den schwedischen Ernährungskreis. Über ihre eigenen Empfehlungen schreibt die schwedische Lebensmittelbehörde sie seien jetzt auf eine grünere Version aktualisiert. Denn um einen nachhaltigeren Lebensstil zu pflegen sei es ratsam, mehr pflanzenbasierte Lebensmittel zu essen. Aus dem Grund haben sie auch in allen Teilen des Ernährungskreises pflanzliche Alternativen integriert [24]. Gesellschaftlicher und individueller Nutzen sind hier zukunftsweisend in die Ernährungsempfehlungen eingearbeitet.

13.5 Fazit

Jede und jeder von uns isst, jede und jeder von uns ist somit Teil des Lebensmittelsystems. Und uns kann es nur gut gehen, wenn es auch dem Planeten gut geht. Das bedeutet, dass wir alle ein Teil der aktuellen Probleme sind. Und das Gute: Wir können auch alle ein Teil der Lösung sein. Dafür müssen wir uns anders ernähren. Eine nachhaltige, pflanzenbetonte Ernährung – eine Planetary Health Diet – ist der Schlüssel, um beides zu schützen: Mensch und Planet. Sie ist aber auch ein Schlüssel für ein neues Narrativ, eines, das eine grüne Zukunft an den Horizont malt und das es schafft Menschen zu begeistern und zu aktivieren. Die Planetary Health Diet ist ein Schlüssel für Marken und Unternehmen, die sich im Aufmerksamkeitswettstreit neu positionieren möchten und müssen. Und sie ist ein Schlüssel für immer neue Produktentwicklungen, mit cleaneren Zutatenlisten für eine gesunde, nachhaltige, pflanzenbasierte Ernährung. Planetary Health kann vieles sein und werden. Und vor allem ist Planetary Health Teil der Lösung von den großen Herausforderungen, vor denen wir als Menschheit stehen. Und jede und jeder von uns hat tagtäglich

Abb. 13.4 Lebensmittelbasierte Ernährungsempfehlungen Schweden. (Quelle: Livsmedelsverket (2024) [24])

die Chance diese Lösung nach draußen zu tragen – in die Familie, zu Freundinnen und Freunden oder Kolleginnen und Kollegen. Auch über Soziale Medien können wir unsere Stimmen hörbar machen und unsere Gedanken und Erkenntnisse mit einer breiten Öffentlichkeit teilen. Durch unsere Entscheidungen auf dem Teller können wir uns mit Genuss für den Schutz und die Gesundheit von Mensch und Planeten einzusetzen.

Literatur

1. Bui, L. P., Pham, T. T., Wang, F., Chai, B., Sun, Q., Hu, F. B., Lee, K. H., Guasch-Ferre, M., & Willett, W. C. (2024). Planetary Health Diet Index and risk of total and cause specific mortality in three prospective cohorts. *The American Journal of Clinical Nutrition, 120*(1), 80–91.
2. BVL. (2024). *Gesetzliche Regelungen für die Verwendung von Zusatzstoffen.* https://www.bvl.bund.de/DE/Arbeitsbereiche/01_Lebensmittel/04_AntragstellerUnternehmen/04_Zusatzstoffe/lm_zusatzstoffe_Zulassung_node.html. Zugegriffen: 02. Juli 2024.
3. BLE. (2023). *Bericht zur Markt- und Versorgungslage mit Fleisch 2023.* https://www.bmel-statistik.de/fileadmin/daten/0611090-2023.pdf. Zugegriffen: 01. Juli 2024.
4. Crimarco, A., Springfield, S., Petlura, C., Streaty, T., Cunanan, K., Lee, J., Fielding-Singh, P., Carter M. M., Topf M. A., Wastyk, H. C., Sonnenburg, E. D., Sonnenburg, J .L., & Gardner, C. D. (2020). A randomized crossover trial on the effect of plant-based compared with animal-based meat on trimethylamine-N-oxide and cardiovascular disease risk factors in generally healthy adults: Study With Appetizing Plantfood-Meat Eating Alternative Trial (SWAP-MEAT). *The American Journal of Clinical Nutrition, 112*(5).
5. DGE. (2024). *Begleittext zur Abbildung DGE-Ernährungskreis.* Bonn.
6. DGE. (2024). *DGE-Ernährungskreis.* https://www.dge.de/gesunde-ernaehrung/gut-essen-und-trinken/dge-ernaehrungskreis/. Zugegriffen: 01. Sept. 2024.
7. Eaternity Score. (o. J.). *Eaternity Score – Präzise Bewertungen für den Umweltfußabdruck Ihrer Lebensmittel.* https://eaternity.org/score/. Zugegriffen: 28. Nov. 2024.
8. Eat Lancet Commission. (2019). *Summary Report of the Eat-Lancet Commission. Healthy diets from sustainable food systems. Food. Planet. Health.* https://eatforum.org/content/uploads/2019/01/EAT-Lancet_Commission_Summary_Report.pdf. Zugegriffen: 01. Juli 2024.
9. EUFIC. (2021). *Was ist eine pflanzenbasierte Ernährung und hat sie Vorteile?* https://www.eufic.org/de/gesund-leben/artikel/was-ist-eine-pflanzenbasierte-ernaehrung-und-hat-sie-vorteile/. Zugegriffen: 01. Juli 2024.
10. Fadnes, L. T., Økland, J. M., Haaland, Ø. A., & Johansson, K. A. (2022). Estimating impact of food choices on life expectancy: A modeling study. *PLOS Medicine, 19*(3).
11. FAO. (2010). *Dietary guidelines and sustainability.* https://www.fao.org/nutrition/education/food-dietary-guidelines/background/sustainable-dietary-guidelines/en/. Zugegriffen: 28. Juni 2024
12. Gätjen, E., & Keller, M. (2020). *Vegane Kinderernährung.* Ulmer.
13. GFI Europe. (2020–2022). *Europe plant-based food retail market insights.* https://gfieurope.org/wp-content/uploads/2023/04/2020-2022-Europe-retail-market-insights_updated-1.pdf. Zugegriffen: 01. Juli 2022.
14. GFI Europe. (2023). *A deeper dive into alternative protein investments in 2022: The case for optimism.* https://gfi.org/blog/alternative-protein-investments-update-and-outlook/. Zugegriffen: 01. Juli 2022.
15. Hansen, P. G., & Jespersen, A. M. (2013). Nudge and the Manipulation of Choice: A Framework for Respronsible USE of the Nudge Approach to Behavior Change in Public Policy. *European Journal of Risk Regulation, 1*(1).
16. Hatami, E., Aghajani, M., Pourmasoumi, M., Haeri, F., Boozari, B., Nezamoleslami, S., Clark, C. C. T., Nezamoleslami, S., & Ghiasvand, R. (2022). The relationship between animal flesh foods consumption and rheumatoid arthritis: A case-control study. *Nutrition Journal, 21*(51).
17. Hendriks, S., Ruiz de Groot, A., Acosta, H.M., Baumers, H., Galgani, P., Mason-D'Croz, D., Godde, C., Waha, K., Kanidou, D., von Braun, J., Benitez, M., Blanke, J., Caron, P., Fanzo, J., Greb, F., Haddad, L., Herforth, A., Jordaan, D., Masters, W., Sadoff, C., Soussana, J-F., Tirado,

M. C., Torero, M., & Watkins, M. (2021). *The True Cost and True Price of Food. A paper from the Scientific Group of the UN Food Systems Summit.* UNFSS_true_cost_of_food.pdf (sc-fss2021.org). Zugegriffen: 02. Juli 2024.
18. Heurafoods. (2024). *Unternehmenshomepage* https://heurafoods.com/de. Zugegriffen: 03. Juli 2024.
19. Huber, J., & Keller M. (2017). *Ernährungsphysiologische Bewertung von konventionell und ökologisch erzeugten vegetarischen und veganen Fleisch- und Wurstalternativen. Eine Untersuchung im Auftrag der Albert Schweitzer Stiftung für unsere Mitwelt.* https://files.albert-schweitzer-stiftung.de/1/fleischalternativenstudie.pdf. Zugegriffen: 02. Juli 2024.
20. Inguglia, E. S., Song, Z., Kerry, J. P., O'Sullivan, M. G., & Hamill, R. M. (2023). Addressing Clean Label Trends in Commercial Meat Processing: Strategies, Challenges and Insights from Consumer Perspectives. *Foods, 12*(10).
21. Kecskes, R. (2024). Tradition erhöht keine Marktanteile. In *Consumer Panel Germany GfK GmbH* (Hrsg.), Von Dystopie zu Utopie. Mit der jungen Generation in die Zukunft. 43. Unternehmergespräch Kronberg.
22. Kratzenstein, S. (2023). Planetary Health Diet – Was die Ernährung des Menschen mit der Gesundheit der Erde zu tun hat. *NEW MEAT MAGAZIN, 4,* 22–25.
23. Klingshirn, A., & Prange, A. (2010). Haltbarmachen und Lagern von Lebensmitteln. In *Aid-infodienst Ernährung, Landwirtschaft, Verbraucherschutz e.V.* (Hrsg.). Lebensmittelverarbeitung im Haushalt. (S. 252–306). Bonn.
24. Livsmedelsverket. (2024). *Den grönare Madcirkeln.* https://www.livsmedelsverket.se/matvanorhalsa--miljo/kostrad/matcirkeln. Zugegriffen: 04. Juli 2024.
25. Mago, A., Dhali, A., Kumar, H., Maity, R., & Kumar, B. (2024). Planetary health and its relevance in the modern era: A topical review. *SAGE Open Medicine, 12.*
26. Melina, V., Craig, W., & Levin, S. (2016). Position of the Academy of Nutrition and Dietetics: Vegetarian Diets. *Journal of the Academy of Nutrition and Dietetics, 116*(12).
27. Pointke, M., & Pawelzik, E. (2022). Plant-Based Alternative Products: Are They Healthy Alternatives? Micro- and Macronutrients and Nutritional Scoring. *Nutrients, 14*(3).
28. Reuter, J. (2024). *Gesprächsbedarf, wer jetzt dringend miteinander sprechen sollte: Schlemmer wird's nicht. Kolumne. New Food Economy.* https://www.agrarzeitung.de/new-food-economy/loesungen/kolumne-von-joerg-reuter-gespraechsbedarf-wer-jetzt-dringend-miteinander-sprechen-sollte-schlemmer-wirds-nicht-113435. Zugegriffen: 03. Juli 2024.
29. Röver, M., Wolfrom, J., & Keller, M. (2022). Nachhaltigkeit in der Ernährung. *Ernährung im Fokus, 03,* 172–179.
30. Sinha, R., Cross, A. J., Graubard, B. I., Leitzmann, M. F., & Schatzkin, A. (2009). Meat intake and mortality: A prospective study of over half a million people. *Archives of Internal Medicine, 169*(9), 562–571.
31. Youssef, G. S. (2022). Salt and hypertension: Current views. *E-Journal of Cardiology Practice, 22*(3).
32. Zong, G., Li, Y., Wanders, A. J., Alssema, M., Zock, P. L., Willet, W. C., Hu, F. B., & Sun, Q. (2016). Intakes of Individual Saturated Fatty Acids and Risk of Coronary Heart Disease in Two Large Prospective Cohort Studies of U.S. Men and Women. *BMJ, 23.*

Lia Carlucci ist Pionierin der deutschen FoodTech-Szene. Sie hat eigene Food Start-ups aufgebaut, als Investorin für Jägermeister gearbeitet und Deutschlands größtes Netzwerk für Ernährungsexperten und Expertinnen mitgegründet. Seit Anfang 2024 leitet sie als Geschäftsführerin den Food

Campus Berlin, einem entstehenden Innovationszentrum für die Zukunft der Ernährung mitten in Berlin.

Ihre über 15 Jahre Erfahrung an der Schnittstelle Lebensmittel, Innovation und Industrie teilt Lia Carlucci als Speakerin, in eigenen Büchern und in ihrem Email-Newsletter VITAMIN C, der inzwischen zu Deutschlands beliebtesten Nachhaltigkeits-Newslettern zählt.

Teil III
Den Wandel gestalten: Lösungsansätze für nachhaltiges Wirtschaften in der Lebensmittelbranche

Die Lebensmittelwirtschaft steht vor der Herausforderung, die Vision einer nachhaltigen Zukunft mit der Realität wirtschaftlicher und gesellschaftlicher Zwänge zu vereinen. Es gibt allerdings keinen universellen Weg, da Unternehmen, Produkte und Dienstleistungen ebenso vielfältig sind wie die Herausforderungen, denen sie begegnen. Stattdessen erfordert die Transformation flexibles Denken in Netzwerken und Synergien. Unterschiedliche Lösungsansätze müssen so kombiniert werden, dass sie für die spezifischen Bedingungen und Ziele eines Unternehmens den größtmöglichen Nutzen bringen.

Ein Unternehmen der Lebensmittelproduktion könnte etwa den Wandel hin zu mehr Nachhaltigkeit durch die kluge Verknüpfung mehrerer Ansätze gestalten. Die Einführung alternativer Proteine könnte ein erster Schritt sein, um den ökologischen Fußabdruck der Produktion zu reduzieren. Hier kommt die Planetary Health Diet ins Spiel, die eine wissenschaftliche Basis bietet, um die Entwicklung neuer Produkte nicht nur ökologisch, sondern auch gesundheitlich auszurichten. Solche Entscheidungen im Produktdesign sind jedoch nur nachhaltig wirksam, wenn sie durch ein intelligentes Lieferkettenmanagement unterstützt werden, das für Transparenz, Ressourcenschonung und die Einhaltung sozialer Standards sorgt.

Technologie ist ein wesentlicher Treiber dieser Transformation. Künstliche Intelligenz könnte eingesetzt werden, um die gesamte Wertschöpfungskette des Unternehmens zu optimieren – von der Analyse der Rohstoffbeschaffung über die Effizienzsteigerung in der Produktion bis zur Minimierung von Lebensmittelverlusten. Gleichzeitig könnten datenbasierte Systeme aus der AgTech-Sphäre helfen, Lieferanten dabei zu unterstützen, nachhaltigere Anbaumethoden einzuführen, und somit eine ressourcenschonendere Rohstoffbasis schaffen.

Diese technologischen und prozessualen Innovationen entfalten ihre volle Wirkung jedoch erst, wenn sie von einer kulturellen Transformation im Unternehmen begleitet werden. Führungskräfte spielen dabei eine entscheidende Rolle: Sie sind nicht nur Strategen, sondern auch Botschafter des Wandels. Ihre Aufgabe ist es, Mitarbeiterinnen und Mitarbeiter ebenso wie externe Partner für den Weg hin zu mehr Nachhaltigkeit zu gewinnen und eine Unternehmenskultur zu schaffen, die Innovation und Verantwortung miteinander verbindet.

Die Lösungsansätze in diesem Teil des Buches verdeutlichen, dass Nachhaltigkeit in der Lebensmittelwirtschaft kein linearer Prozess ist. Es geht darum, übergreifende

Zusammenhänge zu verstehen und unterschiedliche Ansätze aufeinander abzustimmen. Die Reduzierung von Lebensmittelverschwendung, die Integration alternativer Proteine oder die Entwicklung neuer Markenstrategien sind keine isolierten Maßnahmen, sondern Teil eines umfassenden Systems, das nur in seiner Gesamtheit funktioniert.

Teil 3 lädt dazu ein, über traditionelle Denkweisen hinauszugehen und Nachhaltigkeit als kreativen Prozess zu begreifen. Die Komplexität der Lebensmittelbranche ist dabei keine Hürde, sondern eine Chance – eine Gelegenheit, neue Wege zu gehen, die nicht nur der Umwelt und der Gesellschaft zugutekommen, sondern auch wirtschaftliche Perspektiven eröffnen. Dieses Zusammenspiel aus Innovation, Verantwortung und strategischem Handeln ist der Schlüssel zu einer nachhaltigen Zukunft, in der Unternehmen nicht nur Teil des Problems, sondern vor allem Teil der Lösung sein können.

Innovationen

14

Erfolgsfaktoren für das Food Innovationsmanagement der Zukunft

Philipp Stradtmann

> **Zusammenfassung**
>
> Das Innovationsmanagement von Food- & Beverage (F&B)-Produzenten steht vor vielfältigen Herausforderungen. Digitalisierung und der Einsatz von Künstlicher Intelligenz (KI) sind neben der Vernetzung mit externen Kompetenzpartnern relevante Lösungswege. Dabei sind Agilität, Tech-Know-How und Shareability die zentralen Schlüsselkompetenzen für den nachhaltigen Unternehmenserfolg.

14.1 Fortschreitende Disruption der Food-Supply-Chain als Multi-Challenge für alle Akteure

Ernährungswirtschaft und Handel sind mit einer radikalen Disruption der Food-Supply-Chain auf mehreren Ebenen konfrontiert, die durch den Stresstest der globalen Lieferketten in der Pandemie, steigende Inflation und Konjunkturkrise zusätzlich dynamisiert werden.

> Die drei zentralen Herausforderungen der Ernährungswirtschaft sind aktuell:
>
> 1. Die fortschreitende Ernährungswende
> 2. Die wachsende Bedeutung der Eigenmarken des Handels

P. Stradtmann (✉)
Good Food Creators, Hamburg, Deutschland
E-Mail: philipp.stradtmann@good-food-creators.com

3. Eine notwendige höhere Preis-Leistungseffizienz

Die Sorge um die Folgen des Klimawandels, das wachsende Interesse am Tierwohl von Nutztieren sowie das ebenfalls gewachsene Bedürfnis nach einer möglichst natürlichen und gesunden Ernährung als Teil einer Planetary Health Diet [10] disruptieren radikal die traditionellen Warengruppen tierischer Produkte und sorgen für einen wachsenden Markt pflanzlicher Alternativen. Dabei vollzieht sich der Substitutionsprozess in unterschiedlicher Geschwindigkeit und Dynamik. Während der Umsatzanteil pflanzlicher Milch-Alternativen heute bereits 14 % ausmacht, sind es beim Fleisch erst 3 % und bei Käse weniger als 1 %.

Nach einer knapp vierjährigen Hype-Phase 2018–2021, die geprägt war von spektakulär hohen Börsen-Erstnotierungen in zweistelliger Milliardenhöhe für Anbieter wie Beyond Meat und Oatly, Start-up Finanzierungsrunden mit sehr hohen Bewertungen (u. a. Tindle, infarm) sowie mehreren Exits an globale Food-Player mit ebenfalls hohen Umsatz-Multipes als Verkaufspreis wie Vegetarian Butcher (2018 an Unilever), Foodspring (2019 an Mars), Just Spices (2021 an Kraft Heinz) und Ankerkraut (2022 an Nestlé) hat der Markt sowohl auf der Finanzierungs- wie auch auf der Absatzseite im zweiten Halbjahr 2023 einen deutlichen Einbruch erlebt. Angesichts stabiler Megatrends und dem enormen Substitutionspotenzial ziehen deshalb Marktexperten Parallelen zur Marktdurchsetzung neuer Technologien auf Basis des Hype-Zyklus nach Gartner ([3]) und erwarten für die kommenden Jahre eine stetige Wachstumskurve.

Treiber dieser Entwicklung ist auf Konsumentenseite vor allem die stark wachsende Gruppe der Flexitarier (47 %), die ihren Konsum tierischer Produkte bewusst reduziert und ersetzt, während die Gruppe der Vegetarier (9 %) und insbesondere der Veganer (3 %) nur geringfügig wächst [1]. Voraussetzung für die Fortsetzung des Substitutionsprozesses sind neben einer ausreichenden Geschmacksqualität idealerweise Preis-Parität und zunehmend das Thema Clean Label in Form möglichst kurzer Zutatenlisten mit möglichst natürlichen Rohstoffen.

Zum Thema Preis-Parität hat nach Vorreitern wie u. a. IKEA, die in ihrer Handelsgastronomie bereits seit Oktober 2022 alle fleischlosen Alternativen günstiger anbieten, und Rügenwalder als Marktführer für pflanzliche Alternativen mit identischen Preisen der Discounter Lidl im Dezember 2023 einen PR-wirksamen Vorstoß gewagt und die Preise für alle seine pflanzlichen Alternativen auf den Preis der tierischen Produkte abgesenkt. Diese Maßnahme hat nach eigener Aussage den Umsatz um rund 30 % in den ersten sechs Monaten steigen lassen. Burger-King ist daraufhin noch einen Schritt weitgegangen und hat Anfang 2024 seine veganen Burger günstiger als die fleischbasierten angeboten. Aktuell gibt es bereits Pläne zum Bau einer New Protein Giga-Factory der Schweizer Nuos AG zusammen mit Abu Dhabis neuem Food-Cluster AgriFood Growth & Water Abundance (AGWA), die eine Halbierung der Herstellungskosten möglich macht und damit das globale Wachstum der pflanzlichen Alternativen forcieren wird.

Einer der Vorreiter für Clean-Label-Produkte ist der 2017 von Kellogg akquirierte US-Protein-Riegel Produzent RXBAR, der die kurze Zutatenliste nicht wie üblich klein auf der Rückseite, sondern groß auf der Vorderseite seiner Produkte abbildet. Im Markt für Fleisch-Alternativen ist der Schweizer Anbieter planted mit 4–5 Zutaten ein sehr erfolgreicher Clean-Label-Anbieter.

Neben dem nachhaltigeren Konsum pflanzlicher Alternativ-Produkte rücken bei den Verbraucherinnen und Verbrauchern Lebensmittel mit einem funktionellen Mehrwert verstärkt in den Fokus. Angesichts wachsender Lebenserwartung wächst das Bewusstsein, das die richtige Ernährung einen maßgeblichen Beitrag für gesundes Altern leistet [7]. Beeinflusst wird das weitere Wachstum auch durch die Attitude-Behavior-Gap, also dem Unterschied zwischen behauptetem und faktischem Verhalten im Sinne einer empfundenen sozialen Erwünschtheit. Sehr anschaulich illustriert die Professorin Dr. Johanna Gollnhofer diese Problematik in ihrem prägnanten Vortrag „Don't call it nachhaltig" [8] anhand zahlreicher Studienergebnisse sowie in ihrem aktuell erschienenen Buch zur Eroberung des 60 % mit einem neuen Nachhaltigkeitsmarketing [9]. Allerdings weist der Konsumentenforscher Dr. Robert Kecskes in einer aktuellen Verbraucher-Analyse nach [4], dass die Abweichung zwischen behaupteten und realem Nachhaltigkeitskonsum gar nicht so groß sei wie häufig behauptet werde. Entsprechend hebt er die Potenziale hervor, noch mehr Menschen von einer nachhaltigeren Ernährung zu überzeugen. Die größten Hebel dafür sieht er neben Aufklärungsarbeit und Ernährungsbildung vor allem in der Erweiterung des bestehenden Angebots um Produkt-Innovationen im Convenience- und Snacking-Bereich mit einem positiven Beitrag zur eigenen mentalen und physischen Gesundheit. Die Klammer zu dieser Innnovations-Offensive bildet ein positives Narrativ, dass nicht mehr den Verzicht in den Vordergrund stellt, sondern vielfältigen Genuss mit Verantwortung im Sinne eines Planetary Health Lifestyles (siehe Kap. 17).

Neben den Lebensmitteln, ihren Zutaten und Nährwerten, rückt das Thema nachhaltigerer Verpackungen immer stärker in den Fokus der Verbraucherinnen und Verbraucher und wird zu einem wichtigeren Kaufkriterium. Dabei wird nahegelegt, dass angesichts der Komplexität und z. T. Widersprüchlichkeit der Informationen, „gefühlte" Nachhaltigkeit oftmals zum entscheidenden Kaufkriterium wird.

Steigende Inflation und Wirtschaftseinbruch in Verbindung mit dem Aufbau eigener, hocheffizienter Entwicklungs- und Produktionskapazitäten (z. B. Schwarz Produktion) haben den Anteil der Handelsmarken in den unterschiedlichen Warengruppen deutlich, z. T. sogar zweistellig wachsen lassen. Dies gilt insbesondere für Warengruppen wie z. B. bei Mineralwasser und Margarine, wo aus Verbrauchersicht geringe Marken- und Innovationstärke ein deutliches Preis-Premium des Markenprodukts nicht rechtfertigen.

Unabhängig von der derzeitigen Konsumflaute ist die Ernährungswirtschaft grundsätzlich herausfordert, angesichts wachsender Energie- und Mobilitätskosten zur einer höheren Preis-Leistungseffizienz zu kommen. Dieser Anforderung stehen deutlich gestiegene Rohwarenkosten (z. B. Kakao), eingeschränkte und schwankende Verfügbarkeiten sowie generell höhere Aufwände für den nachhaltigeren Anbau und Verarbeitung und deren umfassende Dokumentation (z. B. das Lieferkettensorgfaltspflichtengesetz) gegenüber. Diese Faktoren müssen deshalb frühzeitig berücksichtigt werden (siehe Kap. 3). Die

Bewältigung dieser Herausforderungen erhöhen für die Ernährungswirtschaft den Bedarf nach Produkt-Innovationen massiv, um mit einem deutlich differenzierenden, zugleich zeitgemäßen und preisattraktiven Angebot marktrelevant und zukunftsstark zu bleiben.

Zusätzliche Innovationspotenziale schaffen der Einsatz alternativer Proteinquellen (siehe Kap. 18), neue Fertigungstechnologien wie die Präzisionsfermentierung und die zulassungspflichtige Herstellung zellbasierter Fleisch- und Fisch-Alternativen, zu denen, angefangen mit der Hühnchen-Alternative von Eat Just in Singapur seit 2020, aktuell in den USA, Israel und Asien erste größere Markttests in Vorbereitung sind. Dabei wird die kommunikative Vermarktung dieser „Labor-Lebensmittel" neben einem marktrelevanten Preis sicherlich eine große Herausforderung sein.

Was ist vor diesem Hintergrund die aktuelle Ausgangssituation des F&B-Innovationsmanagements bei den Marken-Produzenten in Deutschland? Welche Herausforderungen sehen die Verantwortlichen für die Zukunft und welche Erfolgsfaktoren spielen dabei eine Rolle? Aus diesen übergreifenden Fragestellungen lassen sich folgende sechs forschungsleitenden Fragen ableiten:

Fragen

1. Welche Relevanz haben Produkt-Innovationen für den Erfolg von F&B-Unternehmens heute und in Zukunft generell?
2. Welche einzelnen Faktoren entscheiden dabei heute und in Zukunft über den Erfolg eines F&B-Neuproduktes?
3. Vor welchen Herausforderungen steht das F&B-Innovationsmanagement heute? Welche sind es in Zukunft?
4. Welche Bedeutung haben externe Entwicklungspartner generell und wie stellt sich die Relevanz einzelner Gruppen heute und in Zukunft dar?
5. Welche Relevanz haben Digitalisierung und KI heute und in Zukunft im Innovationsprozess?
6. Was sind die Schlüsselkompetenzen, um die zahlreichen Herausforderungen im F&B-Innovationsprozess erfolgreich zu meistern?

Zur Beantwortung dieser Forschungsfragen wurden als Grundlage für dieses Kapitel insgesamt 41 Innovations-Verantwortliche in Food-Unternehmen, Zulieferer und Dienstleister, Forschungseinrichtungen und Hochschulen sowie Acceleratoren, Inkubatoren und Food-Clustern mittels Online-Fragebogen im Zeitraum 23. Mai bis 7. Juni 2024 befragt. Mit 33 % war die Mehrheit von ihnen in mittelständischen bzw. Großunternehmen der F&B-Industrie beschäftigt, 29 % in F&B Start-ups, 14 % bei FoodTech-Start-ups, weitere 14 % bei Rohwaren-Zulieferern und weiteren Dienstleistern, 5 % bei Acceleratoren und Inkubatoren und 5 % in Forschungseinrichtungen und Hochschulen. Eine deutliche Mehrheit der Befragten (52 %) ist als Geschäftsführung, Vorstand bzw. Board-Member Teil des Top-Managements, 24 % gehören dem übrigen Führungsteam an. 38 % sind beruflich seit mehr als 10 Jahren mit der Entwicklung von Lebensmittel-Neuheiten befasst, 33 % seit 5 bis 10 Jahren. Damit wurden außerordentlich erfahrene und einflussreiche

Innovations-Entscheiderinnen und Entscheider befragt. In einem zweiten Schritt wurden dann mit fünf von ihnen vertiefende Leitfaden-Interviews geführt, um die statistischen Daten im Hinblick auf Motivationen und Hintergründe in einen besseren Zusammenhang zu bringen.

14.2 Erfolgsfaktoren Geschmack, Preis und Verpackung

Bereits heute sind 60 % der befragten Innovationsverantwortlichen davon überzeugt, dass Produkt-Innovationen eine Relevanz für den Unternehmenserfolg haben. Nach der Zukunft gefragt steigt dieser Wert sogar auf 95 % an.

Entscheidend für den aktuellen Markterfolg neuer F&B-Produkte ist an erster Stelle und mit weitem Abstand die *Geschmacksqualität* (100 % Relevanz) vor *Preis* (95 %) an zweiter sowie *nachhaltige Verpackung* (62 %) und *funktionaler Mehrwert* (62 %) mit deutlichem Abstand an dritter Stelle. Es folgen dann Rohstoffe aus *regionalem Anbau* (57 %) vor *Bio-Qualität* (38 %), *vegan* (38 %) und *alkoholfreien Alternativ-Produkten* (14 %). Mit Blick auf die Zukunft verschiebt sich dieses Ranking deutlich: Geschmacksqualität bleibt zwar mit 100 % eine Grundvoraussetzung, aber der Preis an zweiter Stelle verliert mit 86 % gegenüber heute deutlich an Relevanz (9 % weniger). Das spiegelt die aktuelle angespannte Wirtschafts- und Stimmungslage wider und die Erwartung der Befragten, dass sich die Konjunktursituation perspektivisch wieder verbessern wird. Ebenso büßt der heutige Erfolgsfaktor nachhaltige Verpackung mit 43 % gegenüber 62 % (minus 19 %) massiv an Bedeutung ein. Das spiegelt wahrscheinlich die Erwartung der Profis wider, dass unter dem aktuellen Erwartungsdruck der Konsumentinnen und Konsumenten in den nächsten Jahren deutliche Innovationsfortschritte in diesem Bereich erzielt werden, die zu einem höheren Nachhaltigkeitsniveau führen. Dagegen gewinnen vegane Produkte (plus 29 %) und Neuheiten mit funktionalem Mehrwert (plus 19 %) deutlich an Bedeutung. Die bereits heute hohe Relevanz von Rohstoffen aus regionalem Anbau erhöht sich um 14 % weiter auf 71 %. Auch die Produkte aus biologischem Anbau gewinnen mit 52 % (plus 14 %) auch weiter an Bedeutung. Bemerkenswert ist die Erwartung der Expertinnen und Experten, dass alkoholfreie Alternativen mit 86 % (plus 71 %) in Zukunft massiv an Relevanz im Innovations-Ranking gewinnen werden (siehe Abb. 14.1).

Ein blinder Fleck liegt bei den Befragungsergebnissen sicherlich im Thema *Marke* und *Marken-Positionierung*. Erfolgsbeispiele wie die Repositionierung von Oatly und planted zeigen deutlich, welche positive Absatzwirkung in einem klar fokussierten Markenauftritt in Verbindung mit einem geschmacksstarken und preislich attraktiven Produkt liegen. Eine naheliegende Erklärung ist, dass die Mehrheit der befragten Innovations-Verantwortlichen einen Forschungs- und Entwicklungs-Hintergrund (F&E) hat und deshalb sehr stark aus einer lebensmitteltechnologischen Perspektive auf das Thema F&B-Innovationen blickt.

Das erklärt, warum in der Praxis oftmals das Potenzial zur klaren Differenzierung durch starke Marken unterschätzt und damit die Gefahr der Austauschbarkeit (z. B. durch Produkte des Handels) forciert wird.

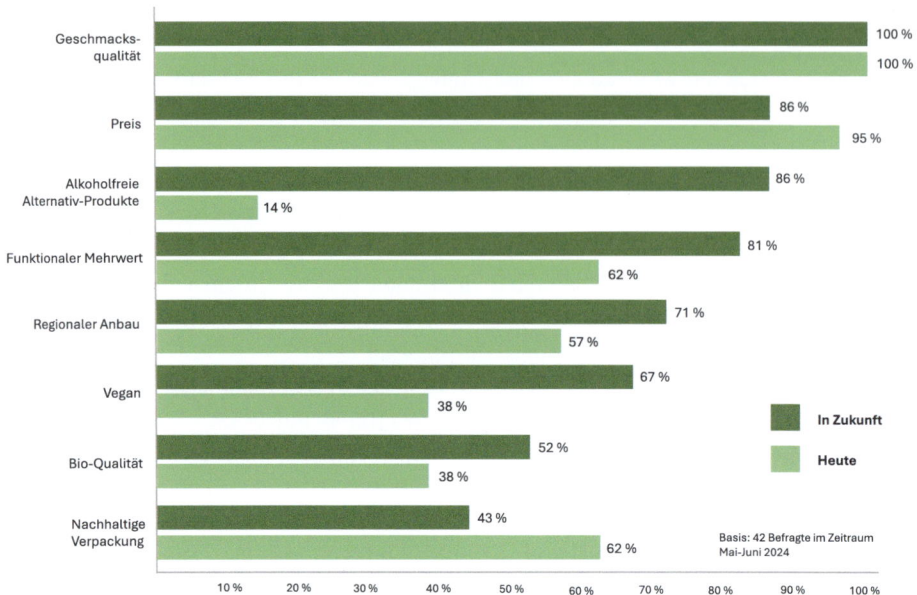

Abb. 14.1 Erfolgsfaktoren von F&B-Innovationen heute und in Zukunft. (Quelle: eigene Darstellung)

Fallstudie: Oatly

Mit der Idee einer haferbasierten Milch-Alternative wurde Oatly bereits 1994 als Ceba Food im schwedischen Malmö gegründet, erst 2001 wurde die Marke Oatly eingeführt. Über zehn Jahre führte die Marke dann ein Nischen-Dasein bis der neue CEO Toni Petersson gemeinsam mit dem Marken-Verantwortlichen John Schoolcraft die Hafermilk-Marke 2012 radikal neupositionierte und dann im Rahmen einer spektakulären Marketingkampagne zur heute weltweit bekanntesten und mit 725 Mio. € umsatzstärksten Hafermilch-Marke weltweit machte. Insbesondere mit einem neuen, extrem auffälligen Verpackungsdesign schafften sie es, den typischen Look & Feel einer Handelsmarke, nach der Oatly bis dato aussah, zu einer vitalen Lifestyle-Challenger-Brand im Wettstreit mit den oftmals „gesichtslosen" traditionellen Milch-Produkten zu drehen. Dazu gehörte vor allem, die eigene Mission, nämlich einen relevanten Beitrag zu einer pflanzenbasierten Ernährung zu leisten und damit die Gesundheit der Menschen und des Planeten zu schützen, offensiv und selbstbewusst zu kommunizieren (siehe Abb. 14.2). Das Erfolgsprinzip dabei ist bis heute ein direkter, ehrlicher und authentischer Dialog mit den Konsumentinnen und Konsumenten, der das ernste Anliegen in humorvoller Weise adressiert. Dies geschieht, indem Oatly z. B. „The boring side. (but very important)" als Überschrift für die Zutatenliste auf der Verpackung verwendet oder despektierliche Phantasienamen wie Trölk oder Brölk des Wettbewerbers

Arla Food aufgreift und für seine Produkte verwendet. Um bei allen Mitarbeiterinnen und Mitarbeitern ein einheitliches Verständnis des Markenkerns und der Markenwerte sicherzustellen, führte John Schoolcraft ein Brand Book ein, das bis heute jeder neue Mitarbeitende zum Start erhält. Im Mai 2021 ging das Unternehmen an die New Yorker Börse und war zeitweise mit einem Unternehmenswert von 13 Mrd. Euro bewertet. Nach einem massiven Kurseinbruch wird das Unternehmen drei Jahre später nur noch mit knapp 500 Mio. Euro bewertet. In den vergangenen Jahren hat Oatly sein Produkt-Portfolio um verschiedene haferbasierte Produkte (z. B. Joghurt, Aufstriche, Softeis) erweitert, wobei weiterhin die Hafermilch (insbesondere die populäre Barista-Edition) mit deutlichem Abstand dominierend ist. Aktuell (im Jahr 2024) liegt der Fokus des neuen CEO Jean-Christophe Flatin auf dem Erreichen der Profitabilität in Verbindung mit einer globalen Reichweitensteigerung und einer deutlichen Effizienzsteigerung und Kostenoptimierung der Supply-Chain.

◄

Abb. 14.2 Oatly Werbekampagne. (Quelle: eigene Darstellung)

14.3 Komplexe Strukturen & Prozesse, die Generierung neuer Ideen & Ansätze und das knappe Zeitbudget

Größte Herausforderungen im Innovationsprozess sind heute vor allem *komplexe Strukturen & Prozesse im Unternehmen* (76 %), die *Generierung neuer Ideen & Ansätze* (76 %) sowie ein *begrenztes Zeitbudget* (jeweils 76 %), gefolgt von *begrenzten Personal- und Finanzkapazitäten* (jeweils 71 %) sowie dem *Mindset des Top-Managements* (ebenfalls 71 %). Es folgen *Digitalisierung* (62 %), *Partner-Netzwerke* (57 %), *Know-how zu neuen Rohstoffen* (52 %), die *Unternehmenskultur* (48 %), *fehlendes Know-How zu Fertigungstechniken* (38 %) und am Schluss *fehlende Fertigungsmöglichkeiten für neue Produkte* (38 %) (siehe Abb. 14.3). Aufschlussreich an diesen Ergebnissen ist die Dominanz der

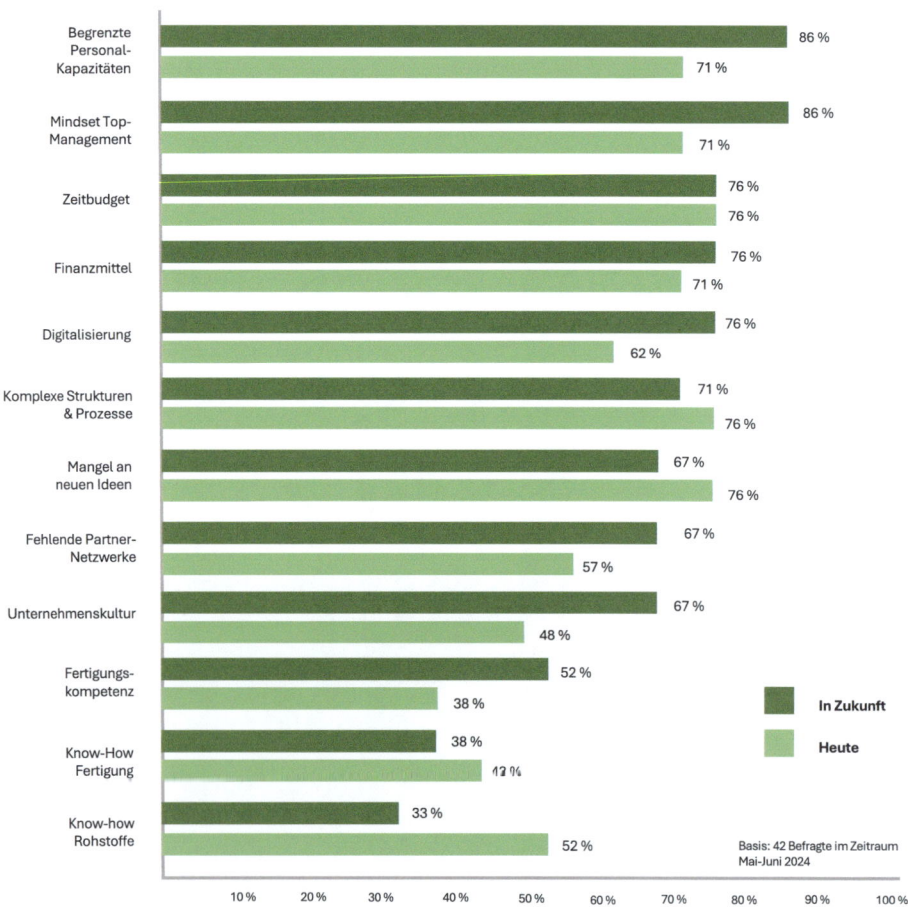

Abb. 14.3 Zentrale Herausforderungen im F&B-Innovationsmanagement heute und in Zukunft. (Quelle: eigene Darstellung)

weichen Faktoren (Kultur, Mindset, Komplexität) in Verbindung mit dem Umstand, dass überwiegend Führungskräfte befragt wurden, die offensichtlich sehr selbstkritisch auf die Ausgangssituation in ihrem Unternehmen blicken. Berücksichtigt man in der Auswertung alle Antworten außer der des Top-Managements, steigt die Relevanz des Mindsets des Top-Management von 71 auf 83 % deutlich an.

Mit Blick in die Zukunft nimmt die Relevanz dieser Herausforderungen von durchschnittlich 62 % auf 66 % leicht zu. Auffällig ist dabei, dass mit Blick auf den fortschreitenden Fachkräftemangel die begrenzten Personal-Kapazitäten mit 86 % massiv an Bedeutung gewinnen und die mit weitem Abstand größte Herausforderung darstellen. Deutlich überproportional an Bedeutung gewinnen für die Zukunft die Unternehmenskultur (+200 %), die Digitalisierung (+117 %), das Mindset des Top-Managements (+71 %) sowie die fehlenden Partner-Netzwerke (+71 %).

> **Fallstudie Ritter-Sport**
>
> Unter dem Motto „Quadratisch, praktisch, gut," hat sich das mittelständische Familienunternehmen Ritter-Sport mit einem Jahresumsatz von 565 Mio. Euro im globalen Schokoladen-Markt die Position als innovativer Herausforderer gesichert, der insbesondere im Bereich der Nachhaltigkeit früher und mutiger als seine Konkurrenten neue Wege geht. Hinter diesem Innovationsanspruch steht die bewusste Fokussierung auf den Heimatstandort Waldenbuch, wo 2022 mit einem Investitionsvolumen von rund 20 Mio. Euro für 130 Mitarbeitende die neue Schokozentrale geschaffen wurde. „Hier schlägt das Herz der Marke Ritter Sport. Mit unserer neuen Schokozentrale haben wir Räumlichkeiten geschaffen, die Innovationen fördern und es unseren Mitarbeitenden ermöglichen, interdisziplinär noch enger zusammenzuarbeiten", so Ritter Sport CEO Andreas Ronken.
>
> Konkret wurde um die Schokowerkstatt als Versuchsküche und Technikum im Zentrum neben den Arbeitsplätzen ein vielseitiges und flexibles Angebot an Besprechungs-, Workshop- und Rückzugsmöglichkeiten geschaffen, die Raum für Kommunikation, Kollaboration, Konzentration, Kreativität und Kontemplation ermöglichen. Visuell wurde das berühmte Color Blocking der Marke auf die Fläche übertragen. Damit wird die Marke für die Mitarbeiterinnen und Mitarbeiter visuell erlebbar. Gleichzeitig eignet sich die Schokozentrale als perfekter Showroom und Catwalk, um Geschäftspartner und Medien einen Blick hinter die Kulissen des Unternehmens zu ermöglichen (siehe Abb. 14.4).
> ◄

Abb. 14.4 Ritter-Sport Schokowerkstatt. (Quelle: eigene Darstellung)

14.4 KI wird zum zentralen Innovationstreiber

Im Hinblick auf zentrale Herausforderungen wie den anhaltenden Fachkräfte-Mangel und die komplexen Strukturen & Arbeitsprozesse in ihren Unternehmen ist sich die Mehrheit der Befragten einig, dass die Bedeutung von Digitalisierung und KI deutlich steigen wird: Während 76 % der *Digitalisierung von Arbeitsprozessen* im F&B-Innovationsprozess bereits heute eine Relevanz geben, sind es bei *KI* nur 19 %. Gefragt nach der Zukunft verändert sich die Einschätzung radikal: Dann halten 90 % die Digitalisierung in ihrem Fachbereich für relevant und sogar 95 % den Einsatz von KI-Tools. Diese Ergebnisse zeigen deutlich, dass es unter dem Einfluss von ChatGPT & Co. eine klare Erwartung an die disruptive Kraft solcher Tools für die zukünftige Entwicklung von Lebensmitteln gibt. Bestätigt wird diese Erwartung durch Software-Lösungen zur deutlichen Reduktion von Food Waste wie u. a. von Delicious Data, foodforecast und Circly, die in ersten Pilotprojekten messbare deutliche Einsparungseffekte erzielen. Aktuell wird KI im Bereich Food-Innovation noch vorrangig zur effizienten Generierung von Bildmotiven für das Marketing sowie Rezepten eingesetzt, aber Start-ups wie u. a. Foodpairing, Umyno und tastewise arbeiten bereits an Lösungen, die den unmittelbaren Entwicklungsprozess schneller und effizienter machen.

Die Leitfaden-Interviews dazu zeigen jedoch, dass oftmals die notwendigen Grundlagen fehlen. Konkret basieren die Entwicklungsprozesse in vielen Unternehmen heute auf einzelnen (Excel-) Dokumenten oder individuellen Datenbank-Lösungen ohne die notwendigen Schnittstellen zu anderen Systemen und Applikationen. Hier besteht aus Experten-Sicht ein enormes Effizienzpotenzial, denn mit der Dokumentationspflicht zum Lieferketten-Sorgfaltsgesetz und den heute bereits umfangreichen lebensmittelrechtlichen Daten entsteht ein Datenschatz, dessen systematische Nutzung und Verwertung entsprechender IT-Lösungen bedarf (siehe Kap. 16).

Hürden für den Einsatz von Digitalisierung und KI Die beiden größten Hürden für den Einsatz von digitalen Lösungen und KI im F&B-Innovationsprozess sehen die Innovations-Verantwortlichen mit jeweils 26 % der Nennungen gleichermaßen im aktuell *fehlenden fachlichen Know-How* zum Thema KI wie auch der *Angst vor Veränderung* und dem *Unwillen, Bestehendes offensiv infrage zu stellen* bzw. sogar konsequenterweise das eigene Geschäftsmodell offensiv zu kannibalisieren. Das schließt die fehlende Offenheit des Top-Managements mit ein, die 9 % explizit als Hürde nennen. 13 % nennen die Einführung neuer Prozess-Standards als Hürde bzw. die Komptabilität mit bestehenden Prozessen als wichtige Hürde.

Aus den Leitfaden-Interviews ergibt sich die klare Empfehlung, auf Basis eines klaren Bottom-up Approach zügig mit ersten, zeitlich und budgetär überschaubaren KI-Pilotprojekten zu starten, um dann aus den ersten Learnings schrittweise größere Projekte und dann eine Gesamtstrategie abzuleiten.

> **Fallstudie: Stern Wywiol-Gruppe**
>
> Das Hamburger Familienunternehmen Stern Wywiol Gruppe ist mit fast 800 Mio. € Jahresumsatz einer der führenden Zulieferer der internationalen Lebensmittelindustrie. Um die eigene Innovationsstärke auch im Bereich pflanzenbasierter Produkte zu unterstreichen hat das Unternehmen mit „Planteneers – The Plant Based Pioneers" seit Oktober 2020 eine eigene Tochtergesellschaft. „Die Nähe zum Markt ist entscheidend für uns. Nur so können wir unseren Kunden die Lösungen bieten, die sie benötigen – und die sie von uns erwarten. Unsere Innovationen sind passgenau auf die individuellen Kundenanforderungen abgestimmt", so Dr. Matthias Moser, Geschäftsführer der Food Ingredients Division der Stern-Wywiol Gruppe.
>
> Teil des Innovationsservice von Planteneers ist der kostenlose Online-Service Plantbaser (siehe Abb. 14.5). Mit dem niedrigschwelligen Angebot des Plantbasers werden insbesondere mittelständische Unternehmen angesprochen, deren Produktverantwortliche ohne umfangreiche Fachkenntnisse mit wenigen Klicks in maximal 20 min aus einem Katalog die bevorzugten Eigenschaften ihrer gewünschten pflanzlichen Produkt-Neuentwicklung rund um die Uhr zusammenstellen können, um dann innerhalb weniger Arbeitstage das jeweils konfigurierte Produktmuster zum Verkosten zugesandt

Abb. 14.5 Stern-Wywiol Plantbaser. (Quelle: Plantenner (o. J.) [5])

zu bekommen. Durch die konsequente Digitalisierung eines oftmals aufwändigen und zeitintensiven Abstimmungsprozesses spart sich sowohl das Planteneers-Team wie auch die Kundin und der Kunde sehr viel Zeitaufwand und beschleunigt damit den Entwicklungsprozess deutlich. Durch das regelmäßige Tracking der Customer Journey wird zudem permanent Input zur Verbesserung und Erweiterung des Online-Tools generiert. Mit wachsendem Datenvolumen wird im nächsten Schritt der Einsatz von KI für die Verknüpfung und Erweiterung der Entwicklungsdaten angedacht. Dieses Fachbeispiel zeigt anschaulich, dass die Grundlage für KI-Anwendungen im F&E-Entwicklungsprozess im ersten Schritt die konsequente Digitalisierung der Kernprozesse ist.

◄

14.5 Neue Netzwerk-Partner als Erfolgsfaktor der Zukunft

Vor dem Hintergrund des erwarteten Rückgangs von F&E-Inhouse-Expertise durch Verrentungen und fehlende Nachwuchskräfte wächst aus Sicht der Innovations-Verantwortlichen der Bedarf nach (neuen) Kompetenz-Partnerschaften zum Know-How-Transfer und Talent-Akquise. Laut Deutschem Innovationsreport Food sind nach Angabe der befragten Unternehmen heute bereits 67 % der eingeführten Produkt-Neuheiten in Zusammenarbeit mit anderen Unternehmen bzw. Forschungseinrichtungen entwickelt worden [2].

Im Hinblick auf erfolgreiche Co-Creation wird das mit deutlichem Abstand größte Kooperations-Potenzial bei den (zukünftigen) Kundinnen und Kunden im Sinne eines konsequenten Customer Centricity-Ansatzes gesehen. Grundlage dafür ist der mittels Social-Media direkte Dialog mit den Konsumentinnen und Konsumenten zu ihren Erwartungen und Wünschen an die jeweilige Marke. Als Erfolgsbeispiel bereits legendär ist die Einhorn-Schokolade von Ritter Sport, die auf Wunsch der Online-Community in einer Limited Edition kreiert wurde und sofort ausverkauft war. Eine andere Variante der Consumer Co-Creation ist die Zusammenarbeit mit Influencern, mit denen für ihre jeweiligen Communities spezifische Produkt-Neuheiten kreiert werden. Prominentes Beispiel ist der US-Influencer Logan Paul, dem mit seinem Energy-Drink Prime der Aufbau eines Milliarden-Unternehmens gelang. Beispiele aus Deutschland sind u. a. der Rapper Capital Bra und die Revitalisierung der Kategorie Eistee mit dem Launch von BraTee sowie die neue Pizza-Marke Happy slice der Influencer Knossi und Trymacs sowie der aktuelle Energy Drink Gönrgy des Livestreamers Montanablack. Montanablack hatte auch in einer großen Social-Media-Kampagne vergeblich versucht, Dr. Oetker zur Wiedereinführung des bereits 2020 eingestellten Pizza-Burgers zu motivieren.

Nach den kaufenden Konsumentinnen und Konsumenten in Verbindung mit den entsprechenden Influencerinnen und Influencern sind vor allem Tech Start-ups (71 %) sowie die Food-Start-ups (67 %) die Innovationspartner mit der größten Relevanz für die Zukunft des F&B Innovationsmanagements (siehe Abb. 14.6). Diese klare Bedarfspriorität korrespondiert eindeutig mit dem bereits erklärten fehlenden fachlichen Know-How zum Thema KI wie auch zum Bedarf nach neuen Ideen & Ansätzen. Hier wird eine veränderte Wahrnehmung in der Rolle und Bedeutung von Food-Start-ups erkennbar. Während diese in der Boom-Phase 2019–2021 vorrangig unter dem Investment-Aspekt betrachtet wurden, rückt zunehmend ihre Bedeutung als Pool für neue Talente und Treiber der notwendigen Transformation insbesondere bei vielen traditionellen mittelständischen Unternehmen in den Fokus. Sie sehen in der Zusammenarbeit mit Start-Ups die Chance zur Revitalisierung und Modernisierung ihrer Unternehmenskulturen und Geschäftsmodelle.

Hohe Innovationspartner-Relevanz wird auch weiterhin dem *Handel* mit 62 % zugesprochen sowie, ebenfalls als Quelle für Innovation und Transformation den verschiedenen *Food-Clustern* in Deutschland und Europa (52 %) sowie den unterschiedlichen *Accelerator- und Inkubator-Programmen* (48 %), gleichauf mit den entsprechenden Forschungseinrichtungen und Hochschulen (ebenfalls 48 %). Auch Cicek und Wolfram ([2]) verweisen in der aktuellen Ausgabe Deutschen Innovationsreport Food auf die unausgeschöpften Potenziale in diesem Bereich. Diese häufigen Nennungen korrespondieren mit dem wachsenden Angebot entsprechender Plattformen und Ökosysteme in Europa und insbesondere in Deutschland (siehe Kap. 15).

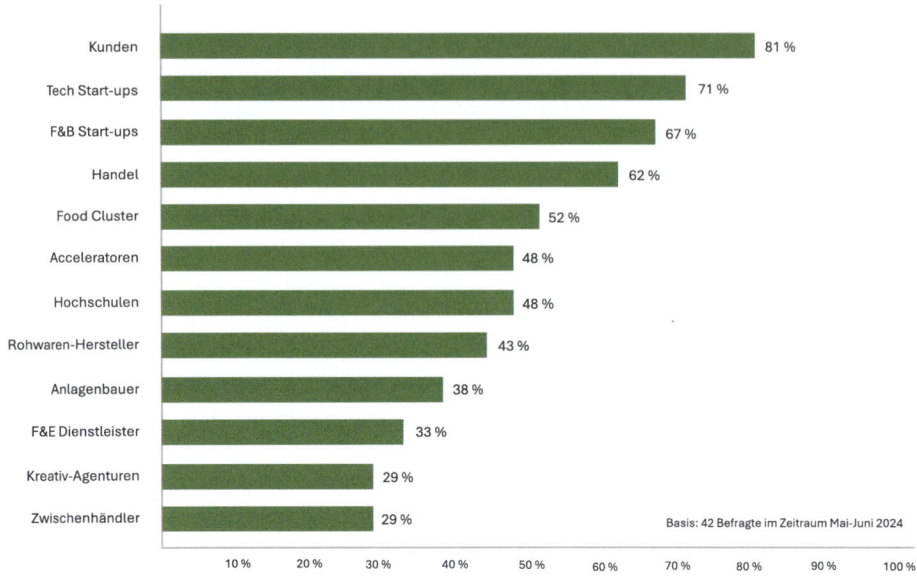

Abb. 14.6 Relevante Kompetenz-Partner im F&B Innovationsmanagement der Zukunft. (Quelle: eigene Darstellung)

Im Hinblick auf die Food-Cluster bzw. Food-Ökosysteme gilt den befragten Experten das Food Valley Wageningen in den Niederlanden mit seiner konsequenten Verflechtung der renommierten Agrar-Universität im Zentrum mit mehreren F&E-Centern führender Food-Produzenten wie u. a. Unilever, Upfield, Friesland Campina und Symrise konzentriert auf knapp 100.000 Quadratmetern als DER Leuchtturm in Europa. Als weitere relevante Cluster in Europa lassen sich das Food Innovation House im dänischen Lysholt und Flanders' FOOD in Belgien nennen. In Deutschland existieren das Cluster Ernährung in Bayern sowie das Cluster Ernährungswirtschaft in Brandenburg. Einem Cluster vergleichbar ist die Landesinitiative Ernährungswirtschaft LI Food aus Niedersachsen, zu dem auch das Foodhyper-Programm gehört, und welche die Universität Vechta, das Deutsche Institut für Lebensmitteltechnik (DIL) in Quakenbrück und den Seedhouse Accelerator in Osnabrück als Knotenpunkte verbindet. Aktuell befinden sich weitere Food-Cluster in Hamburg und Berlin (Food Campus Berlin, foodLAB BE-U, Kitchentown) im Auf- bzw. Ausbau. Zusätzlich entsteht aktuell mit der Future Food Factory Ostwestfalen-Lippe an der Technischen Hochschule Ostwestfalen-Lippe in Lemgo ein weiterer Food-Innovation Hub mit Processing-Möglichkeiten.

Spezifische Accelerator- und Inkubator-Programme für Food-/Tech bzw. Agri-Tech-Start-ups existieren häufig im Kontext von Universitäten und Forschungseinrichtungen wie dem Food Startup Inkubator Weihenstephan (FSIWS) am Institut für Lebensmitteltechnologie der Hochschule Weihenstephan-Triesdorf, dem Growhouse Incubator in

Quakenbrück, organisiert vom DIL, der Aloys und Brigitte Coppenrath Stiftung sowie dem Seedhouse Accelerator in Osnabrück, dem Accelerator-Programm des Food and Agro Center for Innovation and Technology (FACIT) an der Technischen Universität München (TUM), dem Dynamic Innovation Campus (DICA) der Hochschule München mit Fokus auf die Getränkewirtschaft sowie die Campus Foundery der Technischen Hochschule Ostwestfalen-Lippe in Lemgo.

Weitere Food-/Agri-Tech Start-up Programme ohne direkte Anbindung an Forschung und Wissenschaft sind das EIT Food Accelerator Network, der ProVeg Incubator in Berlin, das Start-up Bootcamp der GrowthAlliance von Rentenbank und TechQuartier in Frankfurt am Main, The Mission Food von Futury ebenfalls in Frankfurt am Main sowie die FoodBRYCKE in Stuttgart.

Relevante Hochschulstudiengänge in Europa und Deutschland rund um das Thema Entwicklung und Produktion von Food-Innovationen sind aus Expertensicht Food Technology an der Universität Wageningen, Life Sciences – Food and Beverage Innovation an der ZHAW School of Life Sciences and Facility Management im schweizerischen Wädenswil, Brau- und Getränketechnologie an der Hochschule Weihenstephan-Triesdorf sowie der TU Berlin, Getränketechnologie an der Hochschule Geisenheim, Lebensmitteltechnologie an der TU Berlin, der Hochschule Bremerhaven sowie der ZHAW Zürcher Hochschule für Angewandte Wissenschaften, Food Science and Technology an der Universität Hohenheim, Food Research and Development/Lebensmittelwissenschaft an der Gottfried Wilhelm Leibniz Universität Hannover, Food Processing an der Hochschule Fulda, Lebensmittel- und Bioprodukttechnologie an der Hochschule Neubrandenburg, Food Science an der Hochschule für Angewandte Wissenschaften Hamburg (HAW) sowie Life Science Technologies an der Technischen Hochschule Ostwestfalen-Lippe in Lemgo.

Fallstudie Rügenwalder

Unter dem Motto „Am besten schmeckt's, wenn's allen schmeckt" hat sich der traditionelle Wurstwaren-Produzent Rügenwalder Mühle unter seinem damaligen CEO Godo Röben in zehn Jahren erfolgreich zum heute marktführenden Anbieter pflanzenbasierter Fleisch-Alternativen in Deutschland transformiert. Grundlage dafür war, das traditionelle fleischbasierte Produkt-Portfolio um ein wachsendes Angebot veganer Alternativen zu ergänzen, so dass mittlerweile neben 23 klassischen Produkten mit Fleisch knapp 50 vegane und vegetarische Produkte angeboten werden (siehe Abb. 14.7). Mit dem Produkt-Klassiker Schinken Spicker wurde Ende 2023 erstmals das fleischbasierte Original zugunsten der veganen Alternative vollständig ersetzt. So entfallen mittlerweile mehr als 60 % des Jahresumsatzes von fast 500 Mio. Euro auf die vegane Schiene. Für die notwendige hohe Innovationsdynamik und -geschwindigkeit hat das Unternehmen neben der Firmenzentrale in Bad Zwischenahn in 2021 einen zweites Innovation Hub in Hamburg gestartet, an dem mittlerweile über 40 Marketing- und Produktverantwortliche an der Weiterentwicklung des Portfolios arbeiten und sich

Abb. 14.7 Rügenwalder Vegane Alternativen. (Quelle: Rügenwalder Mühle (2020) [6])

breit vernetzen. Dazu gehört die strategische Partnerschaft mit dem Food Harbour Hamburg als Food-Accelerator, der Start-ups, Corporates und Mittelstand zusammenbringt. „2022 sind wir weggegangen vom Innovieren im stillen Kämmerlein und haben damit angefangen, uns zu öffnen für Kollaboration und Innovation mit dem Fuß auf dem externen Gaspedal. Seit Mitte 2021 haben wir Büros in Hamburg, seit Januar 2023 einen eigenen Standort in der Hafencity. Damit sind wir jetzt noch viel näher dran an den Startups, am Food Harbour. Die Stadt Hamburg hat Großes vor mit dem neu gegründeten Food Cluster. Das ist eine tolle Community, die uns viel Input und Inspirationen liefert", so der Rügenwalder Marketingleiter Steffen Zeller zur Innovationsstrategie seines Unternehmens. Zentrales Element dieser Innovationsstrategie ist die Kooperation mit zahlreichen, unterschiedlichen Kompetenzpartnern. Dazu gehört im Marketingbereich u. a. die strategische Zusammenarbeit mit der Bilder-Plattform Pinterest, mit der OMR sowie dem Fotografen und Influencer Paul Ripke. Für den Launch einer Trockenpulver-basierten Produktrange kooperiert Rügenwalder mit der Handelsplattform KoRo. Um frühzeitig die Potentiale im Bereich Cultivated Meat zu klären, bestehen Partnerschaften mit Respect Farms und Mirai Foods sowie im Bereich alternativer Proteine mit Mykoprotein.

◀

14.6 Agilität, Tech-Know-How und Shareability als Schlüsselkompetenzen

Gefragt nach den Schlüsselkompetenzen, um die zahlreichen Herausforderungen im F&B-Innovationsprozess auch in Zukunft erfolgreich zu meistern lassen sich die vielfältigen, individuellen Antworten zu folgenden vier Favoriten clustern:

1. Agilität der Gesamtorganisation (29 %)
2. Breite und tiefe Vernetzung mit externen Kompetenz-Partnern (25 %)
3. Digital- & KI-Know-How (21 %)
4. Diverse Experten-Teams mit vielfältigen Kompetenzen (17 %)

Die Ergebnisse der Leitfaden-Interviews unterstreichen den engen Zusammenhang zwischen diesen vier Schlüsselkompetenzen. So wurden sie z. T. auch in Kombination genannt („Fähigkeit multi-funktionale Teams und Partnerschaften einzugehen und zu managen, inklusive der dabei entstehenden Komplexität."). Einig sind sich alle Innovations-Verantwortlichen darin, dass der enorme und kurzfristige Bedarf an zusätzlichem Know-How (gerade im Bereich KI und Digitalisierung) in Verbindung mit einer kulturellen Transformation hin zu mehr Offenheit, Flexibilität, Anpassungsbereitschaft und -fähigkeit nicht allein durch neue und zusätzliche Mitarbeiterinnen und Mitarbeiter gedeckt werden kann. Der einzig realistische Lösungsweg besteht in vielfältigen Partnerschaften.

Die Fähigkeit, die dem zugrunde liegt, geht über das klassische Networking weit hinaus. Es geht vielmehr um Shareability. Shareability ist die Fähigkeit, sich als Organisation breit zu vernetzen, eine ehrliche und aufrichtige Offenheit zu zeigen und komplementäre Ressourcen und Kompetenzen mit anderen auf gleicher Ebene zu teilen. Der Begriff Shareability kommt ursprünglich aus dem Content Marketing und beschreibt die Eigenschaft eines Inhalts, leicht teilbar zu sein oder mit hoher Wahrscheinlichkeit geteilt zu werden.

Shareability versetzt F&B-Produzenten in die Lage, die heute bereits bestehenden und perspektivisch immer größer werdenden Ressourcen- und Kompetenzlücken durch die systematische Vernetzung mit Partnern, insbesondere Tech- und Food-Start-ups in Verbindung mit Food-Clustern, Accelerator- und Inkubator-Programmen sowie Forschungseinrichtungen und Hochschulen schrittweise zu schließen und gleichzeitig die notwendige kulturelle Transformation des eigenen Unternehmens hin zu mehr Agilität und Offenheit voranzutreiben.

Shareability zahlt damit direkt auf das Beziehungskapital (Relational Capital) ein, dass – neben Human- und Strukturkapital – als dritte Hauptkomponente des intellektuellen Kapitals eines Unternehmens ein zunehmend wichtigerer Werttreiber sein wird.

Die enorme Komplexität, die sich aus der Disruption und Neukonfiguration der traditionell linearen Wertschöpfungskette zu einem neuen, kreisförmig-vernetzten Food-System ergibt und durch Digitalisierung KI zusätzlich eine Turbobeschleunigung erfährt, lässt sich nur in der Vernetzung und Zusammenarbeit aller Akteure lösen.

Daraus ergeben sich für die jeweiligen Management-Verantwortlichen neue Herausforderungen: Was ist unsere übergeordnete Kooperations- bzw. Partner-Strategie? Wie identifizieren, analysieren, bewerten und schließlich akquirieren wir für unsere gesamte Wertschöpfungskette die richtigen Partner, deren Kompetenzen und Ressourcen unsere perfekt ergänzen? Wie sehen dazu unsere spezifischen Kooperationsmodelle aus? Wie stellen wir den notwendigen Cultural Fit sicher bzw. wie schaffen wir in unserer Organisation die Adaptionsfähigkeit, die wir für vitale Partnerschaften brauchen? Wie schaffen wir einen zusätzlichen Mehrwert durch die Vernetzung unserer Kooperationspartner untereinander?

Shareability ohne klare, vordefinierte Kooperationsstrategie und -struktur führt – so die Sorge der befragten Innovationsmacherinnen und -macher – in der Regel zu beliebigen Ad-hoc-Maßnahmen ohne nachhaltige Effekte für ein langfristig erfolgreiches Innovationsmanagement. Daraus resultiert die Anforderung an ein Top Management, das open-minded und mit großer Vernetzungs- und Orchestrierungskompetenz die F&B-Innovations-Expertinnen und Experten inhouse mit denen außerhalb des Unternehmens virtuos vernetzt.

Literatur

1. AOK Bundesverband/forsa Gesellschaft für Sozialforschung und statistische Analysen mbH. (Hrsg.). (2024). *Ernährung 2.0. Nachhaltige Ernährung für Klima und Gesundheit. Wo steht Deutschland?* Repräsentative Umfrage. https://www.aok.de/pp/bw/pm/ernaehrung-20/. Zugegriffen: 03. Dez. 2024.
2. Cicek, M., & Wolfram, C. (2023). *Deutscher Innovationsreport Food.* DIL Deutsches Institut für Lebensmitteltechnik e.V. & Engel & Zimmermann GmbH.
3. Gartner. (o. J.). *Gartner Hype Cycle.* https://www.gartner.de/de/methoden/hype-cycle. Zugegriffen: 03. Dez. 2024.
4. GfK. (2024). Planetary Health als Lebensstil. *CPS Consumer Index, 05.*
5. Planteneer. (o.J.). *Plantbaser Planteneers' webshop for plant-based food ingredients.* https://plantbaser.planteneers.com/. Zugegriffen: 22. Dez. 2024.
6. Rügenwalder Mühle. (2020). *Fleisch aus Pflanzen.* https://www.youtube.com/watch?v=tQc8FDDH7YE&t=1s. Zugegriffen: 22. Dez. 2024.
7. Rützler, H. (2024). *Zukunftsreport 2025.* Zukunftsinstitut.
8. Gollnhofer, J. (2023). *Don't call it nachhaltig.* Vortag auf dem BAM (Bock auf Morgen)-Festival. https://www.youtube.com/watch?v=l33VeRyU-iU. Zugegriffen: 03. Dez. 2024.
9. Gollnhofer, J., & Pechmann, J. (2024). *Das 60%-Potenzial: Mit Marketing die breite Masse für grünen Konsum begeistern.* Campus Verlag.

10. Willett, W., Rockström, J., Loken, B., Springmann, M., Lang, T., Vermeulen, S., Garnett, T., Tilman, D., DeClerck, F., Wood, A., Jonell, M., Clark, M., Gordon, L. J., Fanzo, J., Hawkes, C., Zurayk, R., Rivera, J. A., De Vries, W., Sibanca, L. M., … Murray, C. J. L. (2019). Food in the Anthropocene: The EAT-Lancet Commission on healthy diets from sustainable food systems. *EAT-Lancet Commission.* Retrieved from https://www.thelancet.com/commissions/EAT. Zugegriffen: 27. Juni 2024.

Dr. Philipp Stradtmann ist Managing Partner des Company Builder & Boosters GFC Good Food Creators. Seine Management-Karriere begann er in der Internet-Wirtschaft bei der Bertelsmann-Tochter Pixelpark bevor er zehn Jahre als Geschäftsführer, immer mit der Verantwortung für Vertrieb, Marketing & Produktentwicklung, für verschiedene Unternehmen der Oetker-Gruppe im In- und Ausland tätig war. 2014 wechselte er als CEO eines globalen Hidden Champion für Medikaltextilien zur Paul Hartmann AG. Von 2018 bis 2022 verantwortete er als Co-CEO den führenden B2B Rohwaren-Zulieferer Bösch Boden Spies in Hamburg. Als Co-Founder baut Stradtmann heute Food-Start-ups mit auf und begleitet als Impact-Investor und Senior Advisor mit seinen Partnern Volker Weinlein und Roland Große die Gründerinnen und Gründer von Food-/Tech-Start-ups bei der Erreichung ihrer Wachstums- und Ertragsziele. Parallel ist er als Dozent für Food-Innovation und globale Lieferketten im Studiengang BWL Food-Management der Dualen Hochschule Baden-Württemberg (DHBW) in Heilbronn tätig.

Ökosysteme

Food-Innovations-Ökosysteme als Treiber für nachhaltiges Food-Management

Lukas Dillinger

Zusammenfassung

Dieses Kapitel untersucht die Bedeutung von Food-Ökosystemen und ihre Rolle im nachhaltigen Food Management. Es beginnt mit einer Einführung in Food Innovations-Ökosysteme, die als dynamische Netzwerke von Akteuren beschrieben werden, die innovative Lösungen für globale Herausforderungen im Ernährungsbereich entwickeln. Anschließend wird der systemische Ansatz hervorgehoben, der eine ganzheitliche Betrachtung der komplexen Wechselwirkungen innerhalb von Lebensmittelsystemen ermöglicht und somit effektivere Strategien zur Verbesserung der Nachhaltigkeit bietet. Im weiteren Verlauf wird die entscheidende Rolle von Innovations- und Entrepreneurship-Ökosystemen beleuchtet, die zur Förderung von Technologieentwicklungen und neuen Geschäftsmodellen beitragen. Diese Ökosysteme unterstützen nicht nur die Entstehung neuer Unternehmen, sondern auch die wirtschaftliche und soziale Entwicklung. Das abschließende Fazit unterstreicht die Notwendigkeit eines integrierten Ansatzes, der alle Elemente des Ernährungssystems berücksichtigt und die Zusammenarbeit verschiedener Akteure auf globaler, nationaler und lokaler Ebene fördert, um nachhaltige und resiliente Ernährungssysteme zu gestalten.

L. Dillinger (✉)
TUM Venture Labs, München, Deutschland
E-Mail: lukas.dillinger@extern.unternehmertum.de

15.1 Food Innovations-Ökosysteme

Food Innovations-Ökosysteme sind Netzwerke aus Unternehmen, Start-ups, Forschungseinrichtungen, Investoren und politischen Entscheidungsträgern. Sie sind entscheidend für die Entwicklung neuer Technologien, Produkte und Geschäftsmodelle, die die globalen Herausforderungen im Ernährungsbereich adressieren. Durch den Austausch von Wissen und Ressourcen entstehen innovative Lösungen, die Nachhaltigkeit, Effizienz und Widerstandsfähigkeit in der Nahrungsmittelproduktion und -versorgung fördern.

Technologische Fortschritte in Bereichen wie Agrartechnologie, Lebensmittelverarbeitung und digitale Plattformen verändern die Art und Weise, wie Lebensmittel produziert und konsumiert werden. Ein erfolgreiches Ökosystem vernetzt verschiedene Akteure und schafft Synergien, die den Wandel im globalen Ernährungssystem vorantreiben.

15.1.1 Definition Ökosystem

Bevor sich dieses Kapitel ganzheitlich dem Thema „Food" widmet, folgt eine kurze Einordnung des allgemeinen Begriffs „Ökosystem". Im darauffolgenden Schritt werden beide Begrifflichkeiten verbunden, definiert und weiter zusammen beleuchtet.

Der Begriff Ökosystem wurde erstmals 1935 [36] von dem britischen Ökologen Sir Arthur Tansley in seinem Artikel „The Use and Abuse of Vegetational Concepts and Terms" eingeführt. Tansley verwendete den Begriff, um die Wechselwirkungen zwischen lebenden Organismen und ihrer physischen Umwelt zu beschreiben, einschließlich der Wechselwirkungen zwischen Pflanzen, Tieren und ihrer abiotischen Umwelt wie Boden, Wasser und Klima. Seitdem ist der Begriff „Ökosystem" zu einem grundlegenden Konzept in der Ökologie (Wissenschaft von den Wechselbeziehungen zwischen Lebewesen und ihrer Umwelt) geworden und hat unser Verständnis natürlicher Systeme und ihrer Funktionsweise stark beeinflusst [36]. Bis heute werden Ökosysteme allgemein als dynamische Gemeinschaften von Organismen in Verbindung mit ihrer physischen Umgebung betrachtet. Dies bestätigt Ricklefs (2008 [27]), gemäß seiner Definition umfasst ein Ökosystem ebenfalls alle Organismen innerhalb eines bestimmten geografischen Gebiets sowie die abiotischen (nicht-lebenden) Faktoren wie Boden, Wasser, Klima und Luft, die mit diesen Organismen interagieren.

15.1.2 Definition Food-System

Im September 2021 hat eine hochrangige Expertengruppe für Ernährungssicherheit und Ernährung (HLPE) des Ausschusses für Welternährungssicherheit (Committee on World Food Security) auf dem UN Food Systems Summit in Bonn die folgende Definition zur Beschreibung eines Ernährungssystems verabschiedet:

Ein Lebensmittelsystem umfasst alle Elemente (Umwelt, Menschen, Inputs, Prozesse, Infrastrukturen, Institutionen, usw.) und Aktivitäten, die sich auf die Produktion, die Verarbeitung, den Vertrieb, Verteilung, Zubereitung und Verzehr von Lebensmitteln beziehen, sowie die Ergebnisse dieser Aktivitäten, einschließlich der sozioökonomischen und ökologischen Ergebnisse (HLPE 2014 [14]).

Anhand dieser Definition wird die Komplexität eines Lebensmittelsystems bereits sehr deutlich. Systemisch betrachtet werden weit mehr Aktivitäten und Bestandteile mit einbezogen, wie überlappende Lebensmittelsysteme, Verbraucherverhalten, Lieferketten oder externe Faktoren wie Bevölkerungswachstum, Klimawandel, Globalisierung, Handel, Urbanisierung oder Politik und weitere ökologische, soziale und wirtschaftliche Einflüsse [37]. Entlang der Lebensmittelversorgungskette gibt es starke Überschneidungen innerhalb der Lebensmittelproduktion zwischen zwei Systemen: Dem Ernährungssystem und dem Agrarsystem. Diese beinhalten wiederum Institutionen, Technologien und Praktiken, welche großen Einfluss auf Vermarktung, Verarbeitung, Transport, Verteilung und Konsum von Lebensmittel haben [7].

15.1.3 Definition Food-Ökoystem

Ein Food-Ökosystem ist ein komplexes Netzwerk miteinander verbundener Aktivitäten, Prozesse und Akteure, die an der Produktion, dem Vertrieb, dem Konsum und der Entsorgung von Nahrungsmitteln beteiligt sind. Ein solches System umfasst natürliche Komponenten wie Boden, Wasser und Biodiversität, die die Grundlage für die Lebensmittelproduktion bilden. Es umfasst aber auch die menschlichen Ressourcen und Komponenten der Landwirtschaft, der Verbraucherinnen und Verbraucher und der politischen Entscheidungsträger. Sie alle interagieren miteinander und beeinflussen in diesem Sinne ernährungsrelevante Entscheidungen [22]. Wirtschaftliche Elemente wie Märkte und Versorgungsketten erleichtern die Bewegung und den Zugang zu Lebensmitteln, während regulatorische Rahmenbedingungen sicherstellen, dass Lebensmittelsicherheit, Umweltschutz und Handelsvorschriften eingehalten werden [25]. Dieser Ökosystemansatz hebt nicht nur die biophysikalischen Wechselwirkungen (Interaktionen zwischen biologischen Organismen und den physikalischen Komponenten ihrer Umwelt) innerhalb der Lebensmittelproduktion hervor, sondern bezieht auch die sozioökonomischen Systeme mit ein, die die Lebensmittelprozesse steuern und regulieren, wodurch Food-Ökosysteme zu einem ganzheitlichen Modell für das Verständnis und die Verbesserung der Nachhaltigkeit und Widerstandsfähigkeit (Resilienz) von Lebensmittelsystemen gemacht werden können [34].

15.2 Ein systemischer Ansatz als Lösung

Laut der Food and Agriculture Organization (FAO) ([9]) ist es wichtig, die vielfältigen Funktionen von Ernährungssystemen zu verstehen, um negative Auswirkungen zu minimieren und positive Auswirkungen zu maximieren. Daher ist ein transformativer Ansatz für nachhaltige Ernährungssysteme erforderlich, welcher sich an die raschen Veränderungen anpassen kann, die durch Bevölkerungswachstum, Urbanisierung, steigenden Wohlstand, veränderten Konsummustern und Globalisierung sowie durch Umweltherausforderungen wie Klimawandel und Ressourcenverknappung verursacht werden.

Die FAO kritisiert die derzeitigen Strategien zur Ernährungssicherung wegen ihrer engen Fokussierung auf die Produktion und plädiert für ganzheitliche, systembasierte Ansätze. Die derzeitigen Ansätze für Ernährungssicherheit und Ernährung sind aufgrund ihrer Komplexität oft unzureichend und erfordern besser koordinierte, ganzheitliche Strategien. In jüngster Zeit haben Ansätze des systemischen Denkens an Bedeutung gewonnen, da sie umfassendere systemische Faktoren, Einflüsse und Interdependenzen berücksichtigen.

Deshalb befürwortet die FAO einen ganzheitlichen Ansatz für Food-Systeme, der alle Elemente, Beziehungen und Auswirkungen miteinbezieht. Dieser Ansatz beschränkt sich nicht auf einzelne Sektoren oder Disziplinen, sondern zielt darauf ab, ein breites Spektrum von Aktivitäten und Akteursgruppen entlang der Lieferketten mit einzubeziehen. Diese umfassende Perspektive ist entscheidend, um Veränderungen im gesamten Lebensmittelsystem zu erreichen. Sie hilft, Synergien und notwendige Kompromisse zwischen konkurrierenden Prioritäten wie Armutsbekämpfung, landwirtschaftlicher Produktivität, Ernährung und ökologischer Nachhaltigkeit zu erkennen. Der ganzheitliche Ansatz erleichtert die Zusammenarbeit zwischen verschiedenen Akteuren auf unterschiedlichen Ebenen und zielt auf ausgewogene Beziehungen und integrierte Maßnahmen ab, um künftige Herausforderungen umfassend anzugehen [9].

15.2.1 Systems Thinking

„Systems Thinking", wie es von Donella Meadows in ihrem Buch „Thinking in Systems" beschrieben wird, ist eine Denkweise, die darauf abzielt, komplexe Systeme zu verstehen und zu analysieren. In ihrem Buch definiert sie ein System als eine zusammenhängende Menge von Elementen, die kohärent organisiert sind und im Laufe der Zeit zu einem erkennbaren Verhaltensmuster führen. Diese Systeme existieren auf allen Maßstabs- und Abstraktionsebenen. Von der mikroskopischen Ebene (einer einzelnen Zelle) bis hin zu den gewaltigen Dimensionen des Universums. Außerdem fallen Ökosysteme (physisch, konkret) sowie Finanzsysteme (abstrakt, immateriell) ebenfalls unter diese Definition. Alle Systeme sind in irgend einer Weise miteinander verbunden und werden willkürlich voneinander abgegrenzt, je nachdem welche Funktion, welchen Zweck sie verfolgen sollen oder welches Ergebnis erreicht werden soll [23]. Im Kontext der Food-Systeme ist beispielsweise die Hauptfunktion die Produktion und Distribution von Lebensmitteln für den menschlichen Verzehr. Die Systemgrenzen werden entsprechend diesem Zweck definiert.

15.2.2 Food Systems Framework

Die Grundfunktion eines einzelnen Systems ist nicht immer gleichzeitig ihr eigenes und einziges Ergebnis. Food-Systeme zum Beispiel organisieren sich, um Lebensmittel zu produzieren. Es gibt aber weiterhin weitreichende Ergebnisse, welche das System darüberhinaus erzeugt. Einige davon werden als positiv bewertet (Sicherung von Beschäftigung und Lebensunterhalt, Kultur-Agrarlandschaften, usw.), andere dahingehend als negativ (Treibhausgasemissionen, Biodiversitätsverlust, schlechte Arbeitsbedingungen, usw.). Aufgrund der Interpendenzen eines oder mehrerer Systeme ist es schwierig, die negative Auswirkungen eines Systems direkt anzugehen, ohne wissentlich Probleme in anderen Teilen des Systems zu verstärken oder sie gar zu erzeugen. Wie sich komplexe sozioökologische Systeme, wie Ernährungssysteme verhalten oder gar in Zukunft funktionieren werden, ist schwer vorherzusagen. Dies kann immer wieder zu systemisch suboptimalen Entscheidungen führen [24].

Aus diesem Grund braucht es ganzheitliche Betrachtungsweisen und Instrumente, welche unser Verständnis der Zusammenhänge fördern und diese wiederum visuell sichtbar machen. Ein Beispiel dafür ist das sogenannte „Food System Framework" (FSA), welches zunehmend als Analyseinstrument eingesetzt wird, um unser Verständnis eines ganzheitlichen Zusammenhangs von Landwirtschaft, Lebensmittelsicherheit und Ernährung zu verbessern. Daraus können politische Maßnahmen und strategische Interventionen sowie Entscheidungen abgeleitet und gestaltet werden, sodass sie zu wünschenswerten Systemergebnissen führen. Sprich: auf ein nachhaltiges Lebensmittelsystem einzahlen. Hier wir als grundlegender Ansatz „Systems Thinking" verwendet, das die Produktion, die Verarbeitung, den Vertrieb, die Zubereitung und den Verzehr von Lebensmitteln mit Elementen der Umwelt, der Menschen, der Betriebsmittel, der Infrastruktur und der Institutionen verbindet. Hiermit werden alle Verbindungen und ihre Feedbackloops (Rückkopplungsschleifen) zwischen diesen Elementen und Prozessen aufgezeigt und wie sich die Ergebnisse aller Aktivitäten auf die Ernährungssicherheit sowie auf sozioökonomische und ökologische Ergebnisse auswirken. Die Kombination der drei weit gefassten und immer miteinander verknüpften Entwicklungsbereiche Ernährungssicherheit, inklusive wirtschaftliche Entwicklung und ökologische Nachhaltigkeit ist entscheidend für das Denken in Lebensmittelsystemen und deren Outputs. Die Analyse von Ernährungssystemen ist ein wichtiger erster Schritt für strategisches Handeln auf globaler, nationaler und lokaler Ebene. Ein Ziel der Analyse ist es, einen Transformationsprozess des Ernährungssystems einzuleiten, um die gewünschten Ergebnisse in den drei miteinander verknüpften Bereichen zu erzielen [3].

Rückkopplungsschleifen sind ein entscheidender Faktor des Systemdenkens: Sie treten zwischen den Teilen der Lebensmittelkette (Produktion, Verarbeitung, Vertrieb und Verbrauch) und den sozioökonomischen und ökologischen Ergebnissen (Outputs Treibhausgasemissionen, Bodenverarmung, usw.) auf. Das FSA beleuchtet die nichtlinearen Prozesse im Lebensmittelsystem und deckt mögliche Kompromisse zwischen politischen Zielen und dem Umweltschutz auf. Das Systemdenken erweitert auch die Perspektive bei der Suche nach Lösungen für die eigentlichen Ursachen von Problemen wie Armut, Unterernährung und Klimawandel.

Das FSA Framework (siehe Abb. 15.1) bietet drei Vorteile:

1. Es ist eine Checkliste, welche Themen im Sinne der Ernährungssicherheit zumindest adressiert werden sollen, im Verhältnis zu anderen politischen Zielen.
2. Sie zeigt Anfälligkeiten im Ernährungssystem auf, hilft dabei Auswirkungen von Umwelt- und Klimaveränderungen auf die Ernährungssicherheit zu erfassen und kann damit einen Beitrag zur Stärkung der Resilienz eines Ernährungssystem leisten.
3. Es hilft bei der Faktorbestimmung, die das Erreichen der Ernährungssicherheit am meisten einschränken und zeigt Interventionspotentiale auf [42].

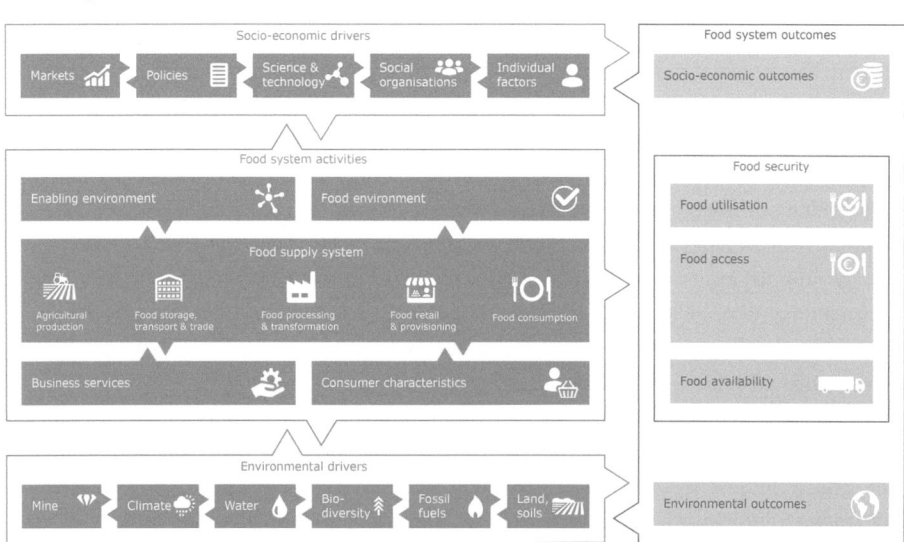

Abb. 15.1 Food System Framework (FSA) als Möglichkeit, die Beziehungen zwischen dem Lebensmittelsystem und seinen Triebkräften darzustellen. (Quelle: van Berkum et al. (2018) [42])

15.3 Innovations-Ökosysteme

Innovations-Ökosysteme definieren sich als Netz miteinander verbundener Organisationen, die um ein Schwerpunktunternehmen oder eine Plattform herum organisiert sind und sowohl Teilnehmer der Produktions- als auch der Nutzungsseite umfassen und sich auf die Entwicklung neuen Werts durch Innovation konzentrieren [1]. Um die gemeinsame Wertschöpfung zu fördern, müssen die Beziehungen in einem Ökosystem Ressourcen und Informationen (d. h. Wissens-Spillover) effizient innerhalb des Netzes bewegen und austauschen [18]. Auch wenn Innovations-Ökosysteme in der Regel regional angesiedelt sind, können sie sich über die ganze Welt verbeiten. Dank der von ihren Mitgliedern geschaffenen Netzwerke können sie gemeinsame Probleme und neue gesellschaftliche Herausforderungen (z. B. Sustainable Delevopment Goals, Lebensmittelknappheit, Lebensmittelverschwendung) global angehen [32]. Innovationsökosysteme funktionieren über komplizierte, miteinander verknüpfte Beziehungen, die ihre Ressourcen bündeln, um integrierte Lösungen zu entwickeln und gemeinsam Werte zu schaffen, die von einzelnen Mitgliedern allein nicht erreicht werden können. Innerhalb dieser Ökosysteme hängt die gemeinsame Wertschöpfung von Investitionen in aufstrebende Unternehmen, umfangreichem Wissensaustausch und Spillover-Effekten sowie von Governance-Mechanismen ab, die verhindern, dass die Mitglieder zu einer einzigen Einheit verschmelzen. Die wechselseitige Abhängigkeit dieser Beziehungen stellt sicher, dass jedes Mitglied eine Symbiose mit anderen einzelnen Mitgliedern und Institutionen eingeht und sich mit ihnen weiterentwickelt [38]. Daher bestehen Innovations-Ökosysteme hauptsächlich aus innovativen Unternehmen, die als primäre Innovatoren fungieren, sowie aus Endnutzern, die von dem durch die Interaktion der Mitglieder generierten Wissen profitieren. Darüber hinaus gibt es weitere wichtige Mitglieder:

- Öffentliche Einrichtungen und Regierungen
- Forschungseinrichtungen und Universitäten, die für die Wissensproduktion von entscheidender Bedeutung sind
- Finanzinstitute, die Innovationen durch die Bereitstellung von Finanzmitteln unterstützen
- Und verschiedene andere Akteure, die Zusammenarbeit, Mobilität, Wissenstransfer und soziale Interaktionen fördern [28].

Alle Informationen zu diesem Kapitel stammen aus der Bücherreihe „Innovation and Entrepreneurial Ecosystems: Structure, Boundaries, and Dynamics" [5].

15.3.1 Entrepreneurship-Ökosysteme

In modernen komplexen Volkswirtschaften wird es für Unternehmen immer schwieriger, die gesamte Wertschöpfungskette bestimmter Produkte oder Dienstleistungen zu verwalten, da sie sich immer mehr spezialisieren [2, 19]. Folglich müssen sie sich auf andere Mitglieder des Ökosystems verlassen und mit ihnen zusammenarbeiten, um sich an systemweiten Wertangeboten und Wertschöpfungsinitiativen zu beteiligen, die entstehen, wenn verschiedene Mitglieder ihre individuellen Beiträge kombinieren [12].

Angesichts dieses Szenarios können unternehmerische Ökosysteme verschiedene Komponenten umfassen, wie z. B. erfahrene Unternehmer, rechtliche Unterstützungssysteme, eine Kultur, die Scheitern akzeptiert, Entrepreneurship-Zentren und Zugang zu Finanzierung durch Business Angels oder Risikokapitalgeber [16]. Diese Ökosysteme funktionieren als Netzwerke, die Humankapital, finanzielle und professionelle Ressourcen und andere Unterstützungssysteme umfassen, die die soziale und wirtschaftliche Entwicklung in bestimmten geografischen Gebieten vorantreiben [16].

Infolgedessen kann ein breites Spektrum von Branchen, Akteuren und Technologien an unternehmerischen Ökosystemen beteiligt sein. Diese Ökosysteme sind wesentliche Triebkräfte, die typischerweise

- die Gründung neuer Unternehmen unterstützen und anregen
- den Zugang zu Märkten ermöglichen
- und Unternehmern, die neue Unternehmen aufbauen wollen, Humankapital und finanzielle Unterstützung bieten.

Neue Unternehmen, wie z. B. Start-ups, entstehen und wachsen nicht nur aufgrund der individuellen Eigenschaften ihrer Gründerinnen und Gründer, sondern auch, weil sie in Netze öffentlicher und privater Mitglieder eingebunden sind, die sie in verschiedenen Entwicklungsphasen fördern und unterstützen [16].

15.3.2 Struktur von Innovations- und Entrepreneurship-Ökosystemen

Eine große Ähnlichkeit zwischen Entrepreneurship-Ökosystemen und Innovations-Ökosystemen besteht darin, dass sie über ihre interne Perspektive hinausgehen und verschiedene Unterstützungsquellen von Institutionen auf industrieller und staatlicher Ebene nutzen. Folglich erleichtern sie den Zu- und Abfluss von externem Wissen [4, 31].

Sowohl unternehmerische Ökosysteme als auch Innovations-Ökosysteme können als komplexe adaptive Systeme beschrieben werden, die die folgenden sechs Eigenschaften aufweisen:

- Selbstorganisation,
- offene, aber ausgeprägte Grenzen,
- komplexe Komponenten,
- Nichtlinearität,
- Anpassungsfähigkeit und
- Empfindlichkeit gegenüber Ausgangsbedingungen [29].

Die Komplexität von Innovations- und Unternehmensökosystemen hat viele Autoren dazu veranlasst, ihre bestehenden und interagierenden Elemente zu konzeptualisieren. Eine gängige Konzeptualisierung von Innovations-Ökosystemen umfasst die folgenden Kernelemente: Akteure, Infrastruktur, Vorschriften, Wissen und Ideen [6, 15, 17].

- **Akteure**: Dazu gehören die Regierung, Universitäten, die Industrie, unterstützende Institutionen, Fachleute, Unternehmer, finanzielle Unterstützungssysteme, lebensfähige Märkte und die Gesellschaft. Ihre sozialen und wirtschaftlichen Beziehungen spielen während der gesamten Lebensdauer von Innovations-Ökosystemen verschiedene Rollen.
- **Infrastruktur**: Umfasst die physischen und technischen Bedingungen sowie die allgemeinen Ressourcen, die zur Unterstützung des Innovations-Ökosystems und seiner Entwicklungen erforderlich sind.
- **Vorschriften**: Umfassen die Gesetze und Regeln, die das Funktionieren des Innovations-Ökosystems und seines Umfelds bestimmen.
- **Wissen**: Bezieht sich auf vorhandene theoretische Grundlagen, sowohl stillschweigendes als auch explizites, formelles und informelles sowie spezialisiertes Wissen. Dieses Wissen wird entlang der Innovationswertschöpfungskette genutzt, erzeugt, organisiert, verwaltet, verfügbar gemacht und erlernt.
- **Ideen**: Dies sind bewusste Gedanken, die Innovationsmaßnahmen auslösen und den Kern bilden, um den herum Innovations-Ökosysteme funktionieren.

In der Literatur werden die transversalen Eigenschaften von Innovations- und Unternehmens-Ökosystemen hervorgehoben, die ihre Konzepte in verschiedenen Bereichen, wie z. B. dem Lebensmittelsystem, weithin anwendbar machen. Bei den Bemühungen, die gemeinsamen Merkmale dieser Ökosysteme zu konsolidieren, wurden sieben gemeinsame Dimensionen ermittelt [31]:

- **Territorium**: Ein spezifisches geografisches Gebiet mit einer einzigartigen Atmosphäre, einer verankerten Industrie und unterschiedlichen Größen.

- **Gemeinsame Werte**: Eine Reihe gemeinsamer Werte wie Vertrauen, ein Gefühl der Gemeinschaftszugehörigkeit und gegenseitiges Verständnis, das durch Traditionen und Kultur gefördert wird.
- **Heterogene Stakeholder**: Eine vielfältige Gruppe von Interessenvertretern, darunter Unternehmen unterschiedlicher Größe, Forschungseinrichtungen, Universitäten und Regierungsbeamte, die sich alle auf verschiedenen Stufen der Wertschöpfungskette befinden.
- **Wirtschaftliche Grundlage**: Eine solide wirtschaftliche Basis, die auf lokalisierten Volkswirtschaften, Agglomerationseffekten, der Transaktionskostentheorie, lokalisierten Spillover-Effekten und Größenvorteilen beruht.
- **Soziales Fundament**: Soziale Strukturen, die auf Koexistenz, Koevolution, Zusammenarbeit und Wettbewerb basieren und die wachsende Bedeutung von Sozial- und Humankapital betonen
- **Wissenskern**: Eine vielfältige Wissensbasis (z. B. stillschweigend oder explizit), die durch Wissensaustausch und Spillover effektiv zirkuliert, durch praktische Ausbildung gut absorbiert wird und Synergien bietet.
- **Definierte Ergebnisse**: Klare Ergebnisse, die als Katalysator für Innovation und unternehmerische Initiativen dienen und Wettbewerbsfähigkeit, Wirtschaftswachstum, langfristige Entwicklung, Leistung und Erfolg fördern.

15.3.3 Mapping von Innovations-Ökosystemen

Um das Verständnis und die Modellierung von Innovations-Ökosystemen sowohl für praktische als auch für akademische Zwecke zu verbessern, entwickelten Talmar und Kollegen (2018 [35]) ein qualitatives Strategie-Mapping-Tool namens Ecosystem Pie Model (EPM) (siehe Abb. 15.2). Dieses Modell kombiniert einen strukturalistischen Ansatz mit aktuellen akademischen Entwicklungen zu Ökosystemen und der praktischen Anwendung des Konzepts der Innovations-Ökosysteme. Das EPM unterscheidet seine Elemente und Beziehungen auf zwei Ebenen: der Ökosystemebene (EL) und der Akteursebene (AL), die beide untereinander und innerhalb der Ökosystemmitglieder interagieren.

Das EPM enthält Elemente aus akteursbasierten Sektoren und eingebettete Kreise, um die spezifischen Merkmale der einzelnen Akteure darzustellen. Dieses kreisförmige Design des EPM bietet zwei Hauptvorteile. Erstens ermöglicht es eine detaillierte, gleichzeitige Darstellung sowohl der Eigenschaften des Ökosystems als auch der Akteursebene. Zweitens veranschaulicht es deutlich die Beziehungen, die über die unmittelbaren Grenzen der Wertschöpfungskette hinausgehen. Folglich dient das EPM als Instrument zur Betrachtung und Integration wichtiger Ökosystemeigenschaften wie Interdependenz, Komplementarität und Anpassungsrisiken. Dieses Instrument ermöglicht es den Beteiligten, fundierte Entscheidungen über ihre Innovationsstrategien zu treffen und das

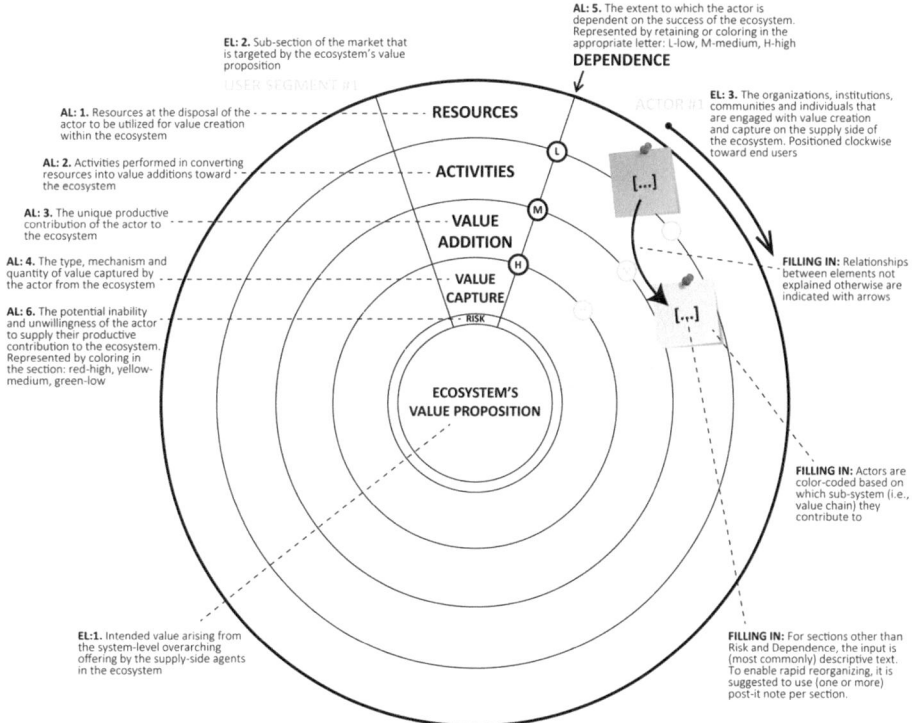

Abb. 15.2 Das Ecosystem Pie Model (EPM) zum strategischen Mapping von Innovations- Ökosystemen. (Quelle: Talmar et al. (2018) [35])

Ökosystem als komplexe Einheit zu verstehen. Umfassende Leitlinien für die effektive Nutzung des Pie-Modells finden sich in Talmar et al. (2018 [35]).

15.4 Food-Systeme als Innovations-Ökosysteme

Ein Food Innovations-Ökosystem bezieht sich auf das Netzwerk und das Umfeld von Akteuren und Prozessen, die zur Förderung von Innovationen im Bereich Lebensmittel und Ernährung beitragen. Es umfasst verschiedene Elemente und Akteure, die zusammenarbeiten, um neue Produkte, Technologien, Dienstleistungen und Geschäftsmodelle zu entwickeln, die die Art und Weise verändern, wie Lebensmittel produziert, vertrieben und konsumiert werden. Die Hauptkomponenten eines Food Innovations-Ökosystems sind Unternehmen und Start-ups, Forschungseinrichtungen und Universitäten, Regierungs-

und Regulierungsbehörden, Investoren und Kapitalgeber, Verbraucher und Märkte, Technologie und Infrastruktur, Netzwerke und Kooperationen sowie Nachhaltigkeit und Umweltaspekte.

15.4.1 Akteursgruppen in Food Innovations-Ökosystemen

Es folgt eine Einkategorisierung der Akteursgruppen und ihrer Rollen in ein Food Innovations-Ökosystem:

> **Übersicht**
>
> **Unternehmen und Start-Ups**
> Unternehmen und Start-Ups spielen eine zentrale Rolle im Food Innovations-Ökosystem. Sie entwickeln und bringen neue Lebensmittelprodukte oder -technologien auf den Markt und bieten innovative Lösungen für bestehende Probleme in der Lebensmittelkette an. Durch ihre Agilität und Kreativität können Start-ups schnell auf Marktveränderungen reagieren und neue Trends setzen [20].
>
> **Forschungseinrichtungen und Universitäten**
> Forschungseinrichtungen und Universitäten sind entscheidend für die Forschung und Entwicklung in den Bereichen Lebensmitteltechnologie, Ernährungswissenschaften und Agrarwissenschaften. Kooperationen zwischen akademischen Einrichtungen und der Industrie fördern den Wissenstransfer und die Umsetzung von Forschungsergebnissen in marktfähige Produkte und Technologien [11].
>
> **Regierungsbehörden und Regulierungsstellen**
> Regierungsbehörden und Regulierungsstellen erlassen und setzen Vorschriften und Richtlinien zur Lebensmittelsicherheit, -qualität und -nachhaltigkeit durch. Sie bieten Programme und Fördermittel zur Unterstützung von Innovationsprojekten und schaffen so ein förderliches Umfeld für die Entwicklung neuer Lösungen im Lebensmittelsektor [33].
>
> **Investoren und Fördermittelgeber**
> Risikokapitalgeber, Investoren und Finanzinstitute investieren in innovative Food-Projekte und unterstützen so deren Entwicklung und Markteinführung. Öffentliche und private Förderprogramme bieten zusätzliche finanzielle Unterstützung für Forschung und Entwicklung [13].
>
> **Verbraucherinnen und Verbraucher sowie Märkte**
> Verbraucherinnen und Verbraucher beeinflussen durch ihre Nachfrage und Präferenzen Innovationen im Lebensmittelsektor. Märkte und Plattformen erleichtern den Zugang zu neuen Produkten und Dienstleistungen und tragen so zur Verbreitung innovativer Lösungen bei [21].
>
> **Technologie und Infrastruktur**

> Neue Technologien wie Biotechnologie, Digitalisierung, Automatisierung und
> künstliche Intelligenz treiben Innovationen im Lebensmittelsektor voran. Eine gut
> entwickelte Infrastruktur unterstützt die Produktion, Logistik und den Vertrieb
> innovativer Lebensmittelprodukte.
> **Netzwerke und Kooperationen**
> Netzwerke von Akteuren, die Wissen, Ressourcen und Best Practices austauschen, sind essentiell für ein funktionierendes Food Innovations-Ökosystem. Die Zusammenarbeit zwischen verschiedenen Akteuren schafft Synergien und hilft, gemeinsame Herausforderungen zu bewältigen [30].
> **Nachhaltigkeit und Umweltaspekte**
> Initiativen und Projekte, die auf eine nachhaltige und umweltfreundliche Lebensmittelproduktion abzielen, spielen eine wichtige Rolle im Food Innovations-Ökosystem. Die Berücksichtigung ökologischer und sozialer Aspekte bei der Entwicklung neuer Lebensmittelprodukte und -technologien ist entscheidend für deren langfristigen Erfolg [26].

Ein funktionierendes Food Innovations-Ökosystem fördert die Zusammenarbeit zwischen diesen verschiedenen Akteuren und schafft eine Umgebung, in der kreative Ideen und innovative Lösungen gedeihen können. Ziel ist es, die Effizienz, Nachhaltigkeit und Qualität der Lebensmittelproduktion und -versorgung zu verbessern und gleichzeitig den sich wandelnden Bedürfnissen und Erwartungen der Verbraucher gerecht zu werden.

15.4.2 Schlüsselfaktoren für die Entstehung und Entwicklung von Food Innovations-Ökosystemen

Die Entstehung und Entwicklung von Food Innovations-Ökosystemen ist ein komplexer Prozess, der eine Vielzahl von Faktoren umfasst, die in Wechselwirkung zueinanderstehen. Diese Ökosysteme spielen eine entscheidende Rolle bei der Förderung von Innovationen im Lebensmittelsektor, um nachhaltige und zukunftsfähige Ernährungssysteme zu schaffen. Zwei zentrale Rollen können dabei identifiziert werden: die *Führungsrolle* und die *Vernetzungsrolle*. Durch die Integration aller Akteure entlang der Agrifood-Wertschöpfungskette und die Nutzung von Open Innovation als Kern des Ökosystems können Wissen geteilt und die Interaktion der Stakeholder gestärkt werden. Dies trägt zur Etablierung einer Innovationskultur bei, die für einen nachhaltigen Erfolg im Lebensmittelsektor unverzichtbar ist. Eine gemeinsame Value Proposition (Nutzenversprechen) aller Beteiligten eines Innovations-Ökosystems ist entscheidend, um sicherzustellen, dass alle Stakeholder davon profitieren und gleichzeitig zur Wertschöpfung beitragen. In diesem Zusammenhang ergeben sich mehrere Schlüsselfaktoren, die maßgeblich zum Erfolg dieser Ökosysteme beitragen:

1. Kooperation und Netzwerke Die Zusammenarbeit und Vernetzung zwischen verschiedenen Akteuren wie Unternehmen, Universitäten, Forschungsinstituten, Regierungen und NGOs ist entscheidend. Durch gemeinsame Projekte und den Austausch von Wissen und Ressourcen können innovative Ideen schneller und effizienter entwickelt und umgesetzt werden. Cluster und Innovationszentren, die als Plattformen für Kooperationen dienen, spielen hierbei eine wichtige Rolle [6, 8].

2. Forschung und Entwicklung Investitionen in Forschung und Entwicklung sind die Grundlage für die Entdeckung neuer Technologien und Verfahren im Lebensmittelbereich. Dies ermöglicht es, grundlegende wissenschaftliche Erkenntnisse in marktfähige Produkte und Dienstleistungen umzusetzen. Forschungseinrichtungen, die sich auf Lebensmitteltechnologie und Ernährungswissenschaften spezialisieren, spielen eine entscheidende Rolle in diesem Prozess [17, 43].

3. Finanzierung und Investitionen Ausreichende finanzielle Ressourcen sind notwendig, um innovative Projekte zu starten und zu skalieren. Sowohl öffentliche Fördermittel als auch private Investitionen tragen zur Finanzierung von Innovationsvorhaben bei. Risikokapitalfonds oder Business Angel Netzwerke, die gezielt in Food-Tech-Start-ups investieren, sind ein Beispiel für solche Investitionen. Öffentliche Förderprogramme können zusätzlich als Katalysator wirken [13, 43].

4. Politische und regulatorische Unterstützung Regierungen können durch Rahmenförderprogramme und Richtlinien die Innovation im Lebensmittelbereich maßgeblich unterstützen. Regulierungen sollten Innovationen nicht behindern, sondern vielmehr fördern, indem sie beispielsweise Genehmigungsverfahren vereinfachen und nachhaltige Praktiken unterstützen [8].

5. Nachhaltigkeit und Umweltbewusstsein Nachhaltigkeit ist ein Schlüsselfaktor für moderne Innovationen im Lebensmittelbereich. Innovationen sollten ökologische und soziale Aspekte berücksichtigen und zur Lösung globaler Herausforderungen wie Klimawandel und Ressourcenknappheit beitragen [9, 43].

6. Technologische Infrastruktur Eine robuste technologische Infrastruktur ist unerlässlich für die Entwicklung und Implementierung neuer Lösungen im Lebensmittelbereich. Dies umfasst digitale Technologien wie Künstliche Intelligenz und Blockchain sowie physische Infrastrukturen wie Labore und Produktionsstätten [24].

7. Bildung und Fachkräfteentwicklung Gut ausgebildete Fachkräfte sind essenziell für Innovationen im Lebensmittelbereich. Bildungseinrichtungen müssen die notwendigen Kenntnisse und Fähigkeiten vermitteln, um die nächste Generation von Innovatoren zu unterstützen. Universitätsprogramme und spezialisierte Trainingskurse tragen wesentlich zur Entwicklung dieser Fachkräfte bei [11].

8. Verbraucherengagement Die Einbeziehung der Verbraucherinnen und Verbraucher in den Innovationsprozess stellt sicher, dass die entwickelten Produkte den Bedürfnissen und Erwartungen entsprechen. Verbraucherfeedback kann zur Verbesserung und Anpassung von Produkten führen [21].

9. Aufbau von fachspezifischen Gründungszentren Der Aufbau von fachspezifischen Gründungszentren ist ein weiterer entscheidender Faktor. Diese Zentren bieten maßgeschneiderte Unterstützung für Start-ups und junge Unternehmen im Lebensmittelbereich, einschließlich Zugang zu Fachwissen, Infrastruktur und Netzwerken. Durch die Schaffung eines unterstützenden Umfelds können Gründungszentren unternehmerisches Denken, die Entwicklung und Markteinführung innovativer Lebensmittelprodukte erheblich beschleunigen. Sie fördern den Wissensaustausch und die Zusammenarbeit zwischen neuen und etablierten Akteuren der Branche, was die Innovationsdynamik stärkt und langfristigen Erfolg sichert [41, 40].

15.4.3 Erkenntnisse zu Food Innovations-Ökosystemen: EIT Food Fallstudie

EIT Food, eine Wissens- und Innovationsgemeinschaft (Knowledge and Innovation Community, KIC) des Europäischen Instituts für Innovation und Technologie (EIT), ist ein Beispiel für ein erfolgreiches Food Innovations-Ökosystems. Diese Fallstudie hebt mehrere Schlüsselfaktoren und Erkenntnisse hervor, die zur Entwicklung und Nachhaltigkeit von Food Innovations-Ökosystemen beitragen [5].

Mission und Vision von EIT Food Die Mission von EIT Food besteht darin, die Wettbewerbsfähigkeit Europas stärken. Durch Förderung von nachhaltigem Wachstum und der Schaffung von Arbeitsplätzen durch Synergien zwischen Unternehmen, Bildungseinrichtungen und Forschungseinrichtungen. Dazu gehört ebenfalls die Förderung von kreativem Denken und Innovation, durch die Schaffung eines Umfelds, das Weltklasse-Innovation und Unternehmertum ermöglicht. EIT Food strebt an, Europa zum Zentrum der globalen Lebensmittelinnovation zu machen und fördert dabei ein Gefühl der kollektiven Verantwortung. Industrie, Regierung, Wissenschaft und Bildung arbeiten zusammen, um eine nachhaltige, sichere und gesunde Ernährung zu gewährleisten.

Kooperationsnetzwerk und Wissensaustausch EIT Food betont die Bedeutung eines umfassenden Kooperationsnetzwerks, das Unternehmen, Forschungszentren, Universitäten und Verbraucher umfasst. Dieses Netzwerk fördert den Wissensaustausch und die kollektive Problemlösung, was für die Förderung von Innovation entscheidend ist. EIT Food schafft Kooperationsplattformen wie Innovationscluster, die es den Akteuren ermöglichen, ihr Fachwissen und ihre Ressourcen zu bündeln. Diese Zusammenarbeit ist entscheidend, um systemische Veränderungen in der Lebensmittelindustrie zu erreichen. Ein konkretes Beispiel ist die Zusammenarbeit zwischen verschiedenen akademischen und industriellen Partnern, die gemeinsam an Projekten arbeiten, um neue Technologien und Verfahren zu entwickeln und in die Praxis umzusetzen.

Fokus auf Nachhaltigkeit und Verbraucherbeteiligung Ein weiteres Merkmal des Ansatzes von EIT Food ist das Engagement für Nachhaltigkeit. Die Organisation strebt die Entwicklung von Lebensmittelsystemen an, die nachhaltig, widerstandsfähig und integrativ sind. Dies beinhaltet die Förderung von Praktiken, die die Umweltbelastung reduzieren, die Ernährungssicherheit erhöhen und das Wirtschaftswachstum in ländlichen Gebieten unterstützen. Das Engagement der Verbraucher spielt ebenfalls eine zentrale Rolle, da EIT Food die Verbraucher aktiv in Innovationsprozesse einbezieht, um sicherzustellen, dass neue Produkte und Dienstleistungen ihren Bedürfnissen und Erwartungen entsprechen. EIT Food hat mehrere Initiativen gestartet, die auf nachhaltige Praktiken abzielen, wie die Entwicklung umweltfreundlicher Verpackungen und die Förderung nachhaltiger Produktionsmethoden.

Öffentliche und private Investitionen Die Fallstudie unterstreicht die Bedeutung öffentlicher und privater Investitionen für die Förderung von Innovationen. EIT Food nutzt sowohl EIT-Mittel als auch private Investitionen, um seine Projekte zu unterstützen. Diese Mischung von Finanzierungsquellen bietet die finanzielle Stabilität und Flexibilität, die zur Verfolgung ehrgeiziger Innovationsinitiativen erforderlich ist. Die Verfügbarkeit von Risikokapital und anderen Formen privater Investitionen ist besonders wichtig, um erfolgreiche Projekte zu skalieren und innovative Produkte auf den Markt zu bringen. Öffentliche Investitionen in Forschung und Entwicklung sind ebenfalls entscheidend für die Stärkung der Innovationsfähigkeit. Durch die Bereitstellung von Mitteln für Forschungseinrichtungen und Universitäten können neue Ideen gefördert und entwickelt werden, die wiederum die Grundlage für zukünftige Innovationen bilden.

Bildung und Talententwicklung EIT Food legt großen Wert auf Bildung und Talententwicklung. Durch Partnerschaften mit führenden Universitäten und Forschungseinrichtungen bietet die Organisation Bildungsprogramme und Schulungen an, um die nächste Generation von Lebensmittelinnovatoren zu fördern. Diese Initiativen tragen zum Aufbau einer qualifizierten Arbeitskräftebasis bei, die den komplexen Herausforderungen der Lebensmittelindustrie gewachsen ist. Ein wichtiger Bestandteil der Bildungsstrategie von EIT Food ist die Förderung interdisziplinärer Zusammenarbeit und praxisorientierter Ausbildung.

Technologische und digitale Innovation Technologische Innovation steht im Mittelpunkt der Mission von EIT Food. Die Organisation unterstützt die Entwicklung und Einführung neuer Technologien wie Blockchain für die Rückverfolgbarkeit, KI für die Präzisionslandwirtschaft und Biotechnologie für eine nachhaltige Lebensmittelproduktion. Diese Technologien haben das Potenzial, Lebensmittelsysteme zu verändern, indem sie sie effizienter, transparenter und nachhaltiger machen. Die Projekte von EIT Food umfassen häufig Pilotprogramme und Anwendungen in der realen Welt, um die Machbarkeit und den Nutzen dieser Innovationen zu demonstrieren. Durch die Förderung der Digitalisierung und den Einsatz fortschrittlicher Technologien trägt EIT Food dazu bei, die Effizienz in der gesamten Lebensmittelwertschöpfungskette zu steigern.

Politische und rechtliche Unterstützung Die Fallstudie unterstreicht auch die Bedeutung unterstützender politischer und regulatorischer Rahmenbedingungen. EIT Food arbeitet eng mit politischen Entscheidungsträgern zusammen, um Regelungen zu fördern, die Innovationen erleichtern und gleichzeitig Sicherheit und Nachhaltigkeit gewährleisten. Dazu gehören Bemühungen, regulatorische Prozesse zu straffen, Anreize für nachhaltige Praktiken zu schaffen und Richtlinien zu fördern, die das Wachstum innovativer Lebensmittelunternehmen unterstützen.

Fazit Durch die Förderung von Kollaboration, Nachhaltigkeit, diversifizierten Finanzierungsmöglichkeiten, Bildungsinitiativen und technologische Innovation zeigt EIT Food, wie durch integrierte Ansätze Fortschritte in der Transformation des Lebensmittelsektors erzielt werden können. Diese Erkenntnisse sind für jede Organisation oder Region, die ein robustes und effektives Food Innovations-Ökosystem entwickeln wollen, von entscheidender Bedeutung [8].

15.4.4 Erkenntnisse zu AgriFood Innovations-Ökosystemen: TUM Venture Lab Food/Agro /Biotech und UnternehmerTUM Fallstudie

Die TUM Venture Labs sind eine gemeinsame Initiative der Technischen Universität München (TUM), der führenden Technischen Universität in der EU, und UnternehmerTUM (UTUM). Die Financial Times hat UnternehmerTUM als bestes Gründungszentrum Europas gekürt, das besonders mit seinem starken Netzwerk punkten konnte [10]. Die folgende kurze Fallstudie soll anhand des Themas der domänenspezifischen Start-up-Inkubation aufzeigen, wie ein Innovations-Ökosystem aus dem Thema Start-up-Förderung aufgebaut und entwickelt werden kann.

Die Vision der TUM Venture Labs ist es, die einzigartige Forschungsstärke der TU München zu nutzen, um die Qualität und Quantität von technologieorientierten Ausgründungen und skalierbaren Unternehmen in der Region um ein Vielfaches zu steigern. Um dieses Ziel zu erreichen, werden die bestehenden Aktivitäten und Kompetenzen in der Gründungsförderung der TUM und UnternehmerTUM gebündelt und um komplementäre Angebote erweitert. Insgesamt gibt es derzeit 12 fachspezifische Venture Labs. Eines davon ist das TUM Venture Lab Food / Agro / Biotech (FAB).

Das TUM Venture Lab FAB spielt eine zentrale Rolle bei der Förderung von Innovationen in den Bereichen Ernährungssysteme, Landwirtschaft und Biotechnologie. Der fachspezifische Inkubator fördert interdisziplinäre Innovationen in den Lebenswissenschaften, von der Gen- und Bioforschung bis hin zu Produktions- und Verarbeitungstechnologien. Er unterstützt Ideen in den Bereichen Landwirtschaft, Lebensmittel, Getränke, Ernährung, Forstwirtschaft, Biotechnologie und angewandte Lebenswissenschaften. Angesichts der klimabedingten Herausforderungen in der Land- und Forstwirtschaft und der Auswirkungen von Ernährungsgewohnheiten auf die öffentliche Gesundheit ist das Venture Lab in einem Venture-Bereiche aktiv, welcher einen großen Hebel darstellt. FAB hat sich zum Ziel gesetzt, eine führende Rolle bei der globalen Transformation der Lebensmittelsysteme zu spielen und einer der führenden Inkubatoren für Start-ups in den Bereichen Landwirtschaft, Lebensmitteltechnologie und Biotechnologie zu werden. Durch die Förderung von Innovation und Unternehmertum sollen nachhaltige, sichere und gesunde Lebensmittel bereitgestellt und AgriFood Systeme transformiert werden. Das TUM Venture Lab FAB wird als zentraler Akteur ein AgriFood Innovation Ecosystem aufbauen und weiterentwickeln, um innovative Lösungen für die Herausforderungen der modernen Lebensmittelproduktion zu entwickeln.

Die FAB-Angebote sind breit gefächert sowie themenspezifisch und decken alle Punkte ab, die ein Start-up von der Idee bis zur Marktreife benötigt. Dazu gehören: Bildungsangebote von Innovationswettbewerben wie Hackathons bis hin zu maßgeschneiderten Kursen und Workshops, um Talente und Start-ups auf ihrer unternehmerischen Reise zu unterstützen. Das Venture Lab betreibt Venturing und begleitet Teams und ihre Ideen von der Konzeption bis zur Marktreife durch individuelles Coaching. Ein großes Netzwerk (Venture Capitalists, Business Angels, Förderprogramme, usw.) im Hintergrund hilft bei der finanziellen Unterstützung, um innovative Projekte zu realisieren und zu skalieren. Um ihre Visionen zu verwirklichen, werden die Teams mit einer vielfältigen Gemeinschaft von Expertinnen und Experten und Mentorinnen und Mentoren vernetzt. Diese Netzwerke fördern den Wissensaustausch und die Zusammenarbeit, was für den Erfolg von Innovationsprojekten und Start-ups entscheidend ist. Zusätzlich wird der Zugang zu Laboren, einem Technikum und einem Makerspace unterstützt, um die Forschung und Technologieentwicklung der Teams zu gewährleisten, damit ihre Idee in die Praxis umgesetzt werden kann [39].

Kooperationsnetzwerk und Wissensaustausch Das Ökosystem wird von unterschiedlichen Akteuren bespielt. Im Zentrum stehen die Venture Labs und die UnternehmerTUM, die das Kooperationsnetzwerk knüpfen und moderieren. Das Netzwerk für den Bereich AgriFood besteht aus Unternehmenspartnern wie Dr. Oetker und BayWa, akademischen Einheiten wie der TUM, dem Strascheg Center for Entrepreneurship (SCE) der Hochschule München, der Hochschule Weihenstephan Triesdorf oder einzelnen Einheiten des Campus Life Sciences der TUM in Freising und den zahlreichen AgriFoodTech Start-ups. Durch gemeinsame Projekte und Partnerschaften werden Ressourcen und Kompetenzen gebündelt, um innovative Ideen schneller zu entwickeln und in die Praxis umzusetzen. Dieses Netzwerk fördert den Wissensaustausch und die Partnerschaften stärken die Innovationskraft und ermöglichen es, den komplexen Herausforderungen im Lebensmittelsektor effektiv zu begegnen. Ziel ist es, Problemlösungen aus einer starken Gemeinschaft heraus zu initiieren, was für die Förderung von Innovationen entscheidend ist.

Nachhaltigkeit und Marktbezug Nachhaltigkeit ist ein zentrales Element der Mission des TUM Venture Lab Food / Agro / Biotech. Die Initiative zielt auf die Entwicklung nachhaltiger, widerstandsfähiger und integrativer Ernährungssysteme ab. Dabei werden innovative Praktiken gefördert, die die Umweltbelastung reduzieren und die Ernährungssicherheit erhöhen. Gerade für Start-ups in der Frühphase ist die Einbindung von potenziellen Pilotkunden wie Unternehmen oder Konsumentinnen und Konsumenten ein wichtiges Instrument, um einen „market fit" zu finden, d. h. dass neue Produkte und Dienstleistungen den Bedürfnissen und Erwartungen der Kunden entsprechen.

Öffentliche und private Investitionen Start-ups können sich aus verschiedenen Quellen finanzieren. Dazu gehören Stipendien wie EXIST oder FLÜGGE oder Risikokapitalgeber und Business Angels. Die Verfügbarkeit von Risikokapital und anderen Formen privater Investitionen ist besonders wichtig, um innovative Produkte auf den Markt zu bringen und die Wettbewerbsfähigkeit zu stärken. Die finanzielle Stabilität eines Start-ups ermöglicht es, ehrgeizige Innovationsinitiativen zu verfolgen und erfolgreiche Projekte zu skalieren. Für den Bau eines ersten Prototyps stehen auch öffentliche Fördermittel zur Verfügung.

Bildung und Talententwicklung Das TUM Venture Lab FAB bietet spezielle Programme an, die darauf abzielen, unternehmerisches Denken und innovative Fähigkeiten zu fördern. Dazu gehören Mentoring-Programme, Gründerworkshops und Zugang zu einem umfangreichen Netzwerk von Experten und Investoren. Unter die wichtigsten Zielgruppen fallen Talente, Gründer, Wissenschaftler und Studierende. Diese Initiativen tragen dazu bei, eine qualifizierte Arbeitskräftebasis aufzubauen, die in der Lage ist, die Herausforderungen der Lebensmittelindustrie zu bewältigen. Praxisorientierte Ausbildung und interdisziplinäre Zusammenarbeit sind dabei zentrale Elemente.

Technologische Innovation Technologische Innovation (Deep Tech) steht im Mittelpunkt der Mission des TUM Venture Lab Food / Agro / Biotech. Es unterstützt die Entwicklung und Einführung neuer Technologien wie Blockchain für Rückverfolgbarkeit, künstliche Intelligenz für Präzisionslandwirtschaft und Biotechnologie für nachhaltige Lebensmittelproduktion. Diese Technologien haben das Potenzial, die Effizienz, Transparenz und Nachhaltigkeit von Lebensmittelsystemen zu verbessern. Pilotprojekte und reale Anwendungen werden die Machbarkeit und den Nutzen dieser Innovationen demonstrieren. Dies trägt dazu bei, die Akzeptanz neuer Technologien in der Lebensmittelwirtschaft zu erhöhen und deren breite Anwendung zu fördern.

Fazit Das TUM Venture Lab Food / Agro / Biotech ist ein zentraler Akteur im Aufbau eines innovativen AgriFood-Ökosystems in Deutschland und Europa. Durch die Bündelung der Forschungsstärke der Technischen Universität München und der unternehmerischen Expertise von UnternehmerTUM wird eine Plattform geschaffen, die technologische Innovationen und unternehmerische Initiativen in den Bereichen Ernährung, Landwirtschaft und Biotechnologie gezielt fördert. Mit einem umfassenden Netzwerk aus akademischen Partnern, Unternehmenskooperationen und Investoren unterstützt das Venture Lab die Entwicklung nachhaltiger, widerstandsfähiger Lebensmittelsysteme. Dabei wird besonderer Wert auf die Förderung interdisziplinärer Innovationen gelegt, die sowohl ökologische als auch wirtschaftliche Herausforderungen adressieren. Die Angebote des Venture Labs – von maßgeschneiderten Bildungsprogrammen und individuellen Coachings bis hin zur Unterstützung, umfassende finanzielle Mittel zu finden – helfen Start-ups, ihre Ideen von der Konzeption bis zur Marktreife zu entwickeln. Die technologische Ausrichtung auf Deep Tech, wie Blockchain und KI für die Landwirtschaft, trägt zur Transformation der Lebensmittelsysteme bei und fördert die Akzeptanz neuer Technologien in der Branche. Durch diese integrativen Ansätze wird das TUM Venture Lab Food / Agro / Biotech nicht nur als Inkubator für Start-ups, sondern auch als Katalysator für die nachhaltige Weiterentwicklung des globalen AgriFood-Sektors positioniert.

15.5 Fazit zu Food Innovations-Ökosystemen

In den vorangegangenen Abschnitten wurde die Bedeutung und Komplexität von Lebensmittelökosystemen und ihr Einfluss auf ein nachhaltiges Food Management ausführlich dargestellt. Dabei wurde deutlich, dass Lebensmittelökosysteme als vielschichtige Netzwerke betrachtet werden müssen, die natürliche und menschliche Ressourcen, Märkte, Versorgungsketten und rechtliche Rahmenbedingungen umfassen. Diese Systeme verbinden eine Vielzahl von Akteuren und Prozessen, die für die Produktion, Verteilung, den Konsum und die Entsorgung von Lebensmitteln verantwortlich sind.

Ein zentraler Aspekt ist das systemische Denken, das als entscheidender Ansatz hervorgehoben wird, um die vielfältigen Verbindungen und Rückkopplungsschleifen in Lebensmittelsystemen zu verstehen. Ein solcher ganzheitlicher Ansatz ermöglicht es, die Auswirkungen von Entscheidungen auf verschiedene Teile des Systems zu erkennen und somit effektivere Strategien zur Bewältigung der Herausforderungen im Ernährungsbereich zu entwickeln.

Darüber hinaus wurde die Rolle von Innovations- und Entrepreneurship-Ökosystemen betont, die einen wichtigen Beitrag zur Förderung von Innovation und gemeinsamer Wertschöpfung in Lebensmittelsystemen leisten. Innovations-Ökosysteme bestehen aus einem Netzwerk von Organisationen, die durch Wissensaustausch und Zusammenarbeit neue Lösungen und Technologien entwickeln. Unternehmerische Ökosysteme unterstützen die Gründung neuer Unternehmen und fördern die wirtschaftliche und soziale Entwicklung, insbesondere in bestimmten geografischen Regionen. Diese Ökosysteme sind entscheidend für die Entwicklung und Skalierung von Innovationen, die zur Verbesserung der Nachhaltigkeit und Widerstandsfähigkeit von Lebensmittelsystemen beitragen.

Insgesamt unterstreicht dieses Kapitel die Notwendigkeit eines integrierten Ansatzes, um ein nachhaltigeres und widerstandsfähigeres Ernährungssystem zu gestalten. Dies erfordert die Berücksichtigung aller Elemente des Ernährungssystems – von der Produktion über die Verarbeitung und den Vertrieb bis hin zum Konsum – sowie die Integration ökologischer und sozioökonomischer Faktoren. Eine enge Zusammenarbeit der verschiedenen Akteure auf globaler, nationaler und lokaler Ebene ist dabei unerlässlich, um die Herausforderungen der globalen Nahrungsmittelversorgung effektiv anzugehen und langfristig nachhaltige Lösungen zu entwickeln.

Literatur

1. Acs, Z. J., Autio, E., & Szerb, L. (2014). National systems of entrepreneurship: Measurement issues and policy implications. *Research Policy, 43*(3), 476–494.
2. Appleyard, M. M., & Chesbrough, H. W. (2017). *The dynamics of open strategy: From adoption to reversion.* Long Range Planning, 50(3), 310–321.
3. Borman, G. D., de Boef, W. S., Dirks, F., Saavedra Gonzalez, Y., Subedi, A., Thijssen, M. H., Jacobs, J., Schrader, T., Boyd, S., ten Hove, H. J., van der Maden, E., Koomen, I., Assibey-Yeboah, S., Moussa, C., Uzamukunda, A., Daburon, A., Ndambi, A., van Vugt, S., Guijt, J., … van Berkum, S. (2022). Putting food systems thinking into practice: Integrating agricultural sectors into a multi-level analytical framework. *Global Food Security, 32.*
4. Chesbrough, H. W. (2003). *Open innovation: The new imperative for creating and profiting from technology.* Harvard Business Press.
5. De Bernardi, P., & Azucar, D. (2020). Innovation and Entrepreneurial Ecosystems: Structure, Boundaries, and Dynamics. In *Innovation in Food Ecosystems. Contributions to Management Science* (S. 73–104). Springer.
6. Durst, S., & Poutanen, P. (2013). *Success factors of innovation ecosystems-initial insights from a literature review.* Co-create. (S. 27–38).

7. Ericksen, P. J. (2008). Conceptualizing food systems for global environmental change research. *Global Environmental Change, 18*(1), 234–245.
8. EIT. (2018). *EIT Food*. https://www.eitfood.eu/. Zugegriffen: 26. Apr. 2024.
9. FAO (2018). *Sustainable food systems: Concept and framework*. www.fao.org/3/ca2079en/CA2079EN.pdf. Zugegriffen: 26. Apr. 2024.
10. Financial Times. (2024). *UnternehmerTUM tops ranking of Europe's leading start-up hubs*. https://www.ft.com/content/224b4972-a321-4742-a2da-39ffcfabbd92. Zugegriffen: 09. Aug. 2024.
11. Garcia, R., & Araujo, V. (2017). Universities-industry collaboration: A systematic review. *Journal of Technology Management & Innovation, 12*(1), 1–12.
12. Hannah, D. P., & Eisenhardt, K. M. (2018). How firms navigate cooperation and competition in nascent ecosystems. *Strategic Management Journal, 39*(12), 3163–3192.
13. Harris, A., & White, R. (2018). Funding food innovation: The role of public and private investment. *Agriculture and Finance, 5*(2), 101–114.
14. HLPE. (2014). *Food Losses and Waste in the Context of Sustainable Food Systems*. HLPE.
15. Hwang, V. W., & Horowitt, G. (2012). *The rainforest: The secret to building the next Silicon Valley*. Regenwald.
16. Isenberg, D. J. (2010). How to start an entrepreneurial revolution. *Harvard Business Review, 88*(6), 40–50.
17. Jackson, D. J. (2011). *What is an innovation ecosystem*. National Science Foundation.
18. Jacobides, M. G., Knudsen, T., & Augier, M. (2006). Benefiting from innovation: Value creation, value appropriation and the role of industry architectures. *Research Policy, 35*(8), 1200–1221.
19. Kapoor, R., & Furr, N. R. (2015). Complementarities and competition: Unpacking the drivers of entrants' technology choices in the solar photovoltaic industry. *Strategic Management Journal, 36*(3), 416–436.
20. Klimczuk-Kochańska, M. (2018). *Startups as a Source of Innovation in the Agri-Food Industry*. 7, 21–30.
21. Kraus, A. (2021). Consumer attitudes towards innovative food products, including functional products: Implications for marketing in terms of nutrition and health claims. *European Research Studies Journal, 24*(1), 635–654.
22. Li, M., et al. (2017). Human Dynamics in Food Ecosystems. *Social Indicators Research*, 621–630.
23. Meadows, D. H., & Wright, D. (2008). *Thinking in Systems: A Primer* (S. 10–15). Chelsea Green Publishing.
24. Metabolic. (2018). *Using systems thinking to transform society*. https://www.metabolic.nl/publications/using-systems-thinking-to-transform-society-pdf/. Zugegriffen: 06. Mai 2024.
25. O'Connor, D., & Jones, B. (2018). Economic Aspects of Food Distribution Systems. *Food Security*.
26. Quiroz-Flores, J. C., Aguado-Rodriguez, R., Zegarra-Aguinaga, A., Collao-Diaz, M., & Flores-Perez, A. (2023). Industry 4.0, circular economy and sustainability in the food industry: A literature review. *International Journal of Industrial Engineering and Operations Management, 6*, 1–24.
27. Ricklefs, R. E. (2008). Disintegration of Ecological Community. *The American Naturalist, 172*(6).
28. Romano, A., Passiante, G., Del Vecchio, P., & Secundo, G. (2014). The innovation ecosystem as booster for the innovative entrepreneurship in the smart specialisation strategy. *International Journal of Knowledge-Based Development, 5*(3), 271–288.

29. Roundy, P. T., Bradshaw, M., & Brockman, B. K. (2018). The emergence of entrepreneurial ecosystems: A complex adaptive systems approach. *Journal of Business Research, 86*, 1–10.
30. Sari, D. W., & Kusnadi, N. (2015). Collaborative networks as a source of innovation and sustainable competitiveness for small and medium food processing enterprises in Indonesia. *Journal of Economics and Sustainable Development, 6*(2), 89–98.
31. Scaringella, L., & Radziwon, A. (2018). Innovation, entrepreneurial, knowledge, and business ecosystems: Old wine in new bottles? *Technological Forecasting and Social Change, 136*, 59–87.
32. Schiuma, G., & Carlucci, D. (2018). Managing strategic partnerships with universities in innovation ecosystems: A research agenda. *Journal of Open Innovation: Technology, Market, and Complexity, 4*(3), 25.
33. Smith, J., & Johnson, L. (2023). Government policies and sustainable food systems: Navigating challenges, seizing opportunities, and advancing environmental and social resilience. *Environmental Policy Review, 29*(4), 567–589.
34. Smith, J., & Rees, G. (2019). Defining Food Ecosystems. *Journal of Sustainable Agriculture*, 599–615.
35. Talmar, M., Walrave, B., Podoynitsyna, K. S., Holmström, J., & Romme, A. G. L. (2018). Mapping, analyzing and designing innovation ecosystems: The ecosystem pie model. *Long Range Planning, 53*(4).
36. Tansley, A. G. (1935). The use and abuse of vegetational concepts. *Journal of Ecology, 16*(3), 284–307.
37. The Food Systems Dashboard. The Global Alliance for Improved Nutrition (GAIN). (2023). *Food Systems Dashboard*. https://www.foodsystemsdashboard.org. Zugegriffen: 23. Apr. 2024.
38. Thomas, L. D., Sharapov, D., & Autio, E. (2018). Linking entrepreneurial and innovation ecosystems: The case of AppCampus. In *Entrepreneurial ecosystems and the diffusion of startups*. Edward Elgar Publishing.
39. TUM Venture Labs. (2021). *TUM Venture Lab Food / Agro / Biotech.* https://www.tum-venture-labs.de/labs/food-agro-biotech/. Zugegriffen: 09. Aug. 2024.
40. TUM Venture Labs. (2024). *TUM Venture Labs*. https://www.tum-venture-labs.de/. Zugegriffen: 09. Aug. 2024.
41. UnternehmerTUM GmbH. (2024). *Über UnternehmerTUM*. https://www.unternehmertum.de/ueber. Zugegriffen: 09. Aug. 2024.
42. van Berkum, S., Dengerink, J., & Ruben, R. (2018). *The food systems approach: Sustainable solutions for a sufficient supply of healthy food*. Wageningen Economic Research memorandum.
43. World Economic Forum. (2020). *World Economic Form – Annual Meeting*. https://www.weforum.org/events/world-economic-forum-annual-meeting-2020/. Zugegriffen: 05. Okt. 2024.

Lukas Dillinger ist Food Preneur und unterstützt Menschen und Organisationen dabei, Teil eines nachhaltigen Lebensmittelsystems zu werden. Mit dem Ziel, eine Transformation und Regeneration unserer Lebensmittelsysteme umzusetzen. Dafür bringt er 8+ Jahre Erfahrung aus verschiedensten Positionen entlang der AgriFood Kette mit, vom Start-Up bis zum Corporate sowie vom Ministerium bis zum selbständigen Berater. Mit einem Master-Abschluss an der Universität für Gastronomische Wissenschaften in Italien und als erster Culinary Manager Bayerns bringt Lukas Dillinger fundiertes Wissen und praktische Erfahrung aus der Branche mit. In seiner aktuellen Rolle als Innovation Director und AgriFood Lead im TUM Venture Lab Food / Agro / Biotech entwickelt er Innovations-Ökosysteme und beschäftigt sich mit den Themen Start-Ups, Venturing, Open Innovation und Entrepreneurship.

Künstliche Intelligenz

KI für mehr Nachhaltigkeit im Food Management

Gunnar Brune

Zusammenfassung

Künstlichen Intelligenz (KI) kann wertvolle Beiträge zu der nachhaltigen Entwicklung leisten. Dazu müssen Chancen und Risiken abgewogen werden und es bedarf der Nutzung der Schlüsselvorteile von KI. Diese sind Automation und die Vereinfachung von Komplexität. Mit ihnen kann der Umweltschutz in der Nahrungsmittelproduktion gestärkt werden, indem Ressourcen geschont werden, effizienter gewirtschaftet wird und generell Lebensmittel weniger verschwendet werden. Weiterhin können die sozialen Bedingungen des Food Managements und die gesamte ökonomische Nachhaltigkeit mithilfe von KI verbessert werden. Voraussetzung hierfür ist die Digitalisierung der Unternehmen. Dann können zum Beispiel kostengünstige Saas-KI-Lösungen oder auch KI-Projekte bzw. Eigenentwicklungen ihren Nutzen entfalten. Nicht zuletzt muss KI Teil der Nachhaltigkeitsstrategie von Unternehmen werden, wenn sie und wir alle unsere Ziele für die nachhaltige Entwicklung nicht nur im Food Management erreichen wollen.

16.1 AI für Nachhaltigkeit im Food Management

Die Welt, in der wir leben, ist zu einem großen Teil bestimmt von der Art und Weise, wie wir uns ernähren. Wir kultivieren das Land, wir züchten Pflanzen und Tiere und vermehren sie, um sie zu Nahrungsmitteln zu verarbeiten. Wir, die Menschen sind mehr geworden. Um 1800 waren wir ca. eine Milliarde, 1927 zwei Milliarden [5], 2024 zählen

G. Brune (✉)
TRICOLORE Strategy, Hamburg, Deutschland
E-Mail: gb@tricolore-marketing.de

© Der/die Autor(en), exklusiv lizenziert an Springer Fachmedien Wiesbaden GmbH, ein Teil von Springer Nature 2025
C. Hutter (Hrsg.), *Food Management und Nachhaltigkeit,* SDG - Forschung, Konzepte, Lösungsansätze zur Nachhaltigkeit, https://doi.org/10.1007/978-3-658-47934-3_16

wir um die acht Milliarden, bis 2030 prognostizieren die United Nations (UN) 8,5 Mrd. Menschen [49]. Das Bevölkerungswachstum ist parallel zur Industrialisierung angestiegen. Wir verändern die Welt in besonderer Weise durch die Methoden der industriellen Nahrungsmittelproduktion, und natürlich sind wir nicht zuletzt dank dieser Methoden so viele geworden. Oft verbrauchen wir Ressourcen, die nicht erneuerbar sind oder mehr Ressourcen, als sich regenerieren lassen und handeln gegenüber Natur und Mensch verbrauchend oder zerstörend. Diese Wirkung lässt sich in deutlichen Zahlen beschreiben. Dazu zählt der Erderschöpfungstag, auch Earth-Overshoot-Day genannt, an dem der Verbrauch von Umweltressourcen und Services die Menge übersteigt, welche auf der Erde regeneriert werden kann. Dieser fiel 2023 bereits auf den 2. August [16]. Um als Menschheit auch in Zukunft unsere Bedürfnisse erfüllen zu können, müssen wir nachhaltiger handeln und das nicht zuletzt die Nahrungsmittelproduktion.

16.1.1 Nachhaltigkeit als Schutz der Möglichkeiten künftiger Generationen

Die Idee nachhaltigen Wirtschaftens und der nachhaltigen Entwicklung ist in den vergangenen 50 Jahren maßgeblich weiterentwickelt worden und es wurde ein weitgehender globaler Konsens über die Bedeutung, die Inhalte, deren Notwendigkeit und unsere gemeinsamen Ziele gefunden. Eine frühe Beschreibung von Nachhaltigkeit im Sinne der aktuellen Diskussion nachhaltiger Entwicklung erfolgte 1987 im Brundtland Bericht der UN. Dieser fordert, bei der Befriedigung der Bedürfnisse der gegenwärtigen (Generation) die Möglichkeiten zukünftiger Generationen, ihre eigenen Bedürfnisse zu befriedigen, nicht zu beeinträchtigen [51]. Nachhaltigkeit geht also schon in dieser Interpretation weit über Fragen des Naturschutzes hinaus.

Drei Säulen der Nachhaltigkeit: Ökologie, Mensch und Ökonomie In zu vielen Fällen werden die Begriffe Nachhaltigkeit und Umweltschutz synonym verwendet. Das ist bedauerlich, denn es ist unstrittig, dass neben dem Umweltschutz auch der Schutz der Menschen, sowie politische und ökonomische Aspekte dazu zählen. Für die Beschreibung eines umfassenden Verständnisses wird häufig das „Drei-Säulen-Modell" der Nachhaltigkeit genutzt. Es beruht auf der Annahme, dass ökonomische, ökologische und soziale Aspekte als gleichrangige und sich gegenseitig beeinflussende Dimensionen der Leitidee einer nachhaltigen Entwicklung anerkannt und berücksichtigt werden müssen [4]. Die ökonomischen Aspekte unterscheiden sich dabei nach dem Sprachraum. Im deutschen Sprachraum werden die ökonomischen Aspekte teilweise als „Ausgleichsansprüche" zur Sicherung des Geschäftsmodells verstanden. International, bzw. in englischer Sprache, ist dagegen eher von „Governance" im Sinne zusätzlicher Ansprüche an die Unternehmensführung die Rede. Diese Perspektiven sind in Wahrheit nicht widersprüchlich. Wir sollten sie als sich ergänzend verstehen, denn so können sie uns zu mehr Nachhaltigkeit inspirieren.

17 Ziele der nachhaltigen Entwicklung der UN Die UN 2015 haben für das Jahr 2030 Ziele für die nachhaltige Entwicklung beschlossen. Diese 17 Ziele, die Sustainable Development Goals der UN (SDG), vereinen unter sich 169 Zielvorgaben, die integriert und unteilbar sind [47]. Die aktuellen intensiven Diskussionen und politischen Konflikte um Energiepreise, Sozialstandards, Landwirtschaft etc. zeigen, dass der Weg zu mehr Nachhaltigkeit ein zähes und für manche ein verzweifeltes Ringen ist. Wir benötigen das Beste unserer Energien und Fähigkeiten [28], um unsere Ziele zu erreichen.

16.1.2 KI und Nachhaltigkeit: Chancen und Risiken

Viele sind der Überzeugung, dass wir KI brauchen, um unsere Nachhaltigkeitsziele zu erreichen. Auch die UN zählen KI zu den Technologien, die uns helfen könnten. Sie wird zum Beispiel als eine Technologie gesehen, die helfen könnte, SDG 13, die Bekämpfung des Klimawandels, zu unterstützen. KI-Algorithmen könnten eine Schlüsselrolle übernehmen, um den Umweltschaden von Kohlendioxidemissionen zu minimieren, indem sie die Effizienz der Nahrungsmittelproduktion maximieren. Dazu zählen optimierte Versorgungsnetzwerke und eine höhere Effizienz in der Verwendung von erneuerbaren Ressourcen. Nicht zuletzt könnte KI helfen, das Risiko von Umweltkatastrophen zu verringern oder sie wenigstens früh und präzise vorherzusagen [48]. Diesem Nutzen von KI steht ihr teilweise enormer Energieverbrauch entgegen. Microsoft als internationaler Konzern, der in besonderem Maße KI in seine Produkte integriert, setzt u. a. auf Atomkraft, um langfristig den eigenen massiven Elektrizitätsbedarf zu decken, den die eigenen Anwendungen von KI verlangen [25]. Diese Beispiele zeigen: KI bringt Chancen, die Umwelt zu schützen, aber sie kann ihr auch schaden [33]. Das Gleiche gilt auch für soziale und wirtschaftliche Nachhaltigkeitsziele. KI kann die Marktmacht von Unternehmen steigern. KI ist ein „Informationsgut" und damit gelten andere Gesetze als für physische Güter. Informationen können zu minimalen bzw. „marginalen" Kosten genutzt werden. Ein einzelnes Unternehmen kann damit sehr große Märkte bedienen. Dieser Effekt wird in der digitalen Startup-Szene gerne mit dem Begriff „Skalierung" genannt. In Verbindung mit Netzwerkeffekten etc. bringt die KI-Technologie eine Tendenz zur Bildung von großen Monopolen [29]. Diese gefährden nicht nur soziale Nachhaltigkeitsziele, sondern auch eine von freiem Wettbewerb geprägte wirtschaftliche „Ordnung" und damit den Fortschritt – nicht zuletzt den nachhaltigen Fortschritt, den wir benötigen, um unsere gemeinsamen Ziele, die SDGs zu erreichen.

Mit KI haben wir also eine wirkmächtige Technologie zur Verfügung, um den Nachhaltigkeitszielen näher zu kommen, aber keinen Zauberstab, der uns von eigenem Denken und Handeln befreit. Die Anwendungen von KI, die in diesem Beitrag gezeigt werden, können uns helfen, nachhaltiger zu wirtschaften und auf diese Weise Nahrungsmittel zu erzeugen. Aber dabei müssen wir immer bedenken, dass diese Anwendungen in den meisten Fällen nicht primär für die Erreichung von Nachhaltigkeitszielen, sondern als Produkte und Lösungen zur Steigerung der Unternehmensleistung und der Wettbewerbsfähigkeit entwickelt wurden.

Um KI mit ihren Chancen und Risiken besser zu verstehen, hilft es, sich ein paar einfache Punkte und Zusammenhänge vorzustellen. Zunächst dürfen wir nicht dem Missverständnis verfallen, KI sei so etwas wie ein humanoider Roboter (sollte es eines Tages humanoide Roboter geben, wird natürlich auch KI in ihnen verbaut sein, aber die KI also solches ist eben kein solcher Roboter). Doch: Wenn über KI kommuniziert wird, tauchen immer wieder Bilder humanoider Roboter auf. Das ist bedauerlich, denn sie fördern ein Missverständnis, welches weiterhin grassiert. Wir sollten KI besser als Werkzeug verstehen, mit dem wir arbeiten, dessen Anwendung wir üben müssen und für das wir Verantwortung tragen. So werden wir den Möglichkeiten der Technologie besser gerecht. Verschiedene ethische Fragen, für die vielleicht eines Tages eine Antwort benötigt wird, müssen heute nicht an der Werkbank diskutiert werden, wo einfache und begrenzte Systeme zum Einsatz kommen. Wir müssen uns außerdem ein wenig von dem Bild befreien, welches durch den überraschenden Erfolg von ChatGPT und anderen auf Large Language Modellen beruhenden Angeboten und ihre mediale Aufbereitung entstanden ist. KI ist eindeutig mehr als ChatGPT und mehr als generative KI. Die meisten Anwendungsfälle, die im Folgenden vorgestellt werden, nutzen spezifischere KI-Instrumente.

KI wird von den Vielen, die sie entwickeln und mit aktuellen Anwendungen arbeiten, „Maschinelles Lernen" genannt. Dieser Begriff kommt der Realität näher als der Begriff „Intelligenz". Eine typische Fähigkeit von Maschinellem Lernen ist Mustererkennung, also das Erkennen, Sortieren oder Zuordnen von Mustern. Dies ermöglicht zum Beispiel Informationen aus Bildern herauszulesen, wie die Information wie viele Tomaten in einer Schachtel liegen oder welcher Link hinter einem QR-Code steht. Muster können aber auch viel komplexere Daten sein, wie zum Beispiel ein Wettergeschehen, welches analysiert wird und aus dem eine Wettervorhersage abgeleitet wird. Die Kombination von verschiedenen Methoden des Maschinellen Lernens erlaubt automatische Verarbeitung von Informationen für Vorhersagen und in Folge auch Empfehlungen.

KI für die Automation einfacher Aufgaben Grob gesagt können KI-Anwendungen in zweierlei Hinsicht Unterstützung leisten. Erstens können wir mit KI einfache Aufgaben automatisieren. Zweitens können wir mit KI komplizierte Aufgaben vereinfachen. Eine mögliche Anwendung in der Automatisierung einfacher Aufgaben ist die Automation der Qualitätskontrolle von Rohwaren. Unternehmen wie Clarifruit ([13]) oder Hectre ([24]) haben KI-Produkte entwickelt, welche die Qualität von frischen Früchten messen können. Größen, Farben und Sorten werden automatisch erkannt und diese Informationen werden direkt, also schneller und dank größerer Datenbasis als bei der manuellen Prüfung belastbarer, in die Warenwirtschaftssysteme übernommen.

KI für die Vereinfachung komplexer Aufgaben Neben der Automation von einfachen Aufgaben, gibt es sehr komplexe Aufgaben wie die Steuerung und Entscheidungsfindung in von exponentiellen Abhängigkeiten geprägten Situationen. Nehmen wir die Zucht neuer Sorten. Die Universität Florida unterhält ein Zuchtprogramm für neue Heidelbeersorten, um u. a. die Erntesaison zu verlängern [35]. Bei der Suche neuer Sorten muss unter den hunderten neuen Sorten einer Zuchtgeneration eine Auswahl erfolgen, um nur solche weiter zu pflanzen, die hohe Erfolgschancen im Markt haben. Dafür werden seit einiger Zeit flüchtige organische Verbindungen (Volatile Organic Compounds, VOC) neuer Heidelbeersorten mit Massenspektrometern gemessen und analysiert. Diese Werte, faktisch sind es Molekülstrukturen, werden mit der Datenbank der Geschmackstests der Vergangenheit abgeglichen. Dabei werden mit maschinellem Lernen erfolgsrelevante Kombinationen von Konsumpräferenzen und Molekülstrukturen identifiziert und Vorhersagen zu den Marktchancen der neuen Sorten getroffen [14]. Dies ist eine Arbeit, deren Komplexität und Aufwand Menschen nicht in dem Maße bewältigen können, wie Maschinen. Die Ergebnisse liefern damit dem Management von landwirtschaftlichen Zuchtprogrammen Entscheidungsgrundlagen von bisher unbekannter Qualität.

KI für Geschwindigkeit, Innovation, Effizienz und Nachhaltigkeit KI hilft Unternehmen präzisere Vorhersagen zu erhalten, komplexe Entscheidungen zu vereinfachen und so schneller bessere Entscheidungen zu treffen. Das hilft auf allen Stufen der Wertschöpfung, beschleunigt das ganze Unternehmen und kann entscheidende Wettbewerbsvorteile eröffnen. Schnellere und bessere Entscheidungen helfen auch, Innovationen erfolgreicher in die Märkte zu bringen. Die Möglichkeit, mit KI komplexe Prozesse besser zu steuern und aufwändige Routinen zu verschlanken, verbessert weiterhin die Effizienz und setzt Ressourcen frei, die produktiv und kreativ genutzt werden können. Das ist großartig, wenn wir dabei nicht vergessen, KI auch für mehr Nachhaltigkeit zu nutzen.

16.2 KI für mehr Umweltschutz in der Nahrungsmittelproduktion

Natürliche Ressourcen stehen im Mittelpunkt der Nahrungsmittelproduktion. Der Schutz der Umwelt spielt daher eine vielleicht noch bedeutendere Rolle als in anderen Branchen. Zugleich ist die Produktion von Lebensmitteln einer der größten Faktoren für die Veränderung der Umwelt überhaupt. Für den Flächenbedarf der Landwirtschaft werden Wälder gerodet, Monokulturen angelegt, Chemikalien für die Düngung und den Pflanzenschutz ausgebracht, Tiere in großer Zahl auf kleinem Raum gehalten. Die Liste lässt sich beliebig verlängern. Es sind vielfach die Methoden der industriellen Landwirtschaft, und es sind oft allein schon die großen Mengen an Lebensmitteln, mit denen wir arbeiten, handeln, und die wir als gewachsene Weltbevölkerung verzehren, welche Umweltressourcen ineffizient oder über das verträgliche Maß verbrauchen und damit der Umwelt Schaden zufügen. Die Schäden sind groß. Regenwälder werden für die Nahrungsmittelproduktion auf der ganzen Welt gerodet. Wir verlieren ihre Kapazität, CO_2 in Sauerstoff zu verwandeln. Monokulturen und ortsfremde Weidenutzung zerstören die Artenvielfalt und die Regenerationskraft der Natur.

KI kann diese Entwicklung allein nicht aufhalten oder zurückdrehen. Wie in anderen Bereichen der Wirtschaft wird KI längst, unabhängig von ihrem Nutzen für Nachhaltigkeitsziele, auf allen Stufen der Herstellung von Nahrungsmitteln eingesetzt. Nehmen wir die Banane. Für sie gibt es wissenschaftliche Studien für die Anwendung von KI in allen Stufen der Lieferkette: vor der Ernte, bei der Ernte, nach der Ernte, in der Weiterverarbeitung und für den Handel bzw. Point of Sale [2]. Der Einsatz von KI für Umwelt-, und Nachhaltigkeitsziele allgemein, kann demnach auf bestehende Erfahrungen für andere Anwendungsbereiche aufbauen.

16.2.1 KI für ressourcenschonende und effiziente Präzisionslandwirtschaft

Die Produktion von landwirtschaftlichen Erzeugnissen kann faszinierend und komplex sein. Die Möglichkeiten, mit KI Komplexität besser zu kontrollieren, weckt auch hier die Hoffnung, effizienter zu arbeiten und Nachfrage präziser zu bedienen. KI gehört zu einer ganzen Palette von Technologien, welche als Teil der Konzepte Precision Agriculture, Präzisionslandwirtschaft und Agriculture 5.0 aufgelistet werden. Ziel ist der effiziente Umgang mit natürlichen Ressourcen von der Produktion bis zum Konsum.

Mehr Präzision in der Landwirtschaft Staatliche Regulierung und die wirtschaftliche Praxis setzen sehr enge Vorgaben, wenn sie auf die Ziele Lebensmittelqualität und Sicherheit ausgerichtet sind [32]. Aus dieser Situation ist die Idee der Präzisionslandwirtschaft entstanden. Sie hat zum Ziel, Bäuerinnen und Bauern möglichst präzise über Bodenbedingungen, Wetter, Pflanzen und Tiere zu informieren, um bessere Entscheidungen zu ermöglichen. Dafür kommen viele verschiedene Daten zum Einsatz. Um diese zu erheben, werden robuste Sensorsysteme benötigt und entwickelt, welche dem landwirtschaftlichen Alltag standhalten und dennoch belastbare Daten messen und darstellen [43]. In der Vergangenheit kamen oft invasive oder destruktive manuelle Methoden bei der Qualitätskontrolle zum Einsatz, praktisch wurden und werden Früchte gedrückt, aufgeschnitten und z. B. der sogenannte Brix-Wert zur Bestimmung des Zuckeranteils gemessen. Heute wird verstärkt nach Methoden gesucht, Qualität zu messen, ohne die Früchte zu berühren oder sogar zu zerstören [32]. Im Idealfall sind die Methoden automatisierbar und können eine große Zahl von Früchten, z. B. durch Kameras erfassen. Erst wenn wir große Datenmengen erfassen können, vermögen wir KI sinnvoll einzusetzen. Viele Kameras, die heute in der Praxis zum Einsatz kommen, sind imstande, das für das menschliche Auge sichtbare Lichtspektrum messen und damit z. B. Farben und Größen erfassen. Wenn wir auch im „unsichtbaren" Bereich (z. B. Spektralanalysen, Röntgen, Infrarot) mit Kameras messen, erhalten wir faszinierende neue Möglichkeiten. Bilderkennung gehört zu den Paradedisziplinen von KI, kein Wunder also, wenn gerade in diesem Bereich viele neue KI-Anwendungen für eine präzisere, effizientere und nachhaltigere Landwirtschaft entwickelt werden.

Eine typische für die Landwirtschaft wichtige Entscheidung ist der optimale Erntezeitpunkt. Bei leicht verderblichem frischem Obst und Gemüse kommt dieser Entscheidung natürlich eine besonders große Bedeutung zu. Ziel ist, möglichst synchronisiert mit der Nachfrage, die richtigen Mengen reif zu ernten [32]. Eine wichtige Messzahl für den Reifegrad einer Frucht ist der Zuckergehalt. Dieser wird traditionell manuell und destruktiv, mit Messer und dem sogenannten Refraktometer, gemessen. Neue Methoden ermitteln den Zuckergehalt zum Beispiel bei Orangen und Pfirsichen mittels der KI-gestützten Auswertung von Licht im Infrarot-Spektrum [32]. Der Vorteil von kameragestützten Methoden ist, dass sie in großer Zahl in der Produktion, also auf dem Feld und im Lager durchgeführt werden können. So ist es möglich, Äpfel mit Light Detecting and Ranging (Lidar) – ein Verfahren des dreidimensionalen Laserscannings, maschinell am Baum zu vermessen [46]. So wird die Situation auf dem Feld, also der Reifegrad der Früchte, Prognosen für Mengen und Zeitpunkte etc., digital für die Entscheidungsfindung abrufbar.

Aktuelle wissenschaftliche Anwendungen nutzen teilweise sehr teure und aufwändige Apparaturen, die für den Masseneinsatz nicht geeignet sind. Doch die Ergebnisse können auch von durchschnittlichen Obstproduzenten genutzt werden. Ein Beispiel dafür ist die „SHEET-App" (Abkürzung für **S**unburn and **HE**at prediction in canopies for **E**volving a warning **T**ech solution) des Leibniz-Instituts für Agrartechnik und Bioökonomie e. V. (ATB). Im Rahmen des Forschungsvorhabens mit dem gleichen Namen koordiniert Dr. Manuela Zude-Sasse ein Team von Partnern mit dem Ziel, Lebensmittelverluste durch Hitzewellen zu vermeiden. Im Fokus des Projekts steht die Entwicklung eines KI-gestützten Services, welcher in einer Smartphone-App Apfel- und Traubenproduzenten Hinweise für die Gefahr des Ernteverlustes durch Hitzewellen gibt, sodass sie rechtzeitig Gegenmaßnahmen treffen können. Das Modell, auf dem die App aufbauen soll, wird Standortdaten, Wetterprognosen und Messdaten vom Feld wie Lidar-generierte Wachstumsdaten und mit Wärmekameras generierte Temperaturdaten der Früchte beinhalten. Schon heute können Obstproduzenten an dem Projekt durch Eingabe eigener Daten in die Android-App „Sheet", die im Google Play Store zu finden ist, partizipieren [27].

Einen ähnlichen Weg geht eine Entwicklung der Firma YieldComputer. Hier werden Bilddaten vom Feld genutzt, um Qualität (z. B. Krankheitsbefall), Erntemengen und Erntedatum von Erdbeeren, Himbeeren, Brombeeren oder Heidelbeeren zu bestimmen und vorherzusagen. Auch hier werden Algorithmen des Maschinellen Lernens genutzt, um die Datenmengen zu Modellen zu verarbeiten, die dann für Vorhersagen verwendet werden können [41].

Während unter freiem Himmel Pflanzen dem Wetter direkt ausgesetzt sind, sind im geschützten Anbau viele Witterungsextreme ausgeschlossen. Hier bestehen auch über die

Schutzwirkung hinaus zusätzliche Möglichkeiten der Beeinflussung des Klimas bzw. der Temperatur, Luftfeuchtigkeit, Zusammensetzung der Atmosphäre, CO_2-Gehalt etc. Unternehmen wie Hoogendoorn ([26]) oder Source.ag ([42]) bieten KI-gestützte Software für die Steuerung des Gesamtprozesses von Gewächshäusern an. Im Fall von Hoogendorn werden sensorgenerierte Daten mit intelligenten Algorithmen verarbeitet, um es den Produzenten (u. a. von Tomaten und Gurken) zu erlauben auf Fakten und Erfolgsmustern basierende Entscheidungen zu treffen. Durch die verbesserte Steuerung von Klima, Nährstoffzufuhr etc. lassen sich nach Angaben des Unternehmens Effizienz/ökologischer Fußabdruck, Ertrag, Qualität und Haltbarkeit der Früchte steigern [26].

Von einem Gewächshaus, welches als System gesteuert wird ist, es ein weiter Schritt bis zur Betrachtung des Systems des Freilandanbaus. Genau dieser Schritt wird gerade in Neuseeland getan. Das New Zealand Institute for Plant and Food Research plant dafür einen digitalen Zwilling für die Apfel-Produktion. Ein digitaler Zwilling ist ein möglichst präzises digitales Abbild einer realen Situation, also z. B. einer Maschine, eines Gebäudes oder eben einer Apfelplantage. In einem digitalen Zwilling gibt es zwei Anwendungen für KI. Einmal können Fragestellungen, für die es keine gesicherten mathematischen Modelle gibt, über Mustererkennung erfasst und kontrolliert werden. Weiterhin können Aufgaben, für die es zwar mathematische Modelle gibt, die aber zu viel Zeit oder andere Ressourcen benötigen, um sie in Echtzeit zu berechnen über KI kontrolliert werden [8]. Das neuseeländische Projekt hat das Ziel Lebensmittelsicherheit, Nachhaltigkeit und Resilienz des Pflanzenbaus zu stärken. Konkret soll mittels des digitalen Zwillings neue Formen des Anbaus und von Lieferketten entwickelt und simuliert werden. Der digitale Zwilling wird mit den Daten des Anbaus versorgt, die mit Sensoren und Messgeräten erhoben werden. Diese gehen in das Modell des Zwillings ein, welches wiederum Vorhersagen gibt. Diese Vorhersagen sind dann die Grundlagen für die Entscheidungen und Maßnahmen für den Anbau. Der digitale Zwilling wird damit zu einer Art „Simulationsmaschine". Geplant ist, sehr unterschiedliche Daten in das Gesamtmodell einzupflegen. Dazu gehören Wetter und Klimadaten sowie spezifische Fruchtmodelle für die Entwicklung der Frucht am Baum und nach der Ernte. Ebenfalls zählen dazu Modelle für die Bäume, welche Sonneneinstrahlung, Anbauarchitektur und Photosynthese beinhalten. Nicht zuletzt sind Modelle für den Böden, die Biodiversität sowie Licht und Pflanzung als Teile des digitalen Zwillings geplant [36].

Mit KI Früchte haltbarer und geschmackvoller nachreifen Frische und schnell verderbliche Lebensmittel sind besonders von Lebensmittelverschwendung bedroht. Die Banane ist in mehrfacher Hinsicht ein gutes Beispiel für die Risiken und Chancen industrieller Landwirtschaft und die Nutzung von KI. Wie schon beschrieben, gibt es inzwischen für jede Stufe ihrer Wertschöpfungskette KI-Studien.

Erst seit 70 Jahren werden Bananen in der Konsumregion nachgereift. Bis in die späten 1950er Jahre hinein wurde die Gros Michael in der Bananenproduktion genutzt, denn sie war robust und konnte reif transportiert werden und in amerikanischen Supermärkten hingen ganze Bananenbüschel. Doch zwischen 1920 und 1960 wurde fast die gesamte globale

Produktionskapazität der Gros Michel von der Panamakrankheit, einer Pilzkrankheit, die den Boden „kontaminiert", vernichtet. Die globale Bananenproduktion wurde auf die Sorte Cavendish umgestellt, welche viel empfindlicher ist. Sie wird daher hart und unreif geerntet, nicht in Büscheln, sondern in sogenannten Händen. Diese werden in kleinen Kartons verpackt und sanft gekühlt (unter 12 °C drohen Kühlschäden) transportiert [6]. Seitdem die Sorte Cavendish der Standard ist, müssen Bananen deshalb im Konsumland nachgereift werden.

Der übliche Prozess der Bananenreifung erfolgt in speziellen Reifekammern. Hier werden die Faktoren Temperatur, Feuchtigkeit, Ventilation und die Zufuhr des Reifegases Ethylen kontrolliert. Der Reifeprozess läuft wie folgt ab: Zunächst werden die Bananen leicht aufgewärmt (auf 15–17 °C). Dann wird Ethylen für etwa 24 h in die Reifekammer gegeben. Temperatur und Reifegas beleben und beschleunigen den Reifeprozess. Dann wird die Kammer gelüftet und bald wieder geschlossen. Die Kammertemperatur wird auf 15–17 °C gehalten und die Bananen reifen in der Kammer weiter. Sie geben jetzt selbst Gase ab und heizen bei der Reifung in ihrem Fruchtkern auf bis 32 °C auf. Deshalb muss die Kammer nicht nur klimatisiert, sondern auch etwa alle 12 h gelüftet werden [34].

Dieser Prozess ist einerseits komplex und es gibt offensichtlich nur sehr grobe Kontrollmöglichkeiten. Auch gute Reifemeisterinnen und -meister stehen daher vor großen Herausforderungen und die Klagen aus den Supermärkten über inhomogene Reifung und verstärkten Verderb steigen. Die Logistik und die Zeitpläne moderner Supermärkte stellen mit ihrer Kurzfristigkeit und großen Mengen eine zusätzliche Herausforderung dar, um die wertvolle Frucht termingerecht in den geforderten Mengen geschmackvoll und haltbar zu reifen [7]. Die Folge: Bananen kommen zum Teil unreif in die Märkte und verderben in vielen Fällen unnötig schnell nach dem Einkauf.

Was für die Banane gilt, gilt ähnlich auch für Mangos, Avocados, Kiwis oder Kakis. „Flugmangos" sind frisch reif und lecker. Mangos, die mit dem Flugzeug transportiert werden, sind frisch reif und schmecken daher besser, doch nachhaltiger sind Mangos, die mitdem Schiff zu uns kommen und nachgereift werden. Die Nachreifung bis zur Genussreife ist weit verbreitet, hat aber noch Verbesserungspotenzial. Vor allem wäre eine höhere Stabilität der Früchte nach der Reifung zu wünschen und würde Verluste durch Verderb verhindern. Ein relativ neues Verfahren namens „Softripe" nutzt KI bzw. Maschinelles Lernen, um die Reifesteuerung und damit die Fruchtqualität zu verbessern.

Am Anfang einer besseren Steuerung stehen präzisere Daten, die durch Sensoren gemessen und durch Algorithmen verarbeitet werden. Zusätzlich zum Ethylen-Gehalt der Luft in der Reifekammer können dann Sauerstoff- und Kohlendioxid-Werte verarbeitet und kontrolliert werden. Zusätzlich kommen weitere Daten zum Einsatz wie z. B. Herkunftsland, Region oder sogar der Produzent. Diese zusätzlichen Werte bedeuten mehr Komplexität, aber auch mehr Steuerungsmöglichkeiten, denn bei der Reifung nimmt die Frucht Sauerstoff auf und gibt Kohlendioxid ab. Die Werte aller drei Gase werden in gasdichten Reifekammern in kontrollierter Atmosphäre kontinuierlich erfasst und neu eingestellt. Der Reifeprozess läuft damit stabiler, mit weniger extremen Werten und somit für die Früchte stressfreier ab.

Nach Angaben des Softripe-Herstellers Frigotec werden wichtige Fruchtinhaltsstoffe wie Aromen, Zucker, Säure und Wasser maximal ausgebildet und Risiken bei der Reifung wie Fermentation, die Bildung von Bitterstoffen und interne Fruchtschäden vermieden. Derartig gereifte Bananen können in Farbstufe 7 ca. 48 % mehr Aromastoffe bilden. Bei der Reifung von Avocados konnten mit dem KI-gestützten Softripe Verfahren noch weitere Vorteile festgestellt werden. Bei der Reifung wurde – anders als bei der marktüblichen Reifung, das Öl aus dem Fruchtfleisch nach außen, an den Innenrand der Schale, gedrückt und bildete dort eine Art zusätzlichen Schutzfilm für das Fruchtfleisch. In einem Betrieb, der große Mengen von Avocados reift, konnte der Verlust von Früchten zwischen Anlieferung und Auslieferung in den Einzelhandel um 62 % reduziert werden. Weiterhin zeichnen sich diese Avocados durch eine sehr homogene Druckfestigkeit aus, im Einzelhandel musste daher nicht mehr in Bezug auf den Reifegrad nachsortiert werden. Jede Nachsortierung bedeutet eine zusätzliche Belastung der druckempfindlichen Früchte. In Studien deutet sich sogar an, dass 85 % der Menschen, die eigentlich keine Bananen vertragen, die Softripe-Bananen problemlos genießen konnten. Das Verfahren wurde auch erfolgreich für weitere Früchte wie Steinfrüchte, Nektarinen getestet [52].

Der Anwendungsfall Nachreifung von Früchten zeigt in mehrfacher Weise, welche Rolle KI einnehmen kann. Mit KI können komplexe Verarbeitungsprozesse wie die Reifung von Früchten, aber auch andere Prozesse wie z. B. eine Fermentation besser, d. h. mit mehr kontrollierten Faktoren und zeitlich engerer Taktung geführt werden. Im Fall der Bananen führt dies zu mehr Geschmack und besserer Haltbarkeit, in anderen Fällen zu weniger Ressourcenverbrauch bei der Produktion oder sogar zu ganz neuen Produkten. Die Möglichkeiten sind vielfältig und die Anwendung hat gerade erst begonnen. Nicht alle Nutzungen dienen der Verbesserung der Nachhaltigkeit, aber unsere Nachhaltigkeitsziele werden wir nur erreichen, wenn wir KI in unsere Palette von Maßnahmen für die Verbesserung der Produktion mit aufnehmen.

16.2.2 Lebensmittelverschwendung mit KI verhindern

Lebensmittel sind zu kostbar, um sie zu verschwenden. Noch immer werden zu hohe Zahlen für den Verderb von Lebensmitteln gemeldet. SDG 12.3 verlangt die Halbierung des Verlustes von Lebensmitteln bis 2030 [50]. Aber wie kann ein besseres Food Management helfen, weniger Lebensmittel zu verschwenden? Eine längere Haltbarkeit ist ein Teil der Lösung. Mit Lebensmitteln, die weniger empfindlich sind und nicht so schnell verderben gehen weniger Lebensmittel in Logistik, Verarbeitung, im Handel und in den Haushalten verloren. Besser kontrollierte Prozesse helfen, Transport- und Produktionsverluste zu minimieren. Ein besseres Management von Mengen ist ein weiterer Teil des Puzzles.

Mit genaueren und langfristigeren Vorhersagen des Lebensmittel-Bedarfs können Mengen präziser geplant werden. Das gilt für alle Stufen, von der Produktionsplanung über alle Handelsstufen bis natürlich in die Gastronomie und Haushalte.

Mit der Hilfe von KI Lebensmittel schonender lagern und transportieren Viele Lebensmittel werden in klimatisierter oder kontrollierter Atmosphäre transportiert und gelagert. Eine unterbrochene Kühlkette im Temperaturmanagement allgemein kann zu Verderb oder sogar zur Vernichtung von Lebensmitteln allein aus Gründen der Lebensmittelsicherheit führen. Eine engmaschigere Kontrolle und belastbare datengestützte Vorhersagen des Zustandes eines transportierten Lebensmittels helfen Verluste bei Transport und Lagerung zu minimieren. Das Unternehmen Axino ([3]) hat dafür eine Sensortechnologie entwickelt, die präziser als bisher über den Zustand von Lebensmitteln informiert. KI kommt hier bei der Ermittlung der Kerntemperatur der gekühlten und gewärmten Lebensmittel zum Einsatz.

In Einzelhandelsgeschäften und Gastronomie wird die Kerntemperatur traditionell mit einem Thermometer gemessen. Dafür müssen Packungen geöffnet und Messfühler in das Produkt eingeführt werden. Das ist bei Verwendung von Axino-Sensoren nicht mehr nötig, denn die Sensoren von Axino werden in die Kühlbehälter platziert, wo sie 288 Mal am Tag die Temperatur messen. Die Sensoren nutzen spezielle LoRaWAN-Funkfrequenzen für die stromsparende Fernübertragung der Messdaten. Die Daten sind über Desktop-Computer oder Smartphone abrufbar. Die Temperaturdaten der Luft im Behälter (Kühlkammern, -schränke, Isolierboxen etc.) erlauben durch den Einsatz von KI eine sehr genaue Aussage über die Kerntemperatur der Produkte und das sogar im Zeitablauf. Damit sind verschiedene Vorteile verbunden. Einmal sind weniger „Sicherheitsmargen" bei der Temperatur notwendig. Weiterhin müssen die Behälter für die Kontrollen nicht geöffnet werden. Neben dem Sicherheitsaspekt sinken die Energiekosten. Fehler im Temperaturmanagement werden exakt dokumentiert, es müssen weniger Lebensmittel aus „Unsicherheit" vernichtet werden. Gastronomen, Einzelhändler und Großküchen können das System für die Digitalisierung und Automatisierung ihres Qualitätsmanagements nutzen. Die Lebensmittelsicherheit wird gesteigert und Lebensmittelabfälle reduziert. Da die Lösung kontaktlose Sensoren nutzt, kann sie vielfältig und sogar in Kühlregalen in Supermärkten eingesetzt werden [3, 11].

Mit KI verdorbene und giftige Lebensmittel präzise identifizieren Das Gebot der Lebensmittelsicherheit gebietet es, schon bei Verdacht, verdorbene oder sogar bereits giftige Lebensmittel nicht in den Verkehr gelangen zu lassen. Je früher und präziser Verderb oder sogar konkrete Gefahren wie Giftigkeit festgestellt werden können, um so weniger hochwertige Lebensmittel müssen unnötig vernichtet, bzw. verschwendet werden.

Transportschäden können neben anderen Faktoren den Verderb beeinflussen. Zu den Produkten, die große Wege zwischen Anbau und einem europäischen Konsum zurücklegen, zählen Avocados. Diese werden heute, wie bereits dargestellt, häufig unreif geerntet, gekühlt transportiert und industriell nachgereift. Beim Transport können Kühlschäden entstehen, welche zum Verderb führen. Die Kombination von Hyperspektralkameras und Machine

Learning erlaubt es, wenn auch bisher nur im Labor, im Inneren der Frucht befindliche Kühlschäden zu erkennen. Es müssen dafür keine Früchte aufgeschnitten oder einem Drucktest unterzogen werden [23]. Dadurch wird nicht nur die Verschwendung vermieden, auch die Kontrolldichte kann durch ein solches kamerabasiertes Verfahren erhöht werden.

Zu den gefährlichsten Giften, die bei Verderb entstehen können, zählen die Aflatoxine. Dieses sind Pilzgifte, die von Schimmelpilzarten gebildet werden, welche vor allem in Regionen mit feuchtwarmem Klima anzutreffen sind. Expertinnen und Experten erwarten, dass der Klimawandel das Vorkommen von diesen Giften in Lebensmitteln in Europa verstärken wird. Erdnüsse, Baumnüsse, rohe Pflanzenöle oder Kakaobohnen sind besonders gefährdet. Es gibt verschiedene Arten, aber Aflatoxin B1 ist eins der stärksten genotoxischen und karzinogenen Aflatoxine [18]. Um die damit vergifteten Lebensmittel zu identifizieren, werden von der Wissenschaft Methoden des Maschinellen Lernens – wieder in Verbindung mit Hyperspektralkameras – eingesetzt. Mit ihnen werden zum Beispiel die Bilder von Erdnüssen oder Mais so ausgewertet, dass mit Aflatoxin vergiftete Lebensmittel mit immer höherer Präzision identifiziert werden können. Die Methoden werden seit Jahren verfeinert, wobei verschiedene Methoden des Maschinellen Lernens getestet und verglichen werden [53].

KI für die Senkung des Energieverbrauchs Durch den Einsatz von KI kann der Energieverbrauch signifikant gesenkt werden. In einem Experiment der Firma Google gemeinsam mit dessen Tochterunternehmen Deepmind wurde die Frage untersucht, ob von eine KI unterstützte Steuerung den Energieverbrauch der Kühlung senken könnte. In der wissenschaftlich begleiteten Untersuchung konnte der Energieverbrauch von zwei Datencentern um 9 % und 13 % reduziert werden [30].

Vorhersage von Nachfrage mit KI am Beispiel von Bäckereien Bei Bäckereien ist das Problem der Lebensmittelverschwendung für alle evident. Brot wird frisch gebacken. Wird zu viel gebacken, entsteht Lebensmittelverschwendung. Wird zu wenig gebacken, verdient die Bäckerei zu wenig Geld. Mit KI können Vorhersagen für den Bedarf an Brot, Brötchen, Kuchen und anderen Backwaren getroffen werden. Unternehmen wie Foodforecast ([20]) oder Foodtracks ([21]) treffen diese Vorhersagen mit KI-gestützten Software-as-a-Service-Produkten. Mit den Kassendaten, also den Informationen, welche Produkte wann gekauft wurden, können Vorhersagen für die Zukunft gemacht werden. Die Bäcker erhalten visuell aufbereitete Filial- und Umsatzprognosen und deren Visualisierung. Sie können diese als Entscheidungshilfen für die Bestelloptimierung und Produktionspläne nutzen. Die Brote und Kuchen können zeitgerecht und damit frischer angeboten werden. Personal kann besser geplant und vorbereitet werden. Neben Kosten wird auch Zeit gespart und dies in einem Bereich von 30–50 %. Bestellvorgänge, die vorher durch Bauchgefühl entschieden wurden, werden durch die Tools mit Algorithmen unterstützt [11].

KI-gestützte Nachfrageprognosen im Category Management des Lebensmitteleinzelhandels Neben Bäckereiprodukten sind die frischen Produkte wie Obst und Gemüse,

Fleisch und Käse natürlich im Fokus der Vermeidung von Lebensmittelverschwendung. Am Ende geht es aber um alle Lebensmittel, die in Supermärkten und anderen Formen des Lebensmittelhandels verkauft werden.

Category Management ist der Prozess mit dem Warengruppen im Handel als strategische Geschäftseinheiten geführt werden. Kurz gesagt: Im Category Management wird die Regalbelegung in Supermärkten definiert. Die Entscheidungen des Category Managements bestimmen damit nicht nur, was die Shopper (im Category Management werden die Menschen beim Einkauf als Shopper bezeichnet) kaufen können, in Konsequenz werden Lebensmittel produziert, gehandelt und transportiert. Ähnlich wie bei Bäckern, nutzt das Category Management die Vorhersage von Nachfrage für die Bedienung der Shopperbedürfnisse. Die übergeordnete Thematik ist die Wertschöpfung über Hersteller und Handel hinweg, die das Ziel verfolgt, die Wünsche von Shoppern besser, schneller und kostengünstiger zu erfüllen. Dieser umfassendere Ansatz wird unter dem Begriff „Efficient Customer Response" diskutiert [40].

Die zunehmende Digitalisierung und ausgefeilte Programme erlauben heute die filialspezifische Planung der Sortimente und Regalbelegung. Expertinnen und Experten gehen davon aus, dass bald 80 % des Sortiments eines spezifischen Markts automatisiert mit KI aufgestellt werden wird [10]. Neben der Sortimentsplanung kommt KI bei der Aktionsplanung und der Aktionspreissetzung zum Einsatz [37]. In die Vorhersagen gehen nicht nur Vergangenheitsdaten, sondern auch Zukunftsdaten wie Feiertage, Ferien und die Wettervorhersage ein. In Summe können – ähnlich wie bei den Bäckereien – auch hier im Frischebereich bis zu 30 % der Lebensmittelverluste vermieden werden [9].

Neben der Vermeidung von Lebensmittelverschwendung hat eine optimierte Bedienung der Nachfrage natürlich weitere umweltrelevante Konsequenzen. Es müssen weniger Produkte produziert, transportiert und gehandelt werden. Der Ressourcenverbrauch wird gesenkt, CO_2-Ausstoß ebenfalls etc. Bei aller Euphorie über die Möglichkeiten muss allerdings auch darauf hingewiesen werden, dass der Einsatz dieser Systeme mit hohem Aufwand verbunden ist. Es liegt nahe, dass die Wettbewerbsfähigkeit die wahrscheinlich primäre Motivation für ihren Einsatz ist. Der Nutzen der Vermeidung von Lebensmittelverschwendung wird durch diese Erkenntnis keinesfalls nicht geschmälert, aber möglicherweise bleiben hier noch Reserven für mehr Nachhaltigkeit ungenutzt.

KI für eine nachhaltigere Steuerung von Wertschöpfungsketten In diesem Text werden viele Einzellösungen vorgestellt, aber Nachhaltigkeitsziele werden wir nur mit Strategien und systematischem Vorgehen erreichen, die über Einzelmaßnahmen hinausgehen. Diesem Gedanken folgen KI-Anwendungen, die prozessübergreifend arbeiten. Ein Beispiel ist das Schweizer Unternehmen Agrinorm ([1]), welches KI nutzt, um die Qualität von Rohstoffen und die Verlässlichkeit von Lieferanten früh zu erfassen und Vorhersagen zu zukünftiger Qualität zu geben. In das Monitoring können Kontrollpunkte bis zu den Kundinnen und Kunden bzw. Handelspartnern definiert werden, an denen Qualitäten neu erfasst werden. Eins der Ziele ist, Qualitätsmängel schnell zu identifizieren und dort zu managen, wo sie entstehen. Das Unternehmen Agrinorm ist aktuell vor allem in der Warenwirtschaft für frische Früchte aktiv. Das Unternehmen Supply.one konzentriert sich auf die Warenwirtschaft von Küchen und versteht sich als Optimierungsplattform für nachhaltigere Küchen. Dazu werden die Warenströme vom Einkauf über die Lagerung bis zur Verarbeitung mit KI analysiert und Kennzahlen für bessere und nachhaltigere Entscheidungen durch das Management generiert. Die App von Supply.One orientiert sich am Drei-Säulen-Modell der Nachhaltigkeit und gibt Kennzahlen für Umweltschutz, soziale Verantwortung und die finanziellen Konsequenzen von Prozessen und Entscheidungen an [44]. Agrinorm und Supply.one sind nur zwei Beispiele von Startups, die sich des Themas angenommen haben.

Es ist zu hoffen, dass das Thema nachhaltiger gemanagter Prozesse auch ein aufseiten der etablierten Softwareunternehmen mit belastbar wirksamen Lösungen unterstützt wird. Das folgende Beispiel lässt dafür wenig hoffen. Das Unternehmen SAP hat mit Economist Impact eine globale Studie zur Bedeutung der Digitalisierung in der Lieferkette durchgeführt. Nachhaltigkeit hat in der Ergebnispräsentation ein eigenes Kapitel. Die Berichtspflichten in Westeuropa werden in der Studie interessanterweise „hardcore reporting laws and regulations" genannt [45]. In dem deutschen SAP-Bericht aus dem Jahre 2022 mit dem Titel „Sicherheit für Lieferkettenverantwortliche", welches die Ergebnisse der globalen Studie vorstellt, gibt es ebenfalls interessanterweise gar keine Erwähnung von Nachhaltigkeitskriterien für als Maßstab für leistungsfähige und verantwortungsbewusste Lieferketten. „Nachhaltigkeitsprobleme" sind in dieser Studie nur etwas, mit dem Beschäftigte in der Beschaffung zu kämpfen haben [38]. Tatsächlich zählt SAP aber die Nichteinhaltung von ESG-Vorschriften zu den Top-10 der Lieferkettenrisiken [39]. Es bleibt der Eindruck, dass für SAP, immerhin einer der weltweit führenden Anbieter von Betriebssoftware Nachhaltigkeit für den deutschen Markt kein relevantes zentrales Ziel der Lieferkettenoptimierung ist und auf internationaler Ebene die Europäischen Gesetze und Regulierungen gerne als „Hard Core" qualifiziert werden.

16.3 KI für soziale Verbesserung im Food Management

Lebensmittelproduktion und -handel sind traditionell personalintensive Branchen. Natürlich gibt es auch hochentwickelte industrielle Produktionen und Supermärkte mit wenig Personalbedarf. Doch wenn wir die deutsche Lebensmittelwirtschaft insgesamt betrachten, finden wir 5,1 Mio. Erwerbstätige – über 11 % aller Erwerbstätigen – in fast 620.000 Betrieben. Sie produzieren 170.000 Produkte. Die meisten Erwerbstätigen, über 1,8 Mio., davon arbeiten im Gastgewerbe, gefolgt von 1,3 Mio. im Lebensmitteleinzelhandel, über 600.000 in der Ernährungsindustrie, fast 500.000 im Handwerk und ebenfalls fast 500.000 in der Landwirtschaft. Dazu kommen rund 330.000, die im Großhandel arbeiten [31].

International ist der Anteil der Erwerbstätigen an der Wertschöpfung des Food Managements noch höher einzuschätzen. Soziale und faire Arbeitsbedingungen sind daher wichtig, um die sozialen Ziele der nachhaltigen Entwicklung zu erreichen. Welche Rolle kann daher KI für die Verbesserung von Arbeitsbedingungen und Sozialstandards übernehmen?

Menschen in Unternehmen müssen fair behandelt werden und Entwicklungsmöglichkeiten haben. Weiterhin sollte das Management Fehler im Personalmanagement antizipieren und schnell korrigieren können. Nicht zuletzt ist die Zufriedenheit der Belegschaft ein wichtiger Faktor der Wettbewerbsfähigkeit in Zeiten des wachsenden Personalmangels geworden. Für diese Fragen stehe inzwischen KI-unterstützte Instrumente und Produkte zur Verfügung.

16.3.1 Optimierung der Personalentwicklung mit KI

Personalentwicklung kann personalintensiv sein. Nicht jede Führungskraft ist ihrer Verantwortung gewachsen und nicht jeder Mensch hat die Fähigkeiten und Handlungsmöglichkeiten, seine Wünsche, Forderungen, Beschwerden im Beruf, gegenüber Unternehmen und Führungskräften auszudrücken. So entstehen selbst bei bester Absicht aller Teilnehmenden intransparente und unfaire Situationen in Unternehmen.

Das Unternehmen FLOWIT hat einen auf menschlicher Wissenschaft und KI basierendes digitales Coachingtool für proaktive Personalentwicklung entwickelt. Durch digitales Coaching werden Feedback, Feedforward und Lernen einfach im Arbeitsalltag des Unternehmens verankert. Das digitale Coaching ermöglicht kontinuierliches und angeleitetes Feedback und Lernen im Arbeitsalltag. Die beschäftigen Menschen erhalten z. B. Formulierungsempfehlungen für Beurteilungen, Forderungen, Beschwerden. Die Fluktuationsrate konnte bei einem Unternehmen so um 30 % gesenkt werden [11]. Das System ist individuell anpassbar, erlaubt datenbasierte Entscheidungen, regelmäßige Feedbacks und damit eine fokussierte Entwicklung aller Teilnehmer [19]. Die Mitarbeiterinnen und Mitarbeiter fühlen sich gehört und ernst genommen. Dies wiederum ist ein echter Wettbewerbsvorteil bei der Suche nach geeigneten Mitarbeiterinnen und Mitarbeiter und deren Bindung an das Unternehmen [11].

16.4 Ökonomische Nachhaltigkeit und KI

Viele, die sich beruflich für mehr Nachhaltigkeit einsetzen, kennen das Problem: In der Öffentlichkeit, in der Marketingkommunikation, ja selbst von Nachhaltigkeitsexperten wird Nachhaltigkeit in öffentlichen Äußerungen zu oft auf Umweltschutz reduziert. Die soziale Komponente wird oft vergessen oder verschwiegen. Die dritte Säule der Nachhaltigkeit, die Wirtschaftlichkeit hat zusätzlich das Problem, dass sich die verschiedenen Einflussgruppen noch nicht auf ein gemeinsames Verständnis einigen konnten. International und in Finanzkreisen wird häufig der Dreiklang Formel Environment, Social,

Governance (oft übersetzt mit „Gute Unternehmensführung"), abgekürzt mit den Buchstaben ESG, genutzt. Teilweise wird diese Formel in ihrem Kern lediglich als eine Methode des Risikomanagements verstanden. Doch ESG-Bewertungen können auch helfen Chancen zu identifizieren und werden von Anlegern genutzt, Investitionen mit ihren eigenen Werten abzugleichen [15]. Das im deutschen Sprachgebrauch populäre Drei-Säulen-Modell folgt einem breiteren Gedanken und verbindet wirtschaftlichen Erfolg mit der Verantwortung für Natur und Mensch. International findet das Modell sein Äquivalent im Konzept der Triple Bottom Line, welches 1994 vom dem Autor John Elkington geprägt wurde. Die Triple Bottom Line bezieht sich auf die Ergebnisberechnung von Umwelt,- sozialen und Profit-Zielen [17]. In beiden Modellen geht es um die Wirtschaftlichkeit und Gewinnerzielungsfähigkeit von Unternehmen und Wirtschaften.

Für die Unternehmensführung stehen viele digitale Instrumente zur Verfügung. Die bekanntesten sind, neben digitalen Kommunikationsmitteln, die Systeme der Ressourcenplanung, meistens Enterprise Resource Planning oder ERP-Systeme genannt. Natürlich erfahren auch dieses Systeme Upgrades mit KI nicht zuletzt in der Automatisierung von Prozessen. Am weitesten sind noch Reportingsysteme. Doch echtes integriertes Ressourcenmanagement und Standards der Gewinnermittlung (mit einem ganzheitlichen Verständnis von Ressourcen inklusive der Schäden an Mensch und Natur) sind noch nicht weit genug verbreitet um unverzichtbarer Teil digitaler Managementsysteme zu sein. Ein Ansatz dazu wäre z. B. Gemeinwohlökonomie-Bilanz, welche über 1000 Unternehmen als Pionierleistung bereits umsetzen [22].

Viele Möglichkeiten, wenig Konsens, wenig KI-Praxis Wir finden viele theoretische Möglichkeiten für den Einsatz von KI für ökonomische Nachhaltigkeit, aber wenig bis gar keine Anwendungspraxis von KI. Vieles wäre möglich, aber Sichtweisen und Denkmodelle konkurrieren noch zu sehr. Und das bedeutet: Über das Reporting hinaus finden Ökonomie und Nachhaltigkeit im Bereich des Wirtschaftens zu wenig zueinander. Vielleicht finden sich hier bisher eher Ideen als konsequente Ansätze für den Einsatz von KI. Es ist zu hoffen, dass sich dies bald ändert.

16.5 Wie Food Management KI für mehr Nachhaltigkeit nutzen kann

Wollen wir zukünftigen Generationen die gleichen Möglichkeiten geben, die wir auch haben? Viele von uns, viele Unternehmen, Regierungen und auch die UN haben sich dies zum Ziel gesetzt. 17 Ziele der nachhaltigen Entwicklung zur Verbesserung des Umweltschutzes, sozialer Bedingungen und der Wirtschaft haben die UN formuliert. Das war 2015 und die Ziele gelten für 2030. Fast zwei Drittel der Zeit sind vergangen, aber ein großer Teil des Weges liegt noch vor uns. Es sieht aus, als stünde uns als Menschheit ein

Endspurt bevor, wenn wir wirklich nicht das Erreichen der SDGs verschieben wollen. Wir werden alle unsere Energien und Fähigkeiten brauchen. KI, vor allem in Form der aktuell verfügbaren Anwendungen Maschinellen Lernens, kann uns dabei helfen, wenn wir sie richtig einsetzten.

16.5.1 Digitalisieren, digitalisieren, digitalisieren

KI basiert auf der Auswertung von Daten. Wenn keine Daten vorliegen oder die Qualität der Daten ihre Verarbeitung behindert, dann kann KI nicht wirksam eingesetzt werden. Wenn wir KI für die Erreichung von Nachhaltigkeitszielen einsetzen wollen, dann führt an der Digitalisierung kein Weg vorbei. Dabei ist Digitalisierung kein Selbstzweck. Sie erlaubt bessere Transparenz und Steuerung von Prozessen. Informationen sind schneller verfügbar und einfacher zu verarbeiten. Damit wird nicht nur eine höhere Ressourceneffizienz auf allen Stufen der Wertschöpfungskette erreichbar. Auch die Abschätzung und Kontrolle sozialer Folgen und Risiken gelingt besser. Nicht zuletzt können die weiteren betriebswirtschaftlichen Größen besser kontrolliert werden. Viele Unternehmen haben mit der Digitalisierung ihrer Prozesse schon diese Vorteile nutzen können. Mit dem Einsatz von maschinellem Lernen und KI können diese Unternehmen ihren Vorsprung ausbauen, denn bei ihnen sind die Voraussetzung für den Einsatz von KI schon gegeben. Sie haben einen doppelten Vorteil.

16.5.2 KI verantwortlich und sicher einsetzen

Natürlich birgt auch KI Risiken, wie dies bei jeder Technologie gegeben ist. Unsere Ziele der nachhaltigen Entwicklung dürfen nicht als Ausrede dienen, bei KI keine Vorsicht walten zu lassen. Sicherheits- und Ethikstandards dürfen nicht aufgeweicht werden, das verlangen nicht zuletzt die „Governance"-Kriterien eines modernen Verständnisses guter Unternehmensführung als Teil eines gesamtheitlich nachhaltigen Handelns. Darunter fallen Themen wie der Schutz der verarbeiteten Daten, insbesondere der persönlichen Daten und die Wachsamkeit. Dazu zählt auch die Verantwortung, dass KI diskriminierungsfrei und respektvoll arbeitet. In der Optimierung von Prozessen kommt Computersicherheit eine hohe Bedeutung zu.

Deshalb müssen wir immer bedenken: Wir dürfen uns beim Einsatz von KI nicht allein auf deren Empfehlungen und Analysen verlassen. Wir müssen mitdenken und nachdenken und die möglichen Fehlerquellen bedenken. Das gilt zum Beispiel und ganz aktuell beim Einsatz von Large Language Modellen, deren sprachliche Fähigkeiten schnell über mögliche inhaltliche Schwächen hinwegtäuschen können.

KI als Software-as-a-Service (SaaS) KI ist heute schon Teil vieler starker SaaS-Lösungen. Dies vereinfacht ihren Einsatz, denn SaaS-Lösungen können von Unternehmen direkt eingesetzt oder getestet werden. SaaS-Lösungen gibt es z. B. für die Vorhersage von Nachfrage und damit effiziente und verschwendungsfreie Produktionssteuerung von Bäckereien, Supermärkten oder Restaurants. SaaS-Lösungen haben den Vorteil, dass sie weit verbreitete und standardisierte Aufgaben lösen. Oft sind sie einfach und intuitiv zu bedienen, was ihre Einführung zusätzlich fördert. Das macht sie zu kostengünstig einsetzbaren Instrumenten, die einzelnen Unternehmen und ganzen Branchen helfen können. Daher zeigen sie eine große Wirkung für die Erreichung von Nachhaltigkeitszielen haben und dürfen nicht unterschätzt werden.

KI im Projektgeschäft KI ist eine Hochleistungstechnologie und kann Probleme und Aufgaben helfen zu lösen, wie es bisher nicht möglich schien. Komplexe Prozesse wie die Reifung einer Banane können damit präziser und transparenter gesteuert werden. Aber diese Lösungen verlangen von Unternehmen oft eigene Entwicklungen für die externe Partner an Bord geholt werden müssen. Diese Entwicklungen können hohe Kosten verursachen, um die gewünschten Ziele zu erreichen. Im Erfolgsfall werden Prozesse effizienter gesteuert und elementare Wettbewerbsvorteile erreicht.

16.5.3 KI als Teil der Nachhaltigkeitsstrategie im Food Management

In diesem Beitrag wurde die Vielfalt und die Wirkmächtigkeit von KI aufgezeigt. Dabei wurde deutlich, dass KI an vielen Stellen der Wertschöpfung im Food Management wertvolle Beiträge für die Erreichung von Nachhaltigkeitszielen leisten kann. Aber: Die meisten Lösungen haben nicht Nachhaltigkeitsziele als wichtigstes Leistungsversprechen. Die meisten Lösungen erhöhen primär Effizienz und Wettbewerbsfähigkeit. Sie können nachhaltige Wirkung ermöglichen, aber sie tun es nicht zwingend. Eine Nachfragevorhersage einer Bäckerei kann zur Maximierung des Gewinns oder zur Minimierung der Lebensmittelverschwendung eingesetzt werden. Auch bei maximaler Transparenz bleiben derartige Zielkonflikte bestehen.

Ein Unternehmen ohne eine gut fundierte Nachhaltigkeitsstrategie wird vielleicht Einzelerfolge erzielen, aber keinen strategischen Beitrag zu unserem gemeinsamen Bemühen leisten, die Ressourcen des Planeten für zukünftige Generationen zu bewahren. Doch viele Unternehmen, auch viele Unternehmen des Food Managements, haben bisher weder eine Materialitätsanalyse noch eine darauf basierende Nachhaltigkeitsstrategie entwickelt. In vielen Fällen beruhen die Nachhaltigkeitsbestrebungen auf Gesetzen, Richtlinien und Standards und damit nicht einer Analyse der eigenen Wirksamkeit [12]. KI kann uns beim Ideenentwickeln, beim Planen und beim Umsetzen helfen. Was sie uns nicht abnehmen kann, ist der Wille und das ersthafte Bestreben, wirklich nachhaltiger zu handeln.

Literatur

1. Agrinorm. (o. J.). *Your innovative partner in sourcing of fresh produce.* https://agrinorm.ai/. Zugegriffen: 07. Nov. 2024.
2. Almeyda, E., & Estefani, W. I. (2022). *Recent Developments of Artificial Intelligence for Banana: Application Areas, Learning Algorithms, and Future Challenges.* SciELO Brasil Scientific Electronic Library Online. https://www.scielo.br/j/cagri/a/YW6FNnP8crSrX3mghzLQVFS/?lang=en. Zugegriffen: 05. Nov. 2024.
3. Axino Solutions AG. (2024). *KERNgesund.* https://axino.ai. Zugegriffen: 19. Jan. 2024.
4. Batz, M. (2021). *Nachhaltigkeit in der Sozialwirtschaft: Eine Einführung.* Springer.
5. Birg, H. (2011). *Entwicklung der Weltbevölkerung.* https://www.bpb.de/shop/zeitschriften/izpb/bevoelkerungsentwicklung-282/55882/entwicklung-der-weltbevoelkerung/. Zugegriffen: 05. Nov. 2024.
6. Bolton, W. E. (1983). *Comments and sugguestions on the tropical agriculture reserach service (SIATSA).* GTS Report No. PIP No. 17, University of Idaho for the U.S. Agenca for International Development, Posthavest Institute for Perishables, Tegucigalpa, Honduras.
7. Brune, G. (2022). Ein krummes Ding? *Rundschau für den Lebensmittelhandel, 2,* 60–63.
8. Brune, G. (2022). *Künstliche Intelligenz heute.* Springer.
9. Brune, G. (2023). Alles easy mit KI. *Rundschau für den Lebensmittelhandel, 12,* 30–33.
10. Brune, G. (2023). KI ist einfach überall. *Rundschau für den Lebensmittelhandel, 8,* 26–30.
11. Brune, G. (2023). *KI CENTER auf der Internorga 2023.* AI Hamburg. https://go.ai.hamburg/hubfs/AI.HAMBURG/Downloads/Whitepaper-KI-CENTER-INTERNORGA-2023-by-AI.HAMBURG.pdf. Zugegriffen: 05. Nov. 2024.
12. Bundesvereinigung der deutschen Ernährungsindustrie (BVE) und RSM Ebner Stolz. (2024). *Den Berg bezwingen.* https://www.bve-online.de/presse/infothek/publikationen-jahresbericht/bve-ebner-stolz-nachhaltigkeit-2024. Zugegriffen: 22. Sept. 2024.
13. Clarifruit. (o. J.). *Perfect Your Fresh Produce Quality Control, Within Seconds.* https://www.clarifruit.com/. Zugegriffen: 07. Nov. 2024.
14. Colantonio, V., & Ferrante, L. (2022). *Metabolomic selection for enhanced fruit flavor.* PNAS. https://www.pnas.org/doi/full/10.1073/pnas.2115865119. Zugegriffen: 05. Nov. 2024.
15. Dürr, S. (2023). *Was ist der Unterschied zwischen ESG und Nachhaltigkeit.* https://nordesg.de/was-ist-der-unterschied-zwischen-esg-und-nachhaltigkeit/. Zugegriffen: 05. Nov. 2024.
16. Earth Overshoot Day. (o. J.). *Earth Overshoot Day.* https://overshoot.footprintnetwork.org/about-earth-overshoot-day/. Zugegriffen: 05. Nov. 2024.
17. Elkington, J. (2004). *Enter the Triple Bottom Line.* Routledge.
18. Europäische Behörde für Lebensmittelsicherheit. (2024). *Aflotoxine in Lebensmitteln.* https://www.efsa.europa.eu/de/topics/topic/aflatoxins-food. Zugegriffen: 05. Nov. 2024.
19. Flowit AG. (2024). *Warum Flowit.* https://flowit.ai/de/warum-flowit/. Zugegriffen: 05. Nov. 2024.
20. Foodforecast. (o. J.). *Nachhaltigkeit wird mit unserer KI wirtschaftlich.* https://foodforecast.com/. Zugegriffen: 07. Nov. 2024.
21. Foodtracks. (o. J.). *Retouren & Verfügbarkeit im Griff?* https://www.foodtracks.de/. Zugegriffen: 07. Nov. 2024.
22. Gemeinwohl Ökonomie Deutschland e.V. (2024). *Unternehmen.* https://germany.ecogood.org/umsetzung/unternehmen/. Zugegriffen: 05. Nov. 2024.
23. Guo, X., & Tan, C. (2023). Hyperspectral image analysis for the evaluation of chilling injury in avocado fruit during cold storage. *Postharvest Biology and Technology, 206.*

24. Hectre. (o. J.). *Make better decisions for your fruit*. https://hectre.com/. Zugegriffen: 07. Nov. 2024.
25. Hiller, J. (2023). Microsoft Targets Nuclear to Power AI Operations. *The Wall Street Journal*. https://www.wsj.com/tech/ai/microsoft-targets-nuclear-to-power-ai-operations-e10ff798. Zugegriffen: 05. Nov. 2024.
26. Hoogendoorn Growth Management. (2024). *Wissen ist Pflanzenkraft*. https://hoogendoorn.com/de/unsere-losungen/. Zugegriffen: 05. Nov. 2024.
27. ICT AGRI FOOD. (2024). *Sunburn and heat protection in canopies for evolving a warning tech solution*. https://ictagrifood.eu/node/44656. Zugegriffen: 05. Nov. 2024.
28. Kennedy, J. F. (1962). *John F. Kennedy Address at Rice University on the Space Effort*. https://www.rice.edu/kennedy. Zugegriffen: 05. Nov. 2024.
29. Korinek, A., & Mahoney, M. (2021). *Technological Progress, Artificial Intelligence, and Inclusive Growth*. IMF Working Papers 166.
30. Luo, J., Peng, C., & Mao, J. (2022). *Controlling Commercial Cooling Systems Using Reinforcement Learning*. https://arxiv.org/pdf/2211.07357.pdf. Zugegriffen: 05. Nov. 2024.
31. Lebensmittelverband Deutschland. (2023). *5,1 Millionen Erwerbstätige, 619.000 Betriebe, 170.000 Produkte – die deutsche Lebensmittelwirtschaft in Zahlen*. https://www.lebensmittelverband.de/de/presse/pressemitteilungen/branchenzahlen-2021. Zugegriffen: 05. Nov. 2024.
32. Martins, J. A., & Ribeiro, D. (2023). *Estimation of soluble solids content and fruit temperature in 'Rocha' pear using Vis-NIR spectroscopy and the SpectraNet–32 deep learning architecture*. Postharvest Biology and Technology 199.
33. Maslej, N., & Friedman, L. (2023). *The AI Index 2023 Annual Report*. Stanford University. AI Index Steering Committee. Institute for Human-Centered AI.
34. Nelson, D. S. (o. J.). *Banana Ripening Principles and Practice. College of tropical agriculture and human resources*. University of Hawai'i at Mānoa. https://www.ctahr.hawaii.edu/nelsons/banana/ripeningbunchmanagement.pdf. Zugegriffen: 05. Nov. 2024.
35. Phillips, D., Williams, J., Lyrenne, P., & Munoz, P. (2022). Southern Highbush Blueberry Cultivars from the University of Florida. University of Florida. *Horticultural Sciences Department, 5*.
36. Piper, M. F. (2024). *Digital Horticultural Systems. Building digital twins of perennial horticultural production and supply chain systems*. Vortrag im Rahmen des FUTURE LAB der FRUIT LOGISTICA.
37. Relex Solutions. (o. J.). *Nachfrageprognose im Einzelhandel und bei Konsumgütern*. https://www.relexsolutions.com/de/fachbeitraege/nachfrageprognose-im-einzelhandel-und-bei-konsumgutern/. Zugegriffen: 05. Nov. 2024.
38. SAP. (2022). *Sicherheit für Lieferkettenverantwortliche*. https://www.sap.com/germany/cmp/dg/peace-of-mind-for-supply-chain-leaders/index.html. Zugegriffen: 05. Nov. 2024.
39. SAP. (2024). *10 Lieferkettenrisiken und wie Sie diese mindern*. https://www.sap.com/germany/insights/supply-chain-risks.html. Zugegriffen: 05. Nov. 2024.
40. Schröder, B., Eisenberg, C., Hense, A., & Meyer, J. (2021). *Category Management*. GS1 Germany.
41. Slaats, T. (2024). *Transforming Soft Fruit Farming*. Präsentation im Rahmen des Future Lab der Fruitlogistica 2024. https://www.fruitlogistica.com. Zugegriffen: 05. Nov. 2024.
42. Source AG. (o. J.). *Empowering Grower through AI*. https://www.source.ag/. Zugegriffen: 07. Nov. 2024.
43. Spaett, D. V. (2022). *Precision Agriculture, Developing sustainable Agriculture and saving resources with measurement techniques*. Research in Bavaria. https://www.research-in-bavaria.de/precision-agriculture. Zugegriffen: 05. Nov. 2024.

44. Supply.one. (o. J.). *Nachhaltiger Erfolg, für deine Küche.* https://www.supply.one/. Zugegriffen: 07. Nov. 2024.
45. The Economist Group. (2022). *Chain Reactions: Building value in procurement through digitalisation.* Economist Impact, sponsored by SAP. https://www.sap.com/documents/2022/06/deb2e9ed-317e-0010-bca6-c68f7e60039b.rc.html. Zugegriffen: 05. Nov. 2024.
46. Tsoulias, N., & Schurr, C. (2020). Apple Shape Detection Based on Geometric and Radiometric Features Using a LiDAR Laser Scanner. *Remote Sensing, 12*(5).
47. UN. (2015). *Transforming our world: The 2030 Agenda for Sustainable Development.* https://sdgs.un.org/2030agenda. Zugegriffen: 05. Nov. 2024.
48. UN. (2023). *Explainer: How AI helps combat climate change.* https://news.un.org/en/story/2023/11/1143187. Zugegriffen: 05. Nov. 2024.
49. UN DESA; Population Division. (2022). *World Population Prospects 2022: Summary of Results.* https://www.un.org/development/desa/pd/content/World-Population-Prospects-2022. Zugegriffen: 05. Nov. 2024.
50. UNEP. (2021). *Food Waste Index Report 2021.* https://www.unep.org/resources/report/unep-food-waste-index-report-2021. Zugegriffen: 05. Nov. 2024.
51. UN WCED. (1987). *Our Common Future.* http://www.un-documents.net/ocf-ov.htm. Zugegriffen: 05. Nov. 2024.
52. Wirth, R., & Geyer, F. (2022). *Fruchtreifung: Reif für neue Qualitäten?* Web-Konferenz 16.-18.3.2021. Bundesanstalt für Landwirtschaft und Ernährung (BLE).
53. Zhu, H., & Zhang, Y. (2023). Pixel-level deep spectral features and unsupervised learning for detecting aflatoxin B1 on peanut kernels. *Postharvest Biology and Technology, 202.*

Gunnar Brune ist ein renommierter Strategieberater, KI-Experte, Autor und Sprecher. Er ist Gründer der Unternehmensberatung TRICOLORE Marketing, Partner der Storytelling-Agentur NARRATIVE IMPACT, Mitglied des Netzwerks zur Förderung von Künstlicher Intelligenz AI.HAMBURG sowie Mentor des AI.STARTUP.HUB. In seinem aktuellen Buch „Künstliche Intelligenz heute" beschäftigt er sich mit dem Einsatz von KI in Wirtschaft, Medizin und Wissenschaft. Darüber hinaus leitet er den Beirat des BESTSELLER Awards für die erfolgreichsten Neuprodukte im LEH, sitzt in der Jury des SWEETIE Awards für innovative Süßwaren und Snacks und gibt Seminare für die ZEIT Akademie, die Hamburg Media School und weitere Bildungsinstitutionen. Gunnar Brune ist in Beratungsgremien verschiedener Organisationen und Unternehmen vertreten. Er ist Autor des Marketing-Fachbuchs für frisches Obst und Gemüse „Frischer! Fruchtiger! Natürlicher!" und Co-Autor von „DIE ZEIT erklärt die Wirtschaft". Er publiziert in nationalen und internationalen Fachmedien.

Nachhaltige Ernährungsstile und -marken 17

Von der Planetary Health Diet zu Planetary Health Brands

Jörg Reuter

Zusammenfassung

Unser Ernährungssystem trägt erheblich zu globalen Treibhausgasemissionen und dem Verlust der biologischen Vielfalt bei. Wir müssen unsere Speisepläne überdenken und die Warenkörbe nachhaltiger gestalten, um die Klimakrise zu bremsen und das Artensterben zu stoppen. Die Lebensmittelbranche kann entweder Teil des Problems oder Teil der Lösung sein. Trotz der Herausforderungen durch multiple Krisen wie Pandemie, Inflation und Klimawandel bleibt Nachhaltigkeit ein langfristiges Kaufmotiv. Marken können und müssen heute mehr bieten als nur Qualitätsprodukte – sie sollten Werte verkörpern und eine tiefere Verbindung zu ihren Konsumentinnen und Konsumenten aufbauen. Planetary Health bietet eine historische Chance zur Differenzierung und langfristigen Positionierung in einem gesättigten Markt für Lebensmittel. Marken, die sich dem Thema Planetary Health widmen, sollten eine klare Haltung einnehmen und sich langfristig und transparent auf diesen Weg begeben. Planetary Health ist mehr als nur ein neuer Purpose – es ist ein umfassendes Konzept, das als Antidepressivum gegen zunehmenden Markenpositionierungs-Burnout dienen kann.

17.1 Warum wir über Planetary Health reden müssen

Unser Ernährungssystem trägt erheblich zu globalen Umweltproblemen bei: Es ist für mehr als 30 % der weltweiten Treibhausgasemissionen [16] und für ca. 70 % der Verluste an terrestrischer biologischer Vielfalt verantwortlich [19]. Um die Klimakrise zu bremsen

---

J. Reuter (✉)
Narrative Foods, Berlin, Deutschland
E-Mail: reuter@millennium.ag

und das Artensterben zu stoppen, müssen wir unsere Speisepläne überdenken und unsere Warenkörbe nachhaltiger gestalten.

Die weltweiten Folgekosten unseres Ernährungssystems belaufen sich auf 15 Billionen Dollar pro Jahr [15]. Diese Zahl ist alarmierend, insbesondere wenn man bedenkt, dass der weltweite Lebensmittelumsatz auf etwa 10 Billionen Dollar geschätzt wird [17]. Die Folgekosten übersteigen die Marktleistung somit deutlich. Die Verteilung der Kosten ist etwa 3:1 zwischen Gesundheits- und ökologischen Folgekosten.

Dabei ist gerade unser Wissen über die Klimawirkung unserer Ernährung bereits sehr ausgeprägt. Zumindest auf wissenschaftlicher Ebene. Auf Ebene der Konsumentinnen und Konsumenten ist zum größten Teil nicht bekannt, welchen Einfluss unsere Ernährung auf das Klima hat. In der breiten Öffentlichkeit nahezu unbekannt sind die dramatischen Auswirkungen unseres Essens auf weitere planetare Grenzen wie das Artensterben oder die Stoffkreisläufe von Stickstoff und Phosphor.

Das Konzept der „Planetaren Grenzen", entwickelt 2009 von einem internationalen Wissenschaftlerteam um Johan Rockström [14], bildet die Grundlage für das Thema „Planetary Health". Dieses Modell identifiziert neun biophysikalische Systeme der Erde, die als planetare Grenzen definiert sind. Bei Überschreitung dieser Grenzen steigt das Risiko, dass menschliche Aktivitäten die Stabilität und Resilienz des Erdsystems gefährden und somit das Wohlbefinden der Menschheit beeinträchtigen.

Neben dem allgegenwärtigen Thema Klimawandel rückt das Thema Biodiversitätsverluste zunehmend in den Fokus und wird uns in den kommenden Jahrzehnten stark beschäftigen. Wenn der Klimawandel das Fieber der Erde ist, dann sind die Biodiversitätsverluste mit einem drohenden Organversagen zu vergleichen. Der Verlust der biologischen Vielfalt hat auch direkte wirtschaftliche Auswirkungen. Ein Bericht des Centre for Nature Positive Business von PwC zeigt, dass über 55 % des weltweiten BIP stark oder mäßig von der Natur abhängig sind. Diese Abhängigkeit birgt reale Risiken für Unternehmen und Finanzinstitute, von Störungen in Lieferketten bis hin zu Regulierungen, die schädliche Praktiken einschränken [12].

Tab. 17.1 zeigt die fünf planetaren Grenzen, die am stärksten von der Lebensmittelproduktion beeinflusst werden. Deutlich wird, dass die Landwirtschaft innerhalb des Ernährungssystems eine zentrale Rolle als Verursacher spielt. Beim Thema Klima kann der Anteil der Landwirtschaft an den gesamten Treibhausgasemissionen durch unser Ernährungssystem auf etwa 70 % beziffert werden [13].

Tab. 17.1 Top 5 Planetare Grenzen mit Impact durch Lebensmittelproduktion

Top 5 Planetare Grenzen mit Impact durch Lebensmittelproduktion	Auswirkungen und Ursachen
Stickstoff- und Phosphorkreisläufe	Der Einsatz von Düngemitteln in der Landwirtschaft ist der größte Treiber für die Störung dieser Kreisläufe. Überdüngung führt zu Eutrophierung von Gewässern sowie zu erhöhten Nitratwerten im Grundwasser
Landnutzungsänderungen	Die Ausdehnung landwirtschaftlicher Flächen auf Kosten natürlicher Ökosysteme wie Wälder und Grasland ist eine der Hauptursachen für den Verlust von Lebensräumen und Kohlenstoffsenken
Süßwasserverbrauch	Landwirtschaft ist der größte Verbraucher von Süßwasser, insbesondere durch Bewässerungssysteme in trockenen Regionen. Dies führt zu Wasserknappheit und zur qualitativen Verschlechterung von Wasserressourcen
Verlust der Biodiversität	Intensive landwirtschaftliche Praktiken wie Monokulturen, der Einsatz von Pestiziden und Lebensraumzerstörung tragen erheblich zum Verlust der biologischen Vielfalt bei
Klimawandel	Unser Ernährungssystem wird für ca. 30 % der globalen Treibhausgase verantwortlich gemacht. Wesentlich sind hier Methan aus der Tierproduktion, CO_2 aus Landnutzung und Lachgas aus Düngemitteln

17.2 Die Lebensmittelbranche kann Teil des Problems oder Teil der Lösung sein

Der hohe negative Einfluss unseres Lebensmittelsystems auf die planetaren Grenzen ist menschengemacht und kein Naturgesetz. Daher gilt: Man kann Teil des Problems oder Teil der Lösung sein. Die 2019 von der EAT-Lancet-Kommission postulierte „Planetary Health Diet" weist in die richtige Richtung [18]. Wir müssen unsere Speisepläne, die Art der Landwirtschaft und die riesige Menge an Lebensmittelverschwendung überdenken. Der erste Bericht der EAT-Lancet-Kommission beschreibt dies treffend als „gesunde Ernährung aus nachhaltigen Produktionssystemen". Leider wird die öffentliche Diskussion zur Umsetzung der „Planetary Health Diet" oft auf eine „Gramm-von-X-pro-Tag"-Debatte reduziert. Diese Diskussion lenkt zwar auf wichtige Themen, driftet aber schnell in eine Verzichtsdebatte ab und ist wenig attraktiv für die breite Bevölkerung. Auch der Begriff „Diet" wird schnell mit dem deutschen Verständnis einer „Diät" gleichgesetzt – etwas Unangenehmes und Vorübergehendes.

Wir brauchen eine umfassende Betrachtung der Chancen, die sich aus dem Thema Planetary Health ergeben. Planetary Health bietet eine historische Chance in einem übersättigten Lebensmittelmarkt. Rein von der Versorgung her benötigen wir kein weiteres Nahrungsmittelprodukt. Auch geschmackliche Variationen sind weitgehend ausgereizt, da wir heute die Küchen der Welt direkt vor unserer Tür in Supermärkten und Restaurants haben. Dennoch entsteht ein äußerst interessanter Transformationsmarkt, mit Gewinnern und Verlierern. In einem gesättigten Markt geht es nicht nur um Plätze im Regal, sondern letztendlich um einen Anteil am Magen der Menschen.

17.3 Aufbruch in ein neues Food-Innovationszeitalter

Was vor einigen Jahren mit mehr oder weniger schmackhaften pflanzlichen Burgerpatties begann, hat sich zu einem beispiellosen Innovationsfieber in der Lebensmittelbranche entwickelt. Nach einer Dekade regelrechter Goldgräberstimmung, in der Investoren jeder scheinbaren Food-Innovationsidee viel Geld hinterherwarfen, befinden wir uns nun in einer ernsthaften Phase. Es geht darum, skalierbare Lösungen zu finden, die einen relevanten positiven Einfluss auf die planetaren Grenzen haben und für die breite Gesellschaft zugänglich sind.

Zum einen geht es um neue Methoden zur Herstellung weitgehend tier-identischer Produkte, wie etwa solche aus kultivierten Zellen oder aus Präzisionsfermentation. Auch Methoden der Biomassefermentation von Pilzmycel sind von Interesse (siehe Kap. 18). Zum anderen geht es um einen neuen Blick auf bestimmte Nebenströme, die bisher als minderwertig betrachtet wurden, wie zum Beispiel Nussschalen oder die Kerne von Steinobst. Diese Nebenströme fallen massenhaft an und spielten bisher weder für tierische noch für menschliche Ernährung eine relevante Rolle.

Ein Blick auf die Finanzierungen von Food-Startups in den letzten Jahren zeigt, dass es oft um Investitionen in das Versprechen geht, die Welt nachhaltiger zu machen. Allein in den Bereich der alternativen Proteine flossen zwischen 2019 und 2023 weltweit ca. 16 Mrd. Dollar an Investitionen [8]. Während ein erheblicher Teil der Food-Startups Nachhaltigkeit als selbstverständlichen Teil ihrer DNA betrachtet, nähert sich der Lebensmittelmittelstand diesem Thema nur zögerlich. In Zeiten multipler Krisen knickt er schnell wieder ein, wenn die Menschen vorübergehend preissensibler werden.

17.4 Nachhaltigkeit als Kaufmotiv

Ohne relevante Konsumentenbedürfnisse keine erfolgreiche Markenpositionierung. Nachhaltigkeit als Kaufmotiv hatte 2019 seinen bisherigen Höhepunkt und ist in Zeiten multipler Krisen leicht rückläufig in der Rangfolge der relevanten Kaufmotive für Lebensmittel [11]. Nachhaltigkeit als Kaufmotiv erlebte bis 2019 eine interessante Entwicklung. Mitte der 1970er Jahre entstanden in einer winzigen Nische die ersten Bioläden. Damals war das Motiv oft „politischer Konsum", ein Protest gegen etablierte Lebensmittelstrukturen. Aus diesen kleinen Anfängen entstand zwischen Mitte der 1970er und Mitte der 1980er-Jahre eine Generation von Bio-Pionieren, die bis heute zu Milliardenunternehmen wie Alnatura oder Dennree heranwuchsen.

In dieser Nischenphase des nachhaltigen Konsums passierte etwa 25 Jahre lang nichts Spektakuläres. Selbst der frühe Eintritt von REWE mit der Bio-Eigenmarke Füllhorn 1988 verlief eher ruhig und gemächlich. Unter der Hand witzelte man damals bei REWE, dass einige Produkte „im Regal Geburtstag feiern", weil sie sich so schlecht verkauften, dass sie ein ganzes Jahr dort stehen blieben. Erst der Eintritt von Netto mit der Marke BioBio 2002 rüttelte den Markt auf und zeigte, dass sich mit nachhaltigen Produkten eine wachsende Zielgruppe erobern lässt.

Die meisten Markenhersteller ignorierten das Thema damals noch. Spätestens mit der Identifizierung der Zielgruppe der LOHAS (Lifestyle of Health and Sustainability) um 2007 wurde Nachhaltigkeit jedoch zu einem attraktiven Positionierungsfeld für Marken. Die LOHAS waren nicht mehr mit den Ur-Ökos vergleichbar. Es handelte sich eher um „modern Performer" und „Etablierte", die ein neues Narrativ prägten: „Die Welt retten UND Spaß dabei haben." Es entstand eine neue Generation des „UND". Fred Grimm verfasste damals seinen Bestseller „Shoppen hilft die Welt verändern" [9]. Nachhaltigkeit wurde plötzlich zum Lifestyle-Thema. In den folgenden zehn Jahren gewann das Thema immer mehr an Popularität und bewegte sich auf den gesellschaftlichen Mainstream zu. Die breite Gesellschaft wollte zwar nicht unbedingt die Welt retten, aber zumindest „unschuldig konsumieren".

Als gesellschaftlicher Höhepunkt im Kontext von Nachhaltigkeit können die Jahre 2018 und 2019 gesehen werden. Die Fridays for Future-Bewegung brachte eine neue Dringlichkeit in die Nachhaltigkeitsdiskussion. Nachhaltigkeit wandelte sich vom Lifestyle-Thema zur gesamtgesellschaftlichen Aufgabe. Vom ICH zum WIR. Die folgenden Jahre der Pandemie befeuerten das Thema Nachhaltigkeit weiter. Erst die Inflation und die steigenden Energiepreise führten zu einer Abbremsung des über Jahrzehnte aufgebauten Nachhaltigkeits-Booms. Eine umfassende und tiefgehende Analyse des Kaufmotivs Nachhaltigkeit in den Jahren 2022 und 2023 findet sich in den Publikationen des Sozialwissenschaftlers Robert Kecskes [5, 6].

Wichtig für alle, die sich aus Markenperspektive mit den Potenzialen von Planetary Health beschäftigen, ist die Erkenntnis, dass sich Nachhaltigkeit als Kaufmotiv über Jahrzehnte aufgebaut hat und so schnell nicht verschwinden wird. Selbst in Zeiten multipler

Krisen bleibt es relevant. Kecskes beschreibt die Situation wie folgt: „Die Millennials haben begonnen, die iBrains setzen es fort: die Umsetzung eines ‚Planetary Health Lifestyle'. Konkret gelebt ist dieser Lifestyle zwar noch mit vielen Widersprüchen behaftet, aber die jungen Generationen werden uns in die Sinnwelt der Kulturgesellschaft führen. SIE HÖREN NICHT AUF!" ([5], S. 58).

17.5 Die neue Sehnsucht nach unbeschwertem Konsum: Zwischen Planetary Health-Dringlichkeit und Transformations-Burnout

Im Jahr 2023 lenkten zahlreiche Studien unsere Aufmerksamkeit auf die Erschöpfung der Menschen durch die turbulenten Jahre der Multi-Krisen. Im Jahr 2024 deutet die Marktforschung auf eine Erholung beim Thema Nachhaltigkeit hin. So steigt der GfK-Nachhaltigkeitsindex seit Januar 2024 stetig an [7].

Die Nestlé-Studie „So isst Deutschland 2024" [11] hebt jedoch auch die „Sehnsucht nach Unbeschwertheit" hervor und sieht das Thema Essen zunehmend im Spannungsfeld zwischen Verzicht und Genuss. Immer mehr Konsumentinnen und Konsumenten sind sich der dringenden Notwendigkeit bewusst, nachhaltige und umweltfreundliche Entscheidungen zu treffen. Gleichzeitig führt die ständige Aufforderung zur Veränderung und die Überflutung mit Informationen zu einem Phänomen, das als Transformations-Burnout bezeichnet werden kann. Dieses Phänomen wird durch die vergangenen Jahre, die von multiplen Krisen wie Covid-19, Krieg, Klimawandel und Inflation geprägt waren, noch verstärkt. Die Menschen sind transformationsmüde, trotz oder gerade wegen des zunehmenden Wissens über die Auswirkungen ihrer Ernährung.

„Ernährung dient schon längst nicht mehr einfach nur der Nahrungsaufnahme. Essen ist fast ideologisch aufgeladen und wie so viele Lebensaspekte Gegenstand vieler verschiedener und mitunter auch widersprüchlicher Erwartungen, Glaubenssätze und Überzeugungen. Die Menschen wollen den Idealen von Gesundheitsoptimierung und Mäßigung gerecht werden und moralischen Anforderungen hinsichtlich Tierwohl oder Klimaschutz genügen. Beispielsweise denken 72 % der Befragten, dass sie sich gesünder ernähren sollten – 2018 waren es nur 54 %." [11].

Bei der identifizierten neuen Sehnsucht nach unbeschwertem Konsum dürfen wir das Thema „unbeschwert" keineswegs als „egal" interpretieren. Die Menschen suchen nach klarer Orientierung und Entlastung. Letztlich geht es darum, sich trotz aller Informationen dem Thema Essen wieder mehr intuitiv und weniger verkopft zu nähern. Ein großes neues (und zugleich altes) Spielfeld für innovative Food-Konzepte und wirkungsvolle Food-Kommunikation.

Einfach war gestern. Nicht nur das Kaufmotiv Nachhaltigkeit hat sich in seiner Ausprägung gewandelt, sondern auch das gesamte Thema Nachhaltigkeit im Kontext von Lebensmitteln entwickelt sich stetig weiter. Die Richtung ist dabei eindeutig: Es wird immer komplexer. Während gestern noch Bio die mehr oder weniger einzige Ausprägung von Nachhaltigkeit im Food-Segment darstellte und eventuell gefühlte Nachhaltigkeit rund um den unscharfen Begriff Regionalität eine gewisse Rolle spielte, dominieren heute Themen wie pflanzliche Ernährung und Klimaschutz die Diskussionen. In Zukunft werden wir uns jedoch nicht nur mit einer Dimension von Nachhaltigkeit befassen (Klima), sondern mit bis zu neun planetaren Grenzen.

17.6 Planetary Health als Antidepressivum gegen Markenpositionierungs-Burnout

Lebensmittel-Marken haben sich im Laufe der letzten Jahrzehnte von einfachen Qualitätsmarken zu komplexen Identitätsmarken entwickelt, die sowohl funktionale als auch emotionale Bedürfnisse der Konsumentinnen und Konsumenten ansprechen. Diese Entwicklung spiegelt die veränderten Erwartungen und Werte der Konsumentinnen und Konsumenten wider. Marken müssen heute mehr als nur gute Produkte bieten – sie können Geschichten erzählen, Werte verkörpern und eine tiefere Verbindung zu ihren Konsumentinnen und Konsumenten aufbauen.

Die einfache Qualitätsmarke hat heute ausgedient. Qualität ist keine Differenzierung mehr im Wettbewerb. Qualität können heute alle, von der Preis-Einstiegsmarke bis zur klassischen A-Marke. Wenn Marken immer austauschbarer werden, nimmt die Markentreue ab und bei jedem Kauf muss erneut um die Aufmerksamkeit der Kundinnen und Kunden gekämpft werden. Wo Differenzierung kaum noch auf Qualitätsebene gelingt, werden häufig die Kreativen zu Rate gezogen. Verpackungsrelaunches und mehr oder weniger gelungene Kampagnen sollen richten, was über das Thema Qualitätsdifferenzierung kaum noch gelingt.

So geistert auch „Purpose" seit einigen Jahren als Buzz-Word durch die Hallen der Werbeagenturen, wenn es darum geht, Marken mit Werten aufzuladen. Im Ergebnis sehen wir oft ein wildes Gestochere in Zeitgeistthemen. Diversity in der Bildsprache gehört längst zum guten Ton und wo immer sich ein Strohhalm ergibt, springt man auf den Klimazug auf. Bei genauem Hinsehen sind die Kreativen mit den Themen oft schneller als die Unternehmen selbst. Greenwashing-Vorwürfe sind so vorprogrammiert.

▶ **Wichtig**
Planetary Health ist deutlich mehr als das neue Purpose. Purpose ist der Strandurlaub in der Markenpositionierung. Planetary Health ist die Ochsentour. Purpose ist die Vitamintablette und Planetary Health das Antidepressivum.

Aus der zunehmenden Suche nach Orientierung der Konsumentinnen und Konsumenten in einer immer komplexer werdenden Welt und gleichzeitig der Erkenntnis, dass alte Markenversprechen kaum noch differenzierend funktionieren, eröffnet sich ein neues, bisher kaum ausgeschöpftes Positionierungsfeld für Marken: Planetary Health.

17.7 Planetary Health auf den verschiedenen Ebenen der Marken- und Produktpositionierung

Wer sich dazu entschließt, für seine Marke das Spielfeld „Planetary Health" näher auszuloten und die daraus resultierenden Chancen zu nutzen, sollte sich vorab mit zwei grundlegenden Haltungsfragen auseinandersetzen. Eine Integration von Planetary Health-Aspekten in das Markenversprechen ist kein kurzlebiger Trend, den man für eine Saison mitnimmt, sondern erfordert die Bereitschaft, tief in die eigenen Produktionsprozesse und deren Auswirkungen auf die Komplexität der bis zu neun planetaren Grenzen zu blicken. Dabei geht es keinesfalls um allumfassenden Perfektionismus. Planetary Health ist ein stetiger Weg und es geht darum, sich glaubwürdig, ambitioniert und transparent auf diesen Weg zu begeben.

> **Übersicht**
> **Haltungsfrage 1:** Die Lebensmittelindustrie ist Teil des Problems, kann aber auch Teil der Lösung sein. Möchten wir mit unserem Unternehmen Teil der Lösung sein?
> **Haltungsfrage 2:** Sind wir überzeugt, dass der Planet künftig immer mit am Tisch sitzt und wir in Zukunft überlegenen Kundennutzen nur noch unter Berücksichtigung des gesellschaftlichen Nutzens generieren können?

Wer sich mit diesen beiden Haltungsfragen wohl fühlt, kann tiefer in die Optionen und Stufen einsteigen, Planetary Health in die eigene Markenpositionierung zu integrieren.

Die Betrachtung der Planetaren Grenzen lässt sich zwischen zwei Polen betrachten. Zwischen Degenerativ und Regenerativ. Die Zielrichtung ist klar und muss lauten: Mit aller Kraft von Degenerativ nach Regenerativ.

„Regenerative Landwirtschaft" oder gar „Regenerative Lebensmittelproduktion" sind zu zeitgeistigen, teilweise modischen Begriffen geworden. Wir sollte den Mut haben auch das Gegenteil von regenerativ zu benennen: degenerativ. Degenerative Praktiken bringen die Planetaren Grenzen aus dem Gleichgewicht. Sie zerstören den Planeten. Degenerative Praktiken überwiegen heute die landwirtschaftlichen Produktionssysteme. Doch wie eingangs schon erwähnt: Man kann Teil des Problems oder Teil der Lösung sein. Grundsätzlich ergeben sich drei grobe Positionierungsfelder für Marken.

> **Fragen**
>
> **Positionierungsfeld 1**: „Wir haben uns auf den Weg gemacht."
> **Positionierungsfeld 2**: „Wir haben uns auf den Weg gemacht und treiben zusätzlich einige Leuchtturmprojekte."
> **Positionierungsfeld 3**: „Wir sind eines der führenden Unternehmen."

Grundsätzlich sind alle Felder gangbar. Der Umsetzungserfolg, im Sinne einer positiv und differenzierend wahrgenommen Marke, hängt im Wesentlichen von der Glaubwürdigkeit und vom Wettbewerbsumfeld ab. Wer in einem Wettbewerbsumfeld agiert, in dem Nachhaltigkeit bereits als Hygienefaktor betrachtet werden kann, wird mit der Haltung „Wir haben uns auf den Weg gemacht" kaum punkten können.

Bei der Betrachtung, welche konkreten Chancen Planetary Health als Thema für eine Marke hat, muss primär zwischen den Positionierungs-Ebenen unterschieden werden, die vor allem auf die Unternehmens-Marke oder vor allem auf die Produkt-Marke einzahlen. So kann beispielsweise ein Planetary-Health-Engagement im Sinne von, „wir haben uns auf den Weg gemacht, um unseren ökologischen Fußabdruck Stück für Stück zu verbessern" auf Ebene einer grundsätzlichen Markenhaltung funktionieren, ist jedoch auf der Produkt-Ebene „Funktionaler Nutzen" wirkungslos.

Abb. 17.1 beschreibt verschiedene Ebenen der Markenpositionierung und die entsprechenden Herausforderungen im Kontext von Planetary Health. In einer Welt, die immer komplexer und informationsreicher wird, sehnen sich die Menschen trotz zunehmenden Wissens und nach Entlastung und unbeschwertem Genuss. Auf der Ebene des funktionalen Kunden-Nutzens steht im Vordergrund, dass die Nachhaltigkeitsmehrwerte nicht gleichzeitig den funktionalen Nutzen schwächen dürfen. Denn ein geschwächter funktionaler Nutzen bedeutet am Ende Verzicht und Verzicht zu predigen ist in der Regel keine Option für Marken. Bei der Marken-Haltung liegt die Herausforderung darin, transparent zu sein und nicht den Eindruck von Greenwashing zu erwecken. Glaubwürdigkeit ist ein zentraler Wert für den Erfolg einer aktive Nachhaltigkeitspositionierung. Auf der Ebene des Marken-USP besteht die Herausforderung darin, den Widerspruch zwischen nachhaltig und gut aufzulösen. Also das Versprechen des nachhaltigen Mehrwertes ohne gleichzeitigen Verzicht auf funktionaler Ebene herauszustellen.

17.8 Konsumentennutzen funktional: Verzicht ist keine Option. Nachhaltigkeit als Nutzenverstärker

Nachhaltigkeit ist bei genauer Betrachtung keine eigenständige Nutzen-Kategorie zusätzlich zu den klassischen Nutzenbetrachtungen von sog. „funktionalen Nutzen" und „emotionalen Nutzen". Nachhaltigkeit steht vielmehr in direkter Interaktion mit diesen beiden Nutzengruppen. Konkret: Nachhaltigkeit kann funktionale Nutzen-Zuschreibungen

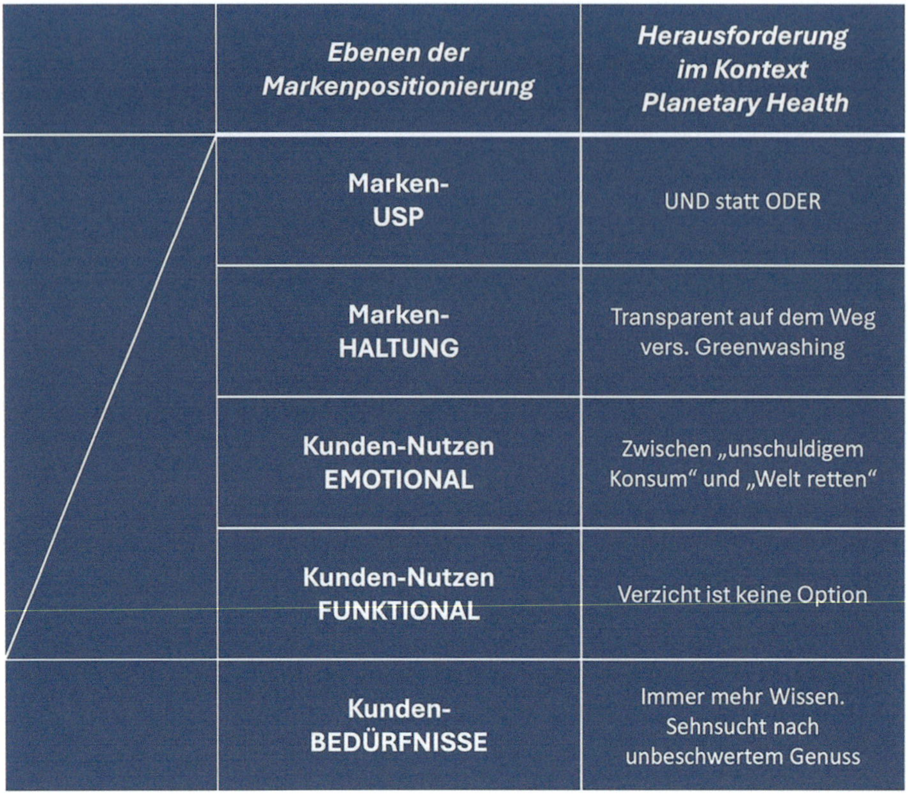

Ebenen der Markenpositionierung	Herausforderung im Kontext Planetary Health
Marken-USP	UND statt ODER
Marken-HALTUNG	Transparent auf dem Weg vers. Greenwashing
Kunden-Nutzen EMOTIONAL	Zwischen „unschuldigem Konsum" und „Welt retten"
Kunden-Nutzen FUNKTIONAL	Verzicht ist keine Option
Kunden-BEDÜRFNISSE	Immer mehr Wissen. Sehnsucht nach unbeschwertem Genuss

Abb. 17.1 Ebenen der Markenpositionierung und Herausforderungen im Kontext einer angestrebten „Planetary Health Positionierung". (Quelle: eigene Darstellung)

stärken, aber auch schwächen. Ebenso kann Nachhaltigkeit emotionale Nutzen stärken oder schwächen.

> **Einige Beispiele**
>
> Der Nachhaltigkeits-Mehrwert „Bio" bei einer Milch ist kein zusätzlicher Nutzen, sondern macht aus einem ohnehin als „gesund wahrgenommen" Produkt ein noch gesünderes Produkt. Auch ein gesunder Apfel wird durch Bio als noch gesünder wahrgenommen. Umgekehrt funktioniert diese Logik nicht: Aus einem als eher ungesund wahrgenommenen Schokoriegel, wird durch Bio kein gesundes Produkt.
>
> Nachhaltigkeit hat hier also die Fähigkeit, einen vorhandenen, positiven Nutzen zu verstärken, aber nicht einen negativen funktionalen Nutzen ins Positive zu drehen. Diese Erfahrung musste auch Ritter Sport machen, die sich nach einigen Jahren wieder von ihrer Bio-Range verabschiedeten. „Die Leute haben einfach gesagt: Bio ist teuer,

schmeckt nicht, ist was für Menschen mit kratzigen Pullis und Birkenstock-Sandalen."
[1].◄

Es lassen sich folgende Mechaniken rund um den funktionalen Nutzen und Nachhaltigkeit festhalten:

1. Nachhaltigkeit verstärkt einen oder mehrere vorhandene funktionale Nutzen
2. Nachhaltigkeit ist neutral bezüglich der Wirkung auf vorhandene funktionale Nutzen
3. Nachhaltigkeit schwächt vorhandene funktionale Nutzen

Letzteres müssen wir dann als Verzicht ansehen, z. B. Das Produkt ist zwar nachhaltig, schmeckt aber nicht gut.

▶ **Wichtig**
   Achtung: Verzicht ist keine geeignete Markenstrategie!

Funktionale Nutzen umfassen u. a. Geschmack, Aussehen, Textur, Frische und Gesundheit. Aus der Erfahrung heraus wirkt Nachhaltigkeit als Nutzenverstärker besonders im Kontext ohnehin gesunder Lebensmittel. Ebenso spielt Nachhaltigkeit beim Thema Geschmack eine Rolle, basierend auf einer Erwartungskette: Nachhaltiger = natürlicher = besserer Geschmack. Beide funktionalen Nutzen lassen sich jedoch in der Regel nur auf Produkte mit geringem Verarbeitungsgrad bzw. geringer Rezeptur-Tiefe anwenden, wie z. B. Obst und Gemüse, Fleisch, Milch und Naturjoghurt.

17.9 Konsumentennutzen emotional: Zwischen „unschuldigem Konsum" und „die Welt retten"

Der emotionale Kundennutzen spielt in den Markenpositionierungen eine zunehmende Rolle, da eine Differenzierung auf funktionaler Ebene oft kaum noch möglich ist. Im Kontext eines Planetary-Health-Engagements ergibt sich die Möglichkeit auf Ebene des emotionalen Nutzens verschiedenen Mechaniken zu bedienen und auch verschieden Tonalitäten zu spielen.

Mechanik 1: Entastung Entlastung funktioniert vor allem auf Produktmarken-Ebene und setzt voraus, dass die Kundinnen und Kunden grundsätzlich über ein Nachhaltigkeits-Problem informiert sind und es als relevantes Kriterium einstufen.

Diese Logik lässt sich auch umgekehrt betrachten: Wenn eine Marke in einer Warengruppe präsent ist, die für kritische Nachhaltigkeitsthemen steht, wie beispielsweise die Warengruppe „Fleisch", kann es ohne Nachhaltigkeits-Mehrwerte zu einem schlechten

Gewissen beim Konsum kommen. Der ehemalige Geschäftsführer und Miteigentümer der Rügenwalder Mühle, Christian Rauffus, brachte diesen Aspekt 2014 in einem Interview mit der Zeitung Die Welt treffend auf den Punkt: „Wurst wird die Zigarette der Zukunft" [10].

Entlastung funktioniert in diesem Beispiel durch das substanzielle Herausstellen von Tierwohlaspekten oder durch den Verzicht auf tierische Produkte und die Schaffung tierfreier Alternativen. Beim Thema „tierfreie Alternativen" muss auch der funktionale Nutzen berücksichtigt werden. Ein positiver Aspekt auf emotionaler Ebene wird nur für eine kleine Zielgruppe funktionieren, wenn gleichzeitig grundlegende funktionale Nutzen nicht erfüllt werden. Konkret: Fleischalternativen funktionieren nur, wenn Textur, Optik und Geschmack überzeugen.

Ein Beispiel für eine Warengruppe, in der die Mechanik „Entlastung" wahrscheinlich weniger funktioniert, ist die Kategorie „Nudeln". Diese Warengruppe blieb bisher weitgehend skandalfrei, abgesehen von der „Flüssigei-Affäre" in den 80er Jahren. Vereinfacht gesagt: Bei der Warengruppe Nudeln gibt es kein „schlechtes Gewissen" bezüglich Nachhaltigkeitsaspekten. Deshalb würde hier die Mechanik „Entlastung" nicht funktionieren.

Mechanik 2: „Statement für eine bessere Welt" Diese Mechanik funktioniert besonders gut auf der Ebene von Unternehmens-Marken. Nachhaltigkeit und Planetary Health sind dabei fest in der Unternehmens-DNA verankert. Der emotionale Kundennutzen ergibt sich dabei fließend aus der Positionierungsebene „Marken-Haltung".

GfK-Experte Dr. Robert Kecskes bringt es in einem Interview mit der Lebensmittelzeitung treffend auf den Punkt: „Kunden fordern heute, dass Hersteller sich einmischen – für eine bessere Welt. Und zwar nicht im Sinne von Lobbyismus und in den Hinterzimmern der Politik, sondern offen. Es braucht eine kohärente Einstellung. Diese Form von Haltung wird von den Kunden geschätzt, denn die Marke bekommt Konturen, erhält ein Charisma. Wer sich aber nicht eindeutig positioniert, kommt aus der Schleife nicht heraus, bloß als Hersteller gesehen zu werden, der mit seinen Marken Geld verdienen will" [4].

Um diese Mechanik erfolgreich zu nutzen, wird es zunehmend wichtiger, das Engagement für eine bessere Welt erlebbar und verständlich zu machen. Coop Schweiz zeigt mit der seit einigen Jahren laufenden Kampagne „Taten statt Worte" sehr erfolgreich, wie man ein umfassendes Nachhaltigkeitsengagement mit hohem Substanzfaktor hervorragend inszenieren kann. Coop kann sicher als einer der europäischen Planetary Health Brands bezeichnet werden [3].

Grundsätzlich könnte diese Mechanik auch durch ein sogenanntes Metalabel umgesetzt werden, also ein umfassendes Nachhaltigkeitslabel, zusammen mit einem Markenstatement, das beispielsweise nur Produkte lanciert werden, die den Stufen A oder B in einem ABCDE-System genügen.

17.10 Fazit und Ausblick

Planetary Health bietet Markenherstellern ein hoch relevantes Spielfeld für differenzierende Markenpositionierungen. Die grundsätzliche Mechanik des Themas Nachhaltigkeit innerhalb von Markenpositionierungen ändert sich auch mit einem komplexen Planetary Health Ansatz nicht. Gerade diese neue Komplexität eröffnet enorme Chancen, denn Markenartikel stehen seit jeher für Orientierung und Vertrauen.

Nach dem alles beherrschenden Nachhaltigkeitsthema Klima ist davon auszugehen, dass der ganze Komplex „Schutz der Biodiversität" oder sogar „Regeneration der biologischen Vielfalt" zum Top-Differenzierungs-Thema wird. Um sich diesem auf den ersten Blick äußerst komplexen, aber hoch relevanten Unternehmens-Thema anzunähern, sei das „Nature Strategy Handbook" von Business for Nature und PwC UK ([2]) empfohlen.

Zusätzlich möchte ich die These wagen, dass das Thema Biodiversität ausschließlich über Positiv-Kommunikation funktionieren wird. Also nicht im Sinne von „den Klimawandel stoppen", sondern „biologische Vielfalt wieder erhöhen". Es geht um die tatsächliche Regeneration dieser planetaren Grenze durch unternehmerische Aktivitäten. Dafür müssen Unternehmen nicht nur neues Wissen aufbauen, sondern auch messbare Fortschritte erzielen und diese transparent dokumentieren. So entsteht genügend Substanz, um das zunächst sperrig erscheinende Thema durch kreative und emotionale Ansätze greifbar und begeisternd zu machen.

Literatur

1. Book, S., & Wahnbaeck, C. (2021). „Bio ist gescheitert, damit kann ich der Firma nicht noch mal kommen". *Der Spiegel, 18,* 68.
2. Business for Nature; PwC UK. (2023). *Nature Strategy Handbook: A practical guide for businesses.* Version 1. https://nowfornature.org/wp-content/uploads/2023/11/Its-Now-for-Nature-Handbook-ENG.pdf.
3. Coop (o. J.). *Taten statt Worte heißt machen, nicht reden.* https://www.taten-statt-worte.ch/de.html. Zugegriffen: 28. Juni 2024.
4. Düthmann, C., & Hofmann, J. (2021). *Haltung verleiht der Marke Kultur.* https://www.lebensmittelzeitung.net/industrie/nachrichten/interview-mit-gfk-experte-robert-kecskes-haltung-verleiht-der-marke-kontur-152919. Zugegriffen: 28. Juni 2024.
5. GfK. (2023). *Zwischen Melancholie und Rebellion.* 42. Unternehmergespräch Kronberg. Consumer Panel Services GfK.
6. GfK. (2024). *Von Dystopie zur Utopie: Mit den jungen Generationen in die Zukunft.* 43. Unternehmergespräch Kronberg. Consumer Panel Services GfK.
7. GfK. (o. J.). *Verbraucher orientieren sich an Produktlabeln.* https://www.gfk.com/de/presse/verbraucher-orientieren-sich-an-produktlabeln. Zugegriffen: 28. Juni 2024.
8. Good Food Institute. (o. J.). *Investment: The business of alternative proteins.* https://gfi.org/investment/. Zugegriffen: 27. Juni 2024.
9. Grimm, F. (2008). *Shopping hilft die Welt verbessern: Der andere Einkaufsführer – Ernährung, Mode, Kosmetik, Wohnen, Reisen, Geldanlage.* oekom verlag.

10. Kaiser, T. (2014). *Rügenwalder experimentiert mit veganer Wurst*. https://www.welt.de/wirtschaft/article132219982/Ruegenwalder-experimentiert-mit-veganer-Wurst.html. Zugegriffen: 27. Juni 2024.
11. Nestlé Deutschland. (2024). *Nestlé Studie „So i(s)st Deutschland 2024*. https://www.nestle.de/unternehmen/publikationen/nestle-studie/ernaehrungsstudie/ernaehrungsstudie-verzichtgenuss. Zugegriffen: 27. Juni 2024.
12. PwC. (o. J.). *It's Now for nature*. https://www.pwc.co.uk/issues/esg/now-for-nature.html. Zugegriffen: 27. Juni 2024.
13. Ritchie, H. (2020). *Sector by sector: Where do global greenhouse gas emissions come from?* https://ourworldindata.org/ghg-emissions-by-sector. Zugegriffen: 27. Juni 2024.
14. Rockström, J., Steffen, W., Noone, K., Persson, Å., Chapin III, F. S., Lambin, E. F., Lenton, T., Scheffer, M., Folke, C., Schellnhuber, H., Nykvist, B., de Wit, C., Hughes, T., Van der Leeuw, S., Rodhe, H., Sverker, S., Snyder, P., Costanza, R., Svedin, U., Foley, J. (2009). A safe operating space for humanity. *Nature, 461,* 472–475.
15. Ruggeri Laderchi, C., Lotze-Campen, H., DeClerck, F., Bodirsky, B. L., Collignon, Q., Crawford, M. S., Dietz, S., Fesenfeld, L., Hunecke, C., Leip, D., Lord, S., Lowder, S., Nagenborg, S., Pilditch, T., Popp, A., Wedl, I., Branca, F., Fan, S., Fanzo, J., … Songwe, V. (2024).*The Economics of the Food System Transformation. Food System Economics Commission (FSEC)*. Global Policy Report.
16. Statista. (2021). *Höhe und Anteil der Treibhausgasemissionen durch die Lebensmittelproduktion weltweit 1990 und 2015*. https://de.statista.com/statistik/daten/studie/1275647/umfrage/treibhausgasemissionen-durch-lebensmittelproduktion/. Zugegriffen: 28. Juni 2024.
17. Statista. (2023). *Lebensmittel: Marktdaten und Analyse*. https://de.statista.com/statistik/studie/id/55514/dokument/lebensmittel-marktdaten-und-analyse/. Zugegriffen: 27. Juni 2024.
18. Willett, W., Rockström, J., Loken, B., Springmann, M., Lang, T., Vermeulen, S., Garnett, T., Tilman, D., DeClerck, F., Wood, A., Jonell, M., Clark, M., Gordon, L. J., Fanzo, J., Hawkes, C., Zurayk, R., Rivera, J. A., De Vries, W., Sibanca, L. M., … Murray, C. J. L. (2019). *Food in the Anthropocene: The EAT-Lancet Commission on healthy diets from sustainable food systems*. EAT-Lancet Commission. Retrieved June 27, 2024, from https://www.thelancet.com/commissions/EAT.
19. WWF. (2022). *Ernährung und biologische Vielfalt*. https://www.wwf.de/fileadmin/fm-wwf/Publikationen-PDF/Landwirtschaft/WWF-studie-kulinarischer-kompass-biodiversitaet-ernaehrung.pdf. Zugegriffen: 03. Dez. 2024.

Jörg Reuter hat mit Anfang 20, Schafe in den Pyrenäen gemolken und Bio-Gemüse angebaut. Ein einschneidendes Erlebnis mit Möhren brachte ihn dazu Spaten gegen Laptop zu tauschen und Strategieberater für Foodunternehmen zu werden. Zu seinen Kunden gehörten große Handelsunternehmen wie REWE, Coop Schweiz und Transgourmet, ebenso wie internationale Markenhersteller und Bio-Produzenten. Von 2021 bis 2023 hat er den Food Campus Berlin entwickelt, der sich als Ökosystem für „Profitable Planetary Health Solutions versteht". Seit 2024 ist er als Geschäftsführer von Narrative Foods Teil des Berliner Familie Office Millennium. Er versteht sich als Grenzgänger und Brückenbauer zwischen Romance und Science in der Food-Welt. Mit Narrative Foods investiert er in das Wachstum handwerklicher Lebensmittel und die Vermarktung von Premium-Produkten ebenso wie in revolutionäre Food-Tech-Lösungen, die helfen Massenmärkte zukunftsfähig und nachhaltig zu gestalten.

Die Stadtzeitschrift Tip kürte ihn Anfang 2023 unter „diese 25 Köpfe werden in 2023 die Stadt aufmischen". Die Linkedin-Redaktion führte ihn Anfang 2023 zu den Top-Experten für Food unter Ernährung im Beitrag „Big Ideas for 2023 – Was im kommenden Jahr wichtig wird". Die Fachzeitschrift GV-Praxis bezeichnet ihn als einen der Vordenker der Foodbranche.

Alternative Proteine

18

Toolkit zur Proteinwende und Zirkularität: Katalysatoren nachhaltiger Transformation der Lebensmittelwertschöpfung

Nadine Filko

> **Zusammenfassung**
>
> Die Proteinwende birgt zahlreiche in Studien nachgewiesene Nachhaltigkeitsvorteile. Um ihr volles Potenzial entfalten zu können, braucht es aber eine differenzierte Betrachtung der Produktionspfeiler „Pflanzen", „Zellen" sowie „Mikroorganismen". Sie stehen an der Basis der Produktionsprozesse der neuen Branche und bringen unterschiedliche Inhaltsstoffe, Skalierungspotenziale sowie Regulierungsvoraussetzungen mit. Ein ganzheitlicher Blick auf die Prozesse wird über Erfolg oder Misserfolg der Proteinwende entscheiden. Mithilfe eines „Chainge-Mappings" kann eine holistische Betrachtung gelingen und es können blinde Flecken in der Nachhaltigkeitsstrategie von Unternehmen aufgezeigt werden. Innerhalb dieses Mappings gelingt auch die Identifikation zirkulärer Prozesse. Zirkularität ist eine der zentralen Anforderungen an eine nachhaltige Wertschöpfung. Ihm wird vor allem im Bereich der Fermentation (Mikroorganismen) Rechnung getragen.

18.1 Die Proteinwende

„Die Proteinwende ist das Herzstück der Transformation des Ernährungssystems. Ohne alternative Proteine werden wir es nicht in kurzer Zeit schaffen, die Menschen zu einem nachhaltigeren Konsum zu ermutigen." Was Jens Tuider, Chief Strategy Officer bei ProVeg International, im Interview mit dem Magazin NEWMEAT [5] sagt, fasst

---

N. Filko (✉)
Autorin und Initiatorin von eatX, Goslar, Deutschland
E-Mail: food@nadinefilko.com

zusammen, worum es bei der „Proteinwende" im Kern geht: die Etablierung eines nachhaltigen Lebensmittelkonsums. Dabei steht der Begriff für ein komplexes Unterfangen im Zusammenspiel unterschiedlicher Stakeholder, Produktionsprozesse und Regulierungsbemühungen. Darüber hinaus ist mit der Proteinwende eine globale Transformation gemeint, die auf unterschiedlichen nationalen Ebenen diverse Herausforderungen birgt. Um sich den Nachhaltigkeitspotenzialen zu nähern, müssen die vielfältigen Dimensionen, die man im Kontext des Diskurses „alternative Proteine" beziehungsweise Proteinwende meint, betrachtet werden. Das betrifft auch ihr Potenzial für die Umwelt. Es reicht von Einsparungen beim Wasserverbrauch über die Verbesserung der Bodengesundheit durch andere Fruchtfolgen bis hin zu einer verringerten Landnutzung. Die im Januar 2024 veröffentlichte Studie „Eine neue Flächendividende", die vom Good Food Institute (GFI) Europe ([11]) finanziert und vom Think-Tank Green Alliance durchgeführt wurde, zeigt beispielsweise, welches Potenzial alternative Proteine insgesamt für die Flächennutzung und den Ökolandbau haben. Das GFI fasst die Daten für Deutschland auf seiner Webseite zusammen. Sie schreiben, dass alternative Proteine bei einem Marktanteil von zwei Dritteln dafür sorgen könnten, dass 43 % der landwirtschaftlich genutzten Fläche in Deutschland mit ökologischen Anbauformen und Renaturierungsmaßnahmen bewirtschaftet werden könnten. Die ökologisch bewirtschaftete Fläche könne dann von derzeit 10 % auf 32 % anwachsen [11].

Alternative Proteine im Kontext der Nachhaltigkeitstransformation umfassen dabei klassischerweise drei Kategorien: die Produktion von Alternativen auf Basis von *Pflanzenmaterial*, auf Basis von *tierischen Zellen* sowie auf Basis von *Mikroorganismen*. Bei der Produktion dieser Alternativen geht es um die Kreation von Ergänzungen zu traditionell erhältlichen tierischen Proteinprodukten wie Fleisch, Milch, Käse oder Eier. Während pflanzenbasierte Produkte den Markt bereits zu einem gewissen Grad durchdrungen haben, gehören Produkte der zwei anderen Kategorien – die durch Zellkultivierung oder moderne Fermentationstechnologien gewonnen werden – zu einem großen Teil zu den sogenannten Novel Foods. Sie sind bisher (Stand Juli 2024) nur in wenigen Ländern der Welt erhältlich.

In der Europäischen Union (EU) zählen zu den Novel Foods beziehungsweise neuartigen Lebensmitteln solche, die in einem Herstellungsverfahren aus dem Bereich der zellulären Landwirtschaft oder beispielsweise Präzisionsfermentation stammen. Eine Definition findet sich auf der Webseite des Bundesamts für Verbraucherschutz und Lebensmittelsicherheit (BVL): „Unter dem Begriff ‚neuartiges Lebensmittel' (Novel Food) versteht man alle Lebensmittel, die vor dem 15. Mai 1997 nicht in nennenswertem Umfang in der EU für den menschlichen Verzehr verwendet wurden und die in mindestens eine der in Artikel 3 der Novel Food-Verordnung (EU) 2015/2283 genannten Kategorien fallen" [2]. Der Novel-Food-Prozess ist langwierig und sorgt dafür, dass sich die Nachhaltigkeitspotenziale der Proteinwende nur langsam entfalten können. Auch deshalb ist ein Fokus auf pflanzenbasierte Produkte als Leitprodukte der Transformation wichtig.

18.2 Pflanzenbasierte Produkte

Pflanzenbasierte Produkte dominieren aufgrund der über Jahre etablierten Strukturen und zugelassenen Inhaltsstoffen den Markt der Proteinalternativen. Was lange Zeit als Tofu- oder Seitanprodukt auf Basis von Sojabohnen und Weizen für Omnivoren größtenteils aufgrund eines unzulänglichen Geschmacks und einer nicht ansprechenden Textur unattraktiv für den Konsum war, wird heute durch aufwendig kreierte „Ersatzprodukte" ergänzt. Darunter finden sich Imitate tierischer Aufschnitte, die wie das Original schmecken, Produkte, die als Nugget im Ofen landen oder beispielsweise Produkte, die als Milchsatz konsumiert werden. Die Bandbreite der zugrunde liegenden Ressourcen geht dabei mittlerweile weit über Soja und Weizen hinaus und findet sich entlang der gesamten Vielfalt und Möglichkeiten, die Leguminosen bieten. Beliebte Früchte sind Erbsenschoten oder zum Beispiel Ackerbohnen. In einer Studie zu pflanzenbasierten Lebensmitteln, die von NielsenIQ in 13 europäischen Ländern durchgeführt wurde, konnte aufgezeigt werden, dass der Umsatz von 2020 bis 2022 um 21 % gestiegen ist [10]. Dass sich die Vielfalt der Ressourcen für pflanzenbasierte Alternativen und der Produktrezepturen weiterentwickelt haben, liegt gegenwärtig am Zweck ihrer Produktion: die Entlastung der Umwelt.

Mit diesem Zweck haben sich auch die Zielgruppen verändert, die bedient werden sollen. Es geht bei den neuen Pflanzen-Kreationen nicht mehr darum, den Bedürfnissen vegetarisch und vegan lebender Menschen gerecht zu werden. Es geht um die Erreichung der Gruppe der Flexitarierinnen und Flexitarier. Es handelt sich dabei um eine Zielgruppe, die sich aus Menschen zusammensetzt, die den Konsum tierischer Produkte einschränken wollen und nicht völlig darauf verzichten. Dabei gibt es keine genaue Definition, was Flexitarismus für den Proteinkonsum bedeutet. Ein Mensch, der sich mischköstlich ernährt und den Konsum tierischer Proteine reduziert, wird sich sehr wahrscheinlich in die Kategorie der Flexitarier einordnen. Was das für die Quantität des Konsums der tierischen Produkte bedeutet, ist nicht festgeschrieben. Während es für die eine Person bedeuten kann, dass sie einmal am Tag ein Produkt tierischen Ursprungs konsumiert, kann es für eine andere Person bedeuten, dass sie einmal in der Woche ein Produkt tierischen Ursprungs zu sich nimmt. Flexitarismus wird allein über die Veränderung des Konsums definiert. Dieser Missstand in der Definition macht eine tatsächliche Messung des Flexitarismus gegenüber den typischen Konsumentinnen und Konsumenten von tierischen Produkten schwierig. Nichtsdestotrotz ist die Zahl der Personen, die sich als Flexitarier bezeichnen, ein wichtiger Indikator für die Veränderung des Marktes. Abb. 18.1 zeigt aktuelle Zahlen zu Ernährungsweisen in der EU aus der Untersuchung *Evolving appetites: an in depth look at European attitudes towards plant based eating* des Smart Protein Projects. Es konnte aufgezeigt werden, dass es in den untersuchten Ländern insgesamt einen Anstieg flexitarisch lebender Menschen von drei Prozentpunkten gab. Allein in Deutschland ist sie von 2021 bis 2023 um 10 Prozentpunkte auf 40 % gestiegen [26].

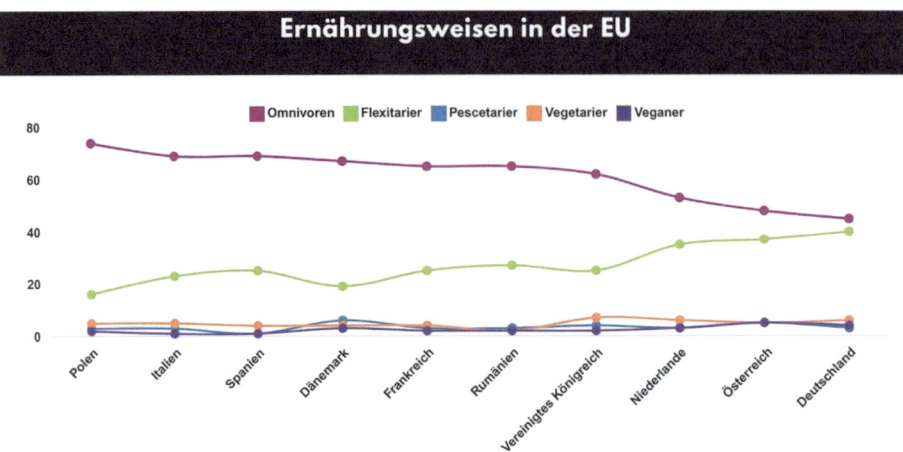

Abb. 18.1 Ernährungsweisen in der EU. (Quelle: eigene Darstellung mit Daten aus Smart Protein Project (2023) [26])

18.2.1 Beschaffenheit der neuen Produkte

Wo es früher bei pflanzenbasierten Alternativen um die Befriedigung des gelegentlichen Bedürfnisses weniger Menschen nach einem zusätzlichen Geschmackserlebnis ging, geht es heute um ein Bedürfnis, das bei vielen Menschen zunächst noch geweckt werden muss: dem nach einer nachhaltigen Ernährung. Neue Produkte dieser Kategorie sollen durch die massenhafte Verbreitung als Ersatz für Produkte tierischen Ursprungs dazu beitragen, dass die negativen Umwelteinflüsse der Lebensmittelindustrie sinken. Dazu müssen sie nicht nur einer nachhaltigen Produktionsweise gerecht werden, sondern auch den Ansprüchen heutiger Flexitarier. Geschmack und Textur sollen dabei möglichst an Produkte tierischen Ursprungs erinnern. Diese Imitation hat es zum Ziel, die klassischen Ansprüche der Flexitarierinnen und Flexitarier an Lebensmittel zu erfüllen. Langfristig wird dabei angestrebt, die Ernährung insgesamt stärker pflanzenorientiert zu gestalten. In diesem Kontext wird bei den alternativen Produkten auch von „transitional products" gesprochen. Um diese Transition zu erreichen, hat sich auch der Diskurs und die Auszeichnung der alternativen Produkte sowie der Gerichte geändert, die damit zubereitet werden. In der öffentlichen Diskussion steht nicht mehr der noch relevante Bereich des Tierwohls im Fokus. Es geht im Diskurs um die planetare Gesundheit und die Auswirkungen, die unser Lebensmittelsystem auf die von Richardson und Mitarbeiterinnen und Mitarbeiter definierten Grenzen des Planeten hat [20]. Der Diskurs hat sich darüber hinaus dahingehend verändert, dass nicht mehr *vegane* oder *vegetarische* Speisen produziert und angeboten werden, sondern pflanzenbasierte. Es findet somit eine klare Abgrenzung der klassisch veganen oder vegetarischen Ernährungsweise statt. Eine große Systemgastronomie, die so vorgeht, ist beispielsweise Burger King. Damit schließen die Unternehmen auch aus, dass sie Speisen anbieten müssen, die im Falle veganer Kreationen komplett unberührt von tierischen Proteinen sein müssen, was den Alltag im Umgang mit pflanzenbasierten Produkten in der Küche erleichtert. Kreuzkontaminationen mit Produkten tierischen Ursprungs werden in Kauf genommen, um möglichst einfach eine breite Masse mit nachhaltigen Gerichten zu erreichen.

18.2.2 Nachhaltigkeit pflanzenbasierter Produkte

Die Unternehmen, die pflanzenbasierte Produkte produzieren, vermarkten diese unter anderem mit einem gezielten Fokus auf die Nachhaltigkeit der Lebensmittel. Auf der Webseite des Schweizer Start-ups Planted beispielsweise erfährt man, dass das Steak aus ihrer Produktion im Vergleich zum Rinderfiletsteak 97 % weniger CO_2-Emissionen verursacht und 81 % weniger Wasser verbraucht [17]. Auf der Webseite des israelischen Herstellers Redefine Meat wird damit geworben, dass ihr „New-Meat" im Vergleich zu tierischem Fleisch 96 % weniger Wasser verbraucht und 98 % Landnutzung sowie 91 % Treibhausgasemissionen einsparen kann [18]. Auf der Webseite der Rügenwalder Mühle findet man den CO_2-Fußabdruck für drei Varianten des Schinken Spickers. Während der tierische 0,56 kg CO_2e je 80 g-Packung verursacht, sind es bei dem vegetarischen 0,34 kg CO_2e und bei dem veganen 0,25 kg CO_2e. Das tierische und das vegetarische Produkt hat das Unternehmen aus dem Sortiment genommen und bei dem veganen Angebot die Rezeptur angepasst. Sie nutzen zudem Sonnenblumenkerne statt Erbsen [21].

Neben den Untersuchungen einzelner Unternehmen stehen zahlreiche wissenschaftliche Studien, die es zum Ziel haben, die Umweltauswirkungen pflanzenbasierter Produkte im Vergleich zu tierischen zu untersuchen. Dazu zählen auch Untersuchungen des britischen Wissenschaftlers Christopher J. Bryant. Er hat 2022 das Paper „Plant-based animal product alternatives are healthier and more environmentally sustainable than animal products" veröffentlicht, in dem er 43 Studien zur Gesundheit und Nachhaltigkeit von pflanzenbasierten Produkten im Vergleich zu Produkten tierischen Ursprungs heranzieht. Dabei stellt er fest, dass pflanzenbasierte Produkte Nachhaltigkeitsvorteile im Kontext von CO_2e, Wasserverbrauch oder aber Landnutzung aufweisen [1]. Er greift dabei unter anderem auf Daten für das international bekannte Unternehmen Beyond Meat zurück, die Abb. 18.2 zu entnehmen sind.

18.3 Zellbasierte Produkte

Das erste zellkultivierte Fleisch (siehe Abb. 18.3) erhielt im Dezember 2020 grünes Licht der Autoritäten in Singapur. Das Produkt – ein Chicken Nugget aus der Produktion des US-amerikanischen Herstellers Eat Just Inc. – bestand zu 30 % aus kultiviertem Fleisch und ist demnach ein Hybrid. Es folgte 2023 der Launch kultivierter Hähnchenprodukte in den Vereinigten Staaten durch das gleiche Unternehmen und den ebenfalls

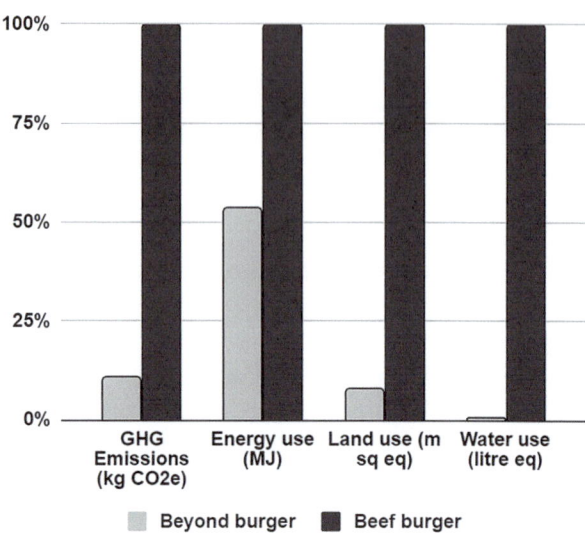

Abb. 18.2 Relative Umweltauswirkungen von Beyond-Burgern im Vergleich zu Rindfleisch-Burgern. (Quelle: Bryant, C. J. (2022) [1])

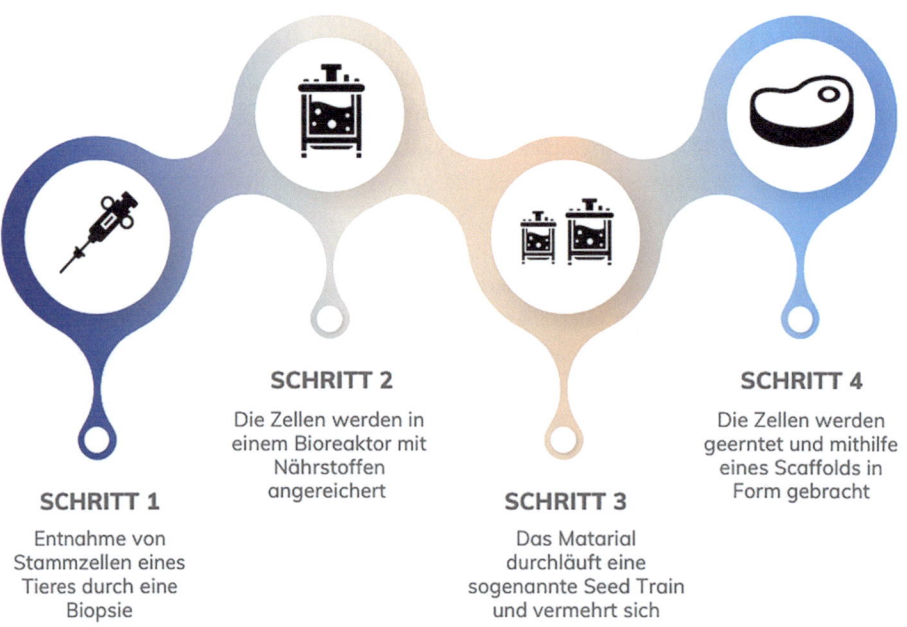

Abb. 18.3 Zellkultivierung von Fleisch. (Quelle: eigene Darstellung)

US-amerikanischen Produzenten Upside Foods. Im Januar 2024 wurde zudem die Erlaubnis zum Verkauf von Kulturfleisch durch die israelische Regierung für das vor Ort ansässige Unternehmen Aleph Farms bekannt. Die Zahl der zugelassenen Produkte ist übersichtlich. Dabei hat die zelluläre Landwirtschaft zum Ziel, Nachhaltigkeitsanforderungen an das Ernährungssystem zu begegnen und damit internationale Bemühungen zur Klimaentlastung zu unterstützen. Nicht nur „Fleisch" wird durch diesen Ansatz hergestellt. Einige Unternehmen kultivieren auch Fett als Zusatz für pflanzenbasierte Produkte und die Herstellung von Hybriden. Andere Unternehmen kultivieren Milch. Dabei ist das Nachhaltigkeitsargument eines der zentralen Ziele für die Entwicklung der Industrie rund um echte tierische Proteine, die über Zellkultivierung hergestellt werden.

Der größte Vorteil, dass es sich um tatsächliche Tierzellen handelt, ist für den Erfolg der Produkte gleichzeitig eine der zentralen Herausforderungen. Denn das Produzieren von Fleisch außerhalb eines Tieres wird in vielen Teilen der Welt als unnatürlich wahrgenommen. Ein Vorbehalt, der auch durch die Politik instrumentalisiert wird. So hat sich auf Ebene der EU um die Länder Österreich, Frankreich und Italien herum im Januar 2024 die sogenannte „Kulinarik Allianz" gebildet, unter der sich insgesamt 13 Länder zusammengetan haben, um die Beschaffenheit zellkultivierter Produkte im Kontext der Natürlichkeit zu diskutieren. Ein Zusammenschluss, der unter Umständen dazu führen kann, dass Produkte, die durch die Europäische Behörde für Lebensmittelsicherheit (efsa) als unbedenklich eingestuft werden, dennoch nicht den Markt erreichen, wenn eine Mehrheit der Mitglieder der Europäischen Kommission im Standing Committee on Plants, Animals, Food and Feed (PAFF Committee) gegen eine Zulassung stimmt. Für die Zulassung relevant sind dabei nicht mutmaßliche Auswirkungen auf die Umwelt, sondern Sicherheitsfaktoren im Kontext des Konsums. Diese Prüfung ist erforderlich und wichtig, in der EU aber hoch bürokratisch, wie Abb. 18.4 zu entnehmen ist.

18.3.1 Nachhaltigkeit zellkultivierter Produkte

Um tatsächliche signifikant positive Auswirkungen auf die Umwelt zu haben, müssen noch zahlreiche Herausforderungen überwunden werden, die es beispielsweise ermöglichen, die Produktion zu skalieren. Zahlreiche Life-Cycle-Assessments liefern derweil unterschiedliche Ergebnisse zu den Nachhaltigkeitseffekten. Eine der ersten Publikationen, die einen breiten, aber unwissenschaftlichen Überblick zu Vorteilen der zellulären Landwirtschaft zusammenfasst, kommt von Kristopher Gasteratos und stammt aus dem Jahr 2019 [8]. In seiner Publikation „90 Reasons to Consider Cellular Agriculture" bringt er zahlreiche Argumente für die neue Industrie zusammen. Im Bereich „Environment" finden sich insgesamt 29 Argumente (Argument 26 bis 54), die auf das Thema Nachhaltigkeit einzahlen und in Tab. 18.1 aufgeführt werden.

Wie das tatsächliche Potenzial innerhalb der einzelnen von Gasteratos aufgeführten Argumente für Zellkultivierung aussieht, das haben Wissenschaftlerinnen und Wissenschaftler in den letzten Jahren untersucht. Einige Zahlen dazu finden sich beispielsweise

Abb. 18.4 Regulierung von Novel Food in der EU. (Quelle: eigene Darstellung)

unter whatiscultivatedmeat.com. Dort hat sich eine internationale Gemeinschaft zusammengetan, um über die neu entstehende Industrie aufzuklären. Unter den Beratenden der Aufklärungsplattform finden sich beispielsweise Neta Lavon, Mitgründerin und CTO des israelischen Kulturfleischunternehmens Aleph Farms, Dr. Mario Chin, Mitgründer und CSO beim singapurischen Kulturfischunternehmen Avant Meats oder Dr. Hanna Tuomisto, die mit zahlreichen Publikationen wie der 2010 veröffentlichten Schrift „Food Security and Protein Supply: Cultured Meat a Solution" [28] und dem ebenfalls 2010 veröffentlichten Artikel „Life Cycle Assessment of Cultured Meat Production" [29] schon

Tab. 18.1 Nachhaltigkeitspotenziale der Zellkultivierung (Arg. = Argument der 99 reasons). (Quelle: Gasteratos (2019) [8])

Arg	Einsparung bei	Arg	Landnutzung	Arg	Wasserverbrauch	Arg	THG-Emissionen
	Rind	26	99 %	32	98 %	38	96 %
	Milchprodukte	27	97 %	33	99,6 %	39	65 %
	Geflügel	28	66 %	34	92 %	40	74 %
	Schwein	29	82 %	35	95 %	41	85 %
	Meerestiere	30	55 %	36	86 %	42	59 %
	Insgesamt	31	80 %	37	94 %	43	76 %
44	Energie	Die Produktion von zellkultiviertem Fleisch könnte bis zu 45 % weniger Energie benötigen als die konventionelle Produktion					
45	Tierische Abfälle – Land	Ohne Nutztiere könnten 1,75 Mrd. Tonnen tierischer Abfälle wegfallen, die das Grundwasser belasten und organische Schadstoffe verursachen					
46	Tierische Abfälle – Ozeane	Ohne Nutztiere werden Ozeane und Wasserwege nicht mehr durch tierische Abfälle belastet, was eine Reduktion von toten Zonen im Meer und Algenblüten bewirken könnte					
47	Grundschleppnetzfischerei	Zellulare Landwirtschaft könnte die Grundschleppnetzfischerei überflüssig machen, die es vorsieht, mithilfe eines großen Netzes am Meeresboden Fische zu fangen und bei der auch alles andere, was sich dem Netz in den Weg stellt, mitgenommen wird. Zu dem unbeabsichtigten beifang gehören auch jahrhundertealte Korallen					
48	Fischblut	Durch zellulare Landwirtschaft wird die Notwendigkeit von Aquakulturanlagen obsolete, Fischblut in öffentliche Gewässer zu leiten, das Viren enthält, die die natürlich vorkommenden Fische töten					
49	Pestizide/Herbizide	Pestizide und Herbizide, die in der Tierhaltung zum Einsatz kommen, würden wegfallen und damit auch etwaige dadurch verursachte Todeszonen in Ozeanen					
50	Weniger Umweltverschmutzung – Land	Durch die Möglichkeit der lokalen Produktion entfallen Umweltschäden, die durch Transporte entstehen					

(Fortsetzung)

Tab. 18.1 (Fortsetzung)

Arg	Einsparung bei	Arg	Landnutzung	Arg	Wasserverbrauch	Arg	THG-Emissionen
51	Weniger Umweltverschmutzung – Ozeane						Durch die Möglichkeit der lokalen Produktion entfallen Umweltschäden, die durch Flotten des Fischfangs verursacht werden
52	Abholzung		Ohne den hohen Bedarf für Getreideprodukte, würde der Anreiz zur Abholzung von Wäldern wegfallen, die mit Tierhaltung in Verbindung stehen. Stattdessen könnte Wiederaufforstungsmaßnahmen greifen				
53	Plastikalternativen		Zellkultiviertes Horn vom Nashorn könnte als Kunststoffalternative zum Einsatz kommen				
54	Verschmutzung der Ozeane durch Plastik		Zellkultivierte Meerestiere würden die Verschmutzung der Meere durch Plastik reduzieren, da rund die Hälfte dieser Belastung (46 %) durch die Fischereiindustrie verursacht wird				

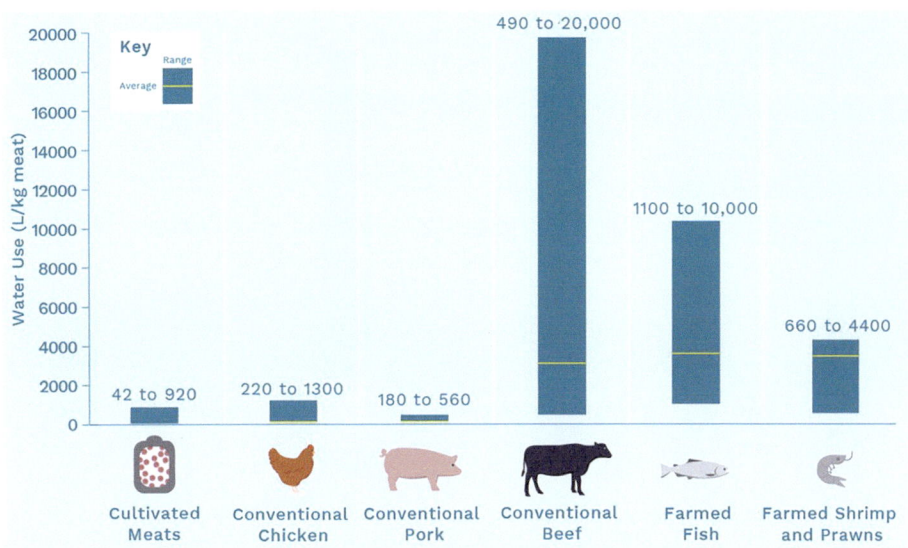

Abb. 18.5 Vergleich des Wasserverbrauchs bei der Herstellung von kultiviertem und tierischem Fleisch. (Quelle: What Is Cultivated Meat (2024) [31])

früh zum Aufbau von Wissen über die Branche geholfen hat. Auf der Plattform liefern sie unterschiedliche Informationen zu Auswirkungen von zellkultivierten Produkten auf die Umwelt. Darunter finden sich beispielsweise Zahlen zum Wasserverbrauch (siehe Abb. 18.5) oder zum Klimawandel (siehe Abb. 18.6) aus dem Jahr 2021 [31, 32].

18.4 Fermentierte Produkte

Die Fermentation erlebt durch die Proteinwende und die Ideen für neuartige Lebensmittel eine Renaissance. Die Technologie beziehungsweise die Prozesse, die uns beispielsweise schon lange den Genuss von unterschiedlichstem Käse bescheren – den ersten Frischkäse soll es bereits 6000 Jahre vor unserer Zeitrechnung gegeben haben [33] – wird heute in abgewandelter Form genutzt, um ohne Milch von der Kuh die gleichen Produkte herzustellen. Tab. 18.2 zeigt die drei Formen der Fermentation, die sich im Kontext der Proteinwende zur Herstellung alternativer Proteine etabliert haben: die Biomassefermentation, die Präzisionsfermentation und die Gasfermentation. Die Applikationen reichen von Produkten zum Ersatz von Eiern, über Milch bis hin zu Fleisch.

Während Produkte der Präzisionsfermentation sowie Gasfermentation den Novel-Food-Regulierung unterliegen, gibt es im Bereich der Biomassefermentation bereits freigegebene und verarbeitete Organismen. An der Basis steht dabei oft Myzel. Auch Pilze wie Hefen aus Brauereien werden in der Biomassefermentation dazu genutzt,

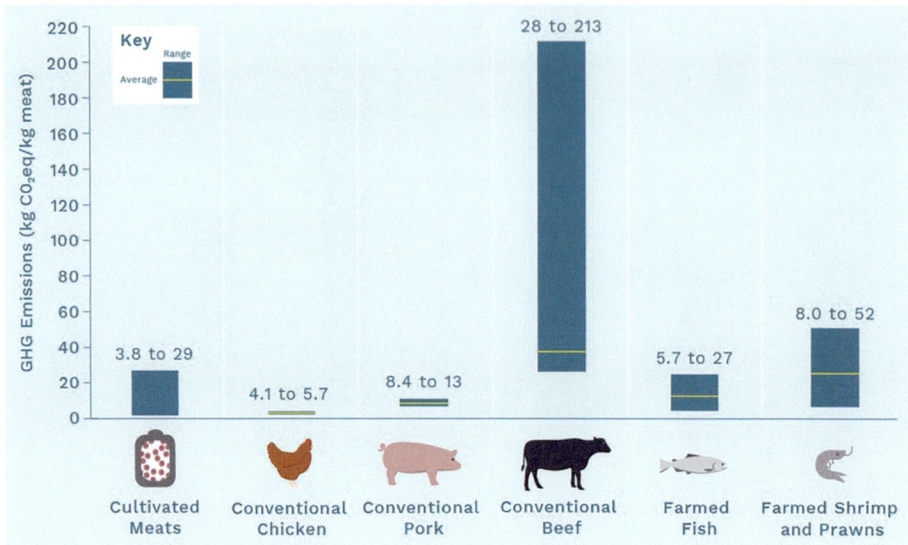

Abb. 18.6 Vergleich der GHG-Emissionen bei der Herstellung von kultiviertem und tierischem Fleisch. (Quelle: What Is Cultivated Meat (2024) [32])

Tab. 18.2 Vergleich von Fermentationsformen. (Quelle: Filko (2023) [4])

Form der Fermentation	Basis	Prozess	Produkt	Verwendung
Biomassefermentation	Hefe, filamentöse Pilze und Mikroalgen	Vermehrung von Biomasse durch Mikroorganismen	Biomasse	Endprodukt oder Zutat
Präzisionsfermentation	Hefe oder Bakterien	Herstellung von Stoffen anhand von Gensequenzen innerhalb einer Biomasse	Funktionelle Inhaltsstoffe	als Zutat
Gasfermentation	Archaeen	Mikroorganismen stellen mithilfe von CO_2 höherwertige Stoffe her	Inhaltsstoffe wie Aminosäuren	als Zutat

neue Inhaltsstoffe zu kreieren. Dabei verspricht der Prozess der Fermentation einem der wohl relevantesten Nachhaltigkeitsfaktoren eines modernen und transformierten Ernährungssystems gerecht zu werden: der Zirkularität.

18.4.1 Nachhaltigkeit fermentierter Produkte

Im Bereich der Fermentation finden sich wie bei den anderen Pfeilern der Proteinwende auch zahlreiche Angaben zu Nachhaltigkeitseffekten, die von Unternehmen in Lebenszyklusanalysen und anderen Studien nachgewiesen werden. Das deutsche Unternehmen Formo beispielsweise, das Präzisionsfermentation zur Herstellung von Käse nutzt, gibt auf seiner Webseite unter dem Titel „The Promise of Animal-Free Dairy" an, dass diese 80 % weniger Emissionen verursache, nur 1 % der Landfläche brauche und 98 % weniger Wasser verbraucht [7]. Das israelische Unternehmen Remilk, das mithilfe von Präzisionsfermentation Milch herstellt und in Singapur bereits zugelassen wurde, gibt auf seiner Webseite an, durch seinen Prozess im Vergleich zur herkömmlichen Milchproduktion 97 % weniger Treibhausgase zu verbrauchen, rund 1 % der sonst nötigen Landfläche zu nutzen und weniger als 10 % des Wassers zu brauchen [19].

Dabei kommt der Fermentation durch die Beschaffenheit des Prozesses eine besondere Rolle für die Nachhaltigkeit zu. In der Produktion kommt es bei vielen Produzierenden zur Einbindung von Stoffen beziehungsweise Ressourcen, die sonst aus dem Prozess der Wertschöpfung fallen würden. Sie gehören klassischerweise dem Bereich „Waste" an. Und obwohl das Denken in Kreisläufen schon lange Teil der Strategien internationaler Stakeholder ist, fallen immer noch zahlreiche vermeidbare Abfälle an. Es fehlt bei der Betrachtung der Wertschöpfung, die als Grundlage der Produktion dient, die Implementierung und Sichtbarmachung der Zirkularität als Faktor nachhaltiger Prozesse. Die Proteinwende birgt zahlreiche Potenziale, diese Kreisläufe von Anfang an mitzudenken. Das zeigt sich vor allem in der Biomassefermentation, wo viele Reststoffe zurück in den Kreislauf geholt werden und die Basis der Produktion darstellen. Wie beispielsweise beim dänischen Start-up MATR Foods oder dem deutschen Start-up Kynda. Was früher als Abfall entsorgt wurde, findet einen neuen Zweck. Im Buch „Food Chainge" [6] wurde ein Modell entwickelt, das der Branche dabei helfen soll, den Faktor der Zirkularität bei der Wertschöpfung mitzudenken. Bei der neuen Betrachtung der Wertschöpfung im Food-Re-Funnel soll der Anteil der Abfälle gegen Null steuern. Abb. 18.7 zeigt: Was am Ende eines Produktionsprozesses übrigbleibt (Residuum), gelangt als Ressource wieder in die Wertschöpfung.

18.5 Übersicht zu Life-Cycle-Assessments aller Produktionsprozesse der Proteinwende

Eine Übersicht zu verschiedenen Produkten und ihren Nachhaltigkeitseffekten liefert das GFI. Auf ihrer Webseite findet sich unter dem Beitrag „Environmental impacts of alternative proteins" eine Tabelle, die die Ergebnisse verschiedener Studien von Unternehmen sowie akademische Studien zum Thema, die im Zeitraum 2021 bis August 2023 veröffentlicht wurden, zusammenfasst. Dabei geben sie den Hinweis, dass die Ergebnisse aufgrund

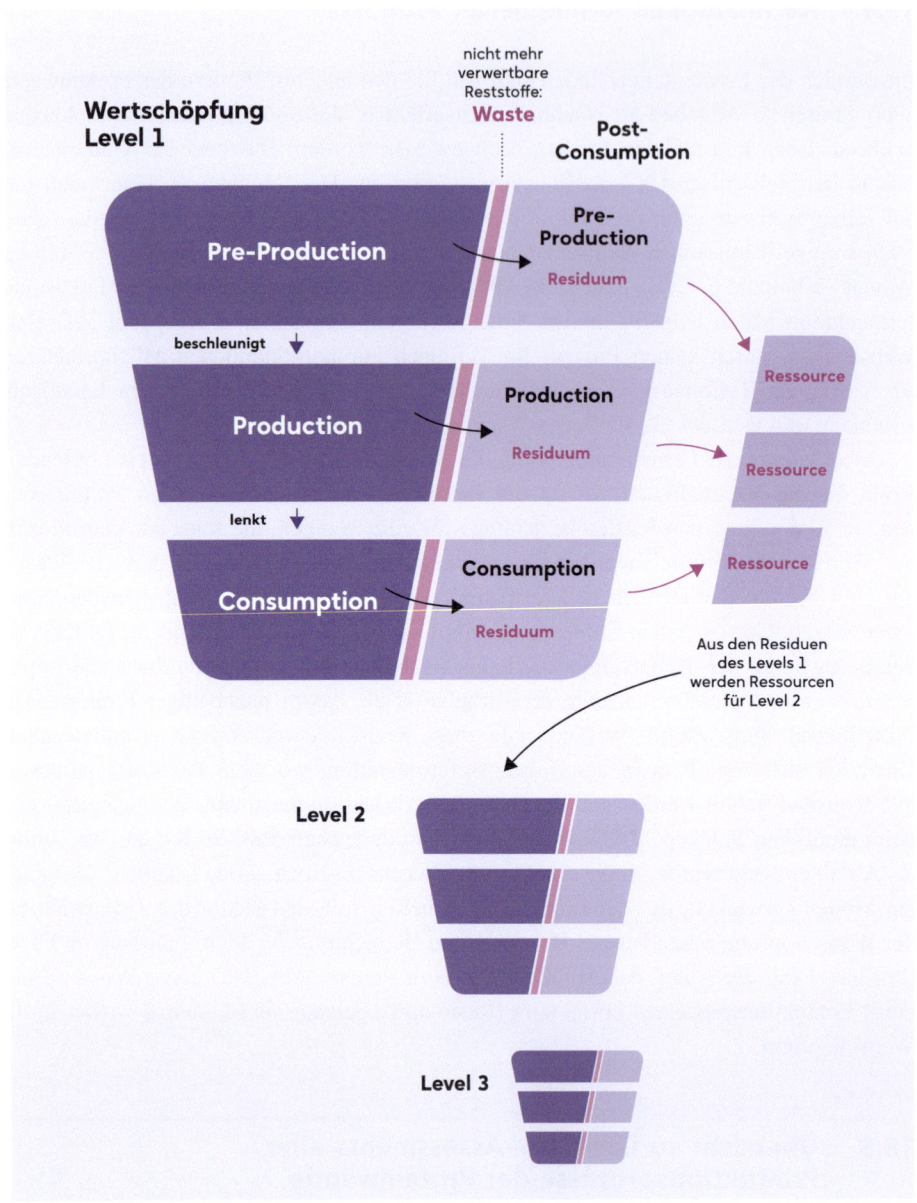

Abb. 18.7 Der Food-Re-Funnel. (Quelle: eigene Darstellung)

der unterschiedlichen Methodologien nicht im Detail verglichen werden können. Die Übersicht liefert aber wertvolle Insights darüber, welche Zahlen derzeit von der internationalen Gemeinschaft herangezogen werden und stellt die Produkte der unterschiedlichen Pfeiler der Proteinwende anschaulich gegenüber ([9], Tab. 18.3).

18.6 Dimensionen und Herausforderungen der Proteinwende

Um das Nachhaltigkeitspotenzial der Proteinwende zu eruieren, muss man weit über Kennzahlen einer Nachhaltigkeitsbetrachtung hinausgehen. Die Prozesse der einzelnen Pfeiler unterliegen Handlungen, Mechanismen und Entscheidungen multipler Stakeholder innerhalb zahlreicher Dimensionen. Das zeigt bereits der Regulierungsprozess für Novel Food oder die Ungenauigkeiten bei der Betrachtung von Zielgruppen aufgrund fehlender Definitionen. Damit das Potenzial geschöpft werden kann, braucht es Veränderungen entlang all dieser Dimensionen, aber was noch viel wichtiger ist, es braucht diese Transformation entlang der gesamten Wertschöpfung der Proteine. Ohne diese mitzudenken und sie in eine systemische Strategie einzubinden, wird auch die vielversprechendste Technologie nicht ihr Potenzial entfalten können. Transformation kann nicht isoliert gelingen. Das zeigt sich auch im Hinblick darauf, dass viele Lösungen bereits skalierbar vorliegen. Aber es stehen diverse Hürden zwischen den gegenwärtigen Zielsetzungen, die von der Politik sowie der Branche formuliert werden und der Erreichung dieser Ziele. Und während wir schon bundesweit auf ein Potpourri unterschiedlicher Dimensionen schauen, kommen im globalen Kontext diverse Kulturen, Ansprüche an Produkte, kulinarische Vorlieben, Stakeholder und Regulierungsprozesse zusammen.

Abb. 18.8 unterschiedlicher Dimensionen der Transformation, die der Branche rund um die Ernährungswende bei der Orientierung helfen soll. Sie zeigt Prozesse, Stakeholder oder Einflüsse, die es mitzudenken gilt und deren Vernetztheit oft nicht beachtet werden. Die Proteinwende ist dabei eine Teilmenge der Transformation und findet entlang der gesamten Kette statt.

Ein Beispiel: Eine solche Dimension am Markt betrifft das begriffliche Konzept der Alternativen. Es wird diskutiert, dass es sich bei den unterschiedlichen Produkten nicht um „Alternativen" oder einen Ersatz für tierische Proteine handelt, sondern um komplementäre Produkte, die eine eigenständige Kategorie bilden. Was wir hier erleben, ist ein Diskurs zur begrifflichen Einordnung, der die Positionierung am Markt gegenüber klassischen Proteinprodukten betrifft. Die Diskussion aber geht noch weiter. Nämlich dann, wenn es darum geht, ob es sich um „Fleisch" handelt im Falle von Kulturfleisch oder ob es sich um Schnitzel, Burger und Co handelt, bei fermentierten und pflanzenbasierten Produkten. Die begriffliche Nähe hilft dabei, Hürden der Orientierung zu überwinden und liefert Ideen zur Verarbeitung in der heimischen Küche. Es wird Vertrautheit bei Verbrauchenden hervorgerufen. Sie schürt aber gleichzeitig Bedenken bei der Industrie, die den Markt bisher gestaltet hat. Die Betrachtung der Nomenklatur findet international statt und

Tab. 18.3 Vergleich der Life-Cycle-Assessments (LCA). (Quelle: GFI 2023 [9])

Die Produktion dieses alternativen Proteins	anstelle von folgendem konventionellen Fleisch	Verringert die THG-Emission um	Verringert die Landnutzung um	Verringert die Luftverschmutzung (Feinstaub) um	Laut des folgenden LCA
Impossible Burger*	Rindfleischburger Patty*	−89 %	−96 %	–	Khan, et al. (2019 [15]): „Comparative environmental LCA of the Impossible Burger with conventional ground beef burger."
Beyond Burger 3.0*	Rindfleischburger Patty*	−90 %	−97 %	–	Heller und Salim et al. (2023 [13]): „Beyond Burger 3.0 Life Cycle Assessment."
Beyond Burger 1.0*	Rindfleischburger Patty*	−89 %	−92 %	–	Heller und Keoleian (2018 [12]): „Beyond Meat's Beyond Burger Life Cycle Assessment: A detailed comparison between a plant-based and an animal-based protein source."
Quorn Fillet*	Hühnerbrust*	−75 %	−78 %	–	Kazer et al. (2021 [14]): „Quorn Footprint Comparison Report."

(Fortsetzung)

Tab. 18.3 (Fortsetzung)

Die Produktion dieses alternativen Proteins	anstelle von folgendem konventionellen Fleisch	Verringert die THG-Emission um	Verringert die Landnutzung um	Verringert die Luftverschmutzung (Feinstaub) um	Laut des folgenden LCA
Quorn Sausage*	Schweinehälfte*	−88 %	−79 %	–	Kazer et al. (2021 [14]): „Quorn Footprint Comparison Report."
Quorn Mince*	Rinderhackfleisch*	−96 %	−94 %	–	Kazer et al. (2021 [14]): „Quorn Footprint Comparison Report."
Morningstar Original Chik Patties**	Hühnerwurst Patty**	−46 %	−84 %	−69 %	Dettling et al. (2016 [3]): „A comparative life cycle assessment of plant-based foods and meat foods."
MorningStar Farms Original Sausage Patties**	Schweinewurst Patty**	13 %	−47 %	−31 %	Dettling et al. (2016 [3]): „A comparative life cycle assessment of plant-based foods and meat foods."
MorningStar Farms Grillers Original Burger**	Rindfleischburger Patty**	−84 %	−93 %	−92 %	Dettling et al. (2016 [3]): „A comparative life cycle assessment of plant-based foods and meat foods."

(Fortsetzung)

Tab. 18.3 (Fortsetzung)

Die Produktion dieses alternativen Proteins	anstelle von folgendem konventionellen Fleisch	Verringert die THG-Emission um	Verringert die Landnutzung um	Verringert die Luftverschmutzung (Feinstaub) um	Laut des folgenden LCA
Pflanzenbasierter Burger Patty mit Sojaprotein*	Rindfleischburger Patty*	−98 %	−87 %	−99 %	Saerens et al. (2021 [22]): „Life cycle assessment of burger patties produced with extruded meat substitutes."
Pflanzenbasierter Burger Patty mit Sojaprotein*	Hühnchenburger Patty*	−90 %	−82 %	−90 %	Saerens et al. (2021 [22]): „Life cycle assessment of burger patties produced with extruded meat substitutes."
Pflanzenbasierter Burger Patty mit Sojaprotein*	Schweineburger Patty*	−90 %	−85 %	−90 %	Saerens et al. (2021 [22]): „Life cycle assessment of burger patties produced with extruded meat substitutes."

(Fortsetzung)

Tab. 18.3 (Fortsetzung)

Die Produktion dieses alternativen Proteins	anstelle von folgendem konventionellen Fleisch	Verringert die THG-Emission um	Verringert die Landnutzung um	Verringert die Luftverschmutzung (Feinstaub) um	Laut des folgenden LCA
Pflanzenbasierter Burger Patty mit Erbsenprotein**	Rindfleischburger Patty (Brasilianisches Rind)**	−77 %	−96 %	−58 %	Saget et al. (2021 [23]): „Comparative life cycle assessment of plant and beef-based patties, including carbon opportunity costs."
Pflanzenbasierter Burger Patty mit Erbsenprotein** †	Rindfleischburger Patty (Brasilianisches Rind)**	-86 %	-96 %	-58 %	Saget et al. (2021 [23]): „Comparative life cycle assessment of plant and beef-based patties, including carbon opportunity costs."
Burger Patty aus Sojaprotein*	Rindfleischburger Patty *	−82 %	−84 %	−95 %	Smetana et al. (2021 [27]): „Meat substitution in burgers: nutritional scoring, sensorial testing, and Life Cycle Assessment."

(Fortsetzung)

Tab. 18.3 (Fortsetzung)

Die Produktion dieses alternativen Proteins	anstelle von folgendem konventionellen Fleisch	Verringert die THG-Emission um	Verringert die Landnutzung um	Verringert die Luftverschmutzung (Feinstaub) um	Laut des folgenden LCA
Burger Patty aus Erbsenprotein (Beyond Meat)*	Rindfleischburger Patty *	−84 %	−64 %	−91 %	Smetana et al. (2021 [27]): „Meat substitution in burgers: nutritional scoring, sensorial testing, and Life Cycle Assessment."
Burger Patty aus Mykoprotein (Quorn)*	Rindfleischburger Patty *	−82 %	−69 %	−91 %	Smetana et al. (2021 [27]): „Meat substitution in burgers: nutritional scoring, sensorial testing, and Life Cycle Assessment."
Hackbällchen aus Erbsenprotein**	Rindfleisch Hackbällchen (Brasilianisches Rind)**	−89 %	−97 %	−82 %	Saget et al. (2021 [24]): „Substitution of beef with pea protein reduces the environmental footprint of meat balls whilst supporting health and climate stabilisation goals."

(Fortsetzung)

Tab. 18.3 (Fortsetzung)

Die Produktion dieses alternativen Proteins	anstelle von folgendem konventionellen Fleisch	Verringert die THG-Emission um	Verringert die Landnutzung um	Verringert die Luftverschmutzung (Feinstaub) um	Laut des folgenden LCA
Hackbällchen aus Erbsenprotein** †	Rindfleisch Hackbällchen (Brasilianisches Rind)**	−93 %	−97 %	−82 %	Saget et al. (2021 [24]): „Substitution of beef with pea protein reduces the environmental footprint of meat balls whilst supporting health and climate stabilisation goals."
Sojabasiertes Schnitzel (vegan)*	Schweineschnitzel*	−46 %	−45 %	−74 %	Van Mierlo et al. (2022 [30]): „Moving from pork to soy-based meat substitutes: Evaluating environmental impacts in relation to nutritional values."
Kultiviertes Rindfleisch*	Konventionelles Rind (nicht von Milchkühen)*	−92 %	−90 %	−94 %	Sinke et al. (2023 [25]): „Ex-ante Life Cycle Assessment of Commercial-scale Cultivated Meat Production in 2030." Δ

(Fortsetzung)

Tab. 18.3 (Fortsetzung)

Die Produktion dieses alternativen Proteins	anstelle von folgendem konventionellen Fleisch	Verringert die THG-Emission um	Verringert die Landnutzung um	Verringert die Luftverschmutzung (Feinstaub) um	Laut des folgenden LCA
Kultiviertes Hühnchen*	Konventionelles Hühnchen*	3 %	−64 %	−20 %	Sinke et al. (2023 [25]): „Ex-ante Life Cycle Assessment of Commercial-scale Cultivated Meat Production in 2030." Δ
Kultiviertes Schwein*	Konventionelles Schwein*	−44 %	−67 %	−42 %	Sinke et al. (2023 [25]): „Ex-ante Life Cycle Assessment of Commercial-scale Cultivated Meat Production in 2030." Δ
Hybrid aus kultiviertem Fleisch und pflanzenbasiertem Burger Patty(gemischt mit Sojaproteinisolat)*	Rindfleischburger Patty (produziert in den Vereinigten Staaten)*	−87 %	−90 %	–	Kim et al. (2022 [16]): „Environmental Life Cycle Assessment of a Novel Cultivated Meat Burger Patty in the United States."

Die Verringerung der Auswirkungen wird wie folgt berechnet: (Auswirkungen des konventionellen Fleischprodukts – Auswirkungen des alternativen Proteinprodukts) ÷ (Auswirkungen des konventionellen Fleischprodukts). Negative (−) Werte zeigen eine Verringerung der Auswirkungen in der Umweltkategorie. Positive (+) Werte zeigen eine Zunahme der Auswirkungen. Bei einem Bindestrich (–) sind keine Daten verfügbar. * Rohes/ungekochtes Produkt. ** Gekochtes Produkt. † Enthält die Kohlenstoffpotenziale einer reduzierten Landnutzung. Alle anderen Studien berechnen nicht die Kohlenstoffpotenziale einer reduzierten Landnutzung. Wenn die freiwerdenden Flächen zur Abschwächung des Klimawandels genutzt werden, ist der Einfluss deutlich größer als die gemessenen direkten Auswirkungen. Δ Bei Sinke et al. (2023) beruhen die Szenarien für 2030 auf konservativen (ressourcenintensiveren) Annahmen für die künftige kommerzielle Produktion von Kulturfleisch in Kombination mit ehrgeizigen, kohlenstoffarmen Benchmarks für die konventionelle Fleischproduktion. Die bewerteten kultivierten Fleischprodukte wurden mit erneuerbaren Energien hergestellt.

Übersetzt von Nadine Filko

18 Alternative Proteine

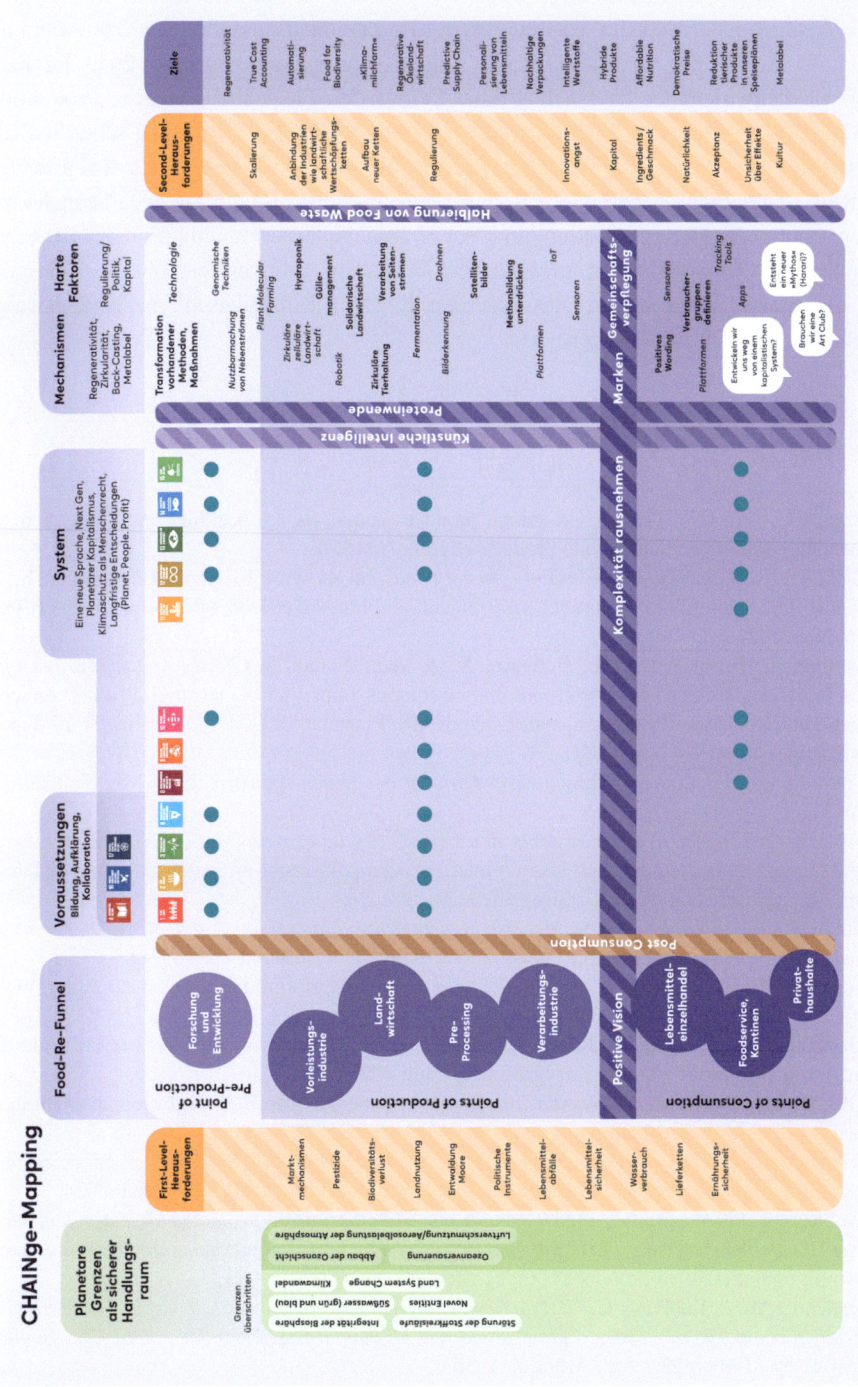

Abb. 18.8 CHAINge-Mapping. (Quelle: eigene Darstellung)

sorgt immer wieder für neue Diskussionen. Der Markt wird von unterschiedlichen Begriffen, unterschiedlicher Stakeholder mit diversen Kommunikationszielen geprägt. Allein im Bereich der Herstellung von Fleisch durch Zellkultivierung kamen seit der 2013 durchgeführten medienwirksamen Verkostung eines kultivierten Fleischballs aus der Produktion von Mark Post (Mosa Meat) zahlreiche Bezeichnungen auf. Im Deutschen sehen wir die Begriffe In-Vitro-Fleisch, Laborfleisch, Kunstfleisch und letztendlich auch Kulturfleisch oder Kultiviertes Fleisch. Die internationale Gemeinschaft rund um die neue Branche hat sich angesichts der Berichterstattung und der Unternehmenskommunikation der Branche, scheinbar auf Cultivated Meat geeinigt. Im Deutschen geht aus persönlichen Gesprächen mit Stakeholdern hervor, dass sie den Begriff „Kulturfleisch" beziehungsweise „kultiviertes Fleisch" bevorzugen.

Literatur

1. Bryant, C. J. (2022). Plant-based animal product alternatives are healthier and more environmentally sustainable than animal products. *Future Foods, 6.*
2. BVL. (o. J.). *Neuartige Lebensmittel – Novel Foods.* https://www.bvl.bund.de/DE/Arbeitsbereiche/01_Lebensmittel/03_Verbraucher/06_NovelFood/lm_NovelFood_node.html. Zugegriffen: 16. Nov. 2024.
3. Dettling, J., Tu, Q., Faist, M., DelDuce, A., & Mandlebaum, S. (2016). *A comparative Life Cycle Assessment of plant-based foods and meat foods.* https://www.morningstarfarms.com/content/dam/NorthAmerica/morningstarfarms/pdf/MSFPlantBasedLCAReport_2016-04-10_Final.pdf. Zugegriffen: 28. Nov. 2024.
4. Filko, N. (2023). *Exkurs: Fermentation. Ferment der neuen Industrie.* NEWMEAT. 2023/02, 26–31.
5. Filko, F. (2023). *Neuer Ernst im deutschen Diskurs um die Proteinwende.* NEWMEAT. https://www.agrarzeitung.de/newmeat/wissen/proteinwenden-pakt-neuer-ernst-im-deutschen-diskurs-um-die-proteinwende-106571. Zugegriffen: 21. Juni 2024.
6. Filko, N. (2024). *Food Chainge. Mensch. Mechanismus. Masterplan. Auf dem Weg zu einer neu gedachten Wertschöpfung in der Lebensmittelproduktion.* Deutscher Fachverlag.
7. Formo. (2024). *The Promise of Animal-Free Dairy.* https://formo.bio/mission-2/. Zugegriffen: 07. Juli 2024.
8. Gasteratos, K. (2019). *90 Reasons to Consider Cellular Agriculture.* http://nrs.harvard.edu/urn-3:HUL.InstRepos:38573490. Zugegriffen: 10. Juli 2024.
9. GFI. (2023). *Environmental impacts of alternative proteins.* https://gfi.org/resource/environmental-impacts-of-alternative-proteins/. Zugegriffen: 10. Juli 2024.
10. GFI Europe. (2022). *Entwicklung des Plantbased-Marktes 2020–2022.* https://gfieurope.org/de/market-insights-on-european-plant-based-sales-2020-2022/. Zugegriffen: 08. Juli 2024.
11. GFI Europe. (2024). *Studie zur Flächennutzung: Mit alternativen Proteinen lässt sich der Anteil von Ökolandbau in Deutschland auf über 30% steigern.* https://gfieurope.org/de/blog/flaechennutzung-und-alternative-proteinen/. Zugegriffen: 07. Juli 2024.
12. Heller, C. M., & Keoleian, G. (2018). *Beyond Meat's Beyond Burger Life Cycle Assessment: A detailed comparison between a plant-based and an animal-based protein source.* CSS Report. University of Michigan: Ann Arbor, S. 1–38.

13. Heller, C. M., & Salim, I. (2023). *Beyond Burger® 3.0 Life Cycle Assessment.* https://investors.beyondmeat.com/static-files/758cf494-d46d-441c-8e96-86ddb57fbed4. Zugegriffen: 28. Nov. 2024.
14. Kazer, J., Orfanos, G., & Gallop, C. (2021). *Quorn Footprint Comparison Report.* https://quorn.co.uk/assets/files/content/Carbon-Trust-Comparison-Report-2021.pdf. Zugegriffen: 28. Nov. 2024.
15. Khan, S., Loyola, C., Dettling, J., Hester, J., & Moses, R. (2019). *Comparative Environmental LCA of the Impossible Burger with conventional ground beef burger.* https://assets.ctfassets.net/hhv516v5f7sj/4exF7Ex74UoYku640WSF3t/cc213b148ee80fa2d8062e430012ec56/Impossible_foods_comparative_LCA.pdf. Zugegriffen: 16. Nov. 2024.
16. Kim, S., Beler, A., Schreyer, H. B., & Bakshi, B. R. (2022). Environmental Life Cycle Assessment of a Novel Cultivated Meat Burger Patty in the United States. *Sustainabiliity, 12*(23).
17. Planted. (2024). *Besseres Fleisch als das von Tieren.* https://de.eatplanted.com/pages/sustainability. Zugegriffen: 24. Juni 2024.
18. Redefine Meat. (2024). *Einen positiven Beitrag leisten.* https://www.redefinemeat.com/de/environment/?_gl=1*1h71opg*_up*MQ..&gclid=Cj0KCQjwsuSzBhCLARIsAIcdLm7Wsg_McMxRGLoHaKCzZ-smiE4TSxPkFUGc-m_mTEniFsPyjf0h3RMaAp_8EALw_wcB. Zugegriffen: 24. Juni 2024.
19. Remilk. (2024). *Remilk's way.* https://www.remilk.com/gains. Zugegriffen: 08. Juli 2024.
20. Richardson, K., Steffen, W., Lucht, W., Bendtsen, J., Cornell, S. E., Donges, J. F., Drueke, M., Fetzer, I., Bala, G., von Bloh, W., Feulner, G., Fiedler, S., Gerten, D., Gleeson, T., Hofmann, M., Huiskamp, W., Kummu, M., Mohan, C., Nogues-Bravo, D., … Rockstrom, J. (2023). Earth beyond six of nine planetary boundaries. *Science Advances, 9*(37).
21. Rügenwalder Mühle. (2024). *Für das Klima im Sortiment und Betrieb.* https://www.ruegenwalder.de/de/nachhaltigkeit/oekologische-verantwortung/klimaschutz. Zugegriffen: 24. Juni 2024.
22. Saerens, W., Smetana, S., Van Campenhout, L., Lammers, V., & Heinz, V. (2021). Life cycle assessment of burger patties produced with extruded meat substitutes. *Journal of Cleaner Production, 306.*
23. Saget, S., Costa, M. P., Santos, C. S., Vasconcelo, M., & Willliams, M. (2021). Comparative life cycle assessment of plant and beef-based patties, including carbon opportunity costs. *Sustainable Production and Consumption, 28,* 936–952.
24. Saget, S., Costa, M., Santos, C. S., Vasconcelo, M., Gibbons, J., Styles, D., & Williams, M. (2021). Substitution of beef with pea protein reduces the environmental footprint of meat balls whilst supporting health and climate stabilisation goals. *Journal of Cleaner Production, 297.*
25. Sinke, P., Swartz, E., Sanctorum, H., van der Giesen, C., & Odegard, I. (2023). Ex-ante life cycle assessment of commercial-scale cultivated meat production in 2030. *The International Journal of Life Cycle Assessment, 28,* 234–254.
26. Smart Protein Project. (2023). *Evolving appetites: An in-depth look at attitudes towards plant-based eating in Germany.* S. 2. European Union's Horizon 2020 research and innovation programme (No 862957). https://smartproteinproject.eu/wp-content/uploads/ProVeg_Smart-Protein-Report_Germany_2023.pdf. Zugegriffen: 10. Juli 2024.
27. Smetana, S., Profeta, A., Voigt, R., Kircher, C., & Kircher, H. (2021). Meat substitution in burgers: Nutritional scoring, sensorial testing, and Life Cycle Assessment. *Future Foods, 4.*
28. Tuomisto, H. L. (2010). Food Security and Protein Supply: Cultured Meat a Solution. *Aspects of Applied Biology,* 99–104.
29. Tuomisto, H. L., & Teixeira de Mattos, M. J. (2010). *Life Cycle Assessment of Cultured Meat Production.* Conference: At the VII International Conference on Life Cycle Assessment in the Agri-Food Sector. Bari, Italien.

30. Van Mierlo, K., Baert, L., Bracquene, E., De Tavernier, J., & Geeraerd, A. (2022). Moving from pork to soy-based meat substitutes: Evaluating environmental impacts in relation to nutritional values. *Future Foods, 5.*
31. What Is Cultivated Meat. (2024). *5 Climate Change – What Is Cultivated Meat.png.* https://www.whatiscultivatedmeat.com/shareables. Zugegriffen: 10. Juli 2024.
32. What Is Cultivated Meat. (2024). *3 Water Use – What Is Cultivated Meat.png.* https://www.whatiscultivatedmeat.com/shareables. Zugegriffen: 10. Juli 2024.
33. Zeit für Genuss. (2024). *Die Geschichte des Käses.* https://www.zeitfuergenuss.at/aktuelle-themen/zeit-fuer-genuss/2023/die-geschichte-des-kaeses.html. Zugegriffen: 04. Juli 2024.

Nadine Filko ist Autorin, Journalistin und Initiatorin des Kommunikationsprojekts „eatX". Ihr Buch FOOD CHAINge befasst sich mit der Transformation der Lebensmittelproduktion entlang der gesamten Wertschöpfung. Die seit 2017 gesammelten Erkenntnisse zur Ernährungswende, übersetzt sie in konsumentinnen- und konsumentenfreundliche Kommunikation wie die Ausstellung „Beauty of Bioscience", die in Goslar über notwendige Veränderungen und eine zukunftsfähige Lebensmittelwirtschaft aufklärt. Sie ist zudem Moderatorin des Webtalks „update", das vom Onlinemagazin vegconomist produziert wird.

Ökologischer Landbau

Beitrag zu Umwelt, Gesellschaft und zukunftsfähiger Agrarwirtschaft

Maria Müller-Lindenlauf und Sabine Zikeli

Zusammenfassung

Der ökologische Landbau ist eine Weise der Landwirtschaft, in der ausschließliche natürliche Verfahren und Substanzen angewendet werden und die eine sorgfältige, auf Gesundheit und Ökologie ausgerichtete und möglichst faire Landwirtschaft anstrebt. In der EU ist der ökologische Landbau rechtlich gefasst und staatlich gefördert. Zahlreiche wissenschaftliche Untersuchungen dokumentieren höhere flächenbezogene Umweltleistungen des ökologischen Landbaus, aber auch deutlich geringere Flächenerträge und höhere Produktionskosten. Die nachweisbar höheren Umweltleistungen, die Rechtssicherheit durch staatlich akkreditierte Kontrollen, der Pioniergeist der Ökolandbau-Bewegung und der umfassende Systemansatz des Ökologischen Landbaus sind wichtige Impulsgeber für eine Transformation des gesamten Agrar- und Ernährungssystems.

19.1 Was ist ökologischer Landbau?

Der ökologische Landbau ist eine Form der Landwirtschaft, in der ausschließlich natürliche Verfahren und Substanzen angewendet werden und die eine nachhaltige, auf Gesundheit und Ökologie ausgerichtete und möglichst faire Landwirtschaft anstrebt

---

M. Müller-Lindenlauf (✉)
Hochschule für Wirtschaft und Umwelt (HfWU) Nürtingen-Geislingen, Nürtingen, Deutschland
E-Mail: maria.mueller-lindenlauf@hfwu.de

S. Zikeli
Universität Hohenheim, Stuttgart, Deutschland
E-Mail: sabine.zikeli@uni-hohenheim.de

© Der/die Autor(en), exklusiv lizenziert an Springer Fachmedien Wiesbaden GmbH, ein Teil von Springer Nature 2025
C. Hutter (Hrsg.), *Food Management und Nachhaltigkeit,* SDG - Forschung, Konzepte, Lösungsansätze zur Nachhaltigkeit, https://doi.org/10.1007/978-3-658-47934-3_19

[26]. Die Verwendung von chemisch-synthetischen Düngern und chemisch-synthetischen Pflanzenschutzmitteln, Eingriffe in das Genom von Tieren und Pflanzen sowie Tierhaltungsverfahren, die artgerechtes Verhalten stark einschränken, sind im Ökolandbau nicht zulässig. Auch in der Verarbeitung dürfen keine synthetischen Substanzen eingesetzt werden, wenn die Produkte als „Bio"-Lebensmittel auf den Markt gebracht werden. Diese Beschränkungen in den zugelassenen Betriebsmitteln bedingen, dass der ökologische Landbau nach Alternativen suchen muss, um Pflanzenkrankheiten und Schädlinge in Grenzen zu halten und die Nährstoffversorgung der Kulturpflanzen zu sichern. Ökologisch wirtschaftende Betriebe bauen daher verstärkt Leguminosen an, um Luftstickstoff zu fixieren, vor allem mehrjähriges Kleegras. Die Fruchtfolge ist allgemein deutlich weiter als in konventionellen Betrieben. Es wird vermehrt auf widerstandsfähige Kulturarten und -sorten geachtet. Der ökologische Landbau strebt zudem nach möglichst geringer Stoffzufuhr von außen und setzt stattdessen auf eine Optimierung innerbetrieblicher Stoffflüsse. Die umfangreichen innerbetrieblichen Stoffflüsse im ökologischen Landbau sind im Fließdiagramm in Abb. 19.1 durch die breiten Pfeile dargestellt, hier wird insbesondere der enge Zusammenhang zwischen Pflanzenbau und Tierhaltung deutlich. Im konventionellen Landbau (siehe Abb. 19.2) sind diese Flüsse deutlich weniger ausgeprägt, stattdessen sind die Inputs von außen umfangreicher, hier ebenfalls durch die Pfeile dargestellt.

Anders als andere alternative Verfahren der Landwirtschaft ist der ökologische Landbau in der Europäischen Union rechtlich geregelt. Nur Produkte, die den Anforderungen der EU-Öko-Verordnung entsprechen (VO (EU) 2018/848, [19]), dürfen als „ökologisch" oder „biologisch" gekennzeichnet werden. Auch in vielen anderen Regionen der Welt gibt es staatliche Standards für den ökologischen Landbau, z. B. das „National Organic Programm" in den USA. Die dadurch entstehende Rechtssicherheit erleichtert staatliche Förderung und höhere Verbraucherpreise. Die Wurzeln des ökologischen Landbaus gehen jedoch viel weiter zurück als seine rechtliche Fassung, nämlich bis in die Zeit der Weimarer Republik. Der ökologische Landbau war lange Zeit von zivilgesellschaftlichen Bewegungen getragen und ist es in Teilen auch noch heute. Landwirte organisierten sich in Anbauverbänden, die bis heute eine große Rolle im ökologischen Landbau spielen. Die bekanntesten Anbauverbände in Deutschland sind Demeter, Bioland und Naturland. Die Pioniere des ökologischen Landbaus hatten unterschiedliche weltanschauliche Hintergründe und politische Schwerpunkte. Sie einte jedoch das Bestreben, eine Alternative zur sich immer stärker industrialisierenden Landwirtschaft zu entwickeln. Die gemeinsamen Grundwerte des ökologischen Landbaus finden ihren Ausdruck in den vier Grundprinzipien der IFOAM, der internationalen Dachorganisation der Verbände des ökologischen Landbaus [26]:

19 Ökologischer Landbau

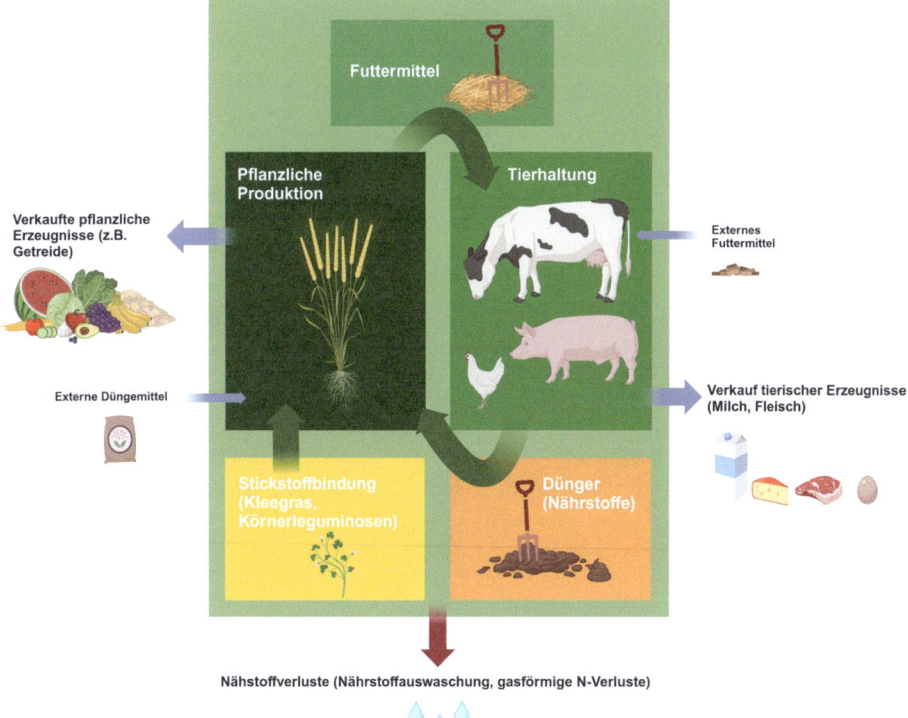

Abb. 19.1 Nährstoffkreisläufe im landwirtschaftlichen Öko-Betrieb. (Quelle: eigene Darstellung)

1. **Gesundheit**: Ökologisch Landwirtschaft soll so gestaltet sein, dass die Gesundheit von Boden, Pflanzen, Tieren und Menschen sowie des Planeten Erde als Ganzes erhalten und befördert wird.
2. **Ökologie**: Ökologische Landwirtschaft baut auf natürlichen Systemen und Kreisläufen auf, arbeitet mit diesen, bildet sie nach und erhält sie.
3. **Gerechtigkeit**: Ökologische Landwirtschaft soll auf Beziehungen aufbauen, die gerecht sind in Bezug auf die Nutzung der gemeinsamen Umwelt und der Lebenschancen.
4. **Sorgfalt**: Ökologischer Landbau soll verantwortlich und vorsorgend gestaltet werden, um das Wohlergehen heutiger und zukünftiger Generationen zu schützen.

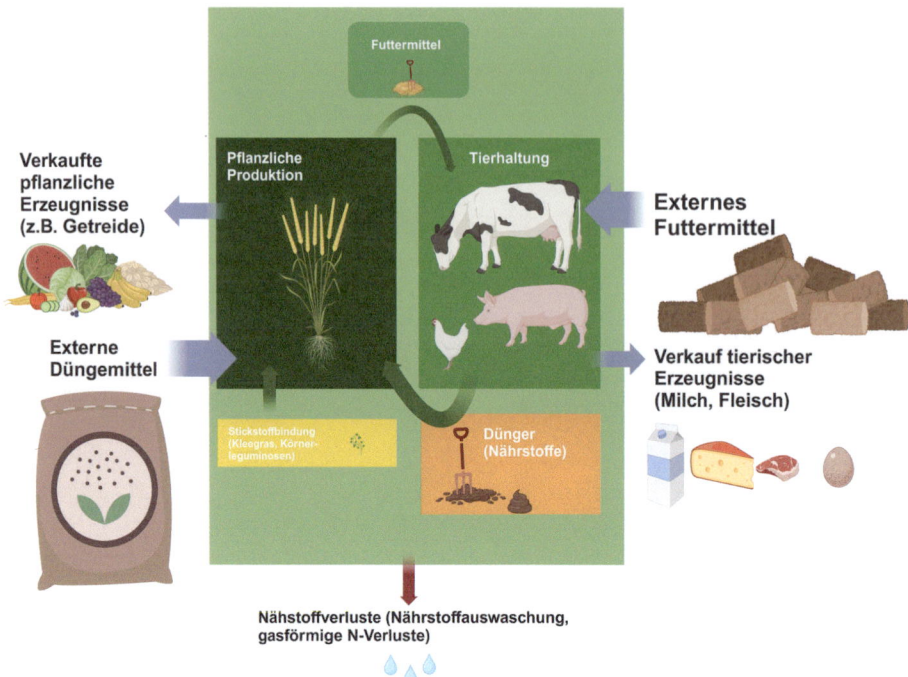

Abb. 19.2 Nährstoffkreisläufe im landwirtschaftlichen, konventionellen Betrieb. (Quelle: eigene Darstellung)

19.2 Geschichte des ökologischen Landbaus

„Ökologischer Landbau" ist nicht einfach ein Lebensmittelsiegel, sondern vielmehr eine soziale Bewegung von Landwirtinnen und Landwirten, Verbraucherinnen und Verbrauchern and anderen Akteuren, die vor etwa 100 Jahren ihren Anfang nahm. Die Geschichte des ökologischen Landbaus zu kennen hilft, die Gegenwart zu verstehen. Daher wird in diesem Kapitel die Geschichte der Ökolandbau-Bewegung kurz beschrieben.

19.2.1 Anfänge in der Weimarer Republik

Die ersten Anfänge des ökologischen Landbaus in Europa reichen bis in die 1920er Jahre zurück. Damals erfuhren Landwirtschaft und Gesellschaft große Veränderungen. Bereits seit Ende des 19. Jahrhunderts verbreiteten sich erste Pflanzenschutzmittel. Diese waren häufig besonders toxisch und enthielten Schwermetalle z. B. die ab Ende des 19. Jahrhunderts eingesetzten Mittel Kupferarsenat und Kupferkalkbrühe. Mit dem Haber–Bosch-Verfahren (patentiert 1908) wurde es möglich, Luftstickstoff in Ammoniak umzuwandeln und damit kostengünstig große Mengen an Stickstoffdünger für die Landwirtschaft zur Verfügung zu stellen, was vorher nicht möglich war. In den 1920 Jahren kamen dann die ersten Traktoren auf den Markt (1921: Lanz AG bringt den „Lanz Bulldog" auf den Markt; [29]). Damit veränderten sich die Lebens- und Arbeitsbedingungen in der Landwirtschaft massiv. Nicht von allen Betrieben wurden die Veränderungen positiv aufgenommen. Manche Betriebe sahen ihre traditionelle Lebens- und Wirtschaftsweise gefährdet oder gerieten durch Verschuldung aufgrund der Mechanisierung in eine wirtschaftliche Krise [54]. Zudem wurden erste negative Umweltwirkungen durch den Einsatz chemischer Mittel in der Landwirtschaft sichtbar, z. B. Vergiftungen durch die schwermetallhaltigen Pflanzenschutzmittel oder eine verminderte Produktqualität von Gemüse aufgrund übermäßiger Stickstoffdüngung. [54].

Zugleich mit den Veränderungen in der Landwirtschaft wurden auch praktisch alle anderen Lebensbereiche zunehmend industrialisiert. Als Reaktion auf die zunehmende Industrialisierung und Urbanisierung entwickelte sich damals die sogenannte „Lebensreformbewegung". Die Lebensreformbewegung strebte zurück zu einer „naturgemäßen Lebensweise". Dabei spielt die Landwirtschaft eine große Rolle. Menschen aus dem urbanen Milieu interessierten sich für Selbstversorgung mit Lebensmitteln aus eigenem Anbau sowie gesunde und häufig auch vegetarische Ernährung. Es entwickelte sich in Teilen der Lebensreformbewegung eine Ablehnung von chemisch-synthetischem Stickstoffdüngern sowie von Pflanzenschutzmitteln [54], was bis heute zwei Grundpfeiler ökologischer Landwirtschaft sind. Parallel führten neue naturwissenschaftliche Erkenntnisse aus dem Bereich der Bakteriologie – z. B. die Entdeckung stickstoffbindender Bakterien – zu einem neuen Bewusstsein für die Bedeutung von Bodenbiologie und einem verstärkten Interesse an der Düngung mit Kompost, schonender Bodenbearbeitung und dauerhafter Bodenbedeckung mit lebenden Pflanzen („Gründüngung"). Aus dieser Bewegung entstand die *„Arbeitsgemeinschaft Natürlicher Landbau und Siedlung"* (ANLS). Ihr Leiter Ewald Könemann veröffentlichte in den 1930 Jahren ein dreibändiges Werk *„Biologische Bodenkultur und Düngewirtschaft"*, welches die Grundlagen des Natürlichen Landbaus erläutert. Die ANLS vergab bereits ein Gütesiegel, organisierte Vermarktungsprojekte und engagierte sich für Ausbildungsinitiativen im „natürlichen Landbau" [54].

Neben diesem „natürlichen Landbau" entstand etwa zeitgleich die auf der Anthroposophie aufbauende *„biologisch-dynamische Landwirtschaft"*, die noch heute vom Demeter-Verband vertreten wird. Anders als der „natürliche Landbau" integriert die biologisch-dynamische Landwirtschaft esoterisches Gedankengut über „Bildekräfte" in der Natur. Gemäß dem anthroposophischen Naturkonzept sind Tiere, Pflanzen und generell alle Bestandteile der Natur nicht nur auf einer stofflichen Ebene zu beeinflussen, sondern auch durch drei „übersinnliche" Arten von Kräften: lebendig-ätherische, seelisch-astrale und Ich-haft-geistige. Diesen Gedanken verdankt der biologisch-dynamische Landbau die Bezeichnung „dynamisch" (von griechisch *dýnamis* = Kraft). Ausgangspunkt der biologisch-dynamischen Landwirtschaft ist eine Vortragsreihe, die Rudolf Steiner, der Begründer der Anthroposophie, 1924 auf Gut Koberwitz in der Nähe Breslaus gehalten hat. Die Anthroposophie betont stark die Einzigartigkeit jedes landwirtschaftlichen Betriebes, der als lebendiger Organismus aufgefasst wird, und den Menschen durch ihr persönliches Verhältnis zum Naturgeschehen individuell gestalten und prägen. Im Nachgang zum „Landwirtschaftlichen Kurs" wurden die Impulse von Rudolf Steiner zunächst vor allem auf Gütern in den Ostgebieten des damaligen Deutschen Reiches erprobt, und damit – anders als der natürliche Landbau – eher in landwirtschaftlichen Großbetrieben. Nach dem zweiten Weltkrieg wurden die Ideen dann vermehrt von landwirtschaftlichen Familienbetrieben aufgegriffen. [54].

19.2.2 Organisch-biologischer Landbau und Bauernbewegung der Nachkriegszeit

Nach dem zweiten Weltkrieg nahm die Industrialisierung der Landwirtschaft schnell Fahrt auf. In der Schweiz entstand in dieser Zeit die „Schweizerische Bauern-Heimat-Bewegung", die von Hans Müller und seiner Frau Maria Müller geleitet wurde. Ziel der Bewegung war der Erhalt der wirtschaftlichen Existenzfähigkeit kleiner bäuerlicher Betriebe. Als zentral für den Erhalt der Betriebe wurden ihre Unabhängigkeit von der Industrie sowie die Erzeugung hochwertiger und gesunder Produkte angesehen. Eine zunehmend gesundheitsbewusste Verbraucherschaft sollte den Absatz zu gerechten Preisen sichern. Hans und Maria Müller waren in engem Kontakt mit dem Mikrobiologen Hans-Peter Rusch. Hans-Peter Rusch entwickelte ein Verfahren zur Bestimmung der Menge und Qualität von organischer Substanz im Boden und betonte die Bedeutung eines „Kreislaufs der lebendigen Substanz" für die Landwirtschaft. Die Arbeiten von Hans und Maria Müller sowie Hans-Peter Rusch bilden die Grundlage des organisch-biologischen Landbaus. In den 1960er Jahren begannen Landwirte auf dieser Grundlage zu wirtschaften. In Deutschland wurde 1971 der Verein „bio-gemüse e. V." gegründet, aus dem später der Bioland-Verband hervorging [54].

19.2.3 Umweltbewegung ab den 1970er Jahren

Die Umweltbewegung ab den späten 1960er Jahren gab dem ökologischen Landbau Aufschwung. Negative ökologische Folgen einer industrialisierten Wirtschaftsweise traten stärker ins Bewusstsein. Ein erster wichtiger Meilenstein war das Buch „Der stumme Frühling" von Rachel Carson [13]. Bereits 1963 erschien eine deutsche Übersetzung im Bertelsmann-Verlag und fand große Verbreitung. Das Buch thematisierte den Rückgang der Populationen wild lebender Tiere durch den Einsatz von chemischen Pflanzenschutzmitteln. Ein weiterer wichtiger Meilenstein war die Veröffentlichung des ersten Berichts des *Club of Rome* zu den „Grenzen des Wachstums" [36]. Der Bericht prognostizierte, dass *„die absoluten Wachstumsgrenzen der Erde innerhalb der nächsten hundert*

Jahre" erreicht werden. Das Thema „Umweltschutz" ergänzte die Themen „Natürlichkeit" und „Erhalt bäuerlicher Lebensweise" als dominierende Anliegen des ökologischen Landbaus. Es entwickelte sich der ökologische Landbau, wie er heute von den organischbiologisch orientierten Anbauverbänden wie Bioland und Naturland vertreten wird. Mit der Umweltbewegung erreichte der ökologische Landbau auch eine erste Anerkennung an Universitäten, auch wenn diese Anerkennung anfangs hart erkämpft werden musste. So wurde im Jahr 1981 Hardy Vogtmann am Fachbreich Agrarwissenschaften der Universität Kassel auf die erste Professur für ökologischen Landbau berufen – dies war jedoch nur durch den unermüdlichen Einsatz der Studierenden gegen große Widerstände der etablierten Kollegen möglich. Nach und nach stellten mehr Betriebe auf ökologische Wirtschaftsweise um. Die Vermarktung erfolgte in der Regel über kleine regionale Initiativen. 1990 machte die ökologisch bewirtschafte Fläche aber immer noch nur etwa 0,5 Prozent der landwirtschaftlichen Nutzfläche in Deutschland aus [41].

Parallel zur Ausweitung des ökologischen Landbaus in Deutschland spielte auch die internationale Vernetzung und die Ausweitung des internationalen Handels in dieser Zeit eine wichtige Rolle. 1982 wurde der Naturland-Verband gegründet, der anders als Bioland international arbeitet. Bereits 1972 erfolgte die Gründung der internationalen Dachorganisation der Ökolandbau-Verbände, der bereits erwähnten IFOAM.

19.2.4 Verstaatlichung und Ausweitung ab den 1990er Jahren

1989 erfolgte erstmalig eine staatliche Förderung des ökologischen Landbaus im Rahmen des EG-Extensivierungsprogramms im Rahmen der europäischen Agrarpolitik [41]. Ziel des Extensivierungsprogramms war die Reduzierung der Überschussproduktion an landwirtschaftlichen Produkten, die sich in den 80er Jahren bedingt durch die Förderanreize der damaligen Politik entwickelt hatte. 1991 wurde die erste EU-Verordnung für den Ökologischen Landbau veröffentlicht – zunächst nur für pflanzliche Produkte. 1999 folgte die Integration tierischer Produkte. Die EU-Öko-Verordnung schütze den Begriff „ökologisch" bzw. „biologisch" und schrieb gemeinsame Mindeststandards für den ökologischen Landbau fest, die von den Verbänden zwar übertroffen, aber nicht unterschritten werden dürfen. In der Folge kam es insbesondere nach der so genannten MacSharry-Reform (1992) der europäischen Agrarpolitik zu einer deutlichen staatlichen Subventionierung des ökologischen Landbaus. Die MacSharry-Reform entkoppelte Subvention und Produktion in der Landwirtschaft. Statt Produktionsförderung wurden Umweltschutz, Einkommensstabilisierung und Kostenbegrenzung wichtige Ziele der gemeinsamen Agrarpolitik der Europäischen Union. Der ökologische Landbau passte gut zu diesen Zielen, da er durch den Verzicht auf chemisch-synthetischen Dünger und Pflanzenschutz geringere Hektarerträge erzielt und höhere Umweltleistungen erwartet wurden. Mit der ersten Beteiligung der Grünen an einer Bundesregierung ab 1998 erhielt der ökologische Landbau in

Deutschland weiteren politischen Aufwind. Die damalige Agrarministerin Renate Künast gab das Ziel aus, den ökologischen Landbau auf 20 % bis 2010 ausweiten zu wollen. Dieses Ziel wurde jedoch weit verfehlt, die Anbaufläche lag 2010 bei knapp 6 %. [25].

19.2.5 Status-quo des Ökolandbaus in Deutschland

Heute (Stand Ende 2023) werden in Deutschland 11,4 % der landwirtschaftlichen Nutzfläche nach den Vorgaben des ökologischen Landbaus bewirtschaftet. 14,4 % der landwirtschaftlichen Betriebe sind zertifizierte Öko-Betriebe. Auf ertragsschwächeren Standorten sowie in Grünlandregionen ist der Anteil der ökologisch bewirtschafteten Fläche überdurchschnittlich hoch, da günstige Pachtpreise und allgemein eine geringere Produktionsintensität die Umstellung auf Ökolandbau erleichtern. In Regionen mit intensiver Tierhaltung wie z. B. in Niedersachsen ist der Anteil der ökologisch bewirtschafteten Fläche dagegen deutlich geringer. Insgesamt schwankt der Anteil der Öko-Fläche je nach Bundesland zwischen über 20,5 % im Saarland und etwa 6 % in Niedersachsen [31].

19.2.6 Zertifizierung und Kontrolle

Verbraucherinnen und Verbraucher können nicht feststellen, ob ein Produkt z. B. eine Orange, ein Rindersteak oder ein Päckchen Tofu ökologisch erzeugt wurde oder nicht z. B. durch Riechen oder Betrachten, und auch durch chemische Analysen kann dies nicht festgestellt werden. Daher muss die Vertrauenseigenschaft „ökologisch erzeugt" durch eine umfangreiche Prozesskontrolle der gesamten Wertschöpfungskette geprüft werden. Seit der Einführung der EU-Ökoverordnung dürfen in Deutschland daher Produkte nur dann mit der Bezeichnung „Bio" oder „Öko" vermarktet werden, wenn die Vorgaben der EU-Öko-Verordnung 2018/848 sowie der zugehörigen Durchführungsbestimmungen eingehalten wurden. Die Einhaltung der Vorgaben wird von akkreditierten Kontrollstellen kontrolliert, die wiederum staatlich überwacht werden. Die Zuständigkeit auf Bundesebene liegt bei der Bundesanstalt für Landwirtschaft und Ernährung (BLE). Die EU-Ökoverordnung regelt dabei die Erzeugung, die Verarbeitung, den Handel, den Import, die Kennzeichnung und die Kontrolle ökologisch erzeugter Produkte.

Auf allen Betrieben, die Ökoprodukte auf den Markt bringen, erfolgt eine jährliche Regelkontrolle. Das gilt gleichermaßen für Erzeuger wie auch für Verarbeiter und Händler. Darüber hinaus gibt es stichprobenweise unangekündigte Kontrollen nach Risikogruppen. Betriebe mit einem hohen Risiko werden häufiger kontrolliert als Betriebe mit geringem Risiko. Als Hoch-Risiko-Betriebe gelten z. B. Verarbeitungsbetriebe, die sowohl konventionelle als auch ökologisch erzeugte Ware verarbeiten. Bei der Kontrolle erfolgt eine Betriebsbegehung sowie eine Prüfung der Dokumente (Lieferanten- und Abnehmerlisten, Massenbilanz der Ein- und Ausgänge u. a. m.).

Auch Importware, die in Deutschland als Bio-Ware vermarktet wird, muss aus kontrollierter Erzeugung und Verarbeitung stammen. Für Ware aus den EU-Ländern gelten die gleichen Standards für die Erzeugung, Verarbeitung und Zertifizierung. Die Sicherstellung der Bio-Qualität kann bei Importware auf verschiedene Weise erfolgen:

1. Import aus Drittländern, die einen dem EU-Standard als gleichwertig anerkannten Bio-Standard haben: Hierzu zählen z. B. die USA, Argentinien oder Indien. Bei Produkten aus diesen Ländern reicht aktuell noch der Nachweis der Einhaltung der lokalen Bio-Anforderungen. Dieses Verfahren läuft jedoch bis zum 31.12.2026 aus.
2. Import aus Ländern mit Handelsabkommen: Chile, die Schweiz und das Vereinigte Königreich haben ein Handelsabkommen für den Import von Bio-Produkten mit der EU abgeschlossen. Das Handelsabkommen regelt, welche Kontrollstellen in den jeweiligen Ländern die Einhaltung der Öko-Vorgaben kontrollieren.
3. Import aus sonstigen Ländern: Der Import ist nur möglich nach Kontrolle der Einhaltung der Vorgaben der EU-Ökoverordnung durch eine in der EU anerkannte Kontrollstelle.

Das Kontrollverfahren stellt grundsätzlich sicher, dass alle Produkte, die als Bio-Produkte in der EU auf den Markt gelangen, den Vorgaben der EU-Öko-Verordnung genügen. Das bedeutet insbesondere, dass die Erzeugung ohne chemisch-synthetische Pflanzenschutzmittel und chemisch-synthetische Düngemittel erfolgte, keine Eingriffe ins Genom erfolgten und strenge Vorgaben für die Tierhaltung eingehalten wurden. Letzteres beinhaltet die Fütterung mit ökologischen Futtermitteln (Ausnahmen bestehen aktuell für den Einsatz von fünf Prozent konventionellem Einsatzfutter in der Aufzucht von Geflügel und Schweinen), den verpflichtenden Zugang zu Auslauf oder Weide und den Ausschluss von natürlichen Verhalten stark einschränkenden Haltungsverfahren (z. B. Einzeltierhaltung). Nicht geregelt sind in der Ökoverordnung soziale Aspekte (z. B. Lohnniveau, Arbeitsbedingungen) oder der Ressourcenverbrauch (z. B. Energiebedarf für den Transport der Importwaren). Rechtsverstöße oder Fehler in der Kontrolle können natürlich nicht vollständig ausgeschlossen werden, ebenso wie Einträge von toxischen Substanzen aus der Umwelt. Im Land Baden-Württemberg wird daher jährlich ein Monitoring der Qualität von ökologisch gelabelten Lebensmitteln durchgeführt. Dies ergab z. B. für Pflanzenschutzmittelrückstände im Jahr 2022, dass zwar auf 25 % der Proben Pflanzenschutzmittelrückstände gefunden werden konnten, jedoch überwiegend im Spurenbereich und deutlich unterhalb der Konzentrationen, die bei der Anwendung der entsprechenden Mittel im Feld typischer Weise noch im Erntegut festgestellt werden können [10].

Es ist daher davon auszugehen, dass es sich um Einträge durch Abdrift von benachbarten Feldern handelt und nicht um Verstöße gegen die Richtlinien. Die Rückstände auf konventioneller Ware sind im Schnitt um ein Vielfaches höher. Die Beanstandungsquote aufgrund von Pflanzenschutzmittelrückständen lag bei Frischware in den letzten fünf Jahren durchgängig unter 5 %. Bei den beanstandeten Produkten handelte es sich häufig um Importware [6, 7, 8, 9, 10].

19.3 Wie nachhaltig ist der ökologische Landbau?

Die EU-Ökoverordnung für den ökologischen Landbau sowie die Verbandsrichtlinien der Bioverbände machen Vorgaben für die Prozesse der landwirtschaftlichen Erzeugung und Produktverarbeitung, geben jedoch keine produktbezogenen Standards vor, weder in Bezug auf die ernährungsphysiologische Qualität der Erzeugnisse noch in Bezug auf Umweltwirkungen der Erzeugung, soziale oder wirtschaftliche Aspekte. Dennoch erfolgt die Förderung des ökologischen Landbaus im Rahmen der EU-Agrarpolitik in den Agrarumweltprogrammen unter der Prämisse, dass die ökologische Bewirtschaftung eine im Vergleich zum konventionellen Landbau nachhaltigere Form der Landwirtschaft ist. Es stellt sich also ganz konkret die Frage, ob und ggf. wie sich ökologisch erzeugte Produkte von konventionellen hinsichtlich ihrer Nachhaltigkeit unterscheiden. Nachhaltigkeit wird hier gefasst als die mit dem Produkt verbundenen ökologischen, sozialen und wirtschaftlichen Auswirkungen in Gegenwart und Zukunft (siehe Kap. 1).

19.3.1 Leistungen des ökologischen Landbaus für die Umwelt

Im Jahr 2019 wurde eine groß angelegte Untersuchung des Thünen Instituts (ehem. Bundesforschungsanstalt für Landwirtschaft) zu den Leistungen des ökologischen Landbaus für Umwelt und Gesellschaft veröffentlicht. Dabei wurden insgesamt 528 wissenschaftliche Untersuchungen zum Vergleich ökologischer und konventioneller Produktion in Mitteleuropa ausgewertet. Die Untersuchung ergab deutliche Vorteile des ökologischen Landbaus in Bezug auf den Umwelt- und Ressourcenschutz [47]. Im Folgenden werden für einzelne Umweltbereiche Vor- und Nachteile des ökologischen Landbaus dargestellt.

Bodengesundheit
Bodenschutz wird in Umweltbilanzen anderer Wirtschaftszweige häufig nicht berücksichtigt, ist für die Landwirtschaft aber eine entscheidende Umweltwirkungskategorie. Beeinträchtigungen des Bodens gefährden das Ertragspotenzial in der Zukunft (On-Site-Schäden) und führen durch vermehrten Bodenabtrag und verminderte Wasserversickerung auch zu erheblichen Off-Site-Schäden an Siedlungen und Infrastruktur. Ökologisch bewirtschaftete Böden weisen einen deutlich höheren Besatz mit Regenwürmern als Indikator für

die biologische Aktivität der Böden auf [47]. Grund dafür ist vor allem die im ökologischen Landbau in der Regel höhere Zufuhr organischer Substanz durch organische Düngemittel und den Anbau von mehrjährigem Kleegras. Die höhere Zufuhr organischer Substanz ist auch ein wesentlicher Grund für die im ökologischen Landbau im Mittel höheren Kohlenstoffgehalte der Böden. Hohe Gehalte an organischem Kohlenstoff im Boden fördern die Fruchtbarkeit des Bodens und leisten zudem einen Beitrag zum Klimaschutz, da CO_2 gebunden wird [21, 47]. Ökologisch bewirtschaftete Böden weisen zudem häufig einen verringerten Oberflächenabfluss und eine verringerte Erosion auf [47]. Wenn im konventionellen Landbau reduzierte Bodenbearbeitung praktiziert wird, dann zeigte sich in einigen Fällen ein geringerer Oberflächenabfluss als in der ökologischen Vergleichsvariante. Reduzierte Bodenbearbeitung ist im ökologischen Landbau schwierig, da Beikräuter mechanisch, z. B. durch Hacken, reguliert werden [32, 47].

Gewässerschutz
Die Landwirtschaft beeinträchtigt Gewässer durch den Eintrag von Pflanzenschutzmitteln und Nährstoffen in Grund- und Oberflächengewässer. Der ökologische Landbau verursacht deutlich geringere Austräge als der konventionelle Landbau und leistet damit einen wesentlichen Beitrag zum Gewässerschutz. Chemisch-synthetische Pflanzenschutzmittel werden im ökologischen Landbau nicht eingesetzt und können daher auch nicht ausgewaschen werden. Aber auch die Stickstoffausträge, die zu einer übermäßigen Belastung von Gewässern mit Nitrat führen können, sind im ökologischen Landbau deutlich geringer ([47], Review von insgesamt 71 Untersuchungen). Wesentliche Gründe hierfür sind der Verzicht auf chemisch-synthetische Stickstoffdünger und die flächengebundene Tierhaltung. Beides begrenzt den maximal pro Hektar verfügbaren Stickstoff deutlich. Die Konzentration der Tierhaltung in bestimmten Regionen mit sehr hohen Tierzahlen wie sie im konventionellen Landbau z. B. in einigen Regionen Niedersachsens auftritt und dort zu hohen Nitratwerten im Grundwasser führt, ist im ökologischen Landbau nicht möglich, da die Tierzahl immer an die Fläche des Betriebes und dessen Futtererzeugung gebunden ist.

Erhalt der biologischen Vielfalt
Der ökologische Landbau zeigt eindeutig eine höhere Biodiversität auf den landwirtschaftlichen Nutzflächen sowie in unmittelbarer Umgebung dieser Flächen ([47], S. 139 ff., Ergebnis eines Reviews von insgesamt 75 Einzelstudien). Sehr deutlich ist der Effekt in Bezug auf die Artenzahl und die Abundanz (= Individuenanzahl bzw. Deckungsgrad) der Ackerbegleitflora. In über 85 % der in den Studien untersuchten Vergleichspaare wies der ökologische Landbau eine höhere Abundanz und Artenvielfalt auf, in den übrigen Fällen war kein Unterschied festzustellen. Lediglich ein einziges der insgesamt 110 Vergleichspaare zeigte eine geringere Artenzahl auf einer ökologisch bewirtschafteten Vergleichsfläche. Hier wurde jedoch eine sehr extensiv bewirtschaftete konventionelle Fläche zum Vergleich mit der ökologisch bewirtschafteten herangezogen, was nicht der üblichen landwirtschaftlichen Praxis

entspricht. Ebenfalls deutlich erhöht war die Flora der Saumvegetation ökologisch bewirtschafteter Flächen ([47], S. 146). Auch die Abundanz und Artenvielfalt von Vögeln ([47], S. 148 f.) sowie von Insekten ([47], S. 150 f.) waren erhöht, wobei die Effekte hier etwas geringer ausfielen als in Bezug auf die Flora. Die faunistische Biodiversität ist stark von der Landschaftsstruktur abhängig. Diese kann die Effekte der Landnutzung überlagern. Gründe für die höhere Biodiversität auf ökologisch bewirtschafteten Flächen sind vor allem der Verzicht auf chemisch-synthetische Pflanzenschutzmittel, die geringere Stickstoffdüngung und die weitere Fruchtfolge.

Bei der Beurteilung der Leistungen des ökologischen Landbaus für die Biodiversität ist jedoch auch zu bedenken, dass ökologisch bewirtschaftete Flächen in der Regel einen geringeren Flächenertrag aufweisen. Bei gleicher Nachfrage nach Agrarprodukten müssten in ökologischer Bewirtschaftung mehr Flächen verwendet werden, was wiederum zu Lasten von Naturschutzflächen gehen könnte (siehe Abschn. 19.3.5). Außerdem ist die ökologische Bewirtschaftung alleine nicht hinreichend, um Rote-Liste-Arten zu erhalten, z. B. gefährdete Ackerwildkräuter oder vom Aussterben bedrohte Insektenarten. Für den Erhalt dieser Arten sind über die Richtlinien des ökologischen Landbaus deutlich hinausgehende Maßnahmen erforderlich [52].

Klimaschutz
Bezüglich des Kilmaschutzes wurde von Sanders und Hess (2019 [47]) nur die pflanzenbauliche Produktion betrachtet. Demnach ist der ökologische Landbau im Bereich des Pflanzenbaus vorteilhaft, da mehr Kohlenstoff im Boden gespeichert wird und durch die reduzierte Stickstoffdüngung auch weniger Lachgasemissionen entstehen. Lachgas ist neben Kohlendioxid und Methan eines der drei wichtigsten Treibhausgase (siehe Kap. 10). Sanders und Hess (2019 [47]) beziffern die Klimaschutzleistung des ökologischen Pflanzenbaus auf etwa 1 t CO_2-Äquivalente je Hektar und Jahr [47]. Deutlich relevanter für den Klimaschutz ist jedoch die Tierhaltung. Etwa zwei Drittel der direkten Treibhausgasemissionen des Sektors Landwirtschaft lassen sich direkt der Tierhaltung zuordnen, darunter fast 50 % den Methanemissionen aus der Wiederkäuerverdauung [35]. Die Methanemissionen je erzeugtem Liter Milch sinken mit der Milchleistung. Milch von Tieren mit hoher Einzeltierleistung hat also tendenziell einen geringeren Methan-Rucksack als Milch von Tieren mit geringerer Milchleistung. Im ökologischen Landbau ist die mittlere Milchleistung geringer [20]. Daraus wird oft eine höhere Klimalast ökologisch erzeugter Milch abgeleitet. Wenn jedoch nicht nur die Methanemissionen aus der Verdauung, sondern alle mit der Milcherzeugung verbundenen Emissionen betrachtet werden, dann relativiert sich dieses Bild. Nach Frank et al. (2022 [20]) ist der CO_2-Fußabdruck von Bio-Milch im mittleren Leistungsbereich der Kühe deutlich geringer als von konventionell erzeugter Milch. Im sehr hohen Leistungsbereich sinkt der CO_2-Fußabdruck mit steigender Leistung kaum noch. Das liegt an den steigenden Aufwendungen für die Erzeugung hochwertiger Futtermittel sowie einer sinkenden Anzahl der Laktationen (Milchgaben) je Kuh. Im Schnitt ist der CO_2-Fußabdruck

Abb. 19.3 Treibhausgasemissionen je kg Energie-korrigierte Milch (ECM) in Abhängigkeit von der Milchleistung je Kuh. 20 (Quelle: Frank et al. (2022) [20]

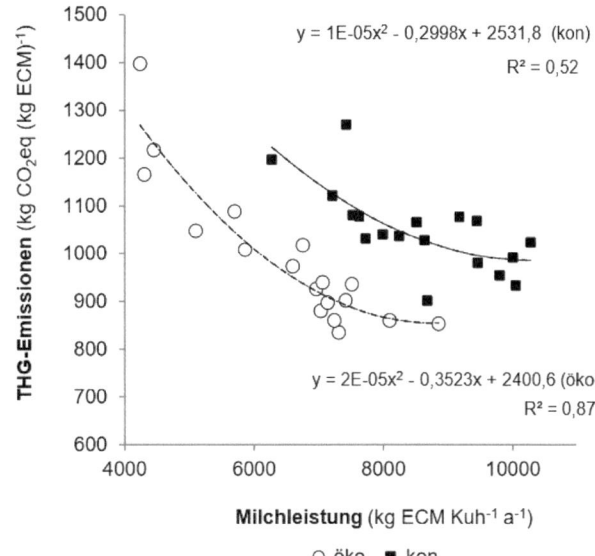

von Biomilch daher trotz geringer Einzeltierleistungen von Bio-Kühen nicht höher als von konventionellen Milch – allerdings auch nicht wesentlich besser (siehe Abb. 19.3).

Auch Müller et al. (2017 [38]) kommen für den ökologischen Landbau in globaler Perspektive zu dem Ergebnis, dass die Treibhausgasemissionen des Sektors Landwirtschaft bei einer vollständigen Umstellung auf ökologischen Landbau in etwa so hoch wären wie bei konventioneller Produktion. Vorteilen in der Produktion steht eine geringere Produktivität gegenüber.

Ressourceneffizienz

Wichtige Ressourcen in der Landwirtschaft sind Energie, Nährstoffe und Fläche. Die Energieeffizienz bezeichnet hier die Bruttoenergie im landwirtschaftlichen Produkt im Verhältnis zum Energieinput in Form von Treibstoffen und Strom. Sanders und Hess (2019 [47]) kommen zum Ergebnis, dass die Energieeffizienz im ökologischen Landbau häufig deutlich höher ist als im konventionellen Landbau. Dies liegt vor allem am Verzicht auf energieintensiven mineralischen Stickstoffdünger. Hinsichtlich der Stickstoff-Effizienz unterscheiden sich konventionelle und ökologische Erzeugung praktisch nicht [47]. Deutliche Nachteile weist der ökologische Landbau im Hinblick auf die Flächeneffizienz auf. Internationale Untersuchungen gehen von 8–25 % geringeren Erträgen im ökologischen Landbau aus [1, 38, 50]. In Deutschland lagen die Hektarerträge für die wichtigsten Getreidearten Weizen, Gerste und Roggen in den Jahren 2012–2020 im ökologischen Landbau in etwa bei der Hälfte der konventionellen Erträge [11]. Diese Untersuchung berücksichtigt jedoch nicht, dass der Ökolandbau-Anteil auf ertragsschwächeren Standorten höher ist. Geringere Hektarerträge im ökologischen Landbau bedingen einen höheren Flächenbedarf für die gleiche Produktmenge.

Zusammenfassung ökologische Leistungen In der zusammenfassenden Bewertung des ökologischen Landbaus ist es hilfreich, zwischen lokalen und flächenbezogenen Umweltwirkungen auf der einen Seite und globalen und produktbezogenen Wirkungen auf der anderen zu unterscheiden. Lokale Umweltwirkungen sind solche, die nicht überregional ausgeglichen werden können. So ist z. B. die Sauberkeit eines Gewässers allein davon abhängig, wie im Einzugsgebiet dieses Gewässers Landwirtschaft betrieben wird. Die Landwirtschaft an anderen Orten ist dafür nicht relevant. Solche Umweltwirkungen werden meist bezogen auf die Flächeneinheit dargestellt. Anders sieht es z. B. bei Treibhausgasen aus. Diese verteilen sich global in der Atmosphäre, und Emissionen an einem Ort der Erde können durch Einsparungen an einem anderen Ort ausgeglichen werden. Solche Umweltwirkungen werden sinnvollerweise je Produkteinheit ausgewiesen.

Der ökologische Landbau weist bezüglich lokaler und flächenbezogener Umweltwirkungen eindeutige Vorteile auf, wie aus Tab. 19.1 ersichtlich ist. Keine eindeutigen Vorteile zeigt der ökologische Landbau bzgl. globaler und produktbezogener Umweltwirkungen. Die größte Schwäche des ökologischen Landbaus ist die geringere Flächenproduktivität.

Tab. 19.1 Vor- und Nachteile des ökologischen Landbaus für die Umwelt: Übersicht. (Quelle: eigene Darstellung)

Lokale Umweltwirkungen	Bezugsgröße	Relative Leistung des ökologischen Landbaus
Erhalt der Bodenfruchtbarkeit	Fläche	+
Austräge von Pflanzenschutzmitteln in	Fläche	+ +
Austräge von Stickstoff	Fläche	+ +
Biodiversität auf der Nutzfläche und auf angrenzenden Flächen	Fläche	+ +
Globale Umweltwirkungen		
Energie-Effizienz	Produkt	+
Treibhausgasemissionen	Produkt	0
Flächenbedarf	Produkt	−

19.3.2 Leistungen des ökologischen Landbaus für die Gesellschaft

Die Richtlinien der EU-Ökoverordnung enthalten keine Vorgaben, die soziale Aspekte der Nachhaltigkeit unmittelbar betreffen. Arbeitsbedingungen, Löhne, faire Preise etc. sind nicht Gegenstand der allgemeinen Richtlinien des ökologischen Landbaus, da die EU-Öko-Verordnung lediglich die Erzeugung und Verarbeitung von ökologischen Lebensmitteln regelt. In der EU existieren Gesetze zum Arbeitsschutz, zur gewerkschaftlichen Organisation von Arbeitnehmerinnen und Arbeitnehmern, Mindestlöhne, Gleichstellungsgesetze usw., sodass der Gesetzgeber hier keinen Handlungsbedarf sieht. Nichtsdestotrotz ist Gerechtigkeit und Fairness entlang der gesamten Wertschöpfungskette jedoch sehr wohl ein Prinzip der ökologischen Anbauverbände [26]. Dies spiegelt sich z. T. auch in den Verbandsrichtlinien wider. So ist es z. B. nach Bioland-Richtlinien nicht zulässig, einen Teil des Lohns als Sachleistungen (Unterkunft, Verpflegung) zu zahlen, ohne dass die Mitarbeiter sich frei dafür oder dagegen entscheiden können. Ungleichbehandlungen in Bezug auf die Entlohnung und die Arbeitsbedingungen der Mitarbeitenden sind nicht zulässig. Außerdem wird die Betriebsleitung auf die Wahrung der in Deutschland allgemein geltenden Bestimmungen zur Chancengleichheit und Nicht-Diskriminierung, Arbeitnehmervertretung, Sicherheit am Arbeitsplatz u. a. m. verpflichtet [3]. Bioland e. V. ist vor allem in Deutschland aktiv. In Deutschland besteht im internationalen Vergleich ein relativ guter rechtlicher Schutz von Arbeitnehmerinnen und Arbeitnehmern. Deutlich relevanter – und in den Richtlinien daher auch ausführlicher gefasst – sind soziale Standards im Naturland-Verband, der auch international tätig ist. Die Naturland-Richtlinien schreiben explizit die Einhaltung der Menschen- und Kinderrechte, freie Arbeitsplatzwahl, Versammlungs- und Gewerkschaftsfreiheit, Gleichstellung sowie schriftliche und sozial gestaltete Arbeitsverträge vor. Letzteres beinhaltet die freie Entscheidung des Mitarbeiters über die Art der Lohnauszahlung (bar oder in anderer Form, Sach- oder Geldleistungen), die Einhaltung von Tariflöhnen, Begrenzung von Überstunden, Grundabsicherung bei Krankheit, im Alter und bei Mutterschaft sowie den Zugang zu Weiterbildung [39]. Damit sichert Naturland auch bei Importwaren einen hohen sozialen Standard für die Mitarbeitenden der Naturland-Betriebe. Der Demeter-Verband nimmt in seinen Richtlinien ebenfalls auf soziale Aspekte Bezug, allerdings nur im Rahmen des Leitbilds, nicht in konkreten und verbindlichen Richtlinien.

Seufert et al. (2017 [51]) betrachten in einem Review verschiedene Nachhaltigkeitsaspekte des ökologischen Landbaus auf globaler Ebene. Sie kommen zu dem Schluss, dass ökologischer Landbau die Resilienz der Betriebe fördert und damit bäuerlichen Familien mehr Sicherheit bietet. Die höhere Resilienz liegt vor allem in einer diverseren Betriebsstruktur begründet. Keine eindeutigen Vor- und Nachteile werden jedoch in Bezug auf das Einkommen, das Lohnniveau für angestellte Mitarbeitende und die Arbeitsbedingungen identifiziert. Auch in Bezug auf die Autonomie der Betriebe findet sich kein eindeutiger Vorteil des ökologischen Landbaus. Das ist insofern interessant, als die wirtschaftliche Unabhängigkeit ein zentrales Leitbild aus der Ursprungsphase des ökologischen Landbaus ist (siehe Abschn. 19.2). Ökologisch wirtschaftenden Betriebe sind zwar weniger abhängig von Importen, aber stärker abhängig vom Export. Global liegen etwa drei Viertel der Ökobetriebe im globalen Süden, während die Abnehmerinnen und Abnehmer überwiegend im globalen Norden leben [51]. Förderlich auf die Autonomie wirken sich die im ökologischen Landbau häufiger zu findenden alternativen Vermarktungsmodelle, zum Beispiel die Solidarische Landwirtschaft aus. Ein wichtiger sozialer Vorteil einer ökologischen Produktion besteht gerade für kleine Betriebe in der besseren Vernetzung. Verbandsgebundener Bio-Anbau fördert Weiterbildung und Erfahrungsaustausch sowie gemeinsame Vermarktung. In Ländern des globalen Südens spielt zudem ein leichterer Zugang zu Gesundheitsprogrammen und Krediten für einige Betriebe eine wichtige Rolle [51]. Auch das geringere Risiko von Pestizidvergiftungen im ökologischen Landbau ist als sozialer Vorteil zu werten.

Allerdings sind die Verbraucherpreise für ökologisch erzeugte Lebensmittel deutlich höher, was diese für Menschen mit geringem Einkommen schwer zugänglich macht. Im Zuge der Inflation 2022/2023 haben sich die Verbraucherpreise für ökologische Lebensmittel jedoch als stabiler erweisen, die Preissteigerungen vielen geringer aus als im konventionellen Markt, sodass sich die Preise für ökologische und konventionelle Lebensmittel etwas angenähert haben ([4, 27]; siehe auch Abschn. 19.3.3).

Zusammenfassend lässt sich in Bezug auf soziale Aspekte des ökologischen Landbaus feststellen: Der staatlich geregelte ökologische Landbau nach EU-Verordnung beinhaltet keine über die Rechtslage hinausgehenden sozialen Richtlinien und führt auch nicht indirekt zu sozialen Vorteilen. Die Familienbetriebe und Mitarbeitenden sind mit den gleichen sozialen Herausforderungen konfrontiert wie konventionell wirtschaftenden Betriebe. Verbandsgebundener ökologischer Landbau und allgemeiner die ökologische Landbaubewegung fördern jedoch sozial gerechte Produktion, und zwar vor allem durch den Aufbau kooperativer Strukturen wie Erzeugergemeinschaften, verbandlich organisierter Weiterbildung oder alternativen Vermarktungswegen wie „solidarischer Landwirtschaft". Für Verbraucherinnen und Verbraucher sind die Preise für ökologische Lebensmittel höher.

19.3.3 Wirtschaftlichkeit des ökologischen Landbaus

Wirtschaftliche Nachhaltigkeit wird unterschiedliche definiert. In Teilen der Literatur wird wirtschaftliche Nachhaltigkeit betrieblich betrachtet als *„die Maximierung des ökonomischen Ertrags bei gleichzeitiger Aufrechterhaltung der benötigten Eingangsressourcen"* [40]. Im strengen Sinne ist jedoch nicht das einzelne Unternehmen relevant für eine ökonomische Nachhaltigkeit, sondern die *„Aufrechterhaltung der Selbstorganisations- und Selbsterhaltungskraft"* des Subsystems Wirtschaft [33]. In Bezug auf den ökologischen Landbau scheint es sinnvoll, beide Aspekte zu betrachten: Zum einen die Wirtschaftlichkeit der ökologisch wirtschaftenden Betriebe im Vergleich zu konventionell wirtschaftenden Betrieben unter den aktuellen wirtschaftlichen Rahmenbedingungen, und zum anderen der Beitrag des ökologischen Landbaus zur Sicherung des wirtschaftlichen Subsystems der Agrar- und Ernährungswirtschaft in Deutschland.

Das betriebswirtschaftliche Ergebnis ökologisch wirtschaftender Betriebe war in den letzten Jahren im Durchschnitt besser bis deutlich besser als das konventioneller Vergleichsbetriebe. Im Wirtschaftsjahr 2022/2023 kam es jedoch zu einem sprunghaften Anstieg des Gewinns konventioneller Betriebe (siehe Abb. 19.4). Dies liegt vor allem daran, dass im Zuge der Inflation die Erzeugerpreise für konventionelle Ware deutlich stiegen, die für ökologische Ware jedoch kaum. Die Kostensteigerungen für Betriebsmittel waren in konventionellen Betrieben geringer als die Erlössteigerungen, während diese Kompensation im ökologischen Landbau kaum erreicht wurde. Das Jahr 2022/2023 war allerdings erst das sechste von insgesamt 28 untersuchten Betriebsjahren, in denen konventionelle Betriebe höhere Gewinne erzielten [30]. Allerdings ist nicht allein die Wirtschaftsweise entscheidend für den wirtschaftlichen Erfolg. Die Unterschiede zwischen den einzelnen Betrieben sind sehr erheblich. Ein erfolgreiches Management ist – unabhängig von der Wirtschaftsweise – entscheidend für den betrieblichen Erfolg. Maßgeblich für den höheren wirtschaftlichen Erfolg von Biobetrieben sind zum einen höhere Erzeugerpreise für landwirtschaftliche Erzeugnisse aus ökologischer Produktion und zum anderen staatliche Subventionen (siehe Abb. 19.4). Die Produktionskosten sind auf der anderen Seite in der Regel deutlich höher als im konventionellen Landbau. Dies ist darin begründet, dass im ökologischen Landbau die Hektarerträge niedriger sind und der Arbeitsaufwand zum Teil höher ist, z. B. wegen der aufwendigeren mechanischen Unkrautkontrolle und weil mehr Verwaltungsaufwand für Zertifizierung und Vermarktung anfällt.

Abb. 19.4 Entwicklung des Gewinns plus Personalaufwand je AK in ökologischen und konventionellen Vergleichsbetrieben. des deutschen Testbetriebsnetzes seit dem Wirtschaftsjahr 1995/96. Anzahl berücksichtigte Betriebe im WJ 2021/22: 446 Ökobetriebe und 1862 Betriebe der konventionellen Vergleichsgruppe. (Quelle: Kuhnert und Offermann (2024) [30])

Die Fördersumme für ökologischen Anbau ab dem dritten Jahr liegt je nach Bundesland zwischen 220 und 324 €/Hektar für Ackerfläche und zwischen 190 und 284 € für Grünlandflächen. In den ersten Jahren nach der Umstellung sowie für Sonderkulturen werden z. B. deutliche höhere Beträge gezahlt. Diese Förderung ist über EU-Mittel kofinanziert und wird von den einzelnen Ländern angepasst und ausgestaltet [5].

Grund für die staatliche Förderung des ökologischen Landbaus sind die Leistungen für Umwelt und Gesellschaft. Wie oben dargestellt (siehe Abschn. 19.3.1) tragen ökologisch wirtschaftenden Betriebe zum Erhalt der natürlichen Produktionsgrundlagen bei (Bodenfruchtbarkeit, lokale Biodiversität, Gewässerqualität) und damit zur langfristigen Sicherung des Subsystems Agrar- und Ernährungswirtschaft.

Der Ansatz des true cost accounting versucht, negative Folgekosten von Wirtschaftstätigkeit ökonomisch zu quantifizieren. So können die eingesparten Umweltkosten in Relation zur Förderung bzw. den höheren Verbraucherpreisen gesetzt werden. Zur Berechnung der „wahren Kosten" werden zunächst die Umweltwirkungen, die mit einem Produkt verbunden sind, berechnet und diese dann mit Kostensätzen hinterlegt. Kostensätze zu einzelnen Umweltwirkungen wie z. B. Treibhausgasemissionen oder Nährstoffausträgen werden z. B. vom Umweltbundesamt veröffentlicht [35]. Eine aktuelle Untersuchung beziffert die Einsparung von Umweltkosten durch ökologische Produktion in Deutschland auf etwa 0,37 €/kg für ackerbauliche Kulturen, 0,19 €/kg für Eier und Milch etwa 0,20 €/kg für Fleisch [37]. Berücksichtigt wurden die Umweltwirkungskategorien Treibhausgasemissionen, Feinstaubemissionen, Nährstoffausträge in Gewässer und terrestrische Ökosysteme, Humantoxizität (ohne kanzerogene Effekte) und Flächenbedarf. Addiert man die Kosten für Umweltschäden auf die Produktpreise – berechnet also die „wahren Kosten" – dann verringert sich der Preisabstand zwischen ökologisch und konventionell erzeugten Produkten [37]. Rechnet man die „wahren Kosten" nicht auf die Verbraucherpreise, sondern vergleicht diese mit der staatlichen Förderung, dann zeigt sich, dass die durch Umstellung auf ökologischen Landbau eingesparten Umweltkosten tendenziell höher sind als die staatliche Förderung des ökologischen Landbaus. So ergeben sich z. B. für konventionellen Weizen bei einem Hektarertrag von 77 dt/ha [11] eine Umweltlast von 2621 €, während für die gleiche Menge Öko-Weizen die Umweltlast nur bei etwa 1700 € läge, also etwa 900 € geringer ausfällt (eigene Berechnung auf Basis von [37]). Die staatliche Subvention beträgt für die erforderliche Anbaufläche maximal 663 €.

Beiträge des Ökolandbaus zur Transformation
In Abschn. 19.3 wurden die Leistungen des ökologischen Landbaus für Umwelt, Gesellschaft und Wirtschaft unter den gegebenen politischen und ökonomischen Rahmenbedingungen dargestellt. Nachhaltige Entwicklung ist jedoch ein dynamisches Geschehen und erfordert nach aktuellem Diskussionsstand eine tiefgreifende Transformation, die neben technischen Aspekten auch systemische und kulturelle Aspekte beinhaltet [22, 48]. Im Folgenden soll es daher darum gehen, potenzielle Beiträge des ökologischen Landbaus zur Transformation herauszuarbeiten.

19.3.4 Positive Beiträge des ökologischen Landbaus zur sozial-ökologischen Transformation

Rechtssicherheit und nachweisbar höhere Leistungen für die Umwelt: Durch die rechtlich verbindlichen Standards für den Ökolandbau lässt sich das System Ökolandbau gut untersuchen. Wie in Abschn. 19.3.1 dargelegt wurde, weist der ökologische Landbau in vielen Umweltwirkungskategorien nachweisbar eine bessere Umweltbilanz aufweist und in keiner Kategorie außer dem Flächenbedarf eindeutige Nachteile. Dies ist insofern interessant, als zu der Zeit, als die zentralen Produktionsprinzipien des ökologischen Landbaus entwickelt wurden, das Wissen um die Umweltwirkungen noch viel weniger ausgeprägt war. Wie in Abschn. 19.2 dargestellt waren die ursprünglichen Motive der Ökolandbau-Pioniere eine „natürliche" Landwirtschaft und der Erhalt bäuerlicher Betriebe – was beides nicht notwendig gleichbedeutend ist mit einer verbesserten Ökobilanz. Im Gegensatz zu vielen aktuell diskutierten Formen der nachhaltigen Landwirtschaft wie Regenerative Landwirtschaft, Permakultur oder der agrarökologische Wirtschaftsweise ist der ökologische Landbau gesetzlich geregelt und folgt klar definierten Standards, sodass eine Transparenz des Herstellungsprozesses in Verbindung zu den Umweltleistungen besteht. In diesem Kontext kann der Beitrag des ökologischen Landbaus zur sozial-ökologischen Transformation zum einen in der Landwirtschaft selbst, zum anderen aber auch auf der Ebene der Konsumentinnen und Konsumenten betrachtet werden. So werden die Umweltleistungen des ökologischen Landbaus mittlerweile von den Bürgerinnen und Bürgern im Rahmen ihrer Kaufentscheidungen nachgefragt, sodass eine artgerechte Tierhaltung, möglichst naturbelassene Lebensmittel, eine regionale Herkunft und die Unterstützung der regionalen Landwirtschaft aber auch eine gesunde Ernährung eine große Rolle für den Konsum von ökologischen Produkten spielen [9]. Außerdem zeigen Studien, dass Personen, die ökologisch erzeugte Lebensmittel konsumieren oder ihre Ernährung dahingehend umstellen, einen Ernährungsstil pflegen, der wesentlich stärker auf pflanzenbasiert ist als der der Vergleichsgruppe und dass diese Personen damit insbesondere auf das Tierwohl und auf die Reduzierung von Treibhausgasen abzielen [17]. Auch legen Konsumentinnen und Konsumenten ökologischer Produkte größeren Wert auf eine regionale Erzeugung [24], sodass der ökologische Landbau transformationswillige Bürgerinnen und Bürger hinsichtlich der Änderungen in ihrem Ernährungsstil unterstützt.

Aufgrund der klar definierten Standards kann auf Ebene der Landwirtschaftsbetriebe sowohl das Gesamtsystem untersucht werden, aber auch die Auswirkung von Einzelmaßnahmen auf die Umweltleistung. Der ökologische Landbau kann dabei als Innovator oder als eine Art Reallabor für den Einsatz von Maßnahmen gesehen werden, die grundsätzlich auch für den konventionellen Landbau geeignet sind, dort jedoch aus unterschiedlichen Gründen nicht eingesetzt werden, obwohl damit positive Umweltleistungen erzielt bzw. negative Auswirkungen der Landwirtschaft reduziert werden können. Ein Beispiel dafür ist die mechanische Beikrautbekämpfung durch Hacken und Striegeln, die im ökologischen Pflanzenbau die einzige Möglichkeit zur direkten Beikrautkontrolle ist. Im konventionellen Landbau wurden diese Verfahren aufgrund des Einsatzes von Herbiziden viele Jahre lang nicht genutzt, während die Technik für den ökologischen Landbau mit Kameras, Sensoren und mittlerweile durch Robotik weiterentwickelt und perfektioniert wurden. Damit sind die Verfahren heute auch für den konventionellen Landbau attraktiv, sodass sie für Pestizidreduktionsstrategien genutzt werden können, ohne dass konventionelle Betriebe auf ökologische Landwirtschaft umstellen müssen. Ähnliche Ansätze sind in der Tierhaltung zu finden, in der mittlerweile das Tierwohl aufgrund einer breiten gesellschaftlichen Debatte stärker Eingang findet. Auch hier wurden bestimmte Maßnahmen bereits im ökologischen Landbau erprobt, die dann in die konventionelle Landwirtschaft übernommen werden können. Allerdings bleibt dabei die Frage offen, ob allein durch die Nutzung von Einzelmaßnahmen die Transformation der Landwirtschaft überhaupt möglich ist oder ob so nicht die Veränderung des Gesamtsystems eher hinausgezögert wird. Darüber hinaus ist der ökologische Landbau ein Teil des globalen Agro-Food-Systems und stellt in diesem, was bewirtschaftete Fläche und Betriebszahlen angeht, immer noch eine Nische dar. Dies hat zur Folge, dass Entwicklungen im Agro-Food-System auch für den ökologischen Landbau von Bedeutung sind. So müssen ökologisch wirtschaftende Landwirtinnen und Landwirte häufig auf Tierrassen zurückgreifen, die für den konventionellen Landbau und zunehmend hohe Leistungen gezüchtet wurden, was große Herausforderungen für die Tiergesundheit im ökologischen Landbau mit sich bringt.

Systemansatz

Die Publikationen zu den Planetaren Grenzen [12, 44, 45] zeigen deutlich auf, wie stark die Landwirtschaft zum Überschreiten der Planetaren Grenzen beiträgt. Gleichzeitig steht die Landwirtschaft vor der Herausforderung der Klimawandelanpassung und der Ernährungssicherung bei steigenden Bevölkerungszahlen. Daher hat sich in den letzten Jahren in Wissenschaft und Gesellschaft eine stark systemorientierte Sichtweise auf die Landwirtschaft etabliert, die über die engen Grenzen des landwirtschaftlichen Sektors das gesamte Ernährungssystem in den Blick nimmt, um Transformationspfade aufzuzeigen. Betrachtet man die Grundsätze des ökologischen Landbaus, so findet sich dieser Systemansatz insbesondere in den IFOAM-Prinzipien wieder, wobei bereits die Pioniere des ökologischen Landbaus die gesellschaftlichen Fragestellungen diskutierten, die auch heute noch relevant sind. Sie stellten z. B. die Nutzung von Reststoffen und hofeigenen Düngemitteln sehr stark ins Zentrum ihrer Arbeiten, was heute im Kontext der Zirkularität dem Begriff des „Re-use" entspricht. Zwar adressieren auch die IFOAM-Standards die Betriebsebene, gehen jedoch immer wieder darüber hinaus, um beispielsweise auf Ökosystemebene eine sparsame Nutzung nicht erneuerbarer Ressourcen und das Recycling von Reststoffen zu postulieren, ebenso wie den Schutz der Biodiversität. Im Prinzip „Gesundheit" wird ein One-Health-Ansatz aufgezeigt: der „Ökologische Landbau soll die Gesundheit des Bodens, der Pflanzen, der Tiere, des Menschen und des Planeten als ein Ganzes und Unteilbares bewahren und stärken". Sowohl im Prinzip Fairness als auch im Prinzip Sorgfalt werden alle Akteure entlang der Wertschöpfungskette miteinbezogen. Einige Unternehmen im Ökosektor (z. B. Rapunzel) haben eigene Fair-Trade-Standards entwickelt, da dieser Aspekt von der EU-Öko-Verordnung und den meisten Standards der deutschen Ökoanbauverbände nicht geprüft wird. Als international tätiger Anbauverband hat lediglich Naturland e. V. eigene Sozialstandards, bis hin zum „Domestic Fair Trade", der die Wirtschaftsbeziehungen zwischen landwirtschaftlichen und verarbeitenden Betrieben sowie dem Handel in Deutschland umfasst. Der Systemansatz des ökologischen Landbaus wird besonders auf der Betriebs- und Landschaftsebene sichtbar: Bereits die Pioniere wie Rudolf Steiner betrachteten den Landwirtschaftsbetrieb als einen „Organismus", dessen einzelne „Organe" durch die verschiedenen Betriebszweige, Tierarten und Aktivitäten repräsentiert werden.

Der Systemansatz im ökologischen Landbau bezieht sich jedoch auch auf das Wissenssystem und die Art und Weise, wie Wissen geschaffen wird. Ansätze und Forschungsarbeiten zur Transformation des Ernährungssystems sind sehr stark inter- und transdisziplinär ausgerichtet. Zentral für diese Herangehensweise ist eine Neubewertung unterschiedlicher Wissenssysteme, die nicht mehr das Schaffen von analytischem akademischem Wissen ins Zentrum stellt. Stattdessen werden andere Wissensformen wie Erfahrungswissen und indigenes Wissen als gleichwertig betrachtet und dem gemeinsamen Schaffen von Transformationswissen eine Schlüsselrolle zugewiesen. Bereits die Pioniere des ökologischen Landbaus nahmen einzelne Aspekte dieses Forschungsprozesses vorweg: Nach den Vorträgen Rudolf Steiners zum Landwirtschaftlichen Kurs organisierten sich interessierte Landwirtinnen und Landwirte umgehend, um selbst Versuche auf ihren Betrieben durchzuführen und Steiners Theorie in die Praxis umzusetzen [54]. Forschende Landwirtinnen und Landwirte sind auch heute noch im ökologischen Landbau stark vertreten, nicht zuletzt, weil der ökologische Landbau viele Jahrzehnte lang nicht in den institutionalisierten Agrarwissenschaften an den Hochschulen gelehrt wurde, ähnliches gilt für die Verarbeitung ökologisch erzeugter Produkte. Die Ökolandbauforschung profitiert noch heute von diesen seit langem etablierten Praxisforschungsstrukturen.

Pioniergeist
Vor mittlerweile 100 Jahren entwickelte sich der ökologische Landbau als eine Alternative zur damals beginnenden Industrialisierung der Landwirtschaft. Die ersten Schlüsselfiguren des ökologischen Landbaus waren in vielerlei Hinsicht Pioniere, nicht nur in der Landwirtschaft, sondern auch in der Neuordnung von Sozial- und Wirtschaftsbeziehungen. Unternehmen wie Weleda oder Wala / Dr. Hauschka, die bereits seit den 1920er Jahren existieren oder Landwirtschaftsbetriebe wie der Dottenfelder Hof (gegründet in den 1950er Jahren) verankerten diese Ansätze auch in ihrer Betriebsverfassung und sind Eigentum von Stiftungen oder gemeinnützigen Vereinen. Das Schaffen und Ausprobieren neuer Formen des Zusammenlebens und alternativer Wirtschaftsbeziehungen wurde auch von der zweiten Generation der „Öko-Pioniere" in den 70er Jahren des letzten Jahrhunderts aufgenommen. Viele der damals als Landkommune oder als Bioladen gegründeten

Landwirtschaftsbetriebe und Verarbeitungsunternehmen existieren auch heute noch, häufig in Form gemeinnützigen oder gemeinschaftlichen Eigentumsformen, z. B. als Stiftung oder im Vereinseigentum (z. B. die Hofgemeinschaft Heggelbach). Gemeinwohlorientierte Eigentumsformen werden aktuell in der Bewegung des Vertrauenseigentums oder der Bewegung der Gemeinwohlökonomie wieder aufgenommen. Aktuell entstehen zahlreiche neue Ansätze in der Landwirtschaft deren Ziel es ist, die Beziehungen zwischen Konsumentinnen und Konsumenten und Landwirtinnen und Landwirten neu zu ordnen: die Solidarische Landwirtschaft (SoLaWi), Permakultur oder urbane Gartenbauprojekte, die alle durch einen Bottom-up-Ansatz geprägt sind. Der der ökologische Landbau spielt gerade in diesen alternativen Netzwerken zur Nahrungsmittelversorgung eine große Rolle, da sehr viele dieser Projekte Landwirtschaft und vor allem Gartenbau nach seinen Prinzipien betreiben, auch wenn sie nicht zertifiziert sind. In solchen so genannten „Alternative Agri-Food-Networks" (AFNs) vereinigt sich der alternative Ansatz in der Erzeugung von Nahrungsmitteln mit dem Versuch, neuen Beziehungen zwischen Konsumentinnen und Konsumenten sowie und Erzeugerinnen und Erzeugern als Gegenpol zu den konventionellen Lebensmittelketten zu etablieren. In der Solidarischen Landwirtschaft teilen z. B. Landwirtinnen und Landwirte und Verbraucherinnen und Verbraucher das Betriebsrisiko und die Preise für die Produkte werden jedes Jahr neu verhandelt [46]. Durch das starke Wachstum des Ökosektors in Deutschland in den letzten Jahren und den Einstieg großer Handelsketten und Discounter werden die Strukturen des Ökosektors allerdings gerade von den Akteurinnen und Akteuren der AFN als ein Teil der bestehenden Wirtschaftsstrukturen wahrgenommen (siehe Abschn. 19.3.5). Daher gewinnen aktuell andere Formen der „alternativen" Landwirtschaft wie Permakultur nach Mollison und Holmgren, Agrarökologie oder Regenerative Landwirtschaft viele Anhängerinnen und Anhänger, sodass sich die Akteure des Ökosektors, insbesondere die Anbauverbände, hier neu positionieren müssen. Gerade Gemeinschaftsprojekte, die neue Formen des Zusammenlebens erproben (z. B. Gemeinschaft Tempelhof) wirtschaften nach den Prinzipien des ökologischen Landbaus, erweitern diese Ansätze jedoch nach den Prinzipien der Permakultur. In diesen Fällen dienen Landwirtschaft und Gartenbau allerdings meist in erster Linie der Selbstversorgung und werden nicht kommerziell betrieben. Ein anderer Ansatz, der die Vielfalt angebauten Kulturen steigert und langfristig die Resilienz des Agrarökosystems erhöhen soll, ist die Agroforstwirtschaft. Gerade komplexe Agroforstsysteme, die Obstbäume, Beerensträucher und Gemüsekulturen umfassen, werden sehr häufig ökologisch bewirtschaftet – auch auf diesem Gebiet zeigt sich, dass viele ökologisch wirtschaftende Landwirte trotz einer gewissen Etablierung des Ökosektors neue Wirtschaftsweisen aufnehmen und weiterentwickeln.

19.3.5 Grenzen und Herausforderungen des ökologischen Landbaus

Konventionalisierung des Ökosektors

Die neuen, politisch gesetzten Ausbauziele von 30 % ökologischer Landbau in Deutschland bzw. 25 % ökologischer Landbau auf EU-Ebene stellen den Ökosektor vor neue Herausforderungen. Um eine solche Anbaufläche bzw. solche Marktanteile zu erreichen, muss der gesamte Ökosektor schnell ausgebaut werden. Dafür muss einerseits eine große Anzahl von landwirtschaftlichen Betrieben umstellen, aber auch gleichzeitig die Nachfrage der Verbraucherinnen und Verbraucher wachsen, d. h. es müssen mehr Verbraucherinnen und Verbraucher erreicht werden, die ökologisch erzeugte Produkte erwerben. Diese Dynamik, beeinflusst durch höhere Erzeugerpreise für ökologische Produkte und, zumindest in der EU, durch Subventionen, hat bereits in den letzten Jahren zu Befürchtungen geführt, dass eine sogenannte „Konventionalisierung" des Ökosektors eintreten könnte. Der Begriff „Konventionalisierung des Ökosektors" hebt darauf ab, dass Landwirtschaftsbetriebe, verarbeitende Betriebe und der Handel zwar nach ökologischen Richtlinien arbeiten, aber die Grundsätze des ökologischen Landbaus dabei nicht verinnerlichen und beispielsweise eine reine Inputsubstitution statt einer Systemumstellung betreiben [14]. Laut Guthmann (2004 [23]) erfolgt durch den Einstieg der großen Lebensmittelhersteller und Handelsunternehmen eine Aufteilung der ökologisch wirtschaftenden Betriebe in kleinbäuerliche Betriebe, die in ihrer Arbeitsweise aufgrund ihrer größeren Unabhängigkeit die Grundprinzipien des ökologischen Landbaus repräsentieren und in Großbetriebe, die lediglich Standards erfüllen und Inputsubstitution betreiben. Durch eine solche Entwicklung könnten die Ziele und das transformatorische Potenzial des ökologischen Landbaus langfristig gefährdet werden; darüber hinaus könnten das Vertrauen der Verbraucherinnen und Verbraucher und die positiven Umweltleistungen des ökologischen Landbaus verloren gehen. Ob dies in der Realität so stattfindet, ist bis heute unklar. So scheinen nach neueren Studien ökologisch wirtschaftende Großbetriebe in den USA [34] und in Frankreich [42] sowohl weniger umwelt- und biodiversitätsschützende Maßnahmen durchzuführen, während solche Entwicklungen in Deutschland nicht dokumentiert werden konnten [49]. Landwirtschaftsbetriebe sind heterogen – es gibt nicht den „Biobauern/die Biobäuerin" an sich, außerdem bestimmt das politische und sozioökonomische Umfeld die Betriebs- und Vermarktungsstrukturen im Ökosektor. So kann der Ökosektor in den USA, der sehr stark nachfrageorientiert wirtschaftet und keine Subventionen für die Umweltleistungen erhält, die durch den ökologischen Landbau bereitgestellt werden, nur bedingt mit der Situation in der EU verglichen werden. Im Rahmen der Gemeinsamen Agrarpolitik der EU erhalten ökologisch wirtschaftende Betriebe Flächenprämien für ihre Umweltleistungen, was den Zwang zur Intensivierung der Landwirtschaft mindern könnte. Allerdings wirtschaften bestimmte Betriebszweige in Landwirtschaft und Gartenbau auch im ökologischen Landbau sehr intensiv – diese Betriebe erfüllen zwar die Vorgaben der EU-Öko-Verordnung, ob diese Betriebe auch im Einklang mit den umfassenderen Grundprinzipien des ökologischen Landbaus agieren, ist offen.

Diese Frage stellt sich besonders bei hoch spezialisierten Betrieben (z. B. im intensiven Obst- und Gemüsebau), die hohe Aufwendungen an im Ökolandbau zugelassenen Pflanzenschutzmitteln aufweisen und aufgrund der fehlenden Tierhaltung keine innerbetrieblichen

Nährstoffkreisläufe nutzen können, sondern stattdessen verstärkt auf externe Handelsdünger zurückgreifen, die oft aus Reststoffen der konventionellen Lebensmittelindustrie oder aus Reststoffen der konventionellen Landwirtschaft bestehen. Solche Anbausysteme gehen eigentlich nicht mit den Grundsätzen des ökologischen Landbaus konform, allerdings ist es kaum möglich, Produkte wie Äpfel, Tomaten oder Bananen ohne diese Inputs so zu erzeugen, dass diese den Verbraucheransprüchen genügen. Viele Ökolandwirtinnen und -landwirte nehmen diesen Widerspruch jedoch selbst wahr und versuchen, sich mit alternativen Düngeverfahren oder einer Steigerung der Biodiversität (z. B. Blühstreifen im Apfelanbau zur Kontrolle von Schädlingen) den Grundsätzen des ökologischen Landbaus stärker anzunähern. Auch die Anbauverbände sehen diese Problematik und versuchen, durch die Einführung neuer Standards auf die Betriebe Einfluss zu nehmen. So hat Bioland beispielsweise 2021 neue Standards zur Förderung der Biodiversität eingeführt, die die Betriebe basierend auf einem Punktesystem dazu verpflichten, Maßnahmen zum Erhalt und zur Förderung der Biodiversität durchzuführen [3]. Der biologisch-dynamische Anbauverband Demeter e. V. erlaubt keinen Torfeinsatz bei der Produktion von Jungpflanzen, verbietet den Einsatz von Kupfer als Fungizid in vielen Kulturen und will bis 2030 das innerbetriebliche Recycling im Obst- und Gemüsebau durch das Verbot von externen Stickstoffdüngern aus der konventionellen Landwirtschaft stärken [16]. Während sich die Anbauverbände auf der Ebene des Anbaus stark mit Fragen der „Konventionalisierung" auseinandersetzen, bleibt die Frage nach der „Konventionalisierung" in Handel und Vermarktung bestehen. Einerseits muss der Ökosektor die bestehenden Verarbeitungs- und Handelsstrukturen nutzen, um den Absatz der Produkte zu sichern und den Kundenkreis zu vergrößern, andererseits werden damit Abhängigkeiten der Erzeugerinnen und Erzeugern von großen Playern im Lebensmittelmarkt geschaffen. Andererseits etablieren sich mit SOLAWIs und anderen alternativen Netzwerken neue Strukturen, die einer wie auch immer gearteten Konventionalisierung entgegenwirken. Wie die Entwicklung langfristig aussehen wird, ist jedoch offen.

Flächenbedarf und Ernährungsstile – die Ertragslücke zwischen ökologischem und konventionellem Anbau

Seit der Ökosektor zu Beginn der 2000er Jahre in Europa und in den USA sowohl in der Öffentlichkeit als auch in der Forschung verstärkt Aufmerksamkeit erhielt, wird immer wieder die Frage gestellt, ob mit ökologischer Landwirtschaft die Welt ernährt werden kann. In unterschiedlichen Metastudien [15, 43, 50, 53] wurde versucht zu ermitteln, wie hoch die Ertragsunterschiede zwischen ökologischer und konventioneller Landwirtschaft ausfallen. Geringere Erträge im ökologischen Landbau kommen laut den Studien vor allem durch eine eingeschränkte Verfügbarkeit von Stickstoff als wichtigstem Pflanzennährstoff zustande [50]. So werden im ökologischen Landbau keine leicht löslichen mineralischen Stickstoffdünger eingesetzt, sondern vor allem Mist, Gülle, Kompost und andere organische, oft betriebseigene Düngemittel, wobei der Stickstoff letztendlich immer durch die biologische Fixierung in den Leguminosen, die entweder als Tierfutter oder in der menschlichen

Ernährung eingesetzt werden, ins System gebracht wird. Nährstoffe werden aus diesen Düngemitteln erst durch mikrobielle Prozesse freigesetzt, sodass häufig der Nährstoffbedarf der Kulturpflanze nicht mit der Freisetzung aus dem organischen Düngemittel übereinstimmt. Darüber hinaus stehen diese organischen Düngemittel nur in begrenztem Maße zur verfügten, insbesondere, wenn nicht auf organische Dünger aus der konventionellen Tierhaltung zurückgegriffen wird. Die Anbauverbände in Deutschland erlauben z. B. keinen Einsatz von Mist und Gülle aus industrieller Tierhaltung [19]. Außerdem tragen eine höhere Anzahl von Beikräutern und ein stärkerer Befall mit Krankheiten und Schädlinge zu geringeren Erträgen bei, da im ökologischen Landbau keine chemisch-synthetischen Pflanzenschutzmittel eingesetzt werden. Von vielen Autorinnen und Autoren werden daher für verschiedene Kulturen sehr unterschiedliche Ertragsunterschiede benannt, die je nach Pflanzenart und Standort zwischen 5 und 35 % liegen [15, 50]. Diese Vergleiche beziehen sich in der Regel auf den Anbau der gleichen Kultur. Nutzt man jedoch einen Systemansatz, kommt zum Tragen, dass die Zufuhr von Stickstoff im ökologischen Landbau in vor allem durch den mehrjährigen Anbau von Stickstoff fixierenden Leguminosen wie Klee oder Luzerne erfolgt. Diese Kulturen dienen im ökologischen Landbau als Tierfutter, können aber nicht direkt durch den Menschen verwertet werden. In Anbausystemen wie sie in Deutschland z. B. für Weizen vorherrschen, bedingt dies, dass lediglich ca. 60 % des konventionellen Ertrags unter ökologischer Wirtschaftsweise erzeugt werden können, da für höhere Erträge nicht ausreichend Stickstoff fixiert werden kann [18]. Als Schlussfolgerung daraus ergibt sich, dass eine vollständige Umstellung der Landwirtschaft auf ökologischen Landbau zu einem Mehrbedarf an landwirtschaftlicher Fläche führen würde – zumindest, wenn sich der Ernährungsstil der Bevölkerung nicht ändert. Dies steht im Gegensatz zu allen politischen und gesellschaftlichen Bestrebungen, die Umwandlung von Wald und anderen, bisher nicht landwirtschaftlich genutzten Flächen zu verhindern. Allerdings ist die aktuelle Ernährungsweise in den Industrieländern mit einem hohen Fleischkonsum und einem hohen Anteil an leicht verfügbaren Kohlehydraten weder gesundheitlich noch im Hinblick auf den Klimaschutz langfristig vertretbar. Die „Planetary Health Diet" [55] nimmt diese Fragestellungen auf und entwirft einen stark auf pflanzlichen Produkten basierenden Ernährungsstil, der geeignet wäre, sowohl die ernährungsbedingten Krankheiten als auch die negativen Umweltfolgen der Landwirtschaft zu vermeiden (siehe Kap. 17). Würde ein solcher Ernährungsstil in der Gesellschaft umgesetzt, wäre weniger Ackerfläche für die Produktion von Tierfutter notwendig, sodass zumindest theoretisch mehr landwirtschaftliche Fläche für die ökologische Lebensmittelerzeugung zur Verfügung stünde. Allerdings steigert die Zunahme der Weltbevölkerung an sich den Bedarf an Nahrungsmitteln während durch den Klimawandel mit einem Rückgang der pflanzlichen Produktion zu rechnen ist [28]. Modellrechnungen deuten darauf hin, dass selbst bei einer Reduktion des Fleischkonsums und gleichzeitigem starkem Rückgang der Lebensmittelverschwendung nur bei moderatem Einfluss des Klimawandels eine Umstellung auf 100 % ökologischen Landbau ohne eine Zunahme der landwirtschaftlichen Fläche möglich ist [38].

Bei dem aktuell niedrigen Flächenanteil der ökologischen Landwirtschaft in Deutschland und vor allem weltweit bleiben solche Fragen jedoch hypothetisch. Vielmehr stellt sich bei diesen Vergleichen die Frage, was überhaupt miteinander verglichen wird: Der ökologische Landbau, der zwar geringere Erträge hat aber in vielen Bereichen bessere Ökosystemleistungen erbringt als der konventionelle Landbau [47] – mit einer konventionellen Wirtschaftsweise, die hohe Erträge kostengünstig erzeugt, dafür jedoch zu hohen gesellschaftlichen Kosten führt und langfristig nicht nachhaltig ist [2]. Gerade in sehr intensiv bewirtschafteten Agrarlandlandschaften wie sie häufig in Deutschland zu finden sind, sollte die Frage eher lauten, wie eine Landwirtschaft aussehen kann, die langfristig tragfähig ist und welchen Beitrag der ökologische Landbau dazu leisten kann. Der ökologische Landbau unterliegt bestimmten ethischen und ökologischen Kriterien (siehe Abschn. 19.1) und wirtschaftet damit unter zumindest teilweise anderen Prämissen als der konventionelle Landbau, wobei auch hier beispielsweise die Einsparung von Pflanzenschutzmitteln, eine zielgerechte Düngung und mehr Tierwohl an Bedeutung gewinnen.

19.4 Fazit

Ein wichtiger Vorteil des ökologischen Landbaus gegenüber anderen alternativen Systemen der Landwirtschaft besteht darin, dass der ökologische Landbau rechtlich klar gefasst ist. Dies ermöglicht Transparenz für die Kundinnen und Kunden und staatliche Förderung. Mittlerweile sind die meisten Bürgerinnen und Bürger mit den Warenzeichen vertraut und die Produkte sind am Markt etabliert, was bei anderen alternativen Anbausystemen wie Regenerative Landwirtschaft oder Agrarökologie nicht der Fall ist. Darüber hinaus erleichtern die klaren Definitionen die wissenschaftliche Erforschung. Letztere hat klare Vorteile des ökologischen Landbaus in den flächenbezogenen Umweltwirkungen belegt. Allerdings erzielt der ökologische Landbau deutlich geringere Flächenerträge. Um die Ertragslücke zu verringern, braucht der ökologische Landbau innovative Düngestrategien und die Integration in regionale Stoffkreisläufe sowie Forschung und Entwicklung, um Pflanzenkrankheiten und Schädlinge durch verbesserte Managementstrategien zurückzudrängen. Die geringeren Erträge sind neben höheren Produktionskosten ein wesentlicher Grund für die höheren Preise für ökologisch erzeugte Lebensmittel, die diese für Menschen mit geringem Einkommen schwerer zugänglich machen. Gerade die Etablierung von neuen Formen der alternativen Landwirtschaft (z. B. Permakultur) fordert auch den Ökolandbau heraus, sich weiterzuentwickeln. Darüber hinaus kann der Ökosektor technischen und soziale Innovationen, durch Digitalisierung nutzen und neue Kommunikations- und Kooperationswege zwischen Landwirtinnen und Landwirten und Verbraucherinnen und Verbraucher aufsetzen. Damit erhält die Ökolandbau-Bewegung ihre andauernde Innovationskraft und ihren systemischen Charakter. Damit könnte der Ökosektor in den kommenden Jahren zu einem wichtigen Spielfeld für die Transformation der Landwirtschaft werden, auf dem neue Wege der Nahrungsmittelproduktion, aber auch des Handels und der Verarbeitung, ausprobiert werden können.

Die Ziele zur Ausdehnung des ökologischen Landbaus auf EU-, Bundes- und Landesebene sind ambitioniert – es ist jedoch fraglich, ob diese in den gegebenen Zeiträumen erreicht werden. Gleichzeitig ist eine Transformation der Landwirtschaft zu einer nachhaltigeren Wirtschaftsweise dringend notwendig. Ökologische und konventionelle Landwirtschaft können und sollten daher voneinander lernen und gemeinsam zu dieser Transformation beitragen.

Literatur

1. Badgley, C., Moghtader, J., Quintero, E., Zakem, E., Chappell, M. J., Aviles-Vazquez, K., Samulon, A., & Perfecto, I. (2007). Organic agriculture and the global food supply. *Renewable Agriculture and Food Systems, 22*(2), 86–108.
2. Benton, T. G., & Bailey, R. (2019). The paradox of productivity: agricultural productivity promotes food system inefficiency. *Global Sustainability, 2*(6), 1–8.
3. Bioland e.V. (2024). *Bioland-Richtlinien, Fassung vom 18./19.März 2024.* https://www.bioland.de/richtlinien. Zugegriffen: 03. Aug. 2024.
4. BLE. (2023). *Preisvergleich: Bio-Produkte sind preisstabiler als konventionelle.* https://www.oekolandbau.de/handel/marktinformationen/preisvergleich-bio-produkte-sind-preisstabiler. Zugegriffen: 20. Juli 2024.
5. BLE. (2023). *Förderung des Ökolandbaus in den Bundesländern.* https://www.oekolandbau.de/landwirtschaft/betrieb/oeko-foerderung/foerdersaetze-der-bundeslaender/. Zugegriffen: 30. Juli 2024.
6. BMEL. (2018). *Ökobarometer 2018.* https://www.bmel.de/SharedDocs/Downloads/DE/_Landwirtschaft/Biologischer-Landbau/Oekobarometer2018.html. Zugegriffen: 08. Aug. 2024.
7. BMEL. (2019). *Ökobarometer 2019.* https://www.bmel.de/DE/themen/landwirtschaft/oekologischer-landbau/oekobarometer2019.html. Zugegriffen: 09. Aug. 2024
8. BMEL. (2020). *Ökobarometer 2020.* https://www.bmel.de/SharedDocs/Downloads/DE/Broschueren/oekobarometer-2020.html. Zugegriffen: 08. Aug. 2024.
9. BMEL. (2021). *Ökobarometer 2021.* https://www.bmel.de/DE/themen/landwirtschaft/oekologischer-landbau/oekobarometer2021.html. Zugegriffen: 06. Aug. 2024.
10. BMEL. (2022). *Ökobarometer 2022.* https://www.bmel.de/DE/themen/landwirtschaft/oekologischer-landbau/oeko-barometer-2022.html. Zugegriffen: 06. Aug. 2024.
11. Boenigk, T., & Schaak, D. (2020). *Erträge von Bio-Getreide halb so groß. Die Erträge von Bio-Getreide fielen im Schnitt der vergangenen 9 Jahre nur halb so groß aus wie bei konventionellem Getreide.* Pressemitteilung vom 26.11.2020 der Agrarmarkt Informationsgesellschaft mbH (AMI), AMI 2020/OL-706.
12. Campbell, B. M., Beare, D. J., Bennett, E. M., Hall-Spencer, J. M., Ingram, J. S. I., Jaramillo, F., Ortiz, R., Ramankutty, N., Sayer, J. A., & Shindell, D. (2017). Agriculture production as a major driver of the Earth system exceeding planetary boundaries. *Ecology and Society, 22*(4).
13. Carson, R. (1962). *Silent spring.* Hougthon Mifflin Company.

14. Darnhofer, I., Lindenthal, T., Bartel-Kratochvil, R., & Zollitsch W. (2010). Conventionalisation of organic farming practices: from structural criteria towards an assessment based on organic principles. A review. *Agronomy for Sustainable Development, 30,* 67–81.
15. De Ponti, T., Rijk, B., & Van Ittersum, M. K. (2012). The crop yield gap between organic and conventional agriculture. *Agricultural Systems, 108,* 1–9.
16. Demeter e.V. (2024). *Richtlinien 2024. Erzeugung und Verarbeitung. Richtlinien für die Zertifizierung »Demeter« und »Biodynamisch«.* https://www.demeter.de/richtlinien-zertifizierung. Zugegriffen: 03. Aug. 2024.
17. Denver, S., Nordström, J., & Christensen, T. (2019). Is an Increase in Organic Consumption Accompanied by A Healthier Diet? A Comparison of Changes in Eating Habits among Danish Consumers. *Journal of Food Products Marketing, 25*(5), 479–499.
18. Döring, T., & Neuhoff, D. (2021). Upper limits to sustainable organic wheat yields. *Scientific Reports, 11*(12729).
19. Europäische Union. (2018). *Verordnung (EU) 2018/848 des europäischen Parlaments und des Rates vom 30. Mai 2018 über die ökologische/biologische Produktion und die Kennzeichnung von ökologischen/biologischen Erzeugnissen.* https://eur-lex.europa.eu/legal-content/DE/TXT/?uri=CELEX%3A32018R0848.
20. Frank, H., Schmid, H.,& Hülsbergen, K.-J. (2022). Energie- und Treibhausgasbilanzen der Milchviehhaltung. In K.-J. Hülsbergen, H. Schmid, H. M. Paulsen (Hrsg.), *Steigerung der Ressourceneffizienz durch gesamtbetriebliche Optimierung der Pflanzen- und Milchproduktion unter Einbindung von Tierwohlaspekten – Untersuchungen in einem Netzwerk von Pilotbetrieben* (Thünen Report 92, S. 133–159). Johann Heinrich von Thünen-Institut.
21. Gattinger, A., Müller, A., Haeni, M., Skinner, C., Fliessbach, A., Buchmann, N., Mäder, P., Stolze, M., Smith, P., El-Hage Scialabba, N., & Niggli, U. (2012). Enhanced top soil carbon stocks under organic farming. *PNAS, 109*(44).
22. Göpel, M. (2016). *The Great Mindshift – How a New Economic Paradigm and Sustainability Transformations go Hand in Hand.* Springer.
23. Guthman, J. (2004). The trouble with 'organic lite' in California: A rejoinder to the 'conventionalisation' debate. *Sociologia Ruralis, 44*(3), 301–316.
24. Hempel, C., & Hamm, U. (2016). How important is local food to organic-minded consumers? *Appetite, 96,* 309–319.
25. Hiemer, J. (2024). *Landwirtschaftliche Betriebe mit ökologischem Landbau und ihre landwirtschaftlich genutzte Fläche 1999–2023.* Datenabfrage vom 25. Mai 2024 auf Basis der Fachserie 3/2/2/1.
26. IFOAM-Organics International. (2019). *The IFOAM Norms for Organic Production and Processing (Edited version of the IFOAM Norms 2014).* https://www.ifoam.bio/our-work/how/standards-certification/organic-guarantee-system/ifoam-family-standards. Zugegriffen: 03. Aug. 2024.
27. Janson, M. (2024). *Inflation: Bio-Lebensmittel in der Regel weniger betroffen.* https://de.statista.com/infografik/27981/veraenderung-der-verbraucherpreise-fuer-frische-lebensmittel/. Zugegriffen: 08. Juli 2024.
28. Janni, M., Maestri, E., Gullì, M., Marmiroli, M., & Marmiroli, N. (2024). Plant responses to climate change, how global warming may impact on food security: A critical review. *Frontiers in Plant Science, 14*.
29. Kremmer, M. (2021). 100 Jahre LANZ Bulldog. In L. Frerichs (Hrsg.), *Jahrbuch Agrartechnik 2020* (S. 1–10). Institut für mobile Maschinen und Nutzfahrzeuge.
30. Kuhnert, H., & Offermann, F. (2024). *Analyse der wirtschaftlichen Lage ökologisch wirtschaftender Betriebe im Wirtschaftsjahr 2022/23.* Thünen-Institut für Betriebswirtschaft. https://literatur.thuenen.de/digbib_extern/dn068305.pdf. Zugegriffen: 30. Juli 2024.

31. Kuhnert, H. (2024). *Ökolandbau in Zahlen*. Thünen-Institut für Betriebswirtschaft. https://www.thuenen.de/de/themenfelder/oekologischer-landbau/aktuelle-trends-der-deutschen-oekobranche/oekolandbau-in-zahlen. Zugegriffen: 30. Juli 2024.
32. Larsen, E., Grossman, J., Edgell, J., Hoyt G., Osmond, D., & Hu, S. (2014). Soil biological properties, soil losses and corn yield in long-term organic and conventional farming systems. *Soil and Tillage Research, 139,* 37–45.
33. Lenk, T., & Bessau, D. (2000). *Ökonomische Nachhaltigkeitsprinzipien*. Arbeitspapier der Universität Leipzig, Institut für Finanzen, Finanzwissenschaft. 21.
34. Liebert, J., Benner, R., Bezner Kerr, R., Björkman, T., De Master, K. T., Gennet, S., Gómez, M. I., Hart, A. K., Kremen, C., Power, A. G., & Ryan, M. R. (2022). Farm size affects the use of agroecological practices on organic farms in the United States. *Nature Plants, 8,* 897–905.
35. Matthey, A., & Bünger, B. (2020). *Methodenkonvention 3.1. zur Ermittlung von Umweltkosten – Kostensätze*. Umweltbundesamt.
36. Meadows, D., Meadows, D., Zahn, E., & Milling, P. (1972). *Die Grenzen des Wachstums: Bericht des Club of Rome zur Lage der Menschheit*. Übersetzung von Hans-Dieter Heck. Deutsche Verlags-Anstalt.
37. Michalke, A., Köhler, S., Messman, L., Thorenz, A., & Tuma, A. (2023). True cost accounting of organic and conventional food production. *Journal of Cleaner Production, 408*(137134).
38. Müller, A., Schader, C., El-Hage Scialabba, N., Brüggemann, J., Isensee, A., Erb, K.-H., Smith, P., Klocke, P., Leiber, F., Stolze, M., & Niggli, U. (2017). Strategies for feeding the world more sustainably with organic agriculture. *Nature communications, 8*(1290).
39. Naturland e.V. (2024). *Naturland-Richtlinien, Auszug Soziale Verantwortung*. Stand 05/2024. https://www.naturland.de/de/naturland/wofuer-wir-stehen/qualitaet/qs-richtlinien/rili-sozial.html. Zugegriffen: 03. Aug. 2024.
40. Nowak, A., & Leymann, F. (2024). *Ökonomische Nachhaltigkeit*. Gabler Wirtschaftslexikon. https://wirtschaftslexikon.gabler.de/definition/oekonomische-nachhaltigkeit-53449/version-276538. Zugegriffen: 23. Febr. 2024.
41. Osterburg, B., & Zander, K. (2004). *Regionale Strukturen des ökologischen Landbaus in Deutschland*. Arbeitsberichte des Bereichs Agrarökonomie. 08/2004. Braunschweig. Bundesforschungsanstalt für Landwirtschaft (FAL). https://nbn-resolving.de/urn:nbn:de:gbv:253-200909-zi036411-1. Zugegriffen: 03. Dez. .2024.
42. Pepin, A., Morel, K., & van der Werf, H. (2021). Conventionalised vs. agroecological practices on organic vegetable farms: Investigating the influence of farm structure in a bifurcation perspective. *Agricultural Systems, 190*(103129).
43. Ponisio, L. C., M'Gonigle, L. K., Mace, K. C., Palomino, J., de Valpine, P., & Kremen, C. (2015). Diversification practices reduce organic to conventional yield gap. Proceedings of the Royal Society B. *Biological Sciences, 282*(20141396).
44. Richardson, K., Steffen, W., Lucht, W., Bendtsen, J., Cornell, S. E., Donges, J. F., Drüke, M., Fetzer, I., Bala, G., von Bloh, W., Feulner, G., Fiedler, S., Gerten, D., Gleeson, T., Hofmann, M., Huiskamp, W., Kummu, M., Mohan, C., Nogués-Bravo, D., … Rockström, J. (2023). Earth beyond six of nine Planetary Boundaries. *Science Advances, 9*(37).
45. Rockström, J., Steffen, W., Noone, K., Persson, Å., Chapin, F. S. III, Lambin, E. F., Lenton, T. M., Scheffer, M., Folke, C., Schellnhuber, H. J., Nykvist, B., de Wit, C. A., Hughes, T., van der Leeuw, S., Rodhe, H., Sörlin, S., Snyder, P. K., Costanza, R., Svedin, U., … Foley, J. A. (2009). A safe operating space for humanity. *Nature, 461,* 472–475.
46. Rosol, M. (2018). Alternative Ernährungsnetzwerke als Alternative Ökonomien. *Zeitschrift für Wirtschaftsgeographie, 62*(3–4), 174–186.
47. Sanders, J., & Hess, J. (2019). *Leistungen des ökologischen Landbaus für Umwelt und Gesellschaft*. Thünen Report 65.

48. Schneidewind, U. (2018). *Die große Transformation – Eine Einführung in die Kunst des gesellschaftlichen Wandels.* Fischer.
49. Seidel, C., Heckelei, T., & Lakneret, S. (2019). Conventionalization of Organic Farms in Germany: An Empirical Investigation Based on a Composite Indicator Approach. *Sustainability, 11*(10), 2934.
50. Seufert, V., Ramankutty, N., & Foley, J. (2012). Comparing the yields of organic and conventional agriculture. *Nature, 485,* 229–232.
51. Seufert, V., Ramanjkutty, N., & Mayerhofer, T. (2017). What is this thing called organic? – How organic farming is codified in regulations. *Food Policy, 68,* 10–20.
52. Tscharntke, T., Batáry, P., & Grass, I. (2024). Mixing on- and off-field measures for biodiversity conservation. *Trends in Ecology & Evolution, 39*(8), 726–733.
53. Vera Y., de la Cruz, T. M., Weiguo C., & Keitaro T. (2023). Yield gap between organic and conventional farming systems across climate types and sub-types: A meta-analysis. *Agricultural Systems, 211.*
54. Vogt, G. (2000). *Entstehung und Entwicklung des ökologischen Landbaus im deutschsprachigen Raum* (S. 399). Stiftung Ökologie und Landbau.
55. Willett, W., Rockström, J., Loken, B., Springmann, M., Lang, T., Vermeulen, S., Garnett, T., Tilman, D., DeClerck, F., Wood, A., Jonell, M., Clark, M., Gordon, L. J., Fanzo, J., Hawkes, C., Zurayk, R., Rivera, J. A., De Vries, W., Sibanca, L. M., … Murray, C. J. L. (2019). *Food in the Anthropocene: The EAT-Lancet Commission on healthy diets from sustainable food systems.* EAT-Lancet Commission. Retrieved June 27, 2024, from https://www.thelancet.com/commissions/EAT.

Prof. Dr. Maria Müller-Lindenlauf ist Professorin für Agrarökologie und Ökologischen Landbau an der Hochschule für Wirtschaft und Umwelt Nürtingen-Geislingen (HfWU). Aufgewachsen auf einem kleinen Bio-Betrieb in Rheinland-Pfalz entschied sie sich nach zwei Jahren Studium der Informatik in München zur Landwirtschaft zurückzukehren und begann ein Studium der Agrarwissenschaften an der Universität Bonn. Direkt im Anschluss an das Diplom (2006) promovierte Sie über Umweltwirkungen ökologisch wirtschaftender Milchviehbetriebe (bis 2009). Nach Zwischenstationen beim Statistischen Bundesamt (Bereich Klimaemissionsberichterstattung Landwirtschaft), bei der Welternährungsorganisation FAO (Beitrag Ökolandbau zum Klimaschutz), dem ifeu-Institut für Energie- und Umweltforschung Heidelberg (Ökobilanzen und Nachhaltigkeitsbewertung) wechselte Sie 2014 an die HfWU. In Forschung und Lehre beschäftigt sie sich vor allem mit Fragen der umweltgerechten und nachhaltigen Weiterentwicklung der Landwirtschaft.

Dr. Sabine Zikeli leitet seit 2018 das Zentrum Ökologischer Landbau der Universität Hohenheim. Sie hat Agrarwissenschaften an der Technischen Universität München und an der Martin-Luther Universität Halle-Wittenberg studiert und dort in der Bodenkunde promoviert. Im Rahmen ihres Studiums hat sie auf Sabine Zikeli leitet seit 2018 das Zentrum Ökologischer Landbau der Universität Hohenheim. Im Rahmen ihres Studiums hat sie auf verschiedenen Landwirtschaftsbetrieben in Deutschland, Italien und Norwegen gearbeitet und sich mit der praktischen Umsetzung des Ökologischen Landbaus befasst. In ihren Forschungsarbeiten befasst sich vor allem pflanzenbaulichen Fragestellungen wie mit der Entwicklung neuer Düngestrategien für den Ökologischen Landbau sowie mit der Weiterentwicklung und Klimaanpassung von Anbausystemen. Der Forschungsschwerpunkt liegt hier besonders auf Eiweißpflanzen für die menschliche Ernährung wie zum Beispiel Kichererbsen. Sie leitet außerdem den internationalen Masterstudiengang „Organic Agriculture and Food Systems" und wirkt durch Beratungstätigkeiten an der Weiterentwicklung des ökologischen Landbaus in Deutschland mit. verschiedenen Landwirtschaftsbetrieben in Deutschland, Italien und Norwegen gearbeitet und sich mit der praktischen Umsetzung des Ökologischen Landbaus befasst. In ihren Forschungsarbeiten befasst sie sich vor allem pflanzenbaulichen Fragestellungen wie mit der Entwicklung neuer Düngestrategien für den Ökologischen Landbau sowie mit der Weiterentwicklung und Klimaanpassung von Anbausystemen. Der Forschungsschwerpunkt liegt hier besonders auf Eiweißpflanzen für die menschliche Ernährung wie zum Beispiel Kichererbsen. Sie leitet außerdem den internationalen Masterstudiengang „Organic Agriculture and Food Systems" und wirkt durch Beratungstätigkeiten an der Weiterentwicklung des ökologischen Landbaus in Deutschland mit.

Agrartechnik

20

Ökologische, ökonomische und gesellschaftliche Perspektiven einer digitalisierten Landwirtschaft und Lebensmittelbranche

Olaf Deininger

> **Zusammenfassung**
>
> Digitale Technologien versprechen gigantische Effektivitäts- und Nachhaltigkeitsgewinne für Lebensmittelproduktion, -herstellung und -vermarktung. Doch die Auswirkungen des damit entstehenden umfassenden digital integrierten Wirtschaftsgefüges, von dem einzelne, bislang abgeschlossene Herstellungs-, Produktions- und Zahlungsschritte auf einmal miteinander kommunizieren und auf der jeweils anderen Seite Vorgänge wie Bestellungen oder Transaktionen auslösen können, sind überwiegend noch gar nicht erforscht. Dabei greifen sie tief in die Gesellschaft ein. Eine gründliche Technologiefolgenabschätzung ist deshalb dringend notwendig.

20.1 Digitalisierung in der Lebensmittelbranche und Landwirtschaft – Chancen und Risiken

Einsam zieht das Gerät auf dem Acker seine Bahnen. Vor einer Stunde wurde der sechs Tonnen schwere Roboter zum dem 250 ha großen Feld bei Pritzier im Landkreis Ludwigslust-Parchim in Mecklenburg-Vorpommern gebracht. Nun striegelt er den Boden, dreht am Vorgewende selbstständig um und nimmt sich die nächste Bahn vor. In einer Stunde werden ihn die Arbeiterinnen und Arbeiter des Hofes Gut Pritzier wieder abholen, auf einen Anhänger laden und zurück zum Betrieb bringen.

O. Deininger (✉)
Deutscher Fachverlag, Frankfurt, Deutschland
E-Mail: olaf.deininger@dfv.de

Das Gut Pritzier in Mecklenburg-Vorpommern ist mittlerweile längst nicht mehr der einzige Ort, an dem die Agrarroboter der Firma AgXeed arbeiten. Rund 20 Roboter hat das junge holländische Unternehmen mittlerweile in Deutschland ausgeliefert. Weltweit sind es zehnmal so viele.

Geräte von AgXeed sind nicht die einzigen autonomen Agrarroboter, die mittlerweile auf mitteleuropäischen Äckern und Gemüsefeldern ihren Dienst tun. Rund 300 Hersteller bieten weltweit inzwischen solche autonomen Systeme an: Von kleinen Maschinen, die wirken wie ein fahrender Kühlschrank, etwa vom französischen Hersteller Naïo Technologies, bis zu großen, mehrere Meter breiten Pflanz- und Jät-Systemen im Gemüsebau, wie von der italienischen Firma Agrointelli, bis hin zu 15 Meter breiten Feldspritzen, die ausgestattet mit mehr als einem Dutzend Kameras jede Unkrautpflanze selbstständig erkennen und einzeln bekämpfen. Der weltweite Markt für Agrarroboter wurde im Jahr 2022 von Fortune Business Insights auf 6,22 Mrd. US-Dollar geschätzt und soll voraussichtlich auf 17,29 Mrd. US-Dollar im Jahr 2030 wachsen, was einer durchschnittlichen jährlichen Wachstumsrate von 14,5 % im Prognosezeitraum entspricht. Nordamerika dominierte die Agrarroboterbranche mit einem Marktanteil von 38,58 % im Jahr 2022. [2]. Laut Vantage Market Research soll der Umsatz in 2020 sogar 58,48 Mrd. US-Dollar betragen [4].

Doch Agrarroboter sind nur ein Teil dieser Digitalisierung, wie sie im Augenblick in der Landwirtschaft – und auch in der gesamten Lebensmittelbranche – in einem rasanten Tempo stattfindet. Immer mehr Systeme arbeiten autonom, treffen eigene Entscheidungen, tauschen Daten mit anderen Systemen aus, sind eingebunden in digitale Netzwerke und koordinieren sich in einem sogenannten digitalem Ökosystem. So entsteht – häufig kaum sichtbar und sozusagen unter der Motorhaube – eine Landwirtschaft und eine Lebensmittelbranche, die wir bislang so noch nicht kannten. Eine völlig neue Lebensmittelwirtschaft – mit neuen Chancen, aber auch mit neuen Herausforderungen und neuen Risiken.

Die Versprechen sind gigantisch: Mehr Effizienz, eine Lösung für das zunehmende Problem des Fachkräftemangels, der auch die Landwirtschaft erreicht hat, weniger Ressourcenverbrauch, weniger CO_2-Foodprint, weniger Foodwaste. Sogar der Mitte Juni 2024 veröffentlichte Transformationsbericht der Bundesregierung, den die als eher technologiefeindlich oder zumindest sehr technologie-kritisch geltende Partei Bündnis90/Die Grünen wesentlich geprägt hat, weist digitale Technologien als einen großen Teil der Lösung für die Klima- und Ökologie-Krise aus [1].

20.2 Technologische Grundlagen

Die neue Lebensmittelwelt funktioniert nicht nur digital, sondern auch integriert. Denn mit dem Entstehen von digitalen Standards sind Maschinen in der Lage, mit anderen Maschinen zu sprechen. Daten unterschiedlicher Quellen können zusammengeführt, aggregiert werden und schaffen durch die Kombination neue, bisher nicht zugängliche Wissensbestände. Methoden des Maschinellen Lernens und der Künstlichen Intelligenz (KI) liefern die Grundlagen für autonome Entscheidungsprozesse von digitalen Systemen, Geräten und Maschinen aller Art.

Im Lebensmitteleinzelhandel schauen etwa KI-basierte Planungssysteme in die Zukunft. Die Werkzeuge der sogenannten „Predictive Supply Chain" wurden mit den Abverkaufsdaten, Wetterdaten, Eventdaten und vielem anderen Datenmaterial der Vergangenheit trainiert. Aus dieser Vielzahl von Daten erkennen diese digitalen Glaskugeln Muster und prognostizieren auf dieser Basis den Absatz jedes Produkts für jeden Standort oder jede einzelne Filiale in den nächsten Tagen und Wochen. Beim Blick auf die kommenden sieben Tagen erreichen sie bei einzelnen Produkten mittlerweile eine Genauigkeit von 90 %. Anschaulicher formuliert: Wie viel Liter Milch einer Marke am gleichen Tag der nächsten Woche in einem Markt der Kette Kaufland abgesetzt werden wird, kann die Schwarz Gruppe zu 90 % zutreffend vorhersagen.

Die eher bieder wirkende Supermarktkette Kaufland, bei der einem in manchen Filialen immer noch das altbackene Image der 1990er Jahre entgegenkommt, zählt damit zu den innovativsten Handelsketten der Welt. Es zeigt aber auch, das moderne Technologien und ihre Methoden, das Machine Learning und das, was man hierzulande als „künstliche Intelligenz" bezeichnet, längst Einzug gehalten haben. Und nicht nur das: Diese Prognose-Systeme sind nicht mehr im Teststadium, sie sind bereits produktiv und steuern mehr oder weniger autark das Logistikgeschehen.

Mit diesem Wissen werden die Logistik und die Lieferkette gesteuert und optimiert. Die Lieferanten und deren Lieferflotten sind – ähnlich wie bei der Automobilindustrie – in diese Systeme integriert. Just-in-Time-Production ist der nächste Schritt.

In der Lebensmittelindustrie hilft künstliche Intelligenz bei der Entwicklung neuer Produkte mit: Sei es bei der Prognose der Kundenerwartungen, wie etwa das US-Startup gastrograph, bei der Synthese der Rezepturen oder bei der Verfahrenstechnik in der Herstellung.

Für die Gastronomie scannen Firmen wie die israelische Company tastewise regelmäßig die digitalen Speisekarten sämtlicher Restaurants der US-amerikanischen und europäischen Großstädte, sie analysieren Social-Media-Posts über Restaurants, professionell und selbst gekochte Gerichte und Lieblingszutaten. Damit entdecken sie für ihre Kunden, in welchen Vierteln es für welche Gerichte eine noch nicht gestillte Nachfrage gibt.

Es ist ein umfassend digital integriertes Wirtschaftsgefüge entstanden, von dem einzelne, bislang abgeschlossene Herstellungs-, Produktions- und Zahlungsschritte auf einmal miteinander kommunizieren und auf der jeweils anderen Seite Vorgänge wie Bestellungen oder Transaktionen auslösen können. Und das entlang der gesamten Produktions- und Lieferkette.

Vom Acker bis zum Teller wandelt sich damit die Art wie wir Lebensmittel produzieren, verarbeiten, transportieren, vermarkten und verkaufen. Und natürlich ebenso, wie wir als Verbraucherinnen und Verbraucher, Konsumentinnen und Konsumenten oder als Genießerinnen und Genießer Lebensmittel kaufen, zubereiten und konsumieren, wahr- und zu uns nehmen.

20.3 Ökonomische Folgen

Es ist ein umfassend digital integriertes Wirtschaftsgefüge entstanden, von dem einzelne, bislang abgeschlossene Herstellungs-, Produktions- und Zahlungsschritte auf einmal miteinander kommunizieren und auf der jeweils anderen Seite Vorgänge wie Bestellungen oder Transaktionen auslösen können. Und das entlang der gesamten Produktions- und Lieferkette.

20.3.1 Chancen

Das Grundprinzip ist dabei immer ähnlich. In der Landwirtschaft übernehmen beispielsweise digital gesteuerte und digital vernetzte Geräte: Sie sorgen etwa dafür, dass mit den eigenen Standortdaten, den Daten von Sensoren im Ackerboden, Wetter und Wettervorhersage, mit Bildern von Drohnen und ganz speziell mit den Aufnahmen von Satelliten, die alle 24 h, also praktisch in Echtzeit, Felder und Agrarflächen überwachen und analysieren können, eine ganz neue Art von Landwirtschaft praktiziert werden kann und neues, bislang nicht zugängliches Wissen erschlossen wird.

Die technische und automatische Interpretation von Bilddaten, um etwa Aussagen über den Wachstumsverlauf von Pflanzen machen zu können, gilt beispielsweise mittlerweile als Standard-Produkt. Das gilt auch für solche Aufnahmen, die von einer Umlaufbahn im Weltall aus gemacht werden. Damit kann man Flächen mit gleichen Boden- und Klimabedingungen miteinander vergleichen und herausfinden, was die Landwirtinnen und Landwirte mit den größeren Erträgen bei geringerem Energie- und Pestizid-Einsatz gegenüber den Landwirtinnen und Landwirten mit weniger guten Entwicklungen besser machen. Damit steht auf einmal ein globales Benchmarking zur Verfügung.

Mit dieser Entwicklung ändert sich auch die Logik der Landwirtschaft. Denn der Acker oder das Feld gilt nun nicht mehr als geschlossene Einheit, die auf jedem Quadratmeter gleichbehandelt wird. Die einzelne Ackerfläche kann immer stärker aufgelöst werden. Denn jetzt weiß die Maschine, an welchen Stellen es immer ein wenig zu feucht oder zu trocken ist, wo der Boden gut oder nicht ganz so gut ist, wo man etwas mehr oder etwas weniger Dünger geben sollte. Die Maschinen wissen, welche Dosis an Dünger jeder einzelne Quadratmeter braucht und entscheiden selbstständig. Das gilt auch im Pflanzenschutz. So können etwa feuchte Stellen, an denen gerne Pilzbefall ausbricht, gezielt behandelt werden – anstatt den ganzen Acker einzunebeln.

Autonome Roboter machen sich – geschult durch Machine Learning – selbstständig auf die Suche nach Schädlingen und erlegen sie mechanisch oder per Leserstrahl. Damit wird das unrentable Ansammeln von Schädlingen (die Großeltern erzählten, dass es im Sommer zum Ansammeln der Kartoffelkäfer aufs Feld ging), wieder rentabel. Für den Gemüseanbau bieten französische und australische Hersteller bereits serienmäßig ganze Flotten von Kleinrobotern, deren Größe an die eines Aufsitzrasenmähers erinnert. Aus diesem Grund werden wir in den kommenden Jahren den Übergang von der Flächen- zur Einzelpflanzenbehandlung, vom Herden-Management zum Einzeltiermanagement erleben.

Doch diese Entwicklung hat Folgen: Denn die Landwirtin oder der Landwirt, der zur Sicherheit noch eine Weile auf dem Traktor sitzen wird, weiß gar nicht mehr, was genau seine Maschine im Augenblick gerade macht. Sie entscheidet selbst, wo welche Dosis ausgebracht wird. Und damit steht auf einmal die Frage im Raum, ob Landwirtinnen und Landwirte die Uber-Fahrerinnen und Fahrer dieses Jahrzehnts werden, die im Wesentlichen Anweisungen von Apps oder Maschinen befolgen und umsetzen, ansonsten überwachen sie Geräte bei der Arbeit. Die letzte Funktion des Menschen wäre dann der Not-Aus-Knopf im Störfall.

Ein weiteres Beispiel: Zwar bietet die immer einfachere und preiswertere digitale Kennzeichnung von Produkten neue Chancen auf Rückverfolgung in der Lieferkette – bis zu Recht fälschungsresistenten Technologien wie etwa Blockchain – und damit auf mehr Transparenz. Doch auch hier lauert der nächste Dualismus: Die digitale Lieferkette verlangt nach digitaler Deklaration und Zertifikaten. Wer die nicht bietet, könnte vom Markt getrennt werden. Zumindest vom Mainstream-Markt der Supermarkt-Ketten.

Die Digitalisierung und das Zusammenwachsen der Systeme, die digitale Integration, sorgt auch dafür, dass sich das Einkaufen im Laden immer stärker in einzelne unterschiedliche Dienstleistungen auflöst: So wie sich der Acker in immer kleinere Parzellen bis hin zur einzelnen Pflanze auflöst, löst sich der Einkaufsvorgang in immer kleinere und beliebig kombinierbare Einzelprodukte auf.

In den chinesischen Hema-Märkten können Kunden entscheiden, welcher Teil ihres Einkaufs nach Haus geliefert werden soll, welcher Teil im angeschlossenen Restaurant gleich zu einem Gericht verarbeitet werden soll, das umgehend serviert wird, und welchen Teil die Kundin oder der Kunde gleich mitnimmt. Die digital komplett integrierten Prozesse, die digitale Identifikation jedes Produkts und jeder Kundin und jedes Kunden erlauben eine beinahe beliebige Kombination.

Diese Modulhaftigkeit von Leistungen und die Automation werden wir in den nächsten Jahren in der gesamten Wirtschaft sehen. Ganz klar, dass diese integrierten Systeme nicht nur mit Daten arbeiten, sondern auch permanent welche abgeben. Diese wiederum dienen dazu, die Datenbasis für die Vorhersagen zu treffen.

20.3.2 Risiken

Und so sehen sich Genießer zunehmend einer Art digitalen Matrix gegenüber, die immer mehr selbstständig funktioniert – und sich immer weiter optimiert. Was nicht in die digitalen Raster passt, kann nicht mehr bearbeitet werden. Was etwa, wenn die Bilderkennungssysteme der Lebensmittel-Logistik autochthone Gemüsesorten einfach nicht erkennen, weil sie ausschließlich auf die gängigen Mainstream-Produkte trainiert sind?

So steht der Tatsache, dass Digitalisierung einerseits etwa erzeugenden, landwirtschaftlichen und mästenden Betrieben sowie Metzgereien hilft, sich von den traditionellen Liefer- und Einzelhandelsketten unabhängig zu machen und kleine Lebensmittel-Firmen durch eigene digitale Technik wie Online-Shops schneller in den Markt finden, andererseits eine neue Realität gegenüber, die dazu führen kann, dass etwa autochthone Früchte, Gemüse oder Salate nicht mehr erkannt und damit nicht mehr weiterverarbeitet oder transportiert werden können.

Das gilt natürlich auch für die Landwirtschaft und Lebensmittelbranche: Zwar werden im Augenblick die autonomen Systeme von ihren Betreibern noch konfiguriert. Doch in einigen Jahren ist das gar nicht mehr nötig.

Bei den intelligenten Feldspritzen weiß die Arbeitskraft in der Landwirtschaft, die auf dem Traktor sitzt, die die Maschine zieht, heute schon gar nicht mehr, was die Feldspritze, die sie hinter sich herzieht, ganz genau macht. Das Gerät entscheidet autonom und in Echtzeit, wo und wie viel Pflanzenschutzmittel es ausbringt.

Andere Systeme und Apps organisieren Felder und Fruchtfolgen, überwachen Wetter und Schädlinge, sagen der Landwirtin und dem Landwirt ganz genau, wann welche Tätigkeit durchzuführen ist, wann – einfach gesagt – die eigenenFelder mit welchem Mittel behandelt werden müssen. Manche Hersteller von Pflanzenschutzmitteln, wie etwa BASF, machen bestimmte Ertragszusagen sogar heute schon davon anhängig, ob die Anweisungen der Xarvio-App (Xarvio ist ein BASF-Tochterunternehmen) auch stets und sofort befolgt werden.

Anders gesagt: Die App steuert die Landwirtin und den Landwirt. Ähnlich wie die Uber-App die Uber-Fahrerin und den Uber-Fahrer steuert oder die Pickerin und den Picker im Lager von Amazon von einer interaktiven Brille gesteuert wird. Das gilt natürlich auch für die Tierhaltung und für alle anderen Bereiche der landwirtschaftlichen Produktion. Vertical Farms gibt es etwa bereits im Betreiberverfahren, das ähnlich funktioniert wie eine McDonalds-Filiale: Es muss lediglich geschaut werden, ob Strom und Wasser angeschlossen und verfügbar sind, zu Beginn des Zyklus müssen die Keimlinge gesetzt werden und ansonsten muss auch hier das getan werden, was die App sagt. Diese „Uberisierung" der Landwirtschaft wird kaum aufzuhalten sein. Zumindest bei bestimmten Betriebsgrößen.

Eine Antwort darauf könnte darin liegen, dass Landwirtinnen und Landwirte praktisch in Eigenregie und mit autodidaktischer Lernkurve sogenannte *Digitale Zwillinge* ihrer Betriebe aufbauen. Die anstatt sich mit einer Systemlösung der großen Hersteller von

Saatgut, Pflanzenschutz oder Landtechnik zufriedenzugeben und damit immer weniger zu wissen, warum sie was tun sollen, ihre eigenen Lösungen aufbauen. Je eigenbestimmter sie in dieser digitalen Zukunft sein möchten, desto intensiver müssen sie sich mit der Technologie beschäftigen.

Kommen wir noch einmal zurück auf die Lebensmittelerzeugung: Landwirtinnen und Landwirte werden sich entscheiden müssen, ob sie diesen Technologiewandel mitgehen und die neuen Möglichkeiten des Direktvertriebs, der Selbstvermarktung, der Netzwerke und sozialen Medien nutzen. Möglichkeiten auch im Hinblick auf die Abhängigkeit von großen Handelsmonopolen. Wollen sie erfolgreich bleiben, müssen sie wissen, welche neuen technologischen Möglichkeiten es gerade gibt und welche speziell für ihre Bedürfnisse, ihren Hof, ihre Produkte und ihre Absatzmärkte sinnvoll sind. Und da sich Technologie permanent weiterentwickelt, werden sie – ebenfalls eine neue Aufgabe – die Lernkurve seines Betriebs organisieren und managen müssen.

20.4 Gesellschaftliche Folgen

Was bedeutet diese Entwicklung für Endverbraucherinnen und Entverbraucher? Alles Wesentliche über Produkte und Lebensmittel wird heute digital vermittelt – und kann von interessierten Verbraucherinnen und Verbraucher sofort per Smartphone überprüft werden. Damit kann das Gerät, das einmal nur ein Mobiltelefon war, zu einem mächtigen Instrument für Verbraucherinnen und Verbraucher werden. Zu einer Art Instanz, mit der sich Werbeaussagen genauso wie Herkunftsbezeichnungen und Lebensmittelstandards sofort überprüfen lassen, aber auch die Integrität der Hersteller. Doch das ist nur die eine Seite: Manche lassen sich von ihren Fitness-Apps und Körper-Trackern das Leben reglementieren. Häufig scheinen die Geräte wie festgewachsen. Sie werden zur Fernsteuerung unserer Welt – oder eher umgekehrt?

Die Daten, welche die Apps auf den Smartphones abgeben, die virtuellen Einkaufslisten unserer Küchengeräte, der Lebensmittelplattformen und Lieferdienste dienen natürlich auch dazu, unser Kaufverhalten vorherzusagen. Auch Medien, Suchmaschinen und praktisch alle Social Media Plattformen arbeiten mittlerweile mit solchen oder ähnlichen Systemen, die Verbraucherverhalten vorhersagen.

Das mag auf den ersten Blick möglicherweise harmlos erscheinen und ein gut auf die Nutzerin und den Nutzer eingespielter Vorschlags-Algorithmus könnte als Nutzen empfunden werden. Doch ist das so? Wenn Facebook etwa auf Basis meines Surf- und Klickverhaltens zu dem Schluss kommt, dass ich in den nächsten sechs Wochen mit 80 %-iger Wahrscheinlichkeit eine Diät beginnen werde, dann wird mir die Plattform – und auch andere Plattformen, die mit meinen Cookies arbeiten – immer stärker Werbung und Informationen über Diätprogramme anzeigen. Wenn ich nun immer häufiger Diät-Werbung angezeigt bekomme, steigt wiederum die Wahrscheinlichkeit, dass ich tatsächlich eine Diät beginne. Die KI, welche die Inhalte immer stärker auf meine Bedürfnisse anpassen sollte, manipuliert nun mein Verhalten. Führt dieser Einsatz von KI nicht etwa dazu, dass unser Verhalten insgesamt immer stärker beeinflusst wird?

Der US-Autor Douglas Rushkoff fragt etwa: Was passiert mit den restlichen 20 %? Schleift diese neue Technologie abweichendes, überraschendes, unerwartetes oder einfach nur stark ausgeprägtes individuelles Verhalten nicht systematisch ab? Führt das nicht dazu, dass zwei Wochen später aus den 80 % schon 85 % geworden sind und weitere zwei Wochen später dann 95 %? [3].

Diese neue Art der subtilen Manipulation bemerken wir erst gar nicht – und wenn, dann in erster Linie an den Symptomen wie etwa eine zunehmende gesellschaftliche Entsolidarisierung. Wir befinden uns mitten in diesem gesellschaftlichen Transformationsprozess, der nahezu alle Bereiche unseres Lebens betrifft. Dieser Technologiesprung macht Verfahren zu Basisanwendungen, die viele bislang für Science Fiction gehalten haben, er macht etwa KI zur Basistechnologie dieses Jahrzehnts. Und wie immer bei Technologie: Sie eröffnet genauso Chancen wie Probleme. Denn die neuen Technologien sind weder eine Art Zauberpulver, das man einfach über alles streut, worauf es sich zum Guten wendet.

Doch technologische Übergänge oder technologische Niveausprünge und deren Folgen sind meist nicht so eindeutig, wie sie zunächst wahrgenommen werden. Sie mögen zwar bei High-Investment-Technologien (früher hätte man von Schwertechnologien gesprochen) zunächst systemstabilisierend wirken, da sie aufgrund hoher Kosten nur etablierten und gut ausgestatteten Organisationen zur Verfügung stehen. Als Beispiel kann hier die Kernforschung dienen. Andererseits haben wir in den vergangenen 50 Jahren etliche Technologien gesehen, die ohne große Investments von kleinen Gruppen entwickelt werden konnten, und rasch starke disruptive Kräfte entwickelten. Als Beispiel kann hier etwa die Blockchain-Technologie dienen, auf deren technologischer Basis Kryptowährungen entwickelt wurden.

Viel eindeutiger und entscheidender erschient aber ein Phänomen, das als eine Art Technologie innewohnender Dualismus bezeichnen werden kann. Technologien bietet meistens Chancen (worauf sich natürlich die Frage stellt: für wen?) und andererseits schaffen sie auch gesellschaftliche oder ökonomische Probleme. Das können Probleme sein, die vor der Einführung der Technologie noch gar nicht existierten. Oder es könnten Probleme sein, die bereits vorhanden waren, von der neuen Technologie allerdings verstärkt oder eskaliert werden.

Als ein Beispiel für Probleme, die wir salopp gesagt vorher nicht hatten, zählen eindeutig die Folgen der ersten Digitalisierung zu Beginn der 2000er Jahre. Denn mit dem Entstehen und der Popularisierung von Internet und WordWideWeb, mit der digitalen Steuerung von Maschinen, der Digitalisierung von Verwaltung- und Management-Werkzeugen entstand der Plattform-Kapitalismus mit seinen Techno-Monopolen.

Die weitreichenden Folgen können wir heute unter anderem in den Krisen des stationären Einzelhandels sehen und damit auch am krisenhaften Zustand vieler deutscher Innenstädte und Einkaufsmeilen.

Noch gefährlicher stellt sich das Quasi-Monopol durch die Internet-Suchmaschine Google für Werbekommunikation sowie Wissensvermittlung und -management dar: Mehr als 53 % des weltweiten Online-Werbeausgaben landen bei Google. Wessen Inhalte durch die Suchmaschine schlecht oder gar nicht gefunden werden kann, existiert in der öffentlichen Wahrnehmung und damit im öffentlichen Wissen gleichsam nicht. Das ironisiert auch dieser Nerd-Witz: *Was ist der beste Ort auf der Welt, um etwas zu verstecken? Die Antwort: Die zweite Ergebnisseite bei Google.*

Hätte man die Folgen der ersten Digitalisierung absehen können? Wenn ja, wie hätte der Gesetzgeber diesen Bereich so regulieren können, dass Wettbewerb anstatt Monopole entsteht, dass demokratische Wissensvermittlung entsteht, anstatt priorisiertes und hierarchisches Wissen durch wirtschaftliche Interessen? Wie würden Gesellschaft und Wirtschaft heute aussehen?

An einer solchen Schwelle stehen wir nun mit der zweiten Digitalisierung und einer KI-Revolution erneut. Wieder erscheinen die Chancen riesig und die Versprechen groß. Doch die Folgen für Wirtschaft und Gesellschaft sind nicht absehbar, sind nicht erforscht.

In jedem technologischen Übergang zeigt sich dieser Dualismus: So wie die Industrialisierung neuen Wohlstand für viele gebracht hat, bessere hygienische Verhältnisse, viele Krankheiten besiegte, sorgte sie aber auch dafür, dass Wohlstandskrankheiten sich wie Seuchen ausgebreiteten, dass Ungerechtigkeit und Ausbeutung in vielen Bereichen dieser Erde zementiert wurden oder noch bedenklicher geworden sind. Letztendlich hat sie uns dahin gebracht, dass unser Planet heute praktisch ganz kurz vor dem Kollaps steht oder – zutreffender gesagt – sich bereits mitten darin befindet.

Denkt man die erste Digitalisierung zu Beginn der 2000er-Jahre ebenfalls als Technologiesprung, dann hat uns diese Veränderung den Plattform-Kapitalismus, die weitere Entwertung von einfacher Arbeit, eine kleine Anzahl dominierende Techno-Monopole, einen schrumpfenden unternehmerischen Mittelstand und tote Innenstädte eingebracht – und keine wesentliche Verbesserung der ökologischen, klimatischen und sozialen Situation der Erde.

Die Ursachen für diese Probleme liegen dabei nicht nur in mangelnder Demokratie, zu wenig sozialer Gerechtigkeit, Teilhabe und rechtsstaatlicher Rahmenbedingungen, Machtmissbrauch, Korruption, rücksichtslose Ausbeutung von Ressourcen usw. – es liegt auch daran, dass wir diese technologischen Übergänge in der Vergangenheit zu wenig oder gar nicht gestaltet haben.

Nur diesmal steht noch mehr auf dem Spiel: Denn zu den alten Problemen, die immer drängender werden, kommen neue, die mit Überwachung, Social Scoring, diskriminierenden Algorithmen, Ausgrenzung und Polarisierung der Gesellschaft zu tun haben. Einfach gesagt: Noch nie hat eine Technologie so tief in die Gesellschaft eingegriffen.

Doch dieses Mal trifft die technologische Veränderung auf eine Zivilgesellschaft und eine politische Öffentlichkeit, welche diese neuen Technologien kaum versteht, nicht sieht, wie umfassend sie bereits eingesetzt werden, welche Tragweite sie heute bereits hat, geschweige denn, welche Tragweite sie in der Zukunft haben wird. Unsere Debatte über diese neuen Technologien ist leider unterentwickelt, teilweise naiv, nicht selten populistisch und inkompetent.

So zeigt sich in den veränderten Kulturtechniken des Genießens, des Essens, des Kochens und sogar des Einkaufens die Anatomie einer digital vernetzten Wirtschaft und Gesellschaft: Wenn alles digital vermittelt ist, dann ist das Digitale nicht mehr eine weitere Parallelwelt, wie etwa das Fernsehen, das man zur Not abschalten könnte. Dann ist es auch schon längst nicht mehr „Neuland" oder Science Fiction. Dann ist das Digitale eigentlich bereits im Kern unserer Gesellschaft. Dann gibt es nicht mehr die beiden getrennten Sphären eines analogen und eines digitalen Raums. Diese Trennung verschwindet gerade. Und damit zählt das Digitale längst genauso zu unserem öffentlichen Raum wie unsere Plätze und Straßen.

Und genauso wie wir unsere Plätze und Straßen reguliert haben, müssen wir aus diesem Grund den digitalen Raum regulieren. Doch damit wir diese Themen in den politischen Willensbildungsprozess konstruktiv einspeisen können, damit wir in der Zivilgesellschaft und in der Politik kompetent darüber diskutieren können und damit wir zu klugen politischen Entscheidungen kommen, braucht es Know How über diese neuen Technologien. Es geht also darum, diesen neuen Kern unserer Welt zu verstehen und zu gestalten. Und es ist höchste Zeit, um damit zu beginnen.

20.5 Schlussbemerkung

Nach allen Erfahrungen, die mit der Digitalisierung gemacht wurden und laufend gemacht werden, werden wir vermutlich künftig auch in der Landwirtschaft neue Probleme sehen. Etwa digital schlecht gepflegte Agrarroboter, die über die Felder irren, da ihnen wichtige Updates fehlen oder Daten falsch eingespielt wurden. Ernten könnten vernichtet werden, weil die Software fehlerhaft ist oder Sensoren verdreckt oder verklebt sind und falsche Werte ausgeben, die wiederum falsche Befehle auslösen. Und natürlich können Agrarroboter gehackt oder ge-hijackt werden, sich z. B. nachts still und heimlich auf den Weg zu einem neuen Besitzer machen. Oder Hackerangriffe darauf abzielen, die Algorithmen der Geräte und ihrer Sensoren, die Gaben von Dünger und Pflanzenschutzmitteln so zu manipulieren, dass nicht mehr der optimale Ertrag erzielt wird, sondern ein eher unterdurchschnittliches Ergebnis. So könnte man missliebige Konkurrenz ausschalten.

Digitale Kriegsszenarien könnten so aussehen, dass Russlands Geheimdiensthacker die neuronalen Netze US-amerikanischer Düngeroboter manipulieren und ganze Landstriche vergiften oder umgekehrt. Lagersensoren könnten von terroristischen Personen gehackt werden und so weiter. War es früher der Kartoffelkäfer, der eingesetzt wurde, um die Lebensmittelversorgung des Gegners anzugreifen, könnten es in Zukunft gekaperte Roboter sein. Die Maschinen würden dann weiter brav aufs Feld rollen und alles sähe aus wie immer. Doch anstatt die Schnecken zu beseitigen, kontaminieren sie langsam, aber sicher die Böden. Etwa so, wie heute Chat-Bots unbemerkt unsere sozialen Netzwerke vergiften.

Literatur

1. Bundesregierung. (2024). *Nachhaltige Agrar- und Ernährungssysteme.* Transformationsbericht.
2. Fortune Business Insights. (2025). *Analyse der Marktgröße, des Marktanteils und der Branchentrends für landwirtschaftliche Roboter, nach Produkttyp (UAVs/Drohnen, Viehzuchtroboter, Robotertraktoren, automatisierte Anbausysteme), nach Anwendung (landwirtschaftliche Produktion, Milch- und Viehwirtschaft und andere (Spezialkulturen)) und Regionale Prognose, 2023–2030.* https://www.fortunebusinessinsights.com/de/markt-f-r-landwirtschaftliche-roboter-109044. Zugegriffen: 20. Jan. 2025.
3. Rushkoff, D. (2019). *Team Human.* W. W. Norton & Company.
4. Vantage Market Research. (2023). *Markt für landwirtschaftliche Roboter.* https://www.vantagemarketresearch.com/de/industry-report/agricultural-robot-market-1054?srsltid=AfmBOop96_Mad7RZ3g6ynbIxOHl7PU6kbofZVz0HSPeYfCWZdZ1jLZC_. Zugegriffen: 20. Jan. 2025.

Olaf Deininger ist Wirtschaftsjournalist, Digitalexperte und Chefredakteur der Agrar- und Fleischmedien bei der dfv Mediengruppe und blickt auf eine langjährige Erfahrung in leitenden Positionen in Food- und Fachmedien zurück. Er startete seine Laufbahn als Redaktionsleiter der Stadtillustrierten Prinz in Stuttgart und arbeitete als Chefredakteur bei PopNet, dem Deutschen Sparkassenverlag und bei Holzmann Medien.

Er leitete unter anderem agrarheute.com, das mit 2,6 Mio. Visits pro Monat zu den zehn reichweitenstärksten Fachportalen im deutschen Internet zählt, und war als Entwicklungsleiter für die digitale Strategie des dlv Deutschen Landwirtschaftsverlags in München verantwortlich. Er publizierte Strategie-Studien zu Medienentwicklung, Business-Software und IT-Lösungen.

Zusammen mit dem Blogger und Food-Aktivisten Hendrik Haase veröffentlichte er im Februar 2021 das Buch „Food Code", das mittlerweile als Standardwerk für „Food 4.0" gilt.

Seit Dezember 2021 ist Olaf Deininger Chefredakteur Agrar-Medien bei der dfv Mediengruppe in Frankfurt/Main. Im Herbst 2023 entwickelte er für den dfv den neuen Titel newFOODeconomy. Seit April 2024 ist Deininger Chefredakteur für die Agrar- und Fleischmedien (agrarzeitung, Feed Magazine, afz Allgemeine Fleischerzeitung, Fleischwirtschaft, NEWMEAT) bei der dfv Mediengruppe.

Lieferkettenmanagement

Konzeptionelle und praktische Aspekte der Umsetzung eines nachhaltigen Lieferkettenmanagements

Julia Schwarzkopf und Marlene Zeitler

Zusammenfassung

In den letzten Jahren sind die Anforderungen an Unternehmen an ein nachhaltiges Lieferkettenmanagement erheblich gestiegen. In diesem Kapitel beleuchten wir die menschenrechtliche Verantwortung von Unternehmen entlang ihrer Lieferketten und wie sie nachhaltigkeitsbezogenen Risiken wirksam und präventiv reduzieren können. Das Kapitel diskutiert Herausforderungen, denen Unternehmen gegenüberstehen, und wie sie diese lösen können. Wir skizzieren anwendungsorientierte Ansätze für Unternehmen im Food-Sektor unterschiedlicher Größe und Tätigkeitsbereiche, um die praktische Anwendung von Sustainable Supply Chain Management (SSCM) zu veranschaulichen und exemplarische Aktivitäten und Prozesse aufzuzeigen. Wir wollen Unternehmen damit Orientierung und erste Ansatzpunkte für die Entwicklung eines umfassenden nachhaltigen Lieferkettenmanagements bieten.

21.1 Einführung

In den letzten Jahren sind die regulatorischen Anforderungen für Unternehmen im Bereich des nachhaltigen Lieferkettenmanagements sowohl auf nationaler als auch auf internationaler Ebene erheblich gestiegen. Der Druck auf Unternehmen, ihre Lieferketten

---

J. Schwarzkopf (✉) · M. Zeitler
HTW Berlin, Berlin, Deutschland
E-Mail: Julia.Schwarzkopf@HTW-Berlin.de

M. Zeitler
E-Mail: Marlene.Zeitler@HTW-Berlin.de

nachhaltiger zu entwickeln, resultiert nicht nur aus neuen Gesetzen und Vorschriften, sondern auch aus den veränderten Erwartungen von Verbraucherinnen und Verbrauchern, Großkunden sowie der verstärkten Aufmerksamkeit von Nichtregierungsorganisationen bei negativen Vorfällen [7, 11].

Dieses Kapitel befasst sich mit einem praxisorientierten Einblick in wesentliche Aspekte des nachhaltigen Lieferkettenmanagements (SSCM). Unternehmen stehen vor der Aufgabe, insbesondere ihre menschenrechtliche Verantwortung entlang ihrer gesamten Lieferkette wahrzunehmen. Gravierende Missstände wie beispielsweise Zwangsarbeit in chinesischen Fischereifirmen [8], Kinderarbeit auf Kakaoplantagen an der Elfenbeinküste [26] oder schlechte Arbeitsbedingungen beim Tomatenanbau in Spanien [2] haben das öffentliche Bewusstsein für die ethisch-normativen Aspekte des SSCM geschärft und die gesellschaftliche Verantwortung von Unternehmen verstärkt in den Fokus gerückt. Die Erwartungen an Unternehmen hinsichtlich der Erfüllung menschenrechtlicher Sorgfaltspflichten erstrecken sich heute über die direkten Lieferanten hinaus und umfassen auch tiefere Ebenen der Lieferkette. Rahmenwerke wie die Leitlinien für Wirtschaft und Menschenrechte der Vereinten Nationen (UN) (2011 [24]) sowie die OECD-Leitlinien (Organisation for Economic Co-operation and Development) für multinationale Unternehmen [21] verlangen von Unternehmen eine umfassende Wahrnehmung ihrer Sorgfaltspflichten. Das deutsche Lieferkettensorgfaltspflichtengesetz (LkSG) und europäische Richtlinien wie die Corporate Sustainability Reporting Directive (CSRD) verpflichten Unternehmen dazu, ihre Prozesse entsprechend anzupassen und öffentlich über ihre Maßnahmen zu berichten [2, 11]. Darüber hinaus fordern Nichtregierungsunternehmen und Verbraucherinnen und Verbraucher zunehmend Transparenz und Rechenschaft zu Risiken und umgesetzten Maßnahmen, die sicherstellen sollen, dass Geschäftstätigkeiten keine negativen Auswirkungen auf Betroffene haben.

Auch im Food-Sektor spielen die Erwartungen der Verbraucherinnen und Verbraucher eine entscheidende Rolle, insbesondere hinsichtlich der Sicherheit und Unbedenklichkeit von Lebensmitteln. Beispielsweise ist es bei Verdachtsfällen auf lebensmittelbedingte Krankheiten wie EHEC von großer Bedeutung, dass die gesamte Lieferkette transparent und schnell nachverfolgbar ist, um rasch Abhilfe schaffen zu können [16]. Diese Anforderungen erweitern die Verantwortlichkeiten im Food-Sektor erheblich. Gleichzeitig bleibt die vollständige Transparenz über alle Stufen der Lieferkette hinweg eine der größten Herausforderungen im SSCM.

In diesem Beitrag sollen anwendungsorientierte Ansätze diskutiert werden, wie Unternehmen aktiv werden können, um ein effektives SSCM zu implementieren und den vielfältigen Anforderungen gerecht zu werden. Dazu werden exemplarische Ansätze vorgestellt und aufgezeigt, wie Unternehmen entsprechend ihrer Größe und ihrem Tätigkeitsbereich unterschiedliche Strategien verfolgen können. Besondere Aufmerksamkeit gilt dabei den spezifischen Herausforderungen und Unterschieden zwischen regionalen Kleinunternehmen und multinationalen Konzernen. Dabei werden zwei Fallbeispiele diskutiert, eine inhabergeführte Bäckerei und ein multinationales Unternehmen mit mehreren

Marken. Zu betonen ist, dass die Inhalte dieses Kapitels lediglich einen Ausschnitt an möglichen Bemühungen im SSCM abbilden und keinesfalls vollständige konzeptionelle und praktische Aspekte der Umsetzung umfassen. Die im Folgenden skizzierten Praktiken eines SSCM für unterschiedliche Unternehmen sollen als illustrierende Beispiele verstanden werden, die je nach Unternehmens- und Lieferkettenkontext sorgfältig entwickelt und ausgebaut werden müssen. Für ein weiterführendes Verständnis können sektorspezifische Handlungsanleitungen, wie die der Initiative für nachhaltige Agrarlieferketten oder des Forums Nachhaltiger Kakao, hilreich sein.

21.2   Begriffsklärung und Gründe für SSCM

Wenn in diesem Kapitel von Lieferketten gesprochen wird, dann umfasst dies eine Gruppe von drei oder mehr Einheiten (Organisationen oder Einzelpersonen), die direkt an den vor- und nachgelagerten Flüssen von Produkten, Dienstleistungen, Finanzen und/oder Informationen von einer Quelle zu einem Kunden beteiligt sind [18]. Entsprechend umfasst ein Lieferkettenmanagement „interne wie externe Material-, Informations- sowie Geldflüsse und berücksichtigt zusätzlich soziale Beziehungen der Akteure zueinander" ([25], S. 24). Neben den klassischen Anforderungen und Definitionen an die Funktion des Einkaufs/der Beschaffung sind seit den 2000er Jahren verstärkt Anforderungen aus dem Bereich der Nachhaltigkeit hinzugekommen. Seuring und Müller (2008, S. 1700 [23]) definierten SSCM als „das Management von Material-, Informations- und Kapitalflüssen sowie die Zusammenarbeit zwischen Unternehmen entlang der Lieferkette unter Berücksichtigung von Zielen aus allen drei Dimensionen der nachhaltigen Entwicklung, d. h. ökonomisch, Umwelt und Soziales, die sich aus den Anforderungen der Kunden und Stakeholder ableiten lassen". Diese weit zitierte Definition betont die Einbeziehung aller drei Dimensionen der Nachhaltigkeit und die Bedeutung der Kooperation der Partner innerhalb einer Lieferkette [3].

Neben regulatorischen Anforderungen auf nationaler wie internationaler Ebene, gibt es weitere Gründe, die dafürsprechen, ein wirksames SSCM zu implementieren. Hierzu gehören neben Motivationen aus der Unternehmensstrategie heraus auch die Vermeidung von negativen Auswirkungen auf unter anderem die Reputation, die Attraktivität für Mitarbeiterinnen und Mitarbeiter, die Qualität der eingesetzten Produkte, das Sicherstellen von verlässlicheren Lieferströme und Reduktion von Lieferkettenstörungen sowie das Identifizieren von Kostenreduktionspotenzialen durch effizientes Steuern von Lieferketten und Ressourcen. Auch zur Steigerung der Resilienz des eigenen Lieferkettenmanagements spielt die Schaffung von Transparenz und Rückverfolgbarkeit der eigenen Lieferketten im SSCM eine große Rolle. Erst durch die Rückverfolgbarkeit von beteiligten Akteuren sowie die Transparenz über Risiken und die Einhaltung von Nachhaltigkeitsstandards können die Potenziale des SSCM über die gesamte Lieferkette hinweg umgesetzt werden.

In der Wissenschaft wie in der Praxis wird intensiv darüber diskutiert, welche Herausforderungen dabei auftreten und wie man diese lösen kann [11, 12]. Dabei stellen sich unter anderem Fragen zum grundlegenden Verständnis von Transparenz und Rückverfolgbarkeit im SSCM, welche Tools und digitalen, datenbasierten Ansätze genutzt werden können und welche Chancen und Risiken dabei für die Verbesserung von Nachhaltigkeitsstandards in globalen Lieferketten tatsächlich realisiert werden [7, 14]. Herausforderungen ergeben sich insbesondere durch die Komplexität und Dynamik globaler Lieferketten. Je tiefer die Lieferkette, desto schwieriger wird es, Transparenz zu gewährleisten. Abb. 21.1 zeigt dies deutlich: Mit zunehmender Tiefe der Lieferkette wird sie komplexer und intransparenter. Gleichzeitig nehmen soziale, ökologische und wirtschaftliche Risiken zu. Unternehmen sind hier mit Schwierigkeiten hinsichtlich der Erfassung und Verarbeitung großer Datenmengen sowie der Zusammenarbeit mit vielen verschiedenen Akteuren weltweit, in unterschiedlichen Kontexten und unterschiedlichen Einflussmöglichkeiten konfrontiert. Wenngleich die Bemühungen für Transparenz und Rückverfolgbarkeit Kräfte zehren, können unter anderem klassische Beschaffungsrisiken minimiert, bisweilen die Qualität der gelieferten Produkte gesteigert und die Lieferanten-Kunden-Beziehung gestärkt werden.

Insbesondere fokale Unternehmen, aber nicht nur, stehen im Fokus von Stakeholdern wie Nichtregierungsorganisationen oder von Kundinnen und Kunden, ihre Lieferketten nachhaltiger zu entwickeln [23]. Fokale Unternehmen zeichnen sich durch ihre zentrale Rolle in einer jeweiligen Lieferkette aus. Sie organisieren unter anderem die Auswahl der Lieferanten, und stehen in der Regel als Marke/Ansprechpartner den Konsumentinnen und Konsumenten gegenüber beziehungsweise werden von diesen als zentral wahrgenommen [1]. Ihnen werden hohe Handlungs- und Organisationsmöglichkeiten die Lieferkette betreffend zugewiesen. So ergeben sich für Unternehmen, je nach ihrer jeweiligen Stellung in der Lieferkette als auch am Markt, ggf. unterschiedliche Anforderungen und Erwartungen.

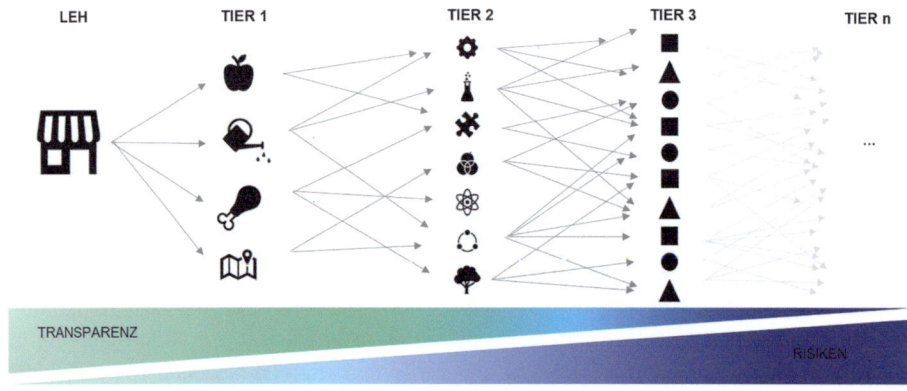

Abb. 21.1 Komplexität von Lieferketten. (Quelle: eigene Darstellung)

Beispiel A: Regionale Bäckerei Ein regionaler Bäckereibetrieb mit einer Filiale bezieht sein Mehl von größeren Mühlen, kauft weitere Zutaten im Lebensmittelgroßhandel und bezieht frisches Obst von regionalen Landwirten. Das fokale Unternehmen, hier die regionale Bäckerei, ist jeweils einer von vielen Kunden seiner Lieferanten. Nachhaltigkeitsbezogene Herausforderungen umfassen eine fehlende eigene Positionierung zum Thema Nachhaltigkeit, keine festgelegten Kriterien für die Auswahl von Lieferanten und begrenztes Bewusstsein für Nachhaltigkeitsherausforderungen in regionalen Lieferketten, wie beispielsweise die Arbeitsbedingungen von Erntehelfern für saisonales Obst. Die regionale Bäckerei ist aus Sicht der Konsumentinnen und Konsumenten ein fokales Unternehmen, da bei Unzufriedenheit mit dem erworbenen Produkt die Konsumentinnen und Konsumenten die regionale Bäckerei kontaktieren würden.

Beispiel B: Multinationales Unternehmen mit mehreren Marken Ein weltweit agierendes Unternehmen aus dem Bereich der Fast Moving Consumer Goods (FMCG), welches auch Lebensmittel im Portfolio hat, mit einer Vielzahl von Marken und Produkten unterhält komplexe globale Lieferketten, einschließlich der Beschaffung von Zutaten wie Zitrusfrüchten, Kakao oder Nüssen aus verschiedenen Ländern. Das fokale Unternehmen spielt unter anderem aufgrund seiner Abnahmemengen eine zentrale Rolle in seinen Lieferketten und setzt sich intensiv mit menschenrechtlichen und ökologischen Herausforderungen auseinander, auch aufgrund gesetzlicher Anforderungen. Konsumentinnen und Konsumenten nehmen das Unternehmen aufgrund seiner Marken als fokal wahr und wenden sich bei Unzufriedenheiten mit den erworbenen Produkten in der Regel an den Hersteller.

21.3 Aufbau und Prozess eines SSCM

Eine zentrale Herausforderung im SSCM ist neben dem initialen Aufbau auch die kontinuierliche Weiterentwicklung und Anpassung des Systems [20]. Auch wenn gesetzliche Anforderungen bestehen, die Unternehmen erfüllen müssen, ist die ständige Weiterentwicklung aufgrund von Erfahrungen und Veränderungen in der Lieferkette unumgänglich. Dabei sollte betont werden, dass eine ernsthafte und glaubwürdige Auseinandersetzung mit SSCM im Vordergrund stehen sollte. Es ist verständlich, dass nicht alle Themen auf einmal perfekt angegangen und gelöst werden können, vielmehr steht eine glaubhafte Bemühungspflicht im Vordergrund. Unternehmen befinden sich aktuell auf sehr unterschiedlichen Stufen der Implementierung von SSCM. Während insbesondere klein- und mittelständische Unternehmen (KMU) bisweilen noch in den Anfängen stecken und den initialen Aufbau planen, stehen Unternehmen, die bereits seit einigen Jahren ein SSCM implementiert haben, vor der Herausforderung, ihre jeweiligen Bemühungen den neuen gesetzlichen Anforderungen entsprechend anzupassen und zu optimieren. Grundsätzlich sollten diese Bemühungen im Einklang mit der jeweiligen Unternehmensstrategie stehen, mit Zielen und Verantwortlichkeiten hinterlegt sein.

Wir fokussieren uns im Folgenden auf drei iterative Schritte, die als Kreislauf betrachtet werden können: Verpflichten, Verstehen, Entwickeln. Innerhalb dieser Schritte sind Aktivitäten und Prozesse zu unterscheiden, die innerhalb des eigenen (fokalen) Unternehmens umgesetzt werden und die auf die jeweiligen Lieferketten und die dazugehörigen Akteure abzielen. Parallel dazu sollten Bemühungen unternommen werden, die Transparenz der jeweiligen Lieferkette zu erhöhen. Dies kann und sollte mit nachhaltigkeitsorientierten Informationen zu den Lieferkettenakteuren und entsprechenden länderbezogenen und regionalen Kontexten angereichert werden. Aber auch eine grundlegende Transparenz über die eigenen Lieferketten als solche kann bereits hilfreich sein, kann jedoch durch ihre unter anderem komplexen, vernetzten und dynamischen Eigenschaften mit besonderen Herausforderungen verbunden sein.

21.3.1 Verpflichten

Für glaubwürdige Aktivitäten im SSCM ist es zunächst notwendig, dass Unternehmen klare Anforderungen an sich selbst formulieren. Ein Unternehmen, das beispielsweise aktiv gegen die Gründung von Betriebsräten an seinen deutschen Standorten vorgeht, wird kaum glaubwürdig für das Recht auf Kollektivverhandlungen und Gewerkschaftsfreiheit eintreten können. Es ist essentiell, dass die Unternehmensführung SSCM-Bemühungen durch den sogenannten „Tone from the top" fördert und geeignete Governance-Strukturen aufgebaut sind [22]. Mitarbeiterinnen und Mitarbeiter, die für die Umsetzung des SSCM verantwortlich sind, müssen darauf vertrauen können, dass ihre Aktivitäten unterstützt, in Ziel- und Budgetplanungen integriert und mit entsprechenden Ressourcen ausgestattet sind. Es ist entscheidend, die Umsetzung in die betrieblichen Abläufe zu integrieren und sicherzustellen, dass alle relevanten Mitarbeiterinnen und Mitarbeiter sensibilisiert und befähigt sind, ein SSCM umzusetzen. Zudem müssen gesetzliche strukturelle Anforderungen, wie beispielsweise die Einrichtung einer/eines Menschenrechtsbeauftragten zur Umsetzung der Sorgfaltspflichten nach dem LkSG, erfüllt werden.

In Bezug auf die eigene Lieferkette sollten Unternehmen klare Vorgaben an Lieferanten in den Bereichen Umwelt, Soziales und Governance formulieren [4]. Diese Vorgaben sollten in Vergabekriterien und Verträge mit Lieferanten einfließen. Unternehmen müssen „No-Go-Kriterien" definieren, die für sie nicht verhandelbar sind. Die Einflussmöglichkeiten variieren je nach Unternehmensgröße und Marktmacht: Ein multinationales Unternehmen wie unser Beispielunternehmen B hat aufgrund seiner Marktmacht andere Handlungsspielräume und Möglichkeiten der Einflussnahme als ein kleinerer Betrieb wie Beispielunternehmen A.

Nachhaltigkeitsstandards und -werte sollten in einem Code of Conduct festgeschrieben werden, der idealerweise unter Beteiligung von verschiedenen Stakeholdergruppen entwickelt wird. Dieser Code sollte den Mitarbeiterinnen und Mitarbeitern bei der Einstellung und in regelmäßigen Schulungen vermittelt werden. Ein Supplier Code of Conduct sollte die Erwartungen an Lieferanten in den Bereichen Umwelt, Soziales und Governance klar definieren. Es ist wichtig, dass diese Anforderungen den Lieferanten verständlich vermittelt und idealerweise in Verträge aufgenommen werden. Ein Supplier Code of Conduct bildet die Grundlage der Kunden-Lieferantenbeziehung und aller zukünftigen Entscheidungen im Sinne eines SSCM. Für die Formulierung dieser Codes können Orientierungshilfen und Mustervorlagen von beispielsweise Handelskammern oder Brancheninitiativen genutzt und an die eigenen Organisationsgegebenheiten und Lieferkettenkontexte angepasst werden, stets im Einklang mit der Unternehmensstrategie.

Beispiel A: Regionale Bäckerei Um ein SSCM aufzubauen, kann der Bäckerei-Betrieb im ersten Schritt Ansätze für eine eigene SSCM-Strategie entwickeln, die ökologische, soziale und ökonomische Aspekte berücksichtigt. In der Strategie würden Werte und Richtlinien für sich selbst im eigenen Betrieb sowie Nachhaltigkeitskriterien für die Auswahl der Lieferanten festgelegt werden. Diese können gemeinsam mit Mitarbeiterinnen und Mitarbeitern entwickelt sowie mit den Lieferanten diskutiert werden. Ein enger begleitender Austausch mit den Lieferanten kann deren Sensibilisierung und Verständnis für die formulierten nachhaltigeren Praktiken fördern. Der Bäckerei-Betrieb kann die getroffenen Nachhaltigkeitsmaßnahmen an seine Kundinnen und Kunden kommunizieren, ebenso können sich die Lieferanten gegenüber weiteren Kunden durch positive nachhaltigkeitsbezogene Veränderungen auszeichnen. In der Formulierung der Anforderungen kann die Bäckerei z. B. auf bereits bestehende und öffentlich verfügbare Anforderungen zurückgreifen, sollte diese aber entsprechend den eigenen Bedürfnissen anpassen.

Beispiel B: Multinationales Unternehmen mit mehreren Marken Um ein SSCM zu etablieren, muss das multinationale Unternehmen B eine umfassende Strategie entwickeln, die ökologische, soziale und ökonomische Aspekte integriert. Dieser Prozess beinhaltet die Erstellung eines detaillierten Code of Conduct und eines Supplier Code of Conduct. Die Code of Conducts des Unternehmens B sollten klare Werte und Richtlinien definieren, die nachhaltige Praktiken im eigenen Unternehmen sowie spezifische Anforderungen an Lieferanten in den Bereichen Umwelt, Soziales und Governance festlegen. Sie basieren auf internationalen Vorgaben wie den Leitlinien für Wirtschaft und Menschenrechte der UN und den OECD-Leitlinien und werden in die Vergabekriterien und Vertragsbedingungen integriert. Neue Lieferverträge werden nur geschlossen, wenn Lieferanten den Supplier Code of Conduct unterzeichnen und sich zur Einhaltung verpflichten. Die Anforderungen werden klar und verständlich an alle Mitarbeiterinnen und Mitarbeiter und Lieferanten kommuniziert, unterstützt durch regelmäßige Schulungen und Workshops, um das Bewusstsein für nachhaltige Praktiken intern wie lieferkettenweit zu stärken.

21.3.2 Verstehen

Jede Stufe einer Lieferkette kann unterschiedliche Risiken bergen, die ein detailliertes Verständnis erfordern, um Maßnahmen zu entwickeln, die langfristig ökonomische, ökologische und soziale Nachhaltigkeit fördern. Das Herunterbrechen konkreter Risiken auf einzelne Produktkomponenten und Stufen der Lieferkette ist notwendig, um gezielte und effektive Maßnahmen zu entwickeln [23]. Zum Beispiel erfordern Umweltprobleme auf Palmöl-Plantagen andere Maßnahmen als Menschenrechtsverletzungen in Mühlen, die Rohöl aus Palmfrüchten extrahieren. Das Erkennen und Verstehen der spezifischen Risiken ermöglicht es Unternehmen, proaktiv zu handeln und potenzielle Probleme frühzeitig zu identifizieren und zu mindern, bevor sie zu größeren Herausforderungen eskalieren. Auch aus ökonomischer Sicht ist es wichtig, dass Unternehmen ihre Lieferantenstruktur und die damit verbundenen Risiken der Lieferkette kennen und verstehen. Maßnahmen, die auf spezifische Risiken zugeschnitten sind, können ressourceneffizienter umgesetzt werden und erhöhen die Wahrscheinlichkeit, die gewünschten Ergebnisse zu erzielen.

Die Herausforderungen bei der Entwicklung eines Verständnisses für Probleme in Lieferketten resultieren insbesondere aus der Komplexität der Lieferketten selbst sowie der vielschichtigen Ursache-Wirkung-Beziehung nachhaltigkeitsbezogener Probleme. Ein tiefgehendes Verständnis dieser Ursachen und Wirkungen ist jedoch entscheidend für die Umsetzung wirksamer Maßnahmen. Maßnahmen, die auf einem ungenauen Verständnis der Ausgangslage und ihrer Ursachen basieren, sind oft unwirksam [6]. Die meisten Probleme entstehen nicht durch einzelne Ursachen, sondern durch eine Kette von Faktoren. Die Einbeziehung von Rechteinhabern und anderen Stakeholdern kann dazu beitragen, ein Problem und seine Ursachen besser zu verstehen.

Beispiel A: Regionale Bäckerei Unternehmen A hat weniger Einfluss und Ressourcen als ein multinationales Unternehmen, um die Risiken in seinen Lieferketten genau zu identifizieren und zu adressieren. Dennoch gibt es pragmatische Schritte, die auch kleinere Betriebe unternehmen können, um die Lieferkettenrisiken besser zu verstehen. Die Bäckerei bezieht ihr Mehl von größeren Mühlen und kauft frisches Obst von regionalen landwirtschaftlichen Betrieben. Ein erster Schritt könnte darin bestehen, regelmäßige Gespräche mit den Lieferanten zu führen, um deren Arbeits- und Umweltpraktiken besser zu verstehen. Diese Gespräche können helfen, erste Hinweise auf potenzielle Probleme wie unfaire Arbeitsbedingungen oder umweltschädliche Praktiken zu erhalten. Zusätzlich kann die Bäckerei auf öffentlich verfügbare Informationen und Berichte über ihre Lieferanten und deren Branchen zurückgreifen. Berichte von Nichtregierungsorganisationen oder Branchenverbänden bieten oft wertvolle Einblicke in allgemeine Herausforderungen und Risiken, die in bestimmten Lieferketten existieren. Durch den Austausch von Informationen und Erfahrungen über lokale Handelskammern und Initiativen können kleinere Betriebe voneinander lernen und gemeinsam Maßnahmen entwickeln, um Nachhaltigkeitsrisiken besser zu bewältigen.

Beispiel B: Multinationales Unternehmen mit mehreren Marken Das multinationale Unternehmen B im Bereich FMCG hat in einer bestimmten Region eine umfassende Risikoanalyse seiner Zitruslieferkette durchgeführt. Dabei lag der Schwerpunkt auf den Arbeitsrechten in Zitronenfarmen. Aufgrund seiner Marktmacht, gesetzlichen Vorgaben und des Drucks von öffentlicher Seite führte das Unternehmen die Analyse gemeinsam mit einer anerkannten Menschenrechtsorganisation durch, um Probleme in den Lieferketten aus Sicht der Betroffenen aufzudecken und zu verstehen. Durch Interviews der Menschenrechtsorganisation mit lokalen Farmarbeitenden, Angestellten und Wanderarbeitenden wurde festgestellt, dass die untersuchten Zitronenfarmen zwar existenzsichernde Löhne zahlen und Arbeits- sowie Pausenzeiten einhalten, es jedoch erhebliche Missstände bei der Ernte von Mandarinen, Orangen und Oliven gibt. Hierbei wurden Wanderarbeitende unfairen Einstellungspraktiken ausgesetzt, wie das Verlangen von Gebühren und Kautionen bei der Einstellung. Zudem wurden Fälle ungleicher Entlohnung und Einschränkungen bei Gewerkschaftsrechten der Wanderarbeitenden aufgedeckt. Das Unternehmen kann nun tiefgreifende Ursachenanalysen für diese Missstände durchführen, um die zugrunde liegenden Probleme vollständig zu verstehen und effektive Gegenmaßnahmen zu entwickeln. Diese Analysen umfassen detaillierte Untersuchungen der gesamten erweiterten Lieferkette und beinhalten die Zusammenarbeit mit weiteren Stakeholdern wie Gewerkschaften und lokalen Behörden. Außerdem können in Zusammenarbeit mit der Nichtregierungsorganisation Schulungen entwickelt und auf den Farmen durchgeführt werden, jeweils für das Management und für die Farmarbeitenden, Angestellten sowie Wanderarbeitenden, um das Bewusstsein für faire Arbeitsrechte und -praktiken zu schärfen. Das Unternehmen B kann zudem einen dialogbasierten und effektiven Beschwerdemechanismus einführen, um zusätzlich Vertrauen in das Unternehmen und die Aufmerksamkeit für Missstände zu erhöhen. Dabei ist sicherzustellen, dass alle relevanten Stakeholder Zugang haben, die Vertraulichkeit gewahrt bleibt und bei Nutzung keine negativen Konsequenzen für Hinweisgebende drohen. Bei der Entwicklung und Implementierung eines Beschwerdemechanismus sollte deshalb unbedingt auf die Zusammenarbeit mit Nichtregierungsorganisationen und den entsprechenden Lieferanten geachtet werden, um von vornherein mögliche Nutzungsbarrieren zu vermeiden.

21.3.3 Entwickeln

Im SSCM gibt es eine Vielzahl von Tools und Maßnahmen, die Unternehmen einsetzen, um die Nachhaltigkeitsperformance innerhalb ihrer eigenen Organisation sowie bei ihren Lieferanten zu bewerten und zu entwickeln [3]. Dabei sehen sich kleine Betriebe vor größeren Herausforderungen in der Entwicklung von Lieferanten und sind bisweilen vorrangig Teil solcher Maßnahmen, wenn sie sich in Lieferketten von größeren Unternehmen befinden.

Eine zielgesteuerte Überprüfung der Lieferanten ist entscheidend, um sicherzustellen, dass sie die geforderten Nachhaltigkeitsstandards des Supplier Code of Conducts einhalten. Selbstbewertungsfragebögen (Self Assessment Questionnaires, SAQs) sind ein gängiges Instrument zur Bewertung der Nachhaltigkeitspraktiken von Lieferanten [13]. Lieferanten werden dabei gebeten, detaillierte Informationen über ihre Umwelt- und Sozialpraktiken sowie ihre Governance-Strukturen bereitzustellen. Diese Fragebögen helfen (fokalen) Unternehmen, ein besseres Verständnis der Praktiken und Risiken in ihren Lieferketten zu gewinnen und Bereiche zu identifizieren und zu priorisieren, die verbessert werden müssen. Auch Zertifikate und Branchenstandards spielen eine wichtige Rolle im SSCM und können bei der Erfüllung von bestimmten Nachhaltigkeitskriterien unterstützen [3]. Unternehmen können sich als Nachweis für die Einhaltung von Nachhaltigkeitsstandards auf anerkannte Zertifikate und Standards berufen. Hierbei ist wichtig zu beachten, was, wer und wie genau zertifiziert wird und ob es für ein Unternehmen relevant ist. Bei der Auswahl von relevanten und glaubwürdigen Zertifikaten und Standards kann es hilfreich sein, sich an den Anforderungen der Kunden und der Wettbewerber zu orientieren und in den Austausch mit anderen Stakeholdern wie Nicht-Regierungsorganisationen zu gehen.

Nicht zufrieden stellende Lieferantenbewertungen, fehlende oder abgelaufene Zertifikate, oder das Nicht-Beantworten von eingeforderten SAQs können Anlässe sein, um Vor-Ort-Audits durchzuführen, bei denen die Einhaltung von Umwelt-, Sozial- und Governance-Standards an Standorten der Lieferanten überprüft wird. Unternehmen setzen häufig standardisierte Bewertungssysteme ein, um die Leistung ihrer Lieferanten in diesen Bereichen zu überprüfen, zu messen und zu vergleichen [7]. Dabei können Audits unter Zuhilfenahme von externen Dritten wie Zertifizierungs-, Auditunternehmen oder Brancheninitiativen durchgeführt werden. Diese zeichnen sich durch Erfahrungen und Kenntnisse beim Auditieren von insbesondere Standorten in tieferen Lieferkettenstufen aus und bringen glaubwürdigkeitsfördernde Unabhängigkeit mit. Zur Verbesserung von Nachhaltigkeitsleistungen der Lieferanten sind Lieferantenschulungen und Trainings gängige Methoden [10]. Neben der Sensibilisierung zu inhaltlichen Themen wie Menschenrechtsrisiken, dem Umgang mit beobachteten Risiken und Vorfällen oder dem Tragen von persönlicher Schutzausrüstung, werden hierbei üblicherweise auch Probleme gemeinsam mit dem Lieferanten besprochen und Lösungen dafür entwickelt. Hierbei zeigt sich, dass regelmäßige längere Dialogformate mit Lieferanten effektiver sind als kürzere Webinare oder Online-Meetings. Gleichzeitig binden jene auch mehr Ressourcen und Zeitaufwände sowohl beim (fokalen) Unternehmen als auch bei den Lieferanten, deshalb ist stets abzuwägen und zu priorisieren, bei welchen Lieferanten welche Maßnahmen in welchem Aufwand angemessen sind, um der Bemühenspflicht nachzukommen, die Risiken in den eigenen Lieferketten wirksam zu reduzieren.

Das Engagement in Branchen- und Sektorinitiativen sind ebenfalls unterstützende Maßnahmen zur Verbesserung des SSCM [19]. Initiativen wie die Initiative für nachhaltige Agrarlieferketten, das Forum Nachhaltiger Kakao oder die Rainforest Alliance fördern den Austausch bewährter Praktiken und die Zusammenarbeit zwischen Unternehmen, um nachhaltige Praktiken auszubauen, gemeinsame Herausforderungen zu bewältigen und kollaborativ nachhaltige Lösungen zu entwickeln.

Grundlegend gilt bei der Entwicklung von lieferkettenbezogenen Maßnahmen: Maßnahmen müssen langfristig ausgerichtet sein und von der gewünschten menschenrechtlichen Veränderung ausgehend geplant werden. Basierend auf der vorangegangenen Risiko- und Ursachenanalyse müssen also im Austausch mit Stakeholdern Bedarfe für Veränderungen analysiert werden und Maßnahmen entwickelt werden, die genau darauf abzielen. Eine langfristige Perspektive, ein langer Atem und der kontinuierliche Austausch mit Stakeholdern sind hier essentiell, um die Perspektive der Betroffenen besser zu verstehen [3, 6]. Ohne die sorgfältige Planung von Wirkungen besteht das Risiko, dass Maßnahmen unwirksam sind – sowohl für die Verbesserung von Lebens- und Arbeitsbedingungen in Lieferketten als auch aus finanzieller Sicht des Unternehmens, beispielsweise hinsichtlich eines kosteneffizienten Einsatzes von Ressourcen oder der Reduzierung von Reputationsschäden.

Bei der Planung von Wirkungen von Maßnahmen kann es hilfreich sein, sich an der sogenannten IOOI (Input–Output-Outcome-Impact)-Logik zu orientieren [6, 9, 17], die zwischen Inputs und Outputs sowie Outcomes und Impacts unterscheidet. Wie in Abb. 21.2 dargestellt, beziehen sich Inputs auf die Ressourcen von SSCM-Praktiken, wie Budgets, Personen und Ausstattung, die es für beispielsweise die Entwicklung, Durchführung und Wirksamkeitsprüfung einer Schulung bei Lieferanten braucht. Die direkten und unmittelbaren Ergebnisse von SSCM-Praktiken sind Outputs, beispielsweise die Anzahl der Teilnehmenden an jener Schulung an einer Anzahl von Lieferantenstandorten. Outcomes sind umfassender und beinhalten den Nutzen oder die Veränderungen, die die Adressaten der Praktiken als Ergebnis ihrer Teilnahme erfahren. Hier könnten also unter anderem die Reduzierung von eingehenden Beschwerden zu einem in der Schulung diskutierten menschenrechtlichen Thema zählen oder eine Analyse des Verständnisses der Teilnehmenden nach einer Schulung über eine Teilnehmendenbefragung. Durch die Entwicklung einer Wirkungslogik kann also sukzessive Wirkung von Maßnahmen und der Beitrag zu einer positiven Veränderung auf gesellschaftlicher Ebene geplant werden. Multiple exogene Faktoren, begrenzte Einflussmöglichkeiten von Unternehmen auf Lieferanten in tieferen Lieferkettenstufen, politische Rahmenbedingungen und die Multidimensionalität von nachhaltigkeitsbezogenen Risiken sind nur einige der Herausforderungen, die die Überprüfung der tatsächlichen Wirksamkeit von Maßnahmen erschweren. Die Orientierung und sorgfältige Entwicklung von Wirkungslogiken von Maßnahmenpaketen kann jedoch ein hilfreicher Schritt sein, der Bemühenspflicht nachzukommen und wirksamere Lösungen im Sinne der Betroffenen sowie aus finanziellen Gründen fürs Unternehmen zu entwickeln.

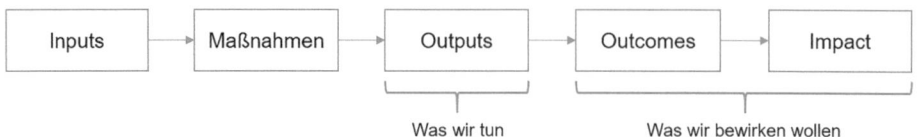

Abb. 21.2 Die IOOI-Logik. (Quelle: eigene Darstellung mit Daten aus Ebrahim und Rangan (2014) [9])

21.4 Ausblick

SSCM ist und bleibt ein dynamisches und komplexes Feld, das kontinuierlich auf Veränderungen und Herausforderungen reagieren muss. Regulatorische Anforderungen sind zwar meist klar definiert, aber die Dynamik der Lieferantenbeziehungen ist oft unvorhersehbar. Dies stellt sowohl eine Herausforderung als auch ein Potenzial für das SSCM dar. Die Integration neuer Lieferanten und die Anpassung an Sortimentsänderungen erfordern ständige Überprüfungen und Anpassungen der bestehenden Prozesse. NGOs und globale Informationsströme tragen dazu bei, dass Unternehmen fortlaufend Hinweise zu Verletzungen von menschenrechtlichen Sorgfaltspflichten erhalten, die bearbeitet und in die unternehmenseigenen Prozesse integriert werden müssen. Dieser fortlaufende Anpassungsprozess zeigt, dass SSCM nie abgeschlossen ist, sondern eine permanente Aufgabe darstellt, bei dem es um die kontinuierliche Verbesserung von Prozessen und Maßnahmen geht. Zunehmend kann eine Spezialisierung und ein spezifisches Wissen zu einzelnen Rohstoffen und Themen wie Dekarbonisierung beobachtet werden, was neben der Querschnittsintegration des SSCM immer relevanter wird. Während zu Beginn spezialisierte Teams das SSCM bearbeitet haben, ist es heute eine Querschnittsaufgabe, die unterschiedliche Abteilungen betrifft wie Einkauf/Beschaffung und Compliance. Unternehmen müssen dabei sicherstellen, dass ihre Mitarbeiterinnen und Mitarbeiter entsprechend qualifiziert sind.

Wir beobachten, dass insbesondere drei Themenfelder heute erhebliche Herausforderungen und Unsicherheiten für Unternehmen verursachen und zunehmend in den Fokus von Forschung und Praxis rücken: Beschwerdemechanismen, Transparenz und Wirksamkeitsmessung. Die Entwicklung effektiver Beschwerdemechanismen ist essenziell, um Missstände frühzeitig zu erkennen und zu beheben [15]. Ein aktuelles Projekt in Mexiko, das aus dem Branchendialog Automobilindustrie hervorgegangen ist, zeigt, dass unternehmensübergreifende Beschwerdemechanismen wegweisend sein können [5]. Der in enger Zusammenarbeit zwischen Industrie, Gewerkschaften, politischen Vertretern und Vertreterinnen und Zivilgesellschaft entwickelte Mechanismus soll Betroffenen in Mexiko in den Lieferketten deutscher Automobilhersteller ermöglichen, Menschenrechtsrisiken und -verletzungen zu melden und Unterstützung zur Aufklärung sowie Zugang zu Abhilfemaßnahmen zu erhalten. Das Projekt unterstreicht das Potenzial von Multi-Stakeholder-Initiativen, menschenrechtliche Sorgfaltsprozesse kollaborativ zu verbessern und gerechte Lösungen für alle Beteiligten umzusetzen. Hinsichtlich der Bemühungen um Transparenz und Rückverfolgbarkeit [14] wird es spannend sein zu beobachten, wie der Einsatz von Künstlicher Intelligenz zukünftig unterstützen wird. Während die Blockchain-Technologie bisher nicht die erhofften Ergebnisse lieferte, bleibt es interessant zu verfolgen, welche Entwicklungen in diesem Bereich noch angestoßen werden. Es ist wichtig zu betonen, dass solche Bemühungen nicht nur auf die Lieferkettenprozesse an sich abzielen sollte, sondern auch darauf, Nachhaltigkeitsinformationen ganzheitlich sichtbar zu machen, um das Potenzial einer umfassenden Verbesserung im Bereich des SSCM zu realisieren. Erwartungen an Unternehmen, ihre SSCM-Systeme auf Wirksamkeit zu überprüfen und die Wirkung von Maßnahmen ex ante zu planen, nehmen zu. Hier bestehen allerdings noch große Unsicherheiten darüber, wie SSCM-Praktiken die Rechte der Betroffenen in den Lieferketten genau beeinflussen und welche Methoden zur Messung geeignet sind. Ein kontinuierlicher Verbesserungs- und Step-by-Step-Ansatz ist daher ratsam. Besonders wichtig ist außerdem, die Perspektive der betroffenen Rechteinhabenden in den Lieferketten in Entscheidungsprozesse einzubeziehen, um durch unternehmerische Maßnahmen positive Veränderungen der Arbeitsbedingungen ebenjener zu erreichen [6].

SSCM birgt enormes Potenzial, wenn Unternehmen bereit sind, kontinuierlich zu lernen und sich anzupassen – ihre Bemühenspflicht entsprechend kontinuierlich weiterzuentwickeln. Dabei ist auch der Wille zur Zusammenarbeit mit Lieferanten, Nichtregierungsorganisationen und weiteren Stakeholdern entscheidend. Nur durch kooperative Anstrengungen und ein tiefes Verständnis der komplexen Zusammenhänge können langfristige Verbesserungen erzielt werden. Das Ignorieren dieses Themas sehen wir nicht nur als unternehmerisches Risiko, sondern auch als strategischen Nachteil. Der Weg ist zwar herausfordernd, aber die damit verbundenen ökonomischen, ökologischen und sozialen Vorteile machen ihn zu einer lohnenden und notwendigen Aufgabe. Wenn wir bereit sind, uns den Herausforderungen zu stellen und gemeinsam Lösungen zu entwickeln, können wir für alle Beteiligten zu positiven Veränderungen beitragen.

Literatur

1. Allen, S.D., Zhu, Q., & Sarkis, J. (2021). Expanding conceptual boundaries of the sustainable supply chain management and circular economy nexus. *Cleaner Logistics and Supply Chain, 2.*
2. Bartocha, A., & Wiese, J. (2023). *Tomaten aus Spanien – Afrikanische Erntehelfer bekommen Hungerlöhne für unsere Tomaten.* https://www.rbb24.de/wirtschaft/beitrag/2023/02/lieferket tengesetz-tomaten-berlin--brandenburg-produktion-menschenunwuerdig-bedingungen-rechte. htm/listallcomments=on.html. Zugegriffen: 24. Juni 2024.
3. Beske-Janssen, P., Johnson, M. P., & Schaltegger, S. (2015). 20 years of performance measurement in sustainable supply chain management – what has been achieved? *Supply Chain Management: An International Journal, 20*(6), 664–680.
4. Bird, Y., Short, J. L., & Toffel, M. W. (2019). Coupling Labor Codes of Conduct and Supplier Labor Practices: The Role of Internal Structural Conditions. *Organization Science, 30*(4), 847–867.

5. BMAS. (2024). *Pilotprojekt des Branchendialog Automobil geht in die Umsetzung*. https://www.bmas.de/DE/Service/Presse/Meldungen/2024/launch-beschwerdemechanismus-deutsche-automobilindustrie-in-mexiko.html. Zugegriffen: 26. Juni 2024.
6. BMAS; GIZ. (2022). *Wirksamkeit im Kontext menschenrechtlicher Sorgfaltspflichten*. https://www.csr-in-deutschland.de/SharedDocs/Downloads/DE/NAP/Branchendialoge/praxisanleitung-fuer-praeventions-abhilfema%C3%9Fnahmen.pdf?__blob=publicationFile. Zugegriffen: 23. Juni 2024.
7. Chen, L., Yao, S., & Zhu, K. (2020). Responsible Sourcing Under Supplier-Auditor Collusion. *Manufacturing & Service Operations Management, 22*(6), 1107–1286.
8. Der Spiegel. (2021). *Moderne Sklaverei – USA stoppen Importe chinesischer Fischereifirma wegen Verdachts auf Zwangsarbeit*. https://www.spiegel.de/wirtschaft/unternehmen/usa-stoppen-importe-chinesischer-fischerei-firma-wegen-verdachts-auf-zwangsarbeit-a-2773c2a6-cce5-466b-9f5c-1054cc6a1eab. Zugegriffen: 26. Juni 2024.
9. Ebrahim, A., & Rangan, V. K. (2014). What Impact? A Framework for Measuring the Scale and Scope of Social Performance. *California Management Review*. University of California, Berkeley. *56*(3).
10. Encinas Bartos, K., Schwarzkopf, J., & Müller, M. (2024). The role of trainings in improving supplier sustainability performance. *World Development, 175*.
11. Ford, J., & Nolan, J. (2020). Regulating transparency on human rights and modern slavery in corporate supply chains: the discrepancy between human rights due diligence and the social audit. *Australian Journal of Human Rights, 26*(1), 27–45.
12. Fraser, I. J., Müller, M., & Schwarzkopf, J. (2020). Transparency for Multi-Tier Sustainable Supply Chain Management: A Case Study of a Multi-tier Transparency Approach for SSCM in the Automotive Industry. *Sustainability, 12*(5).
13. Fraser, I. J., Müller, M., & Schwarzkopf, J. (2020). Dear supplier, how sustainable are you?. *NachhaltigkeitsManagementForum, 28*, 127–149.
14. Garcia-Torres, S., Rey-Garcia, M., Sáenz, J., & Seuring, S. (2022). Traceability and transparency for sustainable fashion-apparel supply chains. *Journal of Fashion Marketing and Management, 26*(2), 344–364.
15. Gläßer, U., Pfeiffer, R., Schmitz, D., & Bond, H. (2021). *Außergerichtliche Beschwerdemechanismen entlang globaler Lieferketten – Empfehlungen für die Institutionalisierung, Implementierung und Verfahrensausgestaltung, Forschungsbericht*. https://www.bmj.de/SharedDocs/Downloads/DE/Themen/Nav_Themen/Forschungsbericht_Aussergerichtliche_Beschwerdemechanismen.pdf?__blob=publicationFile&v=2. Zugegriffen: 23. Juni 2024.
16. Hofer, A., & De Heus, M. (2023). *4 Beispiele für Blockchain im Supply Chain Management*. https://www.softeq.com/de/blog/four-blockchain-supply-chain-examples. Zugegriffen: 26. Juni 2024.
17. Kurz, B., & Kubek, D. (2021). *Kursbuch Wirkung – Das Praxishandbuch für alle, die Gutes noch besser tun wollen* (6. überarbeitete Aufl.). PHINEO gemeinnützige AG.
18. Mentzer, J. T., DeWitt, W., Keebler, J. S., Min, S., Nix, N. W., Smith, C. D., & Zacharia, Z. G. (2001). Defining supply chain management. *Journal of Business Logistics, 22*(2), 1–25.
19. Müller, M., & Bessas, Y. (2017). *Potenziale von Brancheninitiativen zur nachhaltigen Gestaltung von Liefer- und Wertschöpfungsketten*. Studie für das BMAS. Universität Ulm. https://www.bmas.de/DE/Service/Publikationen/Forschungsberichte/fb483-potenziale-von-branchenintitativen.html. Zugegriffen: 26. Juni 2024.
20. Müller, M., & Siakala, S. (2020). *Nachhaltiges Lieferkettenmanagement: Von der Strategie zur Umsetzung*. De Gruyter Oldenbourg.
21. Organisation for Economic Co-operation and Development (OECD). (2023). *OECD Guidelines for Multinational Enterprises on Responsible Business Conduct*. OECD Publishing.

22. Sancha, C., Gutierrez-Gutierrez, L., Tamayo-Torres, I., & Gimenez Thomsen, C. (2023). From corporate governance to sustainability outcomes: the key role of operations management. *International Journal of Operations & Production Management, 43*(13), 27–49.
23. Seuring, S., & Müller, M. (2008). From a literature review to a conceptual framework for sustainable supply chain management. *Journal of Cleaner Production, 16*(15), 1699–1710.
24. UN. (2011). *Guiding Principles for Business and Human Rights. Implementing the United Nations "Protect, Respect and Remedy" Framework.* https://www.ohchr.org/documents/publications/guidingprinciplesbusinesshr_en.pdf. Zugegriffen: 26. Juni 2024.
25. Werner, H. (2020). *Supply Chain Management – Grundlagen, Strategien, Instrumente und Controlling* (7. Aufl.). Springer Gabler.
26. Zajonz, D., & Höft, M. (2024). *Ausbeutung auf Kakaoplantagen – Schokolade aus Kinderarbeit.* https://www.tagesschau.de/wirtschaft/verbraucher/schokolade-kinderarbeit-100.html. Zugegriffen: 26. Juni 2024.

Julia Schwarzkopf ist Professorin für nachhaltige Unternehmensführung an der Hochschule für Technik und Wirtschaft (HTW) Berlin mit mehr als 15 Jahren Berufserfahrung in der Gestaltung nachhaltiger Lieferketten, sowohl direkt in Unternehmen als auch in der Beratung von Unternehmen, Multi-Stakeholder-Partnerschaften und Bundesministerien. Sie hat unter anderem mehrere Jahre die operative und strategische Verantwortung des nachhaltigen Lieferkettenmanagements eines DAX-Unternehmens verantwortet sowie Automobilunternehmen im Rahmen von DriveSustainability beraten. Als Wissenschaftlerin widmet sie sich insbesondere der empirischen Sozialforschung zu nachhaltigem Lieferkettenmanagement mit einem Fokus auf Wirksamkeitsmessung, u. a. von SSCM-Aktivitäten in nachhaltigkeitsorientierten Brancheninitiativen oder der Integration der Leitlinien für Wirtschaft und Menschenrechte der Vereinten Nationen in Social Compliance Audit Standards und Self-Assessments.

Marlene Zeitler ist wissenschaftliche Mitarbeiterin an der HTW Berlin und schreibt ihre Dissertation im Bereich des nachhaltigen Lieferkettenmanagements mit dem Fokus auf Wirkung und Wirksamkeitsmessung von SSCM-Aktivitäten. In der Vergangenheit hat sie als Nachhaltigkeitsberaterin zahlreiche Unternehmen bei der Entwicklung von Nachhaltigkeitsstrategien, der Gestaltung von Managementprozessen sowie bei der Erstellung und Prüfung von Nachhaltigkeitsberichten unterstützt, u. a. aus der Automobil-, Lebensmittel- und Konsumgüterindustrie. Während ihres Masterstudiums an der Universität Ulm in Nachhaltiger Unternehmensführung sammelte sie praktische Erfahrungen im nachhaltigen Lieferkettenmanagement eines Automobilherstellers, u. a. bei der Evaluierung und Bewertung von Umwelt- wie Menschenrechtsrisiken entlang globaler Lieferketten.

Reduzierung von Lebensmittelverschwendung

22

Potenziale und Ansätze für mehr Nachhaltigkeit in der Außer-Haus-Verpflegung

Torsten von Borstel

Zusammenfassung

Noch immer gehen in Deutschland laut einer Erhebung des Statistischen Bundesamtes in 2020 [1] pro Jahr rund 11 Mio. Tonnen Nahrungsmittel verloren – 1,9 Mio. allein im Bereich der Außer-Haus-Verpflegung (AHV). Und bereits 2018 dokumentierte die umfassende WWF-Studie „Lebensmittelverschwendung – was tut die Politik", dass mehr als die Hälfte der Abfälle in der AHV vermeidbar wären. Laut WWF-Berechnungen gehen in Deutschland jährlich über 18. Mio. t Nahrungsmittel verloren – das entspricht einer Bewirtschaftung von jährlich rund 2,6 Mio. Hektar landwirtschaftlicher Fläche, nur um die darauf angebauten Produkte wieder wegzuwerfen. Fest steht: Lebensmittelverschwendung steht im Widerspruch zu ethischen, moralischen und wirtschaftlichen Werten. Der „Wettlauf" um Ressourcen, wie Land, Wasser und Energie, erhöht die Brisanz der Lebensmittelverschwendung zusätzlich. Das Kapitel zeigt konkrete Ansatzpunkte zur Reduzierung in der AHV auf [14].

22.1 Die Relevanz der AHV bei der Reduzierung von Lebensmittelverschwendung

Lebensmittelverschwendung stellt nicht nur eine erhebliche Umweltbelastung dar, sondern hat auch soziale und ökonomische Konsequenzen, die sich entlang der gesamten Lebensmittelversorgungskette manifestieren. Laut der Food and Agriculture Organization

T. von Borstel (✉)
United Against Waste e.V., Plankstadt, Deutschland
E-Mail: t.vonborstel@uaw-verein.de

(FAO) gehen jährlich weltweit etwa ein Drittel aller produzierten Lebensmittel verloren oder werden verschwendet [4]. Diese Verluste und Abfälle sind ein Symptom ineffizienter Strukturen im globalen Ernährungssystem, die kostbare Ressourcen wie Wasser, Energie und Land beanspruchen. In einkommensstarken Ländern wie Deutschland, entstehen die meisten Abfälle erst am Ende der Wertschöpfungskette – in den Haushalten, dem Einzelhandel und insbesondere in der AHV [7]; siehe Kap. 12).

Die AHV nimmt eine besondere Rolle ein, da hier täglich große Mengen an Lebensmitteln zubereitet und angeboten werden, die hohe ökologische und ökonomische Kosten verursachen, wenn sie nicht vollständig konsumiert werden. Laut aktuellen Studien machen Abfälle in Restaurants, Kantinen und anderen gastronomischen Einrichtungen rund 17 % der gesamten Lebensmittelabfälle in Deutschland aus [6]. Diese Quote zeigt, dass Maßnahmen zur Reduktion von Lebensmittelverschwendung im Bereich der AHV signifikante Potenziale bergen, um den Ressourcenverbrauch zu senken und die Umwelt zu entlasten.

Der verantwortungsvolle Umgang mit Lebensmitteln erfordert ein abgestimmtes Zusammenspiel aller Akteure entlang der Wertschöpfungskette. Neben der Politik und Wirtschaft tragen auch die Konsumentinnen und Konsumenten eine Verantwortung, den Verlust von Lebensmitteln zu reduzieren. Daher ist es von entscheidender Bedeutung, Lösungsansätze zu finden, die sowohl individuell als auch strukturell umsetzbar sind. Eine gute Orientierung sind hierbei die Sustainable Development Goals (SDGs), welche von den United Nations (UN) verabschiedet wurden. Ziel 12.3 der SDGs setzt sich explizit dafür ein, die weltweite Lebensmittelverschwendung bis 2030 um die Hälfte zu reduzieren [9].

Dieses Kapitel legt den Schwerpunkt auf spezifische Ansätze zur Vermeidung von Lebensmittelverschwendung in der AHV und zielt darauf ab, praktikable Maßnahmen aufzuzeigen, die in Gastronomie und Catering umgesetzt werden können, um Ressourcenverschwendung zu reduzieren und eine nachhaltigere Esskultur zu fördern. Die Erfahrungen beruhen dabei auf Erkenntnissen aus der Praxis des Vereins United Against Waste e. V.

22.2 Rückblick: Entwicklung der Lebensmittelverschwendung und politische Maßnahmen

Das Thema Lebensmittelverschwendung hat in den vergangenen Jahren zunehmend an Bedeutung gewonnen, besonders im Hinblick auf die ökologischen und gesellschaftlichen Auswirkungen. Lebensmittelabfälle tragen erheblich zu Treibhausgasemissionen bei und machen deutlich, dass eine Reduzierung in privaten Haushalten und insbesondere in der AHV dringend erforderlich ist. Die ersten Meilensteine in der deutschen Geschichte der Lebensmittelverschwendung zeigen den Wandel von einem wenig beachteten Problem hin zu einem zentralen gesellschaftlichen Anliegen.

In Deutschland sorgte 2010 die ARD-Dokumentation „Frisch auf den Müll" für Aufsehen, als sie die massive Verschwendung in Deutschland aufdeckte und eine jährliche Abfallmenge von bis zu 15 Mio. Tonnen vermutete [8]. Die Universität Stuttgart bestätigte diese Problematik 2012 mit einer umfassenden Studie, in der sie etwa 11 Mio. Tonnen Lebensmittelabfall jährlich in Deutschland ermittelte, davon 1,9 Mio. Tonnen allein im Bereich der AHV [5]. Diese Studie stellte den Auftakt dar für eine intensivere Diskussion über Lebensmittelverschwendung, und es wurde deutlich, dass vor allem die Gastronomie und der Verpflegungssektor erheblich zur Gesamtabfallmenge beitrugen.

Zur selben Zeit entstanden politische Initiativen, die das Bewusstsein für Lebensmittelverschwendung in der Gesellschaft stärken sollten. 2012 führte BMEL die Kampagne „Zu gut für die Tonne" ein, die sich auf die Abfallvermeidung in Haushalten konzentrierte [2]. Jedoch fehlte ein gezieltes Programm zur Abfallreduktion in der AHV. Diese Lücke erkannte ein Zusammenschluss führender Unternehmen der Lebensmittelbranche und gründete den Verein United Against Waste e. V. Diese Initiative stellte einen bedeutenden Schritt dar, um die Branche zu mobilisieren und nachhaltige Lösungen zu entwickeln, die speziell auf den Sektor der Gemeinschaftsverpflegung und Gastronomie ausgerichtet waren.

United Against Waste e. V. setzte sich zum Ziel, praxisorientierte und messbare Strategien zu entwickeln, die Unternehmen dabei unterstützen, Lebensmittelabfälle zu reduzieren. Dabei lag der Fokus nicht nur auf Aufklärung und Sensibilisierung, sondern vor allem auf der Implementierung konkreter Maßnahmen und Tools, die für die Branche entwickelt wurden. Eine der zentralen Maßnahmen war die Einführung eines „Abfall-Checks", der es den teilnehmenden Betrieben ermöglichte, die Menge und Zusammensetzung ihrer Abfälle systematisch zu erfassen und somit potenzielle Einsparungspotenziale zu identifizieren. Durch die Unterstützung von United Against Waste e. V. konnten zahlreiche gastronomische Betriebe und Kantinen individuelle Reduktionsziele formulieren und ihre Abfallmengen signifikant verringern. Diese Arbeit führte zu messbaren Erfolgen und einem wachsenden Netzwerk von Betrieben, die sich für eine nachhaltigere Praxis einsetzten und gleichzeitig wirtschaftliche Vorteile durch geringere Entsorgungskosten und effizientere Nutzung von Ressourcen erzielen konnten [10].

2015 präsentierte der WWF Deutschland die viel beachtete Studie „Das große Wegschmeißen", die neue Berechnungen zum Ausmaß der Lebensmittelverschwendung enthielt und die enormen Umweltfolgen detailliert darstellte. Sie zeigte, dass im Bereich der Großverbraucher, einschließlich Gastronomie und Gemeinschaftsverpflegung, rund 20 % der verzehrfertigen Lebensmittel verloren gehen – dies entspricht rund 3,4 Mio. Tonnen Abfall jährlich [12]. United Against Waste e. V. nutzte diese Zahlen, um seine Arbeit weiter zu intensivieren und Bewusstsein für die Dringlichkeit von Abfallvermeidungsmaßnahmen in der Branche zu schaffen.

Der September 2015 markierte mit der Verabschiedung der SDGs durch die Generalversammlung der UN einen Wendepunkt. Die SDGs, die eine Halbierung der Lebensmittelverschwendung bis 2030 anstreben, gaben United Against Waste e. V. zusätzlichen

Rückhalt, ihre Maßnahmen in Übereinstimmung mit den internationalen Nachhaltigkeitszielen weiterzuentwickeln. Der Verein unterstützte die Branche dabei, die globalen Ziele auf lokaler Ebene umzusetzen, und förderte die Entwicklung gemeinschaftlicher Projekte und Kooperationen entlang der Wertschöpfungskette.

Im Jahr 2016 war United Against Waste e. V. maßgeblich an einer von der Deutschen Bundesstiftung Umwelt (DBU) geförderten Studie beteiligt, die Lebensmittelverluste in verschiedenen Bereichen der Lebensmittelversorgungskette untersuchte. Diese Studie, durchgeführt in Zusammenarbeit mit Verbraucherorganisationen und einem Beratungsunternehmen, legte den Grundstein für eine einheitliche Datenerfassung und die bessere Abstimmung zwischen Einzelhandel, Gastronomie und Konsumentinnen und Konsumenten [3]. Die Ergebnisse der Studie zeigten die Notwendigkeit eines koordinierten Ansatzes zur Vermeidung von Lebensmittelabfällen und lieferten wertvolle Erkenntnisse zur Optimierung betrieblicher Prozesse.

Von diesen frühen Initiativen bis hin zu den aktuellen Rahmenbedingungen hat sich die deutsche Herangehensweise an das Thema Lebensmittelverschwendung stark weiterentwickelt. United Against Waste e. V. spielte hierbei eine entscheidende Rolle und setzte innovative Standards für die Branche, die andere Sektoren inspirierten. Die Zusammenarbeit zwischen Unternehmen, Wissenschaft und Verbraucherverbänden wurde zu einem Eckpfeiler der deutschen Nachhaltigkeitsstrategie, die sich nicht nur an wirtschaftlichen, sondern auch an ethischen und ökologischen Zielen orientiert.

22.3 AHV-Markt: Größtes Potenzial zur Reduzierung von Lebensmittelabfällen

Der AHV-Markt in Deutschland stellt einen zentralen Ansatzpunkt zur Reduzierung von Lebensmittelverschwendung dar, da hier täglich große Mengen an Lebensmitteln verarbeitet und entsorgt werden. Studien, wie die Untersuchungen der Universität Stuttgart, haben gezeigt, dass im AHV-Bereich jährlich Millionen von Tonnen an Lebensmittelabfällen anfallen. Diese Abfälle entstehen auf verschiedenen Ebenen – von der Lagerung und Produktion bis hin zur Überproduktion und den Resten auf den Tellern der Gäste. Die Höhe der Verschwendung und die hohen Vermeidungspotenziale in der AHV weisen darauf hin, dass gezielte Maßnahmen eine erhebliche Reduzierung bewirken können [5].

United Against Waste e. V. hat sich seit 2012 auf die systematische Erfassung und Reduktion von Lebensmittelabfällen in der AHV spezialisiert. Um die Dimensionen der Abfälle sichtbar und das Einsparpotenzial messbar zu machen, entwickelte der Verein ab 2014 einen innovativen „Abfall-Check". Hierbei werden die Abfälle in den Kategorien Lager, Produktionsabfall, Überproduktion und Tellerrückläufe erfasst, gewogen und dokumentiert. In Zusammenarbeit mit verschiedenen gastronomischen Einrichtungen führte United Against Waste von Mai 2014 bis Juli 2017 insgesamt 393 Abfallanalysen durch, die als Pionierarbeit im Bereich der Abfallforschung gelten und eine erste bundesweite Datengrundlage für ein effektives Monitoring der Lebensmittelverschwendung im Außer-Haus-Sektor bieten.

Die erste Zwischenbilanz des Vereins legte klare Ergebnisse zur Menge und Zusammensetzung der Lebensmittelabfälle in Betriebsrestaurants, Krankenhäusern, Hotels und Schulen vor. Diese Daten bilden die Grundlage, um die Entwicklung der Lebensmittelabfälle deutschlandweit nachzuverfolgen und gezielt Maßnahmen zur Reduktion zu entwickeln. United Against Waste stellte damit erstmals eine fundierte Abfalldatenbasis bereit und baute ein Netzwerk auf, das den Austausch von Wissen und Strategien zur Abfallreduktion innerhalb der Branche fördert.

Die Verabschiedung der Nationalen Strategie zur Reduzierung der Lebensmittelverschwendung durch das Bundeskabinett im Februar 2019 markierte einen weiteren Meilenstein im Kampf gegen Lebensmittelabfälle. Diese Strategie, initiiert von Bundesministerin Julia Klöckner, zielt darauf ab, Lebensmittelabfälle bis 2030 um 50 % zu reduzieren, und bindet den AHV-Sektor aktiv in die Erreichung dieses Ziels ein. United Against Waste hat bereits umfassende Strukturen geschaffen, um die Umsetzung dieser Strategie im Außer-Haus-Markt voranzutreiben. Der WWF unterstützte diesen Prozess und forderte in seinem „Positionspapier Lebensmittelverschwendung" von der Bundesregierung eine nationale Koordinationsstelle, die mit einem detaillierten Aktionsplan und festgelegten Zielmarken den Fortschritt überwachen und den Dialog zwischen den beteiligten Akteuren fördern soll [13].

Um den Umsetzungsprozess der Nationalen Strategie zu fördern, wurde zeitgleich im Februar 2019 das Dialogforum zur Vermeidung von Lebensmittelabfällen in der AHV ins Leben gerufen. Dieses Forum, veranstaltet durch das BMEL, den WWF, die Universität Münster und United Against Waste, bildet das erste Gremium, das an der Umsetzung der Reduktionsmaßnahmen in der AHV arbeitet. Ziel des Dialogforums ist es, einheitliche Methoden zur Erfassung und Analyse von Lebensmittelabfällen festzulegen und diese durch effektive Reduzierungsmaßnahmen zu ergänzen. Bis 2030 sollen klare Zielmarken definiert und kontinuierlich überprüft werden, um die nachhaltige Reduktion von Lebensmittelverschwendung in der deutschen AHV sicherzustellen [11].

Zusammengefasst zeigt sich, dass der AHV-Markt über ein enormes Potenzial zur Reduzierung von Lebensmittelabfällen verfügt. Durch die Zusammenarbeit von Initiativen wie United Against Waste, die enge Vernetzung der Branche und das Engagement politischer und wissenschaftlicher Institutionen wird der AHV-Sektor immer stärker in die nationalen und internationalen Bemühungen zur Lebensmittelabfallreduzierung integriert. Die systematische Datenerfassung und der Aufbau eines Monitoring-Systems haben den Weg für gezielte Reduktionsmaßnahmen geebnet, die nachhaltig zur Erreichung der Ziele der Nationalen Strategie sowie der SDGs beitragen.

22.4 Lebensmittelabfälle in der AHV konkret reduzieren

In der AHV entstehen Lebensmittelabfälle auf vielfältige Weise und verschiedenen Stationen. Sie lassen sich grundsätzlich in vermeidbare, teilweise vermeidbare und unvermeidbare Abfälle unterteilen. Diese Klassifizierung hilft dabei, gezielte Strategien zu entwickeln, um Abfälle so weit wie möglich zu reduzieren.

22.4.1 Arten und Auftreten von Lebensmittelabfällen

Vermeidbare Abfälle umfassen Lebensmittel, die ursprünglich zum Verzehr geeignet waren, jedoch unnötigerweise entsorgt werden. Ein Beispiel aus einem Betriebsrestaurant ist das Überproduzieren von warmen Gerichten, die gegen Ende der Mittagszeit unberührt bleiben und am Ende des Tages weggeworfen werden. Auch frische Salate, die zu großzügig zubereitet werden und daher im Buffet ungenutzt bleiben, zählen dazu. Solche Abfälle entstehen häufig durch ungenaue Planung der Portionsgrößen oder durch Fehlkalkulation der Nachfrage, die durch ein besser abgestimmtes Bestell- und Portionsmanagement verhindert werden könnten.

Teilweise vermeidbare Abfälle beziehen sich auf Speisereste, die unter bestimmten Umständen vermieden werden könnten. Beispielsweise werden Reste von Beilagen wie Kartoffeln oder Reis oft von den Gästen auf den Tellern zurückgelassen, da die Portionsgröße zu großzügig bemessen war oder die Beilage geschmacklich nicht ganz den Erwartungen entsprach. In solchen Fällen könnten verbesserte Rezepturen, eine flexiblere Portionierung oder die Möglichkeit zur Selbstbedienung dabei helfen, die Abfallmengen zu verringern und damit die teilweise vermeidbaren Abfälle zu minimieren.

Unvermeidbare Abfälle sind dagegen jene Teile von Lebensmitteln, die selbst bei optimalem Management zwangsläufig anfallen. Im Betriebsrestaurant umfassen diese Abfälle beispielsweise Schalen von Gemüse wie Zwiebeln und Möhren, Kaffeesatz oder Knochen von Fleischgerichten, die beim Zubereitungsprozess übrigbleiben. Solche Abfälle lassen sich zwar nicht verhindern, können aber sinnvoll verwertet werden, etwa durch die Nutzung in Biogasanlagen oder als Kompost.

Diese Einteilung in vermeidbare, teilweise vermeidbare und unvermeidbare Abfälle bietet eine praktische Grundlage, um gezielte Maßnahmen zur Reduktion von Lebensmittelverschwendung zu ergreifen. Lebensmittelabfälle in der AHV können an verschiedenen Stationen des gesamten Prozesses entstehen:

- **Einkauf und Speisenplanung**: Bereits bei der Bestellung und Planung der Speisen können Verluste auftreten, etwa durch Fehlbestellungen oder wenn Ware

unansehnlich, falsch verpackt oder verdorben ist, weil die Kühlkette unterbrochen wurde.
- **Verarbeitung und Lagerung**: Während der Verarbeitung und Lagerung können Abfälle anfallen, wenn überschüssige Lebensmittel ungenutzt bleiben, Mindesthaltbarkeitsdaten überschritten werden oder in der Ausgabe übermäßig viele Speisen bereitgestellt werden.
- **Gesetzliche Vorschriften und Hygiene**: Hygienestandards, wie das HACCP-Konzept, verlangen oft Rückstellproben und strikte Hygienemaßnahmen, die ebenfalls zu Lebensmittelverlusten führen können.
- **Kundenverhalten**: Abfälle entstehen häufig durch das Verhalten der Gäste, z. B. wenn Portionen zu groß sind, das Angebot nicht den Vorlieben entspricht oder das Essen geschmacklich nicht überzeugt.

Die Menge der Abfälle hängt auch von den Strukturen und Gegebenheiten der einzelnen Einrichtung ab. In Betrieben, in denen die Zahl der Gäste täglich feststeht, lassen sich Speisenmengen besser planen. Wenn die Anzahl der Gäste jedoch variiert, kann schnell Überproduktion entstehen.

Zusammenfassend kann festgehalten werden, dass Lebensmittelverluste in der AHV bei Einkauf, Lagerung, Zubereitung, Portionierung und durch Reste auf den Tellern entstehen. An welchen Stellen genau Abfälle auftreten, hängt stark von der Art des Betriebs und den Gewohnheiten der Gäste ab.

22.4.2 Lebensmittelabfälle einfach und effektiv messen und dokumentieren

Eine einfache und aussagekräftige Methode zur Messung von Lebensmittelabfällen bietet wertvolle Einblicke und Ansatzpunkte für Reduktionsmaßnahmen in der AHV. Hierbei werden alle anfallenden Lebensmittelabfälle in der Küche systematisch gesammelt und in vier transparente Sammelbehälter sortiert, die den gesamten Küchenprozess abbilden: Abfälle aus dem Lager, aus der Produktion, aus der Überproduktion und vom Tellerrücklauf. Am Ende jedes Tages werden die gesammelten Abfälle separat gewogen und die Mengen dokumentiert.

Durch diese Methode lässt sich genau feststellen, in welchen Bereichen die größten Abfallmengen entstehen. Abfälle im Bereich Einkauf und Lagerung entstehen beispielsweise durch zu große Bestellmengen oder verdorbene Waren. Bei der Produktion können überschüssige Zutaten während der Mise en Place (Vorbereitung) anfallen, während sich bei der Überproduktion häufig nicht benötigte Speisereste aus Buffets ansammeln. Auch der Tellerrücklauf, also die Speisereste, die von den Gästen auf den Tellern zurückkommen, liefert wertvolle Informationen. Die gemessenen Mengen werden bis auf das Gramm genau erfasst und auf einer sogenannten Abfall-Karte festgehalten.

Durch diese detaillierte Analyse der Speiseabfälle lassen sich sofort umsetzbare Maßnahmen ableiten, wie etwa das Anpassen des Angebots durch kleinere Portionsgrößen oder ein verbessertes Management von Buffet und Ausgabe. Solche Anpassungen können direkt umgesetzt werden und tragen maßgeblich zur Reduzierung von Abfällen bei.

Die Sichtbarmachung der Abfallmengen unterstützt die Mitarbeiterinnen und Mitarbeiter, Zusammenhänge besser zu verstehen und zeigt auf, an welchen Stellen Lebensmittelabfälle entstehen und wie sie effektiv reduziert werden können. In Kombination mit Analyse- und Kalkulationstabellen fördert die Methode eine nachhaltige, abfallarme Gemeinschaftsverpflegung. Durch die erfassten Messungen konnten bei United Against Waste e. V. darüber hinaus erstmals verlässliche Kennzahlen und Durchschnittswerte für die Branche entwickelt werden, die eine gezielte Planung und kontinuierliche Verbesserung ermöglichen.

22.4.3 Kosten für Lebensmittelabfall entlang der gesamten Wertschöpfungskette

In der AHV fallen durch Lebensmittelverluste und -abfälle entlang der gesamten Wertschöpfungskette erhebliche Kosten an. Diese Kosten sind nicht nur auf den Einkauf der Rohwaren begrenzt, sondern betreffen auch den Personal- und Arbeitsaufwand bei Produktion und Zubereitung sowie den Energieverbrauch für Lagerung und Kühlung. Insgesamt entstehen Umsatzverluste durch ineffiziente Prozesse und Beschaffungskosten, die sich in der täglichen Praxis oft deutlich summieren. Ein oft unterschätzter Kostenfaktor sind die Aufwendungen für die Entsorgung von Speiseresten und Lebensmittelabfällen: Das Sammeln, Transportieren, Lagern und Kühlen der Abfälle sowie die Wartung der Kühlbehälter verursachen zusätzliche Kosten, die sich über das Jahr hinweg beträchtlich auswirken.

▶ Im Durchschnitt kostet ein Liter Lebensmittelabfall entlang der gesamten Wertschöpfungskette etwa 4 €. Dieser Betrag setzt sich zusammen aus den Kosten für die gekaufte Ware. Bei einer Abfalltonne mit einem Fassungsvermögen von 240 Litern entspricht dies etwa 960 €.

Die Analysen von United Against Waste e. V. zeigen, dass sich durch erste, schnell umsetzbare Maßnahmen bereits innerhalb weniger Wochen deutliche Erfolge bei der Reduzierung von Lebensmittelabfällen erzielen lassen. Diese Einsparungen wirken sich direkt positiv auf die betriebswirtschaftliche Bilanz aus: Die frei gewordenen Mittel können sinnvoll in Technik, Mitarbeiterschulungen, Qualitätssteigerungen oder andere betriebliche Verbesserungen investiert werden und tragen langfristig zur Effizienzsteigerung und Nachhaltigkeit im Betrieb bei.

22.4.4 Effizienzpotenziale und Bildungsansätze zur Reduzierung von Lebensmittelabfällen in der AHV

Die tägliche Versorgung von hunderten bis tausenden Gästen erfordert eine hohe Professionalität und Organisation in allen Betriebsabläufen. Von der Planung und dem Einkauf über die Auswahl geeigneter Lieferanten bis hin zur Entsorgung und Hygienekontrolle wird den Betriebs- und Küchenleitungen umfassende Kompetenz abverlangt. Mit einer systematischen und professionellen Arbeitsweise bieten sich erhebliche Potenziale zur Reduzierung und Vermeidung von Lebensmittelabfällen, wenn gezielte Lösungsansätze entwickelt und konsequent umgesetzt werden. Die von United Against Waste e. V. im Jahr 2017 in 393 AHV-Betrieben durchgeführten Analysen sowie der intensive Austausch mit Betriebs- und Küchenleitungen zeigen, dass eine Abfallreduktion um 30 bis 50 % realistisch ist.

Oft nur geringe Investitionen erforderlich Die Analysen belegen zudem, dass viele Maßnahmen zur Abfallvermeidung oft keine oder nur geringe Investitionen erfordern und direkt in den bestehenden Arbeitsalltag integriert werden können. Die Einsparpotenziale lassen sich also unmittelbar nutzen, ohne umfassende Umstrukturierungen vorzunehmen. Allerdings gibt es keine universellen Lösungen für alle Verpflegungskonzepte, da die Strukturen und Anforderungen in den Betrieben stark variieren und sich an den spezifischen Bedürfnissen der Gäste orientieren müssen. Auch sind viele Ursachen für Lebensmittelabfälle in der AHV noch nicht vollständig erforscht. Nur durch gezielte Pilotprojekte und eine systematische Datenerhebung können die Ursachen in den verschiedenen Bereichen detailliert verstanden und nachhaltige Lösungen entwickelt werden.

Aus- und Weiterbildung essentiell Ein weiteres Element für langfristige Veränderung ist die Verankerung eines verantwortungsvollen Umgangs mit Lebensmitteln in der Ausbildung und Weiterbildung von Fachkräften in der Gastronomie. Die DBU fordert deshalb, dass die Wertschätzung für Lebensmittel und die Vermeidung von Verlusten in die Ausbildung, Fort- und Weiterbildung von Fachkräften der Gemeinschaftsverpflegung integriert werden. Neben der Ausbildung sollten auch die betrieblichen Strukturen so gestaltet sein, dass sie Raum für die optimale Verwertung der Lebensmittel bieten und einen sorgfältigen Umgang mit Ressourcen fördern.

22.4.5 Langfristig Lebensmittelabfall senken: 5-Steps Food-Waste-Management-Programm von United Against Foodwaste e. V

Um Lebensmittelabfälle langfristig zu reduzieren, ist ein umfassender, strukturierter Ansatz erforderlich. Messungen allein führen selten zu einer dauerhaften Veränderung – entscheidend ist, dass aus den erhobenen Daten praxisnahe und wirksame Maßnahmen abgeleitet und kontinuierlich umgesetzt werden. Jeder Betrieb sollte daher auf Basis der Messdaten konkrete Handlungsschritte entwickeln und regelmäßig überprüfen, wie erfolgreich diese Maßnahmen greifen und ob Anpassungen erforderlich sind. Um den Erfolg der eingeführten Maßnahmen sicherzustellen, empfiehlt sich nach etwa sechs Monaten eine erneute Abfallmessung. So wird die Abfallreduktion zu einem dauerhaften Prozess, der fortlaufender Überwachung und Optimierung bedarf.

> **Schritte zur nachhaltigen Abfallreduktion**
>
> 1. Analyse der Prozesse und Arbeitsabläufe vor Ort: Eine umfassende Erfassung der bestehenden Abläufe legt die Basis für gezielte Maßnahmen.
> 2. Speiseabfallmessung durchführen: Die erste Messung dient als Ausgangspunkt und hilft, die größten Abfallquellen zu identifizieren.
> 3. Workshop und Entwicklung individueller Maßnahmen: In einem Workshop erarbeiten Betriebs- und Küchenleitungen maßgeschneiderte Maßnahmen zur Reduzierung von Abfällen.
> 4. Umsetzung der Maßnahmen im Betriebsalltag: Die entwickelten Maßnahmen werden direkt in den Arbeitsalltag integriert.
> 5. Zweite Abfallmessung zur Erfolgskontrolle: Eine erneute Messung nach etwa sechs Monaten dient zur Überprüfung der Maßnahmen und zeigt Verbesserungspotenziale auf.

Die von United Against Waste e. V. durchgeführten Analysen belegen, dass viele Maßnahmen zur Abfallvermeidung nur geringe oder gar keine Investition erfordern und ohne großen Aufwand in die Arbeitsabläufe integriert werden können. Betrachtet man die Einsparungen, die aus diesen Maßnahmen resultieren, zeigt sich ein überzeugendes Ergebnis: Der Return on Investment (ROI) liegt in der Regel bei etwa 90 %. Dies verdeutlicht, dass nachhaltige Abfallreduktion nicht nur ökologisch sinnvoll, sondern auch wirtschaftlich vorteilhaft für Betriebe ist.

22.5 Beispiele aus der Praxis

Anhand zweier konkreter Beispiele, einem Klinikum und einer Stadt, sollen die bislang dargelegten Aspekte anschaulich konkretisiert werden.

22.5.1 Speiseabfallreduktion in einem Klinikum

Die Verpflegung in Krankenhäusern ist eine bedeutende Quelle für CO_2-Emissionen, rangierend oft gleich hinter dem Energieverbrauch für Heizung und Kühlung. Daher bietet die Minimierung von Lebensmittelabfällen eine wichtige Möglichkeit, den ökologischen Fußabdruck eines Krankenhauses erheblich zu reduzieren. Neben der CO_2-Einsparung schont die Abfallvermeidung wertvolle Ressourcen wie Wasser und Ackerflächen. Ziel des Projekts war die nachhaltige Reduzierung von Lebensmittelabfällen mithilfe einer standardisierten Abfallmessmethodik. Diese Methode liefert Kennzahlen und Empfehlungen für die einzelnen Klinikstandorte, die im Küchenalltag umgesetzt werden können.

Herausforderungen Prozessänderungen sind oft mit Herausforderungen verbunden, und das gilt besonders für große Klinikbetriebe wie dieses Krankenhaus. Mit drei Standorten und täglich bis zu 3.500 zu versorgenden Patientinnen und Patienten sowie Mitarbeiterinnen und Mitarbeiter erfordert der Betrieb ein hohes Maß an logistischer Planung. Unterschiedliche Krankheitsbilder und individuelle Verpflegungsanforderungen machen die Speisenplanung und -zubereitung komplex.

Weitere Herausforderungen entstehen durch die verschiedenen Produktionskonzepte und -kapazitäten an den Standorten. Während die Speisen zentral produziert werden, übernimmt eine separate Verteilerküche die Tablettierung für den dritten Standort. Schwankende Patientinnen- und Patientenzahlen erschweren zudem die Mengenkalkulation, was häufig zu Überproduktion und damit zu vermeidbaren Speiseabfällen führt.

Umsetzung: Wie ein Klinikum systematisch Speiseabfall reduziert Zum Start des Projekts wurden alle verantwortlichen Mitarbeiterinnen und Mitarbeiter des Klinikums in der Abfallmessung nach national anerkannter Methodik geschult. Gemeinsam mit dem Klinikteam wurden die Bereiche und Standorte für die Messung festgelegt, angepasst an die spezifischen Gegebenheiten vor Ort.

Die tägliche Datenerfassung erfolgt wahlweise mit Papier und Stift, Kamerasystemen oder digitalen Waagen. Das Klinikteam nutzt ein spezielles Abfall-Analyse-Tool, das die Daten zentral sammelt und eine detaillierte Auswertung ermöglicht. Nach Abschluss der Messung wird ein umfassender Abfall-Analyse-Report erstellt, der die Menge und Verteilung der Lebensmittelabfälle je nach Verpflegungskonzept aufzeigt. Das Team stellt dabei interne Kennzahlen (KPIs) zur Verfügung und vergleicht diese mit dem bundesweiten Durchschnitt. Auf dieser Basis werden gemeinsam mit dem Klinikteam Maßnahmen entwickelt, wobei die Einbindung der Mitarbeiterinnen und Mitarbeiter vor Ort entscheidend ist, um die Veränderungsbereitschaft zu fördern.

Aufgabenverteilung im Klinikum Zu Projektbeginn wurde festgelegt, wer im Klinikum für die Abfallmessung und Datenerfassung verantwortlich ist. Diese klare Verantwortlichkeit gewährleistet, dass die Messungen nach einheitlicher Methodik durchgeführt werden, was für die Vergleichbarkeit der Ergebnisse wichtig ist. Zweimal jährlich erfasst das Klinikteam für vier Wochen den Lebensmittelabfall in den festgelegten Bereichen. Die Mitarbeiterinnen und Mitarbeiter arbeiten auf Basis der Ergebnisse an Veränderungsvorschlägen, die dann im Küchen- und Klinikalltag umgesetzt werden.

Projektzeitraum und Ergebnisse Von Projektbeginn bis zur zweiten Abfallmessung vergingen zehn Monate. Anschließend begann das Klinikum mit einem fortlaufenden Monitoring, in dessen Rahmen zweimal jährlich Messungen durchgeführt werden. Die Datenbasis ermöglicht es, standortspezifische Herausforderungen zu identifizieren und Optimierungspotenziale in den Bereichen Abfallmanagement und Verpflegungskonzepte zu erschließen.

Bei der ersten Messung betrug der Speiseabfall noch etwa 896 g pro Patientin/ Patient und Tag. Abb. 22.1 zeigt wie nach Einführung der neuen Prozesse der Abfall bis zur fünften Messperiode um 60 % reduziert werden konnte. Es wird deutlich, dass die Reduzierung von Lebensmittelabfall ein Prozess ist und es immer wieder zu Schwankungen kommen kann.

Ursachenanalyse und Maßnahmen beim Tablettrücklauf Der größte Teil der Lebensmittelabfälle im Krankenhaus fällt beim Rücklauf der Tabletts an. Häufige Ursachen sind

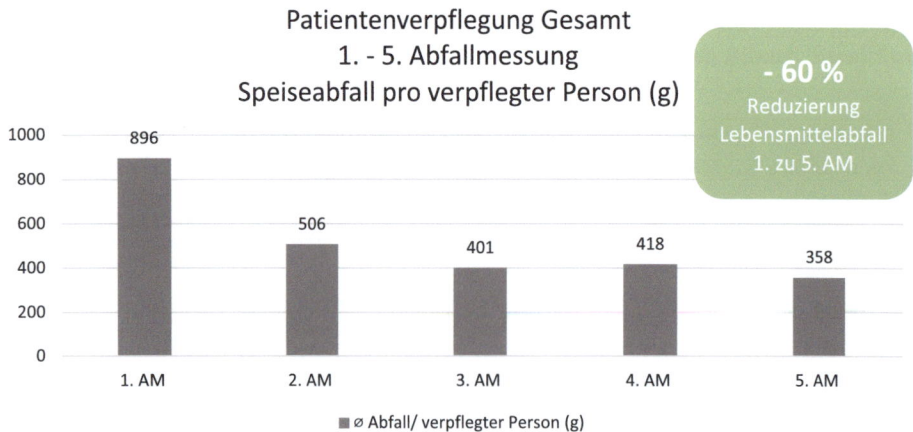

Abb. 22.1 Speiseabfall pro Person in Gramm in den unterschiedlichen Messperioden. (Quelle: United Against Foodwaste e. V.)

22 Reduzierung von Lebensmittelverschwendung

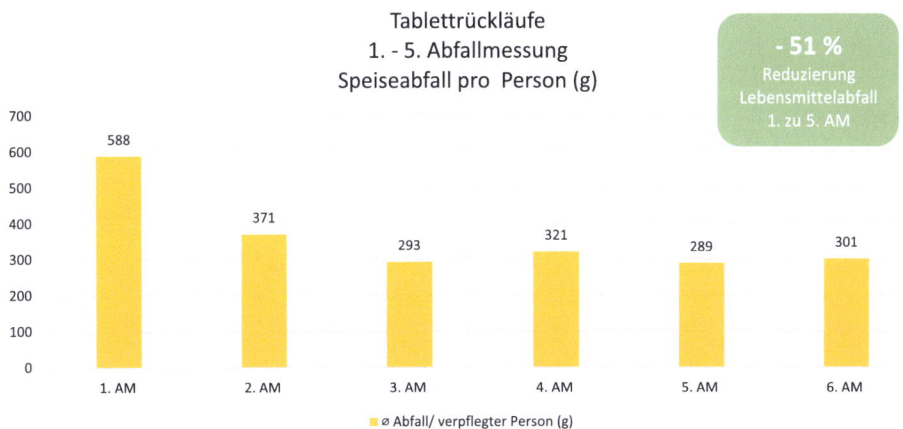

Abb. 22.2 Tablettrücklauf pro Person in den unterschiedlichen Messperioden. (Quelle: United Against Foodwaste e. V.)

eine unvorhergesehene Entlassung der Patientinnen und Patienten ohne Rückmeldung an die Küche, unterschiedliche Geschmackspräferenzen der Patientinnen und Patienten, Appetitlosigkeit infolge des Gesundheitszustands sowie Unterschiede in der Portionierung bei verschiedenen Mahlzeiten (z. B. Frühstück und Abendessen).

Eine Detailmessung zeigte, dass an einigen Stationen besonders viele unberührte Tabletts zurückkamen. Die Auswertung der Bestellungen ergab, dass diese teilweise zu großzügig kalkuliert waren. Basierend auf den Daten konnten die Bestellmengen angepasst werden, was zu einer 51-%igen Reduktion des Tablettrücklaufs bis zur fünften Messperiode führte. Es zeigt sich von der ersten zur dritten Messperiode eine deutliche Reduzierung und anschließend eine Verstetigung (siehe Abb. 22.2).

Umwelt- und Kosteneffekte Die kontinuierliche Überwachung der Abfälle bietet dem Klinikum wichtige Umweltkennzahlen und zeigt, wie sich die Abfallreduzierung positiv auf die Klimabilanz auswirkt. In diesem Fall führte das Projekt zu einer Einsparung von 138 t Lebensmitteln pro Jahr und Warenkosten in Höhe von etwa 460.000 €. Das Klinikum konnte trotz seiner komplexen Strukturen die Lebensmittelabfälle bei der Patientenverpflegung um 60 % reduzieren. Diese Ergebnisse zeigen, dass Abfallvermeidung ein fortlaufender Prozess ist, der stetiges Monitoring und Anpassungen erfordert, um langfristig erfolgreich zu sein.

Überblick über das Projekt
Ziel: Nachhaltige Reduzierung von Lebensmittelabfällen zur Senkung des CO_2-Fußabdrucks und Schonung von Ressourcen wie Wasser und Ackerflächen.

Klinikumgröße: Drei Standorte mit täglich bis zu 3500 verpflegten Patientinnen und Patienten sowie Mitarbeiterinnen und Mitarbeitern.

Herausforderungen:

- Komplexität der logistischen Abläufe bei verschiedenen Standorten und Produktionskonzepten.
- Schwankende Patientinnen- und Patientenzahlen und unterschiedliche Verpflegungsanforderungen.
- Hoher Anteil an Lebensmittelabfällen durch Tablettrücklauf.

Maßnahmen:

- Einführung einer standardisierten Abfallmessung und regelmäßige Schulungen der Mitarbeiterinnen und Mitarbeiter.
- Tägliche Erfassung und Auswertung der Abfälle mit einem digitalen Abfall-Analyse-Tool.
- Entwicklung und Umsetzung von Maßnahmen zur Optimierung der Verpflegungsplanung und Kalkulation.

Ergebnisse:

- Reduktion des Speiseabfalls um 60 % von der ersten zur fünften Messperiode.
- Einsparung von ca. 138 t Lebensmittel und 460.000 € pro Jahr.

Besonderheiten: Regelmäßiges Monitoring und Detailmessungen, die Optimierungsmöglichkeiten aufzeigen und langfristig zur Prozessverbesserung beitragen.

22.5.2 Speiseabfallreduktion in einer Stadt in Baden-Württemberg

Das Projekt verfolgt die nachhaltige Reduktion von Lebensmittelabfällen in Bildungseinrichtungen einer Stadt in Baden-Württemberg, um Ressourcen zu schonen und die Klimabilanz zu verbessern. Mit einer standardisierten Abfallmessmethode sollen aussagekräftige Daten erhoben werden, die als Grundlage für gezielte Maßnahmen zur Abfallvermeidung dienen. So können langfristig die Effizienz in den Verpflegungsprozessen gesteigert und Optimierungspotenziale in den Einrichtungen genutzt werden.

Herausforderungen Die systematische Reduzierung von Lebensmittelabfällen in Bildungseinrichtungen wie Schulkantinen und Kindergärten bringt vielfältige Herausforderungen mit sich. In dieser Stadt umfassen die teilnehmenden Einrichtungen eine breite Palette von Kindergärten, Grundschulen und weiterführenden Schulen. Jede Altersgruppe – von Vorschulkindern bis hin zu Jugendlichen und Mitarbeiterinnen und Mitarbeitern – stellt unterschiedliche Anforderungen an die Verpflegung.

Die Verpflegungskonzepte variieren zudem stark: Einige Einrichtungen nutzen das Cook & Chill-Verfahren, bei dem die Speisen schonend gegart und dann heruntergekühlt werden, andere setzen auf das Cook & Hold-Verfahren, bei dem die Speisen nach Zubereitung warmgehalten werden. Hinzu kommen unterschiedliche Essensausgabemethoden – von zentralisierten Ausgabesystemen bis hin zur Selbstbedienung. Eine weitere Komplexität ergibt sich durch die Vielzahl der Anbieter: Manche Küchen werden von den Einrichtungen selbst betrieben, während andere auf externe Caterer oder gemischte Konzepte setzen.

Aufgaben der Stadt Die Stadt benannte Verpflegungsverantwortliche, die für die Durchführung der Abfallmessungen in den Bildungseinrichtungen zuständig sind. Mithilfe einer einheitlichen Methode zur Abfallmessung wird eine vergleichbare Datengrundlage geschaffen, die es erlaubt, Fortschritte und Optimierungsbedarfe zu erkennen.

Entwicklung von Kennzahlen und Benchmarks

Die Stadt entwickelte spezifische Nassmüll-Kennzahlen, die auf die verschiedenen Verpflegungskonzepte und Altersgruppen abgestimmt sind. Diese Kennzahlen machen Fortschritte transparent und helfen, Optimierungsmaßnahmen gezielt einzusetzen.

Schulungen und Datenanalyse

Die Verpflegungsbeauftragten der Stadt wurden umfassend in der neuen Methodik geschult, um eine reibungslose Integration der Maßnahmen in den Küchenalltag sicherzustellen. Auf Basis der Abfallmessungen wurden detaillierte Reports erstellt, die nach Verpflegungskonzepten und Zielgruppen gegliedert sind und als Grundlage für zukünftige Optimierungen dienen.

Evaluierung und Beratung

Nach Erstellung der Abfallreports unterstützt das Team die Stadt bei der Evaluierung der Maßnahmen und gibt Empfehlungen für weitere Prozessverbesserungen. Die erhobenen Daten wurden zudem mit bundesweiten Durchschnittswerten verglichen, um die eigene Leistung einzuordnen und Potenziale zu erkennen.

Ergebnisse Die Umsetzung vom Projektstart bis zur zweiten Abfallmessung dauerte zwölf Monate. Insgesamt beteiligten sich 38 Bildungseinrichtungen. Über alle Einrichtungen hinweg konnte die Stadt den durchschnittlichen Lebensmittelabfall pro Mahlzeit um 20 % reduzieren – von 140 g auf 110 g pro Mahlzeit (siehe Abb. 22.3).

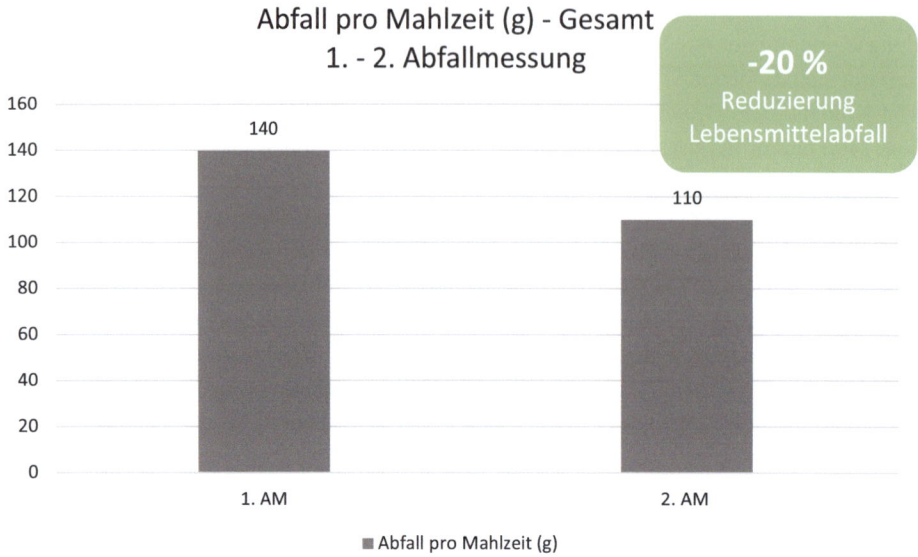

Abb. 22.3 Speiseabfall pro Mahlzeit in Gramm zu zwei unterschiedlichen Zeitpunkten. (Quelle: United Against Foodwaste e. V.)

Überproduktion als Hauptabfallquelle

Die meisten Lebensmittelabfälle fielen im Bereich der Überproduktion an, insbesondere bei Einrichtungen mit Warmanlieferung (siehe Abb. 22.4). Um Fehlmengen zu vermeiden, wurden oft großzügige Puffer eingeplant, was zu Abfällen führte. Durch Anpassungen der Portionsmengen auf Komponentenebene konnte eine Reduktion der Überproduktion um 31 % erreicht werden.

Die Stadt konnte eine signifikante Reduzierung von Lebensmittelabfällen von rund 31 % zwischen der ersten und zweiten Messung erzielen und hat nun ein Monitoring-System etabliert, das den laufenden Abfallprozess überwacht und weitere Optimierungspotenziale aufzeigt. Die fortlaufenden Save-Food-Waste-Reports bieten eine transparente Grundlage, auf der die Stadt Maßnahmen nachjustieren und Verbesserungen nachhaltig umsetzen kann. Die Überproduktion bietet ein großes Potenzial zur Reduzierung. Durch Umsetzung der Handlungsempfehlungen konnte eine Reduzierung von 31 % von der 1. zur 2. Abfallmessung erzielt werden (siehe Abb. 22.5).

Überblick über das Projekt
Ziel: Reduzierung von Lebensmittelabfällen in Schulkantinen und Kindergärten zur Schonung von Ressourcen und Verbesserung der Klimabilanz.

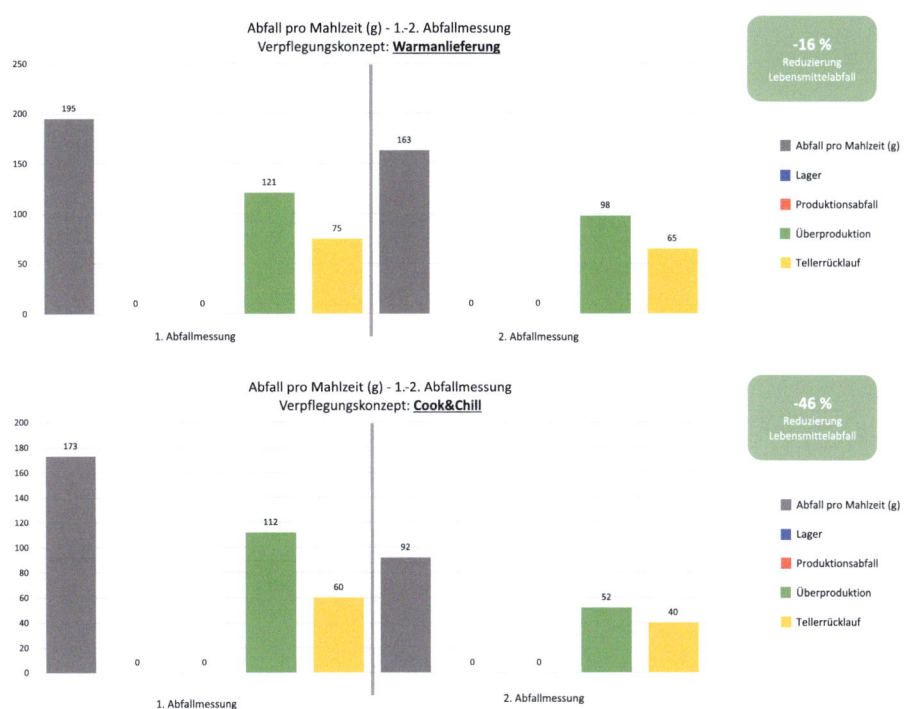

Abb. 22.4 Gegenüberstellung der Verpflegungskonzepte Warmanlieferung und Cook & Chill. (Quelle: United Against Waste e. V.)

Teilnehmende Einrichtungen: 38 Bildungseinrichtungen, darunter Kindergärten, Grundschulen und weiterführende Schulen.

Herausforderungen:

- Verschiedene Verpflegungskonzepte und Essensausgabemethoden (Cook & Chill, Cook & Hold).
- Unterschiedliche Altersgruppen mit spezifischen Verpflegungsbedürfnissen.
- Vielzahl an Anbietern und organisatorische Unterschiede.

Maßnahmen:

- Festlegung einheitlicher Abfallmessmethoden und -verantwortlichkeiten.
- Entwicklung spezifischer Nassmüll-Kennzahlen für Transparenz und Benchmarking.

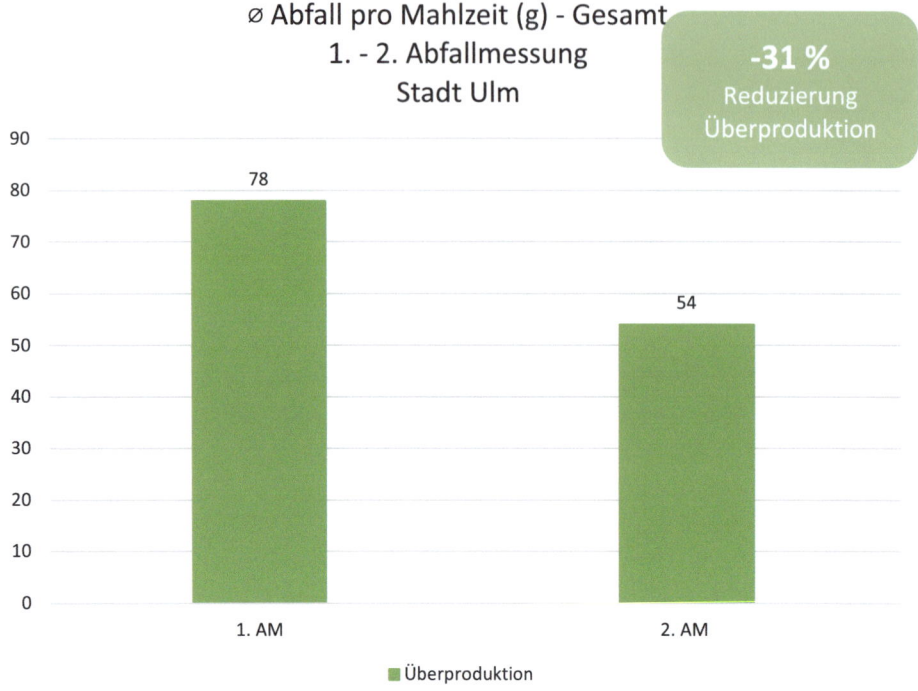

Abb. 22.5 Speiseabfall pro Mahlzeit in Gramm zu zwei unterschiedlichen Zeitpunkten, Stadt Ulm. (Quelle: United Against Foodwaste e. V.)

- Schulung der Verpflegungsbeauftragten und Auswertung der Daten nach Verpflegungskonzept und Zielgruppe.

Ergebnisse:

- Durchschnittliche Abfallreduktion von 21 % pro Mahlzeit.
- Reduktion der Überproduktion um 31 % durch Anpassung der Portionsgrößen.

Besonderheiten: Regelmäßige Evaluierung und Vergleich mit bundesweiten Durchschnittswerten zur Einschätzung der Effizienz und Identifikation von Verbesserungspotenzialen.

22.6 Wirtschaftlich Handeln und gleichzeitig die Umwelt schonen

Die nachhaltige Reduktion von Lebensmittelabfällen bietet AHV-Betrieben nicht nur ökologische, sondern auch wirtschaftliche Vorteile. Indem Großküchen gezielt Abfälle vermeiden, können sie ihre Kosten entlang der gesamten Wertschöpfungskette senken – angefangen beim Einkauf und der Lagerung bis hin zu Herstellung und Entsorgung. So sparen sie nicht nur Geld, sondern leisten gleichzeitig einen aktiven Beitrag zum Klima- und Umweltschutz und fördern eine nachhaltigere Ernährungswirtschaft.

Eine Reduktion von Lebensmittelabfällen bringt erhebliche Einsparpotenziale mit sich. Beispielsweise kann ein Krankenhaus mit etwa 1000 Mahlzeiten täglich durch eine Abfallreduktion von 30 % rund 50.000 € pro Jahr einsparen. In einem Betriebsrestaurant mit 500 täglichen Mahlzeiten entspricht eine ähnliche Reduktion einer Ersparnis von etwa 25.000 € pro Jahr. Diese Einsparungen basieren auf dem durchschnittlichen Abfallkostenwert von etwa 4 € pro Liter – und zeigen, dass ein strategischer Umgang mit Ressourcen wirtschaftlich sinnvoll ist.

Belastbare Daten zur Erreichung der Klimaziele nutzen Deutschland hat sich zur Erreichung der SDGs verpflichtet und strebt eine Senkung von Lebensmittelabfällen um 50 % bis 2030 an. United Against Waste hat mit über 1.300 Analysen (Stand Juni 2024) bereits eine solide Grundlage für diesen Wandel geschaffen. Die Daten aus diesen Untersuchungen zeigen, dass AHV-Betriebe entlang der gesamten Wertschöpfungskette enormes Potenzial zur Abfallvermeidung haben. Um dieses Potenzial auszuschöpfen, bedarf es jedoch kontinuierlicher Abfallmessungen und praxisorientierter Analysen. Es gilt, flächendeckend Instrumente und Standards zu schaffen, die es Betrieben ermöglichen, Abfallmessungen, Abfallanalysen und gezielte Beratungen in ihre Routinen zu integrieren.

Langfristige Reduktion von Lebensmittelabfällen als Beitrag zum Klimaschutz Seit seiner Gründung im Jahr 2012 zeigt United Against Waste, wie man durch einfache, umsetzbare Maßnahmen Ressourcen schonen und gleichzeitig das Klima schützen kann. Die Erreichung des SDG-Ziels 12.3, das auf eine Halbierung der Lebensmittelabfälle abzielt, erfordert jedoch nachhaltige Veränderungen in der AHV. Dazu gehört die Integration von Kriterien zur Reduktion von Lebensmittelabfälle in die Leistungsverzeichnisse aller AHV-Betriebe in Deutschland. Ebenso entscheidend ist die Einbindung verbindlicher Ziele und Programme für die Aus- und Weiterbildung von Fachkräften in der Gemeinschaftsverpflegung. Aufbauend auf den gesammelten Daten von United Against Waste können jetzt konkrete Zielvorgaben für die Branche formuliert und eine nationale Berichterstattung zur SDG-Zielerreichung unterstützt werden.

Freiwillige Verpflichtung und die Rolle der Branche Immer mehr Auftraggeber und öffentliche Einrichtungen fordern mittlerweile von Caterern und Großküchen nachhaltige Prozesse und die Integration von Abfallvermeidungsstrategien. Dies ist ein Schritt in die richtige Richtung, um die gesamte Branche langfristig abfallarm und ressourcenschonend zu gestalten. 2020 entwickelte United Against Waste in Zusammenarbeit mit dem BMEL, dem WWF und der Universität Münster einen umfassenden Masterplan. Dieser Plan umfasst die Einführung einer standardisierten Methodik zur Erfassung von Lebensmittelabfällen, die Definition prioritärer Maßnahmen zur Reduktion und die Festlegung konkreter Reduktionsziele für die AHV bis 2030.

Klima schützen – gemeinsam Lösungen entwickeln In den letzten Jahren haben Bewegungen wie Fridays for Future das Bewusstsein für den Klimaschutz verstärkt, und auch die Politik diskutiert intensiv über Wege zur klimaneutralen Zukunft. Eine CO_2-Bepreisung und staatliche Förderprogramme für klimafreundliche Unternehmen könnten hierbei sinnvolle Instrumente sein. Die Bundesregierung hat gastronomische Betriebe bereits 2022 aufgefordert, ihre Lebensmittelabfälle systematisch zu kontrollieren. Dieser Wandel erfordert jedoch Engagement von allen Akteuren und eine Bereitschaft, in neue Projekte zu investieren, auch wenn die anfänglichen Veränderungen vielleicht klein erscheinen mögen.

Steigende Lebensmittelpreise – Mitmachen lohnt sich Angesichts der kontinuierlich steigenden Preise für Energie und Lebensmittel rückt die Reduktion von Abfällen in der Gastronomie immer stärker in den Fokus. Einsparpotenziale sind erheblich: Bei einer Reduktion von rund 30 % könnten Betriebe je nach Größe bis zu 70.000 € jährlich einsparen. Neben den direkten Kostenersparnissen durch weniger Wareneinsatz und geringere Entsorgungskosten verbessert die Reduzierung der Lebensmittelabfälle auch die Klimabilanz der Betriebe.

Mut zur Transformation Die Transformation zu einer nachhaltigeren und abfallarmen AHV-Branche erfordert Mut und Entschlossenheit. Die Gründung von United Against Waste und die Entwicklung konkreter Maßnahmen haben gezeigt, dass Wandel möglich ist. Bis 2030 strebt der Verein an, dass mindestens ein Drittel der AHV-Betriebe ihre Lebensmittelabfälle um 30 % reduziert. Darüber hinaus gilt es, diese Ziele kontinuierlich anzuheben und in der gesamten Branche weiter voranzutreiben. Diese Transformation braucht den Gestaltungswillen der gesamten Branche – und möglicherweise wird es in Deutschland eines Tages ein verpflichtendes Gesetz gegen Lebensmittelverschwendung geben. Bis dahin bleibt United Against Waste die wichtigste Anlaufstelle für die Reduktion von Lebensmittelabfällen und eine treibende Kraft für nachhaltige Lösungen in der AHV.

Literatur

1. BMEL. (o.J.). *Lebensmittelabfälle in Deutschland: Aktuelle Zahlen zur Höhe der Lebensmittelabfälle nach Sektoren.* https://www.bmel.de/DE/themen/ernaehrung/lebensmittelverschwendung/studie-lebensmittelabfaelle-deutschland.html, Zugegriffen: 06. Nov. 2024.
2. BMEL. (2012). *Zu gut für die Tonne.* https://www.zugutfuerdietonne.de/. Zugegriffen: 25. Nov. 2024.
3. DBU. (2016). *Situationsanalyse zu Lebensmittelverlusten im Einzelhandel, der Außer-Haus-Verpflegung sowie in privaten Haushalten und zum Verbraucherverhalten.* Beauftragt und fachlich begleitet von der Deutschen Bundesstiftung Umwel.
4. FAO. (2011). *Global food losses and food waste – Extent, causes and prevention.* Rome.
5. Kranert, M., Hafner, G., Barabosz, J., Schneider, F., Lebersorger, S., Scherhaufer, S., Schuller, H., & Leverenz, D. (2012). *Ermittlung der weggeworfenen Lebensmittelmengen und Vorschläge zur Verminderung der Wegwerfrate bei Lebensmitteln in Deutschland.* Universität Stuttgart, Institut für Siedlungswasserbau, Wassergüte- und Abfallwirtschaft.
6. Kuntscher, M., Schmidt, T. G., & Goossens, Y. (2020). *Lebensmittelabfälle in der AHV – Ursachen, Hindernisse und Perspektiven.* Thünen Working Paper 161. Braunschweig.
7. Statistisches Bundesamt. (2022). *Abfallwirtschaft: Lebensmittelabfälle in Deutschland.* https://www.destatis.de/DE/Themen/Gesellschaft-Umwelt/Umwelt/Abfallwirtschaft/Tabellen/lebensmittelabfaelle.html. Zugegriffen: 06. Nov. 2024.
8. Tagesschau. (2010). *Wie man aus weggeworfenen Lebensmitteln ein Essen zubereitet.* https://www.tagesschau.de/multimedia/sendung/tagesthemen/sendungsbeitrag-ts-42338.html. Zugegriffen: 25. Nov. 2024.
9. UN. (2015). *Transforming our world: The 2030 Agenda for Sustainable Development.* Resolution adopted by the General Assembly on 25 September 2015. A/RES/70/1.
10. United Against Waste e.V. (o.J.). *Über United Against Waste e.V.* https://www.united-against-waste.de/. Zugegriffen: 19. Nov. 2024.
11. United Against Waste e.V. (2019). *Dialogforum.* https://www.united-against-waste.de/lebensmittelabfall/dialogforum. Zugegriffen: 25. Nov. 2024.
12. WWF Deutschland (2015). *Das große Wegschmeißen. Vom Acker bis zum Verbraucher: Ausmaß und Umwelteffekte der Lebensmittelverschwendung in Deutschland.* Berlin.
13. WWF Deutschland. (2016). *Auf Worte müssen Taten folgen: 50 % weniger Lebensmittelverschwendung bis 2030!* Positionspapier zum Thema Lebensmittelverschwendung 2016. Berlin.
14. WWF Deutschland. (2018). *Lebensmittelverschwendung: Was tut die Politik? Ein Blick auf die Bundesländer.* Berlin.

Torsten von Borstel entwickelt zukunftsweisende Kampagnen und Konzepte, die aufzeigen, wie Unternehmen das Thema Nachhaltigkeit mit ihrem Kerngeschäft verbinden können. Schwerpunkt seiner Arbeit ist die Entwicklung und Vermarktung von nachhaltigen Marken und Produkten, sozusagen Klimaschutz zum Anfassen. Im September 2012 startete Torsten v. Borstel mit „United Against Waste e. V." eine Initiative für den Food-Service-Markt, um Köche und die Industrie darauf aufmerksam zu machen, dass der Kampf gegen die Verschwendung von Lebensmitteln machbar ist und zudem Geld spart. Gemeinsam mit den Initiatoren und Mitgliedern entwickelt er Lösungen zur Reduktion von Lebensmittelabfällen, speziell für den Außer-Haus-Markt. Darüber hinaus hat von Borstel die vom Bundesministerium geförderte Kompetenzstelle AHV (KAHV) aufgebaut und zeichnet maßgeblich für deren Erfolg verantwortlich.

Transformative Führung

Die Rolle von Managerinnen und Managern für die Nachhaltigkeitstransformation von Unternehmen

23

Mathias Kollmann

> **Zusammenfassung**
>
> Dieses Kapitel widmet sich der Untersuchung der zentralen Bedeutung der Denkweisen von Führungskräften in Bezug auf die Umsetzung und Förderung von Nachhaltigkeitsstrategien innerhalb von Unternehmen. Der Fokus liegt auf der Rolle von Mentoring, Ausbildung und persönlicher Weiterentwicklung zur Förderung eines nachhaltigen Denkens. Zusätzlich wird die Relevanz einer unterstützenden Unternehmenskultur hervorgehoben. Es wird untersucht, wie ethische Prinzipien und integrer Führungsstil die Entscheidungsfindung beeinflussen und zur Verankerung nachhaltiger Praktiken beitragen. Weiterhin werden die Herausforderungen und Chancen beleuchtet, die sich aus technologischen Innovationen, Globalisierung, veränderten Kundenanforderungen und regulatorischen Entwicklungen ergeben. Das Kapitel zielt darauf ab, die Notwendigkeit kontinuierlicher Weiterbildung und Selbstreflexion für Managerinnen und Managern aufzuzeigen, um den komplexen Anforderungen der Nachhaltigkeitstransformation gerecht zu werden und eine ganzheitliche nachhaltige Unternehmensführung zu fördern.

M. Kollmann (✉)
Wilhelm Egle GmbH, Pfaffenhofen an der Roth, Deutschland
E-Mail: mathias.kollmann@outlook.de

© Der/die Autor(en), exklusiv lizenziert an Springer Fachmedien Wiesbaden GmbH, ein Teil von Springer Nature 2025
C. Hutter (Hrsg.), *Food Management und Nachhaltigkeit,* SDG - Forschung, Konzepte, Lösungsansätze zur Nachhaltigkeit, https://doi.org/10.1007/978-3-658-47934-3_23

23.1 Hintergrund und Motivation des Themas

Die Dringlichkeit der Nachhaltigkeitstransformation[1] von Unternehmen hat in den vergangenen Jahren erheblich zugenommen. Angesichts globaler Herausforderungen wie Klimawandel, Ressourcenknappheit[2] und sozialer Ungleichheit müssen Unternehmen ihre Geschäftsmodelle überdenken und nachhaltige Praktiken integrieren. Die Motivation für dieses Thema entspringt der Überzeugung, dass das Management als Schlüsselfunktion in der Unternehmensführung eine entscheidende Rolle bei der Gestaltung einer nachhaltigen Zukunft spielt. Ihre Entscheidungen haben weitreichende Auswirkungen auf die Umwelt, die Gesellschaft und die Wirtschaft. Daher ist es essenziell, dass Führungskräfte ein tiefes Verständnis für Nachhaltigkeit entwickeln und in ihre strategischen Überlegungen einbeziehen.

Perspektive der Managerinnen und Manager auf die Nachhaltigkeitstransformation

Die Top-Führungskräfte befinden sich an der Schnittstelle zwischen Unternehmenszielen und gesellschaftlichen Erwartungen. Sie müssen nicht nur wirtschaftliche Ziele verfolgen, sondern auch ökologische und soziale Verantwortung übernehmen. Die Perspektive der Managerinnen und Manager auf die Nachhaltigkeitstransformation ist daher von zentraler Bedeutung. In diesem Kapitel wird erläutert, wie diese durch persönliche Weiterentwicklung und den Austausch mit Gleichgesinnten ein nachhaltiges Mindset[3] entwickeln können. Dies umfasst sowohl die Reflexion eigener Werte als auch die Bereitschaft, kontinuierlich zu lernen und sich anzupassen. Managerinnen und Manager sind die Schlüsselakteure in der Nachhaltigkeitstransformation von Unternehmen. Ihre Führungsstärke, Vision und Engagement bestimmen maßgeblich den Erfolg nachhaltiger Initiativen. Der Autor hat in seiner beruflichen Laufbahn persönlich erfahren, wie wichtig es ist, als Manager eine klare Vision für Nachhaltigkeit zu entwickeln und diese konsequent zu verfolgen [12]. Die Führungskräfte haben die Verantwortung, Nachhaltigkeitsziele in die Unternehmensstrategie zu integrieren und sicherzustellen, dass diese Ziele auf allen Ebenen der Organisation umgesetzt werden.

Bedeutung der Nachhaltigkeit im Managementkontext

Die Bedeutung der Nachhaltigkeit im Managementkontext kann nicht hoch genug eingeschätzt werden. Nachhaltigkeit ist mehr als ein Trend; sie ist eine Notwendigkeit für das langfristige Überleben und den Erfolg von Unternehmen. Nachhaltigkeit kann zur Verbesserung der betrieblichen Effizienz, zur Risikominderung und zur Stärkung der

---

[1] Nachhaltigkeitstransformation bezeichnet den Prozess, durch den Unternehmen ihre Geschäftsmodelle und -praktiken grundlegend ändern, um ökologische, soziale und ökonomische Nachhaltigkeit zu erreichen.

[2] Ressourcenknappheit bezieht sich auf die begrenzte Verfügbarkeit natürlicher Ressourcen, die für die Produktion und den Konsum von Gütern und Dienstleistungen erforderlich sind.

[3] Mindset beschreibt die grundlegende Denkweise oder Einstellung einer Person, die ihre Wahrnehmung, ihr Verhalten und ihre Entscheidungsfindung beeinflusst.

Marktposition beitragen. Unternehmen, die Nachhaltigkeit in ihre Kernstrategien integrieren, sind besser gerüstet, um den Herausforderungen der Zukunft zu begegnen und langfristigen Wert zu schaffen [11]. Das Konzept der Nachhaltigkeit in der Unternehmensführung basiert auf der Integration ökologischer, sozialer und ökonomischer Aspekte. Es geht darum, eine Balance zwischen diesen Dimensionen zu finden und sicherzustellen, dass Unternehmensentscheidungen sowohl kurzfristige als auch langfristige Auswirkungen berücksichtigen. Hierzu werden verschiedene Modelle der Nachhaltigkeit, wie das Triple-Bottom-Line-Modell[4] und das Vorrangmodell[5] diskutiert und wie diese in der Praxis angewendet werden können [11].

23.2 Bedeutung des Manager-Mindsets für nachhaltige Entscheidungen

Die Denkweise von Führungskräften ist entscheidend für die Umsetzung nachhaltiger Strategien. Ein nachhaltigkeitsorientiertes Mindset erweitert die traditionellen finanziellen und operativen Ziele und berücksichtigt die langfristigen ökologischen, sozialen und ökonomischen Auswirkungen. Führungskräfte mit dieser Denkweise integrieren Nachhaltigkeit in ihre tägliche Arbeit, was zu einem bewussteren und verantwortungsbewussteren Entscheidungsprozess führt. Eine nachhaltige Sichtweise fördert die ganzheitliche Betrachtung der Wechselwirkungen zwischen Unternehmensaktivitäten und Umwelt. Dies führt zu einem stärkeren Fokus auf langfristige Werte und Ressourcenschutz, anstatt kurzfristige Gewinne zu maximieren. Solche Führungskräfte entwickeln und implementieren innovative Lösungen, die sowohl dem Unternehmen als auch der Gesellschaft und der Umwelt zugutekommen [19].

Einfluss des Manager-Mindsets auf die Umsetzung von Nachhaltigkeitszielen

Die Denkweise der Führungskräfte beeinflusst maßgeblich die Formulierung und Verfolgung von Nachhaltigkeitszielen. Proaktive Maßnahmen zur Entwicklung und Umsetzung von Nachhaltigkeitsstrategien werden ergriffen, wobei Nachhaltigkeit in alle Geschäftsbereiche integriert wird. Ein nachhaltiges Mindset fördert Transparenz und Offenheit in der Kommunikation, was das Vertrauen und die Zusammenarbeit mit Stakeholdern[6] stärkt. Durch transparente Berichterstattung über Fortschritte und Herausforderungen im Bereich Nachhaltigkeit gewinnen Führungskräfte das Engagement

---

[4] Triple-Bottom-Line (TBL) ist ein Konzept im Management, das besagt, dass Unternehmen nicht nur wirtschaftliche, sondern auch ökologische und soziale Verantwortlichkeiten tragen. Es bewertet die Unternehmensleistung anhand von drei Dimensionen: Profit, Planet und People.

[5] Das Vorrangmodell ist ein Ansatz im Nachhaltigkeitsmanagement, der bestimmten Nachhaltigkeitszielen oder -aspekten Priorität einräumt, um sicherzustellen, dass die dringendsten und wichtigsten ökologischen, sozialen oder ökonomischen Herausforderungen zuerst angegangen werden.

[6] Stakeholder sind Personen oder Gruppen, die ein berechtigtes Interesse am Handeln und den Entscheidungen eines Unternehmens haben. Dazu gehören unter anderem Mitarbeiter, Kunden, Lieferanten, Investoren, Gemeinschaften und Regulierungsbehörden.

der Stakeholder und erleichtern die Umsetzung der Nachhaltigkeitsziele. Führungskräfte mit einem nachhaltigen Mindset setzen auf kontinuierliche Verbesserung, lernen aus Fehlern und Rückschlägen und fördern Innovation und Kreativität zur Erreichung der Nachhaltigkeitsziele [5].

Vergleich zwischen traditionellem und nachhaltigkeitsorientiertem Mindset

Das traditionelle Management-Mindset fokussiert sich auf die Maximierung des Shareholder-Value[7] und kurzfristige finanzielle Gewinne. Führungskräfte, die dieser Denkweise folgen, konzentrieren sich auf operative Effizienz, Kostenminimierung und Umsatzsteigerung, wobei Nachhaltigkeitsaspekte oft als zweitrangig betrachtet werden. Ein traditionelles Mindset sieht Nachhaltigkeit häufig als Kostenfaktor oder Marketinginstrument zur Imageverbesserung, anstatt als integralen Bestandteil der Geschäftsstrategie.

Ein nachhaltigkeitsorientiertes Mindset betrachtet Nachhaltigkeit als zentrale Säule der Unternehmensstrategie. Führungskräfte mit dieser Denkweise erkennen die Notwendigkeit ökologischer und sozialer Verantwortung und streben danach, langfristige Werte zu schaffen. Nachhaltigkeit wird als Chance zur Innovation und Erschließung neuer Märkte gesehen. Solche Führungskräfte integrieren Nachhaltigkeit in alle Geschäftsprozesse und Entscheidungen, verfolgen eine ganzheitliche Betrachtungsweise und berücksichtigen die langfristigen Auswirkungen auf Umwelt und Gesellschaft.

Die Unterschiede zwischen einem traditionellen und einem nachhaltigkeitsorientierten Management-Mindset haben erhebliche Auswirkungen auf die Unternehmensführung. Ein traditionelles Mindset führt zu kurzfristigen Entscheidungen, die die langfristige Wettbewerbsfähigkeit und Stabilität des Unternehmens gefährden können. Führungskräfte, die sich auf kurzfristige Gewinne konzentrieren, ignorieren oft Risiken aus ökologischen oder sozialen Problemen. Ein nachhaltiges Mindset hingegen fördert langfristiges Denken und die Schaffung nachhaltiger Werte. Führungskräfte mit diesem Mindset investieren in nachhaltige Technologien und Prozesse, minimieren Umweltauswirkungen und verbessern soziale Bedingungen, was die Resilienz des Unternehmens gegenüber externen Schocks stärkt und die Attraktivität für nachhaltigkeitsorientierte Investoren erhöht. Zudem schaffen sie eine positive Unternehmenskultur, die Kreativität und Innovation fördert, was zur Wettbewerbsfähigkeit und nachhaltigem Wachstum beiträgt.

Persönliche Transformation des Autors

Die persönliche Transformation des Autors begann mit der Erkenntnis, dass traditionelle Managementansätze den modernen Herausforderungen nicht gerecht wurden. Als Geschäftsführer eines renommierten Herstellers in der Biolebensmittelbranche erkannte er, dass kurzfristige finanzielle Erfolge oft auf Kosten der Umwelt und Gesellschaft erzielt wurden. Diese Einsicht führte zu einer tiefgehenden Selbstreflexion und dem Entschluss, seine Führungsphilosophie grundlegend zu ändern. Intensive Auseinandersetzung mit den Prinzipien der Nachhaltigkeit und der Austausch mit Expertinnen und Experten halfen ihm, ein nachhaltigkeitsorientiertes Mindset zu entwickeln, das sein Handeln und seine

---

[7] Shareholder-Value bezeichnet den finanziellen Wert, den ein Unternehmen seinen Aktionären durch steigende Aktienkurse und Dividenden bietet.

Entscheidungen leitete. Diese neue Denkweise ermöglichte es ihm, innovative Ansätze zu entwickeln, die ökologisch und ökonomisch vorteilhaft sind, in umweltfreundliche Technologien und nachhaltige Praktiken zu investieren und die Betriebskosten zu senken sowie das Ansehen des Unternehmens zu stärken [12].

Ein Beispiel für die Veränderung im Denken und Handeln war die Einführung einer umfassenden Nachhaltigkeitsstrategie im Unternehmen. Diese umfasste Maßnahmen zur Reduzierung des Energie- und Wasserverbrauchs, Umstellung auf erneuerbare Energien und Förderung fairer Arbeitsbedingungen. Diese Maßnahmen reduzierten die Umweltauswirkungen erheblich und steigerten die Zufriedenheit und Motivation der Mitarbeiterinnen und Mitarbeiter. Ein weiteres Beispiel war die Etablierung eines transparenten Berichtssystems zur regelmäßigen Dokumentation und Kommunikation der Fortschritte im Bereich Nachhaltigkeit. Diese Transparenz steigerte das Vertrauen der Stakeholder. Insgesamt trug die Entwicklung einer nachhaltigkeitsorientierten Mentalität dazu bei, das Unternehmen erfolgreich und zukunftsfähig zu machen [12].

23.3 Herausforderungen und Chancen bei der Implementierung von Nachhaltigkeit

Die Implementierung von Nachhaltigkeitsstrategien erfordert ein tiefes Verständnis der damit verbundenen Herausforderungen, Chancen und Wechselwirkungen. Unternehmen stehen vor der Aufgabe, ökologische, soziale und wirtschaftliche Aspekte in ihre Geschäftsprozesse zu integrieren, um langfristig wettbewerbsfähig zu bleiben. Dabei beeinflussen interne Strukturen, externe Rahmenbedingungen sowie das Nachhaltigkeitsverständnis der Führungsebene maßgeblich die Erfolgsaussichten solcher Initiativen.

23.3.1 Herausforderungen bei der Implementierung von Nachhaltigkeit

Die Implementierung von Nachhaltigkeitsstrategien stellt das Management vor eine Vielzahl von Herausforderungen und Barrieren, die sowohl intern als auch extern auftreten können. Zu den Hauptbarrieren gehören [17]:

- **Kurzfristige Gewinnorientierung**: Viele Unternehmen und deren Management sind auf kurzfristige finanzielle Ergebnisse fokussiert, was oft zu einer Vernachlässigung langfristiger Nachhaltigkeitsziele führt. Diese kurzfristige Denkweise wird durch den Druck der Investoren und den Wettbewerb verstärkt.

- **Mangelnde Ressourcen**: Die Umsetzung von Nachhaltigkeitsinitiativen erfordert häufig erhebliche Investitionen in neue Technologien, Schulungen und Prozessänderungen. Viele Unternehmen verfügen jedoch entweder nicht über ausreichende finanzielle Ressourcen oder sind nicht bereit, diese zuzuweisen.
- **Widerstand in Organisationen**: Veränderungen hin zur Nachhaltigkeit können auf Widerstand stoßen, insbesondere wenn Mitarbeiterinnen und Mitarbeiter und Führungskräfte die Notwendigkeit und den Nutzen solcher Maßnahmen nicht verstehen oder akzeptieren. Dieser Widerstand kann von einer tief verwurzelten Unternehmenskultur ausgehen, die Veränderungen skeptisch gegenübersteht.
- **Mangel an Wissen und Kompetenz**: Führungskräfte und Mitarbeiterinnen und Mitarbeiter verfügen nicht immer über das ausreichende Wissen und die erforderliche Kompetenz, um Nachhaltigkeitsstrategien effektiv zu entwickeln und umzusetzen. Dies kann dazu führen, dass Nachhaltigkeitsziele nicht erreicht oder nur oberflächlich behandelt werden.
- **Unzureichende Unterstützung durch die Unternehmensführung**: Ohne die aktive Unterstützung und das Engagement der obersten Führungsebene ist es schwierig, Nachhaltigkeitsinitiativen erfolgreich umzusetzen. Führungskräfte müssen als Vorbilder agieren und Nachhaltigkeit als zentrale Unternehmensstrategie vorantreiben.
- **Regulatorische und Marktunsicherheiten**: Unsicherheit über zukünftige regulatorische Anforderungen und Marktbedingungen kann Unternehmen davon abhalten, in nachhaltige Praktiken zu investieren. Unternehmen sind oft zögerlich, weil sie nicht sicher sind, ob sich ihre Investitionen in Nachhaltigkeit in einem volatilen Marktumfeld auszahlen werden.

Ursachen und Auswirkungen dieser Barrieren

Die Ursachen für diese Barrieren sind vielfältig und tief verwurzelt. Die traditionelle betriebswirtschaftliche Ausbildung und Praxis legen oft den Schwerpunkt auf kurzfristige finanzielle Leistungsindikatoren, was dazu führt, dass langfristige und nicht finanzielle Ziele wie Nachhaltigkeit weniger Beachtung finden. Diese Denkweise wird oftmals durch den Druck der Investoren verstärkt, die schnelle finanzielle Renditen erwarten. Die mangelnde Verfügbarkeit von Ressourcen kann auf die Priorisierung anderer Geschäftsziele zurückzuführen sein, die als dringlicher oder rentabler angesehen werden. Überdies kann ein unzureichendes Verständnis der wirtschaftlichen Vorteile von Nachhaltigkeit dazu führen, dass Unternehmen nicht bereit sind, in diese Bereiche zu investieren. Der interne Widerstand gegen Nachhaltigkeitsinitiativen kann durch eine unzureichende Sensibilisierung und Ausbildung der Mitarbeiterinnen und Mitarbeiter verursacht werden. Wenn die Belegschaft nicht versteht, warum Nachhaltigkeit wichtig ist und wie sie zur langfristigen Stabilität und zum Erfolg des Unternehmens beitragen kann, wird sie Veränderungen ablehnen. Mangelndes Wissen und Kompetenz im Bereich Nachhaltigkeit können auf unzureichende Bildungs- und Weiterbildungsprogramme zurückgeführt werden. Viele Führungskräfte und Mitarbeiterinnen und Mitarbeiter haben nie eine formale Ausbildung im Bereich nachhaltiges Management absolviert und sind daher nicht angemessen vorbereitet, um diesen Herausforderungen zu begegnen. Die unzureichende Unterstützung durch die Unternehmensführung kann das Ergebnis eines fehlenden Bewusstseins oder Interesses an Nachhaltigkeitsthemen sein. Ohne eine klare Vision und starke Führung wird es schwierig, die gesamte Organisation auf einen nachhaltigen Kurs zu bringen. Regulatorische und Marktunsicherheiten können Unternehmen verunsichern und dazu führen, dass sie sich zurückhalten, in nachhaltige Technologien und Prozesse zu investieren. Eine Unsicherheit kann durch eine unklare Gesetzgebung und Marktbedingungen verstärkt werden. Die Auswirkungen dieser Barrieren können erheblich sein. Unternehmen, die es versäumen, Nachhaltigkeit zu integrieren, riskieren nicht nur regulatorische Strafen und Reputationsschäden, sondern auch den Verlust von Wettbewerbsvorteilen. Nachhaltigkeitsorientierte Unternehmen hingegen können von zahlreichen Vorteilen profitieren, einschließlich Kosteneinsparungen, erhöhter Kundenbindung und verbesserter Mitarbeiterzufriedenheit.

23.3.2 Chancen durch nachhaltiges Handeln

Trotz der Herausforderungen bietet die Implementierung von Nachhaltigkeitsstrategien zahlreiche Chancen für das Management und das Unternehmen. Nachhaltigkeit kann als Hebel für Innovation, Effizienzsteigerung und langfristigen Erfolg dienen.

- **Wettbewerbsvorteil**: Unternehmen, die Nachhaltigkeit in ihre Geschäftsstrategie integrieren, können sich von ihren Wettbewerbern abheben. Sie können neue Marktsegmente erschließen und ihre Marke als verantwortungsvoll und zukunftsorientiert positionieren.
- **Kosteneinsparungen**: Nachhaltigkeitsmaßnahmen wie Energieeinsparungen, Abfallreduktion und Ressourceneffizienz können zu erheblichen Kosteneinsparungen führen. Unternehmen können ihre Betriebskosten senken und gleichzeitig ihre Umweltauswirkungen reduzieren.
- **Mitarbeiterengagement und -zufriedenheit**: Mitarbeiterinnen und Mitarbeiter, die in einem nachhaltig ausgerichteten Unternehmen arbeiten, sind oft motivierter und engagierter. Sie identifizieren sich stärker mit den Unternehmenswerten und tragen aktiv zur Erreichung der Nachhaltigkeitsziele bei.

- **Kundenzufriedenheit und Loyalität**: Verbraucherinnen und Verbraucher legen zunehmend Wert auf Nachhaltigkeit und bevorzugen Unternehmen, die verantwortungsvoll handeln. Unternehmen, die ihre Nachhaltigkeitsabsichten transparent kommunizieren, können die Kundenzufriedenheit und -loyalität steigern.
- **Risikomanagement**: Nachhaltigkeitsstrategien helfen Unternehmen, Risiken zu identifizieren und zu minimieren. Dazu gehören regulatorische Risiken, Reputationsrisiken und Risiken im Zusammenhang mit Ressourcenknappheit.

Beispiele für positive Auswirkungen auf Unternehmen und Gesellschaft

Patagonia ist ein Beispiel für die positiven Auswirkungen nachhaltigen Managements. Durch seine konsequenten Nachhaltigkeitsbemühungen hat Patagonia nicht nur seine Umweltauswirkungen reduziert, sondern auch eine starke und loyale Kundenbasis aufgebaut. Das Unternehmen setzt auf umweltfreundliche Materialien, faire Arbeitsbedingungen und transparente Berichterstattung, was zu einer positiven Wahrnehmung und einem gesteigerten Umsatz geführt hat [15].

Ein weiteres Beispiel ist Unilever, das unter der Führung von Paul Polman[8] nachhaltige Praktiken in seine Unternehmensstrategie, den sogenannten Sustainable Living Plan, integriert hat. Durch die Förderung von nachhaltigen Produkten und die Reduktion der Umweltauswirkungen konnte Unilever nicht nur seine Marktposition stärken, sondern auch die Kosten senken und die Effizienz steigern. Die Nachhaltigkeitsstrategie hat zu einer erhöhten Mitarbeiterzufriedenheit und einem positiven Unternehmensimage beigetragen [6].

Diese Beispiele zeigen, dass nachhaltiges Management nicht nur ethisch und ökologisch vorteilhaft ist, sondern auch wirtschaftlich erfolgreich sein kann. Unternehmen, die Nachhaltigkeit ernst nehmen, können langfristig profitieren und einen positiven Beitrag zur Gesellschaft leisten.

Einfluss von Nachhaltigkeitsverständnis auf das Entscheidungsverhalten des Managements

Das Verständnis von Nachhaltigkeit beeinflusst das Entscheidungsverhalten von Führungskräften maßgeblich. Sobald sie die Bedeutung von Nachhaltigkeit erkannt haben, treffen sie Entscheidungen, die langfristige ökologische, soziale und ökonomische Auswirkungen berücksichtigen. Nachhaltigkeit ist nicht nur eine ethische Verpflichtung, sondern eine strategische Notwendigkeit. Ein tiefes Verständnis von Nachhaltigkeit führt dazu, dass Führungskräfte proaktiver agieren und innovative Lösungen suchen. Sie sind bereit, in nachhaltige Prozesse zu investieren und ihre Geschäftsmodelle entsprechend anzupassen, um den sich ändernden Marktanforderungen und regulatorischen Vorgaben gerecht zu werden. Sie erkennen die Vorteile eines nachhaltigen Ansatzes und setzen sich aktiv für dessen Umsetzung ein [13].

---

[8] Paul Polman ist ein niederländischer Geschäftsmann, der von 2009 bis 2019 als CEO von Unilever tätig war und bekannt für seine nachhaltigkeitsorientierte Unternehmensführung ist.

Wechselwirkung zwischen Wissen, Einstellung und Handlungen im Bereich Nachhaltigkeit

Die Wechselwirkung zwischen Wissen, Einstellung und Handlungen im Bereich Nachhaltigkeit ist komplex und dynamisch. Das Wissen über Nachhaltigkeit bildet die Grundlage für eine positive Einstellung und fördert nachhaltiges Verhalten. Ein Management, das gut informiert ist, versteht die Bedeutung von Nachhaltigkeit und die damit verbundenen Chancen und Risiken. Eine positive Einstellung zur Nachhaltigkeit ist ein wichtiger Faktor für die Umsetzung nachhaltiger Maßnahmen. Sobald die Vorteile von Nachhaltigkeit erkannt werden, steigt die Motivation, entsprechende Strategien zu entwickeln und umzusetzen. Diese Einstellung beeinflusst ihre Handlungen und führt zu einer proaktiven Herangehensweise an Nachhaltigkeitsinitiativen. Die Handlungen von Führungskräften spiegeln ihre Kenntnisse und Einstellungen wider. Sie implementieren Maßnahmen zur Reduktion der Umweltauswirkungen, fördern soziale Verantwortung und integrieren Nachhaltigkeit in alle Geschäftsprozesse. Ihr Ziel ist es, langfristige Werte zu schaffen und die Widerstandsfähigkeit des Unternehmens zu stärken. Das Verständnis von Nachhaltigkeit hat einen erheblichen Einfluss auf das Entscheidungsverhalten und die Handlungen von Führungskräften.

23.4 Strategien und Werkzeuge für ein nachhaltiges Mindset

Nachhaltigkeit erfordert eine umfassende Transformation von Denkweisen, Strategien und Prozessen auf allen Unternehmensebenen. Die folgenden Strategien und Werkzeuge bieten praxisorientierte Ansätze, um ein nachhaltiges Mindset bei Führungskräften zu fördern und deren Integration in die unternehmerische Praxis zu unterstützen. Sie adressieren zentrale Handlungsfelder, die für die Umsetzung langfristiger Nachhaltigkeitsziele von Bedeutung sind.

Förderung eines nachhaltigen Mindsets bei Managerinnen und Managern

Die Förderung nachhaltiger Denkweisen bei Führungskräften erfordert einen systematischen Ansatz, der verschiedene Methoden und Strategien umfasst. Zunächst ist die Bewusstseinsschaffung von zentraler Bedeutung. Sensibilisierungsprogramme und Workshops, die die globalen ökologischen und sozialen Herausforderungen thematisieren, sind essenziell. Diese sollen das Bewusstsein für die Dringlichkeit von Nachhaltigkeitsfragen schärfen und die Bedeutung nachhaltigen Handelns verdeutlichen. Ein weiterer wichtiger Aspekt ist die Integration von Nachhaltigkeitszielen in die Unternehmensstrategie und die individuellen Leistungsziele für das Management. Durch die Festlegung klarer, messbarer Nachhaltigkeitsziele, die regelmäßig überwacht und bewertet werden, wird nachhaltiges Denken gefördert. Diese Ziele sollten tief in die Unternehmensstruktur eingebettet sein, um sicherzustellen, dass alle Ebenen der Organisation daran arbeiten, nachhaltige Ergebnisse zu erzielen.

Der Austausch von Best Practices[9] innerhalb des Unternehmens und mit externen Partnern ist ebenfalls entscheidend. Sie können durch interne Plattformen, Netzwerktreffen und Konferenzen voneinander lernen und erfolgreiche nachhaltige Ansätze adaptieren. Dieser kontinuierliche Austausch unterstützt die Verbreitung innovativer Ideen und bewährter Verfahren, die zur Erreichung der Nachhaltigkeitsziele beitragen. Mentoring und Coaching helfen Führungskräften bei der Integration nachhaltiger Prinzipien in ihre Arbeit. Erfahrene Nachhaltigkeitsexpertinnen und -experten können als Mentorinnen und Mentoren oder Coaches fungieren, um individuelle Herausforderungen zu erleichtern und nachhaltiges Handeln zu fördern. Diese persönliche Unterstützung ist besonders effektiv, da sie auf die spezifischen Bedürfnisse und Situationen der Führungskräfte zugeschnitten ist. Schließlich kann die Einführung von Gamification-Elementen das Engagement des Managements für nachhaltige Praktiken erheblich steigern. Nachhaltigkeits-Challenges oder Wettbewerbe machen das Lernen und die Umsetzung von Nachhaltigkeitsstrategien spielerisch und motivierend. Diese Ansätze fördern nicht nur das Engagement, sondern auch die Kreativität und den Teamgeist innerhalb der Organisation, indem sie Führungskräfte dazu anregen, innovative Lösungen für nachhaltige Herausforderungen zu entwickeln. Die Förderung eines nachhaltigen Mindsets bei Führungskräften erfordert eine Kombination aus Bewusstseinsschaffung, integrierten Zielen, Best Practice Sharing, Mentoring und Gamification[10]. Durch diese umfassenden und vielfältigen Ansätze können sie effektiv auf die Herausforderungen der Nachhaltigkeit reagieren und dazu beitragen, ihr Unternehmen auf einen nachhaltigeren Kurs zu bringen.

Bedeutung von Bildungsinitiativen für das Verständnis von Nachhaltigkeit

Bildungsinitiativen tragen maßgeblich zur Entwicklung eines langfristig orientierten Denkens bei. Durch gezielte Ausbildungsprogramme können Führungskräfte Wissen und Fähigkeiten erwerben, um Nachhaltigkeitsprinzipien in ihre Geschäftsentscheidungen zu integrieren. Diese Initiativen reichen von formellen Studiengängen über Zertifikatskurse bis zu speziellen Schulungen und Workshops. Ein fundiertes Verständnis von Nachhaltigkeit ermöglicht es Führungskräften, die komplexen Zusammenhänge zwischen wirtschaftlichen Aktivitäten und deren ökologischen und sozialen Auswirkungen zu erkennen. Bildung vermittelt nicht nur theoretisches Wissen, sondern auch praktische Ansätze und Werkzeuge, um nachhaltige Strategien zu entwickeln und umzusetzen. Ausbildung und Weiterbildung fördern ein tiefgreifendes Verständnis von Nachhaltigkeit und dessen Bedeutung für langfristigen Unternehmenserfolg. Durch kontinuierliche Weiterbildung können Führungskräfte auf dem neuesten Stand der Entwicklungen und Best Practices bleiben und ihre Fähigkeiten entsprechend anpassen. Durch die Nutzung interaktiver und praxisorientierter Lernmethoden können Führungskräfte das erworbene Wissen unmittelbar in die Praxis umsetzen und reflektieren. Dies stärkt das Vertrauen in

---

[9] Best Practices sind bewährte, erfolgreiche Methoden oder Verfahren, die als Vorbild dienen und helfen, optimale Ergebnisse in einem bestimmten Bereich zu erzielen.

[10] Gamification bezeichnet die Anwendung spieltypischer Elemente und Prinzipien in nichtspielerischen Kontexten, um Motivation, Engagement und Benutzerverhalten zu fördern.

ihre Fähigkeit, nachhaltige Veränderungen umzusetzen, und fördert ein proaktives und innovationsorientiertes Denken [16].

Einfluss der Unternehmenskultur auf ein nachhaltiges Mindset

Die Unternehmenskultur hat einen erheblichen Einfluss auf das Denken und Handeln des Managements in Bezug auf Nachhaltigkeit. Eine Kultur, die Nachhaltigkeit wertschätzt und fördert, schafft ein Umfeld, in dem nachhaltiges Handeln als Norm wahrgenommen wird. Wenn Nachhaltigkeit tief in den Werten und der Mission des Unternehmens verankert ist, fühlen sich Führungskräfte eher verpflichtet, diese Prinzipien in ihre tägliche Arbeit zu integrieren. Unternehmenskulturen, die Offenheit, Innovation und Zusammenarbeit fördern, unterstützen auch die Entwicklung nachhaltiger Lösungen. Wenn Mitarbeiterinnen und Mitarbeiter und Führungskräfte ermutigt werden, neue Ideen einzubringen und gemeinsam an nachhaltigen Projekten zu arbeiten, entstehen kreative und effektive Ansätze zur Bewältigung ökologischer und sozialer Herausforderungen. Um eine Unternehmenskultur zu gestalten, die Nachhaltigkeit fördert, ist es essenziell, dass Führungskräfte eine Vorbildfunktion übernehmen. Sie sollten Nachhaltigkeit vorleben und diese konsequent in ihren Entscheidungen und Handlungen berücksichtigen, um ein starkes Signal an alle Mitarbeiterinnen und Mitarbeiter zu senden. Die Einbindung der Mitarbeiterinnen und Mitarbeiter in Nachhaltigkeitsinitiativen ist ebenfalls entscheidend. Dies kann durch die Bildung von Arbeitsgruppen, die Ernennung von Botschafterinnen und Botschaftern und regelmäßige Feedback-Schleifen gefördert werden. Transparenz und offene Kommunikation über die Nachhaltigkeitsziele, -strategien und -fortschritte des Unternehmens sind unerlässlich, um das Vertrauen der Mitarbeiterinnen und Mitarbeiter zu gewinnen und deren Engagement zu steigern. Regelmäßige Updates und das Teilen von Erfolgsgeschichten können die Motivation zusätzlich erhöhen. Ebenso wichtig sind Anreize und Belohnungen für nachhaltiges Verhalten. Es ist möglich, durch finanzielle Anreize, Auszeichnungen oder öffentliche Anerkennung nachhaltige Praktiken im Unternehmen zu etablieren. Schließlich sollten kontinuierliche Weiterbildungsmöglichkeiten im Bereich Nachhaltigkeit angeboten werden, um das Wissen und die Fähigkeiten der Mitarbeiterinnen und Mitarbeiter und Führungskräfte zu fördern. Schlussendlich ist die Kombination dieser Elemente entscheidend, um eine nachhaltige Unternehmenskultur zu etablieren und langfristig zu fördern [10].

Stressbewältigung und Wohlbefinden für nachhaltige Entscheidungen

Effizientes Zeitmanagement ist essenziell, um Arbeitsbelastungen zu bewältigen und Überlastungen zu vermeiden. Führungskräfte sollten lernen, Prioritäten zu setzen und Aufgaben zu delegieren, um ihre Zeit optimal zu nutzen. Kurze, regelmäßige Pausen während des Arbeitstages können ebenfalls helfen, Stress abzubauen und die Produktivität zu steigern. Diese Pausen ermöglichen es den Führungskräften, sich zu erholen und ihre Konzentration zu verbessern, was wiederum ihre Fähigkeit stärkt, klare und fundierte Entscheidungen zu treffen. Techniken wie Achtsamkeit und Meditation sind weitere wirksame Methoden, um Stress zu reduzieren und die Konzentration zu verbessern. Diese Praktiken fördern ein Bewusstsein für den gegenwärtigen Moment und helfen Führungskräften, sich auf ihre Aufgaben zu fokussieren, ohne sich von Stress überwältigen zu lassen. Regelmäßige körperliche Betätigung ist ebenfalls ein effektives Mittel, um Stress abzubauen und das allgemeine Wohlbefinden zu fördern. Sport und Bewegung helfen dabei, körperliche Spannungen abzubauen und den Geist zu klären, was die Entscheidungsfähigkeit fördert. Die Gesundheit und das Wohlbefinden der Führungskräfte sind entscheidend für die Fähigkeit, nachhaltige Entscheidungen zu treffen. Stress und Burn-out können die Entscheidungsfindung erheblich beeinträchtigen und zu kurzfristigem Denken führen, das langfristige Nachhaltigkeitsziele gefährdet. Ein ausgewogenes und gesundes Arbeitsumfeld fördert hingegen klareres Denken, Kreativität und die Bereitschaft, langfristig nachhaltige Lösungen zu suchen. Wenn Führungskräfte in einem unterstützenden Umfeld arbeiten und sich wohlfühlen, sind sie eher geneigt, innovative und nachhaltige Strategien zu entwickeln und umzusetzen. Im Ganzen tragen effizientes Zeitmanagement, regelmäßige Pausen, Achtsamkeit und Meditation sowie physische Aktivität dazu bei, das Wohlbefinden der Führungskräfte zu fördern und ihre Fähigkeit zu stärken, nachhaltige Entscheidungen zu treffen. Ein gesundes Arbeitsumfeld unterstützt diese Bemühungen und schafft die Voraussetzungen dafür, dass Führungskräfte langfristige und nachhaltige Lösungen anstreben und umsetzen können [20].

Rolle von Networking und Zusammenarbeit in der Förderung von nachhaltigen Praktiken

Die Zusammenarbeit und das Networking sind entscheidend für den Erfolg nachhaltiger Initiativen. Durch den Austausch von Wissen und Ressourcen können Unternehmen voneinander lernen und gemeinsam innovative Lösungen entwickeln. Netzwerke ermöglichen auch, Partnerschaften zu bilden, die den Zugang zu neuen Märkten und Technologien erleichtern. Relevante Netzwerke, die hierfür zu nutzen sind, umfassen:

- **Branchenverbände und Netzwerke**: Die Teilnahme an Branchenverbänden und Netzwerken wie dem Bundesverband nachhaltige Wirtschaft [2]) ermöglicht den Austausch von Best Practices und die Entwicklung gemeinsamer Standards.
- **Kooperationen mit NGOs und Forschungseinrichtungen**: Die Zusammenarbeit mit Nichtregierungsorganisationen und akademischen Einrichtungen kann dazu beitragen, innovative Lösungen zu entwickeln und das Wissen im Bereich Nachhaltigkeit zu erweitern.
- **Interne Netzwerke**: Die Schaffung interner Netzwerke und Arbeitsgruppen, die sich auf Nachhaltigkeit konzentrieren, fördert den Austausch von Ideen und die Entwicklung gemeinsamer Projekte innerhalb des Unternehmens.

Diese Ansätze und Werkzeuge tragen dazu bei, ein nachhaltiges Mindset bei Führungskräften zu fördern und die Implementierung von Nachhaltigkeitsstrategien in Unternehmen zu unterstützen. Indem sie kontinuierlich lernen, sich vernetzen und in einer unterstützenden Unternehmenskultur arbeiten, können sie nachhaltige Veränderungen effektiv vorantreiben.

Förderung von Innovationsgeist und Kreativität

Innovation und Kreativität sind wesentliche Treiber für nachhaltige Lösungen. Unternehmen sollten daher eine Kultur fördern, die neue Ideen und unkonventionelles Denken unterstützt. Dies kann durch die Einrichtung von Innovationslabors, regelmäßige Brainstorming-Sitzungen und die Schaffung von Freiräumen für kreative Prozesse geschehen. Ein gezielter Ansatz zur Förderung von Innovationen könnte die Einführung eines internen Innovationswettbewerbs sein, bei dem Mitarbeiterinnen und Mitarbeiter ihre Ideen für nachhaltige Projekte einreichen können. Die besten Ideen werden dann mit Ressourcen und Unterstützung ausgestattet, um sie in die Tat umzusetzen. Solche Wettbewerbe können das Engagement der Mitarbeiterinnen und Mitarbeiter erhöhen und gleichzeitig wertvolle neue Ansätze für Nachhaltigkeitsinitiativen hervorbringen.

Nutzung digitaler Technologien zur Förderung der Nachhaltigkeit

Digitale Technologien spielen eine immer wichtigere Rolle bei der Förderung von Nachhaltigkeitszielen. Unternehmen können von der Implementierung digitaler Lösungen profitieren, die Effizienzsteigerungen ermöglichen und gleichzeitig Umweltauswirkungen reduzieren. Beispiele hierfür sind intelligente Energiemanagementsysteme, die den Energieverbrauch optimieren, und digitale Plattformen, die Transparenz in der Lieferkette schaffen. Durch den Einsatz von Big Data und künstlicher Intelligenz können Unternehmen präzise Analysen und Vorhersagen über ihre Umweltauswirkungen erstellen und entsprechend handeln. Diese Technologien ermöglichen es Führungskräften, fundierte Entscheidungen zu treffen und ihre Nachhaltigkeitsstrategien kontinuierlich zu verbessern.

Implementierung von Nachhaltigkeitszertifizierungen und -standards

Nachhaltigkeitszertifizierungen und -standards bieten einen Rahmen für die Umsetzung und Bewertung von Nachhaltigkeitspraktiken. Unternehmen sollten erwägen, anerkannte Zertifizierungen wie ISO 14001[11] für Umweltmanagement oder B Corp[12] für soziale und ökologische Leistung zu verfolgen. Diese Zertifizierungen helfen nicht nur dabei, Nachhaltigkeitsziele zu strukturieren und zu erreichen, sondern verbessern auch die Glaubwürdigkeit und das Ansehen des Unternehmens bei Stakeholdern. Die Einhaltung solcher Standards erfordert eine regelmäßige Überprüfung und Anpassung der Unternehmenspraktiken, was wiederum zu kontinuierlicher Verbesserung und Innovation führt. Durch die Einhaltung strenger Kriterien können Unternehmen sicherstellen, dass ihre Nachhaltigkeitsbemühungen umfassend und effektiv sind.

---

[11] ISO 14001 ist eine internationale Norm, die Anforderungen an ein Umweltmanagementsystem (EMS) festlegt und Unternehmen dabei unterstützt, ihre Umweltleistung durch systematische Prozesse zu verbessern.

[12] B Corp ist eine Zertifizierung für Unternehmen, die hohe Standards in den Bereichen soziale und ökologische Leistung, Transparenz und rechtliche Verantwortung erfüllen. Diese Zertifizierung wird von der gemeinnützigen Organisation B Lab vergeben und erkennt Unternehmen an, die nicht nur profitabel sind, sondern auch einen positiven Einfluss auf Gesellschaft und Umwelt ausüben.

Integration von Nachhaltigkeit in die Lieferkette

Die Integration von Nachhaltigkeitsprinzipien in die Wertschöpfungskette ist entscheidend für den Erfolg umfassender Nachhaltigkeitsstrategien. Unternehmen sollten eng mit ihren Lieferanten zusammenarbeiten, um sicherzustellen, dass nachhaltige Praktiken entlang der gesamten Lieferkette eingehalten werden. Dies umfasst die Auswahl von Lieferanten, die umweltfreundliche und sozial verantwortliche Praktiken anwenden, sowie die Implementierung von Richtlinien zur Reduzierung von Abfall und Emissionen. Transparenz in der Lieferkette ist ein weiterer wichtiger Aspekt. Durch die Nutzung digitaler Plattformen können Unternehmen die Nachverfolgbarkeit ihrer Produkte verbessern und sicherstellen, dass alle Stufen der Lieferkette den Nachhaltigkeitsstandards entsprechen. Dies erhöht das Vertrauen der Kunden und stärkt die Marktposition des Unternehmens.

Förderung einer Kreislaufwirtschaft

Die Kreislaufwirtschaft[13] bietet ein Modell, das den traditionellen linearen Wirtschaftsansatz ersetzt, indem es den Wert von Produkten, Materialien und Ressourcen so lange wie möglich erhält. Unternehmen können durch die Implementierung von Kreislaufwirtschaftsstrategien erheblich zur Nachhaltigkeit beitragen. Dies umfasst Maßnahmen wie Recycling, Wiederverwendung und das Design von Produkten für eine längere Lebensdauer und Reparaturfähigkeit. Führungskräfte sollten Initiativen zur Schaffung geschlossener Kreisläufe unterstützen, bei denen Abfallprodukte als Ressourcen für neue Produktionsprozesse genutzt werden. Solche Ansätze reduzieren nicht nur die Umweltbelastung, sondern können auch Kosteneinsparungen und neue Geschäftsmöglichkeiten schaffen.

23.5 Einfluss nachhaltiger Führungskräfte auf die Unternehmensleistung

Nachhaltige Entscheidungen haben tiefgreifende Auswirkungen auf die finanzielle und operative Leistung eines Unternehmens. In der heutigen Geschäftswelt erkennen immer mehr Unternehmen die Vorteile einer nachhaltigen Unternehmensführung, die über die bloße Erfüllung gesetzlicher Anforderungen hinausgeht und aktiv zur Wertschöpfung beiträgt.

1. Kosteneffizienz und Ressourcenschonung Durch die Implementierung nachhaltiger Praktiken können Unternehmen ihre Betriebskosten senken. Maßnahmen wie Energieeinsparung, Wasserreduktion und Abfallminimierung tragen dazu bei, die Ressourceneffizienz zu erhöhen und gleichzeitig Kosten zu senken. Ein Beispiel hierfür ist das Unternehmen Interface, ein weltweit führender Hersteller von modularen Bodenbelägen, das durch den

---

[13] Kreislaufwirtschaft ist ein Wirtschaftssystem, das darauf abzielt, Ressourcen zu schonen und Abfall zu minimieren, indem Materialien und Produkte durch Wiederverwendung, Reparatur, Recycling und längere Nutzungsdauer im Kreislauf gehalten werden.

Einsatz von recycelten Materialien und energieeffizienten Produktionsprozessen erhebliche Kosteneinsparungen erzielt hat [3].

2. Verbessertes Risikomanagement Ein wesentlicher Vorteil nachhaltiger Entscheidungen ist das verbesserte Risikomanagement. Umwelt- und Sozialrisiken können erhebliche finanzielle und rechtliche Konsequenzen haben. Unternehmen, die proaktiv nachhaltige Praktiken implementieren, sind besser gerüstet, um regulatorische Anforderungen zu erfüllen und Reputationsrisiken zu minimieren. Dies führt zu einer stabileren und sichereren Geschäftstätigkeit, da Unternehmen besser auf mögliche Risiken vorbereitet sind und diese wirkungsvoll managen können [3].

3. Differenzierungsmerkmal auf dem Markt Nachhaltigkeit wird zunehmend zu einem Differenzierungsmerkmal auf dem Markt. Unternehmen, die nachhaltige Praktiken umsetzen, können neue Marktsegmente erschließen und ihre Wettbewerbsfähigkeit stärken [22]. Verbraucherinnen und Verbraucher legen immer mehr Wert auf Nachhaltigkeit, was die Nachfrage nach nachhaltig produzierten Produkten und Dienstleistungen erhöht. Unternehmen wie Patagonia und Unilever haben gezeigt, dass nachhaltige Geschäftsmodelle nicht nur das Markenimage stärken, sondern auch zu Umsatzsteigerungen führen können. Diese Unternehmen nutzen ihre nachhaltigen Praktiken als Verkaufsargument und profitieren von einem positiven Ruf bei umwelt- und sozialbewussten Konsumentinnen und Konsumenten [3].

4. Förderung von Innovationen Nachhaltige Entscheidungen fördern zudem Innovationen innerhalb des Unternehmens. Durch die Suche nach umweltfreundlichen Alternativen und nachhaltigen Lösungen werden Unternehmen dazu angeregt, neue Produkte, Dienstleistungen und Geschäftsmodelle zu entwickeln. Diese Innovationen tragen nicht nur zur Nachhaltigkeit bei, sondern können auch neue Einnahmequellen erschließen und die Wettbewerbsposition stärken. Die kontinuierliche Suche nach nachhaltigeren Lösungen führt zu einem Innovationsschub, der das Unternehmen insgesamt wettbewerbsfähiger macht [7].

5. Bindung und Motivation von Mitarbeiterinnen und Mitarbeiter Ein weiterer positiver Effekt nachhaltiger Unternehmenspraktiken ist die Mitarbeiterbindung und -motivation. Mitarbeiterinnen und Mitarbeiter fühlen sich stärker mit einem Unternehmen verbunden, das ihre Werte teilt und sich für soziale und ökologische Belange einsetzt. Dies führt zu mehr Motivation und Produktivität und verringert die Fluktuation, was langfristig Kosten für Rekrutierung und Schulung neuer Mitarbeiterinnen und Mitarbeiter spart. Nachhaltigkeit am Arbeitsplatz schafft ein positives Arbeitsumfeld, in dem sich Mitarbeiterinnen und Mitarbeiter wertgeschätzt und engagiert fühlen, was sich direkt auf die Leistung und das Engagement der Belegschaft auswirkt [21].

6. Kurz- und langfristige Effekte Kurzfristig können nachhaltige Maßnahmen zu direkten Kosteneinsparungen führen, wie durch reduzierte Energie- und Wasserkosten. Weiterhin können Unternehmen durch nachhaltige Praktiken schnell ihre regulatorischen Risiken mindern und Reputationsgewinne erzielen. Dies kann in Form von positiver Medienberichterstattung, verbesserten Kundenbeziehungen und gesteigertem Vertrauen seitens der Stakeholder geschehen.

Die langfristigen Effekte nachhaltigen Managements sind besonders bedeutsam, da sie die Grundlage für eine nachhaltige Wertschöpfung schaffen. Unternehmen, die frühzeitig in Nachhaltigkeit investieren, sind in der Lage, sich an veränderte Marktbedingungen und gesellschaftliche Erwartungen anzupassen, was ihre Wettbewerbsfähigkeit und Überlebensfähigkeit langfristig sichert [14].

7. Ethische Prinzipien und Integrität Ethische Prinzipien und Integrität spielen eine zentrale Rolle in der nachhaltigen Unternehmensführung und bilden das Fundament, auf dem nachhaltige Entscheidungen und Praktiken basieren. Managerinnen und Manager, die sich an hohen ethischen Standards orientieren, fördern eine Kultur des Vertrauens, der Transparenz und der Verantwortlichkeit, die entscheidend für den Erfolg nachhaltiger Initiativen ist. Verantwortungsbewusstsein ist ein Schlüsselmerkmal solcher Führungskräfte. Sie übernehmen Verantwortung für die Auswirkungen ihrer Entscheidungen auf Umwelt und Gesellschaft und streben danach, den ökologischen Fußabdruck ihres Unternehmens zu reduzieren und soziale Ungerechtigkeiten zu bekämpfen. Diese Haltung fördert eine langfristige Perspektive, die über kurzfristige Gewinne hinausgeht und die nachhaltige Entwicklung des Unternehmens sicherstellt [8].

8. Transparenz und Rechenschaftspflicht Transparenz und Rechenschaftspflicht sind ebenfalls unverzichtbare Elemente der ethischen Unternehmensführung. Ethik und Integrität erfordern Transparenz in allen Geschäftsbereichen. Managerinnen und Manager müssen offen über ihre Nachhaltigkeitsziele, -strategien und -fortschritte kommunizieren, was das Vertrauen der Stakeholder stärkt und eine ehrliche Bewertung der erzielten Fortschritte ermöglicht. Rechenschaftspflicht bedeutet auch, dass Unternehmen bereit sind, Verantwortung für ihre Handlungen zu übernehmen und notwendige Korrekturmaßnahmen zu ergreifen, wenn sie ihre Ziele nicht erreichen.

9. Gerechtigkeit und Fairness Gerechtigkeit und Fairness sind weitere wesentliche Prinzipien. Eine ethische Unternehmensführung fördert Gerechtigkeit und Fairness sowohl innerhalb des Unternehmens als auch gegenüber externen Stakeholdern. Dies umfasst faire Arbeitsbedingungen, gerechte Löhne und die Einhaltung von Menschenrechten entlang der gesamten Lieferkette. Unternehmen, die sich an diesen Prinzipien orientieren, schaffen ein positives Arbeitsumfeld und stärken ihre Beziehungen zu Kunden, Lieferanten und der Gemeinschaft. Indem sie diese ethischen Standards einhalten, tragen sie zur Schaffung einer integren und nachhaltigen Unternehmenskultur bei, die nicht nur den langfristigen Geschäftserfolg sichert, sondern auch einen positiven Beitrag zur Gesellschaft leistet [4].

10. Unternehmenskultur Eine Kultur der Ethik und Nachhaltigkeit fördert ein positives Arbeitsklima, in dem Mitarbeiterinnen und Mitarbeiter Vertrauen in die Unternehmensführung haben und sich mit den Werten des Unternehmens identifizieren. Dies führt zu einem höheren Engagement und einer stärkeren Motivation der Mitarbeiterinnen und Mitarbeiter. Eine solche Kultur unterstützt auch die Zusammenarbeit und den offenen Austausch von Ideen, was Innovationen und kontinuierliche Verbesserungen fördert.

11. Unternehmensleistung Unternehmen, die sich durch ethisches Verhalten und nachhaltige Führungsansätze auszeichnen, erzielen bessere finanzielle und operative Ergebnisse. Studien zeigen, dass Unternehmen mit hohen ethischen Standards weniger Risiken ausgesetzt sind, eine höhere Mitarbeiterzufriedenheit aufweisen und langfristig erfolgreich sind [18]. Die Einhaltung ethischer Prinzipien stärkt auch die Reputation des Unternehmens, was zu einer höheren Kundenzufriedenheit und -treue führt. Ein Beispiel für die positiven Auswirkungen ethischen Verhaltens auf die Unternehmensleistung ist das Technologieunternehmen Apple. Durch die Implementierung strenger ethischer Standards in Bezug auf Umweltschutz, faire Arbeitsbedingungen und transparente Berichterstattung konnte Apple nicht nur seine Marktposition stärken, sondern auch das Vertrauen und die Loyalität seiner Kunden gewinnen [1].

23.6 Mentoring und persönliche Weiterentwicklung

Mentoring und persönliche Weiterentwicklung sind wesentliche Elemente, um eine nachhaltige Denkweise bei Führungskräften zu fördern und zu etablieren. Beide Ansätze tragen dazu bei, die Kompetenz und das Bewusstsein der Führungskräfte für die Bedeutung nachhaltiger Entscheidungen zu stärken. Durch gezielte Maßnahmen können Führungskräfte befähigt werden, nachhaltige Strategien wirksam in der Unternehmensführung zu integrieren.

Die Rolle von Mentoring bei der Entwicklung eines nachhaltigen Mindsets

Mentoring spielt eine zentrale Rolle bei der Entwicklung und Stärkung einer nachhaltigen Denkweise bei Führungskräften. Durch den persönlichen Austausch mit erfahrenen Mentorinnen und Mentoren können Führungskräfte wertvolle Einblicke und Kenntnisse im Bereich Nachhaltigkeit gewinnen. Eine Mentorin oder ein Mentor dient nicht nur als ratgebende Person, sondern auch als Vorbild, das nachhaltige Prinzipien in der Praxis umsetzt. Dies ermöglicht den Mentees, aus den Erfahrungen und Fehlern ihrer Mentorinnen und Mentoren zu lernen und ihre eigene nachhaltige Denkweise zu entwickeln. Mentorinnen und Mentoren können helfen, die Bedeutung von Nachhaltigkeit in der

Unternehmensführung zu verstehen und praktische Strategien zur Umsetzung zu vermitteln. Durch regelmäßige Gespräche und den Austausch von Best Practices werden Mentees dazu angeregt, ihre eigenen Einstellungen und Verhaltensweisen zu reflektieren und weiterzuentwickeln. Diese Reflexion und der kontinuierliche Lernprozess sind entscheidend, um ein tiefes Verständnis für die langfristigen Vorteile nachhaltiger Entscheidungen zu entwickeln. Die Diskussion verschiedener Mentoring-Ansätze zeigt, wie wichtig diese Programme für das Verständnis und die Umsetzung von Nachhaltigkeit in der Unternehmensführung sind.

- **One-on-One-Mentoring**, ein traditioneller Ansatz, fördert eine enge, individuelle Beziehung zwischen Mentorin oder Mentor und Mentee. Diese intensive Betreuung ermöglicht einen tiefgehenden und maßgeschneiderten Austausch, bei dem spezifische Herausforderungen und Ziele des Mentees direkt angesprochen werden können. Der Mentee profitiert von der direkten und persönlichen Unterstützung, was die Implementierung nachhaltiger Strategien erleichtert.
- **Peer-Mentoring** bietet eine weitere wertvolle Methode, bei der sich Führungskräfte auf ähnlichen Hierarchieebenen gegenseitig unterstützen. Dieser Ansatz fördert den Wissensaustausch und die Zusammenarbeit unter Kolleginnen und Kollegen, die ähnliche Herausforderungen und Perspektiven teilen. Peer-Mentoring kann dazu beitragen, Nachhaltigkeit im gesamten Unternehmen zu verbreiten und das gemeinsame Lernen zu fördern [9].
- **Group-Mentoring**, bei dem eine Mentorin oder ein Mentor eine Gruppe von Mentees betreut, schafft eine dynamische Lernumgebung. Dieser Ansatz fördert den Austausch von Ideen und Best Practices innerhalb der Gruppe, ermöglicht es den Mentees, voneinander zu lernen und einander zu inspirieren. Group-Mentoring kann zu einer kollektiven Förderung nachhaltiger Initiativen führen und das Engagement für Nachhaltigkeit stärken [9].
- **Reverse-Mentoring** ist ein innovativer Ansatz, bei dem ein jüngerer oder weniger erfahrene/r Mitarbeiterin oder Mitarbeiter eine/n ältere/n oder erfahrenere/n Managerin oder Manager unterstützt, indem er neue Perspektiven und Ansätze im Bereich Nachhaltigkeit vermittelt. Dieser intergenerationale Wissensaustausch kann dazu beitragen, dass etablierte Führungskräfte offen für innovative und nachhaltige Ideen werden. Reverse-Mentoring fördert nicht nur die Integration neuer Denkweisen, sondern auch das Verständnis für die Bedeutung von Nachhaltigkeit in der modernen Unternehmensführung [9].

Insgesamt trägt Mentoring in all seinen Formen zur Verankerung von Nachhaltigkeit in der Unternehmenskultur bei. Es stärkt das Engagement der Führungskräfte für nachhaltige Praktiken und fördert einen kontinuierlichen Lern- und Entwicklungsprozess, der entscheidend für die langfristige Integration von Nachhaltigkeit in die Geschäftsstrategie ist [9].

Beitrag der persönlichen Weiterentwicklung zur Nachhaltigkeitstransformation

Individuelle Weiterbildungsmaßnahmen und Selbstreflexion sind essenziell für die Entwicklung eines nachhaltigen Mindsets. Weiterbildungsprogramme erlauben dem Management, ihr Wissen im Bereich Nachhaltigkeit zu vertiefen und praktische Fähigkeiten zu erwerben, die für die Umsetzung nachhaltiger Strategien notwendig sind. Diese Programme können formale Studiengänge, Zertifikatskurse, Workshops und Seminare umfassen. Selbstreflexion ist ein kontinuierlicher Prozess, bei dem Führungskräfte ihre eigenen Werte, Überzeugungen und Verhaltensweisen kritisch hinterfragen und anpassen. Durch Selbstreflexion können sie ein tieferes Verständnis für die Bedeutung von Nachhaltigkeit entwickeln und Ihre persönlichen und beruflichen Ziele besser auf die Prinzipien der Nachhaltigkeit abstimmen. Methoden wie Tagebuchführung, Feedbackgespräche und Coaching unterstützen diesen Reflexionsprozess und fördern das persönliche Wachstum. Persönliches Wachstum ist eng mit der Fähigkeit verbunden, nachhaltige Veränderungen im Unternehmenskontext zu bewirken. Führungskräfte, die kontinuierlich an ihrer persönlichen Entwicklung arbeiten, sind besser gerüstet, um nachhaltige Strategien zu entwickeln und umzusetzen. Sie verfügen über das notwendige Wissen, die Kompetenzen und die Einstellung, um Nachhaltigkeit in die Unternehmensführung zu integrieren. Aus den persönlichen Erfahrungen des Autors heraus wurden die bisherigen Managementpraktiken hinterfragt und daraus erkannt, dass seine Entscheidungen weitreichende Konsequenzen für Umwelt und Gesellschaft hatten. Diese Erkenntnis führte zu einer tiefgreifenden Selbstreflexion und der Entscheidung, eine Auszeit zu nehmen, um sich intensiv mit nachhaltigem Management auseinanderzusetzen. Durch Seminare, Workshops und den Austausch mit Expertinnen und Experten erwarb er umfassendes Wissen im Bereich Nachhaltigkeit und entwickelte eine neue Führungsphilosophie. Diese persönliche Weiterentwicklung ermöglichte es ihm, als Manager in einem nachhaltig orientierten Unternehmen innovative Lösungen zu entwickeln und umzusetzen, die sowohl ökonomisch erfolgreich als auch ökologisch und sozial verantwortungsbewusst sind [12].

Persönliches Wachstum stärkt auch die Führungskompetenzen und die Fähigkeit, andere zu inspirieren und zu motivieren. Führungskräfte, die sich persönlich weiterentwickeln, können als Vorbilder und Change Agents fungieren und ihre Teams dazu ermutigen, nachhaltige Praktiken zu übernehmen. Sie fördern eine Kultur der Nachhaltigkeit, die auf Zusammenarbeit, Innovation und kontinuierlicher Verbesserung basiert [9].

Insgesamt zeigt sich, dass Mentoring und persönliche Weiterentwicklung entscheidend für die Entwicklung nachhaltiger Mindsets und die Förderung nachhaltiger Veränderungen in Unternehmen sind. Durch gezielte Weiterbildungsmaßnahmen, Selbstreflexion und den Austausch mit erfahrenen Mentoren können Führungskräfte ihre Fähigkeiten und ihr Engagement für Nachhaltigkeit stärken. Dies trägt nicht nur zur eigenen beruflichen Entwicklung bei, sondern auch zum langfristigen Erfolg und Resilienz des Unternehmens.

23.7 Zusammenfassung und Ausblick

Wir haben herausgestellt, dass die Einstellung von Managerinnen und Manager eine zentrale Rolle spielt, da es die Entscheidungsfindung und die Umsetzung von Nachhaltigkeitsstrategien maßgeblich beeinflusst. Es wurde aufgezeigt, wie ein nachhaltiges Mindset durch gezielte Ansätze wie Mentoring, Ausbildung, Weiterbildung und eine unterstützende Unternehmenskultur gefördert werden kann. Überdies wurde die Bedeutung persönlicher Weiterentwicklung und Selbstreflexion hervorgehoben, um nachhaltige Führungskompetenzen zu stärken und eine langfristige Perspektive zu entwickeln.

Die bedeutendsten Einsichten bezüglich der Rolle von Top-Führungskräften in der Nachhaltigkeitstransformation

Eine der bedeutendsten Einsichten ist, dass das Management nicht nur als Entscheidungsträger, sondern als Vorbilder und Wegbereiter für Nachhaltigkeit agieren muss. Ihre Bereitschaft zur kontinuierlichen Weiterbildung und Selbstreflexion ist entscheidend, um die komplexen Herausforderungen der Nachhaltigkeit zu bewältigen. Mentoring und der Austausch von Best Practices tragen dazu bei, nachhaltiges Denken und Handeln zu verankern. Eine starke Unternehmenskultur, die Nachhaltigkeit fördert, unterstützt Führungskräfte dabei, ihre Ziele zu erreichen und das Unternehmen auf einen nachhaltigen Kurs zu bringen.

Trends und Forschungsbedarf im Bereich nachhaltiges Management

Die Zukunft der Rolle des Managements in der Nachhaltigkeit wird durch mehrere bedeutende Trends geprägt sein, die nicht nur die Art und Weise, wie Unternehmen geführt werden, sondern auch deren strategische Ausrichtung tiefgreifend beeinflussen:

- **Technologische Innovationen**: Entwicklungen wie künstliche Intelligenz und Blockchain bieten beispiellose Möglichkeiten, Geschäftsprozesse effizienter und ressourcenschonender zu gestalten. Künstliche Intelligenz kann dabei helfen, den Energieverbrauch zu optimieren und Abfall zu minimieren, während Blockchain-Technologien Transparenz und Rückverfolgbarkeit in Lieferketten sicherstellen, was wiederum das Vertrauen in nachhaltige Praktiken stärkt.
- **Globalisierung und Vernetzung**: Die zunehmende Globalisierung und Vernetzung der Weltwirtschaft erfordert flexible und anpassungsfähige Nachhaltigkeitsstrategien, die im globalen Kontext wirksam sind. Unternehmen müssen die kulturellen Unterschiede und die vielfältigen Gesetzgebungen verschiedener Länder berücksichtigen sowie unterschiedliche Umweltauflagen erfüllen.
- **Klimawandel und Umweltkrisen**: Der Klimawandel zwingt Unternehmen zunehmend dazu, ihre Umweltauswirkungen zu reduzieren. Dies führt dazu, dass ökologische Aspekte tief in die Unternehmensstrategie und das Risikomanagement integriert werden müssen. Nachhaltige Geschäftspraktiken werden nicht

nur als ethische Verpflichtung, sondern auch als wirtschaftliche Notwendigkeit betrachtet.
- **Veränderte Kundenanforderungen**: Verbraucherinnen und Verbraucher legen zunehmend Wert auf Nachhaltigkeit und erwarten von Unternehmen, dass diese ökologische und soziale Verantwortung übernehmen. Führungskräfte müssen ein tiefes Verständnis für die sich wandelnden Erwartungen der Kunden entwickeln und sicherstellen, dass ihre Unternehmen darauf angemessen reagieren.
- **Regulatorische Anforderungen**: Die zunehmende Bedeutung von Nachhaltigkeit in der Wirtschaftspolitik führt zur Einführung neuer gesetzlicher Vorgaben, die Unternehmen zu größerer Transparenz und Rechenschaftspflicht zwingen. Das Management muss sicherstellen, dass das Unternehmen die gesetzlichen Vorgaben erfüllt, um rechtliche Risiken zu minimieren und das Vertrauen der Stakeholder zu stärken.

Zusammenfassend kann gesagt werden, dass die Rolle von Managerinnen und Managern in Bezug auf Nachhaltigkeit in Zukunft komplexer und anspruchsvoller wird. Technologische Innovationen, Globalisierung, Klimawandel, veränderte Kundenbedürfnisse und regulatorische Anforderungen sind nur einige der Trends, die diese Entwicklung prägen werden. Erfolgreiche Führungskräfte werden diejenigen sein, die diese Herausforderungen proaktiv angehen und nachhaltige Strategien entwickeln, die sowohl ökologische als auch ökonomische Ziele in Einklang bringen.

Checkliste für Managerinnen und Managern zur Unterstützung ihrer Transformation

1. Selbstreflexion: Hinterfragen Sie Ihre eigene Rolle und Denkweise als Führungskraft im Kontext von Nachhaltigkeit.
2. Vision und Ziele: Definieren Sie eine präzise Vision und formulieren Sie nachhaltige Ziele für Ihr Unternehmen.
3. Umfassende Nachhaltigkeitsstrategie: Entwickeln Sie eine ganzheitliche Strategie, die ökologische, soziale und ökonomische Aspekte berücksichtigt.
4. Stakeholder-Einbindung: Identifizieren und involvieren Sie relevante Stakeholder in den Transformationsprozess.

Führungskräfteentwicklung: Fördern Sie die Weiterbildung sowie Entwicklung von Führungskräften im Bereich Nachhaltigkeit.

- **Mitarbeitermotivation und -schulung:** Implementieren Sie Trainings- und Motivationsprogramme, um das Bewusstsein und die Fähigkeiten der Mitarbeiterinnen und Mitarbeiter hinsichtlich Nachhaltigkeit zu stärken.
- **Nachhaltigkeitsinnovationen:** Fördern Sie nachhaltige Innovationen bei Produkten, Dienstleistungen und Prozessen.
- **Messung und Berichterstattung:** Etablieren Sie Systeme zur Erfassung und Kommunikation von Nachhaltigkeitskennzahlen.
- **Kulturwandel:** Schaffen Sie eine Unternehmenskultur, die Nachhaltigkeit als zentralen Wert verankert.
- **Kontinuierliche Verbesserung:** Überprüfen und optimieren Sie regelmäßig Ihre Nachhaltigkeitsstrategie und -maßnahmen.
- Diese Checkliste bietet eine erste strukturierte Anleitung, um die Transformation zu einem nachhaltigeren Unternehmen erfolgreich zu gestalten und langfristigen Erfolg zu sichern.

Literatur

1. Apple. (o. J.). *Apple Compliance – Ethics and Compliance – Apple. Apple Compliance.* https://www.apple.com/compliance/. Zugegriffen: 12. Juni 2024.
2. BNW. (2024). *Wir transformieren Wirtschaft.* https://www.bnw-bundesverband.de/. Zugegriffen: 01. Juni 2024.
3. Dyckhoff, H., & Souren, R. (2007). *Nachhaltige Unternehmensführung: Grundzüge industriellen Umweltmanagements.* Springer-Verlag.
4. Edinger-Schons, L. M., & Alberg-Seberich, M. (2022). *Verantwortungsvolle Führung im Kontext der Nachhaltigkeit: Welche Kompetenzen braucht das Management der Zukunft zur Bewältigung der Nachhaltigkeits transformation?* https://www.bertelsmann-stiftung.de/de/publikationen/publikation/did/verantwortungsvolle-fuehrung-im-kontext-der-nachhaltigkeit. Zugegriffen: 12. Juni 2024.
5. Esty, D. C., & Winston, A. (2009). *Green to Gold: How Smart Companies Use Environmental Strategy to Innovate, Create Value, and Build Competitive Advantage.* John Wiley & Sons.
6. European CEO. (2016). *Unilever CEO Paul Polman is redefining sustainable business.* https://www.europeanceo.com/business-and-management/unilever-ceo-paul-polman-is-redefining-sustainable-business/. Zugegriffen: 09. Juni 2024.
7. Fichter, K., Noack, T., Beucker, S., Bierter, W., Springer, S., nova-net Konsortium & Fraunhofer-Institut für Arbeitswirtschaft und Organisation IAO. (2006). *Innovation in der Internetökonomie: Nachhaltigkeitskonzepte für Innovationsprozesse.* Fraunhofer IRB Verlag.
8. Frey, D. (2015). *Warum gute Führung einfach und schwierig zugleich ist.* https://www.romanherzoginstitut.de/fileadmin/user_upload/Publikationen/PDFs-Publikationen/RHI_ETHISCHE_GRUNDLAGEN_web.pdf. Zugegriffen: 21. Juni 2024
9. Graf, N., & Edelkraut, F. (2016). *Mentoring: Das Praxisbuch für Personalverantwortliche und Unternehmer.* Springer Gabler.
10. Grundig, S. (2022). *Nachhaltige Unternehmenskultur: Wie man sie zum Vorteil nutzt.* https://plant-values.de/unternehmenskultur-der-nachhaltigkeit/8007/. Zugegriffen: 12. Juni 2024

11. Hinrichs, B. (2023). *Nachhaltigkeit als Unternehmensstrategie*. Haufe.
12. Kollmann, M. (2023). *Der Weg zur Nachhaltigkeit: Meine Transformation als Manager*. epubli.
13. Koudela, C., MA. (2012). *Beeinflussende Faktoren auf den Entscheidungsprozess von Führungskräften in Unternehmen*. Master Thesis an Donau University Krems.
14. LBBW. (o. J.). *Warum nachhaltige Unternehmen erfolgreicher sind*. https://www.lbbw.de/artikelseite/maerkte-verstehen/warum-nachhaltige-unternehmen-erfolgreicher-sind_7az2nfam2_d.html. Zugegriffen: 10. Juni 2024.
15. Patagonia. (o. J.). *Unternehmens- und soziale Verantwortungsgeschichte*. https://eu.patagonia.com/de/de/our-footprint/corporate-social-responsibility-history.html. Zugegriffen: 14. Juni 2024.
16. Rieckmann, M. (2018). Die Bedeutung von Bildung für nachhaltige Entwicklung für das Erreichen der Sustainable Development Goals (SDGs). *Zeitschrift Für Internationale Bildungsforschung und Entwicklungspädagogik, 41*(2), 4–10.
17. Schaltegger, S., & Hasenmüller, P. (2006). Nachhaltiges Wirtschaften aus Sicht des „Business Case of Sustainability". In E. Tiemeyer & K. Wilbers (Hrsg.), *Berufliche Bildung für nachhaltiges Wirtschaften: Konzepte, Curricula, Methoden, Beispiele* (S. 71–86). WBV Bertelsmann Verlag.
18. Scheer, R., Butzer-Strothmann, K., Peuser, M., Baum, M., Flöter, P., Graf, N., Hoffmann, K., Huntemann, F., Kühl, J., Meller, B., Menke, M., Pichiri, F., Puklo, C., Schallenberg, P., Steinhöfel, K., Witteler, L., & Zocher, M. (2016). *Integrierte Unternehmensführung Band 4: Ethik in der Wirtschaft – zwischen Moral und Profit*. Cuvillier. https://leibniz-fh.de/content/uploads/2016/01/Ethik_in_der_Wirtschaft.pdf
19. Senge, P. M., Smith, B., Kruschwitz, N., Laur, J., & Schley, S. (2008). *The necessary revolution: How Individuals and Organizations Are Working Together to Create a Sustainable World*. Crown Business.
20. Seidenfus, C., Hagehülsmann, U., & Balling, R. (2024). *Stabilität auf schwankendem Boden – reifer Umgang mit den Unsicherheiten unserer Zeit*. Springer.
21. Stöcklein, M. (2018). *Der Einfluss von Führung auf die Motivation der Mitarbeiter*. GRIN Verlag.
22. Streit, H. (2023). *Nachhaltigkeit im Unternehmen: Ein Leitfaden aus der Praxis für die Praxis*. oekom verlag.

Mathias Kollmann ist seit mehr als 30 Jahren als Top-Manager in der Lebensmittel- und Getränkeindustrie tätig. Seine Kompetenz liegt in der Unternehmensentwicklung, spezialisiert auf Wachstum, Profitabilität, Transformation und nachhaltige Unternehmensführung mit Fokus auf Umwelt und soziale Verantwortung. Er besitzt einen Bachelor of Business Administration (BBA) in Betriebswirtschaftslehre und einen Master of Business Administration (MBA) mit Schwerpunkt Nachhaltigkeitsmanagement.

In seiner Karriere hat Kollmann „Hire-and-fire"-Unternehmen und in auf dauerhaft aufgerichteten Unternehmensstrukturen gearbeitet. Diese Erfahrungen führten ihn an den Rand des Burn-Outs. Aus einer tiefen intrinsischen Motivation heraus begann er, die Dinge zu hinterfragen und seine Führungskompetenz neu zu orientieren. Er setze sich intensiv mit nachhaltiger Unternehmensführung auseinander und entwickelte Strategien, die nicht nur kurzfristige Gewinne, sondern auch auf langfristige ökologische und soziale Verantwortung abzielen. Dabei war ihm immer wichtig, dass seine Mitarbeiterinnen und Mitarbeiter in diesen Transformationsprozess integriert waren.

Stichwortverzeichnis

A

Abfallreduktion, 424
Abfallvermeidung, 65
Accelerator- und Inkubator-Programm, 262
Agrarroboter, 388
Agrartechnik, 387
Agroforstwirtschaft, 376
Akteursgruppe, 280
Alge, 71
Alternative, pflanzliche, 250
Alternativprodukt, 70
anthropogen, 176
Arbeitsbedingung, 306, 369
Attitude-Behavior-Gap, 102, 129, 251
Audit, 408
Automation, 296
Außenhandel, 23
Außer-Haus-Verpflegung, 416

B

Bananenreifung, 301
BAP (Biodiversitätsaktionsplans), 208
Behandlung, steuerliche, 165
Bereitschaft, 162
Berichterstattung, mediale, 161
Beschaffung, 124, 148
Betriebsgastronomie, 144
Bevölkerungswachstum, 294
Bilderkennungssystem, 392
Bildungsangebot, 224
Bildungsansatz, 423
Bildungseinrichtung, 428

Bildungsinitiative, 446
Biodiversität, 199, 365
Biodiversitätsaktionsplan (BAP), 208
Biodiversitätsmanagementplan (BMP), 208
Biodiversitätsrisiko, 210
Biodiversitätsverlust, 316
Biogasanlage, 31
Bio-Produkt, 145
Bioverfügbarkeit, 233
Blockchain, 391
BMP (Biodiversitätsmanagementplan), 208
Bodengesundheit, 364

C

Carbon-Footprint, 221
Category Management, 305
ChatGPT, 296
Clean Label, 235, 251
CO_2-Düngung
CO_2-Emission
Co-Creation, 261
Code of Conduct, 405
Consumer-Related Food Waste, 220
Cook-&-Chill-Verfahren, 429
Corporate Sustainability Due Diligence Directive (CSDDD), 64
Corporate Sustainability Reporting Directive (CSRD), 205, 400
CSDDD (Corporate Sustainability Due Diligence Directive), 400
CSRD (Corporate Sustainability Reporting Directive), 206

Cultivated Meat, 74

D
Deklaration, 50
DGE-Ernährungskreis, 241
Digitalisierung, 88, 132, 258, 309
Disruption, 249
Dissonanz, kognitive, 104
Donut-Modell, 8
Drei-Säulen-Modell, 294
Düngemittel, 182
Dünger, chemisch-synthetischer, 356

E
Eaternity, 148
Eaternity Score, 238
E-Commerce, 94
Ecosystem Pie Model, 278
Effizienzpotenzial, 423
Energieeffizienz, 64
Energieverbrauch, 304
Entrepreneurship, 276
Entscheidungsverhalten, 444
Erfolgsfaktor, 253
Ernährungspolitik, 145
Ernährungsstrategie, 144
Ernährungssystem, 174, 270
Ernährungsweise, 331
Ernährungswende, 159
Ernährungswirtschaft, 251
Erntezeitpunkt, 299
ERP-System, 308
Ersatzprodukt, 331
ESG, 308
ESRS (European Sustainbility Reporting Standard), 206
Esskultur, 126
Ethik, 452
EU Biodiversitätsstrategie 2030, 204
EU Green Claims Directive, 60
EU-Ökoverordnung, 356, 362
European Sustainbility Reporting Standard (ESRS), 206
EU-Verordnung für entwaldungsfreie Lieferketten (EUDR), 204

F
F&B-Management, 116
Fairness, 452
Fairtrade, 63
Faktor
  Kosten, 157
  Zeit, 156
Farm-to-Fork-Strategie, 59, 203
Feedbackloop, 273
Fermentation, 73, 339
Finanzmarkt, 202
Fischerei, 189
Flächenbedarf, 378
Fleischalternative, 233
Fleischersatzprodukt, 71
Fleischkonsum, 231
Flexitarismus, 158, 331
Folgeberichterstattung, 93
Food-Based Dietary Guidelines, 240
Food for Biodiversity, 210
food loss, 217
Food-Management-Skills, 223
Food Miles, 184
Food-Ökosystem, 262, 271
Food-Startup, 318
Food-Surplus, 218
Food Sustainability Index (FSI), 82
Food Systems Framework, 273
food waste, 217
Food Waste Hierarchy, 218
Forschung und Entwicklung (F&E), 37
FSI (Food Sustainability Index), 82
Führungskraft, 122

G
Gamification, 446
Gästedialog, 149
Gastronomie, 116, 389
Geflügelhaltung, 182
Gemeinwohlbilanz, 92
Geschlechterunterschied, 162
Geschmacksqualität, 253
Gesundheit, 187, 232
Gewässerschutz, 365
Governance, 309, 404
Green Deal, 203
Grenze, planetare, 4, 156, 174, 216, 316
Großhandel, 85

Grünlandfläche, 28

H
Haltbarkeit, 67
Haltungsfrage, 322
Handel
  fairer, 85
  globaler, 84
Handlungsempfehlung, 109
Hochdruckbehandlung, 68

I
Identitätsmarke, 321
Import, 363
Industrialisierung, 359
Inflation, 251
Influencer, 261
Informationsmangel, 161
Innovationsmethode, 52
Innovationsökosystem, 275
Innovationsstrategie, 38
Insekt, 72
Integrität, 452
Interaktion, 43
Internet of Things (IoT), 93
IOOI-Logik, 409
IoT (Internet of Things), 93

K
Kaufmotiv, 319
Kennzahl, 147
KI (Künstliche Intelligenz), 94, 258, 293, 389
Klimaschutz, 366, 433
Klinikum, 425
Kohlenstoffspeicher, 183
Kommunikation, 236
Konsumentenverhalten, 127
Konsumentscheidung, 156
Konsumierende, 158
Konventionalisierung, 377
Kosteneffizienz, 451
Kreislaufwirtschaft, 48
Kühlkette, 184
Kühlung, 184
Kundenbindung, 42
Kundennutzen, 325

Kundenprofil, 41
Künstliche Intelligenz (KI), 93, 258, 294, 389

L
Landbau, ökologischer, 355
Land-Footprint, 221
Landnutzung, 182
Landnutzungsänderung, 182
Landwirtschaft, 19, 200, 390
LDL-Cholesterinspiegel, 231
LEAP-Ansatz, 203
Lebensmitteleinzelhandel (LEH), 101, 389
Lebensmittelindustrie, 55
Lebensmittelsicherheit, 190, 303
Lebensmittelstandard, 209
Lebensmittelsystem, 271
Lebensmittelverschwendung, 90, 215, 300, 302, 415
Lebensmittelwertschätzung, 224
Lebensmittelwertschöpfung, 8
Lebensmittelwirtschaft, 191
Lebensreformbewegung, 359
LEH (Lebensmitteleinzelhandel), 101, 389
Lernen, maschinelles, 296, 389
Lieferantenstruktur, 406
Lieferkette, 57
Lieferkettenmanagement, 62, 399
Lieferkettensorgfaltspflichtengesetz (LkSG), 63, 205, 400
Life-Cycle-Assessment, 335, 341
Lifestyle of Health and Sustainability (LOHAS), 319
LkSG (Lieferkettensorgfaltspflichtengesetz), 63, 205, 400
Locus of Control, 103
Logistik, 148, 389
LOHAS (Lifestyle of Health and Sustainability), 319

M
Manipulation, 394
Markenorientierung, 239
Markenpositionierung, 323
Materialauswahl, 47
Mentoring, 446, 453
Messung von Lebensmittelabfällen, 421
Methan, 181

Mindset, 439
Mitarbeitende, 148
Mitarbeiterbindung und -motivation, 451
Monopol, 395
Multiakteursverantwortung, 224

N
Nachfrageprognose, 305
Nachhaltigkeitsbericht, 150
Nachhaltigkeitskennzeichnung, 165
Nachhaltigkeitsperformance, 407
Nachhaltigkeitsstrategie, 146, 310
Nachhaltigkeitstransformation, 438
Nachhaltigkeitszertifizierung, 449
Nährstoffkreislauf, 356
Nahrungsmittelproduktion, 297
Nahrungsmittelsicherheit, 187
Nahrungssicherung, 24
Nebenstrom, 65, 69
Networking, 448
Norm, gesellschaftliche, 163
nose-to-tail, 124
Novel Foods, 330
Nudge, 237
Nudging, 134
Nutzererfahrung, 43

O
OECD-Leitlinie, 400
Ohmsches Erhitzen, 69
Ökosystem, 270

P
Pariser Klimaabkommen, 177
PEF (Pulsed Electrical Field), 68
Perceived Behavioral Control, 103
Permakultur, 376
Personalentwicklung, 307
pflanzenbasiert, 149, 331
Pflanzenschutzmittel, chemisch-synthetisches, 356
Pflanzenstoff, sekundärer, 232
Pioniergeist, 375
Planetary Health, 229
Planetary Health Diet, 147, 159, 317
Planet Centric Design, 44

plant based, 128
Positionierungsfeld, 323
Präzisionsfermentation, 341
Präzisionslandwirtschaft, 298
Predictive Supply Chain, 389
Preis, 164, 253
Preisparität, 250
Preisvolatilität, 191
Primärproduktion, 188
Produktentwicklung, 43
Produktlebenszyklus, 44
Protein, 32, 233
    aus Reststoffen, 32
    pflanzliches, 70
Proteinstrategie der deutschen
    Bundesregierung, 157
Proteinwende, 157, 329
Prozessentwicklung, 49
Pulsed Electrical Field (PEF), 68
Purpose, 321

Q
Qualität, 48
Qualitätsmarke, 321

R
Reisanbau, 183
Ressourceneffizienz, 367
Ressourcenschonung, 450
Risikomanagement, 451
Rohstoffauswahl, 45
Rohstoffverfügbarkeit, 202
Rückverfolgbarkeit, 91, 401

S
SaaS (Software-as-a-Service), 310
SAQ (Self Assessment Questionnaire), 408
SBTN (Science Based Targets for Nature), 207
Science Based Targets for Nature (SBTN), 207
SDGs (Sustainable Development Goals), 6, 40, 91, 129, 217, 295, 416
Selbstbewertung, 38
Selbstreflexion, 455
Self Assessment Questionnaire (SAQ), 408
Shareability, 265
Skalierung, 295

Stichwortverzeichnis

Social Desirability, 104
Softripe, 301
Software-as-a-Service (SaaS), 310
SSCM (Supply Chain Management), 400
Startup, 74
Stickstoffdünger, 182
Substitutionsprozess, 250
Supply Chain Management (SSCM), 400
Sustainable Development Goals (SDGs), 6, 40, 91, 129, 217, 295, 416
System Thinking, 272

T
TBL (Triple-Bottom-Line), 3, 308
Technologie, 67
    digitale, 449
Tiergesundheit, 189
Tierhaltung, 181
Transformation, 372, 434
Transformationsburnout, 320
Transitional Products, 332
Transparenz, 89
Transport, 184
Treibhausgas, 176
Trendforschung, 39
Triple-Bottom-Line (TBL), 3, 308
True Cost Accounting, 372
True Cost Calculation, 237

U
Überproduktion, 430
UHPH (Ultra High Pressure Homogenization), 68
Ultra High Pressure Homogenization (UHPH), 68
Ultra Violet Light, 69
United Against Waste e.V., 416
Uno-Act- Prinzip, 119
Unternehmensführung, 438
Unternehmenskultur, 447
Unternehmensleistung, 450
Unternehmensmanagement, 207
Unternehmensstrategie, 401
Upcycling, 49

Ursachenanalyse, 427
Ursache-Wirkung-Beziehung, 406

V
Value Proposition, 281
Verarbeitungstechnologie, 58
Verbrauchende, 202, 393
Verbraucher, 41
Verbraucherpreis, 370
Vereinsarbeit, 210
Verhaltens- und Wahrnehmungsmuster, 163
Verpackung, 66, 74, 84, 251
Verpackungsentwicklung, 46
Verpackungslösung, 91
Verteilungsgerechtigkeit, 217
Vertical Farming, 31
Vertical Farms, 392
Vorrangmodell, 3

W
Wareneinkauf, 89
Warenverfügbarkeit, 164
Warenwirtschaftssystem, 296
Wasserhaushalt, 188
Waste-Management, 219
Waste-Prevention-Management, 219
Water-Footprint, 221
Weiterbildungsmaßnahme, 455
Weltbevölkerung, 57
Wertschöpfung, 120
Wertschöpfungskette, 219, 305, 422, 450
Wertschöpfungsstufe, 84
Wesentlichkeitsanalyse, 206
Wettbewerbsfähigkeit, 451
Wirtschaftlichkeit, 307, 370
Wissen, 160

Z
Zeitmanagement, 447
Zellkultivierung, 335
zero waste, 124
Zielgruppe, 41
Zusatzstoff, 234
Zweinutzungsrasse, 27

If you have any concerns about our products,
you can contact us on
ProductSafety@springernature.com

In case Publisher is established outside the EU,
the EU authorized representative is:
**Springer Nature Customer Service Center GmbH
Europaplatz 3, 69115 Heidelberg, Germany**

Printed by Libri Plureos GmbH
in Hamburg, Germany